Gröber / Erk / Grigull

Die Grundgesetze der Wärmeübertragung

Dritte Auflage von Ulrich Grigull / 3. Neudruck

Reprint
Zweiter unveränderter Nachdruck

Springer-Verlag Berlin Heidelberg GmbH 1988

Professor Dr.-Ing. Ulrich Grigull
Lehrstuhl A für Thermodynamik, Technische Universität München

ISBN 978-3-662-27528-3 ISBN 978-3-662-29015-6 (eBook)
DOI 10.1007/978-3-662-29015-6

CIP-Kurztitelaufnahme der Deutschen Bibliothek
Gröber, Heinrich: Die Grundgesetze der Wärmeübertragung / Gröber ; Erk ; Grigull.
Reprint d. 3., verb. u. erw. Neudr. d. 3., völlig neubearb. Aufl.
Berlin, Göttingen, Heidelberg, Springer, 1963,
2., unveränd. Nachdr./ von Ulrich Grigull. –
Berlin ; Heidelberg ; NewYork ; London ; Paris ; Tokyo : Springer, 1988

NE: Erk, Siegmund:; Grigull, Ulrich [Bearb.]

2160/3020-543210

Vorwort zur Reprintausgabe 1988

Von der dritten Auflage des Gröber/Erk/Grigull „Die Grundgesetze der Wärmeübertragung", die 1955 erschien, wurden drei Nachdrucke veranstaltet. Außerdem erschienen Übersetzungen ins Englische, Japanische, Russische und Spanische. Seit mehr als fünfzehn Jahren ist das Buch vergriffen.

Es besteht aber offensichtlich ein anhaltendes Interesse an diesem Werk, zumal es keine vergleichbare Neuerscheinung gibt. Das zeigen häufige Anfragen an den Buchhandel und den Verlag, auch wird das Buch an mehreren Hochschulen den Studenten zur Vertiefung der Vorlesungen empfohlen. Diese Gründe haben bereits 1981 den Verlag veranlaßt, einen photomechanischen Nachdruck zu veranstalten, der jetzt als unveränderter zweiter Nachdruck vorliegt.

Als Fortsetzung der „Grundgesetze" sind Monographien vorgesehen, die in der Buchreihe „Wärme- und Stoffübertragung" erscheinen. Bisher sind fertiggestellt: „Wärmeleitung" von U. Grigull und H. Sandner, „Stoffübertragung" von A. Mersmann, „Konvektive Wärmeübertragung" von G. P. Merker, „Wärmeübertragung beim Kondensieren und beim Sieden" von K. Stephan. In 1988 werden erscheinen: „Wärmeübertragung durch Strahlung", Band 1, bearbeitet von J. Lohrengel, sowie in Verbindung mit der Buchreihe der Band „Thermophysikalische Stoffgrößen", zusammengestellt von W. Blanke.

Da bis zum vollständigen Erscheinen dieser Buchreihe noch einige Jahre vergehen werden, möge diese Reprintausgabe für die Zwischenzeit das Interesse an Problemen der Wärmeübertragung befriedigen.

München, im Februar 1988 U. Grigull

Gröber/Erk

Die Grundgesetze der
Wärmeübertragung

Dritte völlig neubearbeitete Auflage

von

Dr.-Ing. Ulrich Grigull

o. Professor für Technische Thermodynamik
an der Technischen Hochschule München

3. verbesserter und erweiterter Neudruck

Mit 190 Abbildungen

Springer-Verlag Berlin Heidelberg GmbH

1963

Vorwort zum dritten Neudruck.

Entsprechend einem mehrfach geäußerten Wunsch aus Leserkreisen wurde in den dritten Neudruck eine ausführliche Zahlentafel über thermische Stoffgrößen von Feststoffen, Flüssigkeiten und Gasen aufgenommen (Zahlentafel 14 des Anhangs). Hierzu wurden die Einheiten des Internationalen Einheitensystems benutzt, das sich wegen seiner Einfachheit mehr und mehr in Wissenschaft und Technik durchsetzt. Einige Druckfehler wurden berichtigt und die verwendeten Symbole an einigen Stellen dem Stand der Normung angepaßt.

München, im November 1962.

U. Grigull.

Aus dem Vorwort zur dritten Auflage.

Dieses Buch ist eine erweiterte Neubearbeitung der 2. Auflage des Gröber/Erk, die unter dem gleichen Titel 1933 im Springer-Verlag erschienen war.

Die Aufgabe, der sich der Bearbeiter der Neuauflage gegenübersah, war für die einzelnen Teile des Buches durchaus verschieden. Der erste Teil, die von Gröber verfaßte *Wärmeleitung in festen Körpern*, behandelte im wesentlichen die Lösungsmethoden der Fouriergleichung in einem Umfange, wie er für die Ingenieurpraxis in den meisten Fällen ausreichte. Es ist das besondere Verdienst von Gröber, für die analytische Theorie der Wärmeleitung eine dem Ingenieur zugängliche und verständliche Darstellungsweise gefunden zu haben, die größtenteils schon aus der 1. Auflage des Buches (1921) stammte. So hat denn wohl der Gröber/Erk einer ganzen Ingenieurgeneration als Lehrbuch über die Theorie der Fouriergleichung gedient.

An dieser Lage hatte sich nichts Grundsätzliches geändert, so daß in die Neuauflage der erste Teil im großen und ganzen übernommen wurde. Die Gröberschen Diagramme über die Abkühlung einfacher Körper wurden durch die Abbildungen nach Bachmann ersetzt, ferner wurden Kurventafeln über die Abkühlung von Platte, Zylinder und Kugel bei konstanter Oberflächentemperatur aufgenommen. Hinzugefügt wurden ferner (neben einigen Hinweisen und Rechenbeispielen) je ein Abschnitt über mehrdimensionalen Temperaturausgleich und über die Relaxationsmethode sowie eine kurze Betrachtung über elektrische Analogieverfahren. Zur Aufnahme der Laplace-Transformation konnte ich mich noch nicht entschließen.

Ganz anders lagen die Verhältnisse beim zweiten Teil des Buches, der *konvektiven Wärmeübertragung*. Durch sehr intensive Bearbeitung dieses Gebietes in den letzten Jahrzehnten hatte sich unsere Kenntnis auch bezüglich seiner „Grundgesetze" beträchtlich erweitert. Es schien mir daher notwendig, die auf einige Beispiele beschränkte Darstellung von Erk durch eine breitere Behandlung der erfolgreichen Theorien in ihren wichtigsten Anwendungsfällen zu ersetzen. Es sind dies hauptsächlich die analytische Berechnung der laminaren Grenzschicht und die Analogie zum Reibungswiderstand für turbulente Strömungen. Dazu tritt die Ähnlichkeitslehre als ordnendes Prinzip für alle Vorgänge. Auch die Abschnitte über Kondensation und Verdampfung waren infolge zahlreicher neuerer Arbeiten zu erweitern. Angaben über experimentelle Ergebnisse und Gebrauchsgleichungen sollen zeigen, wieweit unsere heutigen theoretischen Vorstellungen dem wirklichen Befund entsprechen. Hierbei wird deutlich, daß zwei wichtige Probleme noch der endgültigen Lösung harren: der Einfluß der temperaturabhängigen Stoffwerte und der Einlaufvorgang bei Kanälen und Rohren.

Ein Abschnitt über *Stoffübertragung* bot Gelegenheit, die dreifache Analogie zwischen den Austauschvorgängen für Impuls, Wärme und Stoff nochmals in abgekürzter Form zu behandeln und auf die Ähnlichkeitsdefekte einzugehen.

Der dritte Teil des Buches, die *Wärmestrahlung*, wurde im wesentlichen durch Angaben über gemessene Absorptionszahlen fester Oberflächen ergänzt, auch wurde der Abschnitt über Gasstrahlung neu verfaßt.

In diesem Buche wird zwischen den Einheiten der Masse und der Kraft dadurch unterschieden, daß für letztere die Bezeichnung *Kilopond* (kp) gewählt wurde, so daß das *Kilogramm* (kg) der Masseneinheit vorbehalten blieb. Es gilt die Beziehung

$$1\,\text{kp} = g_n \cdot 1\,\text{kg}$$

mit der Normalbeschleunigung $g_n = 9{,}80665\,\text{m/sek}^2$. Die spezifischen Größen (spezifische Wärme, Verdampfungswärme usw.) sind auf die Masse bezogen, so daß etwa die spezifische Wärme eines Raumelements jetzt $c_p\,\varrho$ und nicht mehr $c_p\,\gamma$ heißt. Ich hoffe, daß durch diese Festlegungen, die auch im technischen Schrifttum immer häufiger verwendet werden, der physikalische Inhalt mancher Gleichung klarer hervortritt, da die Erdbeschleunigung nur noch in Schwerkraftproblemen vorkommt.

Leverkusen, im Dezember 1954.

U. Grigull.

Inhaltsverzeichnis.

Zweiter Teil.

Konvektive Wärmeübertragung.

Dritter Teil.

Wärmestrahlung.

Einleitung.

Der Begriff „Wärmeübertragung" umfaßt die Gesamtheit jener Erscheinungen, die in der Überführung einer Wärmemenge von einer Stelle des Raumes nach einer anderen Stelle bestehen. Dieser Wärmetransport kann auf drei ihrem Wesen nach gänzlich verschiedenen Wegen erfolgen.

Die erste Art der Wärmeübertragung ist diejenige durch *Leitung*. Sie ist dadurch ausgezeichnet, daß ihr Auftreten an das Vorhandensein von Materie gebunden ist, und daß ein Wärmeaustausch nur zwischen den unmittelbar benachbarten Teilchen des Körpers stattfindet. Man kann sich den Vorgang so vorstellen, daß die Wärme von Teilchen zu Teilchen weiterwandert.

Die zweite Art der Wärmeübertragung ist die durch *Konvektion* oder *Fortführung*. Sie tritt auf, wenn materielle Teilchen eines Körpers ihre Stelle im Raum ändern, wobei sie ihren Wärmeinhalt mit sich fortführen. Dieser Vorgang findet in strömenden Flüssigkeiten und Gasen statt und ist, falls nicht in der ganzen strömenden Masse Temperaturgleichheit herrscht, stets von der Wärmeleitung von Teilchen zu Teilchen begleitet. Solange wir nur Stellen im Innern der Strömung betrachten, solange wir uns also um die Vorgänge an den festen Begrenzungsflächen und an der Oberfläche nicht kümmern, fassen wir die beiden ersten Arten des Wärmetransportes in der Bezeichnung *Wärmeleitung in strömenden Körpern* zusammen. Wenn wir die festen Begrenzungswände mit in die Betrachtung hereinziehen, so werden wir im allgemeinen einen Wärmeaustausch zwischen den Wänden und den strömenden Körpern beobachten, der dadurch zustande kommt, daß diejenigen Teilchen des Körpers, welche die Wand berühren, von ihr Wärme annehmen und mit sich fortführen. Den Wärmeaustausch mit der Wand nennt man *Wärmeübergang*.

Eine besondere Art des Wärmeüberganges ist dann gegeben, wenn an der Grenze zwischen Wand und Strömung eine Aggregatzustandsänderung des strömenden Körpers eintritt. Es ist dies der Fall beim Wärmeübergang von Heizflächen an verdampfende Flüssigkeiten und von kondensierenden Dämpfen an Kühlflächen.

Bei allen Vorgängen des Wärmetransportes durch Konvektion haben wir eine wichtige Unterscheidung zu machen hinsichtlich der Ursachen der Strömung. Wenn in einer Flüssigkeits- oder Gasmasse örtliche Temperaturungleichheiten vorhanden sind, so sind dieselben von Ungleichheiten der Dichte begleitet, und diese führen zu einer Strömung. Sind nun diese Dichteungleichheiten die einzige Ursache der Strömung, so sprechen wir von einer *freien Strömung* (auch von einem Strömungsfeld aus inneren Ursachen). Vielfach sind aber noch andere von außen kommende Ursachen für das Auftreten und Fortbestehen der Strömung vorhanden. Ist im Grenzfall deren Wirkung so groß, daß die Ungleichheiten der Dichte keinen Einfluß gewinnen können, so sprechen wir von einer *aufgezwungenen Strömung* (von einem Strömungsfeld aus äußeren Ursachen).

Die dritte Art der Wärmeübertragung ist diejenige durch *Strahlung*. Sie ist dadurch gekennzeichnet, daß sich bei einem Körper ein Teil seines Wärmeinhaltes in strahlende Energie verwandelt, in dieser Gestalt den Raum durchmißt und beim Auftreffen auf einen zweiten Körper sich ganz oder teilweise in Wärme zurückverwandelt.

Diese verschiedenen Arten des Wärmetransportes treten selten allein auf, sondern meist in irgendeiner Weise miteinander kombiniert. Sie können dann den Eindruck einer durchaus einheitlichen Erscheinung machen, und unter Umständen kann es sogar zweckmäßig sein, sie in der Rechnung als solche zu behandeln. Zwei Fälle sind da herauszuheben.

Der erste Fall ist der Wärmeverlust, den ein heißer Körper erleidet, der an Luft grenzt und sich ohne künstliche Kühlung abkühlt. Er verliert seine Wärme durch Strahlung an die kältere Umgebung sowie durch Leitung und Konvektion seitens der umgebenden Luft. In diesem Falle faßt man die drei Arten des Wärmetransportes zusammen unter dem Namen *Gesamtabkühlung* bzw. bei einem kalten Körper in heißer Umgebung unter dem Namen *Gesamterwärmung*.

Eine zweite hiervon ganz verschiedene Art der Zusammenfassung ist dann möglich, wenn dieselbe Wärmemenge aus einem ersten strömenden Körper an die feste Begrenzungswand der Strömung übergeht, diese Wand durchsetzt und auf der Gegenseite in einen zweiten strömenden Körper übertritt. Dieser Vorgang in seiner Gesamtheit betrachtet heißt *Wärmedurchgang*.

Erster Teil.

Wärmeleitung in festen Körpern.

Die analytische Theorie der Wärmeleitung nimmt auf das molekulare Gefüge der Stoffe keine Rücksicht, sie betrachtet also die Materie als Kontinuum. Dies hat zur Folge, daß wir uns bei allen Ableitungen die betrachteten Räume und auch die Differentiale dieser Räume doch noch groß vorstellen müssen im Vergleich zur Größe der Moleküle und im Vergleich zum Abstand zweier Moleküle.

Die Körper sollen als homogen und isotrop vorausgesetzt werden, sofern nicht ausdrücklich das Gegenteil bemerkt ist.

A. Die mathematischen Grundlagen.

1. Das Temperaturfeld und das Feld des Wärmeflusses.

a) Das Temperaturfeld. Die mathematische Physik spricht von dem „Feld einer Zustandsgröße in einem gegebenen Augenblick", und sie versteht darunter die Gesamtheit der Werte, die diese Zustandsgröße (Dichte, Temperatur, Geschwindigkeit usw.) an allen Stellen eines Raumes in dem gegebenen Augenblick aufweist, und zwar betrachtet sie diese Werte im Hinblick auf ihre Größe und räumliche Verteilung.

Rechnerisch findet das Feld seine Darstellung durch eine Gleichung. Bezeichnet z. B.: ϑ die Temperatur, x, y, z die Raumkoordinaten im kartesischen System und t die Zeit, so ist eine Gleichung von der Form

$$\vartheta = F(x, y, z, t)$$

der rechnerische Ausdruck eines Temperaturfeldes. In Zylinderkoordinaten würden wir erhalten:

$$\vartheta = F(r, \varphi, z, t)$$

und in Kugelkoordinaten

$$\vartheta = F(r, \varphi, \psi, t)$$

und endlich können wir uns noch der vektoriellen Darstellung bedienen mit der Schreibweise

$$\vartheta = F(\mathfrak{r}, t),$$

wobei dann der Ort nicht durch drei Raumkoordinaten, sondern durch den Radiusvektor $\mathfrak{r}$ festgelegt ist.

Wenn man in einem solchen Feld von einem beliebigen Punkt aus nach den verschiedenen Richtungen des Raumes vorwärts schreitet, so beobachtet man im allgemeinen eine Änderung der Zustandsgröße. Sind für alle Richtungen bei unendlich klein gehaltenen Schritten auch diese Änderungen unendlich klein, so heißt das Feld in diesem Punkt *stetig*. Ist auch nur in einer Richtung die Änderung von endlichem Betrag, dann heißt das Feld im untersuchten Punkt *unstetig*. Diese Bezeichnungen werden auf das ganze Feld übertragen, indem man ein Feld, das gar keine Stelle unstetigen Verlaufes enthält, als ein stetiges Feld bezeichnet.

Unter einem „Aufpunkt" versteht die mathematische Physik in erster Linie jenen Punkt eines Feldes, für den der Aufgabe gemäß die Zustandsgröße zu bestimmen ist, in zweiter Linie überhaupt einen für die Betrachtung besonders hervorgehobenen Punkt.

Was sonst noch an Begriffen aus der Lehre der skalaren und der Vektorfelder zu erläutern ist, soll an dem Beispiele des Temperaturfeldes entwickelt werden.

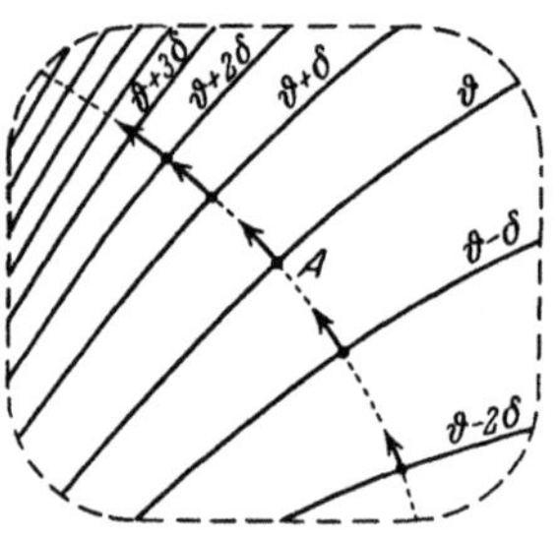

Abb. 1. Temperaturfeld mit Isothermen.

Nach dem oben Gesagten ist das Temperaturfeld im Innern eines Körpers durch die Gesamtheit der Temperaturen an allen Stellen im Körper dargestellt. Da die Temperatur eine skalare Größe ist, d. h., da eine einzige Zahl mit ihrem Vorzeichen genügt, um ihren Wert festzulegen, so heißt auch das Temperaturfeld ein skalares Feld.

Ist das Temperaturfeld in irgendeinem Punkt A stetig, so werden sich von A aus immer solche Richtungen finden lassen, in denen sich die Temperatur gar nicht ändert. Man gelangt so zu Nachbarpunkten, die die gleiche Temperatur wie Punkt A besitzen und die man zu Ausgangspunkten für neue Schritte wählen kann. Durch fortgesetzte Wiederholung dieses Verfahrens wird im Körper eine Fläche festgelegt, die nur Punkte gleicher Temperatur enthält, also eine Fläche konstanter Temperatur oder eine isothermische Fläche. In Abb. 1 ist ein Stück eines Temperaturfeldes mit eingezeichneten Isothermen $\vartheta, \vartheta + \delta$, $\vartheta + 2\,\delta$ usw. dargestellt. Hierbei ist — wie auch im folgenden — unter ϑ die Temperatur zu verstehen, bei noch gänzlich willkürlich gelassenem Nullpunkt der Zählung.

Da an derselben Stelle nicht zwei Temperaturen zugleich herrschen können, so können sich auch zwei Flächen verschiedenen Temperaturwertes niemals schneiden. Ferner kann eine Fläche konstanter Temperatur innerhalb eines Körpers keine Begrenzung besitzen, sondern sie muß entweder an der Oberfläche endigen oder sie muß ganz im Innern des Körpers verlaufen und in sich geschlossen sein.

b) Der Temperaturgradient. Außer den bereits erwähnten Richtungen von A aus gibt es noch eine einzelne, ausgezeichnete Richtung, nämlich jene Richtung, bei der die Änderung der Temperatur am größten ist. Sie ist z. B. für den Punkt A (vgl. Abb. 1) gegeben durch die kürzeste Verbindung von A aus nach der nächstgelegenen, isothermischen Fläche, also durch die Richtung des Lotes auf diese Fläche. Der Betrag dieser Änderung bei festgehaltener Größe des Schrittes ist umgekehrt proportional der Länge des Lotes. Es ist also durch die Beschaffenheit des Feldes in unmittelbarer Nähe des Punktes A ein Vektor bestimmt, dessen Richtung die obengenannte Richtung stärkster Änderung ist und dessen absoluter Betrag gleich dem Wert der Temperaturänderung pro Längeneinheit dieses Weges ist. Das Vorzeichen des Vektors wollen wir so festlegen, daß wir ihn positiv nennen in der Richtung der zunehmenden Temperatur. Dieser Vektor heißt der Gradient des Temperaturfeldes im Punkt A oder kurz der Temperaturgradient, der Temperaturanstieg. Bezeichnet ϑ die Temperatur, so wird dieser Vektor durch das Symbol „grad ϑ" dargestellt. Der negative Wert dieses Vektors also „— grad ϑ" heißt das Temperaturgefälle.

Der Gradient hat z. B. die Einheit grd/m, wenn mit grd eine Temperaturdifferenz in Temperaturgraden bezeichnet wird (beachte den Unterschied grad = Gradient und grd = Temperaturgrad).

In vielen Schriften wird die Wahl über das Vorzeichen so getroffen, daß das Temperaturgefälle mit + grad ϑ bezeichnet wird. Sehr häufig wird auch statt des Symboles „grad" das Symbol ∇ verwendet.

Ebenso wie für den Punkt A läßt sich für jeden Punkt des Feldes der Gradient bestimmen. Die Gesamtheit dieser Vektoren bildet ein neues Feld, das Feld des Temperaturgradienten. Die Schar der Flächen konstanter Temperatur bestimmt zugleich das Feld dieses Vektors, denn die Richtungen der Vektoren sind gegeben durch die Linienschar der orthogonalen Trajektorien dieser Flächen, und die absoluten Beträge der Vektoren sind dem Abstand zweier aufeinanderfolgender Flächen umgekehrt proportional mit einem Proportionalitätsfaktor, der von den gewählten Maßeinheiten abhängt.

c) Der Wärmefluß. Jeder Körper, in dem nicht völliges Temperaturgleichgewicht herrscht, ist von Wärmeströmungen erfüllt. Zur mathematischen Darstellung dieses Strömungsfeldes bedienen wir uns eines neuen Vektors $\mathfrak{q}$, der als Wärmefluß bezeichnet sein soll. Seine Bedeutung ergibt sich aus der folgenden Definition:

„Unter dem Wärmefluß an einer Stelle des Feldes versteht man einen Vektor, der durch seine Richtung die Richtung der Wärmeströmung und durch seinen absoluten Betrag die Stärke oder Intensität der Wärmeströmung angibt. Diese Intensität wird gemessen durch die Wärmemenge, die durch ein Flächenstück von der Größe „Eins", das man an der untersuchten Stelle senkrecht zur Strömungsrichtung anbringt, in der Zeiteinheit hindurchströmt."

Der Vektor hat z. B. die Einheit

$$\frac{\text{kcal}}{\text{m}^2\,\text{h}} = 1{,}163\,\frac{\text{W}}{\text{m}^2}\,.$$

Für einen festen Körper, in dem die Wärmeübertragung ausschließlich durch Leitung erfolgt, kann der Wärmefluß an einer Stelle in einfacher Weise aus der Beschaffenheit des Temperaturfeldes in unmittelbarer Nähe dieser Stelle abgeleitet werden. Da für jeden Aufpunkt im Inneren eines homogenen und isotropen Körpers der physikalische Zustand in unmittelbarer Umgebung dieses Aufpunktes symmetrisch zur Richtung des Temperaturgefälles ist, so müssen die beiden Vektoren Temperaturgradient und Wärmefluß in einer Geraden liegen. Und weil die Wärme erfahrungsgemäß immer in Richtung des Temperatur*gefälles* strömt, so haben die beiden Vektoren entgegengesetzte Richtung. Die Stärke des Wärmeflusses muß natürlich mit zunehmendem Temperaturgefälle ebenfalls zunehmen. Der Versuch zeigt, daß der Wärmefluß sehr genau der ersten Potenz des Temperaturgefälles proportional ist.

Die beiden Angaben über Richtung und Größe des Wärmeflusses ermöglichen uns die Aufstellung der Grundgleichung der Wärmeleitung. Diese lautet:

$$\mathfrak{q} = \lambda(-\operatorname{grad}\vartheta) = -\lambda \operatorname{grad}\vartheta \tag{1}$$

und bringt den Zusammenhang zwischen dem Feld des Wärmeflusses und dem Temperaturfeld in mathematischer Form zum Ausdruck.

Der Proportionalitätsfaktor λ ist eine skalare Größe und seinem Werte nach von der Natur und dem physikalischen Zustand jenes Körpers abhängig, der das Feld erfüllt. Er heißt die Wärmeleitfähigkeit (innere Wärmeleitfähigkeit) der Substanz. Die Wärmeleitfähigkeit ist, wie alle Stoffwerte, mit Druck und Temperatur veränderlich. Sowohl der Zahlenwert bei einer bestimmten Temperatur als auch die Änderungsgesetze mit Temperatur und Druck sind nur durch den Versuch zu bestimmen.

Durch Einsetzen der Einheiten von $\mathfrak{q}$ und $\operatorname{grad}\vartheta$ erhält man die Einheit der Wärmeleitfähigkeit z. B. zu[1]

$$\frac{\mathrm{kcal/m^2\,h}}{\mathrm{grd/m}} = \frac{\mathrm{kcal}}{\mathrm{m\,h\,grd}} = 1{,}163\,\frac{\mathrm{W}}{\mathrm{m\,grd}}\,.$$

d) Der Wärmetransport durch eine beliebige Fläche. Nach der Definition des Wärmeflusses geht durch ein Flächenstück von der Größe „Eins“, das senkrecht zum Temperaturgradienten steht, die Wärmemenge $\mathfrak{q}$ in der Zeiteinheit in Richtung des negativen Gradienten hindurch.

Ein Flächenstück von der Größe df, dessen Normale mit dem Gradienten den Winkel α bildet, wird dann von einer Wärmemenge durchsetzt, deren absoluter Betrag gegeben ist durch

$$|\mathfrak{q}|\,df\cos\alpha = -\lambda\,|\operatorname{grad}\vartheta|\cos\alpha\,df\,. \tag{2a}$$

Diesem absoluten Betrag kann man in zweierlei Weise eine Richtung zuordnen. Das Nächstliegende ist, von der Wärmemenge zu sprechen, die durch df in Richtung des Gradienten hindurchtritt, also in einer Richtung, in der df nicht seine ganze Größe darbietet. Diese Auffassung kommt zum Ausdruck in der Schreibweise

$$-\lambda \operatorname{grad}\vartheta\,\{\cos\alpha\,df\}\,. \tag{2b}$$

[1] Die wärmedurchströmte Fläche und die Weglänge können auch in verschiedenen Längeneinheiten gemessen werden, so z. B. bei der englischen Einheit für λ: Btu in/ft^2 h deg F (vgl. auch die Umrechnungstabelle im Anhang).

Andererseits kann man auch von einem Wärmetransport normal zum Flächenelement sprechen. In diesem Falle kommt zwar die ganze Fläche df, dafür aber nur die Normalkomponente des Wärmeflusses in Rechnung. Dem entspricht die Gleichung

$$-\lambda\,\{\operatorname{grad}\vartheta\cos\alpha\}\,df = -\lambda\operatorname{grad}_n\vartheta\,df\,. \tag{2c}$$

Ist nicht ein einzelnes Flächenstück, sondern eine Fläche von endlicher Ausdehnung gegeben und soll ferner die Rechnung über den Zeitraum von $t = 0$ bis $t = t$ ausgedehnt werden, so ist die gesamte Wärmemenge

$$Q = -\lambda\int_0^t dt \int_{Fläche} \operatorname{grad}_n\vartheta\,df\,. \tag{2d}$$

Durch diese Gleichung sind alle Fragen nach den Wärmeströmungen in einem Körper auf die Frage nach der Beschaffenheit des Temperaturfeldes zurückgeführt. Die Bestimmung des Temperaturfeldes ist somit die Hauptaufgabe der analytischen Theorie der Wärmeleitung.

e) Der Laplacesche Differentialparameter $\nabla^2\vartheta$. Die nachstehende Doppelgleichung

$$\int_{\bigcirc} \operatorname{grad}_n\vartheta\,df = \operatorname{div}(\operatorname{grad}\vartheta)\,dV = \nabla^2\vartheta\,dV \tag{3}$$

ist für den Kenner der Lehre von den Vektorfeldern ohne weiteres verständlich. Sie enthält in ihrem ersten Teil den Gaußschen Satz, in ihrem zweiten Teil eine Anwendung der Vektorformel Nr. II im Anhang. Für den Leser, welcher diese Lehre nicht kennt, sei der Differentialparameter $\nabla^2\vartheta$ aus dem Oberflächenintegral heraus erklärt. Eine Ableitung oder ein Beweis soll dies nicht sein.

Wir fassen im Temperaturfeld einen Punkt A ins Auge, legen um ihn eine sehr kleine Kugel und zerteilen ihre Oberfläche in unendlich kleine Flächenstücke df. Ferner legen wir durch jedes Flächenstück die Normale und nennen die nach außen gerichtete Normale positiv, die nach dem Mittelpunkt gerichtete Normale negativ. Der Temperaturanstieg in Richtung der äußeren Normalen heißt dann $+\operatorname{grad}_n\vartheta$. Das Integral auf der linken Seite der Gl. (3) stellt das Oberflächenintegral für diese unendlich kleine Kugel dar.

Wenn nun bei einer solchen sehr kleinen Kugel die Temperatur in Richtung aller äußeren Normalen steigt, also in Richtung aller inneren Normalen sinkt, dann ist sicher die Temperatur im Mittelpunkt der Kugel niedriger als auf der Oberfläche, oder mit anderen Worten, die Temperatur ist im Punkte A niedriger als in seiner unmittelbaren nächsten Umgebung. Sind die Werte $\operatorname{grad}\vartheta$ für alle einzelnen Flächen df positiv, so ist sicher auch das Integral, genommen über die geschlossene Fläche $\bigcirc$, positiv, und zwar um so mehr, je niedriger die Temperatur im Punkt A ist, verglichen mit der Umgebungstemperatur.

Im gegenteiligen Falle, daß die Temperatur in Richtung aller äußeren Normalen sinkt, ist der Wert des Integrals negativ und die Temperatur im Mittelpunkt der Kugel höher als auf der Oberfläche.

Im dritten Falle, daß für einige Flächenstücke die Temperatur in Richtung der äußeren Normalen steigt, für andere Flächenstücke fällt, kann der Wert des Integrals positiv oder negativ ausfallen.

Aber immer ist der Wert des Integrals ein Maß dafür, in welchem Sinne und in welchem Ausmaß die Temperatur im Aufpunkt vom Durchschnittswert der Umgebungstemperatur abweicht. Das Integral gibt also eine wichtige Eigenschaft des Feldes im Aufpunkt an, und man hat dafür das kurze Symbol $\nabla^2\vartheta$ eingeführt.

$\nabla^2\vartheta$ heißt der Laplacesche Differentialparameter oder auch der Differentialparameter 2. Ordnung. In der Literatur findet sich auch die Bezeichnung Δ. Seine Einheit ist z. B.

$$\frac{\mathrm{grd}}{\mathrm{m}^2}.$$

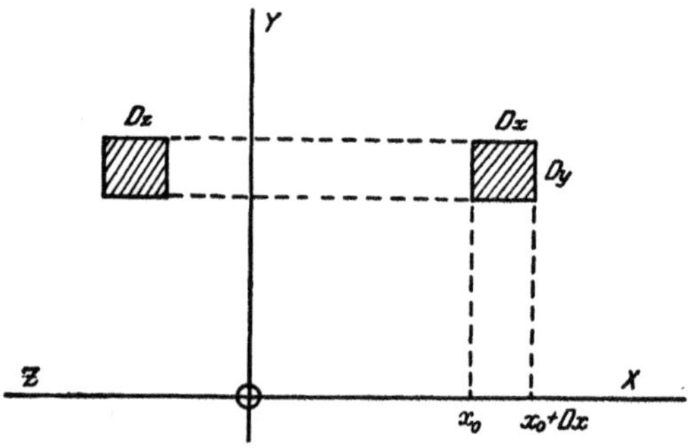

Abb. 2. Ableitung von $\nabla^2\vartheta$ für rechtwinklig-geradlinige Koordinaten.

Für den Fall des rechtwinkeligen, geradlinigen Koordinatensystems soll nun der Wert von $\nabla^2\vartheta$ berechnet werden, dagegen sei wegen des Wertes im Zylinder- und Kugelkoordinatensystem auf die Vektorformeln Nr. IX im Anhang verwiesen.

Zuerst wollen wir ein Temperaturfeld annehmen, in dem die Temperatur nur in der Richtung der X-Achse veränderlich ist, und zwar nach der Funktion $\vartheta = F(x)$.

Zur Bestimmung des Oberflächenintegrals geben wir jetzt dem Raumelement die Gestalt eines Würfels mit den Kantenlängen Dx, Dy und Dz (vgl. Abb. 2). Diejenigen Würfelflächen, welche senkrecht auf der Y- und der Z-Achse stehen, liefern keinen Beitrag zum Oberflächenintegral, weil nach Voraussetzung die Temperatur von y und z unabhängig ist. Es verbleiben also nur die beiden Würfelflächen $Dy\,Dz$, welche an den Stellen x_0 und $x_0 + Dx$ liegen. Bezeichnen wir mit

$$\left(\frac{d\vartheta}{dx}\right)_{x_0} \quad \text{und} \quad \left(\frac{d\vartheta}{dx}\right)_{x_0+Dx}$$

den Temperaturanstieg an den Stellen x_0 und $x_0 + Dx$, in Richtung der wachsenden x gemessen, so nimmt das Integral der Gl. (3) die einfache Gestalt an

$$-\left(\frac{d\vartheta}{dx}\right)_{x_0} Dy\,Dz + \left(\frac{d\vartheta}{dx}\right)_{x_0+Dx} Dy\,Dz.$$

Das Minuszeichen tritt deshalb auf, weil der Temperaturanstieg immer in Richtung der äußeren Normalen zu zählen ist, für die Stelle x_0 also in Richtung abnehmender x.

Fassen wir den Differentialquotienten nach x als eine neue Funktion $\varphi(x)$ auf, so können wir den letztgeschriebenen Ausdruck auf die Form

$$\{\varphi(x_0 + Dx) - \varphi(x_0)\}\,Dy\,Dz$$

bringen und darin $\varphi(x_0 + Dx)$ nach einer Taylorschen Reihe entwickeln:

$$\varphi(x_0 + Dx) = \varphi(x_0) + \frac{Dx}{1!}\varphi'(x) + \frac{Dx^2}{2!}\varphi''(x)\,.$$

Da Dx ein sehr kleiner Wert ist, können in dieser Reihe die Glieder von höherer als erster Potenz vernachlässigt werden. Daraus wird

$$\varphi(x_0 + Dx) - \varphi(x_0) = \varphi'(x)\,Dx = \frac{d^2\vartheta}{dx^2}\,Dx$$

und für das Oberflächenintegral ergibt sich

$$\int_O \operatorname{grad}_n \vartheta\, df = \frac{d^2\vartheta}{dx^2}\,Dx\,Dy\,Dz = \nabla^2\vartheta\, dV.$$

In diesem Falle ist also der 2. Differentialparameter mit dem 2. Differentialquotienten identisch.

Ist im allgemeineren Falle die Temperatur nach allen drei Richtungen veränderlich, so führt eine Wiederholung des Gedankenganges für die y- und die z-Richtung zur Gleichung

$$\int_O \operatorname{grad}_n \vartheta\, df = \left(\frac{\partial^2\vartheta}{\partial x^2} + \frac{\partial^2\vartheta}{\partial y^2} + \frac{\partial^2\vartheta}{\partial z^2}\right) Dx\,Dy\,Dz = \nabla^2\vartheta\, dV.$$

2. Die Ableitung der Differentialgleichung von Fourier[1].

a) Der Grundgedanke. Um die Darstellung möglichst einfach zu gestalten, setzen wir einige Vereinfachungen, zu denen wir doch später aus mathematischen Gründen gezwungen würden, schon jetzt fest. 1. Das Feld soll von einem einzigen, homogenen Körper erfüllt sein. 2. Dieser Körper soll als isotrop angenommen werden. 3. Die Wärmeleitfähigkeit, die Dichte und die spezifische Wärme — das sind diejenigen Stoffwerte, die in der Differentialgleichung als Koeffizienten auftreten werden — sollen als unabhängig vom Druck und von der Temperatur angenommen werden. 4. Es sollen keine Aggregatzustandsänderungen im Felde auftreten. Über die Aufhebung einiger dieser Annahmen siehe später Abschn. F.

Der Grundgedanke bei Ableitung der Differentialgleichung ist, daß die Wärmemenge, die im Innern eines abgeschlossenen Raumes dV aus anderen Energiearten entsteht, zum Teil im Inneren des Raumes selbst bleibt und zu einer Vermehrung des Wärmeinhaltes der eingeschlossenen Massen führt und zum anderen Teil durch die Oberfläche des Raumes nach außen tritt. Die im Raumelement dV erzeugte Wärme möge mit Q_1, die verbleibende Wärme mit Q_2 und die austretende Wärme mit Q_3 bezeichnet werden. Dann gilt die Gleichung:

$$Q_1 = Q_2 + Q_3\,.$$

b) Die Berechnung der einzelnen Wärmemengen. Die *entstehende Wärmemenge*. Hierbei ist es für die Rechnung ganz gleichgültig, aus welchen anderen Energiearten, z. B. elektrischer Energie, die Wärme

---

[1] Fourier, J. B.: Théorie analytique de la chaleur. Paris 1822. Deutsche Übersetzung von R. Weinstein. Berlin 1884.

entsteht; man trägt dem einfach dadurch Rechnung, daß man innerhalb des Feldes das Vorhandensein von Wärmequellen annimmt. Die Ergiebigkeit dieser Quellen ist durch die Aussage gegeben, sie sollen innerhalb der Raumeinheit und während der Zeiteinheit die Wärmemenge W hervorbringen. Damit ergibt sich für die Wärmemenge, die innerhalb des Raumes dV und in der Zeit dt erzeugt wird, der Ausdruck

$$Q_1 = W\,dV\,dt\,.$$

Die Wärmequellen können im Feld sowohl stetig als unstetig verteilt sein; durch geeignete Definitionen lassen sich auch flächen-, linien- und punktförmige Wärmequellen einführen, und endlich kann ihre Ergiebigkeit sowohl zeitlich konstant als zeitlich veränderlich sein. In jedem Falle muß aber das ganze System von Wärmequellen in seinem räumlichen und zeitlichen Verlauf gegeben sein.

Die *aufgespeicherte Wärmemenge.* Im Aufpunkt möge während der Zeiteinheit die Temperatursteigerung $\frac{d\vartheta}{dt}$ zu beobachten sein. Bezeichnet ϱ die Dichte des Körpers und c seine spezifische Wärme, so ist die Wärmemenge, die in der Zeit dt im Raum dV gebunden wird, gleich

$$Q_2 = c\,\varrho\,\frac{\partial\vartheta}{\partial t}\,dV\,dt\,.$$

Die *austretende Wärmemenge.* Sie berechnet sich mit Hilfe von Gl. (2d) aus der Beschaffenheit des Temperaturfeldes. Wenn df ein Element der Oberfläche des Raumes dV ist und wenn wieder wie oben die Flächennormale nach außen positiv gerechnet wird, dann ergibt sich für die Wärme, die den Raum dV in der Zeiteinheit verläßt, der Wert

$$-\lambda \int_{O} \mathrm{grad}_n\,\vartheta\,df\,,$$

und dies ist nach Gl. (3) gleich $-\lambda\,\nabla^2\vartheta\,dV$. Für den Zeitraum dt wird daraus

$$Q_3 = -\lambda\,\nabla^2\vartheta\,dV\,dt\,.$$

c) Die Differentialgleichung. Die Bedingungsgleichung $Q_1 = Q_2 + Q_3$ nimmt jetzt die Form an

$$W\,dV\,dt = c\,\varrho\,\frac{\partial\vartheta}{\partial t}\,dV\,dt - \lambda\,\nabla^2\vartheta\,dV\,dt$$

oder

$$\frac{\partial\vartheta}{\partial t} = \frac{\lambda}{c\,\varrho}\,\nabla^2\vartheta + \frac{1}{c\,\varrho}\,W\,. \tag{4a}$$

Diese Gleichung heißt die *Fouriersche Differentialgleichung der Wärmeleitung.* Sie ist eine partielle Differentialgleichung mit der Zeit und den drei Koordinaten des Raumes als unabhängigen und der Temperatur als abhängigen Veränderlichen. Sie ist vom ersten Grad (linear), weil in ihr die abhängige Veränderliche ϑ nur in der ersten Potenz auftritt; dagegen ist sie von der zweiten Ordnung, weil sie in $\nabla^2\vartheta$ die zweiten Ableitungen des ϑ nach den Raumkoordinaten enthält. W ist eine gegebene Funktion des Ortes und der Zeit. λ, ϱ und c sind der Voraussetzung gemäß konstante Koeffizienten.

Für den Quotienten $\lambda/c\varrho$ wird der Buchstabe a eingeführt. a heißt die *Temperaturleitfähigkeit* und ist ebenso wie λ, c und ϱ ein reiner Stoffwert[1]. Seine Einheit ergibt sich z. B. zu

$$\frac{\mathrm{m}^2}{\mathrm{sek}}.$$

In der älteren Literatur findet man statt a die Schreibweise a^2. Hierauf ist beim Vergleich mit anderen Schriften zu achten.

Bei Einführung eines Koordinatensystems nimmt die Gleichung eine der nachstehenden Formen an (vgl. Vektorformeln IX im Anhang): in kartesischen Koordinaten:

$$\frac{\partial \vartheta}{\partial t} = a\left(\frac{\partial^2 \vartheta}{\partial x^2} + \frac{\partial^2 \vartheta}{\partial y^2} + \frac{\partial^2 \vartheta}{\partial z^2}\right) + \frac{1}{c\varrho} f(x, y, z, t)\,, \tag{4b}$$

in Zylinderkoordinaten:

$$\frac{\partial \vartheta}{\partial t} = a\left(\frac{\partial^2 \vartheta}{\partial r^2} + \frac{1}{r}\frac{\partial \vartheta}{\partial r} + \frac{1}{r^2}\frac{\partial^2 \vartheta}{\partial \varphi^2} + \frac{\partial^2 \vartheta}{\partial z^2}\right) + \frac{1}{c\varrho} f(r, \varphi, z, t)\,, \tag{4c}$$

in Kugelkoordinaten:

$$\frac{\partial \vartheta}{\partial t} = a\left(\frac{\partial^2 \vartheta}{\partial r^2} + \frac{2}{r}\frac{\partial \vartheta}{\partial r} + \frac{1}{r^2}\frac{\partial^2 \vartheta}{\partial \psi^2} + \frac{\cos\psi}{r^2 \sin\psi}\frac{\partial \vartheta}{\partial \psi} + \frac{1}{r^2 \sin^2\psi}\frac{\partial^2 \vartheta}{\partial \varphi^2}\right) + \frac{1}{c\varrho} f(r, \varphi, \psi, t)\,, \tag{4d}$$

wobei bei den Kugelkoordinaten φ die geographische Länge und ψ den Polabstand bedeuten.

3. Die allgemeine Aufgabe der analytischen Theorie der Wärme.

Die allgemeine Aufgabe läßt sich in nachstehende Fassung bringen:

„Es soll in einem homogenen und isotropen Körper die Temperaturverteilung für einen gegebenen Augenblick t bestimmt werden, wenn bekannt ist:

1. Die Temperaturverteilung zu einem anderen, meist früheren Augenblick (z. B. zur Zeit $t = 0$, also die Anfangstemperaturverteilung).

2. Die Einwirkung der Umgebung des Körpers auf seine Oberfläche. (Es kann z. B. angenommen sein, daß durch irgendwelche Maßnahmen von außen der Oberfläche des Körpers eine bestimmte Temperaturverteilung aufgezwungen wird, und zwar kann diese sowohl zeitlich konstant als zeitlich veränderlich sein.)"

Die Bedingungen unter 1. und 2. heißen die Grenzbedingungen, und es heißt 1. die zeitliche und 2. die räumliche Grenzbedingung.

4. Die Grenzbedingungen.

Jene gesuchte Funktion, die das Temperaturfeld in seinem räumlichen und zeitlichen Verlauf wiedergeben soll, muß in erster Linie der Differentialgleichung genügen, um überhaupt mit dem Energieprinzip verträglich zu sein. Daß dies aber noch nicht hinreicht, um die

[1] Einige Werte von a sind in Zahlentafel 6 (S. 76) wiedergegeben.

Funktion eindeutig zu bestimmen, ergibt sich aus der Bedeutung der Differentialgleichung. Diese sagt aus, wie die zeitliche Temperaturänderung an einer Stelle des Feldes abhängt von der Beschaffenheit des Feldes in unmittelbarer Nähe dieser Stelle und von der Ergiebigkeit der dort befindlichen Wärmequellen. Sie gibt also nur den Zusammenhang zwischen den räumlichen und den zeitlichen *Änderungen* der Temperatur. Um die Temperaturverteilung selbst finden zu können, muß also 1. für jede Stelle des Feldes der Ausgangspunkt bekannt sein, von dem aus die positiven und negativen zeitlichen Änderungen zu zählen sind, und 2. muß für diejenigen Raumelemente, die an der Oberfläche des Feldes liegen, d. h. für diejenigen Stellen, an welchen die Beschaffenheit des Feldes unmittelbar von außen beeinflußt wird, die Art dieser Beeinflussung bekannt sein.

Der Mathematiker sieht in der gesuchten Gleichung

$$\vartheta = F(\xi, \eta, \zeta, t),$$

worin wir uns unter ξ, η, ζ ein beliebiges Koordinatensystem vorstellen müssen, eine Angabe über den Verlauf der Zustandsgröße ϑ innerhalb eines vierdimensionalen Gebietes, und er verlangt zur eindeutigen Lösbarkeit der Aufgabe das Vorhandensein verschiedener Bedingungen an der Berandung dieses Raumzeitgebietes. In Anlehnung an dieses Bild nennt man in der mathematischen Physik die Bedingungen, die außer der Differentialgleichung noch erfüllt sein müssen, die Randbedingungen und nennt die Aufgaben selbst Randwertaufgaben.

a) Die zeitlichen Grenzbedingungen bestehen in der Angabe einer skalaren Ortsfunktion $\vartheta = F(\xi, \eta, \zeta) = F(\mathfrak{r})$, die die Temperaturverteilung zu einer gegebenen Zeit darstellt. Diese Temperaturverteilung kann ganz willkürlich sowohl stetig als unstetig angenommen werden. In den meisten Fällen besteht dann die Aufgabe darin, das Temperaturfeld in seinem späteren Verlauf zu berechnen. Die Aufgabe ist im Prinzip immer lösbar, wenn auch der gegenwärtige Stand der Mathematik nicht immer ausreicht, um die Lösung auch wirklich zu finden.

Es ist aber auch die Frage berechtigt, aus welchen früheren Temperaturverteilungen eine gegebene Temperaturverteilung entstanden sein kann. Verfolgt man ein gegebenes Temperaturfeld in seinem zeitlichen Verlaufe nach rückwärts, so wird man immer zu einer unstetigen Temperaturverteilung gelangen, und von da ab wird ein weiteres Verfolgen des Temperaturverlaufes sinnwidrig. Die Frage nach dem früheren Zustand eines Feldes wird in diesem Buche nicht besprochen werden, da sie im allgemeinen nur funktionentheoretisches Interesse bietet[1].

b) Die räumlichen Grenzbedingungen. Die mathematische Physik kennt in der Lehre von den Randwertaufgaben drei Arten von Randwertvorschriften, die alle drei auch in der Lehre von der Wärmeleitung ihre Bedeutung besitzen.

---

[1] Weitere Angaben finden sich in: Enzykl. d. math. Wiss. II. A. 7c. S. 564/565. Enzykl. d. math. Wiss. V. 4. S. 177/178.

Die *erste Art* der Randbedingung besteht in der Angabe der Temperaturverteilung auf der Oberfläche des Temperaturfeldes als Funktion des Ortes und der Zeit, und zwar muß sich die Angabe über alle Punkte der Oberfläche erstrecken. Die Funktion selbst ist durchaus willkürlich und kann sowohl in bezug auf den Ort als auf die Zeit stetig oder unstetig sein. Wir werden aber in diesem Buch nur Fälle betrachten, in denen die Oberflächentemperatur entweder konstant oder doch nur periodisch veränderlich ist.

Die *zweite Art* der Randbedingung besteht in der Angabe des Wärmeflusses durch jedes Stück der Oberfläche, und zwar wieder als Funktion des Ortes und der Zeit. Auch diese Angabe ist für die ganze Oberfläche notwendig, die Funktion selbst durchaus willkürlich.

Die *dritte Art* der Randbedingung endlich besteht in der Angabe der Umgebungstemperatur Θ und in der Angabe eines Gesetzes für den Wärmeaustausch zwischen der Oberfläche des Körpers und seiner Umgebung. Dieser Wärmeaustausch oder Wärmeübergang wird im II. Hauptteil noch eingehend besprochen werden, und es wird sich dabei zeigen, daß dieser Wärmeübergang äußerst verwickelten Gesetzen unterworfen ist. Aus mathematischen Gründen ist man aber gezwungen, ein sehr einfaches Gesetz zugrunde zu legen. Als solches wird in der mathematischen Physik das *Newtonsche Abkühlungsgesetz* gewählt. Dies besteht in der Annahme, daß die Wärmemenge dQ, die ein Oberflächenelement dF von der Temperatur ϑ_0 in der Zeit dt an die Umgebung von der Temperatur Θ abgibt, dem Temperaturunterschied $(\vartheta_0 - \Theta)$, der Größe von dF und von dt direkt proportional ist, also durch die Gleichung

$$d^2 Q = \alpha\,(\vartheta_0 - \Theta)\,dF\,dt$$

gegeben ist. Der Proportionalitätsfaktor α heißt der *Wärmeübergangskoeffizient* und ist ein reiner Erfahrungswert. (In der physikalischen Literatur findet man dafür auch die irreführende Bezeichnung „äußere Wärmeleitfähigkeit"). Setzt man in die letzte Gleichung die Einheiten von dQ, ϑ_0, Θ, dF und dt ein, so erhält man für α z. B. die Einheit

$$\frac{\text{kcal}}{\text{m}^2\,\text{h}\,\text{grd}} = 1{,}163\,\frac{\text{W}}{\text{m}^2\,\text{grd}}\,.$$

Diese Wärmemenge dQ, die das Oberflächenelement dF abgibt, muß ihm aus dem Inneren des Körpers durch Leitung zuströmen. Sie muß also aus der Normalkomponente des Temperaturgradienten — gemessen in unmittelbarer Nähe der Oberfläche $= (\text{grad}_n \vartheta)_0$ — berechnet werden können. Gl. (2) liefert dafür

$$d^2 Q = -\lambda\,(\text{grad}_n \vartheta)_0\,dF\,dt\,.$$

Aus diesen beiden Werten für dQ ergibt sich

$$(\text{grad}_n \vartheta)_0 = -\frac{\alpha}{\lambda}\,(\vartheta_0 - \Theta)\,. \tag{5}$$

Diese Gleichung stellt die dritte Art der Randbedingung dar. Sie kennzeichnet ein Problem dann eindeutig, wenn die Umgebungstemperatur Θ und der Wärmeübergangskoeffizient α für alle Oberflächenteile als Funktionen des Ortes und der Zeit gegeben sind.

Für das Verhältnis α/λ ist der Buchstabe h und die Bezeichnung *relativer Wärmeübergangskoeffizient* üblich. Wenn man für α und für λ die Einheiten einsetzt, so erkennt man, daß die Größe h z. B. die Einheit m^{-1} hat. Ihr Kehrwert λ/α muß dann eine Strecke „s“ darstellen, deren Bedeutung weiter unten besprochen werden wird.

Eine zeichnerische Darstellung veranschaulicht am besten das Wesen dieser drei Arten von Oberflächenbedingungen. In den vier Teilen der Abb. 3 stellt jeweils dF ein Element der Körperoberfläche und $\mathfrak{n}$ die nach außen positiv gezählte Normale dar; als Ordinaten sind die Temperaturen aufgetragen.

Bei der ersten Randwertangabe (Abb. 3a) ist der Wert der Oberflächentemperatur ϑ_0 gegeben, dagegen gehört die Neigung der Temperaturkurve an der Oberfläche, $\operatorname{tg}\varphi_0 = (\operatorname{grad}_{\mathfrak{n}}\vartheta)$ und damit die austretende Wärmemenge zu den gesuchten Größen. Bei der zweiten Rand-

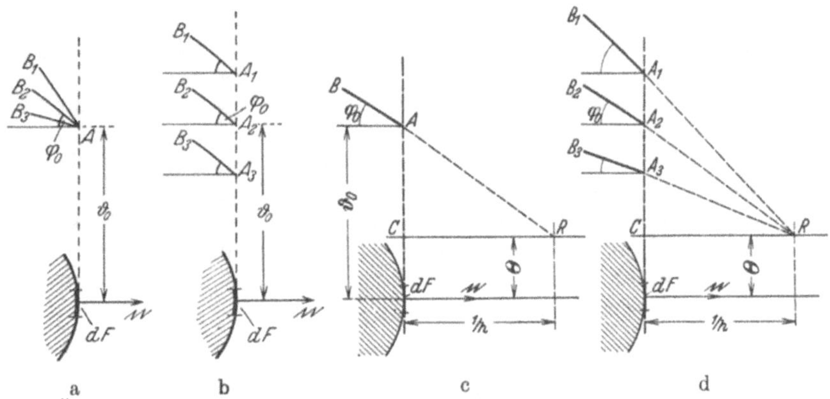

Abb. 3a bis d. Die drei Arten der Oberflächenbedingungen.

wertangabe (Abb. 3b) ist es gerade umgekehrt. Bei der dritten Randwertangabe ist auf der äußeren Normalen ein Punkt gegeben, durch den alle Tangenten gehen müssen, die man in der Oberfläche an die Temperaturkurven legen kann. Dieser Punkt, der Richtpunkt genannt, liegt um die Strecke $\lambda/\alpha = 1/h = s$ von der Oberfläche entfernt. Gesucht ist hier sowohl die Oberflächentemperatur als auch die austretende Wärmemenge.

Der Beweis für die Bedeutung des Richtpunktes und seiner Lage ergibt sich aus folgender Rechnung:

Wir schreiben die Gl. (5) in der Form

$$\left(\frac{\partial\vartheta}{\partial x}\right)_0 = -\frac{\vartheta_0 - \Theta}{s}$$

oder mit Verwendung der Buchstaben aus den Abb. 3c und d

$$-\operatorname{tg}\varphi_0 = \frac{AC}{CR}.$$

Die obige Aussage über den Richtpunkt trifft also zu, wenn $AC = \vartheta_0 - \Theta$

und $CR = s = \lambda/\alpha$ gemacht wurde. Wenn der Punkt R in dieser Weise gewählt war, so geht die Tangente an die Temperaturkurve im Punkt A immer durch den Richtpunkt hindurch, es mag im übrigen der Wärmeausgleichvorgang verlaufen wie er will (vgl. Abb. 3d). Wir werden von dieser Eigenschaft des Richtpunktes noch mehrfach Gebrauch machen, so z. B. S. 62 und S. 103.

B. Über die Lösung von Randwertaufgaben.

Während der Abschnitt A der Aufstellung der Grundbegriffe und einer Besprechung des Wesens der Randwertaufgabe gewidmet war, sollen in diesem Abschnitt die analytischen Methoden, die aus dem mathematischen Ansatz heraus zur Lösung dieser Aufgaben führen, erörtert werden.

Diese analytischen Methoden haben ihren ersten Ausgang von den Aufgaben der analytischen Theorie der Wärmeleitung durch Fourier genommen, sind dann auf andere Gebiete der mathematischen Physik übertragen worden und in der reinen Mathematik, losgelöst von jeder physikalischen Deutung, weiter ausgebaut worden.

Wenn im folgenden diese Methoden wieder ganz vom Standpunkt der Theorie der Wärmeleitung aus abgeleitet werden, so geschieht dies nicht in Würdigung der historischen Verhältnisse, sondern im Interesse einer leichtfaßlichen Darstellung. Die einzelnen Rechenoperationen sollen hierbei nicht so sehr durch mathematisch streng richtige Erwägungen bewiesen, als vielmehr durch physikalische Deutung erklärt werden.

Die erste Einführung soll durch die Berechnung einer möglichst charakteristischen Aufgabe gegeben werden. Wenn dann Zweck und Wesen der einzelnen analytischen Methoden durch dieses Beispiel etwas gekennzeichnet sind, sollen dieselben Methoden durch eine nochmalige, allgemeiner gehaltene Besprechung in ihrer umfassenden Bedeutung gezeigt werden.

1. Die einführende Aufgabe.

a) Der Wortlaut. Eine unendlich ausgedehnte planparallele Platte von der Dicke $2X$ (vgl. Abb. 4), die aus einem Stoff mit den Werten λ, ϱ und c besteht, besitzt zur Zeit $t = 0$ eine solche Temperaturverteilung, daß die Temperatur nur vom Abstand von den beiden Oberflächen abhängt, daß also die Flächen konstanter Temperatur durch Ebenen parallel zu den Oberflächen gebildet werden. Die Oberflächen selbst stehen einer Temperatur Θ gegenüber, und der relative Wärmeübergangskoeffizient besitze beiderseits denselben Wert $\alpha/\lambda = h$. Wärmequellen sind nicht vorhanden. — Es ist zu berechnen, wie sich die Anfangstemperaturverteilung im Laufe der Zeit unter dem Einfluß der Wärmeleitung im Inneren und der Wärmeabgabe durch die Oberflächen ändert.

b) Der mathematische Ansatz. Der erste Schritt zur Lösung ist die Wahl eines Koordinatensystems. Wir legen ein rechtwinkliges Achsenkreuz so fest, daß die Y—Z-Ebene in der Mitte zwischen den beiden

Oberflächen liegt. Die X-Achse durchdringt dann die Platte an beliebiger Stelle senkrecht. Die Anfangsbedingung heißt jetzt in mathematischer Ausdrucksweise

$$\vartheta_{t=0} = F(x),$$

worin $F(x)$ eine im Bereich $-X < x < +X$ willkürlich gegebene, stetige oder unstetige Funktion von x ist.

Da die Platte in der Y- und Z-Richtung unendlich ausgedehnt ist, da also eine Berandung, die irgendeinen Einfluß ausüben könnte, nicht vorhanden ist, so muß auch für spätere Zeiten die Temperaturverteilung von y und z unabhängig bleiben. Aus diesem Grunde, und weil keine Wärmequellen vorhanden sind, vereinfacht sich die Differentialgleichung der Wärmeleitung (4b) auf die Form

$$\frac{\partial \vartheta}{\partial t} = a \frac{\partial^2 \vartheta}{\partial x^2}. \tag{4e}$$

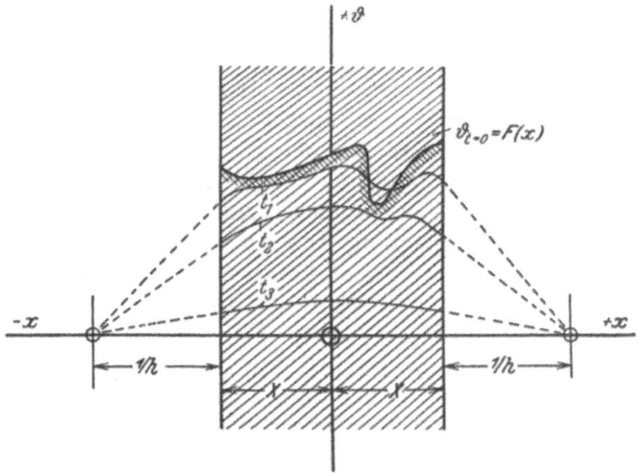

Abb. 4. Abkühlung einer Platte (Randbedingung 3. Art).

Diese Gleichung setzt die zeitliche Temperaturänderung, also die Geschwindigkeit der Erwärmung oder Abkühlung an der betrachteten Stelle, proportional der Krümmung des Temperaturfeldes, dargestellt durch die 2. Ableitung nach der Längenkoordinate. Der Proportionalitätsfaktor ist die Temperaturleitzahl a.

Die räumliche Grenzbedingung setzt sich für diese Aufgabe aus zwei Teilen zusammen. Für $x = +X$ ist $\operatorname{grad}_n \vartheta$ im Sinne der äußeren Normalen, also im Sinne der positiven X-Achse zu rechnen. Auch für $x = -X$ ist $\operatorname{grad}_n \vartheta$ im Sinne der äußeren Normalen zu rechnen; dies gibt aber hier die Richtung der negativen X-Achse.

Damit ergeben sich aus Gl. (5), wenn $\Theta = 0$ gesetzt wird, die beiden Bedingungsgleichungen:

für $x = +X$: $$+\frac{\partial \vartheta}{\partial x} = -h\,\vartheta;$$

für $x = -X$: $$-\frac{\partial \vartheta}{\partial x} = -h\,\vartheta.$$

Die Frage nach dem weiteren Verlauf des Temperaturfeldes heißt, mathematisch ausgedrückt, es soll ϑ bestimmt werden als Funktion der Veränderlichen x und t und der Parameter a, h und X.

Die nachstehenden 5 Gleichungen heißen der mathematische Ansatz des Problems.

Gegeben:

Differentialgleichung $$\frac{\partial \vartheta}{\partial t} = a \frac{\partial^2 \vartheta}{\partial x^2}. \tag{a}$$

Zeitliche Grenzbedingung $$\vartheta_{t=0} = F(x). \tag{b}$$

Räumliche Grenzbedingung $$\left(\frac{\partial \vartheta}{\partial x}\right)_{x=+X} = -h\,\vartheta_{x=+X}. \tag{c}$$

Räumliche Grenzbedingung $$\left(\frac{\partial \vartheta}{\partial x}\right)_{x=-X} = +h\,\vartheta_{x=-X}. \tag{d}$$

Gesucht:

Die Temperaturfunktion: $$\vartheta = \Phi(x, t, a, h, X). \tag{e}$$

c) Das Aufsuchen partikulärer Integrale. Um die Temperaturfunktion zu finden, beginnen wir mit dem Aufsuchen von Funktionen, die vorerst nur die eine Bedingung zu erfüllen haben, daß sie der Differentialgleichung genügen.

In erster Linie versuchen wir es mit einer Funktion, die aus einem Produkt von zwei Teilfunktionen besteht, von denen die eine nur von t, die andere nur von x abhängt, also mit einer Funktion, die sich schreiben läßt

$$\Phi(t, x) = \varphi(t)\,\psi(x). \tag{f}$$

Damit sind vorläufig eine große Anzahl von Funktionen von der Betrachtung ausgeschlossen; wenn aber dieser erste Ansatz zur Lösung führt, so brauchen wir uns über diese Einschränkung keine Bedenken zu machen, denn die vier Gln. (a) bis (d) legen das Problem eindeutig fest; es kann also außer der gefundenen Lösung keine zweite Lösung mehr geben. Wenn allerdings dieser erste Ansatz nicht zum Ziele führen sollte, dann müßten wir auch die anderen Funktionen berücksichtigen.

Bezeichnet in üblicher Weise $\varphi'(t)$ und $\psi''(x)$ die erste bzw. zweite Ableitung, so gibt der obige Ansatz (f) der Differentialgleichung (a) die Form

$$\varphi'(t)\,\psi(x) = a\,\varphi(t)\,\psi''(x).$$

Wenn es gelingt, Funktionen zu finden, welche so beschaffen sind, daß

$$\varphi'(t) = p\,\varphi(t) \quad \text{und} \quad \psi''(x) = q^2\,\psi(x),$$

worin p und q willkürliche, konstante Größen sind, so ergibt sich für solche Funktionen aus der Differentialgleichung eine Bedingungsgleichung für p und q, welche lautet

$$p = a\,q^2.$$

Solche Funktionen gibt es in der Tat. Aus den Grundformeln der Differentialrechnung folgt, daß

e^{pt} bei einmaliger Differentiation übergeht in $p e^{pt}$,
$\sin(q_1 x)$ bei zweimaliger Differentiation übergeht in $(-q_1^2)\sin(q_1 x)$,
$\cos(q_2 x)$ bei zweimaliger Differentiation übergeht in $(-q_2^2)\cos(q_2 x)$.

Zur Vermeidung der Indizes sei künftig m statt q_1 und n statt q_2 geschrieben.

Auf Grund dieser Darlegungen setzen wir als ersten Versuch

$$\vartheta = e^{pt}\sin(m x)$$

und erhalten dann zwischen p und m die Beziehung

$$p = -m^2 a .$$

Wir können also nur eine der beiden Größen p oder m willkürlich wählen, die andere ist dann durch die letzte Gleichung festgelegt. Wir lassen m willkürlich und erhalten: $p = -m^2 a$.

Damit wird die Gleichung

$$\vartheta = e^{-m^2 a t}\sin(m x)$$

eine Lösung der Differentialgleichung, und sie bleibt dies auch dann noch, wenn wir die rechte Seite mit einer willkürlichen Zahl C multiplizieren. Denn wenn wir die Funktion einmal nach t und zweimal nach x differenzieren, so bleibt der Faktor C ungeändert, er fällt also beim Einsetzen in die Differentialgleichung beiderseits fort.

$$\vartheta = C\,e^{-m^2 a t}\sin(m x) \tag{g}$$

heißt ein partikuläres Integral der Differentialgleichung (a).

Ganz in derselben Weise läßt sich zeigen, daß auch die Gleichung

$$\vartheta = e^{-n^2 a t}\cos(n x)$$

die Differentialgleichung befriedigt und daß

$$\vartheta = D\,e^{-n^2 a t}\cos(n x) \tag{h}$$

ebenfalls ein partikuläres Integral ist, wenn D eine beliebige Zahl ist.

In diesen beiden Lösungen (g) und (h) sind das Wertesystem „m, n“ und das Wertesystem „C, D“ durchaus willkürlich, d. h. die einzelnen Werte können die Zahlenreihe von $-\infty$ bis $+\infty$ stetig durchlaufen. Diese Willkür besteht aber nur so lange, als man die Gln. (g) und (h) lediglich als Lösungen der Differentialgleichung betrachtet. Sie wird erstmalig beschränkt durch die Oberflächenbedingungen.

d) Das Anpassen der partikulären Lösungen an die räumlichen Grenzbedingungen. Aus dem Integral:

$$\vartheta = C\,e^{-m^2 a t}\sin(m x)$$

folgt durch Differenzieren:

$$\frac{\partial \vartheta}{\partial x} = C\,e^{-m^2 a t}(+m)\cos(m x) .$$

Mit diesen beiden Werten erhalten die Randbedingungen (c) und (d) die Gestalten:

für $x = +X$: $\quad C\,e^{-m^2at}(+m)\cos(mX) = -h\,C\,e^{-m^2at}\sin(mX)$

oder $\quad (+m)\cos(mX) = (-h)\sin(mX)$;

für $x = -X$: $\quad C\,e^{-m^2at}(+m)\cos(-mX) = +h\,C\,e^{-m^2at}\sin(-mX)$

oder $\quad (-m)\cos(mX) = +h\sin(mX)$. $\quad$ (i$_1$)

Dies zeigt vor allem, daß die Werte C durch die räumliche Grenzbedingung immer noch willkürlich gelassen werden, denn sie haben sich aus der Gleichung herausgehoben. Sodann ergibt die Rechnung, daß die beiden Oberflächen der Platte dieselbe Bedingungsgleichung für m

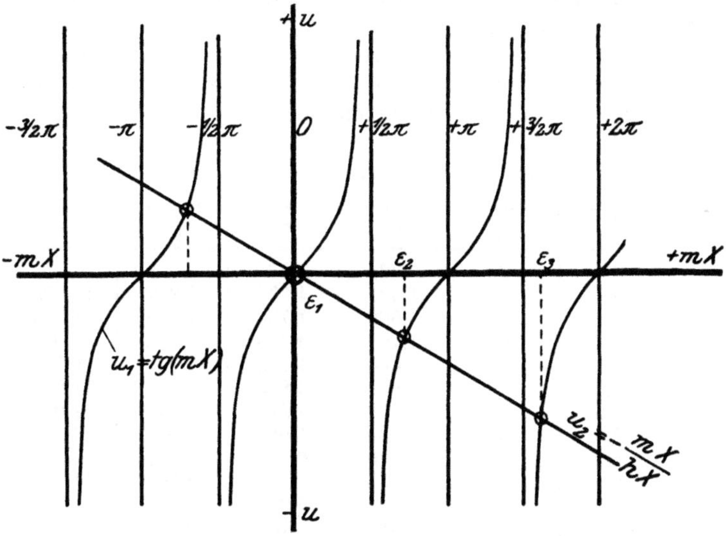

Abb. 5. Zeichnerische Lösung der Gleichung: $\operatorname{tg}(mX) = -\frac{mX}{hX}$.

liefern. Wir multiplizieren sie beiderseits mit X und fassen mX als die Unbekannte auf:

$$(mX)\cos(mX) = -(hX)\sin(mX)$$

oder

$$\operatorname{tg}(mX) = -\frac{mX}{hX}. \qquad (\mathrm{i}_2)$$

Die Lösung dieser transzendenten Gleichung finden wir am besten auf graphischem Wege, indem wir die beiden Kurven

$$u_1 = \operatorname{tg}(mX) \quad \text{und} \quad u_2 = -\frac{mX}{hX}$$

zeichnen. Da $u_1 = u_2$ sein muß, so bezeichnet jeder Schnittpunkt beider Linien eine Wurzel der Gl. (i$_2$).

Abb. 5 stellt die beiden Funktionen dar. u_1 besteht aus den unendlich vielen Zweigen der Tangenskurve, u_2 ist eine Gerade, die durch den Ursprung geht und unter einem negativen Winkel gegen die positive X-Achse geneigt ist. Aus der Tatsache, daß die Gerade die Tangenskurve in unendlich vielen Punkten schneidet, erkennt man, daß die Gleichung für (mX) unendlich viele Wurzeln $(\varepsilon_1, \varepsilon_2, \varepsilon_3, \ldots)$ hat. Sie sind paarweise ihrem absoluten Werte nach gleich, aber mit entgegengesetzten Vorzeichen behaftet; für uns kommen nur die positiven Werte in Betracht.

Die Wurzeln liegen in den Intervallen.

$$\frac{\pi}{2} \text{ bis } \pi; \qquad \frac{3}{2}\pi \text{ bis } 2\pi; \qquad \frac{5}{2}\pi \text{ bis } 3\pi; \qquad \text{usw.,}$$

während in den dazwischenliegenden Intervallen keine Wurzeln liegen. Die Lage innerhalb dieser Intervalle hängt von der Größe (hX) ab; nur der Wert $\varepsilon_1 = 0$ ist fest.

Die Zahlentafel 1 gibt die ersten 5 Wurzeln ε_1 bis ε_5 für die Werte $hX = 0$ bis $hX = \infty$ wieder; die Werte m_1, m_2 usw. sind daraus nach der Gleichung $m_i = \varepsilon_i / X$ zu berechnen.

Zahlentafel 1. *Wurzeln der Gleichung:* $\operatorname{tg} \varepsilon = -\frac{\varepsilon}{hX}$.

hX	ε_1	ε_2	ε_3	ε_4	ε_5
0	0	$\pi/2$	$3\pi/2$	$5\pi/2$	$7\pi/2$
0,1	0	1,632	4,734	7,867	11,005
0,2	0	1,689	4,754	7,879	11,014
0,4	0	1,791	4,796	7,905	11,032
0,6	0	1,880	4,836	7,929	11,050
0,8	0	1,959	4,875	7,954	11,068
1,0	0	2,029	4,913	7,979	11,086
2,0	0	2,289	5,087	8,096	11,173
4,0	0	2,570	5,354	8,303	11,335
10	0	2,863	5,761	8,708	11,703
20	0	2,993	5,992	9,002	12,025
50	0	3,080	6,160	9,242	12,325
100	0	3,111	6,221	9,332	12,443
∞	0	π	2π	3π	4π

In derselben Weise ist das zweite Integral

$$\vartheta = D\, e^{-n^2 a t} \cos(n\, x)$$

zu untersuchen. Seine erste Ableitung lautet:

$$\frac{\partial \vartheta}{\partial x} = D\, e^{-n^2 a t} (-n) \sin(n\, x)\,.$$

Auch für dieses Integral zeigt die Rechnung, daß erstens die D-Werte aus der Rechnung herausfallen und zweitens, daß die beiden Oberflächen wieder nur eine Bedingungsgleichung für „nX“ liefern. Sie heißt:

$$(n\, X) \sin(n\, X) = +(h\, X) \cos(n\, X)$$

oder

$$\operatorname{cotg}(n\, X) = +\frac{n\, X}{h\, X}\,. \qquad \text{(k)}$$

Abb. 6 zeigt die beiden Kurven

$$u_1 = \operatorname{cotg}(n\, X) \quad \text{und} \quad u_2 = +\frac{n\, X}{h\, X}\,.$$

Auch diese transzendente Gleichung besitzt unendlich viele getrennt liegende Wurzeln ($\delta_1, \delta_2, \ldots, \delta_n, \ldots$), und zwar liegen sie gerade in jenen Intervallen, die von den ε-Werten freigelassen wurden. Zahlentafel 2 enthält die δ-Wurzeln.

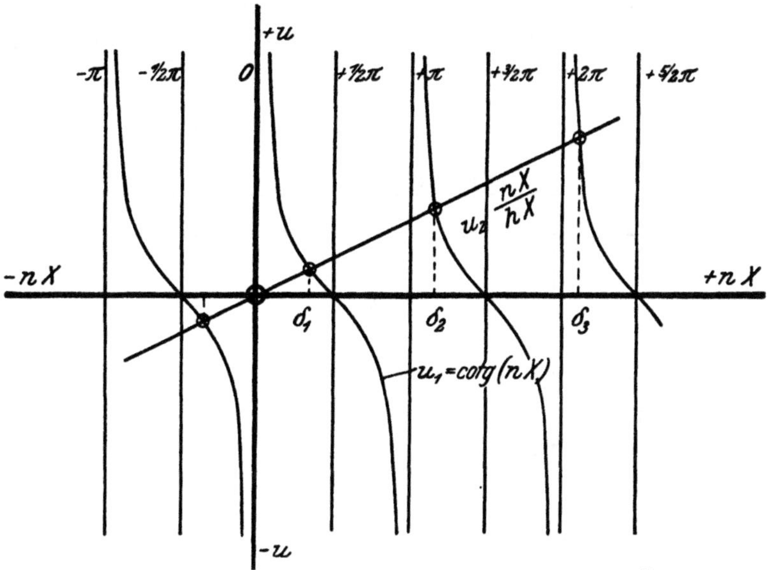

Abb. 6. Zeichnerische Lösung der Gleichung: $\operatorname{cotg}(nX) = +\frac{nX}{hX}$.

Zahlentafel 2. *Wurzeln der Gleichung:* $\operatorname{cotg} \delta = \frac{\delta}{hX}$.

hX	δ_1	δ_2	δ_3	δ_4
0	0,000	π	2π	3π
0,001	0,032	3,142	6,283	9,425
0,002	0,044	3,142	6,284	9,425
0,005	0,071	3,143	6,284	9,425
0,01	0,100	3,145	6,285	9,426
0,02	0,141	3,148	6,286	9,427
0,05	0,222	3,157	6,291	9,430
0,1	0,311	3,173	6,299	9,435
0,2	0,433	3,204	6,315	9,446
0,5	0,653	3,292	6,362	9,477
1,0	0,861	3,426	6,437	9,529
2,0	1,079	3,644	6,578	9,630
4,0	1,260	3,936	6,814	9,811
10	1,428	4,305	7,229	10,200
20	1,498	4,491	7,495	10,513
50	1,536	4,619	7,703	10,783
∞	$\pi/2$	$3\pi/2$	$5\pi/2$	$7\pi/2$

Die Willkür, die in den partikulären Integralen enthalten war, ist jetzt dadurch beschränkt, daß die m-Werte und die n-Werte die Zahlenreihe nicht mehr stetig durchlaufen dürfen, sondern nur mehr bestimmte, getrennt liegende Werte

$$m_i = \frac{\varepsilon_i}{X} \quad \text{und} \quad n_i = \frac{\delta_i}{X}$$

annehmen können. Die C- und D-Werte sind dagegen noch ganz willkürlich. Die folgenden Gleichungen stellen unendlich viele, verschiedene Temperaturverteilungen vor, die alle mit der Differentialgleichung verträglich sind und zugleich die räumlichen Grenzbedingungen erfüllen.

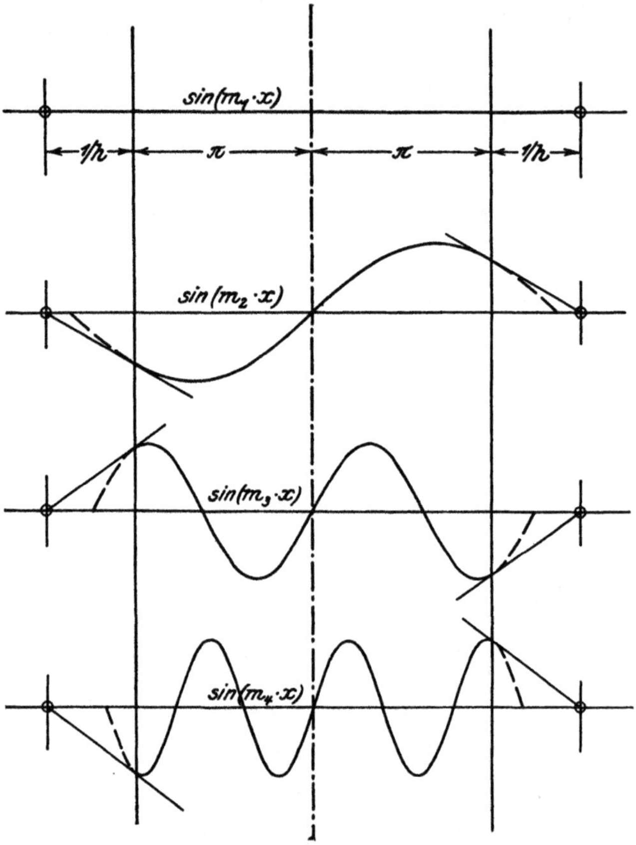

Abb. 7. Die ersten vier ausgezeichneten Lösungen sin (mx); $h = \alpha/\lambda$ (relative Wärmeübergangszahl)

$$\begin{array}{l|l}
\vartheta = C_1 e^{-m_1^2 a t} \sin(m_1 x) & \vartheta = D_1 e^{-n_1^2 a t} \cos(n_1 x) \\
\vartheta = C_2 e^{-m_2^2 a t} \sin(m_2 x) & \vartheta = \cdot\;\cdot\;\cdot\;\cdot\;\cdot\;\cdot\;\cdot\;\cdot \\
\cdot\;\cdot\;\cdot\;\cdot\;\cdot\;\cdot\;\cdot\;\cdot\;\cdot\;\cdot & \cdot\;\cdot\;\cdot\;\cdot\;\cdot\;\cdot\;\cdot\;\cdot\;\cdot\;\cdot \\
\vartheta = C_i e^{-m_i^2 a t} \sin(m_i x) & \vartheta = D_i e^{-n_i^2 a t} \cos(n_i x) \\
\text{usw.} & \text{usw.}
\end{array} \qquad (1)$$

Die jetzt noch vorhandene Unbestimmtheit, die in der Willkür der C- und D-Werte liegt, wird durch die Anfangsbedingung beseitigt.

e) Das Anpassen der Lösungen an die zeitliche Grenzbedingung. Setzt man in den Gln. (1) für t den Wert Null ein, so wird die Exponentialfunktion zu „Eins“, und man erhält für die zu den Gln. (l) gehörigen Anfangstemperaturverteilungen die Werte:

$\vartheta_{t=0} = C_1 \sin(m_1 x)$	$\vartheta_{t=0} = D_1 \cos(n_1 x)$
$\vartheta_{t=0} = C_2 \sin(m_2 x)$	$\vartheta_{t=0} = D_2 \cos(n_2 x)$
usw.	usw.

Um eine klarere Vorstellung von diesen Temperaturverteilungen zu

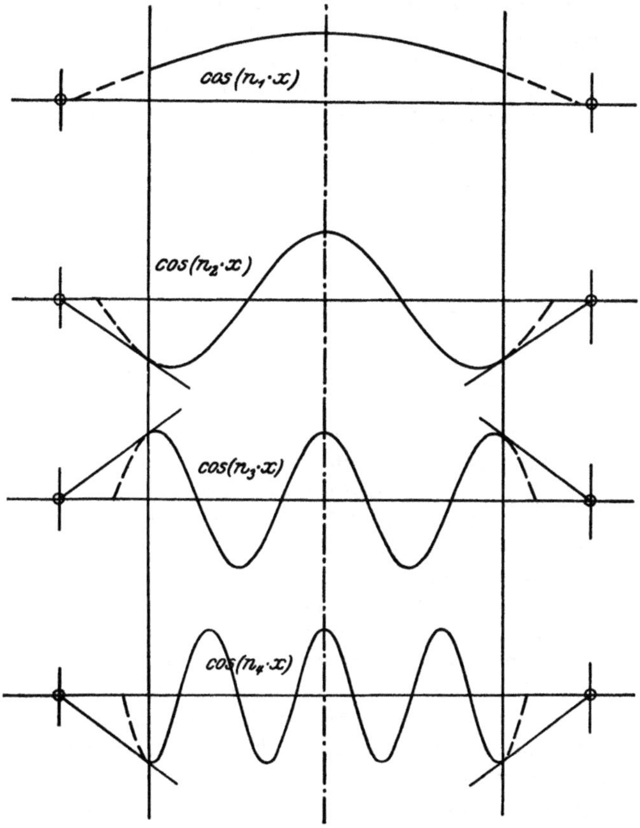

Abb. 8. Die ersten vier ausgezeichneten Lösungen cos$(n x)$.

geben, sollen sie für den Fall $hX = 2$; $X = \pi$; also $h = 2/\pi$ aufgezeichnet werden. Aus den Zahlentafeln 1 und 2 sind die Werte zu entnehmen:

$$m_1 = 0{,}000; \quad m_2 = 0{,}729; \quad m_3 = 1{,}620; \quad m_4 = 2{,}578,$$

$$n_1 = 0{,}344; \quad n_2 = 1{,}161; \quad n_3 = 2{,}093; \quad n_4 = 3{,}065.$$

In den Abb. 7 und 8 sind diese Anfangstemperaturverteilungen gezeichnet, und zwar unter der Annahme, daß die Koeffizienten

$$C_1 = C_2 = \cdots C_i = D_1 = \cdots D_i = \cdots = +1 \text{ sind}.$$

Man sieht ohne weiteres, daß keine dieser Verteilungen mit der durch Abb. 4 vorgegebenen Temperaturverteilung übereinstimmt. Aber es ist vielleicht möglich, durch Übereinanderlagern mehrerer solcher Temperaturverteilungen sich der vorgegebenen Temperaturverteilung in genügender Weise zu nähern, und zwar wird man dieses Übereinanderlagern, dieses Summieren, in der Weise vornehmen, daß man jene Temperaturverteilungen, welche günstig sind, stärker in Rechnung setzt, also mit einem großen Koeffizienten C oder D versieht, während man die ungünstigen Temperaturverteilungen in ihrem Einfluß schwächt, gegebenen Falles ganz ausschaltet, also C bzw. D sehr klein oder gleich Null wählt. Der Leser möge sich vorläufig denken, daß diese Bestimmung der Koeffizienten C und D auf dem Wege des Probierens erfolge. Ist dies geschehen, so gilt die Gleichung:

$$F(x) = C_1 \sin(m_1 x) + C_2 \sin(m_2 x) + \cdots + D_1 \cos(n_1 x) + \cdots$$

oder $$F(x) = \sum_{i=1}^{i=\infty} \{C_i \sin(m_i x) + D_i \cos(n_i x)\}. \qquad \text{(m)}$$

Für eine beliebig spätere Zeit gilt dann infolge der Gln. (l)

$$\Phi(x, t) = \sum_{i=1}^{i=\infty} \{C_i e^{-m_i^2 a t} \sin(m_i x) + D_i e^{-n_i^2 a t} \cos(n_i x)\}. \qquad \text{(n)}$$

Diese Gleichung ist die gesuchte Lösung der Aufgabe.

Es wäre nun eigentlich noch der Beweis zu erbringen, daß, wenn die einzelnen Gln. (l) der Differentialgleichung und den räumlichen Grenzbedingungen genügen, daß dann auch ihre Summe noch denselben Bedingungen genügt — also der Nachweis, daß die allgemeine Lösung aus Teillösungen (aus den partikulären Lösungen) zusammengesetzt werden darf. Der Leser kann jedoch diesen Beweis unschwer selbst durchführen, indem er mit Gl. (n) die einschlägigen Differentiationen vornimmt und diese Werte dann in die Gl. (a) bzw. (c) und (d) einführt. Die Bedingung dafür, daß die allgemeine Lösung aus Teillösungen aufgebaut werden kann, ist die, daß sowohl die Differentialgleichung als auch die Gleichung der Randbedingung lineare und homogene Gleichungen sind.

f) Besprechung der Lösung. Durch die Gl. (n) ist die Temperatur als Funktion des Ortes und der Zeit eindeutig festgelegt, und zwar erscheint diese Funktion als Summe zweier unendlicher Reihen. Jedes Glied dieser Reihen ist ein Produkt aus einer konstanten Größe, einer Exponentialfunktion und einer trigonometrischen Funktion.

Die sin- und cos-Funktionen schwanken in ihrem Wert zwischen den Grenzen $+1$ und -1; die Exponentialfunktion nimmt von 1 gegen 0 zu stetig ab, wenn der absolute Betrag des Exponenten zunimmt, sie ist also immer kleiner als 1. Die Zahlenwerte C und D sind so beschaffen, daß schon die Gl. (m), welche noch keine Exponentialfunktion enthält, konvergent ist, weil ja $\vartheta_{t=0} = F(x)$ überall endlich ist. Durch das Hinzutreten der Exponentialfunktion wird die Konvergenz der Reihe wesentlich verstärkt, wie die folgende Überlegung erkennen läßt. Die

Werte m_i und n_i wachsen, wie die Zahlentafeln 1 und 2 zeigen, mit steigendem „i" annähernd in arithmetischer Progression. Die Exponenten $-m_i^2 at$ und $-n_i^2 at$ wachsen deshalb, bei festgehaltenem a und t, in annähernd geometrischer Progression. Damit nähert sich aber die Exponentialfunktion mit wachsender Ordnung „i" des Gliedes sehr rasch der Null, das heißt das Glied, dessen Faktor sie ist, verschwindet. Es ist deshalb für die Exponentialfunktion in diesem Zusammenhang der Name *Konvergenzfaktor der Reihe* üblich.

Mit wachsendem Wert t nimmt die Wirkung des Konvergenzfaktors zu, so daß sich für sehr große Werte t jede der beiden Reihen auf ihr erstes Glied reduziert.

Wir können nun die Bedeutung der Gl. (n) erklären:

Jede willkürlich gegebene Anfangstemperaturverteilung kann betrachtet werden als die Übereinanderlagerung mehrerer teils einfacher, teils komplizierter periodischer Temperaturverteilungen. Alle diese Temperaturverteilungen streben dem Ausgleich zu, und zwar klingen die komplizierten Temperaturverteilungen rascher ab, so daß zum Schluß die einfachen Verteilungen allein das Problem beherrschen.

Durch die Lösung dieser Aufgabe ist ein Weg gezeigt worden, der bei sehr vielen Aufgaben der Wärmeleitung zum Ziele führt. Aber die Darstellung war ganz auf diese eine Aufgabe zugeschnitten, und sie war lückenhaft, indem wichtige mathematische Erörterungen durch Zuhilfenahme plausibler Vorstellungen umgangen wurden.

Soweit es dem Zwecke des Buches entspricht, sollen nun diese Mängel durch eine Darstellung der analytischen Methoden auf allgemeinerer Grundlage ausgeglichen werden, und zwar unter Zugrundelegung der Fourierschen Differentialgleichung ohne Wärmequellen:

$$\frac{\partial \vartheta}{\partial t} = a \nabla^2 \vartheta .$$

2. Über das Aufsuchen partikulärer Lösungen.

Wenn es auch nicht möglich ist, allgemein gültige Anweisungen für das Aufsuchen von partikulären Lösungen zu geben, so gibt es doch einige Regeln, deren Verwendung in den meisten Fällen zu partikulären Lösungen führt. Sehr oft gibt auch der Verlauf eines physikalischen Vorganges selbst, so wie man ihn aus der Erfahrung kennt, einen Hinweis auf jene Funktionen, die man zuerst in Erwägung ziehen soll.

a) Mathematische Erwägungen. Die allgemeinste Form einer linearen, partiellen Differentialgleichung zweiter Ordnung mit einer abhängigen Veränderlichen ϑ und den zwei unabhängigen Veränderlichen u und v lautet:

$$l \frac{\partial^2 \vartheta}{\partial u^2} + m \frac{\partial^2 \vartheta}{\partial u \, \partial v} + n \frac{\partial^2 \vartheta}{\partial v^2} + o \frac{\partial \vartheta}{\partial u} + p \frac{\partial \vartheta}{\partial v} + q \vartheta + r = 0 , \qquad (6)$$

worin $l, m, \ldots, r$ Funktionen nur von u und v, nicht aber von ϑ sind.

In dem Sonderfall, daß $r = 0$, daß also die Gleichung homogen ist, und daß die Koeffizienten $l, m, \ldots, q$ konstante Größen sind, in diesem

Falle also führt der Ansatz

$$\vartheta = C\, e^{\alpha u} e^{\beta v} = C\, e^{\alpha u + \beta v} \tag{7}$$

immer auf ein partikuläres Integral.

Um dies zu zeigen, bilden wir die Ableitungen:

$$\frac{\partial \vartheta}{\partial u} = C\alpha\, e^{\alpha u} e^{\beta v} \qquad \frac{\partial \vartheta}{\partial v} = C\beta\, e^{\alpha u} e^{\beta v}$$

$$\frac{\partial^2 \vartheta}{\partial u\, \partial v} = C\alpha\beta\, e^{\alpha u} e^{\beta v}$$

$$\frac{\partial^2 \vartheta}{\partial u^2} = C\alpha^2\, e^{\alpha u} e^{\beta v} \qquad \frac{\partial^2 \vartheta}{\partial v^2} = C\beta^2\, e^{\alpha u} e^{\beta v}.$$

Setzen wir diese Ableitungen in die Differentialgleichung (6) mit $r = 0$ ein, so hebt sich $C e^{\alpha u}\, e^{\beta v}$ aus der Gleichung weg und es bleibt

$$l\alpha^2 + m\alpha\beta + n\beta^2 + o\alpha + p\beta + q = 0. \tag{8}$$

Diese Gleichung wollen wir die Koeffizientengleichung nennen. Wir sehen jetzt, daß der Ansatz (7) immer dann ein Integral der Differentialgleichung (6) ist, wenn α und β so gewählt sind, daß die Bedingung (8) erfüllt ist. Es darf also nicht nur C, sondern auch einer der beiden Werte α oder β willkürlich gewählt werden, der andere ist dann aus (8) zu bestimmen. Diese Gl. (8) ist quadratisch; sie liefert also je nach Beschaffenheit ihrer Diskriminante entweder

zwei verschiedene, reelle Werte oder
zwei gleiche, reelle Werte oder
zwei komplex-konjugierte Werte.

Damit wird aber auch das Integral selbst komplex. Dieser Fall der komplexen Lösung ist dadurch wichtig, daß sich aus ihm zwei reelle Lösungen gewinnen lassen, indem man die Lösung in einen reellen und einen rein imaginären Teil spaltet.

Hierzu als Beispiel nochmals die Differentialgleichung:

$$\frac{\partial \vartheta}{\partial t} = a \frac{\partial^2 \vartheta}{\partial x^2}.$$

Deutet man in der Gl. (6) u als die x-Koordinate und v als die Zeit, so wird

$$l = -a; \quad p = 1; \quad m = n = o = q = r = 0$$

und die Gl. (8) nimmt die Gestalt an

$$-\alpha^2 a + \beta = 0 \quad \text{oder} \quad \beta = \alpha^2 a.$$

Der Ansatz: $\vartheta = C\, e^{\alpha^2 a t} e^{\alpha x}$ ist also ein Integral der Differentialgleichung.

Da die Temperaturleitfähigkeit a immer ein positiver Wert ist, so würde bei ebenfalls positivem „α^2" die Temperatur mit wachsendem t über alle Grenzen hinaus wachsen. Aus diesem Grunde sind bei Wärmeleitproblemen nur solche Werte von α zu gebrauchen, die ein negatives α^2 ergeben, d. h. α ist rein imaginär anzunehmen.

Wir setzen $\alpha = \pm i q$, worin q eine willkürliche reelle Größe ist. Das Integral heißt jetzt

$$\vartheta = C\, e^{-q^2 a t} e^{\pm i q x}.$$

Mit Hilfe der bekannten Analysisformel

$$e^{\pm i x} = \cos x \pm i \sin x$$

lassen sich hieraus die beiden komplexen Lösungen bilden:

$$\vartheta_1 + i\,\vartheta_2 = C_1\,e^{-q^2 a t}(\cos(q\,x) + i \sin(q\,x)),$$
$$\vartheta_1 + i\,\vartheta_2 = C_2\,e^{-q^2 a t}(\cos(q\,x) - i \sin(q\,x)).$$

Indem man die beiden Gleichungen addiert und dann den reellen Teil links gleich dem reellen Teil rechts, ebenso den rein imaginären Teil links gleich dem rein imaginären Teil rechts setzt, erhält man die beiden Lösungen

$$\vartheta_1 = \frac{C_1 + C_2}{2}\,e^{-q^2 a t}\cos(q\,x), \qquad i\,\vartheta_2 = i\,\frac{C_1 - C_2}{2}\,e^{-q^2 a t}\sin(q\,x).$$

In der zweiten Gleichung läßt sich die imaginäre Einheit „i" auf beiden Seiten streichen. Setzt man noch

$$\frac{C_1 + C_2}{2} = D \quad \text{und} \quad \frac{C_1 - C_2}{2} = C,$$

so ergeben sich wieder die beiden Lösungen (g) und (h) der einführenden Aufgabe.

Wir kennen nun bereits 4 Lösungen unserer Differentialgleichung, nämlich

1. und 2. Lösung: $\vartheta = C\,e^{-q^2 a t}\,e^{\pm i q x}$,

3. und 4. Lösung: $\vartheta = C\,e^{-q^2 a t}\,{\sin \atop \cos}(q\,x)$,

in denen C und q willkürliche Wertesysteme sind. Alle 4 Lösungen sind dadurch ausgezeichnet, daß sie aus einem Produkt zweier Teilfunktionen mit nur je einer Veränderlichen bestehen.

Es sind aber auch Funktionen bekannt, bei denen diese Teilung nicht möglich ist. Z. B.

die 5. Lösung: $\vartheta = C_1 \frac{1}{\sqrt{t}}\,e^{-\frac{(q-x)^2}{4 a t}}$ oder $\vartheta = \frac{C_2}{\sqrt{\pi}} \cdot \frac{1}{\sqrt{4 a t}}\,e^{-\frac{(q-x)^2}{4 a t}}$.

Daß dies tatsächlich ein Integral der Differentialgleichung ist, erkennt man, wenn man die nachstehenden partiellen Ableitungen bildet und in die Differentialgleichung einsetzt.

$$\frac{\partial \vartheta}{\partial t} = C_1 \frac{1}{\sqrt{t}}\,e^{-\frac{(q-x)^2}{4 a t}} \left\{\frac{(q-x)^2}{4 a t^2} - \frac{1}{2 t}\right\}$$

und

$$\frac{\partial^2 \vartheta}{\partial x^2} = C_1 \frac{1}{\sqrt{t}}\,e^{-\frac{(q-x)^2}{4 a t}} \left\{\frac{(q-x)^2}{4 a^2 t^2} - \frac{1}{2 a t}\right\}.$$

Eine 6. Lösung, von der wir auf S. 74 und S. 133 Gebrauch machen werden, ist

$$\vartheta = C \frac{2}{\sqrt{\pi}} \int_0^{\frac{x}{\sqrt{4 a t}}} e^{-q^2}\,dq.$$

b) Physikalische Erwägungen. In Anlehnung an frühere Erfahrungen wollen wir gleich mit einem Ansatz beginnen, der aus einem Produkt zweier Teilfunktionen besteht, von denen die eine nur die Zeit t, die andere nur die drei Koordinaten ξ, η, ζ des Raumes als Argument enthält. Also

$$\vartheta = C\,\varphi(t)\,\psi(\xi, \eta, \zeta)\,.$$

Die physikalischen Erwägungen beziehen sich nun auf die Wahl der Funktion $\varphi(t)$. Ist aus der Art der gestellten Aufgabe zu ersehen, daß die Temperatur an allen Stellen im Feld einen mit der Zeit periodischen Verlauf erwarten läßt, so wird man für $\varphi(t)$ eine in t periodische Funktion versuchen. Vergleiche darüber später im Abschnitt C 2, S. 80.

Ist dagegen das Problem so beschaffen, daß alle vorhandenen Temperaturunterschiede ihrem Ausgleich zustreben, so wird man für $\varphi(t)$ eine Funktion wählen, die mit wachsendem Argument sich asymptotisch dem Werte Null nähert; es ist naheliegend, hierfür die Exponentialfunktion mit negativem Exponenten zu versuchen. Wir setzen:

$$\vartheta = C\,e^{-pt}\,\psi(\xi, \eta, \zeta)\,. \tag{9a}$$

Da nicht nur C, sondern auch p eine vorerst noch durchaus willkürliche Größe ist, so können wir — in Erinnerung an frühere Ergebnisse (s. S. 18) — schon hier für p eine andere willkürliche Größe q einführen, nach der Gleichung $p = q^2 a$. Dadurch gewinnen wir später eine einfachere Schreibweise. Der Ansatz (9a) nimmt damit die Form an:

$$\vartheta = C\,e^{-q^2 a t}\,\psi(\xi, \eta, \zeta)\,. \tag{9b}$$

Setzt man die hieraus abgeleiteten Werte

$$\frac{\partial \vartheta}{\partial t} = (-q^2)\,a\,C\,e^{-q^2 a t}\,\psi \qquad \text{und} \qquad \nabla^2 \vartheta = C\,e^{-q^2 a t}\,\nabla^2 \psi$$

in die Differentialgleichung ein, so vereinfacht sich diese zu

$$\nabla^2 \psi + q^2 \psi = 0\,. \tag{10}$$

Die Verwendung der Exponentialfunktion für $\varphi(t)$ führt also dann auf eine Lösung der Wärmeleitungsgleichung, wenn es gelingt, für die Funktion $\psi(\xi, \eta, \zeta)$ einen Ausdruck zu finden, der die Differentialgleichung (10) befriedigt.

Durch den Ansatz (9) ist der Vorteil erzielt worden, daß die Zahl der unabhängigen Veränderlichen um eine, nämlich um t, geringer geworden ist; in dem Falle z. B., daß das Temperaturfeld nur von einer Koordinate abhängt, ist statt einer partiellen nur eine gewöhnliche Differentialgleichung zu lösen.

Die Gl. (10), die häufig als die Pockelssche Differentialgleichung bezeichnet wird, ist nach

der Laplaceschen Differentialgleichung $\nabla^2 \psi = 0$ und
der Poissonschen Differentialgleichung $\nabla^2 \psi = \text{const}$

die wichtigste partielle Differentialgleichung der mathematischen Physik. Es ist deshalb über die Eigenschaften der Gleichung und über ihre Lösungen eine ausgedehnte Literatur vorhanden[1].

c) Drei wichtige Sonderfälle der Gleichung $\nabla^2 \psi + q^2 \psi = 0$. In Formel (10) ist die Pockelssche Differentialgleichung noch auf kein Koordinatensystem beschränkt. Mit Hilfe der Vektorformeln IX läßt sich die Pockelssche Differentialgleichung für die drei wichtigsten Koordinatensysteme umformen. Für uns kommen vor allem jene einfachsten Fälle in Betracht, in denen der Temperaturverlauf nur von einer Koordinate abhängt.

Rechtwinkelig, geradlinige Koordinaten. ψ sei von y und z unabhängig. Dies führt aus Vektorformel IXa zur Gleichung

$$\frac{d^2 \psi}{d x^2} + q^2 \psi = 0. \tag{11a}$$

Die beiden Gleichungen

$$\psi = C \cos(q x) \quad \text{und} \quad \psi = C \sin(q x)$$

sind zwei Lösungen dieser Differentialgleichung, wie man sich leicht durch Nachrechnen überzeugen kann. Es sind dies die bekannten oszillierenden Funktionen, deren Amplitude konstant ist, also rein periodische Funktionen. Sie sind in Abb. 9a für den besonderen Fall $C = 1$ und $q = 1$ gezeichnet

Zylinder-Koordinaten. Es sei angenommen, daß ψ nur von r allein abhängt. Dann vereinfacht sich die Vektorformel IXb und wir erhalten

$$\frac{d^2 \psi}{d r^2} + \frac{1}{r} \frac{d \psi}{d r} + q^2 \psi = 0. \tag{11b}$$

Diese Gleichung besitzt ebenfalls zwei Lösungen, welche beide oszillierende Funktionen mit dem Argument $(q r)$ sind. Die Amplitude nimmt jedoch mit wachsendem Argument ab, wie aus der zeichnerischen Darstellung in Abb. 9b zu ersehen ist.

Die beiden Funktionen heißen die Besselschen oder Zylinderfunktionen nullter Ordnung, und zwar werden sie unterschieden als die Besselschen Funktionen

nullter Ordnung von der ersten Art mit dem Symbol J_0,
nullter Ordnung von der zweiten Art mit dem Symbol Y_0.

Da es nicht möglich ist, die Funktionen durch kurze analytische Ausdrücke wiederzugeben, hat man ihre Werte in Tafeln zusammengestellt, ähnlich den Tafeln der trigonometrischen Funktionen[2].

Die Differentialgleichung (11b) heißt die Besselsche Differentialgleichung nullter Ordnung, und ihre Lösungen werden geschrieben:

$$\psi = C J_0(q r) \quad \text{und} \quad \psi = C Y_0(q r).$$

Kugel-Koordinaten. Wenn ψ wieder nur von r abhängt, ergibt sich aus Vektorformel IXc

$$\frac{d^2 \psi}{d r^2} + \frac{2}{r} \frac{d \psi}{d r} + q^2 \psi = 0. \tag{11c}$$

---

[1] Näheres siehe: Enzykl. d. math. Wiss. II. A. 7c, S. 540ff.

[2] Vgl. JAHNKE u. EMDE: Tafeln höherer Funktionen. Bearb. von F. EMDE. 4. Aufl. Leipzig: B. G. Teubner 1948.

Die beiden Gleichungen

$$\psi = C \frac{\sin (q\,r)}{q\,r} \quad \text{und} \quad \psi = C \frac{\cos (q\,r)}{q\,r}$$

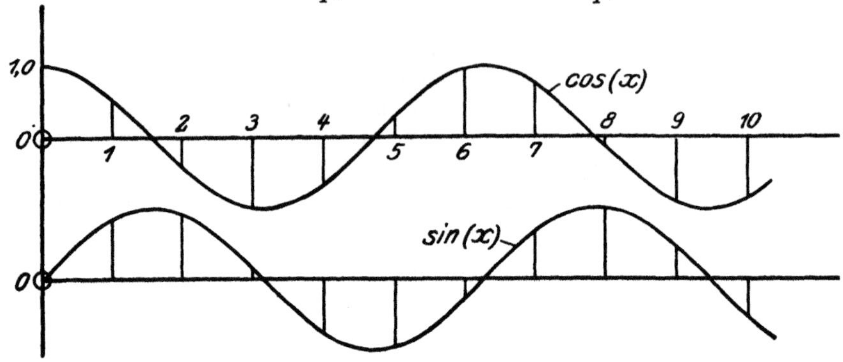

Abb. 9a.

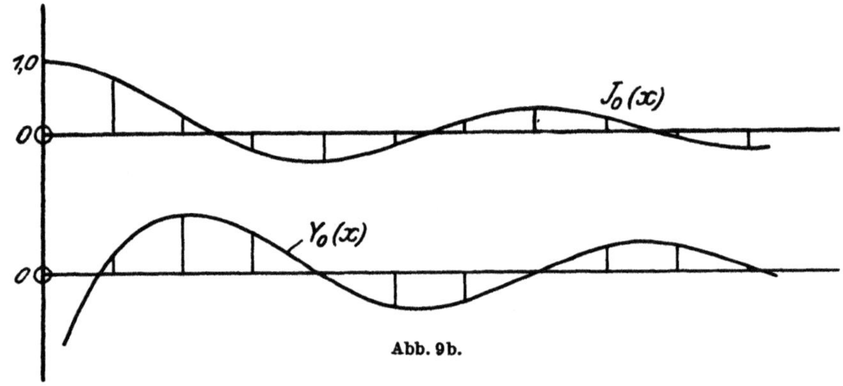

Abb. 9b.

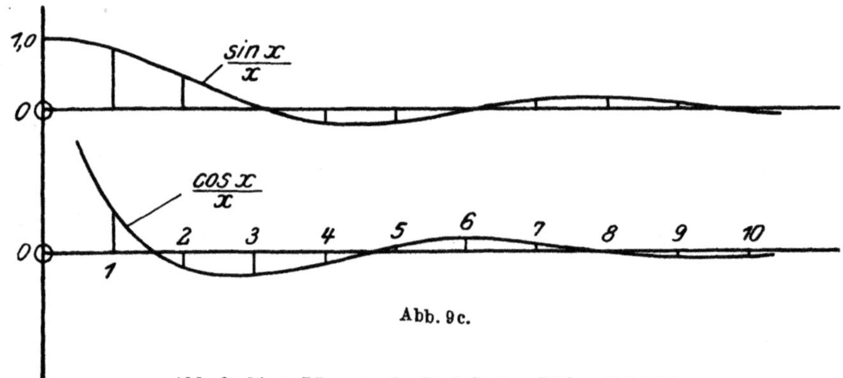

Abb. 9c.

Abb. 9a bis c. Lösungen der Pockelsschen Differentialgleichungen.

sind Lösungen dieser Gleichung, wovon man sich durch Ausrechnen der Differentialquotienten und Einsetzen in Gl. (11c) überzeugen kann. Es sind wiederum oszillierende Funktionen, deren Amplituden mit wachsendem Argument (qr) sehr rasch, und zwar noch rascher als diejenigen der Besselschen Funktionen, abnehmen. Dies zeigt Abb. 9c.

Zusammenfassung. Diese drei Sonderfälle sollen wegen ihrer Wichtigkeit den nachfolgenden Abschnitten über das Anpassen partikulärer Integrale an die Grenzbedingungen zugrunde gelegt werden. Damit die drei Fälle gemeinsam besprochen werden können, soll die maßgebende Koordinate mit ξ bezeichnet werden; sie ist dann je nach dem Falle als x, r oder r zu deuten. Die Flächen konstanter Temperatur sind durch Gleichungen $\xi = \text{const}$ und die Oberfläche des Körpers durch die Gleichung $\xi = \xi_0$ gekennzeichnet.

Ein partikuläres Integral der Wärmeleitungsgleichung hat dann die Form

$$\vartheta = C\, e^{-q^2 a t}\, \psi(q\,\xi)\,. \tag{12}$$

3. Über das Anpassen an die Oberflächenbedingung.

Wir wollen sofort den allgemeinen Fall, nämlich den der dritten Randwertangabe, besprechen.

Die Oberflächenbedingung (5) schreiben wir in der Form

$$\left(\frac{d\vartheta}{d\xi}\right)_0 = -h\,\vartheta_0\,.$$

Unter Verwendung des partikulären Integrals (12) nimmt dieser Ausdruck die Form an:

$$C\, e^{-q^2 a t}\left[\frac{d}{d\xi}\,\psi(q\,\xi)\right]_0 = -h\,C\, e^{-q^2 a t}\,[\psi(q\,\xi)]_0$$

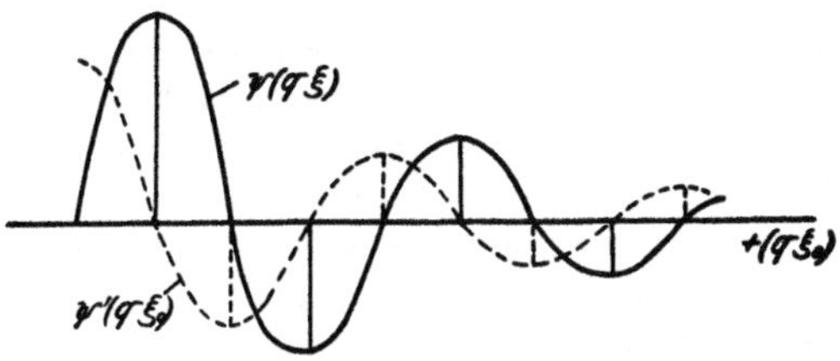

Abb. 10. Zur Gl. (13).

oder

$$q\,\psi'(q\,\xi_0) = -h\,\psi(q\,\xi_0)\,.$$

In dieser Gleichung ist q eine vorerst noch willkürliche Größe, welche aber jetzt durch Anpassen an die Oberflächenbedingung bestimmt werden soll. Wir multiplizieren beide Seiten mit ξ_0 und fassen dann $(q\,\xi_0)$ als Unbekannte auf.

$$-\frac{(q\,\xi_0)}{(h\,\xi_0)} = \frac{\psi(q\,\xi_0)}{\psi'(q\,\xi_0)}\,. \tag{13}$$

Den Quotienten auf der rechten Seite von Gl. (13) können wir als eine einzige Funktion von $(q\,\xi_0)$ auffassen, deren Eigenschaften wir nun untersuchen wollen.

Die Funktion $\psi(q\,\xi_0)$ ist nach den obigen Erörterungen eine um die $(q\,\xi_0)$-Achse oszillierende Funktion. Es gibt also unendlich viele, getrennt liegende Werte $(q\,\xi_0)$, für welche die Funktion den Wert Null annimmt. Vergleiche Abb. 10.

Zwischen je zwei solchen Nullstellen liegt ein Maximum oder Minimum der Funktion. Die abgeleitete Funktion $\psi'(q\,\xi_0)$ hat also gerade dort ihre Nullstellen, wo die ursprüngliche Funktion ihre größten Ausschläge hat und umgekehrt.

Die rechte Seite von Gl. (13) stellt also eine Funktion dar, die dort ihre Nullstellen hat, wo die ursprüngliche Funktion zu Null wird und die an den Nullstellen der abgeleiteten Funktion gleich $\pm\infty$ wird. Sie besteht also stets aus unendlich vielen Zweigen, ähnlich der Tangens- und Kontangensfunktion.

Die linke Seite der Gl. (13) stellt eine Gerade dar, die durch den Ursprung geht und gegen die Abszissenachse unter dem Winkel $(-1):(h\xi_0)$ geneigt ist. Sie schneidet jeden der unendlich vielen Zweige der obigen Kurve einmal.

Es gilt deshalb der Satz:

Die Gl. (13) besitzt unendlich viele, getrennt liegende Wurzeln

$$(q_1\xi_0),\ (q_2\xi_0),\ \ldots,\ (q_i\xi_0),\ \ldots,$$

d. h., es gibt unendlich viele Temperaturverteilungen, die mit der Differentialgleichung der Wärmeleitung und mit der räumlichen Grenzbedingung verträglich sind.

Ferner gilt der Zusatz:

Für $h=\infty$, also für Vorgänge, bei denen die Oberfläche des Körpers ständig auf der Temperatur Null gehalten wird, gehen diese Wurzeln in die Nullstellen der Funktion $\psi(q\xi_0)$ über. Und für $h=0$, also für Vorgänge ohne Wärmeabgabe (ideale Isolierung) sind die Wurzeln gleich den Nullstellen der abgeleiteten Funktion $\psi'(q\xi_0)$.

Aus dem Wertesystem $(q_i\xi_0)$ ist dann durch Division mit ξ_0 das Wertesystem q_i zu berechnen.

Alle Funktionen, welche sowohl der Differentialgleichung als auch der Oberflächenbedingung genügen, werden „ausgezeichnete Lösungen“ genannt. Sie enthalten als laufende Koordinaten die Zeit und die Raumkoordinaten und ferner noch den Parameter q; derselbe ist nicht mehr willkürlich, sondern an bestimmte, getrennt liegende Werte q_i gebunden, die man „ausgezeichnete Werte“ nennt.

4. Über das Anpassen an die Anfangsbedingung.

Es besteht nun die Aufgabe, die allgemeine Lösung aus solchen ausgezeichneten Lösungen aufzubauen, und zwar so, daß die allgemeine Lösung für $t=0$ in die willkürlich vorgegebene Anfangstemperaturverteilung übergeht. Es handelt sich also hierbei um die Entwicklung willkürlich gegebener Funktionen nach oszillierenden Funktionen.

Wir beschränken uns hierbei auf die Darstellung willkürlicher Funktionen durch die Sinus- und Kosinus-Funktionen und durch die Besselschen Funktionen nullter Ordnung, erster und zweiter Art.

a) Fouriersche Reihen mit vorgegebenen Parametern m und n. Diese Ausführungen stellen die Ergänzung zur Berechnung der einführenden Aufgabe dar. Vergleiche S. 24.

Es besteht die Aufgabe, eine im Bereiche $-X<x<X$ willkürlich gegebene Funktion $F(x)$ in eine Reihe zu entwickeln von der Gestalt der Gl. (m) S. 24

$$F(x)=\sum_{i=1}^{i=\infty}\{C_i\sin(m_i x)+D_i\cos(n_i x)\}, \tag{14}$$

wobei die Werte m_i und n_i als die unendlich vielen Lösungen der Gln. (i) und (k)

$$-\frac{m X}{h X} = \operatorname{tg}(m X) \quad \text{und} \quad +\frac{n X}{h X} = \operatorname{cotg}(n X)$$

vorgeschrieben sind.

Die Aufgabe ist gelöst, wenn die Koeffizienten C_i und D_i so bestimmt sind, daß die Gleichung für jeden Wert von x, der zwischen $+X$ und $-X$ liegt, erfüllt ist.

Hilfsformeln: Um die Erörterung später nicht unterbrechen zu müssen, sollen einige Hilfsformeln im voraus abgeleitet werden.

Das Integral

$$\int_{-X}^{+X} \sin(m_i x) \sin(m_k x)\, dx$$

geht bei Anwendung der trigonometrischen Formel

$$\sin\alpha \sin\beta = \tfrac{1}{2}\{\cos(\alpha - \beta) - \cos(\alpha + \beta)\}$$

über in das Integral

$$\tfrac{1}{2}\int_{-X}^{+X} \{\cos(m_i - m_k)\, x - \cos(m_i + m_k)\, x\}\, dx\,,$$

und dies ist gleich

$$\frac{\sin(m_i - m_k) X}{m_i - m_k} - \frac{\sin(m_i + m_k) X}{m_i + m_k}\,.$$

Durch Anwendung der trigonometrischen Formel

$$\sin(\alpha \pm \beta) = \sin\alpha \cos\beta \pm \cos\alpha \sin\beta$$

erhält dieser Ausdruck den Wert

$$2\,\frac{m_k \sin(m_i X) \cos(m_k X) - m_i \sin(m_k X) \cos(m_i X)}{m_i^2 - m_k^2}\,.$$

Da die Werte m_i und m_k der Oberflächenbedingung gemäß gewählt sind, folgt aus Gl. (i_1) von S. 19, daß

$$\frac{m_i \cos(m_i X)}{\sin(m_i X)} = -h \quad \text{und} \quad \frac{m_k \cos(m_k X)}{\sin(m_k X)} = -h\,,$$

also auch

$$m_k \cos(m_k X) \sin(m_i X) = m_i \cos(m_i X) \sin(m_k X)\,.$$

Es folgt daraus, daß der Wert des Integrals für beliebig herausgegriffene Lösungen (beliebige Nummern i und k) immer gleich Null ist. Eine Ausnahme macht nur der Fall $i = k$, also $m_i = m_k$, weil dann auch der Nenner $m_i^2 - m_i^2$ gleich Null ist. Für $i = k$ nimmt das vorgegebene Integral die Form an

$$\int_{-X}^{+X} \sin^2(m_i x)\, dx = 2\left\{\frac{X}{2} - \frac{\sin(2 m_i X)}{4 m_i}\right\}.$$

Es ist also dann von Null verschieden.

So ergibt sich die erste Hilfsformel:

$$\int_{-X}^{+X} \sin(m_i x)\sin(m_k x)\,dx = 0 \quad \text{für} \quad i \neq k$$
$$\neq 0 \quad \text{für} \quad i = k.$$

Ganz ebenso ist die zweite Hilfsformel abzuleiten. Sie lautet:

$$\int_{-X}^{+X} \cos(n_i x)\cos(n_k x)\,dx = 0 \quad \text{für} \quad i \neq k,$$
$$\neq 0 \quad \text{für} \quad i = k.$$

Die dritte Hilfsformel heißt:

$$\int_{-X}^{+X} \sin(m_i x)\cos(n_k x)\,dx = 0 \begin{cases} \text{für} & i \neq k \quad \text{und} \\ \text{für} & i = k. \end{cases}$$

Die Bestimmung der Koeffizienten C_i und D_i. Um in der Gleichung

$$F(x) = \cdots + C_i \sin(m_i x) + C_k \sin(m_k x) + \cdots$$
$$+ \cdots + D_i \cos(n_i x) + D_k \cos(n_k x) + \cdots$$

irgendeinen der Koeffizienten, z. B. C_i, zu bestimmen, multipliziere man beide Seiten der Gleichung mit $\sin(m_i x)\,dx$ und integriere von $-X$ bis $+X$. Hierbei sei — ohne erst zu beweisen — vorausgesetzt, daß die Reihe gliedweise integriert werden darf. Es ergibt sich dann

$$\int_{-X}^{+X} F(x)\sin(m_i x)\,dx =$$
$$\cdots + C_i \int_{-X}^{+X} \sin^2(m_i x)\,dx + C_k \int_{-X}^{+X} \sin(m_k x)\sin(m_i x)\,dx + \cdots$$
$$+ \cdots + D_i \int_{-X}^{+X} \cos(n_i x)\sin(m_i x)\,dx + D_k \int_{-X}^{+X} \cos(n_k x)\sin(m_i x)\,dx + \cdots$$

Den drei Hilfsformeln gemäß verschwinden auf der rechten Seite sämtliche Integrale mit Ausnahme desjenigen mit $\sin^2(m_i x)$, und es bestimmt sich dann der Wert C_i zu

$$C_i = \frac{\int_{-X}^{+X} F(x)\sin(m_i x)\,dx}{\int_{-X}^{+X} \sin^2(m_i x)\,dx}. \tag{15a}$$

Zur Bestimmung des Koeffizienten D_i multipliziert man sinngemäß Gl. (14) beiderseits mit $\cos(n_i x)\,dx$ und erhält durch dasselbe Rechenverfahren

$$D_i = \frac{\int_{-X}^{+X} F(x)\cos(n_i x)\,dx}{\int_{-X}^{+X} \cos^2(n_i x)\,dx}. \tag{15b}$$

Sind auf diese Weise sämtliche Koeffizienten C und D bestimmt, so stellt in der Tat die unendliche Reihe rechts in Gl. (14) den Wert der Funktion $F(x)$ innerhalb des Intervalls $-X < x < +X$ dar. Es wäre nun strenggenommen notwendig, eine unendliche Anzahl von Koeffizienten zu bestimmen. Da aber für alle gewöhnlich vorkommenden Funktionen $F(x)$ die Reihen ziemlich rasch konvergieren, und zwar aus Gründen, deren Erörterung hier zu weit führen würde, so kann man sich fast immer mit einer geringen Anzahl von Gliedern begnügen.

b) Die Fourierschen Reihen in ihrer gewöhnlichen Gestalt. In verschiedenen Gebieten der Physik und der Technik gibt es Aufgaben, welche die Entwicklung einer willkürlich vorgegebenen Funktion in eine Reihe mit Sinus- und Kosinus-Funktionen erfordern, die aber keine einschränkende Bedingung nach Art der dritten Randbedingung aufstellen. Die sich dabei ergebende Reihe ist es, die im allgemeinen mit dem Namen „Fouriersche Reihe" bezeichnet wird.

Da die Parameter m und n hier durch keine Randbedingung beschränkt sind, wählt man sie gleich der Reihe der positiven ganzen Zahlen. Um die Schreibweise zu vereinfachen, denkt man sich ferner den Maßstab auf der X-Achse so gewählt, daß $X = \pi$ wird. Die Aufgabe heißt dann:

Es ist eine im Bereich $-\pi < x < +\pi$ willkürlich gegebene Funktion $F(x)$ in eine Reihe zu entwickeln von der Form:

$$F(x) = \sum_{0,1,2,\ldots}^{\infty} \{a_i \sin(i\,x) + b_i \cos(i\,x)\}$$

oder ausführlicher geschrieben

$$F(x) = a_0 \sin 0 + a_1 \sin x + a_2 \sin 2\,x + \cdots$$
$$+ b_0 \cos 0 + b_1 \cos x + b_2 \cos 2\,x + \cdots.$$

Solange die Koeffizienten a_i und b_i willkürlich sind, heißt die Reihe eine trigonometrische Reihe, erst durch die Bestimmung der Koeffizienten wird sie zur Fourierschen Reihe.

Wir benötigen wieder 3 Hilfsformeln, die sich von den oben abgeleiteten nur dadurch unterscheiden, daß die m_i und n_i nicht mehr Wurzeln der transzendenten Gleichung, sondern die positiven ganzen Zahlen sind, und daß als Integrationsgrenzen statt $-X$ und $+X$ nunmehr $-\pi$ und $+\pi$ gelten.

Hilfsformeln.

$$\int_{-\pi}^{+\pi} \cos(i\,x)\cos(k\,x)\,dx = 1/2 \cdot \int_{-\pi}^{+\pi} \{\cos[(i-k)\,x] - \cos[(i+k)\,x]\}\,dx$$
$$= \frac{\sin[(i-k)\,\pi]}{i-k} + \frac{\sin[(i+k)\,\pi]}{i+k}.$$

Hierin sind i und k ganze Zahlen, also auch $(i-k)$ und $(i+k)$. Da der Sinus eines ganzen Vielfachen von π immer Null ist, so ist der Wert des Integrals immer Null, wenn i von k verschieden ist. Ist $i = k$, so behält der zweite Bruch rechts den Wert Null. Der erste Bruch wird $0:0$, also unbestimmt. Es ist aber

$$\lim_{i \to k} \frac{\sin[(i-k)\,\pi]}{i-k} = \pi.$$

Der Wert des Integrals wird also gleich π. In dem Sonderfall, daß i und k beide gleich Null sind, nimmt auch der zweite Bruch den Wert π an und das Integral wird gleich 2π. Wir erhalten so die

$$\text{1. Hilfsformel:} \int_{-\pi}^{+\pi} \cos(ix)\cos(kx)\,dx = 0 \quad \text{für} \quad i \neq k,$$
$$= \pi \quad ,, \quad i = k > 0,$$
$$= 2\pi \quad ,, \quad i = k = 0.$$

Eine entsprechende Rechnung liefert die anderen beiden Hilfsformeln:

$$\text{2. Hilfsformel:} \int_{-\pi}^{+\pi} \sin(ix)\sin(kx)\,dx = 0 \quad \text{für} \quad i \neq k,$$
$$= \pi \quad ,, \quad i = k > 0,$$
$$= 0 \quad ,, \quad i = k = 0;$$

$$\text{3. Hilfsformel:} \int_{-\pi}^{+\pi} \sin(ix)\cos(kx)\,dx = 0 \quad \text{für} \quad i \neq k,$$
$$= 0 \quad ,, \quad i = k > 0,$$
$$= 0 \quad ,, \quad i = k = 0.$$

Die Bestimmung der Koeffizienten. Zur Bestimmung eines Koeffizienten, z. B. b_k, multipliziere man beide Seiten der trigonometrischen Reihe mit $\cos(kx)\,dx$ und integriere von $-\pi$ bis $+\pi$. Man erhält so

$$\int_{-\pi}^{+\pi} F(x)\cos(kx)\,dx =$$
$$\cdots + a_i \int_{-\pi}^{+\pi} \sin(ix)\cos(kx)\,dx + a_k \int_{-\pi}^{+\pi} \sin(kx)\cos(kx)\,dx + \cdots$$
$$\cdots + b_i \int_{-\pi}^{+\pi} \cos(ix)\cos(kx)\,dx + b_k \int_{-\pi}^{+\pi} \cos^2(kx)\,dx + \cdots$$
$$= \cdots + 0 + b_k\pi + 0 + \cdots.$$

Daraus

$$b_k = \frac{1}{\pi}\int_{-\pi}^{+\pi} F(x)\cos(kx)\,dx.$$

Ebenso wird

$$a_k = \frac{1}{\pi}\int_{-\pi}^{+\pi} F(x)\sin(kx)\,dx.$$

Diese beiden Formeln gelten für alle Werte von k. Eine Ausnahme macht nur der Wert $k = 0$ wegen des dritten Falles in Hilfsformel (1) und (2). a_0 wird stets zu null. Um zu vermeiden, daß man für b_0 eine eigene Formel angeben muß, setzt man in üblicher Weise statt der trigonometrischen Reihe eine Reihe von der Form:

$$\left.\begin{aligned} F(x) = {} & \qquad\quad C_1\sin x + C_2\sin 2x + \cdots, \\ & + \tfrac{1}{2}D_0 + D_1\cos x + D_2\cos 2x + \cdots. \end{aligned}\right\} \qquad (16)$$

Sämtliche Koeffizienten C_i und D_i — auch D_0 — sind jetzt aus den Formeln (17) zu bestimmen:

$$C_i = \frac{1}{\pi} \int_{-\pi}^{+\pi} F(x) \sin(i x)\, dx, \tag{17 a}$$

$$D_i = \frac{1}{\pi} \int_{-\pi}^{+\pi} F(x) \cos(i x)\, dx. \tag{17 b}$$

Eine Reihe von der Form (16), deren Koeffizienten nach Gl. (17) bestimmt sind, heißt eine Fouriersche Reihe.

Die Dirichletschen Bedingungen. Bei dieser Ableitung sind zwei Voraussetzungen stillschweigend als erfüllt angenommen worden. Erstens, daß die beiden Integrale

$$\int_{-\pi}^{+\pi} F(x) \begin{matrix}\sin\\ \cos\end{matrix} (i x)\, dx$$

wirklich einen endlichen, eindeutigen Wert besitzen, und zweitens, daß das Integral der unendlichen Reihe gleich der Summe der Integrale der einzelnen Glieder ist, also daß die Reihe gliedweise integriert werden durfte.

Damit diese Voraussetzungen tatsächlich zutreffen, muß die Funktion $F(x)$ bestimmten, allerdings sehr freien Bedingungen genügen. Diese Bedingungen, die sogenannten Dirichletschen Bedingungen, lauten:

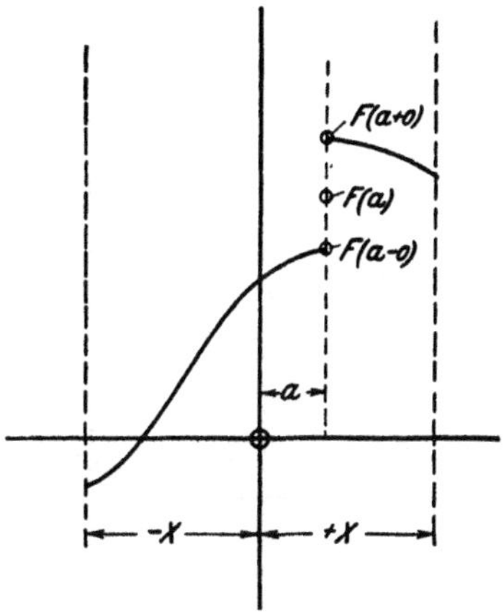

Abb. 11. Werte der Fourierschen Reihe an Unstetigkeitsstellen.

„Die Funktion $F(x)$ muß im Intervall $-\pi < x < +\pi$ überall eindeutig, endlich und integrierbar sein, und sie darf in diesem Bereich nur eine endliche Anzahl von Maxima und Minima und nur eine endliche Anzahl von Unstetigkeitsstellen aufweisen.“

Hierbei ist noch zu bemerken, daß die Funktion also sehr wohl einige Unstetigkeitsstellen besitzen darf. Bezeichnet in Abb. 11 der Wert $x = a$ eine solche Unstetigkeitsstelle, ferner $F(a - 0)$ den Funktionswert dicht vor der Unstetigkeitsstelle, $F(a + 0)$ den Funktionswert unmittelbar nachher, so liefert die Fouriersche Reihe beim Grenzübergang von unten bzw. oben die richtigen Werte $F(a - 0)$ und $F(a + 0)$. Für $x = a$ selbst ergibt sich das arithmetische Mittel aus $F(a - 0)$ und $F(a + 0)$.

Die Funktion $F(x)$ kann auf verschiedene Weise gegeben sein:

1. Durch ein analytisches Gesetz, also durch eine Berechnungsvorschrift, z. B. durch die Gleichung $F(x) = 3 + 2x + x^2$.

2. Durch eine zeichnerische Darstellung, z. B. durch eine Kurve, die von einem Meßgerät aufgezeichnet wurde.

3. Durch zahlenmäßige Angabe einer Anzahl getrennt liegender Funktionswerte, also z. B. durch eine Zahlentabelle, welche Instrumentablesungen enthält[1].

Die Fortsetzung über den gegebenen Bereich hinaus. Läßt man in der Fourierschen Reihe x über den Bereich $-\pi < x < +\pi$ hinauswachsen, so zeigt sich folgendes: Sinus und Kosinus ändern ihren Wert nicht, wenn man das Argument um ein ganzzahliges Vielfaches von 2π vermehrt. Da in der Reihe (16) i und k ganze Zahlen sind, so ändern die einzelnen Glieder der Reihe und damit die Reihe selbst ihren Wert nicht, wenn man von (kx) zu $k(x+2\pi)$, zu $k(x+4\pi)$ usw. übergeht. Die Reihe stellt also eine periodische Funktion mit der Periode 2π dar.

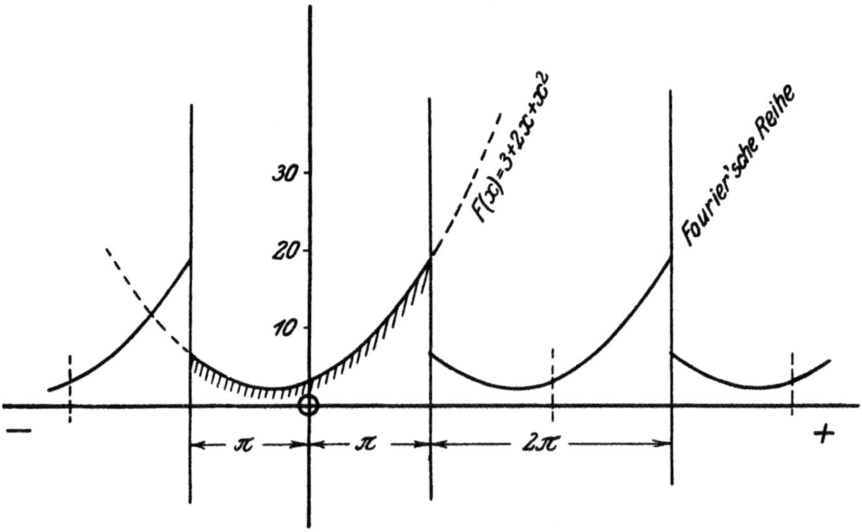

Abb. 12. Fortsetzung der Fourierschen Darstellung über das Gebiet $-\pi < x < +\pi$ hinaus.

Das vorgegebene analytische Gesetz wird dagegen für die Funktion $F(x)$ im allgemeinen einen nicht periodischen Verlauf zeigen. Z. B. $F(x) = 3 + 2x + x^2$. Die Übereinstimmung zwischen der vorgegebenen Funktion und der Fourierschen Reihe erstreckt sich also nur auf das Gebiet $-\pi < x < +\pi$. Außerhalb weichen die Darstellungen im allgemeinen voneinander ab, wie dies Abb. 12 zeigt.

Die reinen Sinus- und reinen Kosinusreihen. Die Gl. (16) läßt sich zerlegen, und zwar so, daß $F(x) = f_1(x) + f_2(x)$ ist, wobei zu setzen ist:

$$f_1(x) = C_1 \sin x + C_2 \sin 2x + \cdots$$

und

$$f_2(x) = \tfrac{1}{2} D_0 + D_1 \cos x + D_2 \cos 2x + \cdots.$$

[1] Über die Rechenpraxis bei der Handhabung Fourierscher Reihen verweise ich auf die Hütte. Des Ingenieurs Taschenbuch, 27. Aufl. Bd. 1 S. 205. Berlin 1941.
Ferner sei folgende Literatur angeführt:
Rogosinski, W.: Fouriersche Reihen. Berlin u. Leipzig: W. de Gruyter 1930 (Sammlung Göschen Bd. 1002). — K. Knopp: Theorie und Anwendung der unendlichen Reihen, 4. Aufl. Berlin/Göttingen/Heidelberg: Springer 1947.

Diese beiden Reihen werden als reine Sinus- und reine Kosinusreihen bezeichnet.

1. Die reinen Sinusreihen.

Der Sinus ist eine ungerade Funktion, d. h. es ist

$$+\sin(-x) = -\sin(+x),$$

die Funktion geht also beim Übergang von einem positiven zum gleichgroßen negativen Argument in den gleichgroßen, aber entgegengesetzten Funktionswert über. Es wird deshalb auch die reine Sinusreihe stets eine ungerade Funktion sein, also $F(-x) = -F(+x)$; vgl. Abb. 13, und umgekehrt kann eine ungerade Funktion immer nur durch eine reine Sinusreihe wiedergegeben werden.

Es sei ausdrücklich darauf hingewiesen, daß die Kurve nicht notwendig durch den Koordinatenursprung zu gehen braucht, obwohl die

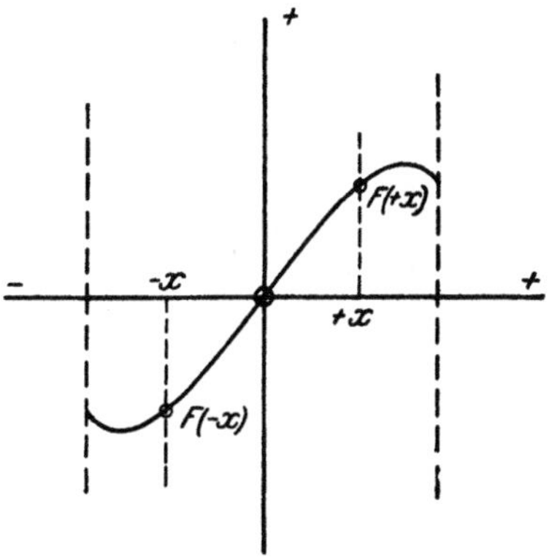

Abb. 13. Eine ungerade Funktion.

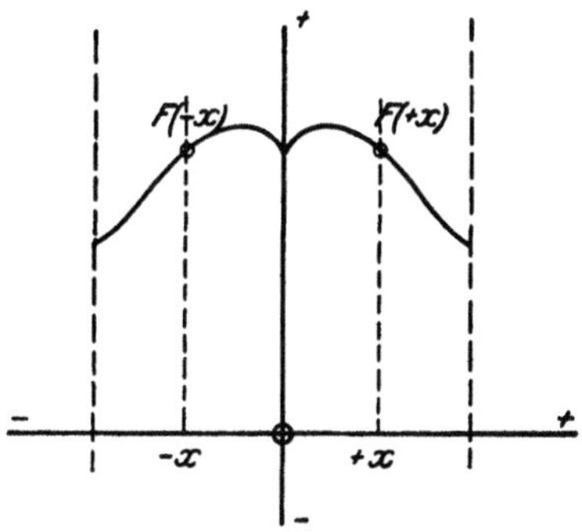

Abb. 14. Eine gerade Funktion.

reine Sinusreihe immer für $x = 0$ den Wert Null liefert. Daß hier kein Widerspruch vorliegt, erkennt man aus den obigen Ausführungen über den Wert der Funktion an Unstetigkeitsstellen. Allerdings wird dann die Reihe für x nahe an Null sehr schwach konvergent.

2. Die reinen Kosinusreihen.

Der Kosinus ist eine gerade Funktion, d. h., es ist

$$+\cos(-x) = +\cos(+x),$$

die Funktion behält also beim Übergang vom positiven zum gleichgroßen negativen Argument ihren Wert bei. Es ist deshalb die Kosinusreihe stets eine gerade Funktion, also $F(-x) = F(+x)$ (vgl. Abb. 14), und umgekehrt läßt sich eine gerade Funktion immer nur durch eine reine Kosinusreihe darstellen.

Die Form der Gl. (16) zeigt also, daß sich jede willkürlich gegebene Funktion als Übereinanderlagerung einer geraden und einer ungeraden Funktion auffassen läßt.

Der Bereich erstreckt sich von $x = -X$ *bis* $x = +X$. Wenn man nicht, wie dies auf S. 35 angenommen ist, den Maßstab auf der x-Achse frei wählen kann, so hat man in Gl. (16) statt x die Größe $x\frac{\pi}{X}$ einzuführen. Man erhält so

$$F(x) = C_1 \sin\frac{\pi x}{X} + C_2 \sin 2\frac{\pi x}{X} + \cdots$$

$$\cdots + \tfrac{1}{2} D_0 + D_1 \cos\frac{\pi x}{X} + D_2 \cos 2\frac{\pi x}{X} + \cdots \tag{18}$$

und

$$C_k = \frac{1}{X}\int\limits_{-X}^{+X} F(x)\sin\left(k\frac{\pi x}{X}\right) dx, \tag{19 a}$$

$$D_k = \frac{1}{X}\int\limits_{-X}^{+X} F(x)\cos\left(k\frac{\pi x}{X}\right) dx. \tag{19 b}$$

Die so dargestellte Funktion ist periodisch mit der Periode $2X$.

c) Die Fourierschen Integrale. Nachdem nun die Möglichkeit erwiesen ist, eine im Bereich $-X < x < +X$ willkürlich gegebene Funktion nach trigonometrischen Funktionen zu entwickeln, ist die Frage berechtigt, ob nicht die Methode sich so erweitern läßt, daß sie auch für den Bereich $-\infty < x < +\infty$ gilt. Dies ist tatsächlich der Fall; um dies zu zeigen, gehen wir von der Gl. (18) aus:

$$F(x) = \tfrac{1}{2} D_0 + \sum_{k=1}^{k=\infty}\left\{C_k \sin\left(k\frac{\pi x}{X}\right) + D_k \cos\left(k\frac{\pi x}{X}\right)\right\}.$$

In diese Gleichung setzen wir die Werte C_k und D_k aus den Gln. (19) ein, in denen wir jetzt zur Vermeidung von Verwechslungen ξ statt x schreiben. Es ergibt sich dann:

$$F(x) = \frac{1}{2}\cdot\frac{1}{X}\int\limits_{-X}^{+X} F(\xi)\, d\xi$$

$$+ \sum_{k=1,2,\ldots}^{k=\infty}\left\{\frac{1}{X}\int\limits_{-X}^{+X} F(\xi)\sin\left(k\frac{\pi\xi}{X}\right)\sin\left(k\frac{\pi x}{X}\right) d\xi\right.$$

$$\left. + \frac{1}{X}\int\limits_{-X}^{+X} F(\xi)\cos\left(k\frac{\pi\xi}{X}\right)\cos\left(k\frac{\pi x}{X}\right) d\xi\right\}$$

$$= \frac{1}{2X}\int\limits_{-X}^{+X} F(\xi)\, d\xi + \frac{1}{X}\sum_{k=1,2,\ldots}^{k=\infty}\int\limits_{-X}^{+X} F(\xi)\cos\left(\frac{\pi k}{X}(\xi - x)\right) d\xi.$$

Dabei ist die letzte Umformung mit Hilfe der trigonometrischen Formel

$$\sin\alpha\sin\beta + \cos\alpha\cos\beta = \cos(\alpha - \beta)$$

durchgeführt. Da der Kosinus eine gerade Funktion ist, können wir die beiden Summanden in einen zusammenfassen, indem wir nicht von $k = +1$ bis $k = +\infty$, sondern von $k = -\infty$ bis $k = +\infty$ summieren;

also den ersten Summanden als $k = 0$-Glied mit hereinziehen.

$$F(x) = \frac{1}{2X} \sum_{k=-\infty}^{k=+\infty} \int_{-X}^{+X} F(\xi) \cos\left(k \frac{\pi}{X} (\xi - x)\right) d\xi,$$

$$= \frac{1}{2\pi} \sum_{k=-\infty}^{k=+\infty} \frac{\pi}{X} \int_{-X}^{+X} F(\xi) \cos\left(k \frac{\pi}{X} (\xi - x)\right) d\xi.$$

Lassen wir nun X und k über alle Grenzen hinaus wachsen, so wird π/X eine sehr kleine Größe, die wir dq nennen wollen; $k \frac{\pi}{X}$ nennen wir dann q. Die unendliche Summe geht gleichzeitig in ein Integral über und wir erhalten

$$F(x) = \frac{1}{2\pi} \int_{q=-\infty}^{q=+\infty} dq \int_{\xi=-\infty}^{\xi=+\infty} F(\xi) \cos\left(q(\xi - x)\right) d\xi. \tag{20}$$

Die Formel (20) zeigt die Darstellung einer gegebenen Funktion durch Fouriersche Integrale. Es muß jedoch noch stark betont werden, daß die Formel (20) nur dann für alle Werte $-\infty < x < +\infty$ richtig ist, wenn die vorgegebene Funktion $F(x)$ nachstehende Bedingungen erfüllt:

Sie muß erstens überall stetig und eindeutig sein, zweitens darf sie nur eine endliche Anzahl Maxima und Minima besitzen, und drittens muß sie sich, wenn x gegen $\pm\infty$ wächst, so rasch der Null nähern, daß das Integral

$$\int_{-\infty}^{+\infty} F(x)\, dx$$

endlich bleibt.

Die mathematische Erörterung dieser drei einschränkenden Bedingungen würde über den Rahmen dieses Buches hinausführen.

Die Fourierschen Integrale für gerade und ungerade Funktionen. Mit Hilfe der trigonometrischen Formel

$$\cos(\alpha - \beta) = \cos\alpha \cos\beta + \sin\alpha \sin\beta$$

läßt sich die Gl. (20) auf die Form

$$F(x) = \frac{1}{2\pi} \int_{-\infty}^{+\infty} dq \int_{-\infty}^{+\infty} F(\xi) \{\cos(q\xi) \cos(qx) + \sin(q\xi) \sin(qx)\} d\xi$$

bringen, und dies läßt sich in $F(x) = f_1(x) + f_2(x)$ spalten, wenn man setzt:

$$f_1(x) = \frac{1}{2\pi} \int_{-\infty}^{+\infty} dq \int_{-\infty}^{+\infty} F(\xi) \cos(q\xi) \cos(qx)\, d\xi$$

$$= \frac{1}{2\pi} \int_{-\infty}^{+\infty} \cos(qx)\, dq \int_{-\infty}^{+\infty} F(\xi) \cos(q\xi)\, d\xi, \tag{21 a}$$

$$f_2(x) = \frac{1}{2\pi} \int_{-\infty}^{+\infty} \sin(qx)\, dq \int_{-\infty}^{+\infty} F(\xi) \sin(q\xi)\, d\xi. \tag{21 b}$$

Wegen der oben erwähnten Eigenschaften der Sinus- und der Kosinusfunktion ist $f_1(x)$ eine gerade und $f_2(x)$ eine ungerade Funktion. Man kann also, wie das in Abb. 15 veranschaulicht ist, jede Funktion als Übereinanderlagerung einer geraden und einer ungeraden Funktion auffassen.

Die Fourierschen Integrale sind hier aus den Fourierschen Reihen heraus abgeleitet worden. Es sei aber bemerkt, daß es ebenso möglich ist, die Fourierschen Integrale vollkommen selbständig abzuleiten.

d) Reihen mit Besselschen Funktionen. Als Lösung der Gl. (11 b), der Besselschen Differentialgleichung nullter Ordnung, hatten wir die Besselschen Funktionen J_0 und Y_0 kennengelernt, von denen die erste

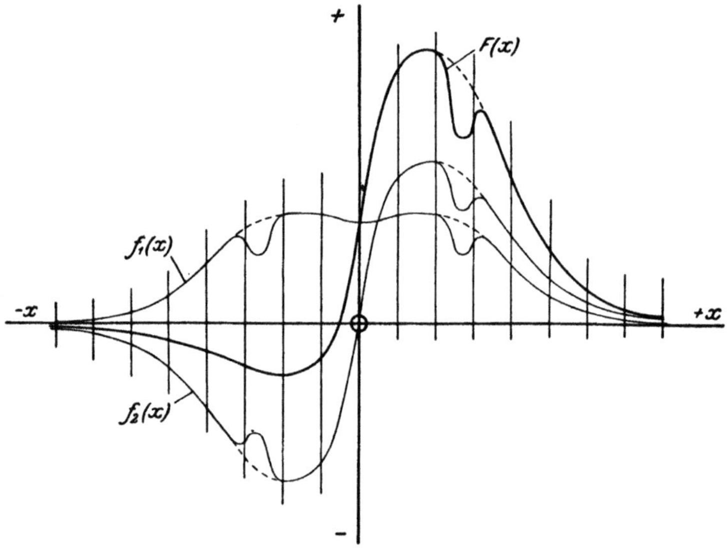

Abb. 15. Darstellung einer Funktion $F(x)$ aus einer geraden und einer ungeraden Funktion.

eine gerade, die zweite eine ungerade Funktion ist. Wir wollen nun die Entwicklung einer im Bereich $0 < r < 1$ willkürlich gegebenen Funktion nach Besselschen Funktionen besprechen, und zwar wollen wir nur die Funktion $J_0(n\,x)$ berücksichtigen, weil wir uns bei den späteren Aufgaben nur mit geraden Funktionen beschäftigen werden. Die Funktion $Y_0(m\,x)$ lassen wir als eine ungerade Funktion außer Betracht.

Aus der Oberflächenbedingung 3. Art folgt, daß

$$\left[\frac{d}{d\,r}\,J_0(n\,r)\right]_{r=R} = -\,h\,[J_0(n\,r)]_{r=R}$$

sein muß. Eine Formel über das Differenzieren Besselscher Funktionen besagt, daß $J_0'(x) = -J_1(x)$ ist, worin $J_1(x)$ die Besselsche Funktion erster Ordnung, erster Art ist. Mit dieser Formel wird die obige Gleichung gleich

$$n\,J_1(n\,R) = +\,h\,J_0(n\,R)\,.$$

Dies ist nach S. 31 eine transzendente Gleichung mit den unendlich vielen Wurzeln $\ldots\; n_i,\; n_k,\; \ldots$.

Die Reihenentwicklung hat die Form

$$F(r) = D_0 + \sum_{i=1,2,\ldots}^{i=+\infty} D_i J_0(n_i r). \tag{22}$$

Zur Bestimmung des Koeffizienten D_k multipliziere man beide Seiten mit $r\,J_0(n_k r)\,dr$ und integriere von $r = 0$ bis $r = +1$:

$$\int_0^{+1} r\,F(r)\,J_0(n_k r)\,dr = \cdots + D_i \int_0^{+1} r\,J_0(n_i r)\,J_0(n_k r)\,dr$$
$$+ D_k \int_0^{+1} r\,J_0^2(n_k r)\,dr + \cdots.$$

Aus drei Hilfsformeln, die den oben erwähnten Hilfsformeln analog sind, ergibt sich, daß alle Glieder rechts verschwinden, mit Ausnahme desjenigen mit $J_0^2(-)$. Aus der Lehre über das Integrieren Besselscher Funktionen folgt, daß

$$\int_0^{+1} r\,J_0^2(n_k r)\,dr = \tfrac{1}{2}[J_0^2(n_k) + J_1^2(n_k)]$$

ist. Man erhält jetzt den Wert D_k zu

$$D_k = 2\,\frac{\int_0^{+1} r\,F(r)\,J_0(n_k r)\,dr}{J_0^2(n_k) + J_1^2(n_k)}. \tag{23a}$$

Diese Formel gilt für alle Werte von $k = 1$ an; für $k = 0$ gilt

$$D_0 = 2\int_0^{+1} r\,F(r)\,dr. \tag{23b}$$

Wegen weiterer Einzelheiten über die Darstellung willkürlich gegebener Funktionen durch Reihen und Integrale mit Besselschen Funktionen sei auf die einschlägige mathematische Literatur verwiesen[1].

Nachdem in den vorstehenden beiden Abschnitten die nötigen physikalischen und mathematischen Grundbegriffe und analytischen Methoden erörtert worden sind, können in den nachfolgenden Abschnitten die einzelnen Aufgaben aus dem Gebiet der Differentialgleichung (4a)

$$\frac{\partial \vartheta}{\partial t} = a\,\nabla^2 \vartheta + \frac{1}{c\,\varrho}\,W$$

besprochen werden.

Wir werden uns hierbei ausnahmslos auf solche vereinfachte Fälle beschränken, in denen entweder die Ergiebigkeit der Wärmequellen oder die zeitliche Änderung der Temperatur oder auch beide zugleich gleich Null sind. Begonnen werde mit der Besprechung der zeitlich veränderlichen Temperaturfelder ohne Wärmequellen, also mit dem Gebiet der Differentialgleichung

$$\frac{\partial \vartheta}{\partial t} = a\,\nabla^2 \vartheta.$$

---

[1] Lense, J.: Reihenentwicklungen in der mathematischen Physik. 3. Aufl. Berlin: W. de Gruyter 1953. — C. Runge u. H. König: Numerisches Rechnen. Berlin 1925.

C. Die zeitlich veränderlichen Temperaturfelder ohne Wärmequellen.

1. Die Temperaturunterschiede streben dem Ausgleich zu.

Die Differentialgleichung $\frac{\partial \vartheta}{\partial t} = a\,\nabla^2 \vartheta$.

a) Endlicher Wärmeübergang (Randbedingung dritter Art).

Aufgabe 1. Die Platte.

„Eine unendlich große planparallele Platte von der Dicke $2X$ gebe durch ihre beiden Oberflächen ihre Wärme an die Umgebung ab. Die Wärmeübergangszahl habe beiderseits den gleichen Wert α und die Umgebungstemperatur Θ sei auf beiden Seiten gleich Null. Zur Zeit $t = 0$ besitze die Platte überall die einheitliche Temperatur $\vartheta = \vartheta_c$. Ferner seien die Stoffwerte der Platte λ, c und ϱ, also auch a konstant, auch die relative Wärmeübergangszahl $h = \alpha/\lambda$ sei unveränderlich. — Es sind die Gestalt des Temperaturfeldes und der Betrag des Wärmeverlustes in ihrer Abhängigkeit von der Zeit zu bestimmen.“

α) Der mathematische Ansatz. Die Aufgabe unterscheidet sich von der einführenden Aufgabe nur dadurch, daß die Anfangstemperatur ϑ_c sich nicht mit x ändert, sondern konstant ist. Wir erhalten deshalb den mathematischen Ansatz

Differentialgleichung: $\frac{\partial \vartheta}{\partial t} = a \frac{\partial^2 \vartheta}{\partial x^2}$,

Räumliche Grenzbedingung: für $x = +X$ muß sein: $\frac{\partial \vartheta}{\partial x} = -h\,\vartheta$,

Räumliche Grenzbedingung: für $x = -X$ muß sein: $\frac{\partial \vartheta}{\partial x} = +h\,\vartheta$,

Zeitliche Grenzbedingung: für $t = 0$ muß sein: $\vartheta = \vartheta_c$.

β) Berechnung des Temperaturfeldes. Als partikuläre Integrale der Differentialgleichung kennen wir bereits:

$$\vartheta = C\,e^{-m^2 a t} \sin(m\,x) \quad \text{und} \quad \vartheta = D\,e^{-n^2 a t} \cos(n\,x)\,.$$

Da die Temperaturverteilung am Anfang symmetrisch zur Y—Z-Ebene gewesen ist, wird sie es auch während der ganzen Dauer des Temperaturausgleiches bleiben, weil Umgebungstemperatur und Wärmeübergangszahl auf beiden Seiten gleich sind. Die Temperaturfunktion kann deshalb nur eine gerade Funktion sein, und wir können das erste partikuläre Integral schon jetzt ausschalten. Um das verbleibende Integral der Oberflächenbedingung anzupassen, müssen die Werte n der Gleichung

$$(n\,X) \sin(n\,X) = (h\,X) \cos(n\,X)$$

entsprechend gewählt werden. Die Wurzeln $\delta_k = (n_k X)$ dieser Gleichung sind bekannt und in Zahlentafel 2 zusammengestellt.

Aus den so entstehenden, unendlich vielen Teillösungen baut sich die allgemeine Lösung auf zu:

$$\vartheta = \sum_{k=1}^{k=\infty} D_k\, e^{-n_k^2 a t} \cos(n_k\, x)\,.$$

Die Werte D_k sind darin so zu bestimmen, daß sie der Anfangsbedingung

$$\vartheta_c = \sum_1^\infty D_k \cos(n_k\, x)$$

genügen.

Sie ergeben sich also aus der Gl. (15b)

$$D_k = \frac{\int_{-X}^{+X} \vartheta_c \cos(n_k\, x)\, dx}{\int_{-X}^{+X} \cos^2(n_k\, x)\, dx} = \vartheta_c \frac{2\sin(n_k\, X)}{\sin(n_k\, X)\cos(n_k\, X) + (n_k\, X)}\,.$$

Mit der abgekürzten Schreibweise δ_k für $(n_k\, X)$ erhalten wir die Temperaturfunktion in Form der Gleichung:

$$\vartheta = \vartheta_c \sum_{k=1}^{k=\infty} 2\, \frac{\sin\delta_k}{\delta_k + \sin\delta_k \cos\delta_k}\, e^{-\delta_k^2 \frac{at}{X^2}} \cos\left(\delta_k \frac{x}{X}\right). \tag{24a}$$

Die Werte δ_k in dieser Gleichung sind die Wurzeln der mehrfach erwähnten, transzendenten Gleichung, deren einziger Parameter $(h X)$ ist; sie sind also selbst Funktionen dieses Parameters. Damit können wir Gl. (24a) in der Form schreiben:

$$\vartheta/\vartheta_c = \Phi\left(h\, X,\ \frac{a\,t}{X^2},\ \frac{x}{X}\right). \tag{24b}$$

Wenn auch das Problem, physikalisch betrachtet, von sehr vielen einzelnen Größen abhängt, so lassen sich diese doch so in Gruppen zusammenfassen, daß zum Schlusse eine Funktion mit nur 3 Veränderlichen bleibt[1, 2].

Wir erwähnen noch den Sonderfall, daß h als unendlich groß gelten kann, daß also die beiden Oberflächen auf der Temperatur Null gehalten werden. Dann gehen (nach S. 32) die δ-Werte in die Nullstellen der cos-Funktion über, also in die Werte

$$\tfrac{1}{2}\pi,\quad \tfrac{3}{2}\pi,\quad \tfrac{5}{2}\pi,\ \ldots\ (k - \tfrac{1}{2})\,\pi\,.$$

Der Sinus dieser Werte ist immer gleich $+1$ bzw. -1; und die Gl. (24) nimmt die Form an:

---

[1] Dieses Ergebnis ließe sich auch ohne Lösung der Differentialgleichung allein aus Ähnlichkeitsbetrachtungen gewinnen, wie es im zweiten Teil des Buches näher ausgeführt wird.

[2] Der dimensionslose Ausdruck $hX = \alpha X/\lambda$ ist zu unterscheiden von der später verwendeten Nußelt-Zahl $Nu = \alpha X/\lambda_{fl}$. In ersterem ist λ die Wärmeleitzahl des festen Körpers, während sich in der Nußelt-Zahl λ_{fl} auf die umgebende Flüssigkeit bezieht.

$$\vartheta/\vartheta_c = \frac{4}{\pi}\left\{e^{-\left(\frac{\pi}{2}\right)^2\frac{at}{X^2}}\cos\left(\frac{\pi}{2}\frac{x}{X}\right) - \frac{1}{3}e^{-\left(\frac{3}{2}\pi\right)^2\frac{at}{X^2}}\cos\left(\frac{3}{2}\pi\frac{x}{X}\right) + \frac{1}{5}e\cdots\pm\cdots\right\}$$

$$= \Phi\left(\frac{at}{X^2}, \frac{x}{X}\right). \qquad (24\,c)$$

γ) Zeichnerische Darstellung des Temperaturfeldes. Wir wollen hierzu einen speziellen Fall zugrunde legen, und zwar eine Betonmauer von $2X = 80$ cm Stärke. Die Übertemperatur ϑ_c der Mauer über die Umgebungstemperatur zur Zeit $t = 0$ wollen wir gleich 1° nehmen. Hat sie einen anderen Wert, so brauchen wir den Maßstab auf der Temperaturachse nur entsprechend zu dehnen.

Die Wärmeübergangszahl α sei gleich 10,8 kcal/m² h grd angenommen.

1. Vorbereitende Rechnung. Aus Tabellen ist für Beton zu entnehmen:

$$\lambda = 0{,}6\,\text{kcal/m h grd},$$

$$\varrho = 2000\,\text{kg/m}^3,$$

$$c = 0{,}27\,\text{kcal/kg grd},$$

daraus berechnet sich

$$a = \frac{\lambda}{c\,\varrho} = 0{,}0011\,\text{m}^2/\text{h}.$$

Ferner wird

$$h = \frac{\alpha}{\lambda} = \frac{10{,}8}{0{,}6} = 18{,}0\,\text{m}^{-1} \quad \text{und} \quad hX = 18{,}0 \cdot 0{,}40 = 7{,}2.$$

2. Die Werte δ_k aus der Oberflächenbedingung. Die Wurzeln $\delta_k = (n_k X)$ der transzendenten Gleichung sind in Zahlentafel 2 als Zwischenwerte für $(hX) = 7{,}2$ zu entnehmen. Die ersten fünf Wurzeln sind hier zusammengestellt:

	$k=1$	$k=2$	$k=3$	$k=4$	$k=5$
im Bogenmaß δ_k	1,38	4,18	7,08	10,03	13,08
im Gradmaß δ_k	79° 6′	239° 30′	45° 27′	214° 54′	29° 13′
Für später notwendig:					
$\sin\delta_k =$	0,9820	— 0,8616	0,7127	— 0,5722	0,4882
$\cos\delta_k =$	0,1891	— 0,5075	0,7015	— 0,8202	0,8744

3. Die ausgezeichneten Lösungen $f_k(x) = \cos(n_k x) = \cos\left(\delta_k \frac{x}{X}\right)$. Um diese Lösungen zeichnen zu können, wollen wir die Lage der ersten, zweiten usw. Nullstelle und ebenso die Lage der Maxima und Minima feststellen. Ist x_0 die Lage der ersten Nullstelle, so liegen bei $3x_0$, $5x_0$, $7x_0$ usw. die weiteren Nullstellen; bei $2x_0$, $6x_0$, $10x_0$ die Minima und bei 0, $4x_0$, $8x_0$ die Maxima.

Die erste Nullstelle findet sich aus der Bedingung

$$\cos\left(\delta_k\frac{x_0}{X}\right) = 0 = \cos\frac{\pi}{2}$$

oder

$$x_0 = \frac{\pi}{2}\frac{X}{\delta_k} = \frac{1{,}57 \cdot 0{,}40}{\delta_k} = \frac{0{,}628}{\delta_k}.$$

Die Rechnung ergibt die Werte der nachstehenden Zahlentafel für x_0, $2x_0$, ... [in Metern].

	$k=1$	$k=2$	$k=3$	$k=4$	$k=5$
1. Nullstelle x_0	0,455	0,151	0,089	0,063	0,048
Minimum $2x_0$		0,301	0,178	0,126	0,096
2. Nullstelle $3x_0$		0,452	0,266	0,188	0,144
Maximum $4x_0$			0,355	0,250	0,192
3. Nullstelle $5x_0$			0,444	0,313	0,240
Minimum $6x_0$				0,376	0,288
4. Nullstelle $7x_0$				0,438	0,336
Maximum $8x_0$					0,384
5. Nullstelle $9x_0$					0,432

4. Die Bestimmung der Koeffizienten D_k. Die Gleichung

$$D_k = \frac{2\sin(n_k X)}{(n_k X) + \sin(n_k X)\cos(n_k X)}$$

liefert mit Hilfe der Werte aus der vorletzten Zahlentafel

$$D_1 = +1{,}250;\quad D_2 = -0{,}373;\quad D_3 = +0{,}188;$$
$$D_4 = -0{,}109;\quad D_5 = +0{,}072.$$

5. Berechnung von $e^{-\delta_k^2 \frac{a t}{X^2}}$. Hier wollen wir zwei Fälle herausgreifen, erstens zur Zeit $t = 0$ und zweitens zur Zeit $t = 5$ h.

Zu 1. Der Wert $t = 0$ macht den Exponenten zu Null und damit die Exponentialfunktion zu Eins. Die unter 4. errechneten Werte D_k stellen die maximalen Ausschläge der Funktionen $\cos\left(\delta_k \frac{x}{X}\right) = f_k(x)$, also der ausgezeichneten Lösungen dar.

Zu 2. Der Wert $t = 5$ h gibt $\frac{a t}{X^2} = \frac{0{,}0011 \cdot 5}{0{,}40^2} = 0{,}0344$; damit erhält man

	$k=1$	$k=2$	$k=3$	$k=4$	$k=5$
$\delta_k^2 \frac{a t}{x^2}$	0,0655	0,601	1,725	3,465	5,885
Exponentialfunktion . . .	0,94	0,55	0,18	0,03	0,00
$D_k e^{\cdots}$	+ 1,175	− 0,203	+ 0,033	− 0,003	0

6. Zeichnerische Darstellung des Temperaturfeldes. 1. Anfangstemperaturverteilung für $t = 0$ liefert uns die Berechnung:

$$\vartheta/\vartheta_c = \{1{,}250\cos(3{,}45\,x) - 0{,}373\cos(10{,}4\,x) + 0{,}188\cos(17{,}7\,x)$$
$$- 0{,}109\cos(25{,}1\,x) + 0{,}072\cos(32{,}7\,x) - \cdots + \cdots\}$$
$$= \{I - II + III - IV + V - \cdots + \cdots\}.$$

In dieser letzten Form sind unter *I*, *II*, ... die einzelnen Teillösungen zu verstehen. Dieselben sind in Abb. 16 sowohl einzeln als in ihrer algebraischen Summe dargestellt.

Man ersieht daraus, daß die 1. Teillösung sehr verschieden ist von der Anfangstemperaturverteilung $\vartheta_c = \text{const} = 1°$, daß man sich aber dieser Verteilung um so mehr nähert, je mehr Teillösungen man übereinander lagert. Man sieht aber zugleich, daß fünf Teillösungen noch nicht genügen, um die Anfangsverteilung richtig zeichnerisch darzustellen. Bei späteren Temperaturverteilungen liegen die Verhältnisse wesentlich günstiger. Wir gehen deshalb über zu

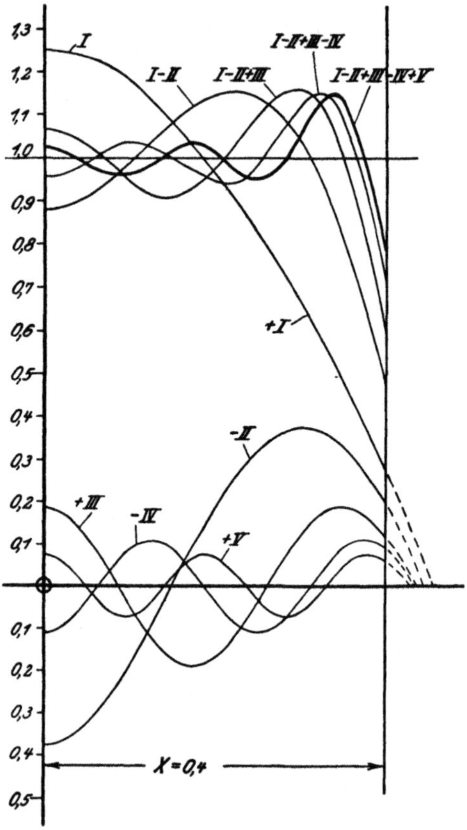

Abb. 16. Darstellung der Anfangstemperaturverteilung $\vartheta = 1°$ durch eine Fouriersche Reihe.

2. Temperaturverteilung für $t = 5$ h.

Die Rechnung liefert:

$$\vartheta/\vartheta_c = \{1{,}175 \cos(3{,}45\,x) - 0{,}203 \cos(10{,}4\,x) + 0{,}033 \cos(17{,}7\,x) - 0{,}003 \cos(25{,}1\,x) \pm 0\} = \{I' - II' + III' - IV'\}.$$

Schon die Rechnung läßt erkennen, daß 3 bis 4 Glieder der Reihe genügen, um die Temperatur genau zu bestimmen. In Abb. 17 sind wieder die einzelnen Teillösungen sowie ihre Summe gezeichnet. Man ersieht aus dieser Zeichnung, daß sich nach 5 Stunden erst die äußersten Schichten der Mauer beträchtlich abgekühlt haben, während die inneren Schichten noch fast völlig ihre Anfangstemperatur besitzen[1].

7. *Vereinfachte, zeichnerische Darstellung.* Bei technischen Aufgaben ist es im allgemeinen nicht notwendig, den ganzen Aufbau der Temperaturkurve aus ihren Teillösungen zu kennen. Es genügt meist, wenn die Temperatur ϑ_m in der Mittelebene der Platte und die Temperaturen ϑ_0 an den beiden Oberflächen bekannt sind.

Zur Ermittlung der Temperatur in der Mittelebene setzen wir in den Gln. (24) für x den Wert 0 und erhalten dann

$$\vartheta_m/\vartheta_c = \sum_{k=1}^{k=\infty} 2\,\frac{\sin\delta_k}{\delta_k + \sin\delta_k\cos\delta_k}\, e^{-\delta_k^2 \frac{at}{X^2}} = \Phi_m\left(h\,X,\ \frac{a\,t}{X^2}\right). \qquad (25\text{a})$$

[1] Auf dieser Erscheinung beruht ein Näherungsverfahren von W. Esser u. O. Krischer: Die Berechnung der Anheizung und Auskühlung ebener und zylindrischer Wände. Berlin: Springer 1930.

Um die Oberflächentemperaturen zu ermitteln, setzen wir $x = X$ und erhalten

$$\vartheta_0/\vartheta_c = \sum_{k=1}^{k=\infty} 2\,\frac{\sin\delta_k}{\delta_k + \sin\delta_k\cos\delta_k}\, e^{-\delta_k^2 \frac{at}{X^2}} \cos\delta_k = \Phi_0\left(hX, \frac{at}{X^2}\right). \qquad (25\text{b})$$

Die beiden Funktionen Φ_m und Φ_0 hängen, im Gegensatz zu der Funktion Φ in Gl. (24b), nur mehr von zwei unabhängigen Veränderlichen ab und lassen sich darum in jeweils einer Tabelle oder einem Kurvenblatt darstellen.

Für die praktische Handhabung eines solchen Diagramms ist es störend, daß die halbe Plattendicke X in beiden Veränderlichen der Funktionen Φ_m und Φ_0 vorkommt. Es wurde daher die von BACHMANN[1] vorgeschlagene Darstellung

$$\vartheta_m/\vartheta_c = \mathsf{X}_m\,(hX,\ h^2 a t) \qquad (25\text{c})$$

für die Temperatur der Mittelebene ϑ_m und

$$\vartheta_0/\vartheta_c = \mathsf{X}_0\,(hX,\ h^2 a t) \qquad (25\text{d})$$

für die Oberflächentemperatur ϑ_0 zur Wiedergabe vorgezogen. Die neue, ebenfalls dimensionslose Veränderliche ist aus $(hX)^2 \cdot at/X^2 = h^2at$ entstanden. Die Gln. (25c) und (25d) sind in Abb. 18 und 19 nach einer Neuberechnung von BACHMANN dargestellt. Für ein bestimmtes Problem (a und h konstant) ist die Abszisse der Zeit t und der Parameter der halben Plattendicke X proportional.

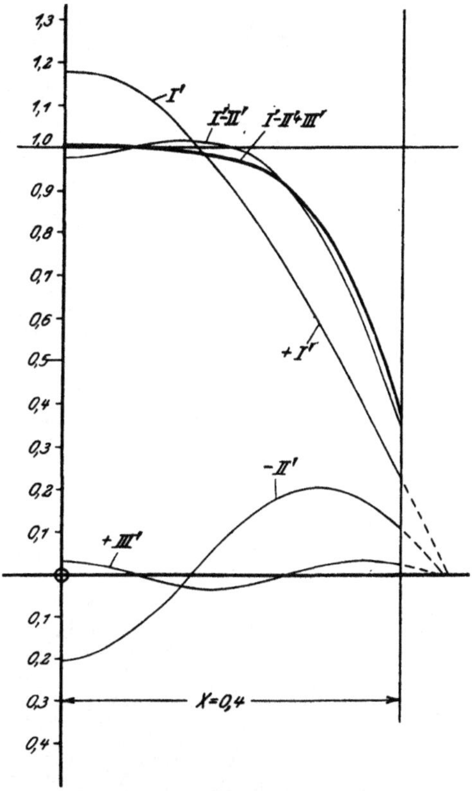

Abb. 17. Darstellung der um 5 Stunden späteren Temperaturverteilung durch eine Fouriersche Reihe.

Gemäß dem Ansatz gelten die vorstehenden Betrachtungen sowoh für die Abkühlung der Platte in einer kälteren Umgebung als auch für die Aufheizung in einem wärmeren Medium. Die Anfangstemperatur ϑ_c ist in beiden Fällen die Differenz zwischen der (bei $t = 0$) gleichförmigen Körpertemperatur und der Umgebungstemperatur, die Temperatur im Inneren der Platte, ϑ, hat als Nullpunkt die Umgebungstemperatur,

[1] BACHMANN, H.: Tafeln über Abkühlungsvorgänge einfacher Körper. Berlin: Springer 1938.

deren Wert sie für $t \to \infty$ annimmt. Abb. 20a u. b veranschaulicht diese beiden Vorgänge.

Mit den Werten ϑ_m und ϑ_0 kann man den Temperaturverlauf in der Platte genügend genau zeichnen, da gleichzeitig auch drei Tangenten-

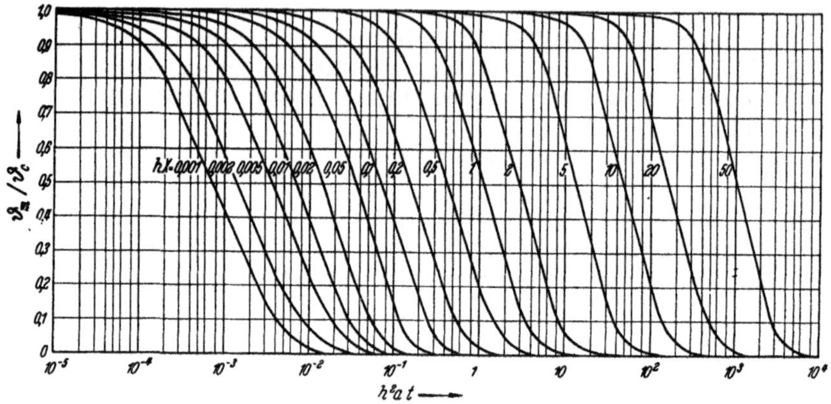

Abb. 18. Temperatur ϑ_m in der Mittelebene einer Platte bei endlichem Wärmeübergang. $h = \alpha/\lambda$ = relative Wärmeübergangszahl; X = halbe Plattendicke; $a = \lambda/c\,\varrho$ = Temperaturleitzahl; t = Zeit; ϑ_c = gleichförmige Anfangstemperatur der Platte.

richtungen bekannt sind: in der Mittelebene muß die Tangente aus Symmetriegründen waagerecht liegen, die beiden Tangenten bei $+X$ und $-X$ müssen durch die beiden Richtpunkte gehen, die im Abstand $s = 1/h = \lambda/\alpha$ von der Wand entfernt liegen.

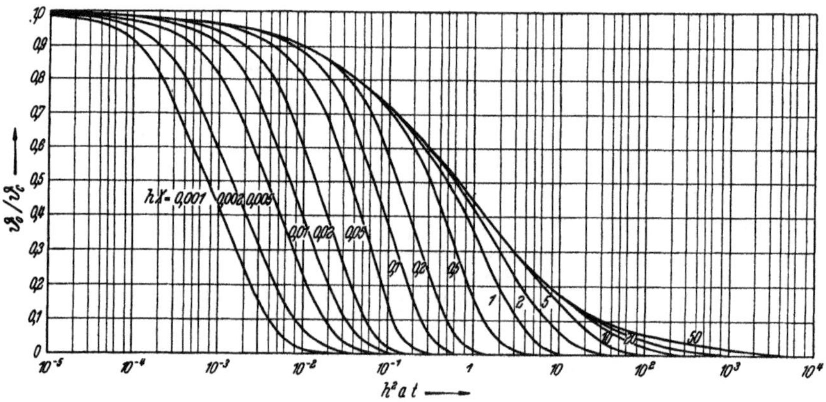

Abb. 19. Temperatur ϑ_0 der Plattenoberfläche.

Die oben erwähnte Tatsache, daß die Tangente in der Mittelebene immer waagerecht liegen muß, weist darauf hin, daß unsere bisherige Ableitung zugleich eine andere Aufgabe über die Abkühlung einer Platte löst. Wenn eine Platte nur durch eine Oberfläche sich frei abkühlen kann, an der anderen Seite sehr gut isoliert ist ($\alpha = 0$), so rückt der

Richtpunkt auf dieser Seite ins Unendliche, d. h., die Temperaturkurve hat hier während des ganzen Abkühlungsvorganges eine waagerechte Tangente. Alle Gleichungen und Schaubilder gelten also auch für diesen Fall, wenn man die ganze Plattendicke mit X bezeichnet und nicht, wie bei der Hauptaufgabe, die halbe Plattendicke.

δ) Berechnung des Wärmeverlustes Q. *Die drei Arten der Berechnung.*

1. Art der Berechnung: Dem Oberflächenstück $dy\,dz$ strömt aus dem Inneren des Körpers in der Zeit dt die Wärmemenge

$$-\lambda\left(\frac{\partial\vartheta}{\partial x}\right)_{x=\pm X} dy\,dz\,dt$$

zu. Um die gesamte, abgegebene Wärme Q zu berechnen, muß man obigen Ausdruck für die beiden Oberflächen und über den Zeitraum von 0 bis t integrieren.

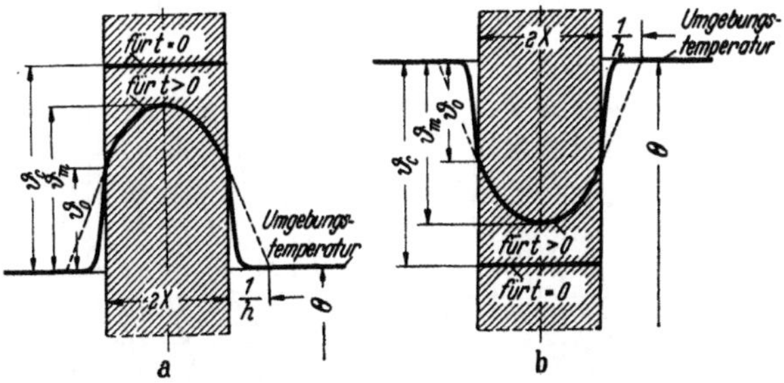

Abb. 20 a u. b. Temperaturausgleich in einer ebenen Platte bei gleichförmiger Anfangstemperatur und endlicher Wärmeübergangszahl (schematisch). a Abkühlung; b Erwärmung.

2. Art der Berechnung: Das Oberflächenstück $dy\,dz$ gibt in der Zeit dt an die Umgebung die Wärmemenge

$$\alpha\,\vartheta_{x=\pm X}\,dy\,dz\,dt$$

ab. Dieser Ausdruck ist ebenfalls über beide Oberflächen und den ganzen Zeitraum zu integrieren.

3. Art der Berechnung: Das Raumelement $dx\,dy\,dz$ der Platte hat innerhalb des Zeitraumes von 0 bis t sich um den Betrag $(\vartheta_c - \vartheta_t)$ abgekühlt. Es hat hierbei die Wärmemenge

$$c\,\varrho\,(\vartheta_c - \vartheta_t)\,dx\,dy\,dz$$

verloren. Dieser Ausdruck ist für den Zeitpunkt t auszuwerten und dann über den ganzen Raum zu integrieren.

Ableitung der Gleichung. Wir wählen die dritte Art der Berechnung. Aus der Gl. (24a) des Temperaturfeldes folgt sofort, daß

$$\vartheta_c - \vartheta_t = \sum_1^{\infty} D_k\left(1 - e^{-\delta_k^2\frac{at}{X^2}}\right)\cos\left(\delta_k\frac{x}{X}\right)$$

ist. Damit ergibt sich für den Wärmeverlust Q eines Plattenstückes von der Größe YZ die Gleichung

$$Q = c\varrho YZ \int_{-X}^{+X} \sum_1^\infty D_k \left(1 - e^{-\delta_k^2 \frac{at}{X^2}}\right) \cos\left(\delta_k \frac{x}{X}\right) dx.$$

Die Reihe darf gliedweise integriert werden, d. h. es darf die Stellung von Integral- und Summenzeichen vertauscht werden. Es ergibt sich:

$$Q = c\varrho YZ \sum_1^\infty D_k \left(1 - e^{-\delta_k^2 \frac{at}{X^2}}\right) \int_{-X}^{+X} \cos\left(\delta_k \frac{x}{X}\right) dx.$$

Die Ausführung der Integration und das Einsetzen des Wertes von D_k liefert das Endergebnis:

$$Q = c\varrho\, 2XYZ\vartheta_c \sum_{k=1}^{k=\infty} 2 \frac{\sin^2\delta_k}{\delta_k^2 + \delta_k \sin\delta_k \cos\delta_k} \left(1 - e^{-\delta_k^2 \frac{at}{X^2}}\right). \qquad (26\text{a})$$

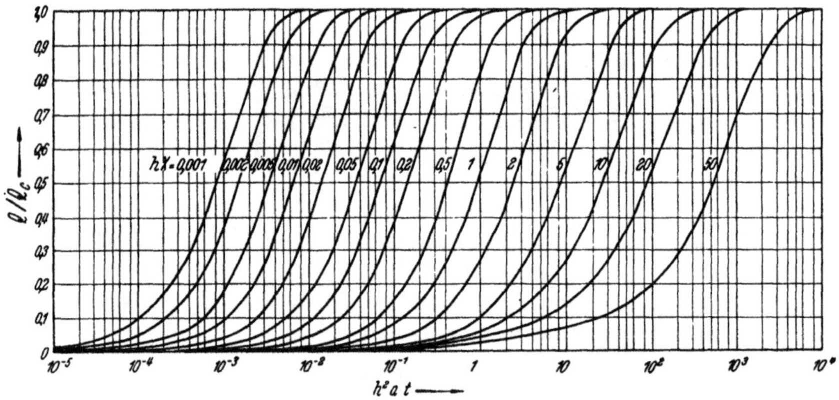

Abb. 21. Wärmeverlust Q einer Platte in der Zeit t, bezogen auf den ursprünglichen Wärmeinhalt Q_c.

Der erste Teil dieses Ausdruckes — nämlich $c\varrho\, 2XYZ\vartheta_c$ — stellt den ursprünglichen Wärmeinhalt des Körpers, gemessen über Umgebungstemperatur, dar; wir wollen ihn mit Q_c bezeichnen. Der Rest des Ausdruckes — die unendliche Summe — ist ein reiner Zahlenwert und stets kleiner als Eins. Er gibt an, welcher Bruchteil des ursprünglichen Wärmeinhaltes die Platte in der Zeit t verlassen hat und ist lediglich eine Funktion der Größe δ_k bzw. (hX) einerseits und $\frac{at}{X^2}$ andererseits. Auch diese Veränderlichen lassen sich in der oben angegebenen Weise umrechnen, so daß wir Gl. (26a) in der Form

$$Q/Q_c = \Psi(hX,\ h^2at) \qquad (26\text{b})$$

wiedergeben können (Abb. 21).

Aufgabe 2. Der Zylinder.

„Ein unendlich langer Kreiszylinder vom Radius R gebe durch seine Oberfläche seine Wärme an die Umgebung ab. Die Wärmeübergangszahl besitze den Wert α und die Umgebungstemperatur Θ sei gleich Null. Zur Zeit $t = 0$ besitze der Zylinder überall die einheitliche Temperatur $\vartheta = \vartheta_c$. Ferner seien die Stoffwerte λ, c und ϱ, also auch a konstant. — Es sind die Gestalt des Temperaturfeldes und der Betrag des Wärmeverlustes in ihrer Abhängigkeit von der Zeit zu bestimmen."

α) Der mathematische Ansatz. Als geeignetes Koordinatensystem ergibt sich von selbst das Zylinderkoordinatensystem. Der Vorgang spielt sich unabhängig von φ und z ab, ist also nur von der einen Koordinate r abhängig. Es ergibt sich der mathematische Ansatz:

Differentialgleichung: $$\frac{\partial\vartheta}{\partial t} = a\left(\frac{\partial^2\vartheta}{\partial r^2} + \frac{1}{r}\frac{\partial\vartheta}{\partial r}\right),$$

Oberflächenbedingung: $$\left(\frac{\partial\vartheta}{\partial r}\right)_{r=R} = -h\,\vartheta_{r=R},$$

Anfangsbedingung: $$\vartheta_{t=0} = \vartheta_c \quad \text{für} \quad 0 < r < R.$$

β) Berechnung des Temperaturfeldes. Da es sich um einen Vorgang handelt, bei dem Temperaturunterschiede ihrem Ausgleich zustreben, setzen wir (vgl. S. 28)

$$\vartheta = D\,e^{-q^2 a t}\,\psi(r).$$

Durch Einsetzen in die Differentialgleichung ergibt sich für $\psi(r)$ die Gleichung

$$\frac{d^2\psi(r)}{dr^2} + \frac{1}{r}\frac{d\psi(r)}{dr} + q^2\,\psi(r) = 0.$$

Es ist dies die schon früher erwähnte Besselsche Differentialgleichung (11b), deren Lösungen bekannt sind als die beiden Besselschen Funktionen von der nullten Ordnung. Die Funktion $J_0(nx)$ ist eine gerade, die Funktion $Y_0(mx)$ eine ungerade Funktion. Aus denselben Gründen wie bei der vorhergehenden Aufgabe ist auch hier die ungerade Funktion unbrauchbar und es verbleibt so als einziges partikuläres Integral

$$\vartheta = D\,e^{-n^2 a t}\,J_0(n r).$$

Die Oberflächenbedingung liefert für n die Gleichung

$$\left[\frac{d}{dr}J_0(n r)\right]_{r=R} = -h\,[J_0(n r)]_{r=R}$$

und dies gibt nach S. 42 die transzendente Gleichung

$$(n R)\,J_1(n R) = +(h R)\,J_0(n R),$$

welche unendlich viele Wurzeln $\mu_k = (n_k R)$ besitzt. Zahlentafel 3 gibt die ersten fünf Wurzeln dieser Gleichung für verschiedene Werte des Parameters wieder.

Aus unendlich vielen Teillösungen läßt sich die allgemeine Lösung zusammensetzen

$$\vartheta = \sum_1^\infty D_k\,e^{-n_k^2 a t}\,J_0(n_k r).$$

Hierin sind die Koeffizienten D_k mit Hilfe von Formel (23a) zu bestimmen:

$$D_k = 2\,\frac{\vartheta_c \int\limits_0^R r\,J_0(n_k r)\,dr}{R^2\,[J_0^2(n_k R) + J_1^2(n_k R)]} = \vartheta_c\,2\,\frac{1}{(n_k R)}\,\frac{J_1(n_k R)}{J_0^2(n_k R) + J_1^2(n_k R)}\,.$$

Mit Einführung der Bezeichnung μ_k für $(n_k R)$ ergibt sich die Gleichung des Temperaturverlaufes zu:

$$\vartheta/\vartheta_c = \sum_{k=1}^{k=\infty} 2\,\frac{1}{\mu_k}\,\frac{J_1(\mu_k)}{J_0^2(\mu_k) + J_1^2(\mu_k)}\,e^{-\mu_k^2 \frac{at}{R^2}}\,J_0\left(\mu_k \frac{r}{R}\right), \tag{27a}$$

$$= \Phi\left(hR,\ \frac{at}{R^2},\ \frac{r}{R}\right). \tag{27b}$$

Zahlentafel 3. *Wurzeln der Gleichung:* $\mu J_1(\mu) = +hR\,J_0(\mu)$.

hR	μ_1	μ_2	μ_3	μ_4	μ_5
0	0,000	3,832	7,016	10,174	13,324
0,001	0,045	3,832	7,016	10,174	13,324
0,002	0,063	3,832	7,016	10,174	13,324
0,005	0,100	3,833	7,016	10,174	13,324
0,01	0,141	3,834	7,017	10,175	13,324
0,02	0,200	3,837	7,019	10,176	13,325
0,05	0,314	3,845	7,023	10,178	13,327
0,1	0,442	3,858	7,030	10,183	13,331
0,2	0,617	3,884	7,044	10,193	13,338
0,5	0,941	3,959	7,086	10,222	13,361
1,0	1,256	4,079	7,156	10,271	13,398
2,0	1,599	4,292	7,288	10,366	13,472
5,0	1,990	4,713	7,617	10,622	13,679
10	2,180	5,034	7,957	10,936	13,959
20	2,288	5,257	8,253	11,268	14,296
50	2,357	5,411	8,484	11,562	14,643
∞	2,405	5,520	8,653	11,792	14,931

Die Funktion des Temperaturfeldes entspricht also vollkommen in Form und Bauart der Gl. (24a) und (24b) bei der Platte.

Im Sonderfall, daß α und damit hR unendlich groß ist, wird $J_0(\mu_k)$ stets gleich Null, und es entsteht statt (27) die Gleichung:

$$\vartheta/\vartheta_c = \sum_{k=1}^{k=\infty} \frac{2}{\mu_k}\,\frac{1}{J_1(\mu_k)}\,e^{-\mu_k^2 \frac{at}{R^2}}\,J_0\left(\mu_k \frac{r}{R}\right) = \Phi\left(\frac{at}{R^2},\ \frac{r}{R}\right). \tag{27c}$$

Zur Ermittlung der Temperatur in der Zylinderachse ist in der Gl. (27a) für r der Wert 0 zu setzen. Damit erhalten wir

$$\vartheta_m/\vartheta_c = \sum_{k=1}^{k=\infty} 2\,\frac{1}{\mu_k}\,\frac{J_1(\mu_k)}{J_0^2(\mu_k) + J_1^2(\mu_k)}\,e^{-\mu_k^2 \frac{at}{R^2}} \tag{28a}$$

$$= \Phi_m\left(hR,\ \frac{at}{R^2}\right). \tag{28b}$$

Die Oberflächentemperaturen ergeben sich, indem man $r = R$ setzt

$$\vartheta_0/\vartheta_c = \sum_{k=1}^{k=\infty} 2 \frac{1}{\mu_k} \frac{J_1(\mu_k)}{J_0^2(\mu_k) + J_1^2(\mu_k)} e^{-\mu_k^2 \frac{at}{R^2}} J_0(\mu_k) \tag{29a}$$

$$= \Phi_0\left(h R, \frac{at}{R^2}\right). \tag{29b}$$

γ) **Berechnung des Wärmeverlustes Q.** Der Wärmeverlust, den ein Raumteil dv des Zylinders erleidet, wenn er von ϑ_c auf ϑ_t abgekühlt wurde, ist gleich

$$c \varrho (\vartheta_c - \vartheta_t)\, dv.$$

Hierin ist $dv = r\,d\varphi\,dr\,dz$ und

$$\vartheta_c - \vartheta_t = \sum D_k (1 - e^{-n_k^2 at}) J_0(n_k r).$$

Durch Integration über ein Stück des Zylinders von der Länge Z ergibt sich:

$$Q = c\varrho \int_{r=0}^{r=R} \int_{\varphi=0}^{\varphi=2\pi} \int_{z=0}^{z=Z} \sum_1^\infty D_k (1 - e^{-n_k^2 at})\, r J_0(n_k r)\, dr\, d\varphi\, dz$$

$$= 2\pi c \varrho Z \sum_1^\infty D_k (1 - e^{-n_k^2 at}) \int_{r=0}^{r=R} r J_0(n_k r)\, dr$$

$$= 2\pi c \varrho Z \sum_1^\infty D_k (1 - e^{-n_k^2 at}) \frac{R^2}{\mu_k} J_1(\mu_k)$$

$$= R^2 \pi Z c \varrho \vartheta_c \sum_{k=1}^{k=\infty} 4 \frac{1}{\mu_k^2} \frac{J_1^2(\mu_k)}{J_0^2(\mu_k) + J_1^2(\mu_k)} \left(1 - e^{-\mu_k^2 \frac{at}{R^2}}\right) \tag{30a}$$

oder:

$$Q/Q_c = \Psi\left(h R, \frac{at}{R^2}\right). \tag{30b}$$

Oberflächentemperatur, Temperatur in der Zylinderachse und Wärmeverlust lassen sich wieder, wie bei der Plattenaufgabe, in jeweils einer Tabelle oder einem Kurvenblatt darstellen. Die dimensionslosen Variablen können wieder auf die Werte hR und h^2at umgerechnet werden (Abb. 22 bis 24 nach einer Neuberechnung von Bachmann).

Aufgabe 3. Die Kugel.

„Eine Kugel vom Radius R gebe durch ihre Oberfläche ihre Wärme an die Umgebung ab. Die Wärmeübergangszahl habe den Wert α und die Umgebungstemperatur Θ sei gleich Null. Zur Zeit $t = 0$ besitze die Kugel überall die einheitliche Temperatur ϑ_c, ferner seien die Stoffwerte λ, c und ϱ, also auch a konstant. — Es sind die Gestalt des Temperaturfeldes und der Betrag des Wärmeverlustes in ihrer Abhängigkeit von der Zeit zu bestimmen."

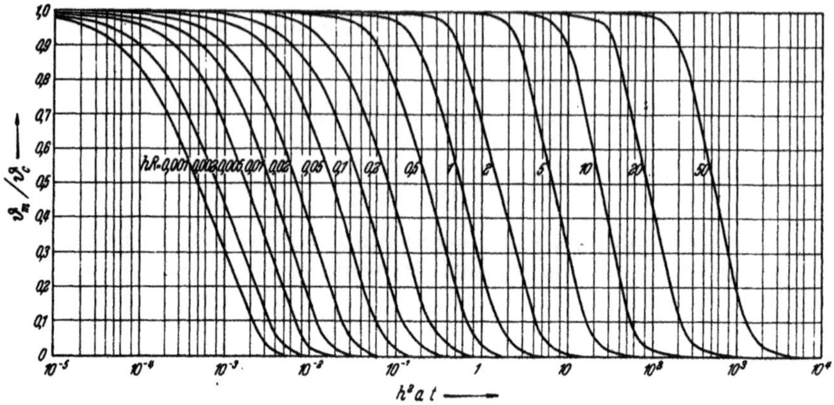

Abb. 22. Temperatur ϑ_m in der Achse eines Kreiszylinders bei endlichem Wärmeübergang. $h = \alpha/\lambda$ = relative Wärmeübergangszahl; R = Zylinderradius; $a = \lambda/c\varrho$ = Temperaturleitzahl; t = Zeit; ϑ_c = gleichförmige Anfangstemperatur des Zylinders.

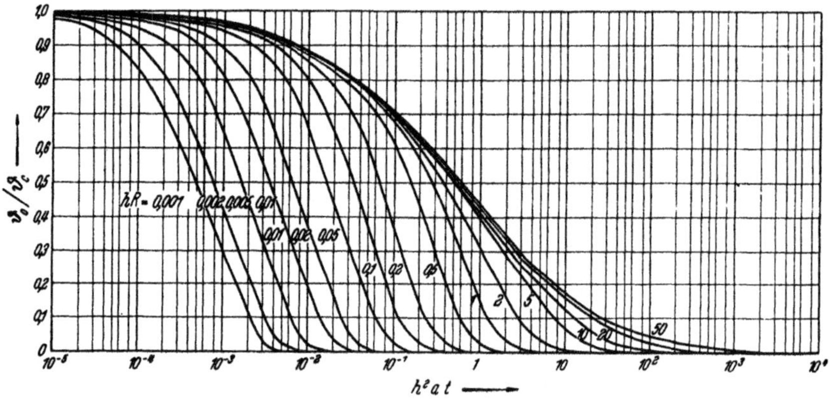

Abb. 23. Temperatur ϑ_0 der Zylinderoberfläche.

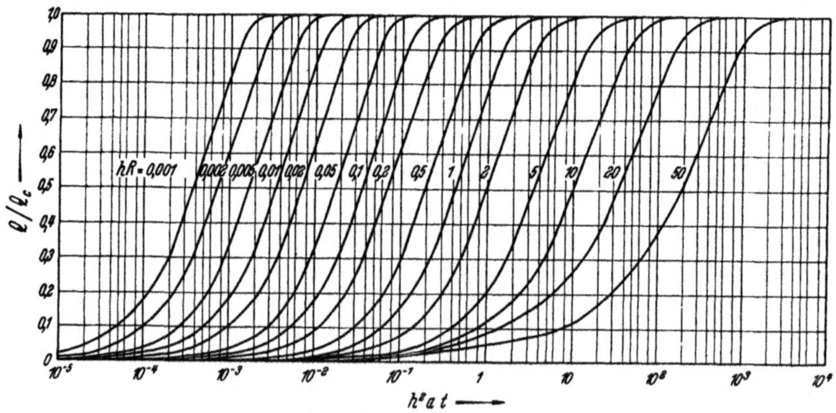

Abb. 24. Wärmeverlust Q eines Zylinders in der Zeit t, bezogen auf den ursprünglichen Wärmeinhalt Q_c.

α) Der mathematische Ansatz. Da die Temperatur nur von r allein abhängt, ergibt das Kugelkoordinatensystem den Ansatz:

Differentialgleichung: $$\frac{\partial \vartheta}{\partial t} = a\left(\frac{\partial^2 \vartheta}{\partial r^2} + \frac{2}{r}\frac{\partial \vartheta}{\partial r}\right),$$

Oberflächenbedingung: $$\left(\frac{\partial \vartheta}{\partial r}\right)_{r=R} = -h\,\vartheta_{r=R},$$

Anfangsbedingung: $$\vartheta_{t=0} = \vartheta_e \text{ für } 0 < r < R.$$

β) Die Berechnung des Temperaturfeldes. Der Versuch,

$$\vartheta = D\,e^{-q^2 a t}\,\psi(r)$$

zu setzen, führt auf die schon bekannte Gl. (11c) für $\psi(r)$. Die Lösungen dieser Gleichung sind bekannt zu

$$\psi(r) = C\frac{\cos(m\,r)}{(m\,r)} \quad \text{und} \quad D\frac{\sin(n\,r)}{(n\,r)}.$$

Von diesen Lösungen ist die erste eine ungerade Funktion, also für das vorliegende Problem nicht brauchbar. Es bleibt deshalb nur

$$\vartheta = D\,e^{-n^2 a t}\frac{\sin(n\,r)}{(n\,r)}.$$

Die Werte n bestimmen sich aus der Oberflächenbedingung

$$\left[\frac{d}{dr}\frac{\sin(n\,r)}{(n\,r)}\right]_{r=R} = -h\left[\frac{\sin(n\,r)}{(n\,r)}\right]_{r=R},$$

$$(n\,R)\cos(n\,R) = (1 - h\,R)\sin(n\,R),$$

$$(1 - h\,R) = (n\,R)\operatorname{cotg}(n\,R).$$

Die ersten vier Wurzeln ν_k dieser transzendenten Gleichung sind in der untenstehenden Zahlentafel 4 zusammengestellt.

Zahlentafel 4. *Wurzeln der Gleichung:* $\nu\cos\nu = (1 - h\,R)\sin\nu$.

hR	ν_1	ν_2	ν_3	ν_4
0	0,000	4,493	7,725	10,904
0,001	0,055	4,494	7,725	10,904
0,002	0,077	4,494	7,725	10,904
0,005	0,122	4,495	7,726	10,905
0,01	0,173	4,496	7,727	10,905
0,02	0,242	4,498	7,728	10,906
0,05	0,385	4,504	7,732	10,908
0,1	0,542	4,516	7,739	10,913
0,2	0,759	4,538	7,761	10,923
0,5	1,166	4,604	7,790	10,950
1,0	$\pi/2$	$3\pi/2$	$5\pi/2$	$7\pi/2$
2,0	2,030	4,913	7,979	11,085
5,0	2,569	5,354	8,303	11,335
10	2,836	5,717	8,659	11,658
20	2,986	5,978	8,983	12,003
50	3,079	6,158	9,239	12,320
∞	π	2π	3π	4π

In der allgemeinen Lösung sind nun noch die Koeffizienten D_k zu bestimmen; dies geschieht mit Hilfe der Anfangsbedingung

$$\vartheta_{t=0} = \vartheta_c = \sum_{k=1}^{k=\infty} D_k \frac{\sin(n_k r)}{(n_k r)}.$$

Mit Hilfe der etwas abgeänderten Gl. (15a) ergibt sich

$$D_k = \frac{\int_0^R \vartheta_c (n_k r) \sin(n_k r)\, dr}{\int_0^R \sin^2(n_k r)\, dr} = \vartheta_c \, 2 \frac{\sin(n_k R) - (n_k R)\cos(n_k R)}{(n_k R) - \sin(n_k R)\cos(n_k R)}.$$

Mit Einführung der Bezeichnung ν_k für $(n_k R)$ entsteht die Gleichung des Temperaturfeldes:

$$\vartheta/\vartheta_c = \sum_{k=1}^{k=\infty} 2 \frac{\sin\nu_k - \nu_k \cos\nu_k}{\nu_k - \sin\nu_k \cos\nu_k} e^{-\nu_k^2 \frac{at}{R^2}} \frac{\sin\left(\nu_k \frac{r}{R}\right)}{\nu_k \frac{r}{R}} \tag{31a}$$

$$= \Phi\left(h R, \frac{a t}{R^2}, \frac{r}{R}\right). \tag{31b}$$

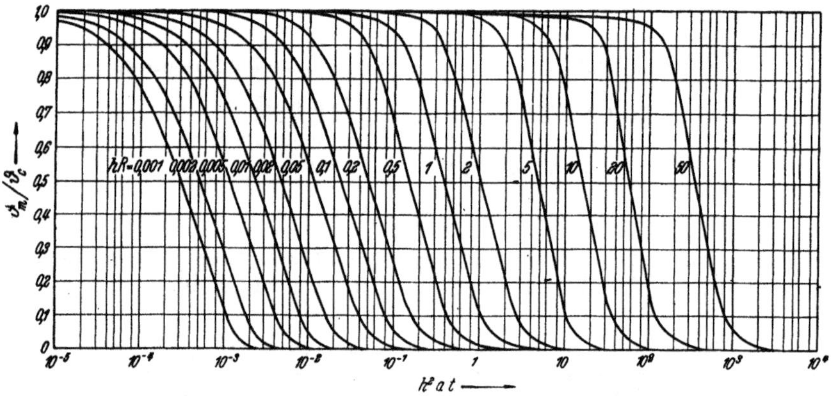

Abb. 25. Temperatur ϑ_m im Mittelpunkt einer Kugel bei endlichem Wärmeübergang. $h = \alpha/\lambda$ = relative Wärmeübergangszahl; R = Kugelradius; $a = \lambda/c\varrho$ = Temperaturleitzahl; t = Zeit; ϑ_c= gleichförmige Anfangstemperatur der Kugel.

Für den Sonderfall $hR = \infty$ ist $\sin \nu_k = 0$, also

$$\vartheta/\vartheta_c = \sum_{k=1}^{k=\infty} -2\cos\nu_k e^{-\nu_k^2 \frac{at}{R^2}} \frac{\sin\left(\nu_k \frac{r}{R}\right)}{\left(\nu_k \frac{r}{R}\right)} = \Phi\left(\frac{a t}{R^2}, \frac{r}{R}\right). \tag{31c}$$

Zur Ermittlung der Temperatur im Kugelmittelpunkt ist in der Gl. (31a) für r der Wert 0 zu setzen. Damit erhalten wir

$$\vartheta_m/\vartheta_c = \sum_{k=1}^{k=\infty} 2 \frac{\sin\nu_k - \nu_k\cos\nu_k}{\nu_k - \sin\nu_k \cos\nu_k} e^{-\nu_k^2 \frac{at}{R^2}} \cdot 1 \tag{32a}$$

$$= \Phi_m\left(h R, \frac{a t}{R^2}\right). \tag{32b}$$

Die Oberflächentemperaturen ergeben sich, indem man $r = R$ setzt, also:

$$\vartheta_0/\vartheta_c = \sum_{k=1}^{k=\infty} 2\,\frac{\sin\nu_k - \nu_k\cos\nu_k}{\nu_k - \sin\nu_k\cos\nu_k}\, e^{-\nu_k^2 \frac{at}{R^2}}\, \frac{\sin\nu_k}{\nu_k} \tag{33a}$$

$$= \Phi_0\left(h\,R\,,\ \frac{a\,t}{R^2}\right). \tag{33b}$$

γ) **Die Berechnung des Wärmeverlustes Q.** In dem Ausdruck

$$c\,\varrho\,(\vartheta_c - \vartheta_t)\,dv \quad \text{ist} \quad dv = r^2 \sin\varphi\, d\varphi\, d\psi\, dr$$

und

$$\vartheta_c - \vartheta_t = \sum_1^\infty D_k\,(1 - e^{-n_k^2 a t})\,\frac{\sin(n_k r)}{(n_k r)}.$$

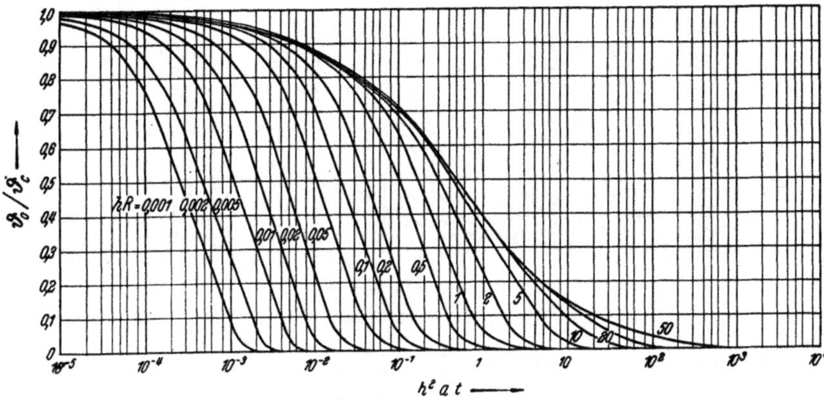

Abb. 26. Temperatur ϑ_0 der Kugeloberfläche.

Die Integration über die ganze Kugel liefert:

$$Q = c\,\varrho \int_{\varphi=0}^{\varphi=2\pi} \int_{\psi=0}^{\psi=\pi} \int_{r=0}^{r=R} \sum_{k=1}^{k=\infty} D_k\,(1 - e^{-n_k^2 a t})\,\frac{\sin(n_k r)}{(n_k r)}\, r^2 \sin\varphi\, d\varphi\, d\psi\, dr$$

$$= 4\pi\, c\,\varrho \sum_{k=1}^{k=\infty} D_k\,(1 - e^{-n_k^2 a t}) \int_{r=0}^{r=R} \frac{\sin(n_k r)}{(n_k r)}\, r^2\, dr$$

$$= \frac{4}{3} R^3 \pi\, c\,\varrho\,\vartheta_c \sum_{k=1}^{k=\infty} 6\,\frac{1}{\nu_k^3}\,\frac{(\sin\nu_k - \nu_k\cos\nu_k)^2}{\nu_k - \sin\nu_k\cos\nu_k}\left(1 - e^{-\nu_k^2 \frac{at}{R^2}}\right) \tag{34a}$$

oder:

$$Q/Q_c = \Psi\left(h\,R\,,\ \frac{a\,t}{R^2}\right). \tag{34b}$$

Die Temperaturen im Kugelmittelpunkt (ϑ_m) und auf der Kugeloberfläche (ϑ_0) sind unter Benutzung der Variablen $h\,R$ und $h^2\,a\,t$ in Abb. 25 und 26 nach der Berechnung von Bachmann dargestellt, den Wärmeverlust Q zeigt Abb. 27.

Gebrauchsanweisung für die Schaubilder. Da der Rechnungsgang bei allen Aufgaben der gleiche ist, soll der Gebrauch der Schaubilder nur an einem Beispiel — der Abkühlung einer Kugel — gezeigt werden.

Zahlenbeispiel. „Eine Stahlkugel von 20 cm Durchmesser, die in ihrer ganzen Masse auf 280 °C erwärmt ist, wird rasch in ein Ölbad von 30 °C getaucht. — Welches ist die Oberflächentemperatur und die Temperatur des Mittelpunktes sowie die im ganzen abgegebene Wärme nach 36 sek, 3 min und 12 min, wenn für die Wärmeübergangszahl von der Kugel an das Ölbad der Wert

$$\alpha = 500\ \mathrm{kcal/m^2\,h\,grd}$$

angenommen wird?“

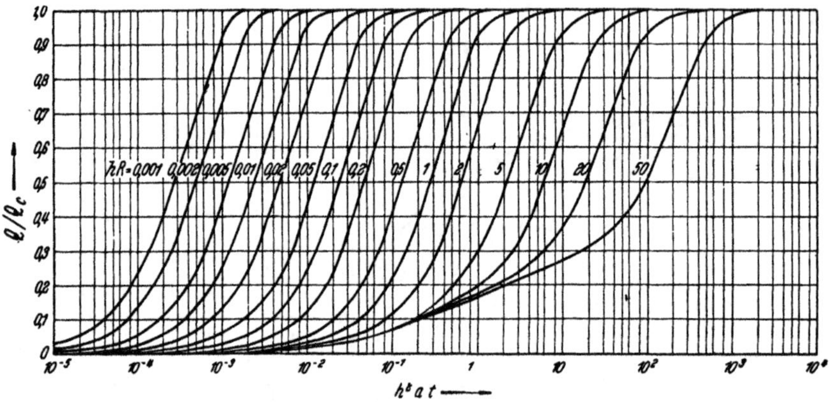

Abb. 27. Wärmeverlust Q einer Kugel in der Zeit t, bezogen auf den ursprünglichen Wärmeinhalt Q_0.

1. Vorbereitende Rechnung. Der Halbmesser der Kugel ist in Metern anzugeben: also

$$R = 0{,}10\ \mathrm{m}\,.$$

Die Zeit ist in Stunden einzusetzen:

$$t_1 = \tfrac{36}{3600} = 0{,}01\ \mathrm{h}\,,$$
$$t_2 = \tfrac{3}{60} = 0{,}05\ \mathrm{h}\,,$$
$$t_3 = \tfrac{12}{60} = 0{,}20\ \mathrm{h}\,.$$

Aus physikalischen Tabellen entnimmt man für Stahl:

$$\lambda = 50\ \mathrm{kcal/m\,h\,grd}\,,$$
$$\varrho = 7700\ \mathrm{kg/m^3}\,,$$
$$c = 0{,}13\ \mathrm{kcal/kg\,grd}\,,$$

daraus errechnet sich:

$$a = \frac{\lambda}{c\,\varrho} = \frac{50}{0{,}13 \cdot 7700} = 0{,}05\ \mathrm{m^2/h}\,,$$
$$h = \tfrac{500}{50} = 10\ \mathrm{m^{-1}}\,.$$

2. Berechnung der Kenngrößen aus diesen Werten:

$$h\,R = \frac{\alpha}{\lambda}\,R = \frac{500}{50} \cdot 0{,}10 = 1{,}0\,,$$
$$h^2\,a\,t_1 = 100 \cdot 0{,}05 \cdot 0{,}01 = 0{,}05\,,$$
$$h^2\,a\,t_2 = 100 \cdot 0{,}05 \cdot 0{,}05 = 0{,}25\,,$$
$$h^2\,a\,t_3 = 100 \cdot 0{,}05 \cdot 0{,}20 = 1{,}0\,.$$

Ferner berechnet man den Wert

$$Q_c = \frac{4}{3} \cdot \frac{1}{10^3} \pi \cdot 0{,}13 \cdot 7700 \cdot (280 - 30) = 1047 \text{ kcal}.$$

3. Endergebnis. Aus den Schaubildern liest man bei den Kenngrößen die Verhältnisse ϑ_0/ϑ_c, ϑ_m/ϑ_c und Q/Q_c ab, wobei $\vartheta_c = 280\,°C - 30\,°C = 250°$ ist, und berechnet dann noch die Temperaturen in Celsiusgraden nach der Gleichung:

$$\text{Temp.} = 30° + 250° \frac{\vartheta}{\vartheta_c} \text{ in } °C.$$

Man gelangt auf diese Weise zu den Werten der folgenden Übersicht:

	$t_1 = 36$ sek	$t_2 = 3$ min	$t_3 = 12$ min
$\vartheta_0/\vartheta_c =$	0,75	0,42	0,06
$\vartheta_m/\vartheta_c =$	0,99	0,69	0,12
$Q/Q_c =$	0,12	0,47	0,92
Temperatur der Oberfläche	217,5 °C	135 °C	45,0 °C
Temperatur im Mittelpunkt	278 °C	202,5 °C	60,0 °C
Abgegebene Wärme	126 kcal	492 kcal	963 kcal

4. Der Temperaturverlauf längs des Radius. Bei den meisten Abkühlungsaufgaben der Technik genügt die Kenntnis der Temperatur an der Oberfläche und in der Mitte. Will man in besonderen Fällen die ganze Temperaturverteilung kennen, so wählt man am besten das folgende, zeichnerische Verfahren, welches wieder an dem Beispiel der Kugel erläutert werden soll, welches aber in gleicher Weise bei Zylinder und Platte gilt.

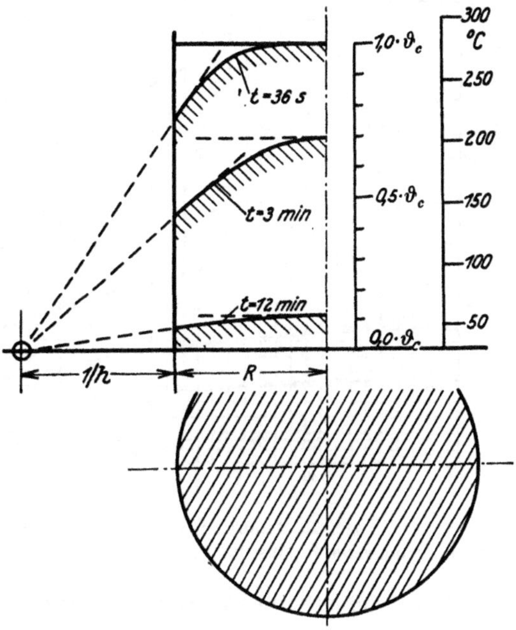

Abb. 28. Zeichnerisches Verfahren zur Bestimmung der Temperaturen längs eines Halbmessers der Kugel.

Man trägt (vgl. Abb. 28) über den beiden Endpunkten des Radius der Kugel die Werte ϑ_0/ϑ_c und ϑ_m/ϑ_c auf; dann müssen die Temperaturkurven durch die Endpunkte dieser Ordinaten gehen. Für den Mittelpunkt müssen die Temperaturkurven aus Symmetriegründen eine waagrechte Tangente haben, und an der Oberfläche muß die Tangente eine solche Neigung haben, daß sie auf der Abszissenachse die Subtangente $s = 1/h = \lambda/\alpha$ abschneidet (vgl. S. 15), also durch den Richtpunkt geht.

Bei unserem Zahlenbeispiel ist

$$s = \tfrac{50}{500} = 0{,}1\,\mathrm{m}\,,$$

also zufälligerweise gleich dem Radius. Von der Temperaturkurve sind somit zwei Tangenten bekannt, und damit kann sie mit genügender Genauigkeit gezeichnet werden.

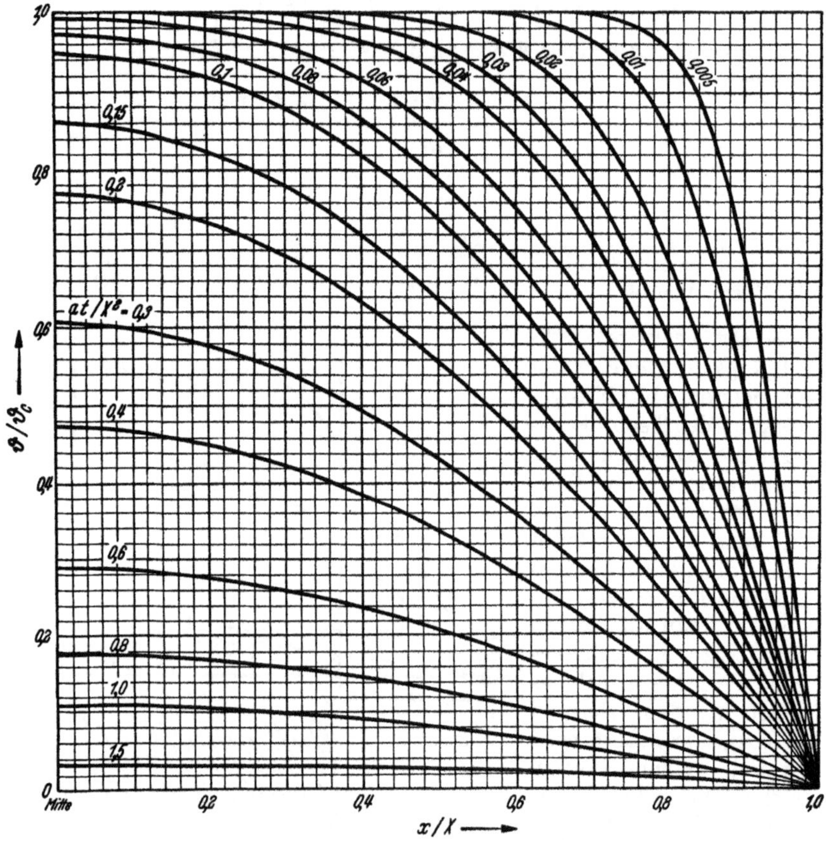

Abb. 29. Temperaturverlauf in der ebenen Platte der Dicke $2X$.
Anfangstemperatur ϑ_c; Oberflächentemperatur Null; $a = \lambda/c\varrho$ = Temperaturleitzahl; t = Zeit.

b) Oberflächentemperaturen konstant (Randbedingung erster Art).

Bei den bisher besprochenen Aufgaben 1 bis 3 war die Temperatur des Mediums, in das der Körper zur Zeit $t = 0$ getaucht wurde, konstant und die Wärmeübergangszahl α endlich. Oft wird der Fall eintreten, daß die Oberflächentemperatur selbst konstant gehalten wird, was einer Wärmeübergangszahl $\alpha = \infty$ entsprechen würde. Technisch ließe sich dieser Fall u. a. dadurch realisieren, daß zur Kühlung bzw.

Heizung Phasenumwandlungen des umgehenden Mediums benutzt werden (Verdampfung, Kondensation, Schmelzen).

Der dann eintretende Temperaturausgleich im Körper läßt sich in der Form

$$\vartheta/\vartheta_c = \Phi\,(x/X\,,\ a\,t/X^2)$$

für die Platte bzw.

$$\vartheta/\vartheta_c = \Phi\,(r/R\,,\ a\,t/R^2)$$

für den Zylinder und die Kugel darstellen. Die Funktionen Φ sind bereits in den Gln. (24c), (27c) und (31c) angegeben. Ihre Auswertung ist

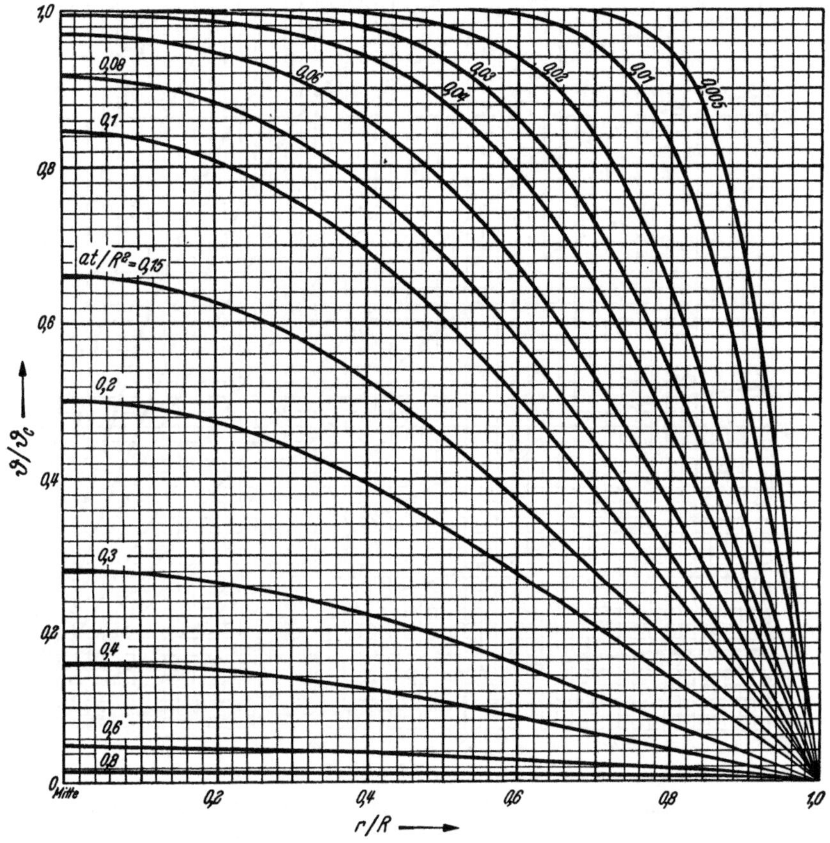

Abb. 30. Temperaturverlauf im Zylinder vom Radius R.
Anfangstemperatur ϑ_c; Oberflächentemperatur Null; $a = \lambda/c\,\varrho$ = Temperaturleitzahl; t = Zeit.

im Schrifttum verschiedentlich mitgeteilt worden[1] und hier in den Abb. 29 bis 31 wiedergegeben[2].

[1] Für die Kugel: E. D. Williamson u. L. H. Adams: Temperature distribution in solids during heating or cooling. Phys. Rev. 14 (1919) 99/114.

[2] Abb. 29 bis 31 sind dem Buche von H. S. Carslaw u. J. C. Jaeger: Conduction of heat in solids (Oxford 1948) entnommen und auf den Fall der Abkühlung umgezeichnet worden.

Der zeitliche Verlauf der Temperaturen in der Achse bzw. im Mittelpunkt ist in Abb. 32 zusammengestellt. Die Abkühlungsgeschwindigkeiten sind um so größer, je größer das Verhältnis Oberfläche/Volumen ist. Daher kühlt sich die Kugel am schnellsten, die Platte am langsamsten ab. Das gleiche Ergebnis hätte auch ein Vergleich der zusammengehörenden Abb. 18 bis 27 bei jeweils gleichen Zahlenwerten der Kenngrößen ergeben.

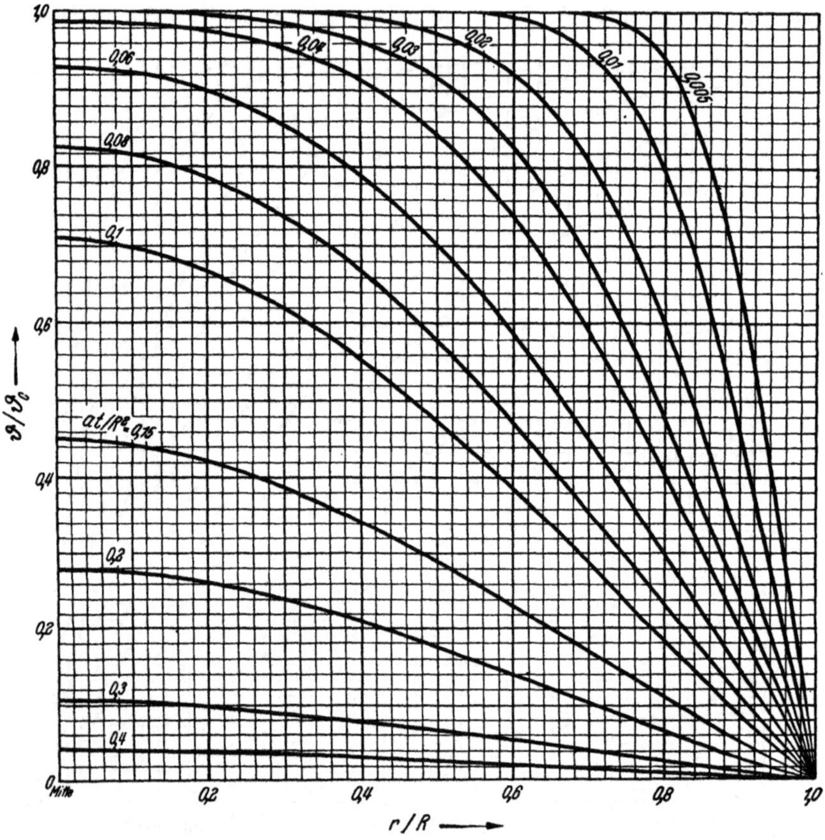

Abb. 31. Temperaturverlauf in der Kugel vom Radius R. Anfangstemperatur ϑ_0; Oberflächentemperatur Null; $a = \lambda/c\varrho$ = Temperaturleitzahl; t = Zeit.

c) Mehrdimensionaler Temperaturausgleich.

Die in den Abschnitten a und b behandelten Fälle bezogen sich nur auf den Wärmefluß in einer Richtung. Die mitgeteilten Lösungen lassen sich jedoch auch für den zwei- und dreidimensionalen nichtstationären Wärmefluß verwenden, wie er etwa im Zylinder endlicher Länge, im Quader usw. auftritt. Das soll im folgenden für einen zweidimensionalen Fall mit konstanter Oberflächentemperatur nachgewiesen werden.

Wir betrachten einen rechteckigen Stab mit den Kantenlängen 2 X und 2 Y, der in der z-Richtung so ausgedehnt sei, daß dort Endeffekte keinen Einfluß haben. Der Stab habe überall die gleiche Anfangstemperatur ϑ_c, seine Oberfläche werde von der Zeit $t = 0$ ab auf der Temperatur Null gehalten. Es gilt dann für den Temperaturausgleich die Differentialgleichung

$$\frac{\partial \vartheta}{\partial t} = a\left(\frac{\partial^2 \vartheta}{\partial x^2} + \frac{\partial^2 \vartheta}{\partial y^2}\right) \tag{35}$$

mit den Randbedingungen

$$\vartheta = 0 \quad \text{für} \quad x = \pm X \quad \text{und für} \quad y = \pm Y$$

und der Anfangsbedingung

$$\vartheta = \vartheta_c \quad \text{für} \quad t = 0 .$$

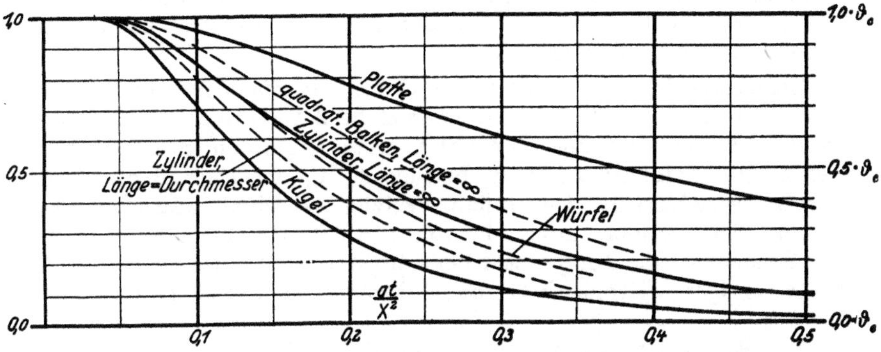

Abb. 32. Abkühlung des Mittelpunkts oder der Achse verschiedener Körper.

Die Lösungen für den eindimensionalen Fall, also für die unendlich große Platte der Dicke 2 X bzw. 2 Y seien $\vartheta_X/\vartheta_c = \Phi\,(x/X,\ a\,t/X^2)$ und $\vartheta_Y/\vartheta_c = \Phi\,(y/Y,\ a\,t/Y^2)$; sie sind in Abb. 29 dargestellt. Es werde die Behauptung nachgeprüft, daß das Produkt

$$\frac{\vartheta}{\vartheta_c} = \frac{\vartheta_X\,\vartheta_Y}{\vartheta_c^2}$$

eine Lösung der Differentialgleichung (35) sei. Wir bilden dazu die partiellen Ableitungen des obigen Ansatzes:

$$\frac{\partial \vartheta}{\partial t} = \frac{1}{\vartheta_c}\left(\vartheta_X \frac{\partial \vartheta_Y}{\partial t} + \vartheta_Y \frac{\partial \vartheta_X}{\partial t}\right); \qquad \frac{\partial^2 \vartheta}{\partial x^2} = \frac{\vartheta_Y}{\vartheta_c}\,\frac{\partial^2 \vartheta_X}{\partial x^2}; \qquad \frac{\partial^2 \vartheta}{\partial y^2} = \frac{\vartheta_X}{\vartheta_c}\,\frac{\partial^2 \vartheta_Y}{\partial y^2}.$$

Durch Einsetzen in die Differentialgleichung (35) entsteht:

$$\vartheta_X \frac{\partial \vartheta_Y}{\partial t} + \vartheta_Y \frac{\partial \vartheta_X}{\partial t} = a\left(\vartheta_Y \frac{\partial^2 \vartheta_X}{\partial x^2} + \vartheta_X \frac{\partial^2 \vartheta_Y}{\partial y^2}\right). \tag{35a}$$

Da nach Voraussetzung ϑ_X und ϑ_Y die zugehörige eindimensionale Fouriergleichung erfüllen, ist Gl. (35a) eine Identität und damit der Produktansatz eine richtige Lösung. Die Randbedingungen sind ebenfalls erfüllt, da an den Grenzen immer einer der beiden Faktoren Null ist.

Durch einen entsprechenden Beweis läßt sich auch der dreidimensionale Fall (Rechtkant) sowie der Zylinder endlicher Länge behandeln.

Ist eine der ebenen Begrenzungsflächen isoliert, so muß der Abstand von ihr als halbe Plattendicke (X usw.) gewertet, also in die Kennzahlen der ganze Abstand eingesetzt werden. Das Verfahren ist nicht für beliebige Grenzbedingungen anwendbar, gilt jedoch auch für endlichen Wärmeübergang und den einseitig unendlichen Körper (das Ende eines sehr langen Stabes mit rechteckigem oder zylindrischem Querschnitt, das Ende einer Mauer u. a.).

Nach dieser Methode berechnete BERGER[1] das Temperaturfeld im Rechtkant bei endlichem Wärmeübergang, während NEWMAN[2] Oberflächen- und Mittelpunktstemperaturen verschiedener Körper angab und OLSON und SCHULTZ[3] außerdem noch sehr genaue Tafeln über die Temperaturen in der Mittelebene von Zylinder und Wand endlicher Dicke bei $\alpha = \infty$ mitteilten. In Abb. 32 sind derartige Kurven nach WILLIAMSON und ADAMS eingetragen. Ein Näherungsverfahren, bei dem nur die ersten Glieder der in den exakten Lösungen auftretenden Reihen benutzt wurden, gab BAEHR an[4].

Zahlenbeispiel. Ein zylindrisches Gefäß mit einem Durchmesser von $2\,R = 10$ cm ($R = 0{,}05$ m) und einer Höhe $2\,X = 16$ cm ($X = 0{,}08$ m) werde in siedendes Wasser von 100 °C gestellt, um den Inhalt zu sterilisieren. Die Anfangstemperatur betrage 20 °C, der Einfluß der Wände werde vernachlässigt. Der Inhalt bestehe aus einer wäßrigen Paste, für die eine Temperaturleitzahl von $a = 6{,}0 \cdot 10^{-4}$ m²/h angenommen sei. Gesucht ist die Temperatur der kältesten Stelle (des Mittelpunktes) bei allseitiger Wärmezufuhr (auch durch Boden und Deckel), nach $t = 1$ h.

Zur Berechnung werden die beiden Kennzahlen

$$\frac{a\,t}{X^2} = \frac{6{,}0 \cdot 10^{-4} \cdot 1}{64 \cdot 10^{-4}} = 0{,}094 \quad \text{und} \quad \frac{a\,t}{R^2} = \frac{6{,}0 \cdot 10^{-4} \cdot 1}{25 \cdot 10^{-4}} = 0{,}24$$

gebildet. Mit diesen Argumenten erhält man aus Abb. 29 (für die Platte) und 30 (für den Zylinder) die dimensionslosen Untertemperaturen an der Stelle $x/X = 0$ bzw. $r/R = 0$

$$\frac{\vartheta_{X_0}}{\vartheta_c} = 0{,}96 \quad \text{und} \quad \frac{\vartheta_{R_0}}{\vartheta_c} = 0{,}40\,,$$

woraus sich $\frac{\vartheta}{\vartheta_c} = 0{,}96 \cdot 0{,}4 = 0{,}384$ errechnet.

Mit $\vartheta_c = (100 - 20)$ °C $= 80$ grd wird daraus $\vartheta = 31{,}7$ grd und die gesuchte Temperatur $(100 - 31{,}7)$ °C $= 68{,}3$ °C.

Dieses Zahlenbeispiel und ebenso Abb. 32 zeigen, daß der Einfluß der Stirnwände erst bei $X \leq R$ merklich wirksam wird, da sich die Platte

[1] BERGER, F.: Über die Berechnung des Temperaturverlaufes in einem Rechtkant beim Abkühlen und Erwärmen. Z. angew. Math. Mech. 8 (1928) 479/488. Vgl. auch 11 (1931) 45/58.

[2] NEWMAN, A. B.: Heating and cooling rectangular and cylindrical solids. Industr. Engng. Chem. 28 (1936) 545/548.

[3] OLSON, F. C. W., u. O. T. SCHULTZ: Temperatures in solids during heating or cooling. Industr. Engng. Chem. 34 (1942) 874/877.

[4] BAEHR, H. D.: Die Berechnung der Kühldauer bei ein- und mehrdimensionalem Wärmefluß. Kältetechnik 5 (1953) 255/259.

ohnehin träger als der Zylinder verhält. Wie in einem späteren Kapitel mitgeteilt wird (S. 341), gelten die Gesetze der Wärmeleitung auch für die Diffusion. Infolgedessen können derartige Überlegungen auch für die Formgebung von chemischen Kontakten, für Trocknungsvorgänge und ähnliche Probleme Bedeutung haben.

d) Der unendlich ausgedehnte Körper.

Aufgabe 4. Der allseitig unendlich ausgedehnte Körper.

„In einem allseitig unendlich ausgedehnten Körper ist ein Koordinatensystem x, y, z festgelegt. Zur Zeit $t = 0$ möge im Körper eine solche Temperaturverteilung herrschen, daß die Temperatur nur mit x sich ändert, und zwar nach dem Gesetz $\vartheta_{t=0} = F(x)$ (Abb. 33). Die Flächen gleicher Temperatur sind also lauter Ebenen parallel zur y—z-Ebene. Die Stoffwerte λ, c und ϱ gelten als unveränderlich. — Es ist zu untersuchen, wie sich diese Anfangstemperaturverteilung mit der Zeit ändert."

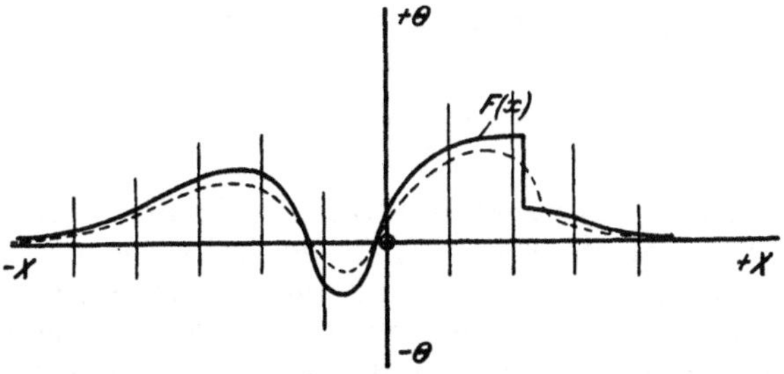

Abb. 33. Allseitig unendlich ausgedehnter Körper. Temperaturverteilung nur von einer Koordinate abhängig.

α) Der mathematische Ansatz. Da sich der Körper allseitig ins Unendliche erstreckt, so fällt die Oberflächenbedingung weg und es verbleibt

Differentialgleichung: $\dfrac{\partial \vartheta}{\partial t} = a\dfrac{\partial^2 \vartheta}{\partial x^2}$,

Anfangsbedingung: $\vartheta_{t=0} = F(x)$.

β) Lösung mit Verwendung der Fourierschen Integrale. Wir gehen aus von den partikulären Integralen:

$$\vartheta = C\,e^{-q^2 a t}\sin(q x) \quad \text{und} \quad \vartheta = D\,e^{-q^2 a t}\cos(q x).$$

Da die Oberflächenbedingung fehlt, können die Werte q die Zahlenreihe stetig durchlaufen und zwei aufeinanderfolgende Werte von q unterscheiden sich nur um das Differential dq. Ferner können wir statt der willkürlichen Koeffizienten C und D die Werte aus zwei willkürlichen Funktionen f_1 und f_2 von q setzen, also

$$C = f_1(q) \quad \text{und} \quad D = f_2(q).$$

So können wir aus Teillösungen die allgemeine Lösung aufbauen; die unendliche Summe wird hierbei wegen der Stetigkeit der q-Werte zum Integral

$$\vartheta = \int_0^{+\infty} e^{-q^2 a t}\{f_1(q)\sin(q x) + f_2(q)\cos(q x)\}\,dq.$$

Zur Bestimmung der noch willkürlichen Funktionen f_1 und f_2 dient die Anfangsbedingung. Aus der letzten Gleichung erhalten wir für $t = 0$ die Bedingung:

$$F(x) = \int_0^\infty \{f_1(q)\sin(qx) + f_2(q)\cos(qx)\}\,dq.$$

Die Formel (20) über Fouriersche Integrale können wir auf die Form bringen:

$$F(x) = \frac{1}{\pi}\int_{q=0}^{q=\infty} dq \int_{\xi=-\infty}^{\xi=+\infty} F(\xi)\{\cos(q\xi)\cos(qx) + \sin(q\xi)\sin(qx)\}\,d\xi.$$

Damit beide Gleichungen für $F(x)$ übereinstimmen, muß sein:

$$f_1(q) = \frac{1}{\pi}\int_{-\infty}^{+\infty} F(\xi)\sin(q\xi)\,d\xi, \qquad f_2(q) = \frac{1}{\pi}\int_{-\infty}^{+\infty} F(\xi)\cos(q\xi)\,d\xi.$$

Die Gleichung des Temperaturfeldes heißt damit:

$$\vartheta = \frac{1}{\pi}\int_0^\infty e^{-q^2at}\,dq\int_{-\infty}^{+\infty} F(\xi)\cos\big(q(\xi - x)\big)\,d\xi. \qquad (36)$$

Wird für irgendeine Funktion F diese zweimalige Integration durchgeführt, so kommen im Endergebnis die Größen q und ξ nicht mehr vor. Dies ist vielmehr nur noch eine Funktion von a, t und x.

Hier ist noch zu bemerken, daß die Gl. (36) nur dann anwendbar ist, wenn die Funktion $F(x)$ den Bedingungen von S. 41 für die Anwendbarkeit der Fourierschen Integrale entspricht, also insbesondere, wenn sie mit unendlich wachsendem x sich so rasch der Null nähert, daß $\int_{-\infty}^{+\infty} F(x)\,dx$ endlich bleibt.

Dadurch verliert die Gl. (36) erheblich an praktischer Bedeutung. Es gibt aber noch eine zweite, vielseitigere Methode.

γ) Lösung mit Verwendung des Gaußschen Fehlergesetzes. Wenn die vorgegebene Funktion $F(x)$ diese Bedingung nicht erfüllt, wenn sie also im Unendlichen endlich bleibt oder sich doch nicht so rasch der Null nähert, daß das Integral endlich bleibt, so führt der angegebene Weg nicht zum Ziel. Wir erinnern uns dann daran, daß unsere Differentialgleichung auch noch andere partikuläre Integrale besitzt (vgl. S. 27), z. B.

$$\vartheta = \frac{C}{\sqrt{\pi}}\,\frac{1}{\sqrt{4at}}\,e^{-\frac{(\xi - x)^2}{4at}}.$$

Das Gaußsche Fehlergesetz. Das Gesetz, das dieser Funktion zugrunde liegt, erkennen wir am besten durch einen Vergleich mit den Gesetzen der Wahrscheinlichkeitsrechnung, insbesondere der Fehlerrechnung. Bei einer Messungsreihe gruppiert sich die Mehrzahl der Meßergebnisse dicht um einen Mittelwert, den wahrscheinlichen Wert. Je größer die Abweichungen von diesem Mittelwert sind, um so seltener treten solche

Meßergebnisse auf. Trägt man in einem Schaubild das Maß Δ der einzelnen Abweichungen vom Mittelwert als Abszisse, die zugehörige Häufigkeit y als Ordinate auf, so erhält man die in der Abb. 34 stark ausgezogene Linie, der das Gesetz zugrunde liegt:

$$y = \frac{1}{\sqrt{\pi}} g e^{-g^2 \Delta^2}.$$

Darin ist g ein reiner Zahlenwert, der bei der stark ausgezogenen Kurve $= 1$ gewählt wurde und dessen Bedeutung sich aus folgender Berechnung ergibt: Wählt man für den Parameter g einen größeren Wert (z. B. 2), rechnet damit die Gleichung erneut durch und trägt dieses Ergebnis ebenfalls auf, so verläuft jetzt die Kurve steiler und schmaler (Abb. 34). Die Streuung der Meßwerte ist also geringer geworden, d. h., die Genauigkeit der Messungen hat zugenommen, und man nennt deshalb g den Genauigkeitsfaktor.

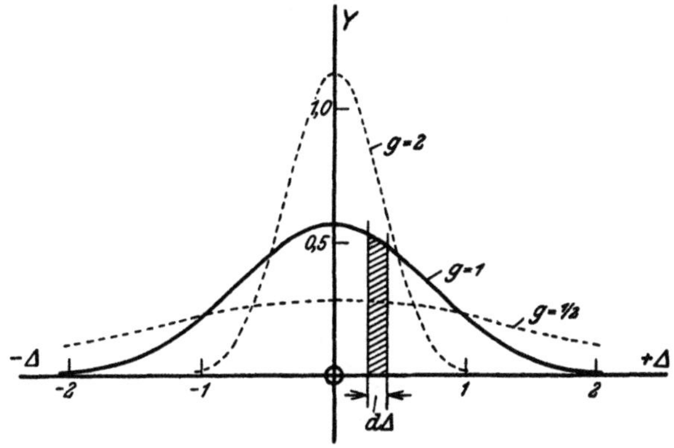

Abb. 34. Fehlergesetz.

Die Wahrscheinlichkeit, daß ein Fehler in dem Bereiche Δ bis $\Delta + d\Delta$ vorkommt, ist

$$dW = \frac{1}{\sqrt{\pi}} g e^{-g^2 \Delta^2} d\Delta.$$

Der Wert dieses Ausdruckes ist in der Abb. 34 durch den schraffierten schmalen Flächenstreifen gekennzeichnet. Die Wahrscheinlichkeit W, daß ein einzelner Fehler in dem Bereich von $\Delta = -\infty$ bis $\Delta = +\infty$ liegt, errechnet sich zu

$$W = \frac{1}{\sqrt{\pi}} \int_{-\infty}^{+\infty} e^{-(g\Delta)^2} d(g\Delta).$$

Nach den Regeln der Integralrechnung ist

$$\int_{-\infty}^{+\infty} e^{-z^2} dz = \sqrt{\pi}.$$

Der Wert W ist also gleich Eins, ein Ergebnis, das sich aus dem Begriff der Wahrscheinlichkeit für einen unendlich großen Fehlerbereich auch ohne Rechnung ergeben hätte.

Aus den vorstehenden Überlegungen sind für uns folgende zwei Ergebnisse wichtig. Mit steigendem Parameter g verläuft die Kurve steiler, mit fallendem Parameter flacher, und die Fläche unter der Kurve ist immer konstant, also unabhängig von dem Wert g.

Wenn der Scheitel der Kurve nicht auf der y-Achse liegt, sondern bei $\Delta = \Delta_0$, wenn also eine Koordinatenverschiebung eingetreten ist, nach der Gleichung $\Delta' = \Delta - \Delta_0$, so heißt das Gaußsche Fehlergesetz

$$y = \frac{1}{\sqrt{\pi}} g e^{-g^2(\Delta - \Delta_0)^2}.$$

Das partikuläre Integral der Wärmeleitungsgleichung. Wir betrachten nun unser partikuläres Integral

$$\vartheta = \frac{C}{\sqrt{\pi}} \frac{1}{\sqrt{4at}} e^{-\frac{(\xi - x)^2}{4at}}.$$

Dabei fällt die Ähnlichkeit mit dem Gaußschen Fehlergesetz sofort auf.

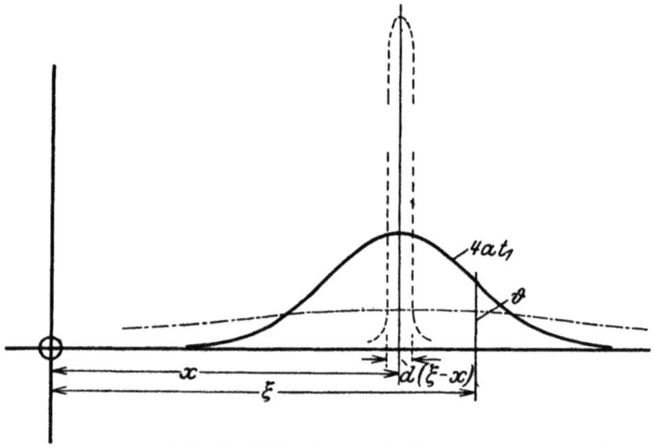

Abb. 35. Methode der Quellpunkte.

Es tritt ξ an Stelle von Δ,

x „ „ „ Δ_0 und

$\frac{1}{\sqrt{4at}}$ „ „ „ g.

Die Bedeutung des Faktors C wird sich später ergeben.

Wenn wir in unserem allseitig unendlich ausgedehnten Körper zu einer Zeit, die wir t_1 nennen wollen, eine solche Temperaturverteilung vorfinden, daß sie der Gleichung

$$\vartheta = \frac{C}{\sqrt{\pi}} \frac{1}{\sqrt{4at_1}} e^{-\frac{(\xi - x)^2}{4at_1}}$$

entspricht (in Abb. 35 die ausgezogene Kurve), so können wir aus ihr eine beliebig spätere Temperaturverteilung ableiten, indem wir für die Zeit einen größeren Wert einsetzen, z. B. den Wert t_2 (in der Abbildung die strichpunktierte Linie). Umgekehrt können wir nun fragen: Aus welcher früheren Temperaturverteilung muß die vorgegebene Temperaturverteilung entstanden sein? Wir wissen, daß die Kurve für abnehmendes t — also für zunehmendes $\frac{1}{\sqrt{4at}}$ — immer steiler wird, bis sie schließlich sich in einen unendlich schmalen Streifen von der Breite dx zusammenzieht (in der Abbildung die gestrichelte Linie). Die Ordinate wird dann an dieser Stelle unendlich groß, weil die Fläche unter der Kurve endlich bleiben muß.

Wir wollen noch die Wärmemenge berechnen, die in einem unendlich langen Prisma, das wir uns parallel zur x-Achse aus dem Körper herausgeschnitten denken, enthalten ist. Der Querschnitt des Prismas sei $dy\,dz$.

Aus der Gleichung

$$dQ = c\varrho\vartheta\,dy\,dz\,d(\xi - x)$$

ergibt sich durch Integration

$$Q = c\varrho\,dy\,dz \int_{-\infty}^{+\infty} \frac{C}{\sqrt{\pi}} \frac{1}{\sqrt{4at}} e^{-\frac{(\xi-x)^2}{4at}} d(\xi - x) = c\varrho C\,dy\,dz.$$

Die Größe C ist die Fläche zwischen der Temperaturkurve und der Abszissenachse, sie hat die Dimension grd m und stellt in einem Maßstab, der von dem Werte $c\varrho$ abhängt, den Wärmeinhalt eines Prismas vom Querschnitt „Eins" dar. Da in Richtung der y- und der z-Achse kein Temperaturgefälle vorhanden ist, so muß diese Wärmemenge von t unabhängig sein, also muß C auch vom physikalischen Standpunkt aus konstant sein.

Die Lösung der Aufgabe. Wir erinnern uns jetzt daran, daß der erste Weg (unter β) dann nicht zum Ziele führt, wenn sich die Anfangsverteilung nicht durch ein Fouriersches Integral darstellen läßt. Wir können uns aber diese Anfangsverteilung durch Aneinanderreihung von Einzelverteilungen gebildet denken, von denen jede dem Gesetze

$$\vartheta = \lim_{t \to 0} \frac{C}{\sqrt{\pi}} \frac{1}{\sqrt{4at}} e^{-\frac{(\xi-x)^2}{4at}}$$

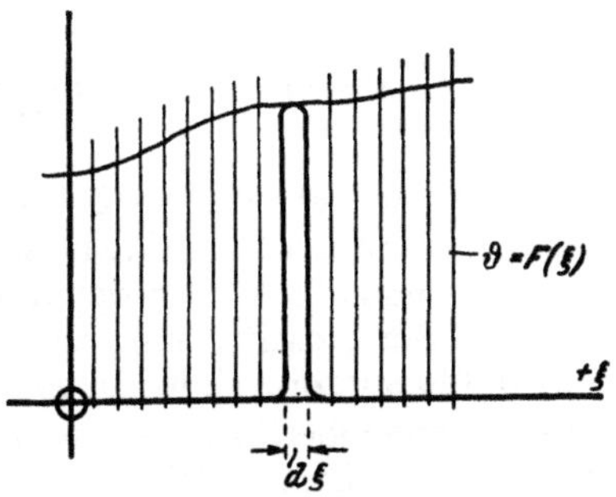

Abb. 36. Methode der Quellpunkte.

gehorcht (vgl. Abb. 36). Da die Temperatur in jeder so gebildeten unendlich dünnen Schicht $d\xi$ endlich ist, also ihr Wärmeinhalt unendlich klein sein muß, ist auch die Konstante C nur unendlich klein, nämlich

$$C = \frac{dQ}{c\varrho\,dy\,dz} = \vartheta_{t=0}\,d\xi = F(\xi)\,d\xi.$$

Für den Grenzfall $t = 0$ lagern sich diese Einzeltemperaturverteilungen aneinander, während sie sich für spätere Zeiten auch übereinander lagern. Wir erhalten so für das Temperaturfeld zur Zeit t die Gleichung:

$$\vartheta = \frac{1}{\sqrt{\pi}} \frac{1}{\sqrt{4at}} \int_{-\infty}^{+\infty} F(\xi)\, e^{-\frac{(\xi - x)^2}{4at}} d\xi . \tag{37 a}$$

Diese Lösung ist allgemeiner als Gl. (36), weil in ihr $F(x)$ eine ganz willkürlich gegebene Funktion sein darf.

Das vorstehend geschilderte Verfahren wird in der mathematischen Physik meist als die *Methode der Quellpunkte* bezeichnet.

Aufgabe 5. Der einseitig unendlich ausgedehnte Körper.

Wir denken uns von dem allseitig unendlich ausgedehnten Körper, der der letzten Aufgabe zugrunde gelegt war, jene Hälfte, die auf der negativen x-Seite liegt, weggenommen. Es verbleibt dann ein Körper,

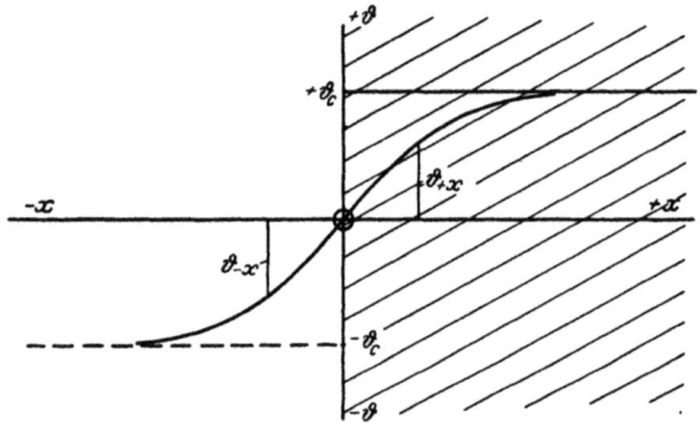

Abb. 37. Einseitig unendlich ausgedehnter Körper. Temperaturverteilung nur von einer Koordinate abhängig.

dessen Oberfläche die Y—Z-Ebene ist und der sich auf der einen Seite dieser Ebene ins Unendliche erstreckt. Wir wollen diesen Körper den einseitig unendlich ausgedehnten Körper nennen. Die Aufgabe 5 lautet dann: „Ein einseitig unendlich ausgedehnter Körper besitze zur Zeit $t = 0$ überall die einheitliche Temperatur ϑ_c. Für alle Zeiten $t > 0$ werde seine Oberfläche konstant auf der Temperatur Null gehalten. — Es ist für beliebige Zeiten die Temperaturverteilung und der Wärmeverlust zu berechnen.“

α) Berechnung des Temperaturfeldes. Wir verwenden den Kunstgriff, daß wir uns die Funktion $F(x)$ für negative x ergänzen, und zwar als eine ungerade Funktion, so daß $F(-x) = -F(x)$ (vgl. Abb. 37).

Dann bleibt die Temperaturverteilung aus Symmetriegründen auch für spätere Zeiten eine ungerade Funktion, und der Funktionswert bleibt für $x = 0$ immer gleich Null. Damit bleibt die Oberflächenbedingung stets erfüllt.

Wir wollen nun die Gl. (37a) für unsere ergänzte Temperaturverteilung anschreiben und dabei das Integral durch die Grenze $\xi = 0$

in zwei Teile spalten:

$$\vartheta = \frac{1}{\sqrt{\pi}} \frac{1}{\sqrt{4at}} \left\{ \int_{-\infty}^{\pm 0} F(\xi)\, e^{-\frac{(\xi - x)^2}{4at}} d\xi + \int_{\pm 0}^{+\infty} F(\xi)\, e^{-\frac{(\xi - x)^2}{4at}} d\xi \right\}. \tag{37 b}$$

Beachten wir nun, daß $F(\xi)$ für positive Werte von ξ immer gleich $+\vartheta_c$ und für negative Werte von ξ immer gleich $-\vartheta_c$ ist, so erhalten wir

$$\vartheta = \vartheta_c \frac{1}{\sqrt{\pi}} \frac{1}{\sqrt{4at}} \left\{ \int_{\pm 0}^{+\infty} e^{-\frac{(\xi - x)^2}{4at}} d\xi - \int_{-\infty}^{\pm 0} e^{-\frac{(\xi - x)^2}{4at}} d\xi \right\}.$$

Hier führen wir eine neue Integrationsvariable ein, indem wir setzen:

$$\frac{\xi - x}{\sqrt{4at}} = \eta; \qquad \xi = \eta \sqrt{4at} + x; \qquad d\xi = \sqrt{4at}\, d\eta.$$

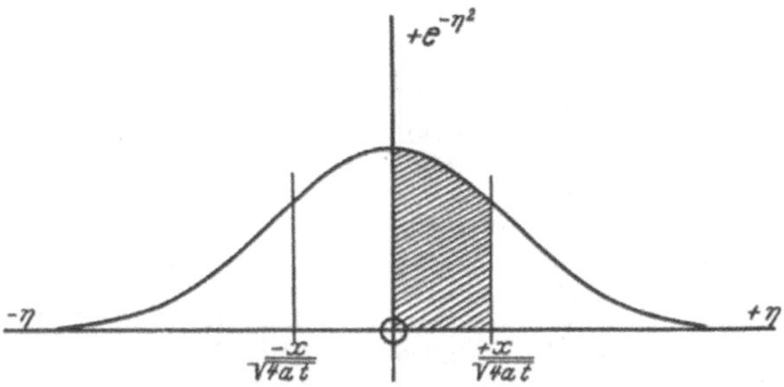

Abb. 38. Zur Umformung der Gl. (38a).

Es sind dann auch die Integrationsgrenzen zu ändern:

statt $\xi = +\infty$ ergibt sich $\eta = +\infty$,

„ $\xi = -\infty$ „ „ $\eta = -\infty$,

und „ $\xi = \pm 0$ „ „ $\eta = \frac{-x}{\sqrt{4at}}$.

Damit wird die Gleichung für ϑ:

$$\vartheta = \vartheta_c \frac{1}{\sqrt{\pi}} \left\{ \int_{\eta = \frac{-x}{\sqrt{4at}}}^{\eta = +\infty} e^{-\eta^2} d\eta - \int_{\eta = -\infty}^{\eta = \frac{-x}{\sqrt{4at}}} e^{-\eta^2} d\eta \right\}.$$

Da $e^{-\eta^2}$ eine zu $\eta = 0$ symmetrische Funktion, also eine gerade Funktion ist, so ist nach Abb. 38 folgende zweimalige Umformung gestattet:

$$\vartheta / \vartheta_c = \frac{1}{\sqrt{\pi}} \int_{\eta = \frac{-x}{\sqrt{4at}}}^{\eta = \frac{+x}{\sqrt{4at}}} e^{-\eta^2} d\eta = \frac{2}{\sqrt{\pi}} \int_{\eta = 0}^{\eta = \frac{+x}{\sqrt{4at}}} e^{-\eta^2} d\eta. \tag{38 a}$$

Das letztgeschriebene Integral stellt die in Abb. 38 schraffierte Fläche dar und ist lediglich eine Funktion seiner oberen Grenze.

Der Ausdruck

$$F(z) = \frac{2}{\sqrt{\pi}} \int_0^z e^{-\eta^2}\, d\eta = G(z)$$

ist eine in der angewandten Mathematik sehr häufig vorkommende Größe und wird das Gaußsche Fehlerintegral genannt. Es sei mit $G(z)$ bezeichnet.

Wir bekommen für das Temperaturfeld die Gleichung

$$\vartheta/\vartheta_c = G\left(\frac{x}{2\sqrt{a\,t}}\right). \qquad (38\,\text{b})$$

In Anlehnung an die Gleichungen des Temperaturfeldes bei Platte, Zylinder und Kugel können wir auch, mit der Umrechnung $a t/x^2 = 1/4z^2$, schreiben:

$$\vartheta/\vartheta_c = \Phi\left(\frac{a t}{x^2}\right). \qquad (38\,\text{c})$$

Die Werte dieser Funktionen sind in Zahlentafel 5 und in Abb. 39 wiedergegeben.

Zahlentafel 5. *Temperaturverlauf in der unendlich dicken Wand.*

$\frac{x}{2\sqrt{a t}}$	$\frac{a t}{x^2}$	$\frac{\vartheta}{\vartheta_c}$	$1-\frac{\vartheta}{\vartheta_c}$
∞	0	1,000	0,000
3,0	0,0278	0,999	0,001
2,5	0,0400	0,999	0,001
2,0	0,0625	0,995	0,005
1,5	0,111	0,966	0,034
1,2	0,174	0,910	0,090
1,0	0,250	0,842	0,158
0,95	0,277	0,820	0,180
0,90	0,309	0,797	0,203
0,85	0,333	0,771	0,229
0,80	0,391	0,742	0,258
0,75	0,444	0,711	0,289
0,70	0,510	0,678	0,328
0,65	0,592	0,642	0,358
0,60	0,694	0,604	0,396
0,55	0,826	0,563	0,437
0,50	1,000	0,521	0,479
0,477	1,099	0,500	0,500
0,45	1,23	0,475	0,525
0,40	1,56	0,428	0,572
0,35	2,04	0,379	0,621
0,30	2,78	0,329	0,671
0,25	4,00	0,276	0,724
0,20	6,25	0,223	0,777
0,15	11,1	0,168	0,832
0,10	25,0	0,112	0,888
0,050	100	0,0564	0,9436
0,020	625	0,0226	0,9774
0,010	2500	0,0113	0,9887
0,000	∞	0,0000	1,000

Wir wollen jetzt die Frage stellen, mit welcher Schnelligkeit sich eine gegebene Temperatur nach dem Inneren des Körpers fortpflanzt. Wir bilden die inverse Funktion zu Gl. (38c), schreiben also

$$\frac{a t}{x^2} = \text{Funkt.}\left(\frac{\vartheta}{\vartheta_c}\right).$$

Daraus gewinnen wir die Zeit t, die eine bestimmte Temperatur braucht, um bis zur Tiefe x vorzudringen, zu

$$t = \frac{x^2}{a}\,\text{Funkt.}\left(\frac{\vartheta}{\vartheta_c}\right).$$

Ist zum Beispiel ϑ die Hälfte von ϑ_c, so ist nach Zahlentafel 5 der Wert der Funktion gleich 1,099.

Hierzu ein kurzes Zahlenbeispiel:

Wann ist in einem einseitig unendlich ausgedehnten Körper bei Kupfer, Eisen, Glas und Holz die Temperatur $\frac{1}{2}\vartheta_c$ bis zur Tiefe von 1 cm, 1 dm und 1 m vorgedrungen?

Es ist $\vartheta/\vartheta_c = \Phi\left(\frac{at}{x^2}\right) = 0{,}5$, darum $\frac{at}{x^2} = 1{,}099$ und $t = 1{,}099\,x^2/a$. Da x im Quadrat vorkommt, so braucht man die Zeiten, die man für 1 cm ausgerechnet hat, nur mit 100 und 10000 zu multiplizieren, um die Werte für 1 dm und 1 m zu erhalten.

a in m²/h		Kupfer 0,37	Eisen 0,0585	Glas 0,00222	Holz 0,0005
$x = 1$ cm	$t =$	1,06 sek	6,77 sek	2,97 min	13,2 min
$x = 1$ dm	$t =$	1,78 min	11,3 min	4,95 h	22,0 h
$x = 1$ m	$t =$	2,97 h	18,8 h	20,6 Tage	91,7 Tage

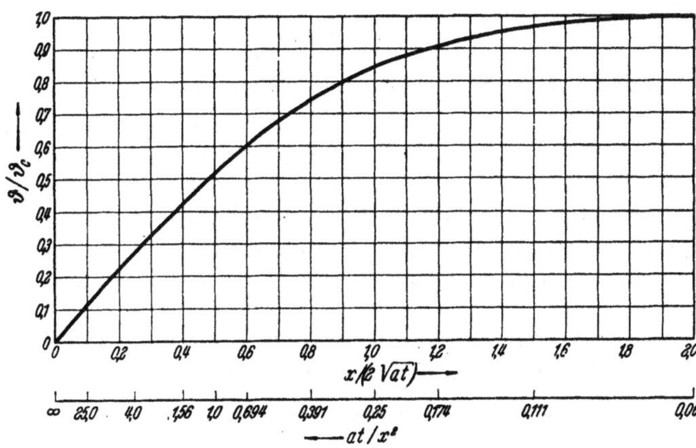

Abb. 39. Temperaturverlauf in der unendlich dicken Wand. Anfangstemperatur ϑ_c. Oberflächentemperatur Null. x = Abstand von der Oberfläche.

β) Die Berechnung des Wärmeverlustes. Von den auf S. 51 gekennzeichneten Wegen benützen wir diesmal den ersten Weg.

$$dQ = -\lambda\, dy\, dz \left(\frac{\partial \vartheta}{\partial x}\right)_{x=0} dt.$$

Da die Temperaturverteilung von y und z unabhängig ist, ergibt sich für eine Fläche YZ der Betrag

$$\frac{dQ}{dt} = -\lambda\, YZ\vartheta_c \left(\frac{\partial}{\partial x} G\left(\frac{x}{\sqrt{4at}}\right)\right)_{x=0},$$

$$\frac{\partial}{\partial x}\left(G\left(\frac{x}{\sqrt{4at}}\right)\right) = \frac{1}{\sqrt{4at}}\,\frac{2}{\sqrt{\pi}}\, e^{-\frac{x^2}{4at}}.$$

Für $x = 0$ wird die Exponentialfunktion zu Eins und es ergibt sich

$$\frac{dQ}{dt} = -\lambda\, YZ\vartheta_c \frac{1}{\sqrt{4at}}\,\frac{2}{\sqrt{\pi}} = -\sqrt{\frac{\lambda c \varrho}{\pi t}}\,\vartheta_c\, YZ.$$

Man ersieht daraus, daß der Wärmeverlust durch die Oberfläche sich wie $1 : \sqrt{t}$ ändert, daß er also im ersten Augenblick unendlich groß ist.

Die Wärmemenge, die in dem endlichen Zeitraum von $t = 0$ bis $t = t_0$ austritt, ergibt sich durch Integration.

Mit

$$\int_0^{t_0} \frac{1}{\sqrt{t}}\,dt = 2\sqrt{t_0} \quad \text{wird} \quad Q = -\frac{2}{\sqrt{\pi}}\sqrt{\lambda c \varrho}\,\sqrt{t_0}\,\vartheta_e YZ. \tag{39 a}$$

Die ausgetretene Wärme wächst also wie $\sqrt{t_0}$. Die Größe $\sqrt{\lambda c \varrho}$ ist ein reiner Stoffwert, für den wir den Buchstaben b wählen wollen. Man bezeichnet diesen Wert als *Wärmeeindringzahl*, könnte ihn aber, wie sich bei Aufgabe 6 und 7 zeigen wird, auch die *Wärmespeicherfähigkeit* nennen. Ihre Dimension ist kcal/m² grd $h^{1/2}$. Die ausgetretene Wärme ist also

$$Q = -1{,}13\, b \sqrt{t_0}\,\vartheta_e YZ. \tag{39 b}$$

Ein Vergleich zwischen der Temperaturleitzahl $a = \lambda/c\varrho$ und der Wärmeeindringzahl $b = \sqrt{\lambda c \varrho}$ zeigt den verschiedenen Einfluß der Wärmekapazität der Volumeneinheit $c\varrho$. Die Materialauswahl für eine aufgeheizte Wand muß also nach verschiedenen Gesichtspunkten erfolgen, je nachdem, ob sich eine Anfangstemperatur nur langsam fortpflanzen soll (a klein) oder ob in derselben Zeit eine möglichst geringe Wärmemenge in die Wand fließen soll (b klein). Ein Beispiel für den ersten Fall wäre ein feuerhemmendes Schott, für den zweiten die Isolierung eines nicht kontinuierlich betriebenen Ofens. Für einige Stoffe sind die Werte a und b in Zahlentafel 6 zusammengestellt[1,2].

Zahlentafel 6. *Wärmetechnische Stoffwerte einiger fester Körper (bei 20 °C).*
Wärmeleitzahl λ in kcal/m h grd,
Spezifische Wärmekapazität c in kcal/kg grd,
Dichte ϱ in kg/m³,
Temperaturleitfähigkeit $a = \lambda/c\varrho$ in m²/h,
Wärmeeindringzahl $b = \sqrt{\lambda c \varrho}$ in kcal/m² grd $h^{1/2}$.

Stoff	λ	c	ϱ	a	b
Silber	353	0,0559	10500	0,602	455
Kupfer	320	0,1	8300	0,37	515
Aluminium	197	0,214	2700	0,341	338
Eisen	50	0,116	7740	0,0585	212
Sandstein	1,6	0,2	2200	0,0036	26,8
Glas	1,0	0,18	2500	0,00222	21,2
Glaswolle	0,035	0,2	100	0,00175	0,84
Ziegelstein	0,4	0,2	1700	0,00118	11,7
Holz	0,1	0,4	500	0,0005	4,47
Kork	0,04	0,4	200	0,0005	1,79
(Wasser	0,514	0,998	998	0,00052	22,6)

Da die Temperatur in der unendlich dicken Platte nach Gl. (38c) nur von einem einzigen Parameter at/x^2 abhängt, ist diese Gleichung für Abschätzungen sehr bequem und kann dafür auch bei Platten end-

[1] Über ein direktes Meßverfahren für b vgl. O. KRISCHER: Über die Bestimmung der Wärmeleitfähigkeit, der Wärmekapazität und der Wärmeeindringzahl in einem Kurzzeitverfahren. Chemie-Ing.-Technik 26 (1954) 42/44.

[2] Vgl. die ausführlichere Zahlentafel 14 im Anhang.

licher Dicke sowie bei Körpern mit mäßig gekrümmter Oberfläche verwendet werden. Gegenüber kurzzeitigen Temperaturänderungen verhalten sich Platten endlicher Dicke X wie unendlich dicke Platten, solange an der Stelle $x = X$ die Temperatur ϑ/ϑ_c nahe Eins bleibt. Aus dem zulässigen Fehler läßt sich der Grenzwert leicht aus Zahlentafel 5 ablesen (etwa $at/X^2 < 0{,}1$).

Auch der Fall beliebiger Anfangstemperaturverteilung ist behandelt worden[1].

Die Aufgabe 5 können wir vom Standpunkt der Randbedingungen aus als eine Randwertaufgabe erster Art oder als eine solche von der dritten Art mit dem Wert $h = \infty$ auffassen. Für eine endliche relative Wärmeübergangszahl $h = \alpha/\lambda$ läßt sich die Aufgabe ebenfalls durchführen. — Wir wollen hier aber nur das Ergebnis aus der mathematischen Literatur übernehmen[2].

$$\vartheta/\vartheta_c = G\left(\frac{1}{2}\sqrt{\frac{x^2}{at}}\right) + e^{\frac{at}{x^2}(hx)^2 + (hx)}\left\{1 - G\left(\frac{1}{2}\sqrt{\frac{x^2}{at}} + \sqrt{\frac{at}{x^2}(hx)^2}\right)\right\}$$

oder

$$\vartheta/\vartheta_c = \Phi\left(\frac{at}{x^2}, hx\right).$$

Über eine Verallgemeinerung anderer Art siehe später S. 124.

γ) **Mehrdimensionaler Fall.** Wie schon auf S. 66 erwähnt wurde, läßt sich auch die Lösung nach Gl. (38b) bzw. (38c) für den mehrdimensionalen Fall heranziehen, etwa für das Ende eines langen Zylinders oder rechteckigen Stabes u. ä. In Abb. 40 ist das Isothermenfeld in der rechtwinkligen Kante eines sehr großen Körpers dargestellt, der zur Zeit $t < 0$ die einheitliche Temperatur ϑ_c hatte und dessen Oberflächen von $t = 0$ ab auf der Temperatur Null gehalten werden. Diese Isothermen sind unter Benutzung von Abb. 39 gewonnen worden.

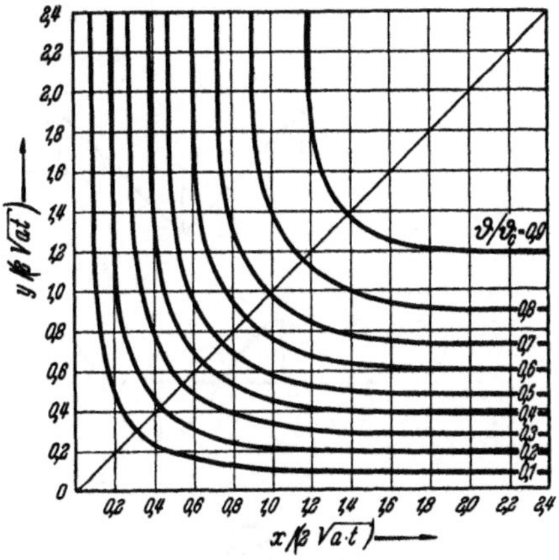

Abb. 40. Isothermen in einer rechtwinkligen Kante. Anfangstemperatur ϑ_c. Oberflächentemperatur Null. x und y sind die Abstände von der Kante.

2. Temperatur periodisch veränderlich.

Ein großer Teil der Arbeitsvorgänge im Maschinenbau besteht in einer ständigen Wiederholung desselben stets gleichbleibenden Arbeitsspieles, wodurch alle beteiligten Zustandsgrößen, darunter auch die Temperatur, periodischen Schwankungen unterworfen sind. Aber auch

[1] Kirchhoff, G.: Vorlesungen über die Theorie der Wärme, Bd. 4 S. 21/24. Leipzig 1894.

[2] Z. B. aus Ph. Frank und R. v. Mises: Differentialgleichungen der Physik, 2. Aufl. Bd. 2 S. 581. Braunschweig: Vieweg & Sohn 1935.

bei anderen Vorgängen treten häufig durch stetig wiederkehrende Eingriffe — z. B. geregelte Betriebspausen — periodische Zustandsänderungen ein. Ein besonders wichtiges Beispiel sind die Umschaltevorgänge bei den Regeneratoren der großen technischen Feuerungen (Hochöfen, Siemens-Martin-Öfen, Glasschmelzöfen, Gaserzeugungsöfen).

Der zeitliche Verlauf der Temperatur während einer Periode kann dabei ein durchaus verschiedenartiger sein, z. B. sprungweise veränderlich, stetig steigend und fallend, usw. (vgl. Abb. 41a bis e).

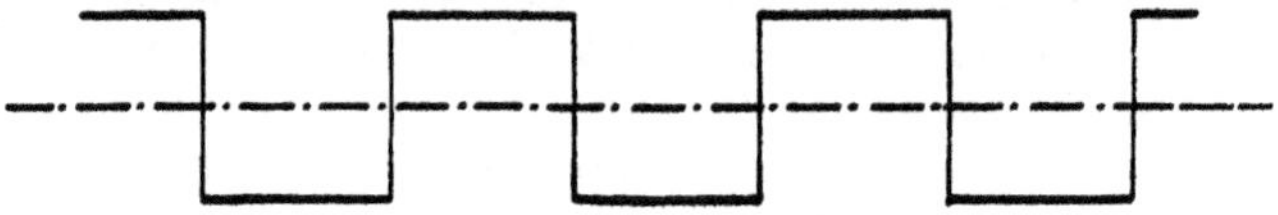

Abb. 41a. Unstetige Linie.

Abb. 41b. Umschaltelinie.

Abb. 41c. Zickzacklinie.

Abb. 41d. Kosinuslinie.

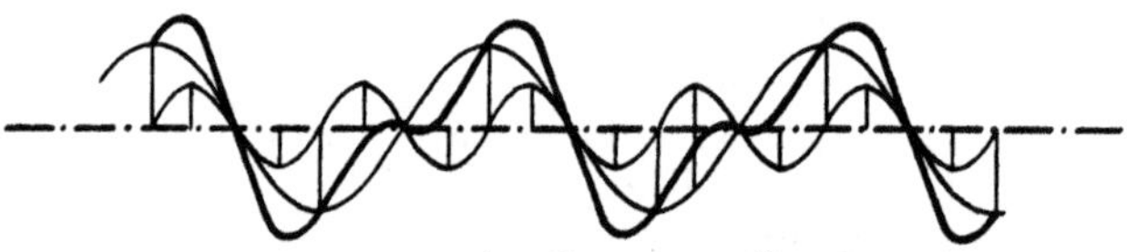

Abb. 41e. Linie $1{,}0\cos\left(2\pi\frac{t}{t_0}\right)+0{,}5\cos\left(\frac{2\pi}{t_0}\cdot\frac{t}{2}+\frac{\pi}{8}\right)$.

Das Verfahren der sogenannten harmonischen Analyse gestattet es, jede irgendwie gestaltete periodische Kurve mit beliebiger Annäherung als Übereinanderlagerung mehrerer verschiedenartiger Kosinuslinien darzustellen.

So ist z. B. die in Abb. 41e stark gezeichnete Kurve $F(x)$ durch Summierung der beiden Kosinuslinien

$$f_1(x)=1{,}0\cos\left(2\pi\frac{t}{t_0}\right)\quad\text{und}\quad f_2(x)=0{,}5\cos\left(\frac{2\pi}{t_0}\frac{t}{2}+\frac{\pi}{8}\right)$$

entstanden.

In diesem Abschnitt wollen wir eine Reihe von Vorgängen besprechen, denen folgendes gemeinsam sein soll.

Erstens, es soll die Temperatur der Oberfläche oder die Temperatur der Umgebung rein periodischen, zeitlichen Schwankungen unterworfen sein. Als Gesetz dieser Schwankungen sei im allgemeinen das Gesetz der harmonischen Schwingung vorausgesetzt.

Zweitens soll stets angenommen sein, daß der Vorgang schon so lange dauert, daß die ursprüngliche Temperaturverteilung ihren Einfluß verloren hat, daß also das Temperaturfeld nur mehr unter dieser Einwirkung von außen steht.

In erster Linie wird hierbei immer nach der Gestalt des Temperaturfeldes gefragt sein, in zweiter Linie nach dem Wärmefluß durch die Oberfläche.

Allgemeines.

Für Zeit- und Temperaturangaben werden in diesem Abschnitt folgende Bezeichnungen angewandt:

t die Zeit, von einem beliebigen Nullpunkt an gezählt,
t_0 Dauer einer ganzen Periode,
ϑ Temperatur an irgendeiner Stelle,
ϑ_M Maximaler Ausschlag der Temperatur an dieser Stelle,
ϑ_0 Temperatur an der Oberfläche,
ϑ_{0M} Maximaler Ausschlag der Temperatur an der Oberfläche.

Die gesuchte Temperaturfunktion muß vor allem der Differentialgleichung

$$\frac{\partial \vartheta}{\partial t} = a \nabla^2 \vartheta$$

genügen.

Einer zeitlichen Anfangsbedingung unterliegt sie nicht, da nach Annahme die Anfangstemperaturverteilung schon ausgeglichen sein soll.

Dagegen ist sie an eine Oberflächenbedingung gebunden. Diese lautet

entweder

$$\vartheta_0 = \vartheta_{0M} \cos\left(2\frac{\pi}{t_0}t\right) \tag{40a}$$

oder

$$\vartheta_0 = \vartheta_{0M} \sin\left(2\frac{\pi}{t_0}t\right). \tag{40b}$$

Beide Bedingungen sind durchaus gleichwertig, denn wir brauchen nur den Nullpunkt der Zeitachse um $\pi/2$ zu verschieben, also eine Phasenverschiebung von $\pi/2$ eintreten zu lassen, um die beiden Funktionen ineinander überzuführen. Wir werden deshalb im weiteren nur die cos-Funktion berücksichtigen.

Zum Aufsuchen partikulärer Integrale setzen wir probeweise eine aus einem Produkt zweier Teilfunktionen bestehende Lösung an:

$$\vartheta = \varphi(t)\,\psi(\xi, \eta, \zeta)\,.$$

Die physikalischen Erwägungen, die wir auf S. 28 anstellten, hatten uns bei Vorgängen, die dem Temperaturausgleich stetig zustreben, zur Annahme $\varphi(t) = e^{-pt}$ geführt. Bei der nunmehr vorliegenden Annahme einer periodischen Oberflächentemperatur ist sicher zu erwarten, daß auch in den tieferliegenden Schichten sich die Temperatur mit der Zeit periodisch ändert. Die Exponentialfunktion ist deshalb in obiger Form nicht brauchbar. Erinnern wir uns aber, daß nach den Lehren für das Rechnen mit komplexen Größen die Gleichung gilt

$$e^{+ipt} = \cos(p\,t) + i\sin(p\,t)\,,$$

so erscheint es immerhin gerechtfertigt, mit dieser Funktion den Versuch zu machen.

Wir setzen wieder in Anlehnung an Früheres (vgl. S. 17) $p = q^2 a$ und erhalten

$$\vartheta = e^{+iq^2at}\,\psi(\xi,\eta,\zeta)\,,$$

und dies führt mit

$$\frac{\partial\vartheta}{\partial t} = +\,i\,q^2 a\,e^{+iq^2at}\,\psi$$

und mit

$$\nabla^2\vartheta = e^{+iq^2at}\,\nabla^2\psi$$

zur Bedingungsgleichung für ψ, welche lautet

$$\nabla^2\psi - i\,q^2\psi = 0\,.$$

Dies ist die schon bekannte Pockelssche Differentialgleichung (10), nur mit der Besonderheit eines negativen und rein imaginären Parameters.

Aus der Lehre von den komplexen Größen übernehmen wir die Formel

$$\sqrt{-i} = \pm(1-i)\sqrt{\tfrac{1}{2}}\,;$$

mit ihrer Verwendung können wir die Pockelssche Differentialgleichung schreiben

$$\nabla^2\psi - \left[\pm(1-i)\sqrt{\tfrac{1}{2}}\,q\right]^2\psi = 0\,, \tag{41}$$

so daß jetzt an Stelle der reellen Größe q der früheren Betrachtungen die komplexe Größe

$$\pm(1-i)\sqrt{\tfrac{1}{2}}\,q$$

tritt.

Nach diesen einleitenden Ausführungen, die für eine ganze Gruppe von Aufgaben gelten, kann jetzt zur Besprechung einzelner Aufgaben übergegangen werden; hierbei sollen nur solche Fälle erörtert werden, bei denen die Temperatur nur von einer Koordinate abhängt.

Aufgabe 6. Der einseitig unendlich ausgedehnte Körper.

„Bei einem einseitig, unendlich ausgedehnten Körper werde durch irgendwelche Einwirkung von außen die Oberflächentemperatur zu periodischen Schwankungen um den Wert Null gezwungen. Das Gesetz dieser Schwankungen sei das der harmonischen Schwingung. — Es sind die Gestalt des Temperaturfeldes und die Größe des Wärmeflusses durch die Oberfläche in ihrer Abhängigkeit von der Zeit zu bestimmen.“

a) Die Gestalt des Temperaturfeldes. Der Ansatz:

$$\vartheta = e^{-iq^2at}\,\psi(x)$$

ist ein partikuläres Integral der Wärmeleitungsgleichung, falls $\psi(x)$ eine Lösung der Gleichung:

$$\frac{d^2\psi}{dx^2} - \left[\pm(1-i)\sqrt{\frac{1}{2}}q\right]^2 \psi = 0$$

ist.

Die Gleichung

$$\psi(x) = C\,e^{\pm[(1-i)\sqrt{\frac{1}{2}}q]x}$$

ist eine solche Lösung. Mit ihrer Verwendung ergibt sich für ϑ der Ausdruck

$$\vartheta = C\,e^{-iq^2at}\,e^{\pm(1-i)\sqrt{\frac{1}{2}}qx} = C\,e^{\pm\sqrt{\frac{1}{2}}qx}\,e^{-i(q^2at\pm\sqrt{\frac{1}{2}}qx)}.$$

Dieser Ausdruck geht mit Hilfe der Formel

$$e^{-i\varphi} = \cos\varphi - i\sin\varphi$$

über in:

$$\vartheta = C\,e^{\pm\sqrt{\frac{1}{2}}qx}\left\{\cos\left(q^2at \pm \sqrt{\tfrac{1}{2}}qx\right) - i\sin\left(q^2at \pm \sqrt{\tfrac{1}{2}}qx\right)\right\}.$$

Diese komplexe Lösung läßt sich in einen reellen und einen rein imaginären Teil spalten, so daß $\vartheta = \vartheta_1 + i\vartheta_2$ ist.

Dabei wollen wir noch folgendes beachten: Nach den Eigenschaften der Exponentialfunktion würde das +-Zeichen im Exponenten besagen, daß die Temperaturschwankungen mit zunehmender Tiefe unter der Oberfläche immer mehr zunehmen müßten, eine Annahme, die mit der Erfahrung sichtlich in Widerspruch steht. Wir dürfen deshalb aus physikalischen Gründen jedesmal das obere Zeichen ausschalten. Es bleiben dann die beiden Lösungen:

$$\vartheta_1 = C_1\,e^{-\sqrt{\frac{1}{2}}qx}\cos\left(q^2at - \sqrt{\tfrac{1}{2}}qx\right)$$

und

$$\vartheta_2 = C_2\,e^{-\sqrt{\frac{1}{2}}qx}\sin\left(q^2at - \sqrt{\tfrac{1}{2}}qx\right).$$

Zur Bestimmung der willkürlichen Konstanten C und q benützen wir die Oberflächenbedingung, indem wir in beiden Gleichungen $x = 0$ setzen. Wir erhalten

$$\vartheta_0 = C_1\cos(q^2at) \quad \text{bzw.} \quad \vartheta_0 = C_2\sin(q^2at)$$

und vergleichen dies mit den Oberflächenbedingungen [Gl. (40a)] von S. 79. Daraus ist zu folgern, daß

$$1.\ C_1 = \vartheta_{0M} \quad \text{und} \quad C_2 = 0 \quad \text{und} \quad 2.\ q^2 = \frac{1}{a}2\frac{\pi}{t_0}$$

zu setzen sind.

Die Gleichung des Temperaturfeldes heißt dann:

$$\vartheta = \vartheta_{0M}\,e^{-x\sqrt{\frac{\pi}{at_0}}}\cos\left(x\sqrt{\frac{\pi}{at_0}} - \frac{2\pi}{t_0}t\right). \tag{42}$$

Bei Besprechung dieses Ergebnisses können wir zweierlei Standpunkte einnehmen. Einmal können wir einen bestimmten Zeitpunkt festhalten und die Gestalt des Temperaturfeldes in diesem Augenblick untersuchen, also ein Momentbild der Temperaturkurve aufnehmen.

Das andere Mal können wir eine unendlich dünne Schicht in der Tiefe x ins Auge fassen und die Veränderungen, welche die Temperatur in dieser Schicht erleidet, zeitlich verfolgen.

Wir beginnen mit der ersten Betrachtungsweise, und zwar zuerst mit der einfachen Funktion

$$f_1(x) = \vartheta_{0M} \cos\left(x \sqrt{\frac{\pi}{a t_0}}\right).$$

Diese Gleichung stellt eine Kosinuslinie oder eine Wellenlinie dar. Der größte Ausschlag (die maximale Amplitude) ist gleich ϑ_{0M}. Die Länge einer ganzen Welle ergibt sich aus

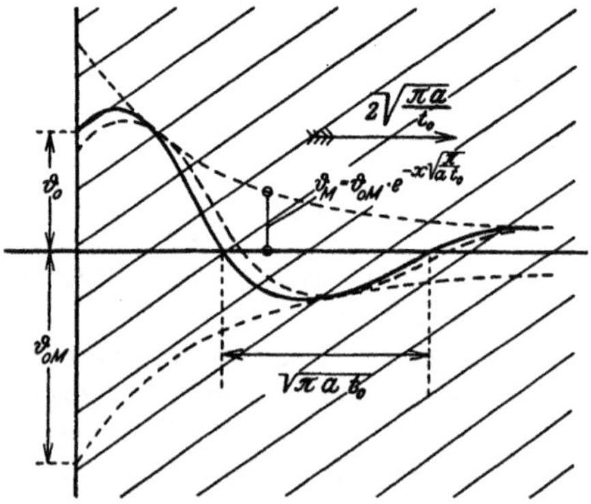

Abb. 42. Temperaturverlauf bei periodisch veränderlicher Oberflächentemperatur.

$$x \sqrt{\frac{\pi}{a t_0}} = 2\pi$$

zu: Wellenlänge $\Lambda = 2 \sqrt{\pi a t_0}$.

Die Wellenberge stehen bei $x_1 = 0$; $x_2 = 2\sqrt{\pi a t_0}$; $x_3 = 4\sqrt{\pi a t_0}$ usw.

Die Funktion

$$f_2(x) = \vartheta_{0M} \cos\left(x \sqrt{\frac{\pi}{a t_0}} - 2\pi \frac{t}{t_0}\right)$$

stellt eine gleiche Wellenlinie dar, nur ist die ganze Linie entsprechend dem Betrag $2\pi t/t_0$ in Richtung der positiven x-Achse verschoben. Bei stetig wachsendem t wandert also die ganze Wellenlinie in dieser Richtung, sie bildet einen Wellenstrahl. Da nach der Wellenlehre

Fortpflanzungsgeschwindigkeit = Wellenlänge : Schwingungsdauer

ist, so ist die Geschwindigkeit w, mit der ein Punkt der Welle, z. B. ein Maximum, wandert, gleich

$$w = \frac{2\sqrt{\pi a t_0}}{t_0} = 2\sqrt{\frac{\pi a}{t_0}}.$$

In Gl. (42) tritt nun im Vergleich zur letztuntersuchten Gleichung noch die Exponentialfunktion hinzu. Sie verändert weder die Phasenverschiebung noch die Fortpflanzungsgeschwindigkeit oder die Wellenlänge. Aber sie bewirkt ein sehr rasches Abnehmen des größten Ausschlages mit fortschreitendem x.

Abb. 42 zeigt zwei aufeinanderfolgende Momentbilder der Temperaturkurve. Abb. 43 veranschaulicht die Gestalt der Temperaturwellen für mehrere Schwingungsphasen, die zeitlich jeweils um den Betrag $t_0/8$ differieren.

Wählen wir nun die zweite Betrachtungsweise, indem wir den Temperaturverlauf in der Tiefe x beobachten! Wir müssen dann x als den festgehaltenen Parameter und t als die Veränderliche auffassen. Es zeigt sich dann, daß ϑ_x sich mit t ebenfalls nach dem Kosinusgesetz ändert. Die Dauer einer Schwingung ist gleich t_0, also unabhängig von der Tiefe x. Dagegen tritt mit wachsendem x ein Zurückbleiben in der Phase — ein Nachhinken — ein, das durch den Ausdruck

$$t_x = \frac{x}{2}\sqrt{\frac{t_0}{\pi a}}$$

gegeben ist. In der Tiefe $x = \sqrt{a\pi t_0}$ beträgt dieses Nachhinken gerade $t_0/2$.

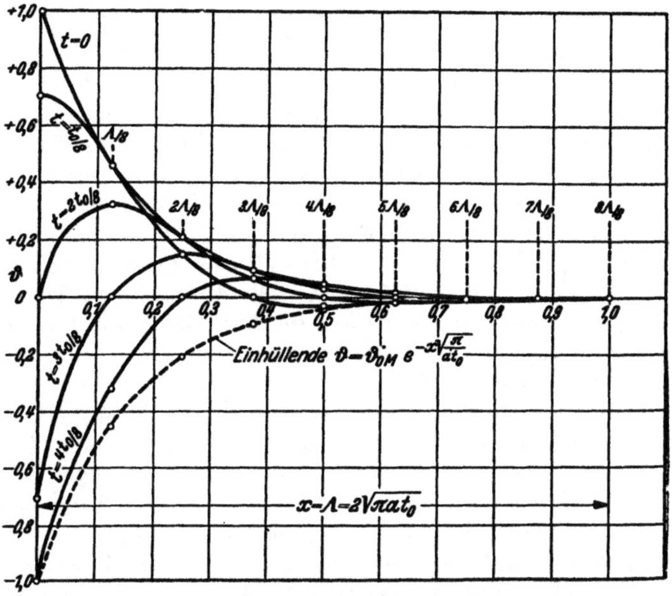

Abb. 43. Gestalt der Temperaturwellen im unendlich dicken Körper.
Abszisse: Eindringtiefe x (Einheit gleich der Wellenlänge). Ordinate: Temperatur ϑ.

Auch der größte Ausschlag ändert sich mit x, denn es ist

$$\vartheta_{xM} = \vartheta_{0M}\, e^{-x\sqrt{\frac{\pi}{a t_0}}}.$$

Man kann nun die Frage stellen: In welcher Tiefe x haben die Temperaturschwankungen auf den ν-ten Teil ihres Oberflächenwertes abgenommen?

Um dies zu finden, ist die Gleichung

$$\frac{1}{\nu} = e^{-x\sqrt{\frac{\pi}{a t_0}}}$$

nach x aufzulösen:

$$x = \sqrt{\frac{a t_0}{\pi}}\,\ln \nu.$$

Wir führen statt der Strecke $\sqrt{a t_0}$ die Wellenlänge $\Lambda = 2\sqrt{\pi a t_0}$ ein:

$$x = \frac{2\sqrt{\pi a t_0}}{2\sqrt{\pi}\sqrt{\pi}} \ln \nu = \Lambda \frac{\ln \nu}{2\pi} = \Lambda f(\nu).$$

Man sieht, daß die Wellenlänge und damit die Eindringtiefe der Temperaturwellen um so größer wird, je größer die Temperaturleitfähigkeit ist und je langsamer die Schwankungen verlaufen. Die rascheren Schwingungen werden mit wachsender Tiefe ausgesiebt.

Zahlentafel 7 läßt die Zahlenwerte der Funktion $f(\nu)$ erkennen.

Zahlentafel 7.

$1/\nu$	$^1/_2$	$^1/_4$	$^1/_{10}$	$^1/_{20}$	$^1/_{50}$	$^1/_{100}$	$^1/_{1000}$
$f(\nu)$	0,110	0,221	0,367	0,477	0,623	0,733	1,100

Der Temperaturverlauf in der Erdoberfläche läßt sich mit gewissen Vereinfachungen als reines Wärmeleitungsproblem behandeln. Wir betrachten den jährlichen Gang der Oberflächentemperatur als harmonische Schwingung mit $t_0 = 1$ Jahr $= 8760$ h und nehmen für den Boden eine Temperaturleitzahl $a = 0{,}0015$ m²/h an. In einer Tiefe von $x = \sqrt{a\pi t_0} = \sqrt{1{,}5 \cdot 10^{-3}\,\pi\, 8{,}76 \cdot 10^3} = 6{,}4$ m treten Phasenverschiebungen von einem halben Jahr auf, d. h. die höchsten Temperaturen herrschen im Januar, die niedrigsten im Juli. Die Amplituden der Temperaturschwingung betragen dort nur noch $\vartheta_{xM}/\vartheta_{0M} = e^{-\pi} \approx {}^1/_{23}$ des Wertes an der Oberfläche[1].

Für die täglichen Schwankungen der Oberflächentemperatur ($t_0 = 24$ h) treten die oben beschriebenen Erscheinungen bereits in einer $\sqrt{365} \approx 19$-mal kleineren Tiefe auf, d. h., diese Schwankungen dringen nur wenige Dezimeter in die Erde ein, um so eher, als auch ihre Amplitude an der Oberfläche nur einen Bruchteil der jährlichen beträgt.

b) Der Wärmefluß durch die Oberfläche. Wir berechnen den Wärmefluß wieder nach der ersten Art (vgl. S. 51), also aus dem Temperaturgefälle an der Oberfläche,

$$dQ = -\lambda \left(\frac{\partial \vartheta}{\partial x}\right)_{x=0} F\,dt.$$

Durch Differenzieren der Gl. (42) nach x ergibt sich

$$\frac{\partial \vartheta}{\partial x} = -\vartheta_{0M}\sqrt{\frac{\pi}{a t_0}}\, e^{-x\sqrt{\frac{\pi}{a t_0}}}\left\{\sin\left(x\sqrt{\frac{\pi}{a t_0}} - 2\pi\frac{t}{t_0}\right) + \cos\left(x\sqrt{\frac{\pi}{a t_0}} - 2\pi\frac{t}{t_0}\right)\right\},$$

$$\left(\frac{\partial \vartheta}{\partial x}\right)_{x=0} = -\vartheta_{0M}\sqrt{\frac{\pi}{a t_0}}\left\{\cos\left(2\pi\frac{t}{t_0}\right) - \sin\left(2\pi\frac{t}{t_0}\right)\right\}$$

$$= -\vartheta_{0M}\sqrt{\frac{\pi}{a t_0}}\sqrt{2}\cos\left(2\pi\frac{t}{t_0} + \frac{\pi}{4}\right),$$

$$Q = +\lambda F \vartheta_{0M}\sqrt{\frac{2\pi}{a t_0}}\int \cos\left(2\pi\frac{t}{t_0} + \frac{\pi}{4}\right) dt.$$

[1] Messungen an einem Versuchsfeld, das im Winter schneefrei gehalten wurde, bestätigten die theoretischen Werte mit großer Regelmäßigkeit. Vgl. R. Geiger:

(Fortsetzung Seite 85)

Würden wir den Ausdruck über die Dauer einer ganzen Periode integrieren, so würden wir den Wert Null erhalten. Wir müssen deshalb die Frage so stellen: Wie groß ist die Wärmemenge, welche die Oberfläche während einer halben Periode durchsetzt, also die Wärme, die der Körper aufzuspeichern und wieder abzugeben vermag?

Die Integration über eine halbe Periode $t_0/2$ ergibt

$$Q_{t=t_0/2} = +\lambda F \vartheta_{0M} \sqrt{\frac{2\pi}{a t_0}} \frac{t_0}{2\pi} [\mp 2]$$

$$= \sqrt{\frac{2}{\pi}} \frac{\lambda}{\sqrt{a}} \sqrt{t_0} F \vartheta_{0M} \tag{43a}$$

$$= \sqrt{\frac{2}{\pi}} \sqrt{\lambda c \varrho} \sqrt{t_0} F \vartheta_{0M} \tag{43b}$$

$$= 0{,}80 b \sqrt{t_0} F \vartheta_{0M}. \tag{43c}$$

Die aufgespeicherte Wärme ist also der Wärmeeindringzahl b und der Wurzel aus der Dauer t_0 einer Periode proportional.

Nachstehende Übersicht enthält für vier verschiedene Körper und für die Zeiten t_0 gleich 1 Sekunde, 1 Stunde, 1 Tag die Länge einer Temperaturwelle und den Betrag der Werte $Q_{t_0/2}/F\vartheta_{0M} = 0{,}80 b \sqrt{t_0}$.

Für $t_0 = 1$ sek ist $\sqrt{t_0} = 0{,}0167\ \mathrm{h}^{1/2}$

$= 1$ h ist $\sqrt{t_0} = 1{,}00\ \mathrm{h}^{1/2}$

$= 1$ Tag ist $\sqrt{t_0} = 4{,}89\ \mathrm{h}^{1/2}$

		Kupfer	Eisen	Glas	Holz
a in m²/h		0,37	0,0585	0,00222	0,0005
b in kcal/m² grd h$^{1/2}$		515	212	21,2	4,47
$\Lambda = 2\sqrt{\pi a t_0}$ $= 3{,}544\sqrt{a t_0}$ in m	$t_0 = 1$ sek	0,0360	0,0143	0,00279	0,00132
	$t_0 = 1$ h	2,15	0,858	0,167	0,0792
	$t_0 = 1$ Tag	10,53	4,19	0,817	0,387
$0{,}80\, b\sqrt{t_0}$ in kcal/m² grd	$t_0 = 1$ sek	6,88	2,83	0,283	0,0598
	$t_0 = 1$ h	412	169	16,9	3,57
	$t_0 = 1$ Tag	2015	830	83	17,5

1. Verallgemeinerung der Aufgabe. Es sei nunmehr angenommen, daß nicht für die Oberflächentemperatur, sondern für die Umgebungstemperatur Θ das Änderungsgesetz gegeben ist, und zwar soll gelten

$$\Theta = \Theta_M \cos\left(2\pi \frac{t}{t_0}\right).$$

Bekannt sei ferner die Wärmeübergangszahl α und damit auch die relative Wärmeübergangszahl $h = \alpha/\lambda$. Welches ist dann der Temperaturverlauf an der Oberfläche und im Inneren des Körpers?

Das Klima der bodennahen Luftschicht, 2. Aufl. Braunschweig 1942 (Bild 13). Ferner A. Nippoldt, J. Keränen u. E. Schweidler: Einführung in die Geophysik, Bd. II. Berlin: Springer 1929. Vgl. dazu auch den elektrischen Modellversuch von S. 105.

Zufolge der Enzyklop. d. math. Wiss. V, 4, S. 186 ist:

$$\vartheta_x = \Theta_M \sqrt{\frac{1}{1 + 2\sqrt{\frac{\pi}{h^2 a t_0}} + 2\frac{\pi}{h^2 a t_0}}}\, e^{-x\sqrt{\frac{\pi}{a t_0}}} \times$$
$$\times \cos\left(2\pi\frac{t}{t_0} - \left(\operatorname{arctg}\frac{1}{1 + \sqrt{\frac{h^2 a t_0}{\pi}}} + x\sqrt{\frac{\pi}{a t_0}}\right)\right). \qquad (44\,\text{a})$$

Wir setzen zur Abkürzung

$$\eta_0 = \sqrt{\frac{1}{1 + 2\sqrt{\frac{\pi}{h^2 a t_0}} + 2\frac{\pi}{h^2 a t_0}}}$$

sowie

$$\varepsilon_0 = \operatorname{arctg}\frac{1}{1 + \sqrt{\frac{h^2 a t_0}{\pi}}}$$

und erhalten die Form

$$\vartheta_x = \Theta_M\, \eta_0\, e^{-x\sqrt{\frac{\pi}{a t_0}}} \cos\left(2\pi\frac{t}{t_0} - \left(\varepsilon_0 + x\sqrt{\frac{\pi}{a t_0}}\right)\right). \qquad (44\,\text{b})$$

In dieser Gleichung sind η_0 und ε_0 zwei nur von der einzigen Größe $(h^2 a t_0)$ abhängige Werte, die nachstehend zusammengestellt sind.

$h^2 a t_0$	η_0	ε_0	$h^2 a t_0$	η_0	ε_0
0	0	45° 00′	1	0,304	32° 40′
0,001	0,012	44° 30′	2	0,388	29° 05′
0,002	0,017	44° 20′	5	0,510	23° 50′
0,005	0,028	43° 55′	10	0,603	19° 50′
0,01	0,039	43° 30′	20	0,689	15° 50′
0,02	0,054	42° 50′	50	0,784	11° 50′
0,05	0,084	41° 40′	100	0,843	8° 35′
0,1	0,116	40° 20′	200	0,883	6° 20′
0,2	0,159	38° 40′	500	0,925	4° 20′
0,5	0,232	35° 35′	1000	0,945	3° 00′

Die physikalische Bedeutung der Werte η_0 und ε_0 ergibt sich, wenn man die Gl. (44b) zur Berechnung der Oberflächentemperatur ϑ_0 anwendet, wenn man also in ihr $x = 0$ setzt. Man erhält

$$\vartheta_0 = \Theta_M\, \eta_0 \cos\left(2\pi\frac{t}{t_0} - \varepsilon_0\right). \qquad (45)$$

Diese Gleichung sagt aus, daß die Oberflächentemperatur ebenso wie die Umgebungstemperatur eine harmonische Schwingung ausführt und daß beide Schwingungen gleiche Dauer der Periode aufweisen. Aber beide Schwingungen unterscheiden sich doch in zweifacher Hinsicht.

Erstens hinkt die Oberflächentemperatur hinter der Umgebungstemperatur zeitlich um einen Betrag nach, der durch den Wert ε_0 bestimmt ist. Zweitens ist der größte Ausschlag der Oberflächentemperatur η_0-mal kleiner als der größte Ausschlag der Umgebungstemperatur. Es ergibt sich damit für den zeitlichen Verlauf beider Temperaturen das nachstehende Schaubild (Abb. 44).

Durch Gl. (45) ist die verallgemeinerte Aufgabe auf die ursprüngliche Aufgabe zurückgeführt; denn man braucht nur aus ihr das Gesetz für die Oberflächentemperatur zu ermitteln und kann dann auf dieser Grundlage nach den Gln. (40), (42) und (43) das Temperaturfeld und die gespeicherte Wärmemenge berechnen.

Für die während einer halben Periode gespeicherte Wärmemenge ist noch eine andere Berechnungsart möglich, die auf dem Wärmeübergang zwischen Umgebung und Oberfläche beruht. Für einen Teil F der Oberfläche und ein Zeitteilchen dt ist die übergehende Wärme

$$dQ = \alpha F(\Theta - \vartheta_0) . dt .$$

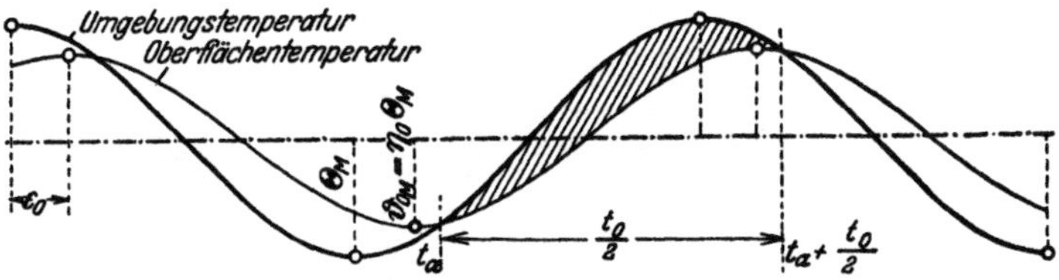

Abb. 44. Zeitlicher Verlauf der Umgebungstemperatur und der Oberflächentemperatur (harmonische Schwingung).

Darin ist

die Umgebungstemperatur $\Theta = \Theta_M \cos\left(2\pi \frac{t}{t_0}\right)$,

die Oberflächentemperatur $\vartheta_0 = \Theta_M \, \eta_0 \cos\left(2\pi \frac{t}{t_0} - \varepsilon_0\right)$.

Setzt man dies in die obige Gleichung ein und integriert, wobei als Grenzen die in Abb. 44 eingetragenen Werte t_a und $(t_a + t_0/2) = t_b$ gelten, so erhält man

$$Q_{t=t_0/2} = \alpha F \int_{t_a}^{t_b} \Theta_M \left\{\cos\left(2\pi \frac{t}{t_0}\right) - \eta_0 \cos\left(2\pi \frac{t}{t_0} - \varepsilon_0\right)\right\} dt$$

$$= \alpha F \Theta_M \frac{t_0}{2} \operatorname{Funkt}(\eta_0, \varepsilon_0) = \alpha F \Theta_M \frac{t_0}{2} \operatorname{funkt}(h^2 a t_0) .$$

Das Integral läßt sich am besten durch Planimetrieren bestimmen, weil sein Wert durch die in Abb. 44 schraffierte Fläche dargestellt ist. Über die Werte von funkt $(h^2 a t_0)$ vergleiche man die Zusammenstellung auf S. 88.

2. *Verallgemeinerung der Aufgabe.* Die Aufgabe über den unendlich dicken, ebenen Körper läßt sich nochmals dadurch verallgemeinern, daß man für die zeitliche Änderung der Umgebungstemperatur nicht mehr das Gesetz der harmonischen Schwingung vorschreibt, sondern ein beliebiges anderes Gesetz gelten läßt. (Vgl. die Abb. 41.)

Um aus einem solchen Verlauf der Umgebungstemperatur die zugehörige Oberflächentemperatur zu bestimmen, muß man die unstetige Linie bzw. die Zickzacklinie nach dem Prinzip der Fourierschen Reihe in ihre Harmonischen zerlegen, für jede Harmonische die zugehörige Oberflächentemperatur bestimmen und all diese dann wieder addieren.

Das Ergebnis dieser ziemlich zeitraubenden Arbeit ist in Abb. 45a und c wiedergegeben, und zwar für die drei Fälle: $h^2 a t_0 = 100\pi$, $= \pi$ und $= 0{,}01\pi$. Des Vergleiches halber ist der Fall der harmonischen Schwingung als Abb. 45b dazwischengesetzt.

Die Wärme, welche während einer halben Periode in die Oberfläche eindringt bzw. von ihr abgegeben wird, wurde durch Planimetrieren

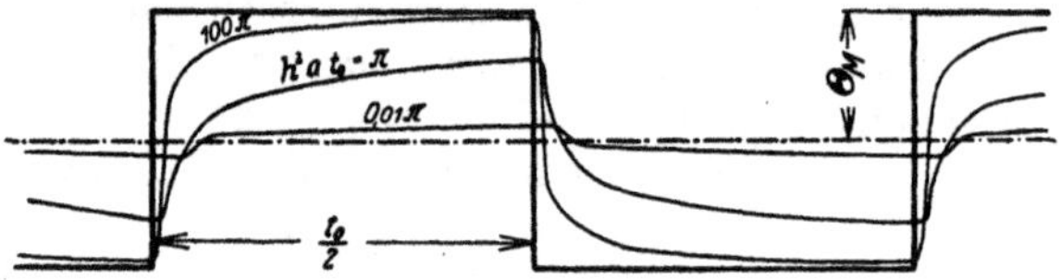

Abb. 45a. Unstetige Linie.

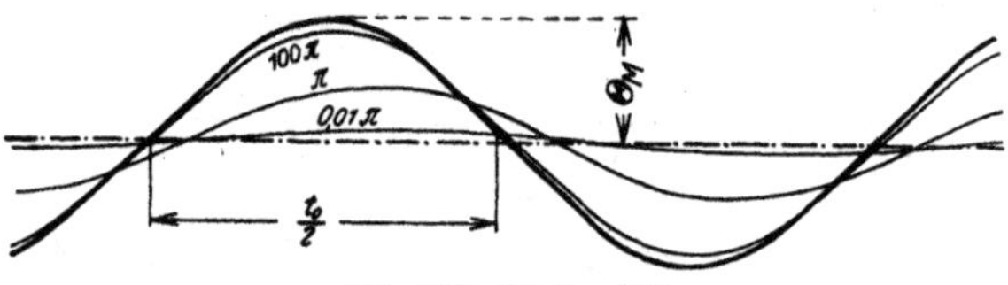

Abb. 45b. Kosinuslinie.

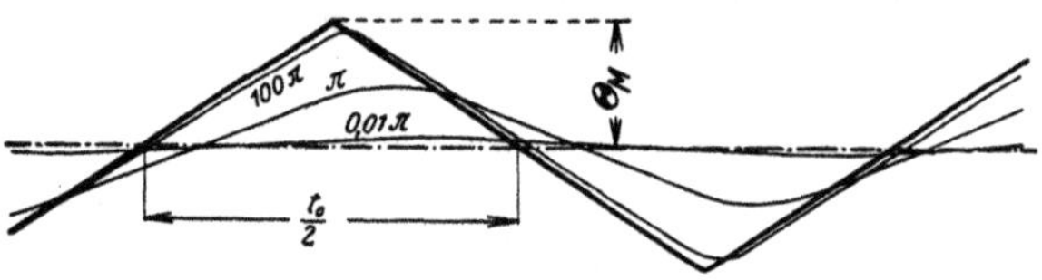

Abb. 45c. Zickzacklinie.

Abb. 45a bis c. Zeitlicher Verlauf der Umgebungstemperatur und der Oberflächentemperatur (allgemeiner Fall).

jener Fläche gefunden, welche zwischen der Kurve der Umgebungstemperatur und der Kurve der Oberflächentemperatur liegt. Das Ergebnis wurde wieder auf die Form gebracht:

$$Q_{t=t_0/2} = \alpha F \Theta_M \frac{t_0}{2} \operatorname{funkt}(h^2 a t_0),$$

wobei für funkt $(h^2 a t_0)$ die Werte nachstehender Zahlentafel gelten:

$h^2 a t_0 =$	0	$0{,}01\pi$	π	100π	∞
Unstetige Linie	0	0,12	0,59	0,89	1,00
Kosinus-Linie	0	0,08	0,40	0,61	0,64
Zickzack-Linie	0	0,07	0,32	0,48	0,50

Die bisher besprochenen Gleichungen dürfen nur angewandt werden, wenn der Körper entsprechend den Bedingungen als unendlich dick aufgefaßt werden darf. Ist dies nicht der Fall, so gehen noch die Abmessungen des Körpers in die Rechnung ein.

Aufgabe 7. Die Platte.

„Bei einer planparallelen Platte von der Dicke $2X$ werde durch irgendwelche Einwirkung von außen den beiden Oberflächen eine periodisch veränderliche Temperatur aufgezwungen. Das Gesetz dieser Veränderlichkeit sei für beide Seiten dasselbe, nämlich:

$$\vartheta_0 = \vartheta_{0M} \cos 2\pi \frac{t}{t_0}.$$

Es sind die Gestalt des Temperaturfeldes und die Größe des Wärmeflusses durch die Oberfläche zu bestimmen."

Stellen wir uns vor, daß die Platte sehr dick ist oder die Schwingungen recht rasch erfolgen, so werden die Temperaturschwankungen, welche sich von den beiden Oberflächen her nach dem Inneren fortpflanzen, schon völlig abgeflaut sein, noch ehe sie die Plattenmitte erreicht haben. Jede der beiden Plattenhälften verhält sich dann wie ein unendlich dicker Körper, und unsere Aufgabe ist auf die vorige Aufgabe 6 zurückgeführt. Diese sehr dicke Platte stellt den einen Grenzfall vor (vgl. Abb. 46).

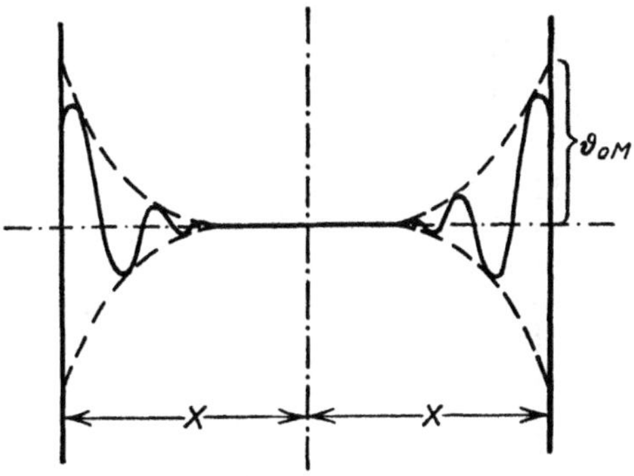

Abb. 46. Eindringen der Temperaturwellen bei der sehr dicken Platte.

Ist im gegenteiligen Falle die Platte sehr dünn oder erfolgen die Schwingungen ungemein langsam, so kann das ganze Innere der Platte die Schwankungen der Oberflächentemperatur in vollem Betrage und ohne ein zeitliches Nachhinken mitmachen. Die Temperaturen im ganzen Inneren der Platte sind dann unabhängig vom Abstande x von der Plattenmitte und wir erhalten:

$$\vartheta_x = \vartheta_0 = \vartheta_{0M} \cos\left(2\pi \frac{t}{t_0}\right),$$

und für die Wärme Q, welche während einer halben Periode — also zwischen den Temperaturgrenzen $-\vartheta_{0M}$ und $+\vartheta_{0M}$ aufgespeichert wird, den Wert

$$Q_{t=t_0/2} = 2XF\varrho c\, 2\vartheta_{0M}.$$

Darin ist F die Größe der Platte.

Zwischen diesen beiden Grenzfällen der sehr dicken und der sehr dünnen Platte liegt das zu besprechende Problem. Wir können uns die Schwingungen, welche dann eintreten, am besten dadurch vergegenwärtigen, daß wir uns in Abb. 46 die Plattendicke allmählich kleiner werdend denken. Dann wird sehr bald der Zustand eintreten, daß die Schwingungen, welche von den beiden Seiten ausgehen, sich in der Mitte stören bzw. durchdringen. Ein Augenblicksbild einer solchen Temperaturverteilung gibt Abb. 47 wieder.

a) Das Temperaturfeld. Entsprechend den Ausführungen von S. 80 beginnen wir mit dem Ansatz

$$\vartheta = e^{+iq^2at}\,\psi(x)\,,$$

wobei wieder $\psi(x)$ der Bedingung zu genügen hat

$$\frac{d^2\psi}{dx^2} + \left[(1-i)\sqrt{\frac{1}{2}}\,q\right]^2 \psi = 0\,.$$

Zwei Lösungen dieser Gleichung sind:

$$\psi(x) = C_1 \cos\left\{(1-i)\sqrt{\frac{1}{2}}\,q\,x\right\}$$

und

$$\psi(x) = C_2 \sin\left\{(1-i)\sqrt{\frac{1}{2}}\,q\,x\right\}.$$

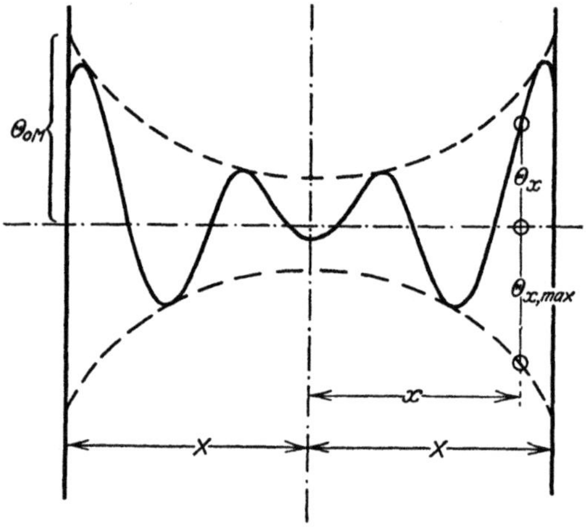

Abb. 47. Eindringen der Temperaturwellen bei einer Platte mäßiger Dicke.

Da nach der ganzen Stellung der Aufgabe das Temperaturfeld symmetrisch zur Ebene $x = 0$ sein muß, so kann $\psi(x)$ nur eine gerade Funktion sein, und die zweite Lösung kommt für uns nicht in Betracht.

Bevor wir die erste Lösung weiter verwerten können, müssen wir einige Sätze über Hyperbelfunktionen besprechen.

Hyperbelsinus und -kosinus. Wenn $z = u + i\,v$ eine komplexe Größe ist, so ist[1]

$$\cos(u - i\,v) = \mathfrak{Cos}\,v \cos u + i\,\mathfrak{Sin}\,v \sin u\,.$$

Für $u = v$ wird daraus

$$\cos[(1-i)\,u] = \mathfrak{Cos}\,u \cos u + i\,\mathfrak{Sin}\,u \sin u\,.$$

Wir bezeichnen $\mathfrak{Cos}\,u \cos u$ mit $f_c(u)$

und $\mathfrak{Sin}\,u \sin u$ mit $f_s(u)$

und wollen nun diese beiden Funktionen besprechen.

1. Die Funktion $f_c(u)$. Der Hyperbelkosinus ist eine gerade Funktion, die für das Argument Null den Wert „1" besitzt und sich mit wachsendem positivem und negativem Argument dem Wert $+\infty$ nähert. Die cos-Funktion ist die bekannte gerade Funktion mit den Nullstellen $\pm\frac{\pi}{2}$, $\pm\frac{3\pi}{2}$ usw. Das Produkt beider Funktionen wird eine

[1] Hütte, Des Ingenieurs Taschenbuch, 27. Aufl., Bd. 1 S. 97. Berlin 1941.

oszillierende Funktion sein, deren Nullstellen mit denjenigen der cos-Funktion zusammenfallen, deren Ausschläge aber mit wachsendem Argument ständig wachsen. Als Produkt zweier gerader Funktionen ist $f_c(u)$ auch eine gerade Funktion (siehe Abb. 48).

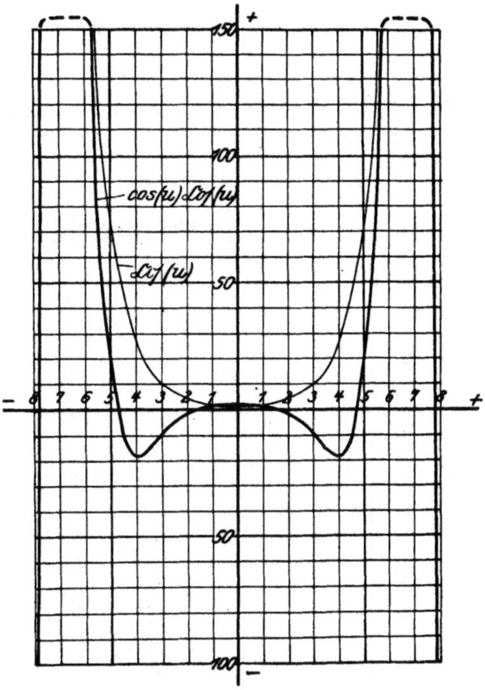

Abb. 48. Funktion $f_c(u) = \mathfrak{Cof}\, u \cos u$.

2. Die Funktion $f_s(u)$. Der Hyperbelsinus ist eine ungerade Funktion, die für das Argument Null den Wert „0“ besitzt und sich mit wachsendem, positivem Argument dem Wert $+\infty$, mit wachsendem, negativem Argument dem Wert $-\infty$ nähert. Die sin-Funktion ist die bekannte ungerade Funktion mit den Nullstellen 0, $\pm\pi$, $\pm 2\pi$ usw. Das Produkt aus beiden muß eine oszillierende Funktion sein, mit den Nullstellen der sin-Funktion, deren Ausschläge mit wachsendem Argument ständig wachsen. Als Produkt zweier ungerader Funktionen ist $f_s(u)$ eine gerade Funktion (s. Abb. 49).

Die Werte beider Funktionen sind in Zahlentafel 8 bis zum Argument 8,0 zusammengestellt.

Zahlentafel 8. *Werte von* $f_s(u) = \mathfrak{Sin}(u)\sin(u)$ *und* $f_c(u) = \mathfrak{Cof}(u)\cos(u)$.

u	$f_s(u)$	$f_c(u)$	u	$f_s(u)$	$f_c(u)$	u	$f_s(u)$	$f_c(u)$
0,00	+ 0,000	+ 1,00	2,75	+ 2,97	− 7,26	5,50	− 86,2	+ 87,2
0,25	+ 0,063	+ 1,00	3,00	+ 1,41	− 9,97	5,75	− 79,4	+ 135
0,50	+ 0,250	+ 0,99	3,25	− 1,42	− 12,8	6,00	− 55,6	+ 194
0,75	+ 0,56	+ 0,95	3,50	− 5,82	− 15,5	6,25	− 7,90	+ 259
1,00	+ 0,99	+ 0,83	3,75	− 12,2	− 17,4	6,50	+ 72,0	+ 325
1,25	+ 1,52	+ 0,60	4,00	− 20,6	− 17,9	6,75	+ 194	+ 380
1,50	+ 2,12	+ 0,166	4,25	− 31,5	− 15,6	7,00	+ 362	+ 412
1,75	+ 2,75	− 0,53	4,50	− 44,0	− 9,49	7,25	+ 580	+ 399
2,00	+ 3,30	− 1,57	4,75	− 57,7	+ 2,27	7,50	+ 850	+ 309
2,25	+ 3,65	− 3,01	5,00	− 71,1	+ 21,3	7,75	+ 1154	+ 115
2,50	+ 3,62	− 4,91	5,25	− 81,7	+ 49,1	8,00	+ 1474	− 220

Aufstellung der allgemeinen Lösung. Für den Ausdruck

$$\psi(x) = \cos\left\{(1-i)\sqrt{\tfrac{1}{2}}\,q\,x\right\}$$

können wir jetzt schreiben

$$\psi(x) = f_c\left(\sqrt{\tfrac{1}{2}}\, q\, x\right) + i\, f_s\left(\sqrt{\tfrac{1}{2}}\, q\, x\right).$$

Ferner ist nach einer schon öfter gebrauchten Formel

$$e^{+i q^2 a t} = \cos(q^2 a\, t) + i \sin(q^2 a\, t)\,.$$

Das Produkt $e^{+i q^2 a t}\, \psi(x)$ ist also auch eine komplexe Größe.

Wir erhalten

$$\vartheta_1 + i\,\vartheta_2 = \cos(q^2 a\, t)\, f_c\left(\sqrt{\tfrac{1}{2}}\, q\, x\right) - \sin(q^2 a\, t)\, f_s\left(\sqrt{\tfrac{1}{2}}\, q\, x\right)$$
$$+\, i\left\{\cos(q^2 a\, t)\, f_s\left(\sqrt{\tfrac{1}{2}}\, q\, x\right) + \sin(q^2 a\, t)\, f_c\left(\sqrt{\tfrac{1}{2}}\, q\, x\right)\right\}$$

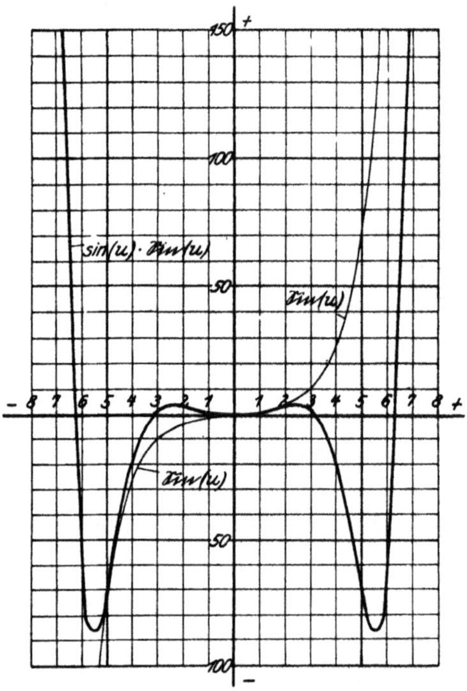

Abb. 49. Funktion $f_s(u) =$ 𝔖in $u \sin u$.

oder durch Trennung des reellen vom imaginären Teil und Multiplizieren mit je einer willkürlichen Konstanten:

$$\vartheta_1 = C\cos(q^2 a\, t)\, f_c\left(\sqrt{\tfrac{1}{2}}\, q\, x\right) - C\sin(q^2 a\, t)\, f_s\left(\sqrt{\tfrac{1}{2}}\, q\, x\right),$$

$$\vartheta_2 = D\cos(q^2 a\, t)\, f_s\left(\sqrt{\tfrac{1}{2}}\, q\, x\right) + D\sin(q^2 a\, t)\, f_c\left(\sqrt{\tfrac{1}{2}}\, q\, x\right).$$

Aus diesen beiden Lösungen bilden wir durch Addieren die allgemeine Lösung:

$$\vartheta = \cos(q^2 a\, t)\left\{C f_c\left(\sqrt{\tfrac{1}{2}}\, q\, x\right) + D f_s\left(\sqrt{\tfrac{1}{2}}\, q\, x\right)\right\} - \sin(q^2 a\, t)\left\{C f_s\left(\sqrt{\tfrac{1}{2}}\, q\, x\right) - D f_c\left(\sqrt{\tfrac{1}{2}}\, q\, x\right)\right\}.$$

Anpassen an die Oberflächenbedingung. Diese allgemeine Lösung enthält drei noch willkürliche Konstanten, nämlich q, C und D. Zu ihrer Bestimmung dient die Oberflächenbedingung. Wir setzen $x = \pm X$; da f_c und f_s gerade Funktionen sind, spielt das —-Zeichen keine Rolle.

$$\vartheta_0 = \vartheta_{0M}\cos\left(2\pi\frac{t}{t_0}\right)$$
$$= \left\{C f_c\left(\sqrt{\tfrac{1}{2}}\, q X\right) + D f_s\left(\sqrt{\tfrac{1}{2}}\, q X\right)\right\}\cos(q^2 a\, t) -$$
$$- \left\{C f_s\left(\sqrt{\tfrac{1}{2}}\, q X\right) - D f_c\left(\sqrt{\tfrac{1}{2}}\, q X\right)\right\}\sin(q^2 a\, t)\,.$$

Diese Gleichung ist für jeden Wert von t erfüllt, wenn

1. $2\pi\dfrac{t}{t_0} = q^2\; a\, t$ ist,

2. der Faktor von $\cos(q^2 a t)$ gleich ϑ_{0M} ist,
3. der Faktor von $\sin(q^2 a t)$ gleich Null ist.

Aus der ersten Bedingung folgt, daß $q = \pm\sqrt{\frac{2\pi}{a t_0}}$ ist.

Damit wird auch

$$q\sqrt{\frac{1}{2}}\,X = \pm\sqrt{\frac{\pi X^2}{a t_0}} = \pm M$$

und zugleich

$$q\sqrt{\frac{1}{2}}\,x = \pm\frac{x}{X}M.$$

Die Bezeichnung M wird nur der kürzeren Schreibweise wegen vorübergehend eingeführt. Die Bedingungen 2 und 3 lauten jetzt:

$$C f_c(M) + D f_s(M) = \vartheta_{0M},$$
$$C f_s(M) - D f_c(M) = 0.$$

Daraus:

$$C = \frac{\vartheta_{0M} f_c(M)}{f_c^2(M) + f_s^2(M)} \quad \text{und} \quad D = \frac{\vartheta_{0M} f_s(M)}{f_c^2(M) + f_s^2(M)}.$$

Die Gleichung des Temperaturfeldes. Nachdem jetzt die Willkür der drei Konstanten aufgehoben ist, ist auch die Gleichung des Temperaturfeldes festgelegt. Sie lautet:

$$\vartheta = \frac{\vartheta_{0M}}{f_c^2(M) + f_s^2(M)} \times$$
$$\times \left[\left\{f_c(M)\, f_c\!\left(\frac{x}{X}M\right) + f_s(M)\, f_s\!\left(\frac{x}{X}M\right)\right\}\cos\!\left(2\pi\frac{t}{t_0}\right) - \right.$$
$$\left. - \left\{f_c(M)\, f_s\!\left(\frac{x}{X}M\right) - f_s(M)\, f_c\!\left(\frac{x}{X}M\right)\right\}\sin\!\left(2\pi\frac{t}{t_0}\right)\right]. \qquad (46\text{a})$$

Um diese Gleichung nochmals umformen zu können, leiten wir eine kleine Hilfsformel ab.

Wir gehen aus von der trigonometrischen Formel:

$$C\cos\beta\cos\alpha - C\sin\beta\sin\alpha = C\cos(\alpha+\beta)$$

und setzen in ihr $C\cos\beta = A$ und $C\sin\beta = B$. Dann wird $C^2 = A^2 + B^2$ und $\mathrm{tg}\,\beta = \frac{B}{A}$; setzen wir dies in die erste Gleichung ein, so erhalten wir die Hilfsformel:

$$A\cos\alpha - B\sin\alpha = \sqrt{A^2+B^2}\cos\left(\alpha + \mathrm{arc\,tg}\frac{B}{A}\right).$$

Diese Hilfsformel wenden wir nun auf Gl. (46a) an, indem wir den Faktor von cos an Stelle von A, den Faktor von sin an Stelle von B setzen. Die Rechnung ergibt dann

$$\sqrt{A^2+B^2} = \sqrt{\{f_c^2(M) + f_s^2(M)\}\left\{f_c^2\!\left(\frac{x}{X}M\right) + f_s^2\!\left(\frac{x}{X}M\right)\right\}},$$

und mit diesem Ausdruck wird Gl. (46a) zu:

$$\vartheta = \vartheta_{0M}\sqrt{\frac{f_c^2\left(\frac{x}{X}M\right)+f_s^2\left(\frac{x}{X}M\right)}{f_c^2(M)+f_s^2(M)}}\times$$

$$\times\cos\left(2\pi\frac{t}{t_0}+\operatorname{arctg}\frac{f_c(M)\,f_s\left(\frac{x}{X}M\right)-f_s(M)\,f_c\left(\frac{x}{X}M\right)}{f_c(M)\,f_c\left(\frac{x}{X}M\right)+f_s(M)\,f_s\left(\frac{x}{X}M\right)}\right). \qquad (46\text{b})$$

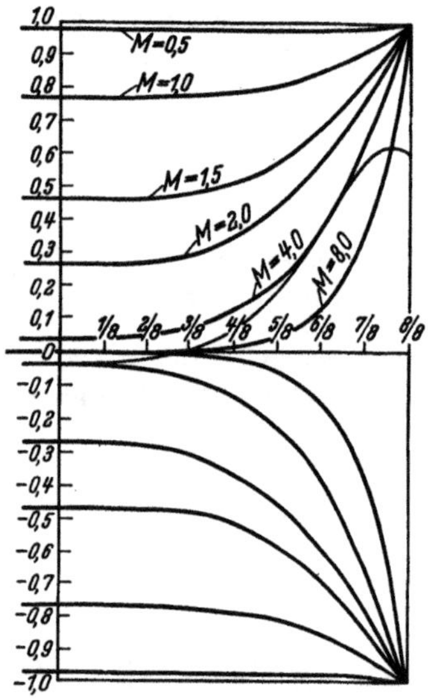

Abb. 50. Temperaturverlauf in der ebenen Platte der Dicke $2X$ bei periodisch veränderlichen Oberflächentemperaturen. Abszisse x/X; Ordinate $\vartheta_{xM}/\vartheta_{0M}$; Parameter $M = \pm\sqrt{\pi X^2/a\,t_0}$.

Die Gln. (46a) und (46b) kann man in gekürzter Form schreiben:

$$\vartheta/\vartheta_{0M} = \Phi\left(M,\ \frac{t}{t_0},\ \frac{x}{X}\right), \qquad (46\text{c})$$

wobei $M = \pm\sqrt{\frac{\pi X^2}{a\,t_0}}$, also eine Funktion von $\frac{a\,t_0}{X^2}$ ist. Das Verhältnis $\vartheta : \vartheta_{0M}$ ist also eine Funktion von nur drei Veränderlichen, nämlich

$$\frac{a\,t_0}{X^2},\quad \frac{t}{t_0},\quad \frac{x}{X}.$$

Zur Besprechung des Ergebnisses eignet sich am besten Gl. (46b). Sie läßt erkennen, daß die Temperaturkurve ein Wellenstrahl ist, der von $x = \pm X$ gegen $x = 0$ fortschreitet. Die Größe der Ausschläge nimmt mit wachsender Tiefe ab nach der Gleichung

$$\vartheta_{xM}/\vartheta_{0M} = \sqrt{\frac{f_c^2\left(\frac{x}{X}M\right)+f_s^2\left(\frac{x}{X}M\right)}{f_c^2(M)+f_s^2(M)}} = \text{funkt}\left(\frac{x}{X},\ M\right). \qquad (47)$$

Zahlentafel 9. *Werte von* $\vartheta_{xM}/\vartheta_{0M} = \sqrt{\frac{f_c^2\left(\frac{x}{X}M\right)+f_s^2\left(\frac{x}{X}M\right)}{f_c^2(M)+f_s^2(M)}} = \text{funkt}\left(\frac{x}{X},\ M\right)$.

$x/X =$	0	$^1/_8$	$^2/_8$	$^3/_8$	$^4/_8$	$^5/_8$	$^6/_8$	$^7/_8$	1
$M = 0{,}0$	1,00	1,00	1,00	1,00	1,00	1,00	1,00	1,00	1,00
0,5	0,98	0,98	0,98	0,98	0,98	0,98	0,98	0,99	1,00
1,0	0,77	0,77	0,77	0,78	0,79	0,81	0,85	0,91	1,00
1,5	0,47	0,47	0,47	0,48	0,52	0,58	0,68	0,83	1,00
2,0	0,27	0,27	0,28	0,30	0,36	0,45	0,58	0,77	1,00
4,0	0,04	0,04	0,05	0,08	0,13	0,22	0,37	0,61	1,00
8,0	0,00	0,00	0,01	0,01	0,02	0,05	0,14	0,36	1,00
∞	0,00	0,00	0,00	0,00	0,00	0,00	0,00	0,00	—

Die Werte dieser Funktion sind aus Abb. 50 und Zahlentafel 9 zu ersehen. Für ein gegebenes Problem müssen die Temperaturkurven jeder Phase des Vorganges (also die Wellenlinien) innerhalb der beiden zugehörigen M-Linien verlaufen. In Abb. 50 ist für $M = 4$ die Temperaturkurve für einen bestimmten Zeitpunkt eingezeichnet.

b) Der Wärmefluß durch die Oberfläche. Die Berechnung stützen wir wieder auf die Gleichung

$$dQ = -\lambda \left(\frac{\partial \vartheta}{\partial x}\right)_{x=X} F\,dt.$$

Den Differentialquotienten bilden wir aus Gl. (46a), indem wir berücksichtigen, daß

$$\frac{d}{dx} f\left(\frac{x}{X} M\right) = \frac{M}{X} f'\left(\frac{x}{X} M\right).$$

Es wird

$$\frac{\partial \vartheta}{\partial x} = \frac{\vartheta_{0M}}{f_c^2(M) + f_s^2(M)} \times$$
$$\times \frac{M}{X}\left[\left\{f_c(M)\, f_c'\left(\frac{x}{X} M\right) + f_s(M)\, f_s'\left(\frac{x}{X} M\right)\right\} \cos\left(2\pi \frac{t}{t_0}\right) - \right.$$
$$\left. - \left\{f_c(M)\, f_s'\left(\frac{x}{X} M\right) - f_s(M)\, f_c'\left(\frac{x}{X} M\right)\right\} \sin\left(2\pi \frac{t}{t_0}\right)\right].$$

Dies läßt sich wieder mit der letzten Hilfsformel umformen. Gleichzeitig soll X für x gesetzt werden.

$$\left(\frac{\partial \vartheta}{\partial x}\right)_{x=\pm X} = \frac{\vartheta_{0M}}{f_c^2(M) + f_s^2(M)} \frac{M}{X} \sqrt{\{f_c^2(M) + f_s^2(M)\}\{f_c'^2(M) + f_s'^2(M)\}} \times$$
$$\times \cos\left(2\pi \frac{t}{t_0} + \operatorname{arctg} \frac{f_c(M)\, f_s'(M) - f_s(M)\, f_c'(M)}{f_c(M)\, f_c'(M) + f_s(M)\, f_s'(M)}\right).$$

Dies in die Gleichung für dQ eingesetzt, gibt:

$$dQ = -\lambda\, \vartheta_{0M} \sqrt{\frac{f_c'^2(M) + f_s'^2(M)}{f_c^2(M) + f_s^2(M)}}\, \frac{M}{X} \cos\left(2\pi \frac{t}{t_0} + \operatorname{arctg} \frac{\div}{\div}\right) F\,dt.$$

Die Stärke des Wärmeflusses durch die Oberfläche ist also ebenfalls eine periodische Funktion mit der Periode t_0. Gegenüber der Funktion der Oberflächentemperatur tritt eine Phasenverschiebung ein, die durch das Glied mit arctg zum Ausdruck kommt.

Die Wärmemenge, welche in der Zeit einer halben Periode durch die beiden Oberflächen ($= 2F$) hindurchtritt, ergibt sich durch Integration.

$$Q_{t=\frac{t_0}{2}} = \mp \lambda\, \vartheta_{0M} \sqrt{\frac{f_c'^2(M) + f_s'^2(M)}{f_c^2(M) + f_s^2(M)}}\, \frac{M}{X} \frac{t_0}{\pi}\, 2F. \tag{48a}$$

Gespeicherte Wärme bezogen auf die Oberfläche. Wir beachten, daß

$$\lambda \frac{M}{X} \frac{t_0}{\pi} = \lambda \frac{X}{X} \sqrt{\frac{c\,\varrho\,\pi}{\lambda\, t_0}}\, \frac{t_0}{\pi} = \sqrt{\lambda\, c\,\varrho}\, \sqrt{\frac{t_0}{\pi}}$$

ist und erhalten dann für die Gl. (48a) die Form

$$Q_{t=\frac{t_0}{2}} = \mp \sqrt{\lambda c \varrho}\,\sqrt{t_0}\,\vartheta_{0M}\, 2F \frac{1}{\sqrt{\pi}} \sqrt{\frac{f_c'^2(M) + f_s'^2(M)}{f_c^2(M) + f_s^2(M)}}$$

$$= \mp b \sqrt{t_0}\,\vartheta_{0M}\, 2F\, f(M)\,. \tag{48b}$$

Der Verlauf dieser Funktion ist in Abb. 51 dargestellt. Das Maximum bei der Abszisse 1,2 läßt erkennen, daß es bei vorgegebenen Stoffwerten und vorgegebener Dauer der Periode eine Wandstärke gibt, bei welcher die Speicherung je Einheit der Oberfläche einen Höchstwert erreicht. Z. B. ist für Schamotte ($a = 0{,}0016$ m²/h) und für eine Periode von $t_0 = 2$ h die Wandstärke mit größtem Speichervermögen:

$$2X = 2\frac{1{,}2}{\sqrt{\pi}}\sqrt{a\,t_0} = 1{,}35\sqrt{0{,}0032} = 0{,}076\,\text{m}\,.$$

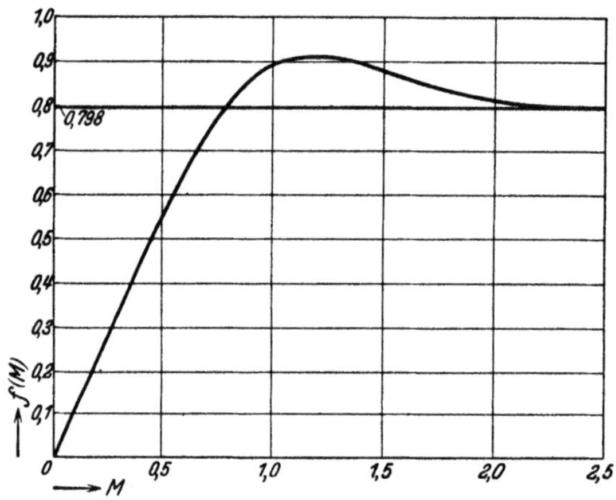

Abb. 51. Wärmespeicherung bei periodisch beheizter Wand nach Gl. (48b). Abszisse $M = \sqrt{\pi X^2/a t_0}$; Ordinate: $f(M) = \frac{1}{\sqrt{\pi}}\sqrt{2\frac{\mathfrak{Cof}^2 M - \cos^2 M}{\mathfrak{Cof}^2 M - \sin^2 M}}$.

Die Abb. 51 läßt ferner erkennen, daß für unendlich werdende Schichtdicke, also auch $M \to \infty$, der Funktionswert in den Zahlenwert 0,80 der Gl. (43c) S. 85 übergeht.

Gespeicherte Wärme bezogen auf das Volumen. Die Gl. (48a) können wir noch in anderer Weise umformen, indem wir beachten, daß

$$\frac{\lambda}{X}\frac{t_0}{\pi} = \frac{\lambda}{X}\frac{t_0}{\pi}\frac{a\,X}{a\,X} = \frac{\lambda}{a}\frac{a\,t_0}{\pi X^2}X = c\,\varrho\frac{1}{M^2}X$$

ist.

Damit entsteht:

$$Q_{t=\frac{t_0}{2}} = \mp c\,\varrho\, 4XF\vartheta_{0M}\frac{1}{2M}\sqrt{\frac{f_c'^2(M) + f_s'^2(M)}{f_c^2(M) + f_s^2(M)}}\,. \tag{49a}$$

Dieses Ergebnis läßt sich in einfacher Weise deuten: Der Ausdruck $c\varrho\, 2XF\, 2\vartheta_{0M}$ stellt die Wärmemenge dar, welche die Platte aufnehmen würde, wenn sie sich in ihrer ganzen Dicke von $-\vartheta_{0M}$ auf $+\vartheta_{0M}$ erwärmen würde. Wir nennen diese Wärmemenge Q_S.

Der Ausdruck $\frac{1}{2M}\sqrt{\frac{\div}{\div}}$ ist eine Funktion mit der einzigen Veränderlichen $M = \sqrt{\frac{\pi X^2}{a\,t_0}}$ und gibt an, welcher Bruchteil dieser Energie wirklich aufgespeichert wird.

Wir könnten also schreiben:

$$Q_{t=\frac{t_0}{2}} = Q_S \text{ funkt } (M) .$$

Um aber in Übereinstimmung zu kommen mit unseren früheren Formeln, betrachten wir $(a\,t_0)/X^2$ als Veränderliche und erhalten:

$$Q_{t=\frac{t_0}{2}} = Q_S \, \Psi\left(\frac{a\,t_0}{X^2}\right). \tag{49b}$$

Die Werte dieser Funktion Ψ sind in Zahlentafel 10 und in Abb. 52 zusammengestellt.

Zahlentafel 10. *Platte mit periodischen Oberflächentemperaturen.*

$\frac{a\,t_0}{X^2}$	Ψ	$\frac{a\,t_0}{X^2}$	Ψ	$\frac{a\,t_0}{X^2}$	Ψ	$\frac{a\,t_0}{X^2}$	Ψ	$\frac{a\,t_0}{X^2}$	Ψ
0,00	0,00	0,4	0,25	1,1	0,44	1,8	0,60	5,0	0,90
0,05	0,09	0,5	0,28	1,2	0,47	1,9	0,62	6,0	0,92
0,10	0,12	0,6	0,31	1,3	0,49	2,0	0,64	7,0	0,94
0,15	0,15	0,7	0,34	1,4	0,52	2,5	0,72	8,0	0,95
0,20	0,18	0,8	0,37	1,5	0,54	3,0	0,78	9,0	0,96
0,25	0,20	0,9	0,39	1,6	0,56	3,5	0,82	10,0	0,97
0,30	0,22	1,0	0,42	1,7	0,59	4,0	0,86	∞	1,00

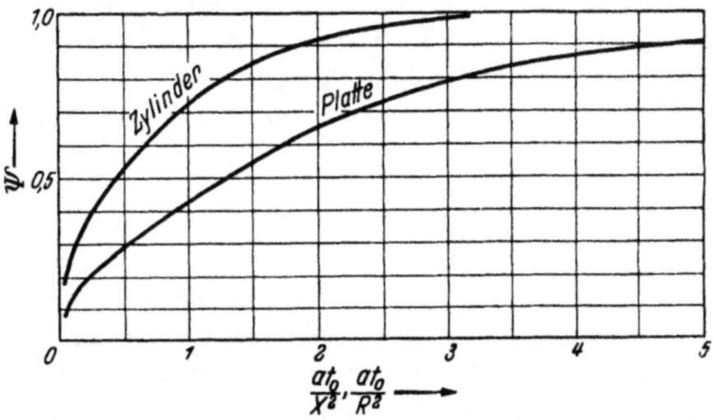

Abb. 52. Platte und Zylinder mit periodisch veränderlicher Oberflächentemperatur. Ordinate: Ausnutzungsgrad Ψ.

Die vorstehenden Funktionen wurden berechnet unter Anwendung folgender Formeln:

$$f_c'(u) = \frac{d}{d\,u}\,(\cos u\,\mathfrak{Cof}\,u) = \cos u\,\mathfrak{Sin}\,u - \sin u\,\mathfrak{Cof}\,u ,$$

$$f_s'(u) = \frac{d}{d\,u}\,(\sin u\,\mathfrak{Sin}\,u) = \sin u\,\mathfrak{Cof}\,u + \cos u\,\mathfrak{Sin}\,u ,$$

also

$$f_c'^2(u) + f_s'^2(u) = 2\,(\cos^2 u\,\mathfrak{Sin}^2 u + \sin^2 u\,\mathfrak{Cof}^2 u) .$$

Damit wird dann:

$$\frac{f_c'^2(u) + f_s'^2(u)}{f_c^2(u) + f_s^2(u)} = 2\,\frac{\cos^2 u\,\mathfrak{Sin}^2 u + \sin^2 u\,\mathfrak{Cof}^2 u}{\cos^2 u\,\mathfrak{Cof}^2 u + \sin^2 u\,\mathfrak{Sin}^2 u} = 2\,\frac{\mathfrak{Cof}^2 u - \cos^2 u}{\mathfrak{Cof}^2 u - \sin^2 u} .$$

Ferner ist oft für Zahlenrechnung die nachstehende Formel von Vorteil:

$$\cos^2 u\, \mathfrak{Cof}^2 u + \sin^2 u\, \mathfrak{Sin}^2 u = \tfrac{1}{2}(\cos(2u) + \mathfrak{Cof}(2u)).$$

Sie ist abzuleiten mit Hilfe der Formeln[1]

$$2\,\mathfrak{Cof}^2 u = \mathfrak{Cof}(2u) + 1 \quad \text{und} \quad 2\,\mathfrak{Sin}^2 u = \mathfrak{Cof}(2u) - 1.$$

Gl. (49b) besagt nun, daß die Wärmemenge, die eine Platte während einer halben Periode aufzuspeichern vermag, erstens dem Wert Q_S proportional ist. Sie ist also bei gleicher Oberfläche der Platte einerseits der Dicke $2X$ und andererseits der spezifischen Wärme pro Raumeinheit, also dem Produkt $c\,\varrho$ proportional. Von diesem Wert Q_S kommt aber zweitens nur ein Bruchteil in Rechnung — ein Bruchteil, der um so größer ist, je größer der Wert $(a\,t_0)/X^2$ ist. Diesen Bruchteil Ψ kann man daher auch *Ausnutzungsgrad* nennen.

Die vorliegende Aufgabe wurde von Gröber auch für den unendlich langen Zylinder gelöst[2]. Das Ergebnis ist ebenfalls in Abb. 52 eingetragen (Zylinderradius R).

3. Zusammengesetzte Randwertaufgaben.

Bei den bisher besprochenen Aufgaben waren die zeitlichen und räumlichen Randwertangaben so einfacher Art, daß es möglich war, ein und dieselbe Lösung der Differentialgleichung allen Randwertvorschriften zugleich anzupassen.

Ist bei einer Aufgabe diese Anpassung nicht mehr möglich, so zerlegt man die Gesamtheit aller Randwertvorschriften in Gruppen von Teilvorschriften und sucht für jede dieser Teilvorschriften eine geeignete Lösung der Differentialgleichung.

Es seien solche Teillösungen gegeben durch die Funktionen:

$$u = f_1(x, y, z, t),$$
$$v = f_2(x, y, z, t).$$
$$\ldots\ldots\ldots$$

Die Summe $\vartheta = u + v + w + \cdots$ ist ohne weiteres auch eine Lösung der Differentialgleichung der Wärmeleitung, da diese eine lineare Differentialgleichung ist. Die Randwertvorschriften sind ebenfalls erfüllt, wenn die Zerlegung in Teilvorschriften richtig durchgeführt war. Somit hängt die Lösbarkeit einer Aufgabe wesentlich von einer geschickten Aufteilung der Randwertvorschriften ab.

Erstes Beispiel.

Es sollen für die Platte, die wir schon auf S. 15 unserer einführenden Aufgabe zugrunde gelegt hatten, folgende Vorschriften bestehen:

Zur Zeit $t = 0$ sei wieder die Anfangsverteilung $\vartheta = F(x)$ gegeben. Den beiden Oberflächen sollen zeitlich veränderliche Temperaturen aufgezwungen werden, die sowohl periodisch als nicht periodisch sein können. Für $x = +X$ soll gelten $\vartheta = \varphi(t)$ und für $x = -X$ soll gelten $\vartheta = \psi(t)$.

---

[1] Hütte, Des Ingenieurs Taschenbuch, 27. Aufl., Bd. 1 S. 96. Berlin 1941.

[2] Gröber, H.: Temperaturverlauf und Wärmeströmungen in periodisch erwärmten Körpern. VDI-Forsch.-Heft Nr. 300 S. 3/13. Berlin 1928.

Man spaltet dann die Randbedingungen folgendermaßen auf:

	für $t = 0$	für $x = +X$	für $x = -X$
muß sein	$u = F(x)$ $v = 0$ $w = 0$	$u = 0$ $v = \varphi(t)$ $w = 0$	$u = 0$ $v = 0$ $w = \psi(t)$
Summe:	$\vartheta = F(x)$	$\vartheta = \varphi(t)$	$\vartheta = \psi(t)$

Die Lösung $\vartheta = u + v + w$ erfüllt somit sämtliche Randwertvorschriften gleichzeitig.

Zweites Beispiel.

Dieses Beispiel betrifft Temperaturschwingungen und stellt eine Ergänzung zur Aufgabe 6, S. 80, dar, indem jetzt angenommen wird, daß zur Zeit $t = 0$ die Temperatur im ganzen Innern des Körpers den Wert Null hatte und daß erst jetzt die Schwingungen der Oberflächentemperaturen einsetzen.

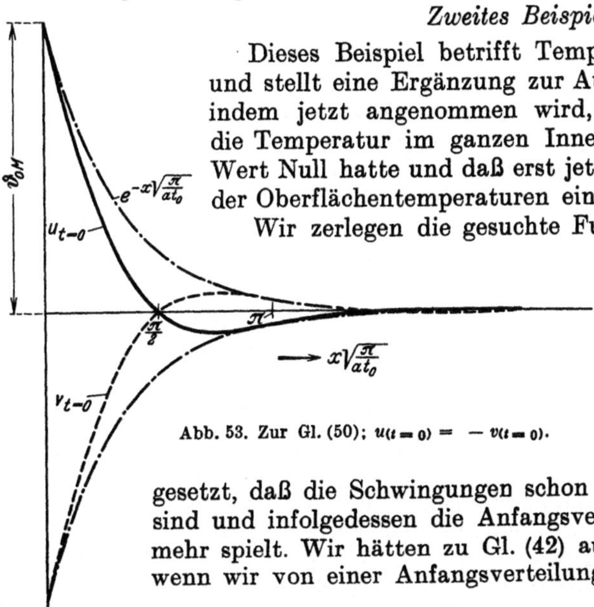

Abb. 53. Zur Gl. (50); $u_{(t=0)} = -v_{(t=0)}$.

Wir zerlegen die gesuchte Funktion ϑ in die beiden Teillösungen u und v. Für u nehmen wir eine schwingende Temperaturverteilung gemäß Aufgabe 6, Gl. (42) an. Dort hatten wir vorausgesetzt, daß die Schwingungen schon sehr lange im Gange sind und infolgedessen die Anfangsverteilung keine Rolle mehr spielt. Wir hätten zu Gl. (42) auch gelangen können, wenn wir von einer Anfangsverteilung

$$u_{t=0} = \vartheta_{0M}\, e^{-x\sqrt{\frac{\pi}{at_0}}} \cos\left(x\sqrt{\frac{\pi}{a\,t_0}}\right) \tag{50}$$

ausgegangen wären. Diese Gleichung entspricht der Gl. (42), wenn wir darin $t = 0$ setzen. Vgl. auch Abb. 53.

Über die schwingende Temperaturfunktion u lagern wir eine abklingende Temperaturfunktion v, von der wir verlangen, daß sie zur Zeit $t = 0$ die Funktion $u_{t=0}$ für alle Werte x zu Null ergänzt. Es muß also die Kurve $v_{t=0}$ in bezug auf die Temperatur-Nullinie spiegelbildlich zur Kurve $u_{t=0}$ sein (vgl. Abb. 53). In den ersten Zeitintervallen, d. h. solange die Anfangsverteilung von v noch im wesentlichen erhalten ist, hebt sie die gleichmäßig weiterschwingende Temperaturverteilung u fast ganz auf. Je mehr aber im Laufe der Zeit v abklingt, um so weniger kann es u beeinflussen und um so mehr kommt u als schwingende Temperaturverteilung gemäß Aufgabe 6 rein zur Auswirkung. Wir bekommen dann folgende Zusammenstellung der Randwertvorschriften:

	für $t = 0$	für $x = 0$	für $x = \infty$
muß sein	$u = \vartheta_{0M}\, e^{-x\sqrt{\frac{\pi}{a t_0}}} \cos\left(x\sqrt{\frac{\pi}{a t_0}}\right)$	$u = \vartheta_{0M} \cos\left(2\pi \frac{t}{t_0}\right)$	$u = 0$
	$v = -u$	$v = 0$	$v = 0$
Summe:	$\vartheta = 0$	$\vartheta = \vartheta_{0M} \cos\left(2\pi \frac{t}{t_0}\right)$	$\vartheta = 0$

a) Die Funktion $u = f_1(x, t)$. Die Gleichung des Temperaturfeldes ist durch die Gl. (42) der Aufgabe 6 bereits gegeben:

$$u = \vartheta_{0M}\, e^{-x\sqrt{\frac{\pi}{a t_0}}} \cos\left(x\sqrt{\frac{\pi}{a t_0}} - 2\pi \frac{t}{t_0}\right).$$

b) Die Funktion $v = f_2(x, t)$. Zur Ermittlung dieser Funktion greifen wir auf Aufgabe 5 zurück. Der Unterschied besteht nur darin, daß die Anfangsverteilung $\vartheta = F(x)$ nicht durch den konstanten Wert ϑ_c gegeben ist, sondern durch die Gleichung

$$F(x) = -\vartheta_{0M}\, e^{-x\sqrt{\frac{\pi}{a t_0}}} \cos\left(x\sqrt{\frac{\pi}{a t_0}}\right).$$

Die weitere Entwicklung dieser Gleichung ist rein mathematischer Art und kann gemäß Aufgabe 5 durchgeführt werden.

4. Die Anwendung der Differenzenrechnung.

Eine graphische Lösung der Fouriergleichung für die ebene Platte mit Hilfe der Differenzenrechnung[1] wurde von Binder[2] angegeben. Unabhängig davon fand E. Schmidt[3] diese Lösung ein zweites Mal und erweiterte sie zu einem universellen Verfahren der Behandlung der nichtstationären Wärmeleitung und verwandter Vorgänge. Zahlreiche Anwendungen des Verfahrens wurden in der Literatur mitgeteilt[4].

[1] Allgemeines zur Differenzenrechnung siehe bei L. Collatz: Numerische Behandlung von Differentialgleichungen. Berlin/Göttingen/Heidelberg: Springer 1951. Über Fehlerfortpflanzung und Stabilität vgl. P. H. Price u. M. R. Slack: Stability and accuracy of numerical solutions of the heat flow equation. Brit. J. appl. Physics 3 (1952) 379/384.

[2] Binder, L.: Über äußere Wärmeleitung und Erwärmung elektrischer Maschinen. Diss. T. H. München 1910, Halle (Saale) 1911; auch erschienen unter dem Titel: Über Wärmeübergang auf ruhige oder bewegte Luft sowie Lüftung und Kühlung elektrischer Maschinen. Halle (Saale) 1911.

[3] Schmidt, E.: Über die Anwendung der Differenzenrechnung auf technische Anheiz- und Abkühlungsprobleme. Beiträge zur technischen Mechanik und technischen Physik (August-Föppl-Festschrift) S. 179/189. Berlin: Springer 1924. — E. Schmidt: Z. VDI 75 (1931) 969. — E. Schmidt: Das Differenzenverfahren zur Lösung von Differentialgleichungen der nichtstationären Wärmeleitung, Diffusion und Impulsausbreitung. Forsch. Ing.-Wes. 13 (1942) 177/185.

[4] Z. B.: A. Nessi u. L. Nisolle: Méthodes graphiques pour l'étude des installations de chauffage et de réfrigération en régime discontinu. Paris: Verlag Dunod 1929. — H. Pfriem: Ergänzungen zum Differenzenverfahren für nichtstationäre Temperaturfelder. Z. VDI 86 (1942) 703/709.

Im folgenden soll das Grundsätzliche in der Aufgabe 8 dargelegt werden.

Aufgabe 8. Der einseitig unendlich ausgedehnte Körper.

Ein einseitig unendlich ausgedehnter Körper soll zur Zeit $t = 0$ eine Temperaturverteilung besitzen, die nur von der x-Koordinate abhängt und die durch die Gleichung $\vartheta = F(x)$ festgelegt ist. Die Oberfläche des Körpers stehe einem Raum von der Temperatur Null gegenüber; bekannt seien ferner die Stoffwerte des Körpers und die Wärmeübergangszahl. Für den Ablauf des Vorganges gelten die Differentialgleichung

$$\frac{\partial \vartheta}{\partial t} = a \frac{\partial^2 \vartheta}{\partial x^2}$$

sowie die Randwertangabe dritter Art.

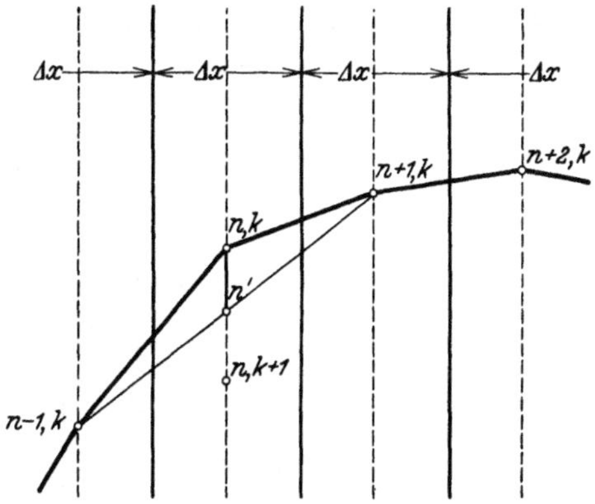

Abb. 54. Anwendung der Differenzenrechnung (allgemein).

Wir müssen die Differentialgleichung durch eine Differenzengleichung ersetzen und teilen zu diesem Zwecke den Körper in eine Anzahl Schichten Δx (s. Abb. 54), die wir durch die Bezeichnungen $(n-1)$, n, $(n+1)$ ... unterscheiden, und ersetzen dann die stetige Kurve der Funktion $F(x)$ durch einen gebrochenen Linienzug. Auch den Ablauf der Zeit denken wir uns nicht stetig, sondern in kleinen Intervallen Δt, die wir durch Benennungen k, $(k+1)$, $(k+2)$ usw. kennzeichnen. Die Schreibweise $\vartheta_{n,k}$ bezeichnet dann die Temperatur in der n-ten Schicht während des k-ten Zeitintervalls. Wie Abb. 54 zeigt, treffen an der Stelle n zwei Neigungen der Temperaturkurve zusammen, entsprechend den beiden Differenzenquotienten

$$\left(\frac{\Delta \vartheta}{\Delta x}\right)_+ = \frac{\vartheta_{n+1,k} - \vartheta_{n,k}}{\Delta x} \quad \text{und} \quad \left(\frac{\Delta \vartheta}{\Delta x}\right)_- = \frac{\vartheta_{n,k} - \vartheta_{n-1,k}}{\Delta x}.$$

Für den zweiten Differenzenquotienten erhalten wir

$$\frac{1}{\Delta x}\left(\left(\frac{\Delta \vartheta}{\Delta x}\right)_+ - \left(\frac{\Delta \vartheta}{\Delta x}\right)_-\right) = \frac{\vartheta_{n+1,k} + \vartheta_{n-1,k} - 2\,\vartheta_{n,k}}{(\Delta x)^2}.$$

Der Differenzenquotient nach der Zeit an der Stelle n lautet

$$\frac{\Delta \vartheta}{\Delta t} = \frac{\vartheta_{n,k+1} - \vartheta_{n,k}}{\Delta t}.$$

Die Grundgleichung der Wärmeleitung

$$\frac{\partial \vartheta}{\partial t} = a \frac{\partial^2 \vartheta}{\partial x^2}$$

nimmt als Differenzengleichung die Form an

$$\frac{\vartheta_{n,k+1}-\vartheta_{n,k}}{\Delta t}=a\,\frac{\vartheta_{n+1,k}+\vartheta_{n-1,k}-2\,\vartheta_{n,k}}{(\Delta x)^2}$$

oder

$$\vartheta_{n,\,k+1}-\vartheta_{n,\,k}=a\,\frac{\Delta t}{(\Delta x)^2}\,2\left(\frac{\vartheta_{n+1,k}+\vartheta_{n-1,k}}{2}-\vartheta_{n,k}\right).$$

Der Klammerausdruck auf der rechten Seite ist in der Abb. 54 durch die Strecke n' bis (n, k) gegeben, wobei n' auf der Verbindungslinie von $(n+1, k)$ nach $(n-1, k)$ liegt. Die Differenz auf der linken Seite der Gleichung ist die Temperaturänderung an der Stelle (n, k) während des Zeitraumes Δt; sie ist also gemäß der letzten Gleichung der Strecke $n, k)$ bis n' proportional.

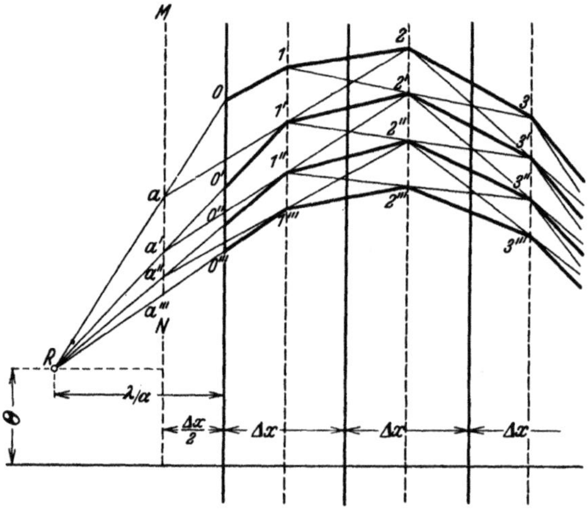

Abb. 55. Anwendung der Differenzenrechnung mit Berücksichtigung der Vorgänge an der Oberfläche.

Der Proportionalitätsfaktor ist $2\,a\,\frac{\Delta t}{(\Delta x)^2}$. Wenn es gelingt, diesen Faktor zu Eins zu machen, so rückt der Punkt $[n, (k+1)]$ unmittelbar in den Punkt n', und das später zu beschreibende zeichnerische Verfahren vereinfacht sich wesentlich. Das Mittel, dies zu erreichen, haben wir in der freien Wahl der Schritte Δx und Δt. Man wird also möglichst $\Delta t=(\Delta x)^2/2a$ wählen.

Ist z. B. eine Betonwand ($a = 0{,}002$ m²/h) von 40 cm Stärke zu untersuchen, so wählt man im Hinblick auf die Zeichengenauigkeit etwa 8 Schichten und erhält $x = 0{,}05$ m. Die Zeitintervalle werden dann

$$\Delta t=\frac{(\Delta x)^2}{2\,a}=\frac{1}{2}\left(\frac{5}{100}\right)^2\cdot\frac{100^2}{20}=\frac{5}{8}\,\mathrm{h}=37{,}5\,\mathrm{min}.$$

Die Durchführung einer bestimmten Aufgabe beginnt man damit, daß man einen für die Zeichnung günstigen Wert Δx ermittelt, dann die Anfangstemperaturverteilung als gebrochene Linie *0, 1, 2, 3, ...* (vgl. Abb. 55) aufzeichnet und aus der gewählten Größe Δx und der

Temperaturleitfähigkeit a die Größe der zeitlichen Schritte Δt berechnet.

Dann verbindet man in der Zeichnung Punkt *1* mit Punkt *3* und erhält Punkt *2'*, verbindet Punkt *2* mit Punkt *4* und erhält Punkt *3'* usw.[1].

Eine neue Überlegung ist notwendig, um die Punkte *0'* und *1'* zu erhalten, denn hierbei muß die Oberflächenbedingung beachtet werden. Gemäß den Ausführungen auf S. 14 muß das Ende der Temperaturkurve, in unserem Falle also die Richtung *1' 0'*, nach einem gegebenen Richtpunkte R weisen, deren Ordinate durch die Umgebungstemperatur Θ und dessen Abszisse durch die Subtangente $s = \lambda/\alpha$ festgelegt ist.

Man bestimmt nun zuerst den Richtpunkt R und zieht dann zur Oberfläche eine Parallele MN im Abstand $\Delta x/2$. Verbindet man den Punkt *0* mit dem Richtpunkt, so legt diese Verbindungsgerade auf der Parallelen MN den Punkt a fest. Die Verbindungslinie von Punkt a und Punkt *2* liefert den Punkt *1'* der neuen Temperaturkurve. Das letzte Stück *1' 0'* der Temperaturkurve muß wieder nach dem Richtpunkt weisen.

Die so gewonnene Temperaturkurve *0' 1' 2'* usw. wählt man als Ausgangsstellung für eine Wiederholung des ganzen Verfahrens und gelangt so zu einer dritten Temperaturkurve *0'' 1'' 2''* usw. Auf diese Weise kann man nur durch Ziehen von geraden Linien den ganzen Vorgang des Temperaturausgleiches darstellen. Da solche Ausgleichvorgänge allmählich immer langsamer verlaufen, rücken die einzelnen Kurven später so nahe zusammen, daß die Zeichnung unklar wird. Man hilft sich dann so, daß man von einer bestimmten Kurve an die Schichtdicke Δx verdoppelt. Aus der Bedingung für den Proportionalitätsfaktor folgt, daß dann die Zeitintervalle Δt viermal größer werden.

Die vorstehende Darstellung setzt voraus, daß während des ganzen Ausgleichvorganges nicht nur die Umgebungstemperatur konstant ist, sondern auch die Wärmeübergangszahlen auf beiden Seiten und die gesamten Stoffwerte λ, c, ϱ, somit auch a. Wir können jedoch bei Anwendung des Differenzenverfahrens diese einschränkende Bedingung nachträglich fallenlassen, denn die Tatsache, daß jede Zwischentemperaturkurve zum Ausgang für einen neuen, von den vorherigen unabhängigen Schritt dient, gibt die Möglichkeit, mit einer anderen Lage des Richtpunktes weiter zu rechnen. Ändert sich die Umgebungstemperatur oder der Wert von λ und α, so wandert der Richtpunkt R, der bisher als festliegend angenommen war, auf einer Kurve. Sind die Stoffwerte λ, c und ϱ ortsabhängig, so läßt sich diese Tatsache durch Verzerrung des Längenmaßstabes berücksichtigen. Auch bei temperaturabhängigen Stoffwerten ist das Verfahren brauchbar, nur bedeuten dann die durch das Eckenabschneiden gewonnenen Punkte nicht mehr unmittelbar die neuen Temperaturen. Der Vorteil des Verfahrens liegt gerade in der Bewältigung dieser Aufgaben, für die wegen des nichtlinearen Charakters der Differentialgleichung überhaupt keine analy-

[1] E. Schmidt bezeichnete daher das Verfahren mit „Eckenabschneiden".

tische Lösung existiert. Bei Anwesenheit von Wärmequellen oder Senken ist die graphisch ermittelte Temperaturänderung um ein der Ergiebigkeit proportionales Stück zu ändern. E. SCHMIDT hat weiterhin das Differenzenverfahren auf die Wärmeleitung in Zylindern, Kugeln, Stäben mit veränderlichem Querschnitt, auf den Wärmeübergang an strömende Medien sowie auf die analogen Vorgänge der Diffusion und der Impulsübertragung ausgedehnt.

In einer bemerkenswerten Monographie stellt VÉRON[1] eine Reihe graphischer und numerischer Lösungsverfahren der stationären und nichtstationären Wärmeleitung sowie einige elektrische Analogieverfahren zusammen. Wegen der Anwendung der Relaxationsmethode für nichtstationäre Wärmeleitung sei auf S. 120 verwiesen.

5. Elektrische Analogieverfahren.

Wir betrachten das aus Stäben bestehende Gitter (Abb. 63, an späterer Stelle), wie es für die weiter unten behandelte Relaxationsmethode verwendet wird, und denken uns jeden Stab durch einen elektrischen Widerstand ersetzt und jeden Kreuzungspunkt mit je einem elektrischen Kondensator verbunden, dessen anderer Belag am zweiten Pol der Stromquelle liegt. Damit haben wir die elektrische Nachbildung eines wärmedurchströmten Körpers durch das „Beuken"-Modell[2,3] vor uns, wobei die Aufteilung des homogenen Mediums in diskontinuierlich angeordnete Widerstände und Kapazitäten durchaus der graphischen Differenzenmethode ebenso wie dem Relaxationsverfahren entspricht.

Die elektrische Nachbildung beruht auf der Analogie zwischen der Fouriergleichung

$$\frac{\partial \vartheta}{\partial t} = a \frac{\partial^2 \vartheta}{\partial x^2}$$

und der Gleichung für den Verlauf der Spannung u im idealisierten Kabel

$$\frac{\partial u}{\partial t} = \frac{1}{R\,C} \frac{\partial^2 u}{\partial x^2},$$

wobei R den elektrischen Widerstand und C die Kapazität bedeuten.

Nach dem Vorgang von BEUKEN wurden derartige Modelle in großem Maßstab gebaut und zur Lösung der verschiedensten Probleme der nichtstationären Wärmeleitung benutzt[4]. Neuerdings hat BROKMEIER[5] auf Anregung von HARALD MÜLLER ein verkleinertes Beuken-Modell

---

[1] VÉRON, M.: Champs thermiques et flux calorifiques. Bulletin technique Soc. Franç. Constructions Babcock & Wilcox Nr. 23, Paris 1950, und Nr. 24, Paris 1951.

[2] BEUKEN, L.: Wärmeverluste bei periodisch betriebenen elektrischen Öfen. Eine neue Methode zur Vorausbestimmung nichtstationärer Wärmeströmungen. Dissertation Bergakad. Freiberg, 1936. Berlin: Triltsch & Huther 1936.

[3] BEUKEN, L.: Entwicklung des elektrischen Analogieverfahrens zur Analyse nichtstationärer Wärmeströmungen in Europa und in den Vereinigten Staaten. IV. Congrès Int. Chauffage Industriel, Paris 1952, Groupe I, Section 13, Bericht Nr. 19.

[4] PASCHKIS, V.: Electrical analogy method for the investigation of transient heat flow problems. Ind. Heating 9 (1942) 1162/1170.

[5] BROKMEIER, K. H.: Über ein Beuken-Modell kleinster Abmessungen. Eine neue Modellmethode für die Wärmeleitungsforschung. ETZ 72 (1951) 525/528.

geschaffen, das handelsübliche Einzelteile verwendet und bei dem die Versuchsdauer gegenüber der Wirklichkeit sehr stark herabgesetzt ist. Abb. 56 zeigt als Beispiel die elektrische Nachbildung der jährlichen Temperaturschwankungen im Erdboden, deren analytische Berechnung schon auf S. 84 behandelt wurde. Die Verringerung der Amplitude und die Phasenverschiebung mit wachsender Tiefe sind deutlich erkennbar. Die Versuchsdauer beträgt $^1/_{50}$ sek.

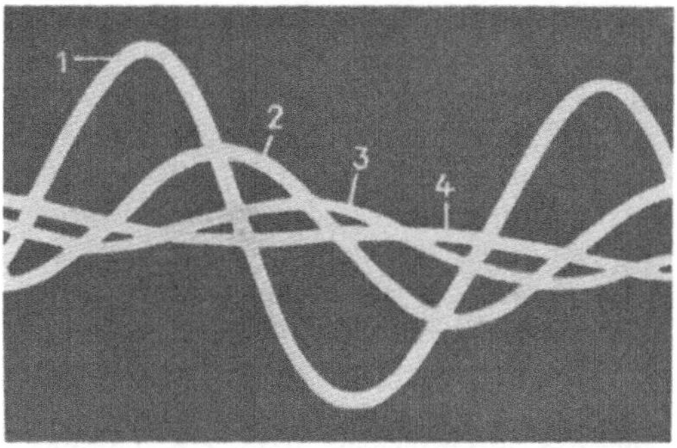

Abb. 56. Oszillogramm eines elektrischen Modellversuches über die jährlichen Temperaturschwankungen im Erdboden. 1. an der Oberfläche; 2. in 2,9 m Tiefe; 3. in 6,1 m Tiefe; 4. in 9,3 m Tiefe. Versuchsdauer $^1/_{50}$ sek. (Nach BROKMEIER.)

Die elektrische Analogiemethode ist selbstverständlich auch für den stationären Fall brauchbar und wurde dafür besonders von BRUCKMAYER[1,2] angewendet und zu einem handlichen Verfahren ausgebaut.

D. Die zeitlich konstanten Temperaturfelder ohne Wärmequellen.

Die Differentialgleichung $\nabla^2 \vartheta = 0$.

Allgemeines. Die Überschrift über diesem Abschnitt will keineswegs besagen, daß bei den nachstehenden Problemen gar keine Wärmequellen wirksam sein sollen. Im Gegenteil: wenn wir von dem durchaus belanglosen Falle der vollständigen örtlichen Temperaturgleichheit absehen wollen, so verlangt schon das Vorhandensein von Temperaturunterschieden auch das Vorhandensein von Wärmequellen. Sie müssen aber — so will die Überschrift sagen — außerhalb des Feldes liegen und dürfen sich nur durch ihre Einwirkung auf die Oberfläche bemerkbar machen. Wir werden davon bei ber Erörterung der Randwertangaben zu sprechen haben.

Die Differentialgleichung. Wenn wir die Grundgleichung der Wärmeleitung, also Gl. (4a), auf zeitlich konstante Temperaturfelder ohne Wärmequellen anwenden, so müssen wir darin $\partial\vartheta/\partial t$ und W gleich Null setzen. Damit fällt auch a aus der Gleichung fort, und es verbleibt als Bedingung für ϑ die einfache Gleichung

$$\nabla^2 \vartheta = 0.$$

---

[1] BRUCKMAYER, FR.: Elektrische Modellversuche zur Lösung wärmetechnischer Aufgaben. Arch. Wärmew. 20 (1939) 23/25.

[2] BRUCKMAYER, FR.: Über elektrische Modellversuche. Allg. Wärmetechn. 4 (1953) 79/85.

Diese Gleichung spielt in der Physik eine überaus wichtige Rolle, da sie die Grundgleichung der Potentialtheorie ist. Sie ist unter dem Namen „Laplacesche Differentialgleichung" bekannt. Ihr entspricht vor allem die räumliche Verteilung des Gravitationspotentials in einem Felde, wenn die das Potential erzeugenden Massen außerhalb des Feldes liegen, ferner die Potentialverteilung im elektrostatischen Feld, wenn keine Ladungen im Feld selbst sind und endlich die Verteilung des Geschwindigkeitspotentials jeder stationären, wirbel- und quellenfreien Strömung in einer reibungslosen inkompressiblen Flüssigkeit.

Der Leser sei deshalb auf die Lehrbücher über Potentialtheorie verwiesen, wenn er sich eingehender, als es hier geschehen kann, mit dem vorliegenden Problem befassen will[1].

Die Grenzbedingungen. Vor allem fällt die zeitliche Grenzbedingung fort, denn die konstanten Temperaturfelder sind als jener Endzustand aufzufassen, dem ein Temperaturfeld mit wachsender Zeit zustrebt, wenn die Oberflächenbedingungen konstant sind. Dieser End- oder Beharrungszustand ist von der ursprünglichen Temperaturverteilung unabhängig und allein durch die Oberflächenbedingungen bestimmt.

Bei den Oberflächenbedingungen oder räumlichen Grenzbedingungen unterscheiden wir auch hier wieder dieselben drei Arten, die wir auf S. 13 usw. abgeleitet haben, jedoch bestehen jetzt einige Vorschriften darüber, welche Angaben notwendig, aber auch hinreichend sind, um ein Problem eindeutig zu kennzeichnen. Bei den einzelnen Aufgaben, die wir besprechen werden, wird es sich meist von selbst ergeben, inwieweit die Angaben willkürlich gewählt werden dürfen. Eine allgemeine Erörterung dieser Einschränkungen würde hier zu weit führen. Es sei deshalb auf die einschlägige Literatur verwiesen[2].

1. Das Temperaturfeld von einer Koordinate abhängig.

Je nach der Art der gestellten Aufgabe wird man das Temperaturfeld durch kartesische, Zylinder- oder Kugelkoordinaten darstellen. Die Laplacesche Differentialgleichung $\nabla^2\vartheta = 0$ nimmt dann folgende Formen an:

$$\frac{d^2\vartheta}{dx^2} = 0 \quad \text{mit der Lösung } \vartheta = C_1 + C_2 x,$$

$$\frac{d^2\vartheta}{dr^2} + \frac{1}{r}\frac{d\vartheta}{dr} = 0 \quad \text{mit der Lösung } \vartheta = C_1 + C_2 \ln r,$$

$$\frac{d^2\vartheta}{dr^2} + \frac{2}{r}\frac{d\vartheta}{dr} = 0 \quad \text{mit der Lösung } \vartheta = C_1 - C_2 \frac{1}{r}.$$

Am bekanntesten sind die Anwendungen dieser drei Gleichungen auf das Wärmedurchgangsproblem bei der Platte, dem Rohr und der Hohlkugel. Man erhält dabei die nachstehenden drei Gleichungen, deren Bedeutung und Ableitung als bekannt vorausgesetzt werden darf.

---

[1] Rothe-Ollendorf-Pohlhausen: Funktionentheorie und ihre Anwendung in der Technik. Berlin: Springer 1931.

[2] Enzyklopädie d. math. Wiss. II A 7b, S. 486/487. Eindeutigkeitssatz und Existenzsatz.

Platte (Dicke δ):

$$Q_h = \frac{1}{\frac{1}{\alpha_1} + \frac{\delta}{\lambda} + \frac{1}{\alpha_2}} F(\vartheta_i - \vartheta_a)\,, \tag{a}$$

Hohlzylinder (Durchmesser D_a und D_i, Länge L):

$$Q_h = \frac{\pi}{\frac{1}{\alpha_i D_i} + \frac{1}{2\lambda}\ln\frac{D_a}{D_i} + \frac{1}{\alpha_a D_a}} L(\vartheta_i - \vartheta_a)\,, \tag{b}$$

Hohlkugel (Durchmesser D_a und D_i):

$$Q_h = \frac{\pi}{\frac{1}{\alpha_i D_i^2} + \frac{1}{2\lambda}\left(\frac{1}{D_i} - \frac{1}{D_a}\right) + \frac{1}{\alpha_a D_a^2}} (\vartheta_i - \vartheta_a)\,. \tag{c}$$

2. Das Temperaturfeld von zwei Koordinaten abhängig.

Das ebene stationäre Temperaturfeld.

In den einleitenden Abschnitten auf S. 3 usw. haben wir die drei grundlegenden Felder kennengelernt, nämlich:

das skalare Temperaturfeld,

das Vektorfeld des Temperaturgradienten und

das Vektorfeld des Wärmeflusses.

An diese Betrachtungen knüpfen wir in nachstehendem an. Wir beschränken uns auf den Fall eines ebenen Temperaturfeldes, d. h., wir nehmen an, daß die Temperaturverteilung in allen Ebenen parallel zur Zeichenebene die gleiche ist, so daß die Temperaturverteilung nur mehr von zwei Koordinaten abhängt.

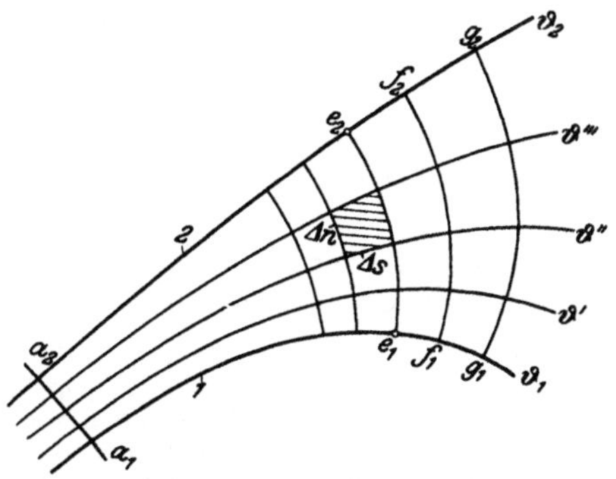

Abb. 57. Temperaturniveaulinien und Wärmestromlinien.

In Abb. 57 ist ein Teil eines wärmedurchströmten Körpers dargestellt. Die Oberfläche *1* werde ständig auf der Temperatur ϑ_1, die Oberfläche *2* auf der Temperatur ϑ_2 gehalten. Die beiden Oberflächen stellen also zwei Temperaturniveaulinien dar. Von den zwischenliegenden Temperaturniveaulinien sind einige in der Abbildung ebenfalls gezeichnet. Wir wählen nun in der Oberfläche *1*, die wir als die wärmere betrachten, den Punkt e_1 und ziehen von hier aus fortschreitend die Linie des Temperaturgradienten bis zum Punkt e_2. Wir können diese Linie nach früherem auch als Wärmestromlinie bezeichnen. Eine zweite solche Linie ziehen wir vom Punkte f_1 aus. Den Flächenstreifen zwischen diesen beiden Linien $e_1 e_2$ und $f_1 f_2$ nennen wir eine Wärmestromröhre. Die Gesamtheit aller Temperaturniveaulinien und aller Wärmestromlinien bildet ein Netz von Kurven, die ein Bild der Temperaturverteilung und des Wärmeflusses geben. Es erhöht die Anschaulichkeit dieses Bildes, wenn man gleiche Schritte $\Delta\vartheta$ der Temperatur wählt und wenn man ferner die Punkte e_1, f_1, g_1, ... so wählt, daß sämtliche Wärmestromröhren gleiche Wärmemengen fördern. In diesem Falle hat das Netz die Eigenschaft, daß alle Maschen im ganzen Bereich des Temperaturfeldes ein konstantes Seitenverhältnis aufweisen. Zum Beweise greifen wir eine solche Masche heraus und bezeichnen mit Δs den Abschnitt auf der Temperaturniveaulinie und mit Δn den Abschnitt auf der Linie des Temperaturgradienten. Dann gilt für die Wärmemenge, welche durch Δs hindurchtritt, der Ausdruck

$$-\lambda \frac{\Delta\vartheta}{\Delta n} \Delta s .$$

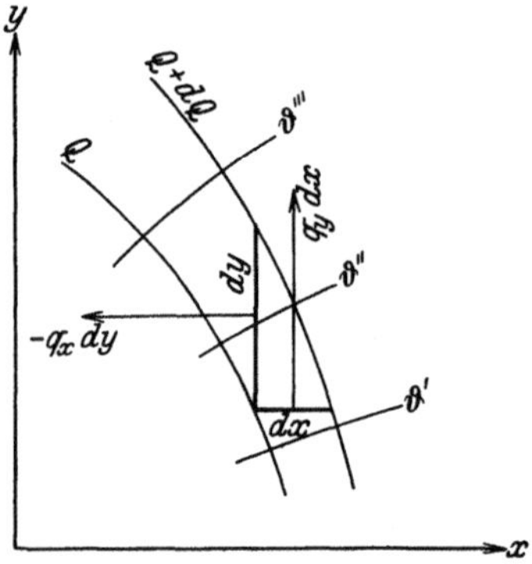

Abb. 58. Ausschnitt aus Abb. 57.

Da dieser Ausdruck für alle Stellen einer Stromröhre und für alle Stromröhren des Feldes den gleichen Wert haben muß und da auch λ und $\Delta\vartheta$ konstante Werte sind, so muß auch das Verhältnis $\Delta s/\Delta n$ konstant sein, wie das oben behauptet wurde.

Um die Wärmemenge zu bestimmen, welche in den Körper durch irgendein Stück der Oberfläche, etwa durch die Strecke $a_1 e_1$, eintritt, wählen wir die durch a_1 gehende Wärmestromlinie zur Nullinie und zählen, von hier ausgehend, die Wärmelieferung aller Stromröhren zusammen, bis wir zu der Wärmestromlinie durch e_1 gelangen. Dieser können wir dann einen bestimmten mit Q_e bezeichneten Wert zuordnen.

Es wurde schon früher darauf hingewiesen, daß der behandelte Abschnitt lediglich eine Anwendung der allgemeinen Potentialtheorie darstellt. Es ist für das Verständnis des Nachstehenden vorteilhaft, sich die Analogie mit den wirbel- und quellenfreien Feldern der Strömungslehre zu vergegenwärtigen.

Dem Geschwindigkeitspotential (oft mit Φ oder φ bezeichnet) entspricht die Temperatur ϑ,

der Stromfunktion (oft mit Ψ oder ψ bezeichnet) entspricht die Wärmestromfunktion Q,

der Geschwindigkeit (oft mit $\mathfrak{v}$ oder $\mathfrak{w}$ bezeichnet) entspricht der Wärmefluß $\mathfrak{q}$.

Die Abb. 58 stellt einen Ausschnitt aus Abb. 57 dar. Es sind darin die Koordinatenrichtungen x und y festgelegt, ferner zwei Wärmestromlinien Q und $Q + dQ$ sowie das unendlich kleine Dreieck dx, dy gezeichnet.

In dieses Dreieck strömt durch die Seite dx die Wärmemenge dQ ein und durch die Seite dy dieselbe Wärmemenge dQ wieder aus.

Es ist

$$q_y\,dx = -\lambda \frac{\partial\vartheta}{\partial y} dx = dQ\,, \qquad q_x\,dy = +\lambda \frac{\partial\vartheta}{\partial x} dy = dQ\,.$$

Durch Dividieren mit dx bzw. dy und Vertauschen beider Gleichungen:

$$q_x = +\lambda \frac{\partial\vartheta}{\partial x} = \frac{\partial Q}{\partial y}\,, \qquad q_y = -\lambda \frac{\partial\vartheta}{\partial y} = \frac{\partial Q}{\partial x}\,.$$

Durch Differentiation der ersten Gleichung nach x und der zweiten nach y, ferner durch Differentiation der ersten Gleichung nach y und der zweiten nach x erhalten wir nachstehende vier Gleichungen:

$$\text{a)}\ \frac{\partial q_x}{\partial x} = +\lambda \frac{\partial^2 \vartheta}{\partial x^2} = \frac{\partial^2 Q}{\partial x \partial y}, \qquad \text{c)}\ \frac{\partial q_x}{\partial y} = +\lambda \frac{\partial^2 \vartheta}{\partial x \partial y} = \frac{\partial^2 Q}{\partial y^2},$$

$$\text{b)}\ \frac{\partial q_y}{\partial y} = -\lambda \frac{\partial^2 \vartheta}{\partial y^2} = \frac{\partial^2 Q}{\partial x \partial y}, \qquad \text{d)}\ \frac{\partial q_y}{\partial x} = -\lambda \frac{\partial^2 \vartheta}{\partial y \partial x} = \frac{\partial^2 Q}{\partial x^2}.$$

Durch Vergleich von je zwei Gleichungen folgt:

Aus a und b: $$\frac{\partial^2 \vartheta}{\partial x^2} + \frac{\partial^2 \vartheta}{\partial y^2} = 0, \tag{t}$$

„ c „ d: $$\frac{\partial^2 Q}{\partial x^2} + \frac{\partial^2 Q}{\partial y^2} = 0, \tag{u}$$

„ a „ b: $$\frac{\partial q_x}{\partial x} + \frac{\partial q_y}{\partial y} = 0, \tag{v}$$

„ c „ d: $$\frac{\partial q_x}{\partial y} - \frac{\partial q_y}{\partial x} = 0. \tag{w}$$

Die Gln. (t) und (u) besagen, daß die beiden skalaren Funktionen

$$\vartheta = f_\vartheta(x, y) \quad \text{und} \quad Q = f_Q(x, y)$$

der Laplaceschen Differentialgleichung genügen müssen. Die Gln. (v) und (w) stellen Aussagen über das Vektorfeld des Wärmeflusses dar, und zwar besagt Gl. (v), daß das Feld quellenfrei, Gl. (w), daß es wirbelfrei sein muß.

Konforme Abbildung.

Eine komplexe Veränderliche $Z = X + i\,Y$, die in einer ersten komplexen Ebene (der Z-Ebene) gegeben ist, soll mit Hilfe der Abbildungsfunktion F in eine andere komplexe Ebene, die z-Ebene ($z = x + i\,y$) abgebildet werden. Es gilt dann die Gleichung: $z = F(Z)$ oder

$$x + i\,y = F(X + i\,Y) = \Phi(X, Y) + i\,\Psi(X, Y),$$

wobei in dem letzten Ausdruck die komplexe Größe $F(X + i\,Y)$ in ihren reellen Teil Φ und ihren rein imaginären Teil $i\,\Psi$ zerlegt ist.

Das Wesen der konformen Abbildung setzt voraus, daß die Abbildungsfunktion eine analytische Funktion ist. Dies ist der Fall, wenn die Funktionen Φ und Ψ den Cauchy-Riemannschen Differentialgleichungen:

$$\frac{\partial \Phi}{\partial X} = \frac{\partial \Psi}{\partial Y} \quad \text{und} \quad \frac{\partial \Phi}{\partial Y} = -\frac{\partial \Psi}{\partial X}$$

genügen.

Soll z. B. sein: $z = Z^2$, also

$$x + i\,y = (X + i\,Y)^2 = X^2 - Y^2 + 2\,X\,Y\,i,$$

so ist $\Phi = X^2 - Y^2$; und $\Psi = 2\,X\,Y$.

Durch Differentiation folgt:

$$\frac{\partial \Phi}{\partial X} = \frac{\partial \Psi}{\partial Y} = 2\,X; \qquad \frac{\partial \Phi}{\partial Y} = -\frac{\partial \Psi}{\partial X} = -2\,Y.$$

Die Cauchy-Riemannschen Differentialgleichungen sind also erfüllt und $z = Z^2$ ist eine analytische Funktion.

Im folgenden wollen wir vom rein mathematischen Standpunkte die Abbildungsfunktion $z = Z^{1/2}$, welche als analytische Funktion bekannt ist, besprechen.

Wir bringen beide komplexe Größen auf die Normalform:

$$z = x + i\,y = r\,e^{i\,\omega} \quad \text{und} \quad Z = X + i\,Y = R\,e^{i\,\Omega}.$$

Statt $z = Z^{1/2}$ erhalten wir

$$r\,e^{i\,\omega} = R^{1/2}\,e^{i\frac{\Omega}{2}}.$$

Zwei komplexe Größen können nur gleich sein, wenn die reellen Teile und die imaginären Teile für sich gleich sind. Darum ist

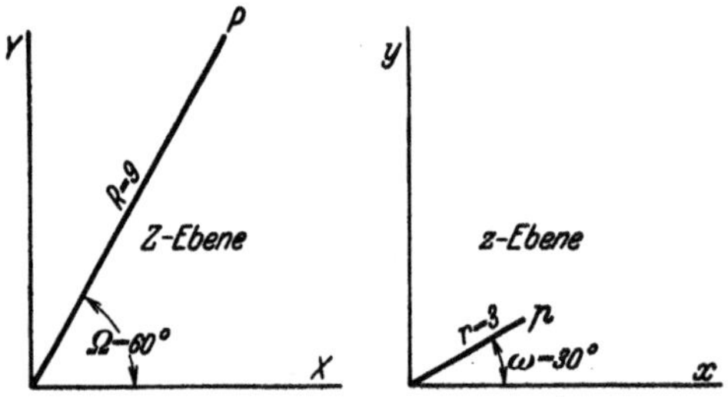

a b

Abb. 59a u. b. Konforme Abbildung einer Strecke nach dem Gesetz $z = Z^{1/2}$.

$$1.\; r = \sqrt{R} \quad \text{und} \quad 2.\; \omega = \tfrac{1}{2}\,\Omega.$$

Ein Punkt P, der in der Z-Ebene durch die beiden Koordinaten $R = 9$ und $\Omega = 60°$ gekennzeichnet ist, erscheint in der z-Ebene mit den Koordinaten $r = 3$ und $\omega = 30°$ (vgl. Abb. 59a und b).

In Abb. 60a ist die Z-Ebene mit den sich schneidenden Geraden $X = \text{const}$ und $Y = \text{const}$ dargestellt. Überträgt man die einzelnen Schnittpunkte dieses Netzes mit Hilfe der Beziehungen: $r = \sqrt{R}$ und $\omega = {}^1\!/_2\,\Omega$ in die z-Ebene, so gehen die sich senkrecht schneidenden zwei Scharen von Geraden über in zwei sich senkrecht

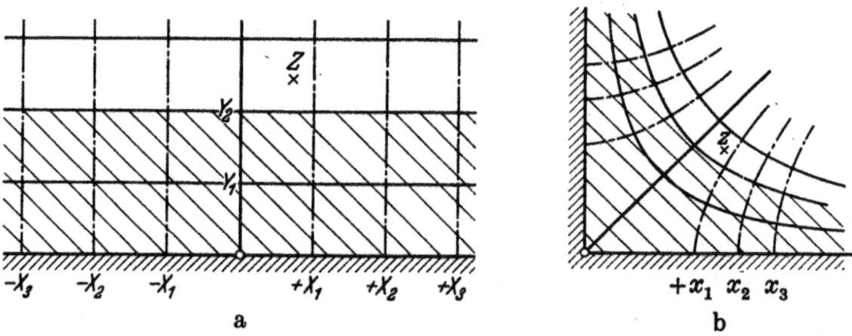

a b

Abb. 60a u. b. Konforme Abbildung eines Liniennetzes mit den Geraden X = const und Y = const nach dem Gesetz $z = Z^{1/2}$.

schneidende Scharen von gleichseitigen Hyperbeln (Abb. 60b). Ferner zeigt ein Vergleich der beiden Abbildungen, daß der Flächenstreifen zwischen der Abszissenachse und der Geraden Y_2 in der Abb. 60a bei der Abbildung in die z-Ebene übergeht in die dreieckartige Fläche zwischen den beiden positiven Achsen und der Hyperbel für den Wert y_2.

Wir kehren zu unseren Aufgaben der Wärmeleitung zurück, indem wir Abb. 60b jetzt als ein Wärmeschaubild auffassen. Die zuletzt erwähnte dreieckartige, schraffierte Fläche stelle den Schnitt durch einen wärmeleitenden Körper dar. Die Oberfläche, welche durch die beiden

Achsen dargestellt ist, werde auf der Temperatur ϑ_0, die andere Oberfläche (Hyperbel) auf der Temperatur ϑ_2 gehalten. Dann erhalten die Linien $y = \text{const}$ die Bedeutung von Temperaturniveaulinien, die Linien $x = \text{const}$ die Bedeutung von Wärmestromlinien. In gleicher Weise deuten wir auch Abb. 60a als das Wärmeschaubild einer von Wärme durchströmten Platte, deren beide Oberflächen auf denselben Temperaturen ϑ_0 und ϑ_2 gehalten sind. Ist die Dicke der Platte und ihre Wärmeleitzahl bekannt, so läßt sich die Wärmemenge, welche zwischen dem Koordinatenursprung und den Stellen X_1, X_2, X_3 die Abszissenachse durchsetzt, mit Hilfe der einfachen Wärmeleitgleichung für die Platte leicht berechnen. Dieselben Zahlenwerte für den Wärmefluß gelten dann auch in Abb. 60b für das Stück der Abszissenachse vom Ursprung bis zu den Stellen x_1, x_2, x_3.

Dieses einfache Beispiel soll dem Leser nur den Zusammenhang des Gebietes der Wärmeleitung mit dem Gebiete der konformen Abbildungen zeigen[1]. Ich verweise im Anschluß auf das Buch von ROTHE-OLLENDORF-POHLHAUSEN (vgl. die Fußnote auf S. 106).

3. Räumliches Temperaturfeld von mehreren Koordinaten abhängig.

Aus diesem Gebiet sind eine große Anzahl von Aufgaben seitens der mathematischen Physik gelöst worden[2].

In nachstehendem soll nur eine Aufgabe aus diesem Gebiet besprochen werden, weil ihr eine größere technische Bedeutung zukommt. Für die Zwecke dieses Lehrbuches ist sie überdies wichtig, weil sie die Anwendung der diskontinuierlichen Faktoren zeigt.

Aufgabe 9. Eindringen der Wärme in den einseitig unendlich ausgedehnten Körper durch eine Kreisfläche.

„Ein einseitig unendlich ausgedehnter Körper (vgl. Aufgabe 5) besitze ursprünglich überall die Temperatur Null. Seine Oberfläche sei mit Ausnahme einer Kreisfläche vom Radius R vollständig isoliert. Nun werde von einem gegebenen Augenblick an die ganze Kreisfläche auf der Temperatur ϑ_c gehalten. Dann wird von der Kreisfläche aus dauernd Wärme in das Feld einströmen. — Es ist zu untersuchen, welchem Beharrungszustand die Temperaturverteilung mit der Zeit zustrebt und wie groß die Wärmemenge ist, die im Beharrungszustand während der Zeiteinheit durch die Kreisfläche in den Körper eindringt."

a) Der mathematische Ansatz. In Abb. 61 ist ein Zylinder-Koordinatensystem r, φ, z so im Körper festgelegt, daß die positive z-Achse vom Mittelpunkt der Kreisfläche aus nach dem Innern des Körpers

[1] Als weiteres Beispiel vgl.: O. KRISCHER: Das Temperaturfeld in der Umgebung von Rohrleitungen, die in die Erde verlegt sind. Gesundh.-Ing. 59 (1936) 537/539.

[2] Vgl. Enzykl. d. math. Wiss. Bd. 5, Physik, Abschnitt: Wärmeleitung. Ferner PH. FRANK und R. v. MISES: Differentialgleichungen der Physik, Bd. 2. Braunschweig: Vieweg & Sohn 1927.

geht. Dann ergibt sich aus der ganzen Art der Aufgabe, daß das Temperaturfeld von der Koordinate φ unabhängig ist, daß also die Flächen konstanter Temperatur Rotationsflächen sind, deren Erzeugende nur von r und z abhängen. Es ist auch ohne weiteres einzusehen, daß diese Erzeugenden ungefähr den in Abb. 61 durch die Kurven $\vartheta = \text{const}$ gekennzeichneten Verlauf haben.

Die Wärmeleitungsgleichung (4c) nimmt die Form an

$$\frac{\partial^2 \vartheta}{\partial r^2} + \frac{1}{r}\frac{\partial \vartheta}{\partial r} + \frac{\partial^2 \vartheta}{\partial z^2} = 0.$$

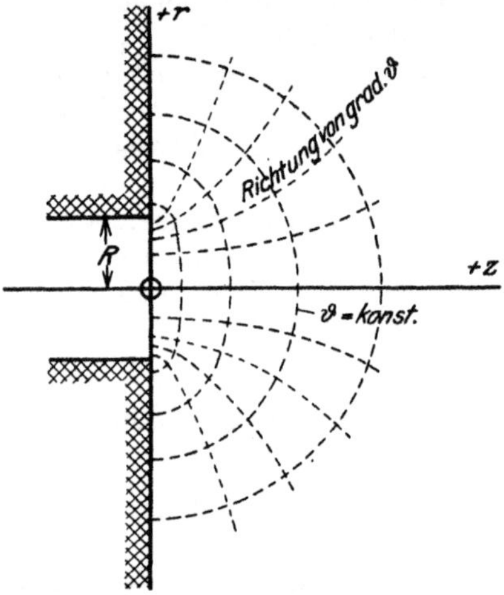

Abb. 61. Einseitig unendlich ausgedehnter Körper. Eindringen der Wärme durch eine Kreisfläche.

Die Oberflächenbedingungen lauten:

1. Für alle Punkte innerhalb der Kreisfläche muß die Temperaturfunktion den Wert ϑ_c annehmen.

2. Außerhalb der Kreisfläche muß wegen der vollkommenen Isolierung der Oberfläche der Wärmefluß durch die Oberfläche gleich Null sein; es muß also für alle diese Punkte das in Richtung der z-Achse gemessene Temperaturgefälle gleich Null sein.

3. Für alle Punkte des Feldes, die von der Kreisfläche unendlich weit entfernt sind, muß die Temperatur zu Null werden.

In mathematischer Ausdrucksweise lautet dies: Die Lösung

$$\vartheta = \Phi(r, z)$$

der Aufgabe muß außer der Differentialgleichung noch den Bedingungen genügen:

1. für $z = 0$ und $r \leqq R$ muß $\vartheta = \text{const} = \vartheta_c$ sein,
2. „ $z = 0$ „ $r > R$ „ $\frac{\partial \vartheta}{\partial z} = 0$ „
3a. „ beliebiges r und $z = \infty$ muß $\vartheta = 0$ „
3b. „ „ z „ $r = \infty$ „ $\vartheta = 0$ „

b) Das Aufsuchen von partikulären Integralen und die allgemeine Lösung. Auf Grund früherer Erfahrungen versuchen wir es wieder zuerst mit einem Produkt zweier Funktionen:

$$\vartheta = Z(z)\, R(r),$$

wobei R nur Funktion von r und Z nur Funktion von z sein soll. Da die Temperatur mit wachsendem z sehr rasch abnimmt, setzen wir für $Z(z)$ die Exponentialfunktion e^{-mz}, in der wir mit m eine willkürliche Größe bezeichnen. Dann nimmt die Differentialgleichung die Form an

$$e^{-mz}\frac{d^2R(r)}{dr^2}+e^{-mz}\frac{1}{r}\frac{dR(r)}{dr}+m^2e^{-mz}R(r)=0$$

oder

$$\frac{d^2R(r)}{dr^2}+\frac{1}{r}\frac{dR(r)}{dr}+m^2R(r)=0.$$

Diese Gleichung ist die uns schon bekannte Besselsche Differentialgleichung nullter Ordnung [Gl. (11b)] mit den Lösungen

$$R(r)=C\,J_0(m\,r) \quad \text{und} \quad R(r)=D\,Y_0(m\,r).$$

Von diesen beiden Lösungen ist nur die erste brauchbar, denn die zweite Lösung nimmt für $r=0$ den Wert unendlich an, steht also im Widerspruch mit der 1. Oberflächenbedingung. Die allgemeine Lösung heißt jetzt in vorläufiger Form

$$\vartheta=\sum_{k=0}^{k=\infty}C_k\,e^{-mz}J_0(m_k\,r).$$

Da aber keine Randwertbedingung von der 3. Art vorgeschrieben ist, also auch für m keine den früher erwähnten transzendenten Gleichungen analoge Gleichung besteht, können die Werte m die Zahlenreihe stetig durchlaufen, und zwei aufeinanderfolgende Werte von m unterscheiden sich nur um dm. Ferner können wir statt des willkürlichen Wertesystems C eine willkürliche Funktion $f(m)$ einführen. Die unendliche Summe geht in ein Integral über, und wir erhalten als allgemeine Lösung:

$$\vartheta=\int_0^\infty f(m)\,e^{-mz}J_0(m\,r)\,dm. \tag{51}$$

c) Bestimmung der willkürlichen Funktion $f(m)$ mit Hilfe der Oberflächenbedingung. Die 1. Bedingung verlangt, daß das Integral

$$\vartheta_{z=0}=\int_0^\infty f(m)\,J_0(m\,r)\,dm$$

für $r<R$ den konstanten Wert ϑ_c haben muß. Dagegen schreibt sie für den Bereich $r>R$ nichts vor. Andererseits darf aber die Funktion diesen konstanten Wert nicht beibehalten, weil sich nach der Bedingung 3b mit wachsendem r die Funktion der Null nähern muß.

Das obige Integral, das wir als eine Funktion des Parameters r aufzufassen haben, muß also einen sog. diskontinuierlichen Verlauf haben.

Die 2. Oberflächenbedingung liefert ein ganz ähnliches Ergebnis. Sie verlangt, daß das Integral

$$\left(\frac{\partial\vartheta}{\partial z}\right)_{z=0}=-\int_0^\infty m\,f(m)\,J_0(m\,r)\,dm$$

für $r>R$ gleich Null ist. Im Bereich $r<R$ ist sie ganz willkürlich, nur darf sie hier nicht gleich Null bleiben, sonst würde durch die Kreisfläche keine Wärme in den Körper eintreten.

Nun kennt die Mathematik tatsächlich bestimmte Integrale, welche die Eigenschaft besitzen, daß sich ihr Funktionscharakter mit einem bestimmten Wert des Parameters plötzlich ändert, sog. diskontinuierliche Faktoren.

Am meisten bekannt ist das Integral

$$\int_0^\infty \frac{\sin(m R)}{m} \cos(m r)\, dm,$$

das für $r < R$ den Wert $\pi/2$,
für $r = R$ den Wert $\pi/4$,
für $r > R$ den Wert 0

annimmt (vgl. Abb. 62a).

Ganz ähnliche bestimmte Integrale lassen sich auch mit Besselschen Funktionen bilden[1].

Das Integral (vgl. Abb. 62b):

$$\int_0^\infty \frac{\sin(m R)}{m} J_0(m r)\, dm$$

hat für $r \leqq R$ den Wert $\pi/2$
und für
$r > R$ den Wert $\arcsin\left(\frac{R}{r}\right)$

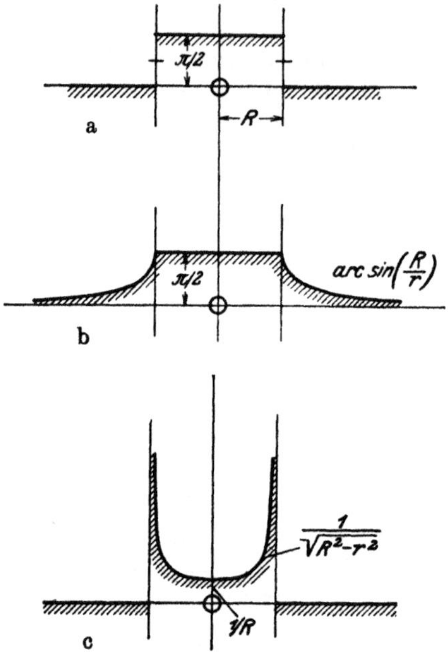

Abb. 62a bis c. Diskontinuierliche Faktoren.

und das Integral (vgl. Abb. 62c):

$$\int_0^\infty \sin(m R)\, J_0(m r)\, dm \quad \text{hat für } r < R \text{ den Wert } \frac{1}{\sqrt{R^2 - r^2}}$$
$$\text{und für } r > R \text{ den Wert } 0.$$

Abb. 62c zeigt sofort, daß das letzte Integral der Bedingung 2 ohne weiteres genügt, und Abb. 62b zeigt, daß das vorletzte Integral der Bedingung 1 genügt, wenn man noch einen konstanten Faktor anfügt, der die konstante Ordinate zu ϑ_c macht.

Setzen wir deshalb in der allgemeinen Lösung (51)

$$f(m) = \frac{2}{\pi} \vartheta_c \frac{\sin(m R)}{m},$$

so ist die Gleichung

$$\vartheta = \vartheta_c \frac{2}{\pi} \int_0^\infty \frac{\sin(m R)}{m} J_0(m r)\, e^{-m z}\, dm \tag{52}$$

die gesuchte Gleichung des Temperaturfeldes.

[1] Vgl. Ph. Frank u. R. v. Mises: Differentialgleichungen der Physik, 2. Aufl., Bd. 1 S. 418/420. Braunschweig: Vieweg & Sohn 1927.

d) Der Wärmefluß durch die Kreisfläche. Wir wollen vorerst den Wärmefluß durch eine Ringfläche mit dem Radius r und der Breite dr betrachten.

Das Temperaturgefälle senkrecht zur Oberfläche ist nach Gl. (52):

$$\left(\frac{\partial\vartheta}{\partial z}\right)_{z=0} = -\vartheta_c \frac{2}{\pi} \int_0^\infty \sin(mR)\, J_0(mr)\, dm$$

$$= -\vartheta_c \frac{2}{\pi} \frac{1}{\sqrt{R^2 - r^2}} \quad \text{für alle } r < R.$$

Damit

$$dQ = \vartheta_c 4\lambda \frac{r}{\sqrt{R^2 - r^2}} dr.$$

Dieser Ausdruck ist zugleich ein Maß für die Ergiebigkeit der Wärmequellen, die wir uns auf den einzelnen Ringflächen angeordnet denken müssen, damit die Temperatur ϑ_c auch wirklich erhalten bleibt. Aus Abb. 62c ist abzulesen, daß diese Ergiebigkeit von einem Kleinstwert in der Mitte der Scheibe an bis zur Ergiebigkeit unendlich am Rande zunimmt. Trotzdem ist der Wärmetransport durch die ganze Kreisfläche endlich, weil

$$\int_0^R \frac{r\,dr}{\sqrt{R^2 - r^2}} = \left[-\sqrt{R^2 - r^2}\right]_0^R = R \text{ ist}.$$

Es ergibt sich

$$Q_{Kreis} = +4\lambda R\vartheta_c = +2\lambda D\vartheta_c. \tag{53}$$

Q_{Kreis} ist also nicht der Fläche des Kreises, sondern nur der ersten Potenz des Durchmessers D proportional.

4. Der Begriff des Wärmeleitwiderstandes.

Es ist schon mehrfach angeregt worden, die Berechnungen aus dem Gebiete Wärmeleitung in stärkerem Angleich an diejenige der Elektrizitätsleitung zu behandeln, insbesondere den Begriff der Leitfähigkeit durch denjenigen des Widerstandes zu ersetzen[1].

In welcher Weise dies für den Fall des Beharrungszustandes bei Randwertaufgaben erster Art möglich ist, soll an Hand der Gln. (a) bis (d) gezeigt werden:

Platte: $$Q_h = \lambda\left(\frac{F}{\delta}\right) \quad (\vartheta_1 - \vartheta_2), \tag{a}$$

Rohr: $$Q_h = \lambda\left(\frac{2\pi}{\ln\frac{D_a}{D_i}} L\right) \quad (\vartheta_i - \vartheta_a), \tag{b}$$

Hohlkugel: $$Q_h = \lambda\left(\frac{2\pi}{\frac{1}{D_i} - \frac{1}{D_a}}\right) (\vartheta_i - \vartheta_a), \tag{c}$$

Kreisscheibe: $$Q_h = \lambda\,(2D) \quad (\vartheta_c - 0). \tag{d}$$

[1] Z. B. M. Jakob: Z. ges. Kälteind. 33 (1926) 21; 34 (1927) 141.

Der erste Faktor auf der rechten Seite ist ein reiner Stoffwert, der zweite ein reiner Formwert und der dritte ein reiner Temperaturwert.

Die ersten beiden Faktoren zusammen stellen das Wärmeleitvermögen des untersuchten Körpers dar. In nachfolgender Zusammenstellung sind für verschiedene Körper in verschiedener Anordnung die Größen für das Leitvermögen angegeben. Will man daraus den Wärmeleitwiderstand errechnen, so ist nur der reziproke Wert zu bilden. Mit Verwendung des Buchstaben $s = 1/\lambda$ für den *spezifischen Leitwiderstand* ergibt sich z. B. für die Kreisscheibe aus Gl. (d) der Leitwiderstand zu

$$R = s/2D.$$

Die Wärmemenge errechnet sich dann allgemein mittels der Gleichung:

$$Q_h = \frac{\vartheta_1 - \vartheta_2}{R},$$

worin $(\vartheta_1 - \vartheta_2)$ die kennzeichnende Temperaturdifferenz bedeutet. Die nebenstehende Übersicht ist einer Arbeit von RÜDENBERG[1] über den Ausbreitungswiderstand verschiedener Erdelektroden entnommen.

5. Die Relaxationsmethode.

Es handelt sich hierbei um die numerische Auflösung einer Differenzengleichung, wie sie bereits von GAUSS benutzt und seither im Schrifttum wiederholt dargestellt wurde[2,3,4]. Für Probleme der Wärmeleitung wurde diese Methode besonders von EMMONS[5] angewendet, dessen Darstellung wir im wesentlichen folgen. Es sei zunächst zweidimensionale stationäre Wärmeleitung in rechtwinkligen Koordinaten betrachtet, also der Geltungsbereich der Differentialgleichung

$$\frac{\partial^2 \vartheta}{\partial x^2} + \frac{\partial^2 \vartheta}{\partial y^2} = 0. \qquad (53\text{a})$$

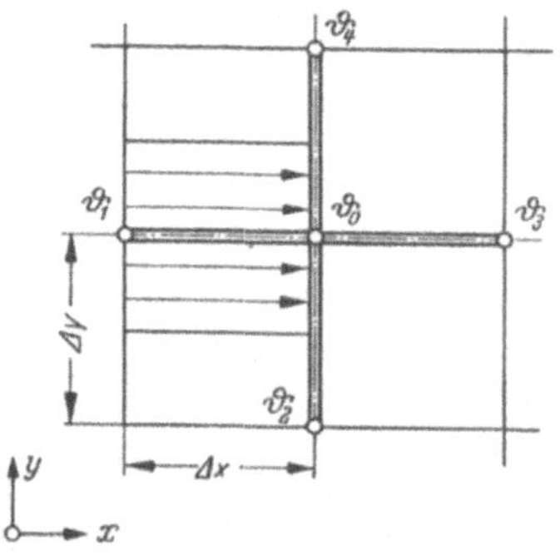

Abb. 63. Zur Relaxationsmethode: Aufteilung des homogenen Körpers in ein Gitter aus wärmeleitenden Stäben.

Die durch einen wärmeleitenden Körper gelegte Ebene wird in ein Gitter von der Maschenweite $\Delta x = \Delta y$ aufgeteilt (Abb. 63). Anstatt den Körper als Kontinuum zu betrachten, wird der Wärmeleitvorgang in die Stäbe dieses Gitters verlegt. In jedem Stab soll gerade so viel Wärme durch Leitung befördert werden, wie es in Wirklichkeit in einem Flächenstück von der Länge und Breite einer

---

[1] RÜDENBERG, R.: Die Ausbreitung der Luft- und Erdfelder um Hochspannungsleitungen besonders bei Erd- und Kurzschlüssen. ETZ 46 (1925) 1342/1346.

[2] SOUTHWELL, R. V.: Relaxation methods in engineering science. Oxford 1940.

[3] SOUTHWELL, R. V.: Relaxation methods in theoretical physics. Oxford 1946.

[4] COLLATZ, L.: Numerische Behandlung von Differentialgleichungen. Berlin Göttingen/Heidelberg: Springer 1951.

[5] EMMONS, H. W.: The numerical solution of heat-conduction problems. Trans. Amer. Soc. mech. Engrs. 65 (1943) 607/615.

Form	Anordnung	Leitwiderstand R ($s = 1/\lambda$)	Bedingung
Kugel in der Erde		$R = \frac{s}{2\pi D}$	(vgl. S. 251
Halbkugel in der Erdoberfläche	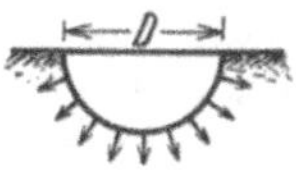	$R = \frac{s}{\pi D}$	
Kugel unter der Erdoberfläche	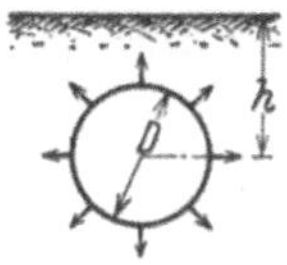	$R = \frac{s}{2\pi D}\left(1 + \frac{D}{4h}\right)$	
Kreisplatte in der Erde	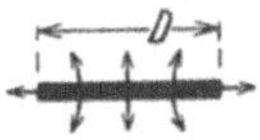	$R = \frac{s}{4D}$	
Kreisplatte auf der Erdoberfläche		$R = \frac{s}{2D}$	[vgl. Gl. (53)]
Draht in der Erde	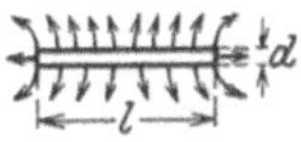	$R = \frac{s}{2\pi l}\ln\frac{2l}{d}$	$d \ll l$
Rohr in der Erdtiefe	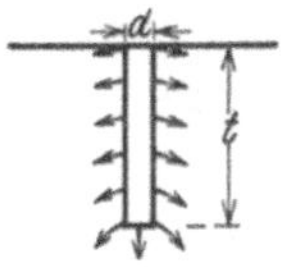	$R = \frac{s}{2\pi t}\ln\frac{4t}{d}$	$d \ll t$
Draht unter der Erdoberfläche	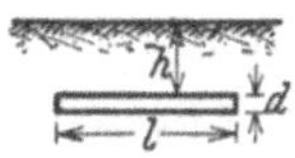	$R = \frac{s}{2\pi l}\ln\frac{2l}{d}\left(1 + \frac{\ln\frac{l}{2h}}{\ln\frac{2l}{d}}\right)$	$d \ll h$ $h \ll l$
Band in der Erde	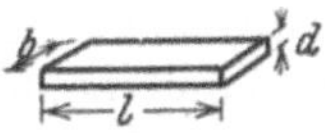	$R = \frac{s}{2\pi l}\ln\frac{4l}{b}$	$d \ll b$ $b \ll l$
Band auf der Erdoberfläche	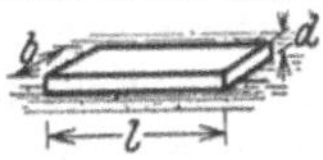	$R = \frac{s}{\pi l}\ln\frac{4l}{b}$	$d \ll b$ $b \ll l$
Kreisring in der Erde		$R = \frac{s}{2\pi^2 D}\ln\frac{8D}{d}$	$d \ll D$
Kreisring unter der Erdoberfläche	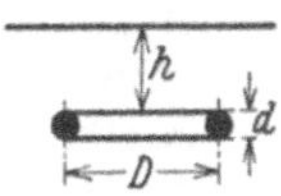	$R = \frac{s}{2\pi^2 D}\ln\frac{8D}{d}\left(1 + \frac{\ln\frac{2D}{h}}{\ln\frac{8D}{d}}\right)$	$d \ll h$ $h \ll D$

Masche der Fall sein würde. Der Punkt 0 mit der Temperatur ϑ_0 erhält danach vom Punkt 1 (Temperatur ϑ_1) in der Zeiteinheit die Wärmemenge

$$Q_h = \lambda \frac{\Delta y\, h}{\Delta x} (\vartheta_1 - \vartheta_0),$$

wenn h die Ausdehnung des Körpers senkrecht zur Zeichenebene bedeutet. Analoge Ausdrücke lassen sich für den Wärmetransport von den Gitterpunkten 2, 3 und 4 zum Punkt 0 anschreiben. Die Summe dieser Wärmemengen bedeutet die Stärke einer Senke oder Quelle im Punkt 0, die für den Beharrungszustand verschwinden muß. Unter Benutzung einer reduzierten Wärmestromdichte $q' = Q_h/\lambda\, h$ erhält man damit für den Punkt 0:

$$q' = \vartheta_1 + \vartheta_2 + \vartheta_3 + \vartheta_4 - 4\vartheta_0 \tag{53b}$$

mit $q' = 0$ für den Beharrungszustand. Man kann Gl. (53b) auch so erklären: Im Beharrungszustand ist ϑ_0 das arithmetische Mittel aus den Temperaturen der 4 Umgebungspunkte, also

$$\vartheta_0 = (\vartheta_1 + \vartheta_2 + \vartheta_3 + \vartheta_4)/4 \tag{53c}$$

Die Differentialgleichung (53a) läßt sich auch, wie bereits auf S. 101 beschrieben, in eine Differenzengleichung verwandeln. Man erhält dann mit den Bezeichnungen von Abb. 63

$$\left(\frac{\Delta\vartheta}{\Delta x}\right)_{10} = \frac{\vartheta_1 - \vartheta_0}{\Delta x} \quad \text{und} \quad \left(\frac{\Delta\vartheta}{\Delta x}\right)_{03} = \frac{\vartheta_0 - \vartheta_3}{\Delta x}.$$

Die zweite Ableitung wird dann

$$\frac{\Delta^2\vartheta}{(\Delta x)^2} = \frac{\vartheta_1 + \vartheta_3 - 2\vartheta_0}{(\Delta x)^2}$$

und für die y-Richtung

$$\frac{\Delta^2\vartheta}{(\Delta y)^2} = \frac{\vartheta_2 + \vartheta_4 - 2\vartheta_0}{(\Delta y)^2}.$$

Damit entsteht aus Gl. (53a) die Beziehung

$$\vartheta_1 + \vartheta_2 + \vartheta_3 + \vartheta_4 - 4\vartheta_0 = 0 \tag{53d}$$

in Übereinstimmung mit den oben abgeleiteten Gln. (53b) und (53c).

Das Relaxationsverfahren besteht in folgendem: 1. Durch Diskussion des vorliegenden Problems und unter Zuhilfenahme aller sonstigen Kenntnisse wird eine erste Näherung für die Temperatur in den einzelnen Gitterpunkten angenommen. 2. Diese Näherungslösung wird punktweise daraufhin geprüft, wieweit sie die Vorschrift der Gl. (53d) bereits erfüllt und wo die größten Abweichungen auftreten. 3. Beginnend mit den größten Abweichungen werden punktweise Korrekturen angebracht, so daß Gl. (53d) erfüllt wird. 4. Durch diese Korrekturen werden an den Nachbarpunkten neue Abweichungen auftreten, die dann wiederum in der Reihenfolge ihrer Größe beseitigt werden, bis die Zahlenwerte im ganzen Netz zum Stehen kommen. Diese Zahlenwerte brauchen allerdings nicht unbedingt mit der exakten Lösung übereinzustimmen, vielmehr hängt die erzielbare Genauigkeit im wesentlichen von der gewählten Maschenweite ab.

Die Methode sei an einem Beispiel erläutert. In Abb. 64 ist die Ecke einer Ofenwand dargestellt, die die Dicke $2\Delta x$ habe und aus einem homogenen Material vorgegebener Wärmeleitfähigkeit λ bestehen möge. Die Innenmaße des Ofens sollen $5\Delta x$ mal $5\Delta x$ betragen. Die Innenfläche der Wand befinde sich auf der konstanten Temperatur 450 °C, die Außenfläche auf 50 °C.

Die Kreuzungspunkte des Gitters a bis f seien gemäß Abb. 64 angeordnet, die Punkte d und e sowie b und f liegen spiegelbildlich zueinander. Gesucht sind das Temperaturfeld in der Wand und die Wärmeverluste des Ofens. Es werden folgende Schritte durchgeführt:

Schritt 0: Als erste Näherung werden die Temperaturen der Gitterpunkte gleich dem arithmetischen Mittel aus den Wandtemperaturen,

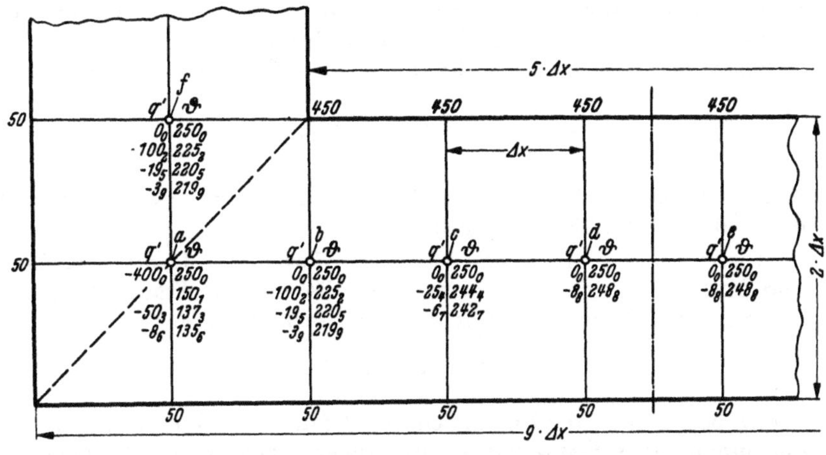

Abb. 64. **Anwendung der Relaxationsmethode auf den stationären Wärmefluß in einer Wandecke mit konstanten Temperaturen der Oberflächen.**

also zu 250 °C, angenommen. Dann herrscht thermisches Gleichgewicht in den Punkten b bis f, für die überall $q' = 0$ gemäß Gl. (53b) wird. Nur im Punkt a wird $q' = -400$, so daß dort die angenommene Temperatur 250 °C offenbar zu hoch ist.

Schritt 1: Die Temperatur im Punkt a wird gemäß Gl. (53b) um $q'/4 = 100$ grd gesenkt, um das Gleichgewicht herzustellen.

Schritt 2: Diese Änderung bedeutet für Punkt b einen Restwert $q' = -100$, der durch Absenkung seiner Temperatur um $q'/4 = 25$ grd ausgeglichen wird. Der Punkt f als Spiegelbild zu b wird in gleicher Weise behandelt.

Schritt 3: Hierdurch ist sowohl für c ($q' = -25$) wie für a ($q' = -50$) das Gleichgewicht gestört; die Änderung von b wirkt sich auf a (wegen der gleichzeitigen Änderung von f) doppelt aus. Gemäß der oben angeführten Vorschrift wird zunächst a um -13 grd (abgerundet) korrigiert.

Die weiteren Schritte sind aus Abb. 64 zu ersehen, wo die Schrittnummern als Index an die Zahlenwerte für q' und ϑ angeschrieben sind. Nach 9 Schritten kommen die Zahlenwerte zur Ruhe, was durch eine nochmalige Prüfung nach Gl. (53b) festgestellt wird.

Zur Berechnung des Wärmeverlustes der Wandecke ist zu beachten, daß jeder Gitterstab die Fläche $\Delta x\, h$ repräsentiert. Von der Innenfläche zur Mittelebene der Wand fließt danach in der Zeiteinheit die Wärmemenge

$$Q_h = \frac{\lambda\, \Delta x\, h}{\Delta x} (231 + 208 + 202) = 641 \cdot \lambda\, h.$$

Von der Mittelebene zur Außenfläche fließt

$$Q_h = \frac{\lambda\, \Delta x\, h}{\Delta x} (85 + 169 + 192 + 198) = 644 \cdot \lambda\, h,$$

so daß der Mittelwert dem wirklichen Wärmeverlust am nächsten kommt. Der Gesamtwärmeverlust des Ofens beträgt das 8fache dieses Wertes, also $5140 \cdot \lambda\, h$. Durch die abgewickelte Innenfläche des Ofens würde bei einer Temperaturdifferenz von 400 grd die Wärmemenge

$$Q_h = \frac{20\, \Delta x\, \lambda\, h}{2\, \Delta x} 400 = 4000 \cdot \lambda\, h$$

fließen, so daß sich durch die Eckenwirkung der Wärmeverlust um den Faktor $5140/4000 = 1{,}29$ erhöht.

Dieses Ergebnis läßt sich mit einer Formel von LANGMUIR, ADAMS und MEIKLE[1] vergleichen. Danach ist die mittlere Fläche F_m zur Berechnung des Wärmeverlustes eines rechteckigen Ofens

$$F_m = F_i + 0{,}54\, s\, \Sigma\, h + 1{,}2\, s^2.$$

Hierin bedeuten F_i die Innenfläche des Ofens, s die Wanddicke und $\Sigma\, h$ die Summe aller Kantenlängen (im Inneren gemessen). Die Gleichung gilt nur für $h > 0{,}2\, s$. In unserem Beispiel ist $F_i = 20\, \Delta x\, h$, $s = 2\, \Delta x$ und $\Sigma\, h = 4\, h$, so daß sich der Faktor $F_m/F_i = 1{,}22$ ergibt, wenn der dritte Summand vernachlässigt wird. In Anbetracht der groben Maschenweite, die wir für das Relaxationsverfahren benutzt haben, ist die Übereinstimmung befriedigend[2].

Die Relaxationsmethode läßt sich auch mit dimensionslosen Temperaturen durchführen[3,4], wodurch das Ergebnis größere Allgemeingültigkeit bekommt. Ebenso ist sie für den nichtstationären Wärmefluß brauchbar und wird dann, wie EMMONS nachweist, im eindimensionalen Fall mit dem graphischen Verfahren von BINDER-SCHMIDT identisch. Die Relaxationsmethode ist noch in verschiedener Hinsicht zu erweitern, wozu auf die angeführte Literatur verwiesen sei.

---

[1] LANGMUIR, I., E. Q. ADAMS u. G. S. MEIKLE: Trans. electrochem. Soc. 24 (1913) 53.

[2] Unter Berücksichtigung des äußeren Wärmeüberganges behandelte C. L. BEUKEN das gleiche Problem mittels der elektrischen Analogie: Die Wärmeströmung durch die Ecken von Ofenwandungen. Wärme- u. Kältetechn. 39 (1937) 1/3.

[3] COLLATZ, L.: Zit. S. 116, dort S. 295.

[4] DAWS, L. F.: Heat flow problems. Outline of the relaxation method of calculation. Iron Steel 25 (1952) 65/68 u. 102/106.

E. Die zeitlich konstanten Temperaturfelder mit Wärmequellen.

Die Differentialgleichung $\nabla^2\vartheta + \frac{1}{\lambda} W = 0$.

Vom Standpunkt der Potentialtheorie aus entsprechen die Temperaturfelder mit Wärmequellen der Potentialverteilung, wenn sich die Massen oder Ladungen innerhalb des Feldes selbst befinden. Diese Potentialverteilung muß der Poissonschen Differentialgleichung

$$\nabla^2 \psi = \mathrm{const}$$

(vgl. S. 28) genügen.

Wie in der Potentialtheorie die Massen, so können hier die Wärmequellen sowohl stetig verteilt als auch flächenhaft, linien- oder punktförmig angeordnet gedacht werden.

In der Technik treten Probleme dieser Art in großer Zahl auf. So gehören dazu Fragen der induktiven und kapazitiven Beheizung, des Einbaus der Rohre bei der Deckenstrahlungsheizung[1] und beim Betrieb von Kunsteisbahnen[2], der Abführung der Abbindewärme bei großen Betonbauten[3,4] sowie gewisse biologische Probleme[5,6]. Teilweise handelt es sich dabei auch um nichtstationären Wärmefluß. Eine wichtige Wärmequelle ist die Stromwärme, die beim Fortleiten elektrischer Energie entwickelt wird[7]. So bilden die obige Differentialgleichung und ihre Lösungen zugleich die Grundlage für eine wärmetechnisch einwandfreie Berechnung elektrischer Leitungen und Maschinen.

Aufgabe 10. Der Zylinder.

„In einem Zylinder vom Durchmesser $2R$ werde durch Umwandlung anderer Energiearten in der Zeiteinheit und Raumeinheit die Wärmemenge W erzeugt. — Wie groß ist die Temperatur an der Oberfläche ϑ_0 und in der Achse des Zylinders ϑ_m, wenn die Raumtemperatur gleich Θ und die Wärmeübergangszahl gleich α ist?"

Der mathematische Ansatz ist sofort gegeben:

$$\frac{d^2\vartheta}{dr^2} + \frac{1}{r}\frac{d\vartheta}{dr} + \frac{W}{\lambda} = 0,$$

Oberflächenbedingung:

$$-\lambda \left(\frac{d\vartheta}{dr}\right)_R = \alpha(\vartheta_R - \Theta).$$

---

[1] Heid, H., u. A. Kollmar: Die Strahlungsheizung, 3. Aufl. Halle (Saale) 1948.

[2] Deublein, O.: Kältetechnik 1 (1949) 7/8.

[3] Hirschfeld, K.: Die Temperaturverteilung im Beton. Berlin/Göttingen/Heidelberg: Springer 1948.

[4] Rawhauser, Cl.: Cooling the concrete of Grand-Coulee-Dam. Mech. Engng. 62 (1940) 715/718.

[5] Jensen, C. O., u. H. B. Parmele: Fermentation of cigar-type tobacco. Industr. Engng. Chem. 42 (1950) 519/522.

[6] Zatzkis, H.: A certain problem in heat conduction. J. appl. Physics 24 (1953) 895/896.

[7] Buchholz, H.: Besondere Probleme der Erwärmung elektrischer Leiter. Z. angew. Math. Mech. 9 (1929) 280/298.

Zur Lösung der Differentialgleichung setzen wir $\frac{d\vartheta}{dr} = U$ und multiplizieren beide Seiten mit $r\,dr$:

$$r\,dU + U\,dr + \frac{W}{\lambda} r\,dr = 0 \quad \text{oder} \quad d(U r) = -\frac{W}{\lambda} r\,dr.$$

Durch Integration folgt daraus:

$$r\frac{d\vartheta}{dr} = -\frac{W}{\lambda}\frac{r^2}{2} + C_1 \quad \text{oder} \quad \frac{d\vartheta}{dr} = -\frac{W}{\lambda}\frac{r}{2} + \frac{C_1}{r}.$$

Die nochmalige Integration liefert:

$$\vartheta = -\frac{W}{4\lambda} r^2 + C_1 \ln r + C_2.$$

Zur Bestimmung der Integrationskonstanten C_1 benützen wir die vorletzte Gleichung, also den Ausdruck für das Temperaturgefälle. Für $r = 0$, also für die Achse, muß dieses Temperaturgefälle jedenfalls gleich Null sein. Dies ist aber nur möglich, wenn $C_1 = 0$ ist. Die Konstante C_2 ergibt sich aus der Oberflächenbedingung:

$$-\lambda\left(-\frac{WR}{2\lambda}\right) = \alpha\left(\frac{-WR^2}{4\lambda} + C_2 - \Theta\right)$$

oder

$$C_2 = \Theta + \frac{WR^2}{4\lambda}\left(1 + \frac{2\lambda}{\alpha R}\right).$$

Mit diesen beiden Konstanten ergibt sich dann die Gleichung des Temperaturfeldes zu

$$\vartheta = \Theta + \frac{WR^2}{4\lambda}\left(1 + \frac{2\lambda}{\alpha R} - \left(\frac{r}{R}\right)^2\right). \tag{54a}$$

Aus dieser Gleichung folgt dann:
Temperatur in der Achse:

$$\vartheta_m = \Theta + \frac{WR^2}{4\lambda}\left(1 + \frac{2\lambda}{\alpha R}\right). \tag{54b}$$

Temperatur an der Oberfläche:

$$\vartheta_0 = \Theta + \frac{WR^2}{4\lambda}\frac{2\lambda}{\alpha R} = \Theta + \frac{WR}{2\alpha}. \tag{54c}$$

Unterschied:

$$\vartheta_m - \vartheta_0 = \frac{WR^2}{4\lambda}. \tag{54d}$$

Hier ist vor allem zu beachten, daß der Unterschied $\vartheta_m - \vartheta_0$ mit dem Quadrat des Radius und nicht etwa mit der ersten Potenz wächst.

F. Verschiedene Sonderfälle.

Wir haben auf S. 9 vor Ableitung der Differentialgleichung (4) verschiedene vereinfachende Annahmen getroffen, ohne uns über die Bedeutung oder auch über die Zulässigkeit dieser Annahmen irgendwie Rechenschaft abzulegen. Dies soll nun, soweit es dem Zwecke dieses Lehrbuches entspricht, nachgeholt werden, und zwar sollen diese einschränkenden Annahmen einzeln aufgehoben werden.

1. Das Feld ist von mehreren, verschiedenartigen Körpern erfüllt.

a) Allgemeines. Unsere einschränkende Annahme besagte in mathematischer Ausdrucksweise, daß die Stoffwerte λ, c und ϱ innerhalb des ganzen Feldes stetig sein sollen. Ist dagegen nach unserer jetzigen Voraussetzung das Feld von mehreren, verschiedenartigen Körpern erfüllt, so sind diese Stoffwerte nur innerhalb gewisser Teilgebiete des Feldes stetig, an der Grenzfläche zweier solcher Teilgebiete aber unstetig.

Innerhalb eines jeden solchen Teilgebietes muß die Temperaturfunktion der Differentialgleichung (4) genügen. Für jene Oberflächenbezirke der Teilgebiete, die zugleich die Begrenzung des ganzen Feldes bilden, müssen die Oberflächenbedingungen nach den Ausführungen der früheren Abschnitte gegeben sein. Dagegen haben wir jetzt noch zu untersuchen, welchen Bedingungen der Temperaturverlauf an den Trennungsflächen der Teilgebiete unterworfen ist, das heißt, wie sich die Temperaturfunktion an den Unstetigkeitsstellen der λ-, c- und ϱ-Werte verhält.

In Abb. 65 soll ein kleiner Raumteil aus der Gegend einer Trennungsfläche dargestellt sein. Die beiden sich berührenden Körper und ihre physikalischen Größen seien durch die Zeiger „*1*" und „*2*" unterschieden, df ist ein Element der Trennungsfläche. Die Normale zu df werde positiv gerechnet in Richtung *1* gegen *2*.

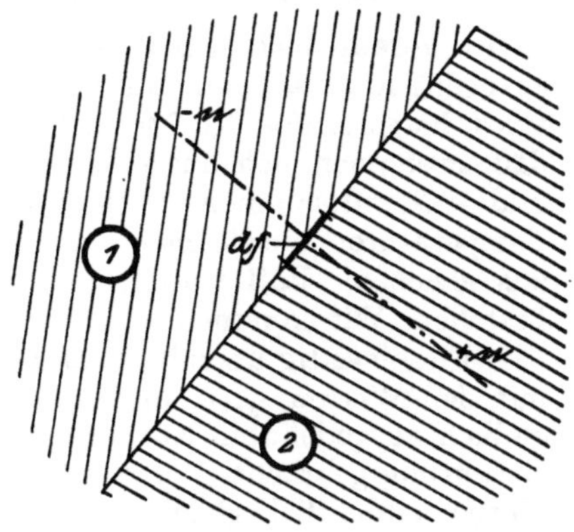

Abb. 65. Trennfläche zweier verschiedenartiger wärmeleitender Körper.

Wir stellen nun folgende Überlegung an:

Die Wärmemenge, die den Körper *1* durch das Flächenstück df in der Zeit dt verläßt, ist:

$$dQ_1 = -\lambda_1 \left(\frac{d\vartheta}{dn}\right)_1 df\,dt, \quad \text{worin} \quad \left(\frac{d\vartheta}{dn}\right)_1$$

den Temperaturanstieg in Richtung der positiven Normalen bezeichnet, und zwar gemessen im Körper *1* dicht an der Trennungsfläche.

Die Wärmemenge, die durch df in der Zeit dt in den Körper *2* eintritt, ist:

$$dQ_2 = -\lambda_2 \left(\frac{d\vartheta}{dn}\right)_2 df\,dt.$$

Da das Flächenstück df als ein unkörperliches Gebilde weder Wärme zurückbehalten noch hinzufügen kann, muß $dQ_1 = dQ_2$ sein. Also auch

$$\lambda_1 \left(\frac{d\vartheta}{dn}\right)_1 = \lambda_2 \left(\frac{d\vartheta}{dn}\right)_2. \tag{55}$$

Aus der Tatsache, daß die Größe λ an der untersuchten Stelle unstetig ist, folgt, daß auch das Temperaturgefälle an dieser Stelle unstetig sein muß, und zwar gilt das nicht nur für den Beharrungszustand, sondern auch für den veränderlichen Zustand. Durch Gl. (55) sind die beiden Grenztemperaturgefälle einander zugeordnet. Ist z. B. der Temperaturverlauf im Körper *1* gegeben, so ist damit zugleich für die Temperaturkurve im Körper *2* die Neigung der Anfangstangente gegeben — aber vorerst nur die Neigung, noch nicht die Lage der Tangente. Wir kommen damit zu der Frage, ob an der Grenze zweier Körper nicht nur der Temperaturgradient, sondern auch die Temperatur selbst unstetig ist, also zu der Frage nach dem Temperatursprung. Diese Frage läßt sich heute auf Grund zuverlässiger Messungen dahin beantworten, daß bei vollkommener Berührung der beiden Körper *kein* Temperatursprung eintritt. Als eine solche vollkommene Berührung kann z. B. gelten, wenn zwei Metalle verlötet sind, wenn sich zwei Körper längs vollkommen ebener, polierter Flächen berühren oder wenn der eine Körper ein plastischer Körper ist, der fest gegen die Oberfläche des anderen Körpers gepreßt ist.

b) Verallgemeinerung der Aufgabe 5 über den einseitig unendlich ausgedehnten Körper. Zur Lösung der Aufgabe 5 hatten wir uns eines Kunstgriffes (S. 72) bedient, den wir dahin auffassen können, daß zwei unendlich ausgedehnte Körper von den Temperaturen $+\vartheta_c$ und $-\vartheta_c$ mitsammen in Berührung gebracht werden und dann ihre Temperaturen ausgleichen. Während aber damals die beiden Körper aus gleichem Stoff waren, sollen sie jetzt aus verschiedenen Stoffen bestehen. Wir kommen so zu folgendem Wortlaut für die Aufgabe:

„Ein einseitig unendlich ausgedehnter Körper „*1*" aus einem Stoffe mit den Werten λ_1, c_1 und ϱ_1 werde mit einem zweiten, einseitig unendlich ausgedehnten Körper „*2*" mit den Stoffwerten λ_2, c_2 und ϱ_2 in Berührung gebracht. Vor der Berührung war die Temperatur im ersten Körper einheitlich gleich ϑ_1, im zweiten Körper gleich ϑ_2. — Welches ist der weitere Temperaturverlauf?"

Zur Zeit $t = 0$ ist der Temperaturverlauf im Felde an der Stelle $x = 0$ unstetig. Aber schon nach der unendlich kurzen Zeit dt ist diese Unstetigkeitsstelle verschwunden und durch ein sehr steiles Temperaturgefälle in der Nähe von $x = 0$ ersetzt. Die am Anfang verschiedenen Werte $\vartheta_{x=+0}$ und $\vartheta_{x=-0}$ haben sich zu dem Wert ϑ_m ausgeglichen.

Die Funktion $\vartheta = \Phi(x, t)$ hat folgendem mathematischen Ansatz zu genügen:

Im Bereich $x > 0$ der Differentialgleichung:

$$\frac{\partial \vartheta}{\partial t} = a_1 \frac{\partial^2 \vartheta}{\partial x^2}. \tag{I}$$

Im Bereich $x < 0$ der Differentialgleichung:

$$\frac{\partial \vartheta}{\partial t} = a_2 \frac{\partial^2 \vartheta}{\partial x^2}. \tag{II}$$

An der Trennungsfläche für $x = 0$, $t > 0$:

$$\vartheta_{x=+0} = \vartheta_{x=-0} = \vartheta_m \tag{III}$$

und
$$\lambda_1\left(\frac{\partial\vartheta}{\partial x}\right)_{+0} = \lambda_2\left(\frac{\partial\vartheta}{\partial x}\right)_{-0}. \tag{IV}$$

Im Anfang, also für $t = 0$
$$\begin{cases} \text{für } x > 0: & \vartheta = \vartheta_1 \quad \text{(V)} \\ \text{für } x < 0: & \vartheta = \vartheta_2. \quad \text{(VI)} \end{cases}$$

Um die Rechnung abzukürzen, wollen wir eine Tatsache als bekannt annehmen, die wir sonst erst nach langer Rechnung erhalten würden. Wenn diese Annahme uns zu einer Temperaturfunktion führt, die allen Gln. (I) bis (VI) genügt, so ist damit auch die Richtigkeit der Annahme selbst erwiesen, weil es nur eine Lösung gibt, die allen 6 Gleichungen entspricht.

Diese Annahme betrifft die Temperatur ϑ_m der Berührungsebene. Solange wir nichts anderes wissen, werden wir etwa vermuten, daß unmittelbar nach Auflösung der Unstetigkeitsstelle ein Anfangswert von ϑ_m auftritt, der sich dann mit der Zeit asymptotisch einem bleibenden Wert nähert. Allein dies ist nicht der Fall: sofort nach Auflösung der Unstetigkeitsstelle stellt sich ein fester Wert ϑ_m ein, der während der ganzen Dauer des Vorganges unverändert bleibt. Dies ist die Tatsache, die wir vorerst unbewiesen hinnehmen wollen. Der Vorteil, den wir damit erreichen, ist der, daß sich unsere Aufgabe in zwei Aufgaben Nr. 5 spalten läßt, wofür wir in Gl. (38b) die Lösung bereits gefunden haben.

$$\vartheta = \vartheta_c G\left(\frac{x}{\sqrt{4\,a\,t}}\right). \tag{38b}$$

Diese Gleichung, zusammen mit Abb. 66, ergibt:

für positives x:
$$\vartheta = \vartheta_m - (\vartheta_m - \vartheta_1)\, G\left(\frac{x}{\sqrt{4\,a_1\,t}}\right), \tag{VII}$$

für negatives x:
$$\vartheta = \vartheta_m + (\vartheta_2 - \vartheta_m)\, G\left(\frac{x}{\sqrt{4\,a_2\,t}}\right). \tag{VIII}$$

Für $x = 0$ ergeben beide Gleichungen vorschriftgemäß den Wert ϑ_m, weil das Gaußsche Fehlerintegral für $x = 0$ den Wert Null hat. Wir müssen nun noch den Wert ϑ_m bestimmen. Hierzu benützen wir Gl. (IV).

Beachten wir, daß
$$\frac{d}{dx} G\left(\frac{\pm x}{\sqrt{4\,a\,t}}\right) = \pm \frac{1}{\sqrt{4\,a\,t}}\,\frac{2}{\sqrt{\pi}}\, e^{-\frac{x^2}{4at}}$$

und daß $\frac{\lambda}{\sqrt{a}} = \sqrt{\lambda\, c\,\varrho} = b$ die Wärmeeindringzahl ist, so erhalten wir
$$\lambda_1\left(\frac{\partial\vartheta}{\partial x}\right)_{+0} = +\lambda_1(\vartheta_1 - \vartheta_m)\,\frac{\partial}{\partial x} G\left(\frac{+x}{\sqrt{4\,a_1\,t}}\right)$$
$$= +\lambda_1(\vartheta_1 - \vartheta_m)\,\frac{1}{\sqrt{a_1\,\pi\,t}} = +\frac{b_1}{\sqrt{\pi\,t}}\,(\vartheta_1 - \vartheta_m),$$

ebenso
$$\lambda_2\left(\frac{\partial\vartheta}{\partial x}\right)_{-0} = -\frac{b_2}{\sqrt{\pi\,t}}\,(\vartheta_2 - \vartheta_m).$$

Mit diesen Ausdrücken wird Gl. (IV)

$$b_1(\vartheta_1 - \vartheta_m) = -b_2(\vartheta_2 - \vartheta_m)$$

oder

$$(\vartheta_2 - \vartheta_m)/(\vartheta_m - \vartheta_1) = b_1/b_2.$$

Erklären wir diese Gleichung an Hand unserer Abb. 66, so besagt sie: der Punkt ϑ_m teilt die Strecke $\vartheta_2 - \vartheta_1$ im umgekehrten Verhältnis der zugehörigen b-Werte. Die Grenztemperatur*unterschiede* $\vartheta_2 - \vartheta_m$ und $\vartheta_m - \vartheta_1$ hängen also vom Verhältnis der Wärmeeindringzahlen b, die Grenztemperatur*gefälle* aber vom Verhältnis der Wärmeleitzahlen λ ab. Die Temperatur der Berührungsebene, ϑ_m, liegt stets näher an der Temperatur des Körpers mit der größeren Wärmeeindringzahl b.

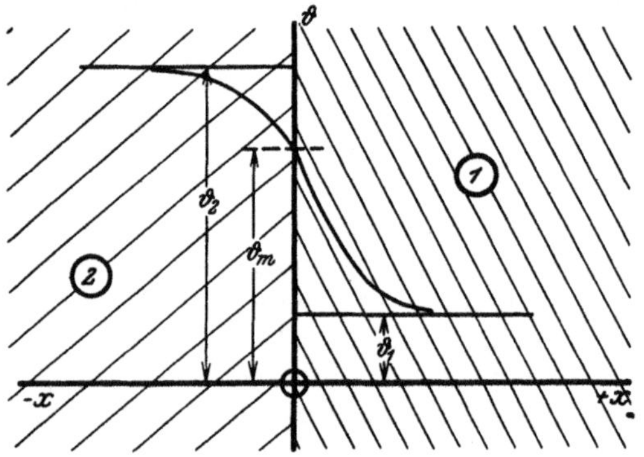

Abb. 66. Temperaturausgleich zwischen verschiedenartigen Körpern.

Diese Aufgabe enthält zugleich ein anderes Problem, nämlich das der physiologischen Empfindung „warm“ oder „kalt“ beim Berühren verschiedener Gegenstände durch die Hand. Gleichtemperierte, z. B. auf 20 °C befindliche Gegenstände werden um so „kälter“ empfunden, je höher ihr b-Wert ist (Zahlentafel 6); Metalle wirken kälter als Stein, dieser kälter als Holz. Der umgekehrte Eindruck entsteht, wenn die Gegenstände wärmer als die Haut sind (Berührungsschutz durch Holz).

2. Der Körper ist nicht isotrop.

a) Allgemeines. Ein isotroper Stoff ist ein solcher, bei dem alle physikalischen Eigenschaften von der Richtung unabhängig sind; weitaus die meisten Stoffe sind isotrop. Das gebräuchlichste Beispiel eines anisotropen Körpers sind die Kristalle. Die analytische Theorie der Wärmeleitung in Kristallen ist ein wichtiger Zweig der theoretischen Physik geworden — doch liegt die Hauptbedeutung dieser Theorie auf rein mathematischem Gebiet. Wir wollen deshalb auf diese Theorie nicht weiter eingehen und begnügen uns damit, einige Begriffe aus dieser Lehre zu übernehmen.

In einem isotropen Körper ist die Wärmeleitfähigkeit an einer Stelle unabhängig von der Richtung und deshalb durch eine einzige Zahlenangabe vollkommen bestimmt — sie ist ein reiner Skalar. Anders bei einem Kristall; hier gibt es, durch das innere Gefüge hervorgerufen, ausgezeichnete Richtungen und die Wärmeleitfähigkeit wird für diese ausgezeichneten Richtungen im allgemeinen verschiedene Werte haben; aber auch jeder willkürlich dazwischenliegenden Richtung entspricht ein anderer Wert der Wärmeleitfähigkeit. Es ist deshalb die Wärmeleitfähigkeit in einem anisotropen Körper eine physikalische Größe, die erst gegeben ist durch Angabe des zu jeder Richtung gehörigen Wertes. Eine Größe dieser Art heißt ein Tensor. Ein Tensor ist keine richtungslose Größe wie der Skalar und keine einfach gerichtete Größe wie der Vektor. Ein Beispiel für einen Tensor, das jedem Ingenieur bekannt ist, ist der Spannungszustand in einem deformierten, elastischen Körper (Spannungsellipsoid).

b) Verschiedene anisotrope Körper. Der wichtigste Fall eines anisotropen Körpers ist das Holz. Infolge der Faserung und der Ausbildung von Jahresringen (Zylinderflächen) gibt es in jedem Punkte eines Stammes drei ausgezeichnete Richtungen, nämlich (vgl. Abb. 67) *I* axial, *II* radial und *III* tangential. (Meist unterscheidet man näherungsweise nur „in Richtung der Faser" = *I* und „senkrecht zur Richtung der Fasser" = *II* und *III*.) Die Werte der Wärmeleitfähigkeit in diesen Richtungen sind natürlich nur durch den Versuch zu bestimmen.

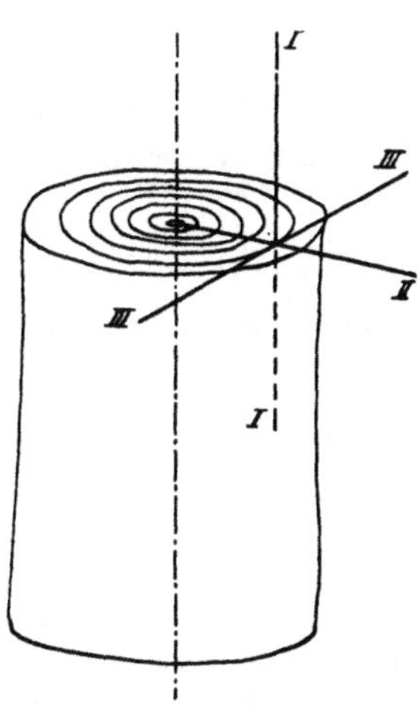

Abb. 67. Die drei ausgezeichneten Richtungen in Holz: *I* axial, *II* radial, *III* tangential.

Nächst den Hölzern kommen als anisotrope Körper solche Körper in Betracht, die aus einzelnen Teilen in regelmäßiger Weise zusammengeschichtet sind. Dabei müssen die Abmessungen der einzelnen Teile klein gegen die Abmessungen des ganzen Körpers sein. Solche zusammengesetzte Körper sind: verschiedene Konstruktionen im Hochbau und in der Wärme- und Kälteisoliertechnik, ferner die Wicklungen der Elektromagnete usw. und die Plattenpakete und Drahtbündel der Magnetkerne u. a. m.

c) Die Wärmeleitfähigkeit von geschichteten Körpern. „Ein Körper bestehe aus lauter gleichen Schichten von der Dicke Δ. Jede Schicht bestehe ihrerseits wieder aus n planparallelen Platten von den Dicken $\delta_1, \ldots, \delta_n$ und den Wärmeleitfähigkeiten $\lambda_1, \ldots, \lambda_n$. Welches ist die Wärmeleitfähigkeit des ganzen Körpers senkrecht zur Lage der Schichten und parallel zur Lage der Schichten?"

1. Senkrecht zur Lage der Schichten λ_s. Wir geben dem Körper eine solche Temperaturverteilung, daß die Plattenebenen zu Flächen konstanter Temperatur werden. Im Beharrungszustand wird dann durch jede Platte die gleiche Wärmemenge Q pro Flächen- und Zeiteinheit hindurchgehen. Diese Wärmemenge ist gegeben zu

$$Q_s = -\lambda_1 \frac{\vartheta_0 - \vartheta_1}{\delta_1} = -\lambda_2 \frac{\vartheta_1 - \vartheta_2}{\delta_2} = \cdots = \lambda_n \frac{\vartheta_{n-1} - \vartheta_n}{\delta_n}$$

oder

$$\vartheta_0 - \vartheta_1 = -Q_s \frac{\delta_1}{\lambda_1},$$

$$\vartheta_1 - \vartheta_2 = -Q_s \frac{\delta_2}{\lambda_2},$$

. . . .

$$\vartheta_{n-1} - \vartheta_n = -Q_s \frac{\delta_n}{\lambda_n}.$$

Durch Addition $$\vartheta_0 - \vartheta_n = -Q_s \left\{ \frac{\delta_1}{\lambda_1} + \frac{\delta_2}{\lambda_2} + \cdots + \frac{\delta_n}{\lambda_n} \right\}. \qquad \text{(I)}$$

Denken wir uns jetzt die Schicht durch eine einheitliche Platte von der Dicke Δ ersetzt und von einer solchen Wärmeleitfähigkeit λ_s, daß sie bei derselben Temperaturdifferenz $\vartheta_0 - \vartheta_n$ von derselben Wärmemenge Q_s durchflossen wird, so gilt für diese Ersatzplatte

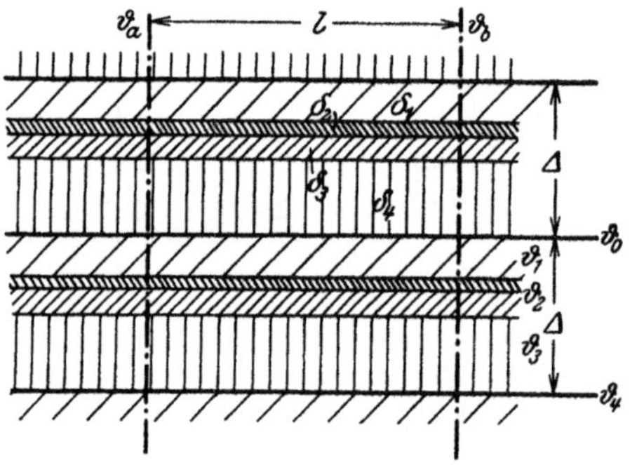

Abb. 68. Die geschichteten Körper.

$$Q_s = -\lambda_s \frac{\vartheta_0 - \vartheta_n}{\Delta} \qquad \text{(II)}$$

oder

$$\vartheta_0 - \vartheta_n = -Q_s \frac{\Delta}{\lambda_s}.$$

Durch Vergleich von (I) und (II) folgt:

$$\lambda_s = \frac{\Delta}{\frac{\delta_1}{\lambda_1} + \frac{\delta_2}{\lambda_2} + \cdots + \frac{\delta_n}{\lambda_n}}. \qquad \text{(56a)}$$

2. *Parallel zur Lage der Schichten* λ_p. Wir geben jetzt dem Körper eine solche Temperaturverteilung, daß die Flächen konstanter Temperatur durch parallele Ebenen gebildet sind, welche die Platten senkrecht durchsetzen. In Abb. 68 sind durch die gestrichelten Geraden zwei solche Ebenen mit den Werten ϑ_a und ϑ_b angedeutet. Ihr Abstand sei l. In der Richtung senkrecht zur Bildebene sei die Abmessung des Plattenpaketes gleich „*1*“. Dann strömen längs der einzelnen Platten folgende Wärmemengen:

längs der 1. Platte: $$q_1 = -\lambda_1 \frac{\vartheta_a - \vartheta_b}{l} \delta_1 \cdot 1;$$

längs der 2. Platte: $$q_2 = -\lambda_2 \frac{\vartheta_a - \vartheta_b}{l} \delta_2 \cdot 1;$$

. . . .

längs der n-ten Platte: $$q_n = -\lambda_n \frac{\vartheta_a - \vartheta_b}{l} \delta_n \cdot 1;$$

längs der ganzen Schicht: $$Q_p = -\frac{\vartheta_a - \vartheta_b}{l} (\lambda_1 \delta_1 + \lambda_2 \delta_2 + \cdots + \lambda_n \delta_n). \qquad \text{(III)}$$

Ersetzen wir wieder die Schicht durch eine einheitliche Platte von solcher Wärmeleitfähigkeit λ_p, daß bei gleichem Temperaturgefälle

$(\vartheta_a - \vartheta_b)/l$ die gleiche Wärmemenge Q_p hindurchgeht, so gilt für diese Platte

$$Q_p = -\lambda_p \frac{\vartheta_a - \vartheta_b}{l} \Delta \cdot 1. \tag{IV}$$

Durch Vergleich von (III) und (IV):

$$\lambda_p = \frac{\lambda_1 \delta_1 + \lambda_2 \delta_2 + \cdots + \lambda_n \delta_n}{\Delta}. \tag{56b}$$

3. Das Verhältnis λ_p / λ_s. Die Gln. (56a) und (56b) ergeben:

$$\frac{\lambda_p}{\lambda_s} = \frac{1}{\Delta^2}\left(\frac{\delta_1}{\lambda_1} + \frac{\delta_2}{\lambda_2} + \cdots + \frac{\delta_n}{\lambda_n}\right)(\delta_1\lambda_1 + \delta_2\lambda_2 + \cdots + \delta_n\lambda_n). \tag{56c}$$

Ist die Leitfähigkeit einer einzelnen Platte sehr groß, so wird das entsprechende Glied in der ersten Klammer gleich Null, fällt also fort, in der zweiten Klammer wird das entsprechende Glied sehr groß und damit auch das Verhältnis λ_p/λ_s.

Ist umgekehrt die Wärmeleitfähigkeit einer Platte sehr klein, so wird das betreffende Glied der zweiten Klammer fortfallen und das der ersten Klammer sehr groß. Damit wird auch das Verhältnis λ_p/λ_s sehr groß.

Wie auch die Leitfähigkeiten verteilt sein mögen, das Verhältnis ist immer größer als „Eins". Es erreicht seinen Kleinstwert „Eins" erst, wenn alle λ gleich sind, also wenn die Schicht homogen und isotrop ist[1].

Bemerkung. Nach diesen Beispielen anisotroper Körper ist es sehr wohl möglich, daß bei technischen Aufgaben die Wärmeleitfähigkeit als Tensor aufgefaßt werden muß[2].

In vielen Fällen wird es aber möglich sein, die Wärmeleitfähigkeit als Skalar zu betrachten, nämlich überall dort, wo das Temperaturfeld nur von einer Koordinate abhängt und diese Koordinatenrichtung mit einer Hauptachse des Tensors zusammenfällt. (Vgl. das oben besprochene Plattenpaket.)

3. Wärmeleitfähigkeit, spezifische Wärme und spezifisches Gewicht sind vom Druck und von der Temperatur abhängig.

a) Die Abhängigkeit vom Druck. Bei festen Körpern sind diese Werte nur in sehr geringem Maße vom Druck abhängig. Nun treten aber in jedem festen Körper, dessen Inneres Temperaturunterschiede aufweist, Spannungen auf, die unter dem Namen „Temperaturspannungen" bekannt sind. Diese Spannungen — ebenso wie die ihnen verwandten Gußspannungen — sind von sehr hohem Betrage und es ist deshalb das Bedenken keineswegs von der Hand zu weisen, daß unter so hohen Drücken auch die an sich schwache Abhängigkeit der Stoffwerte vom Druck von Einfluß werde. Etwas Sicheres ist jedoch hierüber nicht

---

[1] Über eine experimentelle Bestimmung von λ_p und λ_s vgl. L. OTT: Untersuchungen zur Frage der Erwärmung elektrischer Maschinen. VDI-Forsch.-Heft Nr. 35/36. Berlin 1906.

[2] Es sei deshalb hier auf die einschlägige mathematische Literatur verwiesen, z. B.: Enzykl. d. math. Wiss. Bd. 5, 4, S. 181. WINKELMANN: Handbuch der Physik, Bd. Wärme.

bekannt, denn einerseits fehlen die experimentellen Angaben für diese Abhängigkeitsgesetze und andererseits wird die Berechnung ungemein schwierig, sobald man diese Abhängigkeit berücksichtigen will.

b) Die Abhängigkeit von der Temperatur. Es gibt Legierungen, deren Ausdehnungskoeffizient gleich Null, deren Dichte also von der Temperatur unabhängig ist. Ebenso mag es auch Stoffe geben, deren Wärmeleitfähigkeit oder deren spezifische Wärme von der Temperatur unabhängig ist. Aber es werden dies seltene Ausnahmen sein. Im allgemeinen sind λ, c und ϱ als Funktionen der Temperatur anzusehen.

Die Differentialgleichung (4)

$$\frac{\partial \vartheta}{\partial t} = a \nabla^2 \vartheta + \frac{1}{c \varrho} W$$

ist deshalb richtiger zu schreiben:

$$c \varrho \frac{\partial \vartheta}{\partial t} = \operatorname{div}(\lambda \operatorname{grad} \vartheta) + W.$$

Die Methoden, die wir bisher zur Lösung der Aufgaben angewandt hatten, bestanden in dem Zusammensetzen der allgemeinen Lösung aus Teillösungen. Dies darf aber nur geschehen, solange die Differentialgleichung linear ist. Unsere obige Gleichung ist jedoch wegen der temperaturabhängigen Stoffwerte nicht mehr linear und das Verfahren mit den Teillösungen versagt. Die Wege, die dann einzuschlagen sind — es sind dies meist mathematische Näherungsmethoden —, sind so zahlreich und vielgestaltig, daß ihre Besprechung über den Rahmen dieses Buches hinausgeht.

Einige einfache Fälle lassen sich analytisch behandeln, z. B. der Fall einer linearen Abhängigkeit der Wärmeleitzahl von der Temperatur, etwa nach der Gleichung

$$\lambda = \lambda_0 + b \vartheta. \qquad \text{(a)}$$

Die Wärmestromdichte in einer ebenen Platte von der Dicke X im stationären Zustand wird dann

$$q X = \lambda_0 (\vartheta_1 - \vartheta_2) + \frac{b}{2} (\vartheta_1^2 - \vartheta_2^2). \qquad \text{(b)}$$

Eine mittlere Wärmeleitzahl λ_m, die durch die Gleichung

$$q X = \lambda_m (\vartheta_1 - \vartheta_2) \qquad \text{(c)}$$

definiert ist, wird gleich dem arithmetischen Mittel aus den Werten λ_1 und λ_2 bei den Temperaturen ϑ_1 und ϑ_2 oder, was hier auf dasselbe herauskommt, gleich dem Wert λ bei der Mitteltemperatur $\vartheta_m = (\vartheta_1 + \vartheta_2)/2$. Eine einfache Rechnung zeigt, daß auch für Kugel und Zylinder dieselbe Beziehung gilt. Die Benutzung der mittleren Wärmeleitzahl, wie sie die Isoliertechnik meist verwendet, ist also exakt richtig, solange Gl. (a) gilt.

4. Vorgänge mit Änderung des Aggregatzustandes oder der chemischen Natur.

a) Allgemeines. Wird eine Wasseroberfläche auf 0 °C abgekühlt, so entsteht wegen der Dichteanomalie des Wassers eine stabile Schichtung, da Wasser von 0 °C leichter als solches von + 4 °C ist. Es besteht somit keine Neigung zur Konvektion, so daß die Eisbildung bei weiterem Wärmeentzug als reine Wärmeleitung behandelt werden kann. In die Gruppe dieser Probleme fallen weitere Vorgänge der Erstarrung, des Ausfrierens einer Komponente und des Schmelzens[1, 2, 3], ferner auch Vorgänge, die mit chemischen Reaktionen verbunden sind (z. B. Kalkbrennen). Weiterhin rechnet dazu die Diffusion eines Stoffes in einem festen Körper zusammen mit einer chemischen Reaktion. Bei Erreichen einer bestimmten Konzentration werden die diffundierenden Moleküle chemisch gebunden und nehmen dadurch nicht mehr an der Diffusion teil[4].

Für unsere Zwecke läßt sich das Wesentliche dieser Vorgänge in folgenden vier Sätzen aussprechen:

1. Es findet eine Änderung des Aggregatzustandes oder der chemischen Natur des Körpers, der das Feld erfüllt, statt.
2. Hierbei treten latente Wärmemengen auf.
3. An der Umwandlungsstelle ändern die Stoffwerte λ, c und ϱ sprungweise ihren Wert.
4. Es treten keine Konvektionsströme auf.

b) Das Vordringen des Frostes in feuchtem Erdboden. „Ein feuchter Erdboden besitze im Anfang überall die Temperatur ϑ_{II}. Von einem gegebenen Augenblick an werde die Oberfläche konstant auf der Temperatur ϑ_I gehalten. Das Gefrieren des Erdbodens erfolge bei der Temperatur ϑ_0, und zum Gefrieren der Masseneinheit feuchten Erdreiches müsse die Wärmemenge Q_0 entzogen werden. — Welches ist die Gleichung des Temperaturfeldes, und wie rasch dringt die Frostgrenze vor?"

Der mathematische Ansatz. In Abb. 69 ist die Tiefe unter der Bodenoberfläche als die eine Koordinate x und die Temperatur als die andere Koordinate ϑ angenommen. Mit ξ ist ein veränderlicher Wert auf der x-Achse bezeichnet, der die augenblickliche Lage der Frostgrenze angibt. Die physikalischen Größen werden mit dem Zeiger „*1*" bezeichnet, wo sie für den gefrorenen Boden und mit „*2*", wo sie für den ungefrorenen Boden gelten.

---

[1] PLANK, R.: Die Gefrierdauer von Eisblöcken. Z. ges. Kälteind. 20 (1913) 109/114 und 39 (1932) 56.

[2] LACHMANN, K.: Zum Problem des Erstarrens für den durch zwei parallele Ebenen begrenzten Körper. Z. angew. Math. Mech. 15 (1935) 345/358 und 17 (1937) 379/380.

[3] HUBER, A.: Über das Fortschreiten der Schmelzgrenze in einem linearen Leiter. Z. angew. Math. Mech. 19 (1939) 1/21.

[4] FUJITA, H.: Diffusion with a sharp moving boundary. J. chem. Physics 21 (1953) 700/705.

1. Differentialgleichungen:

Im gefrorenen Teil, d. i. für $x < \xi$:

$$\frac{\partial \vartheta_1}{\partial t} = a_1 \frac{\partial^2 \vartheta_1}{\partial x^2}; \tag{Ia}$$

im ungefrorenen Teil, d. i. für $x > \xi$:

$$\frac{\partial \vartheta_2}{\partial t} = a_2 \frac{\partial^2 \vartheta_2}{\partial x^2}. \tag{Ib}$$

2. Anfangsbedingung:

Für $t = 0$ muß

$$\vartheta_2 = \text{const} = \vartheta_{II} \tag{II}$$

sein.

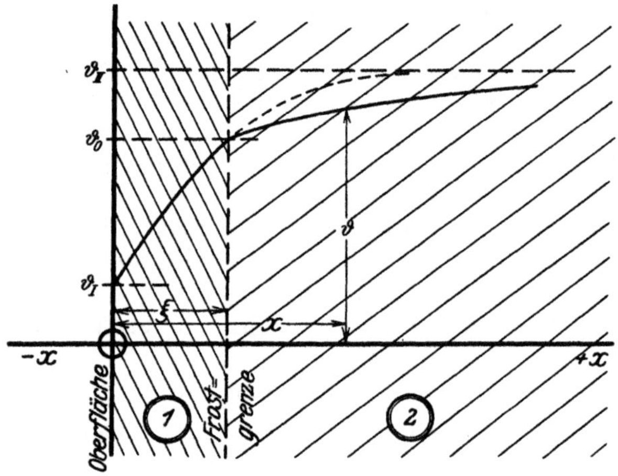

Abb. 69. Vordringen des Frostes in feuchter Erde.

3. Randbedingungen:

An der Oberfläche: für $x = 0$ und $t \gtreqless 0$ muß $\vartheta_1 = \vartheta_I$. (III)

In sehr großen Tiefen: für $x = \infty$ und $t \gtreqless 0$ muß $\vartheta_2 = \vartheta_{II}$. (IV)

An der Frostgrenze:

$$\text{für } x = \xi \text{ und } t > 0 \text{ muß } \vartheta_1 = \vartheta_2 = \vartheta_0 = \text{const}. \tag{V}$$

4. Der Gefriervorgang:

Wenn wir beobachten, daß die Frostgrenze in der Zeit dt um die Strecke $d\xi$ vorgerückt ist, so ist eine Erdmasse von dem Volumen $F\,d\xi$ erstarrt, wenn mit F das beobachtete Stück der Frostgrenze bezeichnet ist. Bei diesem Vorgange ist die Wärmemenge $Q_0 \varrho_2 F\,d\xi$ frei geworden. Diese Wärmemenge muß nun — zusammen mit der aus dem noch ungefrorenen Boden kommenden Wärmemenge — durch den gefrorenen Boden abgeleitet werden. Es gilt also die Gleichung:

$$-\lambda_1 \left(\frac{\partial \vartheta}{\partial x}\right)_{\xi-0} F\,dt = -Q_0 \varrho_2 F\,d\xi - \lambda_2 \left(\frac{\partial \vartheta}{\partial x}\right)_{\xi+0} F\,dt$$

oder

$$\frac{d\xi}{dt} = \frac{1}{Q_0 \varrho_2}\left(\lambda_1 \left(\frac{\partial \vartheta}{\partial x}\right)_{\xi-0} - \lambda_2 \left(\frac{\partial \vartheta}{\partial x}\right)_{\xi+0}\right). \tag{VI}$$

Durch diese 6 Bedingungen ist die Temperaturfunktion eindeutig bestimmt.

Die Lösung der Aufgabe. In Aufgabe 5 haben wir das Gaußsche Fehlerintegral als eine Lösung unserer Differentialgleichung kennengelernt. Sind C_1, D_1 und C_2, D_2 vier willkürliche Konstanten, so ist

$$\vartheta_1 = C_1 + D_1 G\left(\frac{x}{\sqrt{4a_1 t}}\right)$$

eine partikuläre Lösung von (Ia) und

$$\vartheta_2 = C_2 + D_2 G\left(\frac{x}{\sqrt{4a_2 t}}\right)$$

eine partikuläre Lösung von (Ib).

Da nun $G(0) = 0$ und $G(\infty) = 1$ ist, so liefern die Bedingungsgleichungen (III) und (IV) die Beziehungen

$$\text{für } x = 0: \quad \vartheta_1 = C_1 + 0 \quad = \vartheta_I$$

und

$$\text{für } x = \infty: \quad \vartheta_2 = C_2 + D_2 = \vartheta_{II}.$$

Damit also Bedingung (III) und (IV) erfüllt sind, muß

$$C_1 = \vartheta_I \quad \text{und} \quad C_2 = \vartheta_{II} - D_2$$

gesetzt werden.

Unsere obigen partikulären Lösungen heißen jetzt

$$\vartheta_1 = \vartheta_I + D_1 G\left(\frac{x}{\sqrt{4a_1 t}}\right), \tag{VIIa}$$

$$\vartheta_2 = \vartheta_{II} - D_2\left(1 - G\left(\frac{x}{\sqrt{4a_2 t}}\right)\right). \tag{VIIIa}$$

Die Bedingung (II) ist ebenfalls erfüllt, denn die Gl. (VIIIa) ergibt für $t = 0$ den Wert $\vartheta_2 = \vartheta_{II}$.

Als nächste Bedingung, die zu erfüllen ist, betrachten wir Bedingung (V), den Temperaturwert in der Frostgrenze. Für $x = \xi$ liefern die Gln. (VIIa) und (VIIIa):

$$\vartheta_I + D_1 G\left(\frac{\xi}{\sqrt{4a_1 t}}\right) = \vartheta_{II} - D_2\left(1 - G\left(\frac{\xi}{\sqrt{4a_2 t}}\right)\right) = \vartheta_0.$$

Da D_1 und D_2 konstante Größen sind, kann diese Doppelgleichung nur dann für jeden Wert von t erfüllt sein, wenn auch die Gaußschen Fehlerintegrale konstante Größen sind. Dies ist aber nur dann möglich, wenn sich ξ so mit t ändert, daß die Argumente der Funktion G konstant sind, daß also ξ mit $\sqrt{t}$ proportional ist. Ist q ein Proportionalitätsfaktor, so gilt die Gleichung

$$\xi = q\sqrt{t}. \tag{IXa}$$

Durch Differenzieren ergibt sich daraus die Geschwindigkeit $d\xi/dt$, mit der die Frostgrenze vorrückt. Es ist

$$\frac{d\xi}{dt} = \frac{q}{\sqrt{4t}}. \tag{IXb}$$

Die Geschwindigkeit des Vorrückens ist also zu Beginn sehr groß (im ersten Augenblick unendlich groß), nimmt dann aber rasch ab.

Aus der Doppelgleichung ergibt sich ferner

$$D_1 = \frac{\vartheta_0 - \vartheta_I}{G\left(\frac{\xi}{\sqrt{4 a_1 t}}\right)} \quad \text{und} \quad D_2 = \frac{\vartheta_{II} - \vartheta_0}{1 - G\left(\frac{\xi}{\sqrt{4 a_2 t}}\right)}.$$

Mit Hilfe dieser beiden Werte und unter Verwendung von Gl. (IXa) nehmen die partikulären Lösungen (VIIa) und (VIIIa) die Form an:

$$\vartheta_1 = \vartheta_I + (\vartheta_0 - \vartheta_I)\,\frac{G\left(\frac{x}{\sqrt{4 a_1 t}}\right)}{G\left(\frac{q}{\sqrt{4 a_1}}\right)}, \tag{VIIb}$$

$$\vartheta_2 = \vartheta_{II} - (\vartheta_{II} - \vartheta_0)\,\frac{1 - G\left(\frac{x}{\sqrt{4 a_2 t}}\right)}{1 - G\left(\frac{q}{\sqrt{4 a_2}}\right)}. \tag{VIIIb}$$

Zur Bestimmung der letzten Unbekannten q dient Bedingung (VI): Es ist

$$\frac{\partial \vartheta_1}{\partial x} = \frac{\vartheta_0 - \vartheta_I}{G\left(\frac{q}{\sqrt{4 a_1}}\right)}\,\frac{e^{-\frac{x^2}{4 a_1 t}}}{\sqrt{a_1 \pi t}}$$

und

$$\left(\frac{\partial \vartheta_1}{\partial x}\right)_{x=\xi-0} = \frac{\vartheta_0 - \vartheta_I}{G\left(\frac{q}{\sqrt{4 a_1}}\right)}\,\frac{e^{-\frac{q^2}{4 a_1}}}{\sqrt{a_1 \pi t}}.$$

Ebenso ist:

$$\left(\frac{\partial \vartheta_2}{\partial x}\right)_{x=\xi+0} = \frac{\vartheta_{II} - \vartheta_0}{1 - G\left(\frac{q}{\sqrt{4 a_2}}\right)}\,\frac{e^{-\frac{q^2}{4 a_2}}}{\sqrt{a_2 \pi t}}.$$

Mit diesen beiden Differentialquotienten wird Gl. (VI):

$$Q_0 \varrho_2 \frac{d\xi}{dt} = \frac{\lambda_1}{\sqrt{a_1 \pi t}}(\vartheta_0 - \vartheta_I)\,\frac{e^{-\frac{q^2}{4 a_1}}}{G\left(\frac{q}{\sqrt{4 a_1}}\right)} - \frac{\lambda_2}{\sqrt{a_2 \pi t}}(\vartheta_{II} - \vartheta_0)\,\frac{e^{-\frac{q^2}{4 a_2}}}{1 - G\left(\frac{q}{\sqrt{4 a_2}}\right)}.$$

Unter Verwendung von Gl. (IXb) und unter Einführung der Wärmeeindringzahl $b = \sqrt{\lambda c \varrho}$ ergibt sich:

$$Q_0 \varrho_2 \frac{\sqrt{\pi}}{2} q = b_1(\vartheta_0 - \vartheta_I)\,\frac{e^{-\frac{q^2}{4 a_1}}}{G\left(\frac{q}{\sqrt{4 a_1}}\right)} - b_2(\vartheta_{II} - \vartheta_0)\,\frac{e^{-\frac{q^2}{4 a_2}}}{1 - G\left(\frac{q}{\sqrt{4 a_2}}\right)}. \tag{X}$$

Dies ist eine transzendente Gleichung mit der einen Unbekannten q. Sie wird am besten auf graphischem Wege gelöst, indem man sie in der Form const q = Funkt (q) schreibt. Die linke Seite stellt eine Gerade durch den Ursprung des Koordinatensystems dar. Die rechte Seite gibt eine transzendente Kurve. Gerade und Kurve schneiden sich immer, aber immer nur in einem Punkte, so daß also die Gl. (X) stets eine Wurzel, die wir q_0 heißen wollen, besitzt. Mit diesem Wert q_0 gibt dann Gl. (IXa) den augenblicklichen Stand der Frostgrenze und die Gln. (VIIb) und (VIIIb) geben die Gestalt des Temperaturfeldes.

Mit sehr geringem mathematischem Aufwand läßt sich eine Näherungslösung angeben, die zur Abschätzung brauchbar sein kann. Es sei angenommen, daß die Temperatur in der gefrorenen Schicht geradlinig verläuft und daß ferner die Temperatur zu Beginn des Einfrierens überall ϑ_0 ist. Dann ist nur die Erstarrungswärme nach außen abzuführen nach folgender Gleichung:

$$Q_0 \varrho_2 d\xi = \lambda_1 \frac{(\vartheta_0 - \vartheta_I)}{\xi} dt$$

mit der Randbedingung $\xi = 0$ für $t = 0$ und der Lösung

$$\xi = \sqrt{\frac{2\lambda_1}{Q_0 \varrho_2}(\vartheta_0 - \vartheta_I)}\,\sqrt{t}\,. \qquad \text{(XI)}$$

Für Wasser seien folgende Stoffwerte benutzt: Wärmeleitzahl des Eises von 0° C: $\lambda_1 = 1{,}9$ kcal/m h grd; Schmelzwärme $Q_0 = 79{,}4$ kcal/kg; Dichte des Wassers $\varrho_2 = 1000$ kg/m³.

Damit wird

$$\xi = 0{,}69 \cdot 10^{-2} \sqrt{(\vartheta_0 - \vartheta_I)\,t} \text{ in m,}$$

wenn die Zeit t in h eingesetzt wird.

Es sei erwähnt, daß die Näherungslösung nach Gl. (XI) die gleiche Zeitfunktion wie die exakte Lösung nach Gl. (IXa) enthält, nur der Zahlenwert q wird anders lauten.

Die Gefrierdauer t_0 für eine beiderseits gekühlte Flüssigkeitsschicht von der Dicke $X = 2\xi$ ergibt sich aus Gl. (XI) zu

$$t_0 = \frac{X^2 Q_0 \varrho_2}{8\lambda_1(\vartheta_0 - \vartheta_I)}\,.$$

G. Wärmeleitung in verdünnten Gasen.

Nach den Ansätzen der kinetischen Gastheorie sollte die Wärmeleitzahl eines Gases in gewissen Bereichen vom Druck unabhängig sein. Bei einer Druckerniedrigung verringert sich zwar proportional die Anzahl der Moleküle, die den Transport an kinetischer Energie und damit die Wärmeleitung besorgen. Gleichzeitig steigt aber, ebenfalls proportional, die mittlere freie Weglänge $\bar{l}$, das ist jene Strecke, die ein Molekül im Mittel zwischen zwei Zusammenstößen zurücklegt. Insgesamt bleibt die Geschwindigkeit des molekularen Energieaustausches unverändert.

In dem Maße, wie der Druck eines Gases sinkt, nimmt die mittlere freie Weglänge $\bar{l}$ der Moleküle zu. Sobald nun $\bar{l}$ dieselbe Größenordnung[1] erreicht, die der Abstand der wärmeaustauschenden Oberflächen besitzt, gelten nicht mehr die Gesetze der Wärmeleitung, weil der lineare Temperaturabfall in der wärmeleitenden Substanz gestört wird. Dieser kommt ja (wenn wir die Anschauungen der kinetischen Gastheorie zu Hilfe nehmen) dadurch zustande, daß der Überschuß an kinetischer Energie der Moleküle von der wärmeren Begrenzungsfläche durch unzählige, einander gleichwertige Zusammenstöße an die kältere Begrenzungsfläche abgegeben wird. Wenn aber die Wahrscheinlichkeit, daß ein Molekül unmittelbar von der warmen zur kalten Begrenzungsfläche fliegt, ein gewisses Maß übersteigt, dann tritt damit eine neue Art von Molekülstößen auf.

Betrachten wir zunächst den einfacheren Fall sehr niedrigen Druckes, wo nur die anormale Stoßart vorkommt, also alle Moleküle eines zwischen zwei ebenen, parallelen, seitlich unbegrenzten Flächen W_1 und W_2 eingeschlossenen Gases unmittelbar von W_1 zu W_2 fliegen. Die freie Weglänge $\bar{l}$, die in diesem Fall natürlich nur mehr als Rechengröße einen Sinn hat, ist also sehr viel größer als der Plattenabstand. Dann gilt für den Wärmeaustausch unter der Voraussetzung, daß die Moleküle beim Anprall an die Wand jeweils deren Temperatur T_1 bzw. T_2 annehmen, die Gleichung[2]:

$$Q = \frac{3}{8} p \sqrt{\frac{3R}{MT}} (T_1 - T_2), \tag{57}$$

worin p der Druck, T die mittlere Temperatur, M das Molekulargewicht des Gases, R die Gaskonstante bedeutet.

Wie man sieht, kommt der Abstand d der beiden Flächen in Gl. (57) gar nicht mehr vor. Für die Einschaltung von Zwischenwänden gilt daher die Gl. (43) von Teil III (S. 391).

Schwieriger zu behandeln ist der Fall eines nur so weit verdünnten Gases, daß die freie Weglänge von gleicher Größenordnung ist wie der Plattenabstand, daß also ein Teil der Moleküle unmittelbar von W_1 zu W_2 fliegt, ein anderer Teil Zusammenstöße im Inneren des Gases erleidet. Der Temperaturverlauf im Gas entspricht dann etwa der ausgezogenen Kurve $ABCD$ in Abb. 70. Man kann die Wärmeleitung dann durch Einführung eines „Gleitungskoeffizienten"[3] ζ (EA bzw. DF in Abb. 70) so berechnen, als ob in einer Gasschicht von der Dicke $d + 2\zeta$ das im inneren, ungestörten Teil der Gasschicht wirklich vorhandene Temperaturgefälle $dT/dy = \frac{T_1 - T_2}{d + 2\zeta}$ bestünde. Der Gleitungskoeffi-

[1] Als Anhalt mögen folgende Angaben für $\bar{l}$ von Wasserstoff bei 0° C dienen: Druck 760; 100; 1 Torr; $\bar{l} = 1{,}2 \cdot 10^{-5}$; $9 \cdot 10^{-5}$; $9 \cdot 10^{-3}$ cm.

[2] Ableitung s. z. B. G. Jäger: Die kinetische Theorie der Gase und Flüssigkeiten, in Geiger-Scheel: Handb. d. Physik, Bd. 9, Berlin 1926, oder K. F. Herzfeld: Kinetische Theorie der Wärme, in Müller-Pouillets Lehrb. d. Physik, Bd. 3/2, Braunschweig 1925.

[3] Die Bezeichnung ist der Strömungslehre entnommen.

zient ist dem Gasdruck umgekehrt proportional, außerdem von der Gasart abhängig.

Diese Verminderung der Wärmeleitung in Gasen tritt auch bei gewöhnlichem Druck dann auf, wenn das Gas in Poren von der Größenordnung der mittleren freien Weglänge eingebracht wird. So konnte VON SMOLUCHOWSKI[1] für sehr feinen Ruß und Kieselgur schon bei nur wenig vermindertem Gasdruck (etwa 10 Torr abs. Druck) Gesamtwärmeleitzahlen erhalten, die wesentlich unter denen der ruhenden Luft lagen. Die praktische Anwendung dieser Erscheinung machte, trotz eines erneuten Hinweises durch KNOBLAUCH[2], nur geringe Fortschritte, weil die Handhabung derartig feiner Pulver sehr schwierig war.

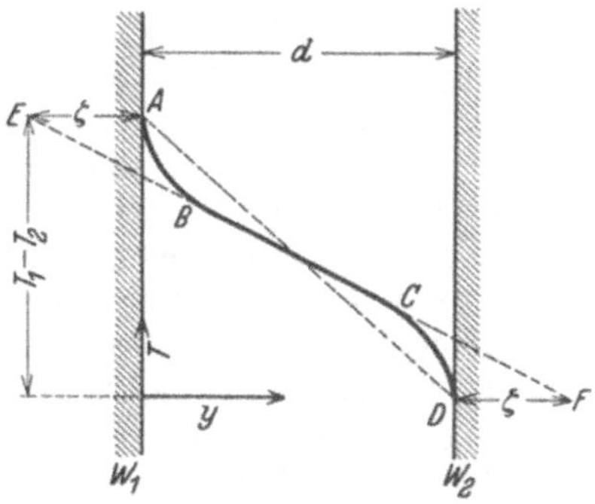

Abb. 70. Temperaturverteilung in einem verdünnten Gas. d = Abstand der Wände W_1 und W_2 mit den Temperaturen T_1 bzw. T_2, ζ = Gleitungskoeffizient.

Erst in neuerer Zeit beschäftigt man sich wiederum mit diesem „Smoluchowski-Effekt", und zwar in doppelter Absicht:

1. Zur Aufklärung des Mechanismus der Wärmeübertragung in porösen Stoffen (Isolierstoffen).
2. Um gut isolierte Behälter (z. B. zum Transport von Flüssiggasen) herzustellen, ohne wie beim Dewar-Gefäß (Thermosflasche) sehr hohe Vakua anwenden zu müssen.

Eine Untersuchung der Wärmeleitung in einer Glaswolle-Isolierung bis zu Drücken von $^{1}/_{1000}$ Torr stammt von VERSCHOOR und GREEBLER[3]. Abb. 71 zeigt ein typisches Ergebnis für eine Probe von der Dichte 75 kg/m³ bei einer Mitteltemperatur von 65 °C. Im Bereich des Atmosphärendruckes ist die Wärmeleitzahl unabhängig vom Druck,

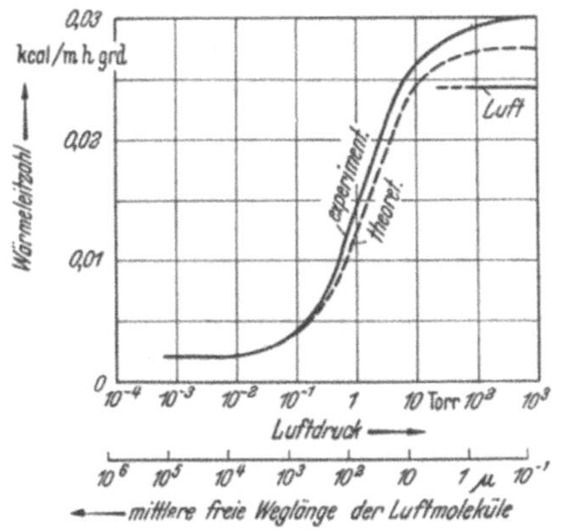

Abb. 71. Wärmeleitzahl einer Glaswolle-Isolierung bei vermindertem Luftdruck (Smoluchowski-Effekt). Zum Vergleich ist die Wärmeleitzahl ruhender Luft eingetragen (nach VERSCHOOR u. GREEBLER).

---

[1] SMOLUCHOWSKI, M. VON: Über Wärmeleitung pulverförmiger Körper und ein hierauf gegründetes neues Wärme-Isolierungsverfahren. Ber. II. Intern. Kältekongreß, Wien 1910, Bd. II S. 166.

[2] KNOBLAUCH, O.: Wärmedurchgang durch pulverförmige Körper in luftverdünntem Raum. Mitt. Forsch.-Heim Wärmeschutz Heft 6. München 1925.

[3] VERSCHOOR, J. D., u. P. GREEBLER: Heat transfer by gas conduction and radiation in fibrous insulations. Trans. Amer. Soc. mech. Engrs. 74 (1952) 961/968.

in Übereinstimmung mit unseren früheren Betrachtungen. Bei Unterschreitung eines Luftdruckes von etwa 10 Torr fällt die Wärmeleitzahl stark ab und wird erst wieder bei sehr kleinen Drücken (etwa 0,01 Torr) druckunabhängig. Dieser letztere Wert der Wärmeleitzahl entspricht dem Wärmetransport allein durch Leitung in den Fasern und durch Strahlung über die Porenräume hinweg. Gas-Wärmeleitung ist nicht mehr beteiligt. Im Bereich 10 bis 0,1 Torr ist die mittlere freie Weglänge der Luftmoleküle von der Größenordnung des mittleren Faserabstandes[1]. Eine zweite Skala auf der Abszisse von Abb. 71 zeigt die zugehörigen freien Weglängen.

Die gestrichelte Kurve bedeutet den theoretischen Verlauf der Wärmeleitzahl, wie er sich aus vereinfachten Betrachtungen ergibt.

Weitere Untersuchungen zum Smoluchowski-Effekt stammen von Allcut[2], Kling[3], E. Schmidt und W. Leidenfrost[4] u. a., die Wärmeleitung von Gasen in Spalten endlicher Dicke (38 bis 300 mm) bei kleinen Drucken (bis etwa 10^{-3} Torr) untersuchten Peck und Mitarbeiter[5].

---

[1] In diesem Bereich ließe sich ein bestimmter Punkt als „effektiver Faserabstand" definieren.

[2] Allcut, E. A.: An analysis of heat transfer through thermal insulating materials. Proc. General Discussion Heat Transfer, London 1951, S. 232/235.

[3] Kling, G.: Der Einfluß des Gasdrucks auf das Wärmeleitvermögen von Isolierstoffen. Allg. Wärmetechnik 3 (1952) 167/174.

[4] Vgl. E. Schmidt: Fortschritte der wärmetechnischen Forschung. Z. VDI 95 (1953) 1177/1179.

[5] Peck, R. E., W. S. Fagan u. P. P. Werlein: Heat transfer through gases at low pressures. Trans. Amer. Soc. mech. Engrs. 73 (1951) 281/287.

Zweiter Teil.

Konvektive Wärmeübertragung.

In bewegten Flüssigkeiten überlagern sich grundsätzlich zwei Vorgänge der Wärmeübertragung: die reine (molekulare) Wärmeleitung und der molare Wärmeaustausch durch Mitführung (Konvektion). Je nach den Eigenschaften der Flüssigkeit und der Art der Strömung kann der eine oder andere Vorgang überwiegen, jedoch ist die Wärmeübertragung in bewegten Medien nicht von der Flüssigkeitsbewegung selbst zu trennen. Nur das Studium der hydrodynamischen Vorgänge führt zu einer vertieften Kenntnis der Gesetze der Wärmeübertragung. Es seien daher im folgenden einige Grundlagen der Strömungslehre vorausgeschickt.

A. Flüssigkeits- und Energiebewegung.

1. Grundgleichungen der reibungsfreien Flüssigkeit.

Auch in der Hydrodynamik lassen sich zwei der allgemeinsten physikalischen Sätze erfolgreich anwenden, um zu den Grundgleichungen der Flüssigkeitsbewegung zu gelangen: der Satz von der Erhaltung der Masse und die Newtonsche Gleichung: Kraft = Masse × Beschleunigung.

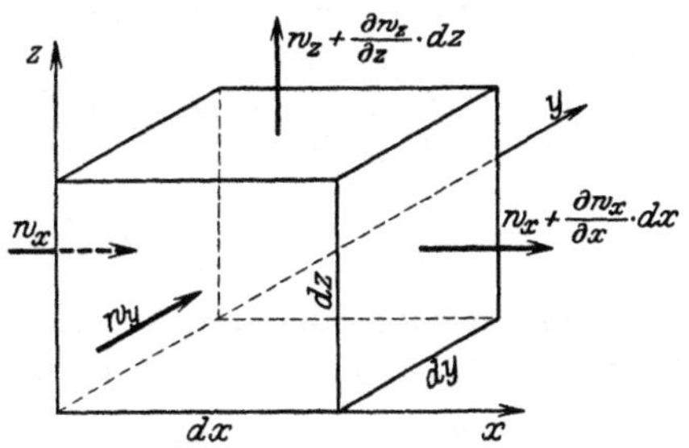

Abb. 72. Ableitung der Kontinuitätsgleichung für volumenbeständige Flüssigkeiten.

Der Satz von der Erhaltung der Masse führt zu der sog. *Kontinuitätsgleichung.* Wir legen in die Flüssigkeit ein irgendwie orientiertes rechtwinkliges Koordinatensystem $x y z$ und betrachten die in der Zeit dt durch ein Volumelement $dV = dx\,dy\,dz$ (Abb. 72) strömende Flüssigkeitsmenge, die als volumenbeständig betrachtet werden soll.

Den beliebig gerichteten Geschwindigkeitsvektor $\mathfrak{w}$ zerlegen wir in die drei Komponenten w_x, w_y und w_z in Richtung der Achsen. Bedeutet ϱ die Dichte der Flüssigkeit, so strömt in der Zeit dt in x-Richtung von links die Masse $\varrho\, w_x\, dy\, dz\, dt$ in das Volumelement ein, während nach rechts die Masse $\varrho \left(w_x + \frac{\partial w_x}{\partial x} dx\right) dy\, dz\, dt$ ausströmt. Der Überschuß in der x-Richtung ist also $\varrho \frac{\partial w_x}{\partial x} dx\, dy\, dz\, dt$. Durch zyklische Vertauschung von x, y und z und Summierung erhalten wir für den gesamten Überschuß der ausströmenden gegenüber der einströmenden Flüssigkeit den Ausdruck

$$\varrho \left(\frac{\partial w_x}{\partial x} + \frac{\partial w_y}{\partial y} + \frac{\partial w_z}{\partial z} \right) dx\, dy\, dz\, dt\,.$$

Der Satz von der Erhaltung der Masse sagt aus, daß die Summe dieser Überschüsse gleich Null sein muß; daraus folgt

$$\frac{\partial w_x}{\partial x} + \frac{\partial w_y}{\partial y} + \frac{\partial w_z}{\partial z} = 0\,. \tag{1}$$

In vektorieller Schreibweise nimmt Gl. (1) eine besonders einfache Form an:

$$\operatorname{div} \mathfrak{w} = 0\,. \tag{1a}$$

Diese Kontinuitätsgleichung sagt aus, daß innerhalb eines Volumelementes Flüssigkeit weder verschwindet noch neu hinzutritt, die Strömung ist also senken- und quellenfrei.

Betrachten wir den Fall einer stationären eindimensionalen Strömung in veränderlichem Querschnitt $F(x)$, also etwa eine Düsen- oder Diffusorströmung (bei genügend schlankem Öffnungswinkel), so wird der Überschuß zwischen aus- und einströmender Flüssigkeit

$$w\, dF/dx + F\, dw/dx = 0\,,$$

woraus die bekannte Gleichung $F\,w = \text{const}$ entsteht. Diese Beziehung gilt auch für Stromfäden ohne feste Begrenzung oder für einzelne Schichten. Bei nichtstationären Strömungen ändert sich naturgemäß der Wert der Konstanten mit der Zeit. Es bleibt aber auch dann die Geschwindigkeit dem Querschnitt umgekehrt proportional.

Haben wir bisher den Fall der volumenbeständigen Flüssigkeit ($\varrho = \text{const}$) betrachtet, so müssen wir bei einer elastischen Flüssigkeit außer der Änderung von $\mathfrak{w}$ auch die von ϱ berücksichtigen und erhalten als Überschuß in der x-Richtung

$$\frac{\partial}{\partial x} (\varrho w_x)\, dx\, dy\, dz\, dt\,.$$

Die Summierung über die drei Achsenrichtungen ergibt jetzt die zeitliche Dichteabnahme in dem Volumelement dV, also

$$\varrho \left(\frac{\partial w_x}{\partial x} + \frac{\partial w_y}{\partial y} + \frac{\partial w_z}{\partial z} \right) + w_x \frac{\partial \varrho}{\partial x} + w_y \frac{\partial \varrho}{\partial y} + w_z \frac{\partial \varrho}{\partial z} = - \frac{\partial \varrho}{\partial t}\,,$$

da ein Überschuß an ausströmender Flüssigkeit eine Verringerung der Dichte zur Folge haben muß (Erhaltung der Masse).

Die Ausdrücke $w_x \frac{\partial \varrho}{\partial x}, \ldots$ bezeichnen offenbar die Dichteänderungen, die ein Teilchen auf dem Wege $dx = w_x\, dt$ durch „Konvektion" erleidet, während der Betrag $\frac{\partial \varrho}{\partial t}$ die „lokale" Änderung der Dichte an festgehaltenem Orte ist. Die Summe dieser beiden Anteile ergibt somit die „totale“ Änderung der Dichte eines mit der Strömung fortschreitenden Volumelements je Zeiteinheit, wofür auch die Bezeichnung „substantieller“ Differentialquotient üblich ist. Er wird allgemein mit dem Zeichen D/dt abgekürzt, in unserem Falle also

$$\frac{D\varrho}{dt} = \frac{\partial\varrho}{\partial t} + w_x\frac{\partial\varrho}{\partial x} + w_y\frac{\partial\varrho}{\partial y} + w_z\frac{\partial\varrho}{\partial z}.$$

Damit können wir die Kontinuitätsgleichung für zusammendrückbare Flüssigkeiten auch in folgende Form bringen

$$\frac{D\varrho}{dt} = -\varrho\left(\frac{\partial w_x}{\partial x} + \frac{\partial w_y}{\partial y} + \frac{\partial w_z}{\partial z}\right) \tag{2}$$

oder in vektorieller Schreibweise

$$\frac{D\varrho}{dt} = -\varrho\,\mathrm{div}\,\mathfrak{w}. \tag{2a}$$

Da der Satz von der Erhaltung der Masse an keine spezielle Zustandsänderung des Mediums gebunden ist, kann die Dichteänderung auf beliebige Weise erfolgen, also z. B. durch Druck- oder Temperaturänderung, durch chemische Reaktion oder sonstwie; die Kontinuitätsgleichung (2) oder (2a) bleibt in allen Fällen gültig.

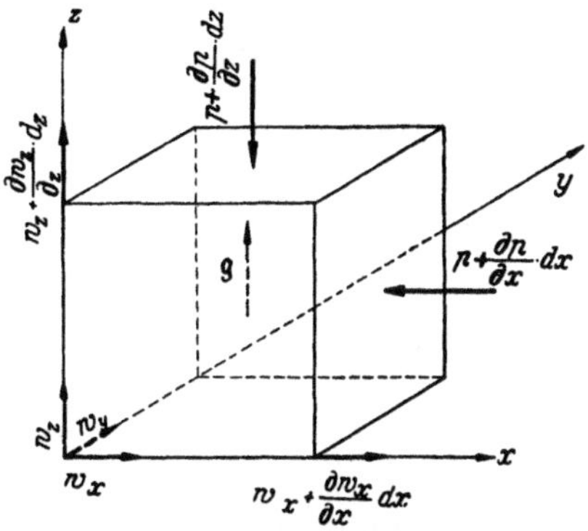

Abb. 73. Die in einer reibungsfreien Flüssigkeit an einem Volumenelement angreifenden Kräfte.

Der Newtonsche Satz: Kraft = Masse × Beschleunigung führt auf die *Bewegungsgleichung*. Wir betrachten wieder wie bei der Ableitung der Kontinuitätsgleichung ein Parallelepiped mit den Kanten dx, dy und dz (Abb. 73) und erhalten unter Benutzung des substantiellen Differentialquotienten

$$\sum \mathfrak{K} = \varrho\, dV \frac{D\mathfrak{w}}{dt} \tag{3}$$

oder in Worten: die Summe aller an dem Volumelement angreifenden Einzelkräfte $\mathfrak{K}$ ist gleich dem Produkt aus der Masse $\varrho\, dV$ des Volumelements und seiner Beschleunigung.

Außer der Schwerkraft, deren auf die Masseneinheit wirkende Beschleunigung wir mit $\mathfrak{g}$ bezeichnen, soll auf das Volumelement nur der Flüssigkeitsdruck wirken. Ausdrücke dafür kann man unmittelbar aus Abb. 73 entnehmen[1]. Da in einer reibungsfreien Flüssigkeit die Druckkraft von der Fläche unabhängig, also $p_x = p_y = p_z$ ist, erhält man für die drei Koordinatenrichtungen

$$-\frac{\partial p}{\partial x}\,dx\,dy\,dz = \varrho\, dV \frac{Dw_x}{dt}, \tag{3a}$$

$$-\frac{\partial p}{\partial y}\,dy\,dz\,dx = \varrho\, dV \frac{Dw_y}{dt}, \tag{3b}$$

[1] Der Druck ist eine skalare Größe. Die Richtung der Druckkraft wird durch die Richtung der Flächennormalen bestimmt.

$$\mathfrak{g}\,\varrho\,dV - \frac{\partial p}{\partial z}\,dz\,dx\,dy = \varrho\,dV\,\frac{Dw_z}{dt}. \tag{3c}$$

In vektorieller Schreibweise erhält man dafür nach Division durch dV:

$$\varrho\,\frac{D\mathfrak{w}}{dt} = \varrho\,\mathfrak{g} - \operatorname{grad} p. \tag{3d}$$

Die Gln. (3) kann man in bestimmten Fällen integrieren. Betrachten wir das in Abb. 74 dargestellte Stück einer Stromröhre mit der Bogenlänge ds. Aus Gl. (3) erhält man

$$\frac{Dw}{dt} = -\frac{1}{\varrho}\frac{dp}{ds} + g\cos\alpha.$$

In stationärer Strömung ist $\frac{\partial w}{\partial t} = 0$, also $\frac{Dw}{dt} = w\frac{\partial w}{\partial s} = \frac{\partial}{\partial s}\left(\frac{w^2}{2}\right)$. Für $\cos\alpha$ kann man ferner $-\partial z/\partial s$ setzen; mit diesen Umformungen erhalten wir

$$\frac{\partial}{\partial s}\left(\frac{w^2}{2}\right) + \frac{1}{\varrho}\frac{\partial p}{\partial s} + g\frac{\partial z}{\partial s} = 0. \tag{4}$$

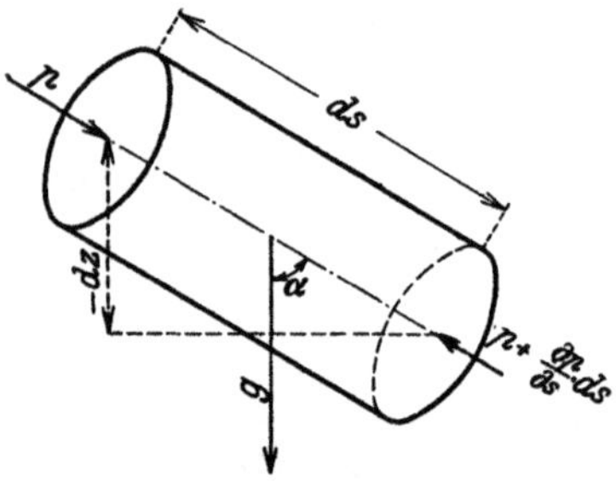

Abb. 74. Stromröhre mit daran angreifenden Kräften.

Da für raumbeständige Flüssigkeiten ϱ von s unabhängig ist, kann Gl. (4) für diesen Fall integriert werden, und man erhält

$$\frac{w^2}{2} + \frac{p}{\varrho} + gz = \text{const}, \tag{5}$$

wobei die rechte Seite für die ganze Erstreckung einer Stromröhre konstant ist, jedoch für jede Stromröhre einen anderen Wert haben kann. Dividiert man alle Glieder durch g und führt das spezifische Gewicht (Gewicht der Volumeneinheit) $\gamma = \varrho\,g$ ein, so wird

$$\frac{w^2}{2g} + \frac{p}{\gamma} + z = \text{const}. \tag{6}$$

Die Gl. (5) bzw. (6) wird nach ihrem Entdecker die „Bernoullische Gleichung“ genannt und sagt aus, daß (beim Fehlen äußerer Energiezu- oder -abfuhr) die Gesamtenergie einer Strömung längs einer Stromlinie konstant ist. Die Summanden von Gl. (5) haben die Dimension einer Energie je Masseneinheit [m²/sek²], und zwar bedeutet das erste Glied die kinetische Energie, das zweite die Druckarbeit und das dritte die potentielle Energie der Schwere. In Gl. (6) haben die einzelnen Summanden die Dimension von Höhen [m] und stellen die Geschwindigkeits-, die Druck- und die Ortshöhe dar.

Bei vielen Strömungsvorgängen kann vom Einfluß der Schwerkraft abgesehen werden, so daß sich Gl. (5) dann schreiben läßt:

$$\varrho\,\frac{w^2}{2} + p = \text{const}. \tag{7}$$

p ist der statische in der Flüssigkeit herrschende Druck, $\varrho\,w^2/2$ ist der „dynamische Druck“, der beim reibungsfreien Abbremsen der Geschwindigkeit w auf den Wert Null als Druckanstieg meßbar wird (Stau druck, Pitotrohr). Nach Gl. (7) bleibt also der aus diesen Summanden gebildete „Gesamtdruck", der etwa in einem Kessel bei ruhender Flüssigkeit herrscht, längs der Stromlinie konstant. Einer Beschleunigung entspricht die Abnahme des statischen Drucks und umgekehrt. Stammen alle Stromlinien aus demselben Raum, etwa dem erwähnten Kessel, so besitzen und behalten sie auch die gleiche Bernoullische Konstante. Die Gl. (5) gilt dann für die ganze Strömung.

2. Die Wirkung der Zähigkeit und die allgemeinen Bewegungsgleichungen zäher Flüssigkeiten.

Die im vorigen Abschnitt behandelten reibungsfreien Flüssigkeiten stellen einen Idealfall dar, der von wirklichen Flüssigkeiten nie erreicht wird. Gleichwohl lassen sich eine große Zahl von Strömungsvorgängen in genügender Annäherung mit Hilfe der Gesetze der reibungsfreien Strömung behandeln. Aber gerade in der Nähe fester Wände — und dieses Gebiet interessiert für die Wärmeübertragung besonders — macht sich der Einfluß der Zähigkeit in jedem Fall bemerkbar. Hier müssen also außer den Trägheitskräften noch die Reibungskräfte überwunden werden, auf die wir im folgenden eingehen wollen.

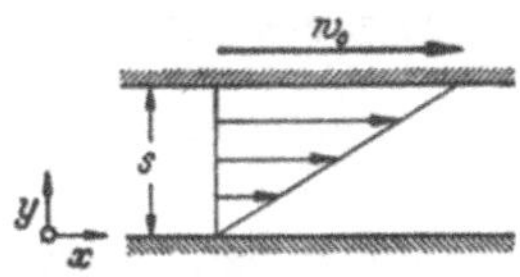

Abb. 75. Zur Definition der Zähigkeit.

Betrachten wir zunächst den Fall zweier Platten, von denen die eine ruht und die andere mit konstanter Geschwindigkeit w_0 parallel zu der ersten bewegt wird (Abb. 75). Der Raum zwischen beiden Platten sei mit einer Flüssigkeit ausgefüllt. Zur Bewegung der oberen Platte ist dann erfahrungsgemäß eine Kraft aufzuwenden, die der Geschwindigkeit w_0 direkt und dem Plattenabstand s umgekehrt proportional ist. Bezeichnen wir die Kraft je Flächeneinheit mit Schubspannung τ, so wird

$$\tau = \eta\, w_0/s. \tag{8}$$

Die den Platten unmittelbar benachbarten Flüssigkeitsschichten haben auch die Geschwindigkeiten der Platten, nämlich 0 und w_0, zwischen welchen beiden Werten die Geschwindigkeit linear über den Plattenabstand verläuft.

Der Proportionalitätsfaktor in Gl. (8) heißt die **Viskosität** η und ist bei sog. „normalen" Flüssigkeiten ein reiner Stoffwert, während er bei „rheologischen" Substanzen auch noch von der Vorbehandlung und dem Wert des Geschwindigkeitsgefälles abhängen kann. Im Rahmen dieses Buches sollen nur Flüssigkeiten behandelt werden, die dem Ansatz (8) gehorchen.

Allgemeiner läßt sich Gl. (8) auch schreiben

$$\tau = \eta \frac{dw}{dy}. \tag{9}$$

Die Viskosität η hat die Dimension einer Spannung je Geschwindigkeitsgradient, also z. B. die Einheit $\frac{\text{kp}}{\text{m}^2}\Big/\frac{\text{m}}{\text{sek m}} = \frac{\text{kp sek}}{\text{m}^2}$.

Im physikalischen Maßsystem wird mit den Einheiten dyn, cm und sek die Zähigkeit in *Poise* gemessen (nach POISEUILLE), wobei 1 Poise [P] $= 1\,\frac{\text{dyn sek}}{\text{cm}^2} = 1\,\frac{\text{g}}{\text{cm sek}}$ ist. Es gelten dabei folgende Umrechnungsformeln:

$$1\,\frac{\text{kp sek}}{\text{m}^2} = 98{,}0665\ \text{P} \qquad \text{und} \qquad 1\ \text{P} = 0{,}0102\,\frac{\text{kp sek}}{\text{m}^2}.$$

Sehr gebräuchlich ist auch der hundertste Teil des Poise, das Zentipoise [cP]. Reines entlüftetes Wasser hat bei 20,0 °C die Zähigkeit von 1,002 cP[1]. Mit dem kg als Masseneinheit wird die Einheit der Zähigkeit[2]

$$1\,\frac{\text{kp sek}}{\text{m}^2} = 9{,}80665\,\frac{\text{kg}}{\text{m sek}},$$

$$1\,\frac{\text{kg}}{\text{m sek}} = 10\,\frac{\text{g}}{\text{cm sek}} = 10\ \text{P} = 1\ \text{Dekapoise} = 1000\ \text{cP}.$$

Die oben definierte Viskosität η wird auch „dynamische Viskosität" genannt. Daneben hat für die Hydrodynamik auch die „kinematische Viskosität" eine große Bedeutung, die mit dem Buchstaben ν bezeichnet wird und durch die Beziehung[3]

$$\nu = \frac{\eta}{\varrho} = \frac{\eta g}{\gamma}$$

definiert ist. Ihre Einheit ist $\frac{\text{m}^2}{\text{sek}}$ oder $\frac{\text{cm}^2}{\text{sek}}$. Die Einheit $\frac{\text{cm}^2}{\text{sek}}$ wird auch *Stokes* [St] genannt, daneben ist auch das Zentistokes [cSt] in Gebrauch.

Während die dynamische Viskosität von Gasen von der Größenordnung $^1/_{100}$ der von Wasser ist, ist die kinematische Zähigkeit der Gase wegen ihrer geringeren Dichte rund 10mal größer als die des Wassers.

Neben den oben bezeichneten, physikalisch einwandfrei definierten Einheiten der Viskosität sind auch noch konventionelle Maßeinheiten im Gebrauch, so z. B. Englergrad, Redwood- und Saybolt-Sekunde. Obwohl diese Einheiten für hydrodynamische Rechnungen unbrauchbar sind, sind sie gerade in der Ölindustrie sehr verbreitet. Zur Umrechnung dieser Maße auf kinematische Viskosität wurde daher in den Anhang eine ausführliche Tabelle aufgenommen.

Aus den Gln. (8) und (9) läßt sich erkennen, warum die Gesetze der reibungsfreien Strömung in der Nähe fester Wände versagen müssen: auch bei Flüssigkeiten mit geringer Viskosität treten in der Nähe ruhender Begrenzungen hohe Schubspannungen auf, da dort die Geschwindigkeit der Strömung unter allen Umständen Null werden muß, was oft nur mit verhältnismäßig hohen Werten des Geschwindigkeitsgradienten möglich ist. Die daraus entstehenden Schubspannungen

---

[1] Dieser Wert ist als Normalwert festgelegt [vgl. Nat. Bur. Standards, Techn. News Bull. 37 (1953) 7, 100].

[2] Vgl. auch die Umrechnungstafeln im Anhang.

[3] Diese Bezeichnung rührt daher, daß in der Dimension der kinematischen Zähigkeit die Masse fehlt.

sind aber im allgemeinen Falle nicht mehr gegenüber den Trägheitskräften zu vernachlässigen. Die allgemeinen Bewegungsgleichungen zäher Flüssigkeiten müssen also gegenüber der Gl. (3) zusätzliche Ausdrücke enthalten, die den Zähigkeitseinfluß berücksichtigen. Ihre Ableitung gelingt unter der Voraussetzung der Gl. (9), dem sog. Newtonschen Reibungsgesetz, wonach die Schubspannungen den Geschwindigkeitsgradienten proportional sind.

Für inkompressible Flüssigkeiten erhält man unter dieser Annahme die „Navier-Stokesschen Differentialgleichungen" der zähen Flüssigkeit[1].

$$\varrho \frac{D w_x}{d t} = -\frac{\partial p}{\partial x} + \eta \left(\frac{\partial^2 w_x}{\partial x^2} + \frac{\partial^2 w_x}{\partial y^2} + \frac{\partial^2 w_x}{\partial z^2} \right), \tag{10a}$$

$$\varrho \frac{D w_y}{d t} = -\frac{\partial p}{\partial y} + \eta \left(\frac{\partial^2 w_y}{\partial x^2} + \frac{\partial^2 w_y}{\partial y^2} + \frac{\partial^2 w_y}{\partial z^2} \right), \tag{10b}$$

$$\varrho \frac{D w_z}{d t} = \varrho g - \frac{\partial p}{\partial z} + \eta \left(\frac{\partial^2 w_z}{\partial x^2} + \frac{\partial^2 w_z}{\partial y^2} + \frac{\partial^2 w_z}{\partial z^2} \right). \tag{10c}$$

In vektorieller Schreibweise lauten diese Gleichungen[2]

$$\varrho \frac{D \mathfrak{w}}{d t} = \varrho \mathfrak{g} - \operatorname{grad} p + \eta \nabla^2 \mathfrak{w} \tag{10d}$$

mit der Abkürzung

$$\nabla^2 = \frac{\partial^2}{\partial x^2} + \frac{\partial^2}{\partial y^2} + \frac{\partial^2}{\partial z^2}.$$

Die einzelnen Glieder der Gl. (10) stellen Kräfte je Volumeneinheit dar. Die Gleichungen sagen aus, daß die treibenden Kräfte, nämlich das Druckgefälle $-\operatorname{grad} p$ und die Schwerkraft $\varrho\,\mathfrak{g}$, im Gleichgewicht mit der Trägheitskraft $\varrho\, D\mathfrak{w}/dt$ und der Reibungskraft $\eta\, \nabla^2 \mathfrak{w}$ stehen.

Die Navier-Stokesschen Gleichungen bilden, zusammen mit der Kontinuitätsgleichung (1), die Grundlage für die Mechanik reibender Flüssigkeiten. Sie stellen ein System von 4 Gleichungen dar für die 4 Unbekannten w_x, w_y, w_z und p. Es ist keineswegs selbstverständlich, daß der Newtonsche Ansatz (9) auch der physikalischen Wirklichkeit entspricht, was nur durch das Experiment entschieden werden kann. Allerdings sind bis heute infolge nicht überwindbarer mathematischer Schwierigkeiten keine allgemeinen Lösungen der Differentialgleichungen gefunden worden, d. h. Lösungen, bei denen im ganzen Felde die Ausdrücke der Trägheit und der Zähigkeit von der gleichen Größenordnung sind. Die Nachprüfung kann sich daher nur auf Sonderfälle beziehen, für welche eine Lösung existiert. Einen solchen Fall wollen wir nunmehr behandeln.

---

[1] Zu ihrer Ableitung vgl. L. Prandtl u. O. Tietjens: Hydro- und Aeromechanik, 2 Bde. Berlin 1929 u. 1931. — Handbuch der Physik, hrsg. von H. Geiger u. K. Scheel, Bd. VII. Berlin 1927. — H. Schlichting: Grenzschichttheorie. Karlsruhe 1951.

[2] Für eine kompressible Flüssigkeit tritt noch auf der rechten Seite die Reibungskraft der Deformationsbewegung hinzu. Gl. (10d) lautet dann:

$$\varrho \frac{D \mathfrak{w}}{d t} = \varrho \mathfrak{g} - \operatorname{grad} p + \eta \nabla^2 \mathfrak{w} + \frac{1}{3} \eta \operatorname{grad} \operatorname{div} \mathfrak{w}. \tag{10e}$$

Wir betrachten die stationäre Strömung einer inkompressiblen Flüssigkeit in einem Rohr konstanten Querschnitts. Die Strömung kommt unter dem Einfluß eines Druckgefälles zustande. Sehen wir von der Wirkung der Schwere ab (z. B. indem wir das Rohr waagerecht legen), so muß zwischen der treibenden Druckkraft und der hemmenden Reibungskraft Gleichgewicht herrschen. Auf die Stirnflächen eines zum Rohr koaxialen Zylinders vom Radius y und der Länge l (Abb. 76) wirkt die resultierende Druckkraft $(p_1 - p_2)\,\pi y^2$, während an seiner Mantelfläche die Reibungskraft $\tau\, 2\pi\, y\, l$ angreift. Da keine Beschleunigung der Flüssigkeit stattfinden soll, muß sein:

$$(p_1 - p_2)\pi\, y^2 = -\tau\, 2\pi\, y\, l.$$

Für die Schubspannung benutzen wir wieder den Newtonschen Ansatz $\tau = \eta\, dw/dy$, den wir in obige Gleichung einsetzen. Damit erhalten wir nach Trennung der Veränderlichen:

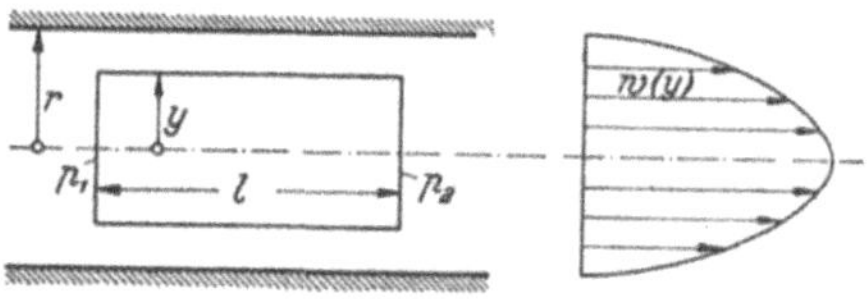

Abb. 76. Zur Ableitung der Hagen-Poiseuilleschen Gleichung.

$$dw = -\frac{(p_1 - p_2)}{2\eta\, l}\, y\, dy$$

oder nach Integration

$$w(y) = \frac{p_1 - p_2}{2\eta\, l}\left(\text{const} - \frac{y^2}{2}\right).$$

Da an der Rohrwandung ($y = r$) die Flüssigkeit haften soll, wird const $= r^2/2$, so daß sich folgende Geschwindigkeitsverteilung ergibt:

$$w(y) = \frac{p_1 - p_2}{4\eta\, l}\,(r^2 - y^2). \tag{11}$$

Hiermit läßt sich auch sofort die Durchflußmenge errechnen zu

$$Q = \int_0^r 2\pi\, y\, w(y)\, dy = \frac{\pi\, r^4}{8\eta}\cdot\frac{(p_1 - p_2)}{l}. \tag{12}$$

Diese nach ihren Entdeckern benannte „Hagen-Poiseuillesche“ Gleichung hat für die Entwicklung der Strömungslehre in mehrfacher Beziehung Bedeutung erlangt: da sie eine Lösung der Navier-Stokesschen Differentialgleichungen darstellt, läßt sich an ihr sowohl die Zulässigkeit des Newtonschen Reibungsansatzes als auch die der Grenzbedingung $w = 0$ für $y = r$, also des Haftens an der Wand, nachprüfen. Beide Annahmen werden durch eine Fülle von Versuchen bestätigt. Gl. (12) wird außerdem zur Messung der Zähigkeit η mit dem „Kapillar-Viskosimeter“ benutzt, wobei allerdings noch Korrekturen für die Anlaufströmung erforderlich werden (Näheres vgl. etwa bei S. Erk[1] und L. Schiller[2]).

---

[1] Erk, S.: Zähigkeitsmessungen, Bd. 4, Teil 4 d. Handb. d. Experimentalphysik, hrsg. von Wien u. Harms, Leipzig 1932.

[2] Schiller, L.: The Engler viscosimeter and the theory of laminar flow at the entrance of a tube. J. Rheology 3 (1932) 212.

3. Laminare und turbulente Strömung. Das Reynoldssche Ähnlichkeitsgesetz.

Das Hagen-Poiseuillesche Gesetz nach Gl. (12) läßt erkennen, daß die Durchflußmenge der ersten Potenz des Druckabfalls proportional ist. Dieses Gesetz gilt nur für mäßige Geschwindigkeiten und Rohre nicht zu großen Durchmessers. OSBORNE REYNOLDS machte 1883 als erster die Beobachtung, daß bei höheren Geschwindigkeiten und größeren Durchmessern diese Beziehung durch eine annähernd quadratische Abhängigkeit der Durchflußmenge vom Druckabfall zu ersetzen ist. Gleichzeitig stellte er fest, daß die Flüssigkeit bei kleinen Geschwindigkeiten in parallelen Bahnen und geordneter „laminarer" Strömung durch das Rohr floß, daß aber von einer bestimmten Geschwindigkeit ab diese Strömung in eine ungeordnete „turbulente", von wirbelnden Mischbewegungen erfüllte umschlug. Durch Einbringen einer Sonde mit gefärbtem Wasser ließ sich dieser Umschlag deutlich sichtbar machen. REYNOLDS stellte auch experimentell die Bedingungen für den Umschlag von laminarer in turbulente Strömung auf und fand, daß dafür der Zahlenwert der dimensionslosen Größe

$$\frac{w d}{\nu}$$

maßgebend ist, wobei w die mittlere Geschwindigkeit, d den Rohrdurchmesser und ν die kinematische Zähigkeit der Flüssigkeit darstellen.

Diese Charakterisierung eines Strömungszustandes durch eine dimensionslose Zahl bedeutete gleichzeitig die erstmalige Anwendung des Ähnlichkeitsprinzips auf die Hydrodynamik, das sich in der Zukunft als außerordentlich fruchtbar erwies. Die Fragestellung lautet dabei: unter welchen Bedingungen verlaufen 2 Strömungen um 2 geometrisch ähnliche Körper selbst einander geometrisch ähnlich? Wann sind also die beiden Geschwindigkeitsfelder nur um einen konstanten Faktor voneinander verschieden? Da der Bewegungszustand eines Teilchens nach Gl. (10) durch das Gleichgewicht zwischen der Druckkraft, Schwerkraft, Reibungskraft und Trägheitskraft bestimmt wird, muß offenbar zwischen diesen Kräften in den beiden Fällen ein konstantes Verhältnis bestehen. Je nachdem, welche von diesen Kräften wirksam oder mindestens vorherrschend sind, werden sich verschiedene Vorschriften für die Ähnlichkeit ergeben.

Schließen wir die Anwesenheit freier Oberflächen aus, so können wir von der Wirkung der Schwerkraft absehen. Durch die Gleichgewichtsbedingung fällt weiterhin eine der drei übrigen Kraftarten weg, da sie bereits durch die zwei anderen völlig bestimmt ist. Wir betrachten also nur noch das Verhältnis zwischen der Trägheitskraft und der Reibungskraft. Nehmen wir als Beispiel die Umströmung zweier Zylinder mit den Durchmessern d_1 und d_2, die mit den Geschwindigkeiten w_1 und w_2 angeströmt werden. Die beiden Flüssigkeiten haben die Dichten ϱ_1 und ϱ_2 und die dynamischen Zähigkeiten η_1 und η_2 (Abb. 77). Die Trägheitskraft je Volumeneinheit beträgt z. B.

$$\varrho \frac{D w_x}{d t} = \varrho \left(w_x \frac{\partial w_x}{\partial x} + \cdots \right)$$

Da wir Ähnlichkeit der Geschwindigkeitsfelder verlangen, müssen sich die Trägheitskräfte wie $\varrho\, w^2/d$ verhalten, da sich alle Geschwindigkeiten und auch ihre Differentiale wie die Anströmgeschwindigkeit w und alle Längen und ihre Differentiale wie der Durchmesser d verhalten. Die Reibungskräfte je Volumenelement betragen z. B. $\eta \frac{\partial^2 w_x}{\partial y^2}$ und müssen sich wie $\eta \frac{w}{d^2}$ verhalten. Es muß also überall der Quotient

$$\frac{\text{Trägheitskraft}}{\text{Reibungskraft}} = \frac{\varrho\, w^2/d}{\eta\, w/d^2} = \frac{\varrho\, w\, d}{\eta} = \frac{w\, d}{\nu}$$

den gleichen Betrag haben. Das ist aber die bereits von REYNOLDS gefundene Größe, die deswegen „Reynoldssche Kenngröße" genannt und mit Re bezeichnet wird. In einem späteren Kapitel werden wir noch eine Reihe anderer dimensionsloser Kenngrößen kennenlernen, die speziell für die Wärmeübertragung wichtig sind. Es ist üblich, derartige Kenngrößen mit zwei Buchstaben aus dem Namen eines hervorragenden Forschers zu bezeichnen.

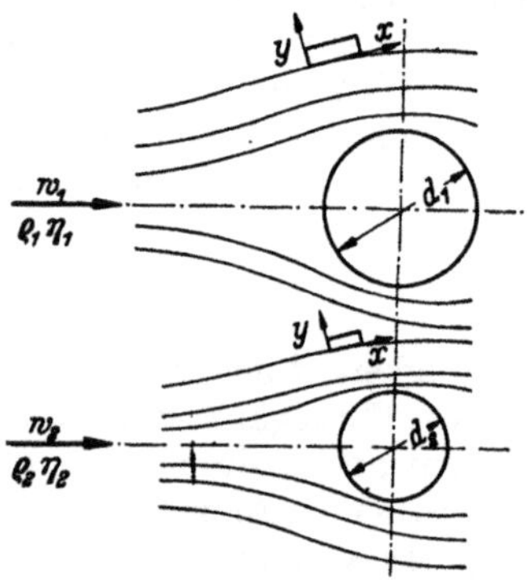

Abb. 77. Zur Ableitung des Reynoldsschen Ähnlichkeitsgesetzes.

Daß die Reynolds-Zahl tatsächlich dimensionslos ist, erkennen wir sofort durch das Einsetzen der Einheiten:

$$[Re] = \left[\frac{w\, d}{\nu}\right] = \frac{\text{m}}{\text{sek}}\,\text{m}\,\frac{\text{sek}}{\text{m}^2}.$$

Der Inhalt des Reynoldsschen Ähnlichkeitsgesetzes läßt sich also wie folgt wiedergeben: Haben zwei Strömungsfelder denselben Zahlenwert von Re, so sind sie einander ähnlich, wie groß die Einzelwerte von w, d und ν auch sein mögen. Handelt es sich um 2 Strömungen der gleichen Flüssigkeit von der gleichen Temperatur, ist also $\nu_1 = \nu_2$, so wird $d_1/d_2 = w_2/w_1$, um ähnliche Strömungsbilder zu erhalten. Nicht eine Geschwindigkeitsangabe charakterisiert eine Strömung, sondern ausschließlich die Angabe der Re-Zahl.

So bedeuten sehr niedrige Re-Zahlen ein Überwiegen der Zähigkeit gegenüber den Trägheitskräften, wie wir es bei der Umströmung kleiner Körper oder beim Durchfluß durch Filter beobachten. Die Navier-Stokesschen Gln. (10d) vereinfachen sich für solche Fälle zu

$$\operatorname{grad} p = \eta\, \nabla^2 \mathfrak{w}. \tag{13}$$

Diese Gleichung läßt sich für gewisse Fälle exakt lösen und gehört damit zu den wenigen Fällen, in denen das Gleichungssystem (10) überhaupt lösbar ist. Nach PRANDTL nennt man solche Strömungen mit überwiegender Zähigkeit „schleichende Bewegungen"; sie werden uns später bei der Berechnung des Wärmeüberganges bei freier Konvektion noch beschäftigen. Eine besondere Bedeutung hat die Stokessche Gleichung für den Widerstand einer Kugel vom Durchmesser d

$$W = 3\pi\, \eta\, w\, d. \tag{14}$$

Diese wird auch zur Bestimmung von Teilchengrößen aus der Fallgeschwindigkeit benutzt.

Ein anderer Grenzfall der Flüssigkeitsbewegung ist die Strömung mit verschwindender Zähigkeit bzw. bei sehr großen *Re*-Zahlen. In der freien Strömung, d. h. in großem Abstand von festen Wänden, verhält sie sich so wie die reibungsfreie Strömung, deren Bewegungsgleichungen wir oben behandelt haben. Wir stellten dabei auch schon fest, daß diese Annäherung in der Nähe fester Wände versagen muß, da dort wegen des hohen Geschwindigkeitsgradienten immer beträchtliche Schubspannungen auftreten (Haftbedingung an der ruhenden Wand!). Es ist das Verdienst von L. PRANDTL, für diese „Grenzschichten" eine besondere mathematische Behandlung eingeführt zu haben, die zu exakten Lösungen (im Sinne dieser Grenzschichtlehre) führte. Diese Grenzschichtgleichungen werden in einem späteren Kapitel aufgestellt werden, hier sei jedoch folgende Betrachtung vorweggenommen:

REYNOLDS und spätere Beobachter fanden aus Versuchen für die Rohrströmung, daß unterhalb $Re = 2320$ stets Laminarbewegung herrschte, auch wenn die ins Rohr einströmende Flüssigkeit selbst bereits turbulent war[1]. Bei sehr guter Abrundung des Rohreinlaufs und Beruhigung der zuströmenden Flüssigkeit ließ sich die „kritische *Re*-Zahl" bis 40000 und mehr heraufsetzen, ohne daß die Strömung turbulent wurde. Bei turbulenter Strömung wurde jedoch beobachtet, daß der Umschlag immer erst in einer gewissen Entfernung vom Rohreintritt erfolgte. Betrachtungen an der längsangeströmten ebenen Platte führten zu folgender Erkenntnis:

An der Vorderkante der Platte bildet sich eine zunächst laminare Grenzschicht aus, deren Dicke in der Strömungsrichtung ansteigt. Von einer gewissen Grenzschichtdicke an geht auch die Grenzschichtströmung in die turbulente Form über. Auch zu diesem Umschlag gehört eine bestimmte Reynolds-Zahl, die hier mit der Entfernung von der Vorderkante x und der Anströmgeschwindigkeit W gebildet werden kann. Aus Versuchen an Platten, die durch ruhendes Wasser geschleppt wurden, fand man für den Umschlag der laminaren in die turbulente Grenzschicht den Wert

$$Re = \frac{W x}{\nu} \approx 500000 .$$

Nach einer Rechnung von BLASIUS[2] besteht zwischen der Grenzschichtdicke δ und der Längenkoordinate x vom Plattenanfang die Beziehung $\delta \approx 3 \sqrt{\nu x / W}$. Damit wird $W \delta / \nu \approx 2100$. Vergleicht man diesen Wert mit der kritischen Reynolds-Zahl der Rohrströmung $w\, d/\nu = 2320$, so muß man wegen des parabolischen Geschwindigkeitsprofils $W = 2\, w$ setzen. Da die Grenzschichtdicke nicht über den Wert des Rohrradius $r = d/2$ wachsen kann, ergibt sich zwischen Platte und Rohr eine bemerkenswerte Übereinstimmung. Wir müssen also auch die Rohr-

[1] SCHILLER, L.: Untersuchungen über laminare und turbulente Strömung. VDI-Forsch.-Heft Nr. 248 (1922) 1/36.

[2] BLASIUS, H.: Grenzschichten in Flüssigkeiten mit kleiner Reibung. Z. Math. Phys. 56 (1908) 1ff.

strömung als eine Grenzschichtströmung auffassen, bei der die Grenzschichten bis zur Rohrachse reichen. Ist dieser Zustand hergestellt, so bleibt die Strömungsform unverändert und man spricht dann von „ausgebildeter Strömung“[1].

In allen Fällen besteht aber auch innerhalb der turbulenten Grenzschicht ein wandnahes Gebiet, in dem die regellosen Schwankungsgeschwindigkeiten mehr und mehr abklingen und die Strömung schließlich in unmittelbarer Wandnähe laminar wird. Gerade dieser Bezirk ist für die Wärmeübertragung an der Wand von besonderer Bedeutung und die mathematische Behandlung dieser laminaren Randschicht ein Hauptpunkt der Theorie des turbulenten Wärmeaustausches. Abb. 78 gibt diese Verhältnisse für die ebene Platte schematisch wieder.

4. Die Energiebewegung in zähen Flüssigkeiten.

Die Gleichung der Wärmeleitung in einem ruhenden Medium hatten wir bereits früher (S. 10) abgeleitet. Sie lautete für den dreidimensionalen Fall bei der Abwesenheit von Wärmequellen

$$\frac{\partial \vartheta}{\partial t} = a\left(\frac{\partial^2 \vartheta}{\partial x^2} + \frac{\partial^2 \vartheta}{\partial y^2} + \frac{\partial^2 \vartheta}{\partial z^2}\right). \tag{15}$$

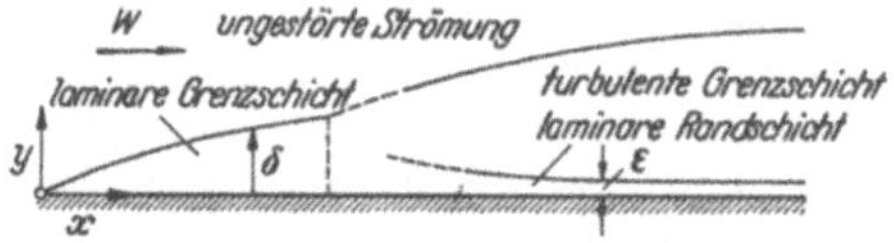

Abb. 78. Ausbildung von Grenzschichten an der längs angeströmten Platte (schematisch).

Die linke Seite bedeutet darin die zeitliche Änderung der Temperatur an einem bestimmten Ort, also die „lokale“ Temperaturänderung. Ist jetzt das Medium in Bewegung, so tritt dazu der „konvektive“ Anteil, der zusammen mit der lokalen die „totale“ Änderung ergibt, wie wir es bereits auf S. 141 für die Dichte kennengelernt haben.

Der Übergang vom ruhenden zum bewegten Medium läßt sich daher durch den Ersatz des lokalen durch den totalen Differentialquotienten ausdrücken, so daß wir als Gleichung für die Energiebewegung in Flüssigkeiten erhalten

$$\frac{D\vartheta}{dt} = \frac{\partial \vartheta}{\partial t} + w_x \frac{\partial \vartheta}{\partial x} + w_y \frac{\partial \vartheta}{\partial y} + w_z \frac{\partial \vartheta}{\partial z} = a\left(\frac{\partial^2 \vartheta}{\partial x^2} + \frac{\partial^2 \vartheta}{\partial y^2} + \frac{\partial^2 \vartheta}{\partial z^2}\right) \tag{16}$$

oder in vektorieller Schreibweise

$$\frac{D\vartheta}{dt} = a\nabla^2 \vartheta. \tag{17}$$

Im Falle großer Druckunterschiede und hoher Geschwindigkeiten treten in Gl. (16) und (17) noch zwei weitere Ausdrücke auf, nämlich die der Kompressionsarbeit und der Wärmeerzeugung durch Reibung,

[1] Zwischen Platten- und Rohrströmung bestehen andererseits grundsätzliche Unterschiede: so kann die Strömung im Rohr nur durch einen Druckabfall zustande kommen, während für die Strömung längs der Platte ein solcher nicht notwendig ist. Dafür muß hier die Grenzschichtdicke ständig zunehmen, um den Impulsverlust durch Reibung zu decken.

so daß die vollständige Gleichung der Energiebewegung in zähen Medien lautet:

$$\varrho c_p \frac{D\vartheta}{dt} - \frac{Dp}{dt} = \lambda \nabla^2 \vartheta + \eta \text{ Diss.-Fkt. } (\mathfrak{w}) . \tag{18}$$

Darin stellt der letzte Ausdruck auf der rechten Seite die von Lord Rayleigh eingeführte Dissipationsfunktion dar, die folgenden Aufbau hat

$$\text{Diss.-Fkt. } (\mathfrak{w}) = 2\left[\left(\frac{\partial w_x}{\partial x}\right)^2 + \left(\frac{\partial w_y}{\partial y}\right)^2 + \left(\frac{\partial w_z}{\partial z}\right)^2\right] + \left(\frac{\partial w_x}{\partial y} + \frac{\partial w_y}{\partial x}\right)^2 + \\ + \left(\frac{\partial w_y}{\partial z} + \frac{\partial w_z}{\partial y}\right)^2 + \left(\frac{\partial w_z}{\partial x} + \frac{\partial w_x}{\partial z}\right)^2 - \frac{2}{3}(\operatorname{div} \mathfrak{w})^2 . \tag{18a}$$

Im *Beharrungszustand* fallen alle zeitlichen Änderungen $\partial/\partial t$ weg. Beschränken wir uns auf den Fall mäßiger Geschwindigkeiten, so können wir das strömende Medium als *inkompressibel* ansehen. Mit diesen Annahmen erhalten wir folgende Differentialgleichungen:

Bewegungsgleichung:

$$\varrho (\mathfrak{w}, \operatorname{grad}) \mathfrak{w} = \varrho \mathfrak{g} - \operatorname{grad} p + \eta \nabla^2 \mathfrak{w} , \tag{19}$$

Energiegleichung:

$$(\mathfrak{w}, \operatorname{grad} \vartheta) = a \nabla^2 \vartheta , \tag{20}$$

Kontinuitätsgleichung:

$$\operatorname{div} \mathfrak{w} = 0 . \tag{21}$$

Zu diesem Gleichungssystem treten noch eine Reihe von Grenzbedingungen, die die Randwerte der Temperatur und der Geschwindigkeit an den Grenzen unseres Systems vorschreiben. Die Flüssigkeit muß dabei an festen Wänden stets haften, also gegen die Wand in Ruhe sein (eine Ausnahme bilden nur stark verdünnte Gase), wie wir es bei der Hagen-Poiseuilleschen Gleichung bereits kennenlernten. Dagegen wird das Temperaturfeld sich stets über die feste Wand hinaus fortsetzen, und lediglich aus mathematischen Gründen ist man oft gezwungen, für die Oberfläche einer festen Begrenzung eine bestimmte Temperaturverteilung vorzuschreiben, ohne sich darum zu kümmern, durch welche außerhalb des betrachteten Raumes getroffenen Maßnahmen diese aufrechterhalten werden kann. Gemäß unseren Vorstellungen der Materie muß man die Berührung zwischen einer festen Wand und einer Flüssigkeit als vollkommen ansehen, so daß die unmittelbar anliegende Flüssigkeitsschicht auch stets die Wandtemperatur haben muß (wiederum vom Grenzfall starker Gasverdünnung abgesehen).

Das Gleichungssystem (19) bis (21) beschreibt also zusammen mit den Randbedingungen alle im Rahmen der Voraussetzungen denkbaren Fälle. Jedoch sind Lösungen von so allgemeiner Art überhaupt noch nicht bekanntgeworden und die Bemühungen richteten sich also vor allem darauf, durch geeignete Vernachlässigungen die Gleichungen lösbar zu machen. In dem Begriff der „Grenzschicht" haben wir bereits eine solche Vernachlässigung kennengelernt. Andererseits dienten die Differentialgleichungen auch zur Aufstellung von Kenngrößen, die unter Benutzung der Ähnlichkeitslehre gerade die experimentelle Forschung befruchteten. Die Reynoldssche Kennzahl haben wir bereits benutzt. So bilden die Differentialgleichungen die Grundlagen für unsere heutige Kenntnis der konvektiven Wärmeübertragung, auch wenn sie selbst allgemein noch nicht lösbar sind.

5. Wärmeübergang und Wärmedurchgang.

a) Wärmeübergang. Am meisten interessiert bei der konvektiven Wärmeübertragung die Frage, wieviel Wärme von einer festen Wand an ein flüssiges oder gasförmiges Medium abgegeben wird, das mit dieser Wand in unmittelbarer Berührung steht, oder auch der umgekehrte Vorgang. Seltener kommt die unmittelbare Berührung zweier flüssiger Medien vor, die miteinander Wärme austauschen, wie etwa beim Einblasen heißer Luft zur Raumheizung.

Der erstgenannte Vorgang tritt jedoch bei allen Wärmeaustauschern auf, bei denen grundsätzlich zwei strömende Medien durch eine Wand getrennt sind. Wir benutzen heute zur Beschreibung des Wärmeüberganges an einer Wand meist eine Gleichung, die dem *Newtonschen Abkühlungsgesetz*[1] entspricht:

$$Q_h = \alpha F (\vartheta_w - \vartheta_f). \tag{22}$$

Darin ist die in der Zeiteinheit übergehende Wärmemenge Q_h (Wärmestrom) der Fläche F und der Temperaturdifferenz zwischen Wand (ϑ_w) und Flüssigkeit (ϑ_f) proportional gesetzt. Als Proportionalitätsfaktor dient der *Wärmeübergangskoeffizient* α, der in älteren Lehrbüchern auch „äußere Wärmeleitzahl" genannt wird (im Gegensatz zur *Fourierschen* oder *inneren* Wärmeleitzahl). Die Einheit von α ist im technischen Schrifttum kcal/m² h grd = 1,163 W/m² grd.

Für uns ist Gl. (22) nichts anderes als eine Definitionsgleichung für den Wärmeübergangskoeffizienten α. Lange Zeit hindurch ist sie allerdings als Naturgesetz angesehen worden, d. h., man betrachtete α als Stoffkonstante, die nur von der Natur der Flüssigkeit und der Wand abhängt[2]. In Wirklichkeit ist sie aber allgemein weder von $(\vartheta_w - \vartheta_f)$ noch von F unabhängig und es ist gerade die Aufgabe der folgenden Kapitel, diese komplizierten Funktionen zu bestimmen. Lediglich der bequemen Handhabung wegen wird auch heute noch die Wärmeübergangszahl beibehalten, wenn sie auch gelegentlich durch eine allgemeinere dimensionslose Kenngröße ersetzt wird.

Wir stellten bereits bei der Ableitung der Hagen-Poiseuilleschen Gleichung fest, daß eine strömende Flüssigkeit an einer festen Wand haften muß. In dieser ruhenden Flüssigkeitsschicht kann aber Wärme nur durch Leitung übertragen werden, so daß wir für die Wärmestrom-

---

[1] Newton, I.: Phil. Trans. roy. Soc. 22 (1701) 824.

[2] Zur Geschichte der Wärmeübertragung vgl. z. B. Engng. Boiler House Rev. 65 (1950) 140/143 oder J. Boehm: Arch. ges. Wärmetechn. 1 (1950) 195/199. Einen Überblick über den damaligen Stand der Kenntnis gibt R. Mollier: Über den Wärmeübergang und die darauf bezüglichen Versuchsergebnisse. Z. VDI 41 (1897) 153/162 u. 197/202. Insbesondere im Hinblick auf die Arbeiten von W. Nusselt vgl. auch: G. Kling: Aus der Entwicklungsgeschichte der Wärmeübergangslehre. Chemie-Ing.-Technik 24 (1952) 597/608.

dichte $q = Q_h/F$ auch folgende Identität aufstellen können:

$$q = \alpha(\vartheta_w - \vartheta_f) = -\lambda\left(\frac{\partial\vartheta}{\partial n}\right)_w. \tag{22a}$$

Darin bedeutet n die Richtung der Normalen zur Wand und somit $(\partial\vartheta/\partial n)_w$ den Temperaturgradienten an der Wand. Die Gl. (22a) hat besondere Bedeutung für die analytische Berechnung der Wärmeübergangszahl aus einem Temperaturfeld.

Stellen wir uns diese ruhende Flüssigkeitsschicht von endlicher Dicke s vor und nehmen weiter an, daß in ihr das gesamte Temperaturgefälle Wand—Flüssigkeit „verbraucht" wird, so wird aus Gl. (22a)

$$q = \alpha(\vartheta_w - \vartheta_f) = \lambda\frac{(\vartheta_w - \vartheta_f)}{s}$$

oder

$$\frac{\lambda}{\alpha} = s. \tag{22b}$$

Diese Schichtdicke s ist also eine gedachte Größe, die den Wärme*übergang* durch reine Wärme*leitung* ersetzt. Sie ist für Abschätzungen oft von Nutzen und wurde im ersten Teil des Buches bereits verwendet.

b) Die Flüssigkeitstemperatur. Stellten wir im vorigen Kapitel fest, daß die der Wand unmittelbar anliegenden Schichten einer Flüssigkeit auch stets die Wandtemperatur ϑ_w annehmen, so steht das im Gegensatz zu Gl. (22), die ja den Temperatursprung $(\vartheta_w - \vartheta_f)$ aufweist. Wir müssen also noch den Begriff der Flüssigkeitstemperatur ϑ_f genauer fassen. Handelt es sich um eine einseitig von Flüssigkeit bespülte Wand[1], so soll ϑ_f die Temperatur der Flüssigkeit sein, die von der wärmeren (oder kälteren) Wand nicht mehr beeinflußt ist, die also außerhalb der „Temperaturgrenzschicht" liegt. Sie ließe sich also z. B. durch ein Thermometer in einigem Abstand von der Wand einfach messen; bei großen Geschwindigkeiten müßte ein solches Thermometer allerdings mit der Strömung mitbewegt werden.

Bei einer *Rohrströmung* existiert aber ein solcher Flüssigkeitsbereich nicht mehr, da mit zunehmender Rohrlänge auch die Temperatur der Kernströmung von der Wand her beeinflußt und die Dicke dieser Grenzschicht schließlich dem Rohrradius gleich wird[2]. Für die Definition der Flüssigkeitstemperatur gibt es dann folgende Möglichkeiten:

α) *Die Temperatur der Rohrachse.* Dieser Wert ist eindeutig, und im Normalfall ist die Temperaturdifferenz zwischen Wand und Rohrachse gleichzeitig die größtmögliche, die daher als treibendes Temperaturgefälle für die Wärmeübertragung eine sehr charakteristische Größe darstellt. Sie eignet sich besonders für theoretische Betrachtungen, hat aber für die praktische Benutzung den schweren Nachteil, daß sie

[1] „Flüssigkeit" steht hier oft für das bewegte Medium schlechthin, wobei es sich ebenso um ein Gas handeln kann.

[2] Das ist auch der physikalische Grund dafür, daß im Rohr die Wärmeübergangszahl nach einer Anlaufstrecke von der Rohrlänge unabhängig wird; bei der längsangeströmten Platte dagegen gibt es einen solchen Bereich strenggenommen nicht.

nicht einfach gemessen werden kann. Für die Praxis eignen sich daher besser Mittelwerte der Temperatur, wobei es wiederum verschiedene Möglichkeiten gibt:

β) *Die mittlere Temperatur, bezogen auf den Querschnitt.* Wir denken uns den ganzen Querschnitt des Rohres in kleine Elemente df zerlegt, messen die zu jedem df gehörige Temperatur ϑ (bei beliebig gewähltem Nullpunkt) und definieren eine mittlere Temperatur ϑ_f durch

$$\vartheta_f = \frac{1}{f}\int_f \vartheta\, df. \tag{23}$$

Die so berechnete Mitteltemperatur[1] bezieht sich nur auf die Querschnittsfläche und berücksichtigt in keiner Weise die Strömung. Außer durch Abtasten des Temperaturfeldes und Berechnung nach Gl. (23) könnte man ϑ_f auch direkt messen, z. B. durch ein Widerstandsthermometer, das netzförmig über den Querschnitt gespannt ist und die Mittelung von selbst vornimmt.

γ) *Die mittlere Temperatur, bezogen auf den Flüssigkeitsstrom.* Außer den Temperaturen ϑ jedes Elementes df müssen hierzu auch die Axialgeschwindigkeiten w gemessen werden, so daß die Produkte $\vartheta\, w\, df$ gebildet werden können. Die Temperatur wird also nicht nur mit dem Flächenelement df, sondern mit dem Volumelement $w\, df$ multipliziert, welches dieses df in der Zeiteinheit durchströmt (dem „Flüssigkeitsstrom"). Der Mittelwert ϑ_F wird dann definiert durch

$$\vartheta_F = \frac{\int_f \vartheta\, w\, df}{\int_f w\, df} = \frac{1}{V}\int_f \vartheta w\, df, \tag{24}$$

wobei V das gesamte Volum der Flüssigkeit ist, das den Querschnitt f in der Zeiteinheit passiert. Der Mittelwert ϑ_F läßt sich aus den gemessenen Geschwindigkeits- und Temperaturfeldern nach Gl. (24) berechnen.

δ) *Die mittlere Temperatur, bezogen auf den Wärmemassenstrom.* Um jedoch den „Erfolg" einer Wärmeübertragung auf eine Rohrströmung genau angeben zu können, ist zu berücksichtigen, daß die Wärmekapazitäten der einzelnen Stromfäden verschieden sein können. Die Mittelung muß sich daher nicht nur auf den Flüssigkeitsstrom $w\, df$, sondern auf den Wasserwert jedes Massenteilchens beziehen, das durch df strömt, also den „Wärmemassenstrom" $\varrho\, c_p\, w\, df$. Die Definitionsgleichung dieses, Mischungstemperatur ϑ_M genannten, Mittelwertes[2] lautet

$$\vartheta_M = \frac{\int_f \vartheta\, \varrho\, c_p\, w\, df}{\int_f \varrho\, c_p\, w\, df}. \tag{25}$$

---

[1] Eine derartige Abtastvorrichtung für das Temperaturfeld ist beschrieben bei M. Jakob, S. Erk u. H. Eck: Forsch. Ing.-Wes. 3 (1932) 161/170.

[2] ϑ_M ist identisch mit der „bulk temperature" des amerikanischen Schrifttums, vgl. z. B. W. H. McAdams: Heat Transmission, S. 133. New York u. London 1942.

Der Wert ϑ_M kann in einer Mischvorrichtung hinter dem Querschnitt f bestimmt werden[1].

Ein Vergleich der einzelnen Mittelwerte gemäß Gl. (23) bis (25) zeigt, daß ϑ_f und ϑ_F Näherungswerte für ϑ_M sind. Sind die Dichte ϱ und die spezifische Wärme c_p über den Querschnitt f konstant, wird $\vartheta_F = \vartheta_M$, bei konstanter Geschwindigkeit w wird auch $\vartheta_f = \vartheta_F$. Es kommt also auf die Strömungsform, die Größe des Temperaturbereichs und die verlangte Genauigkeit an, welcher Wert genommen werden muß.

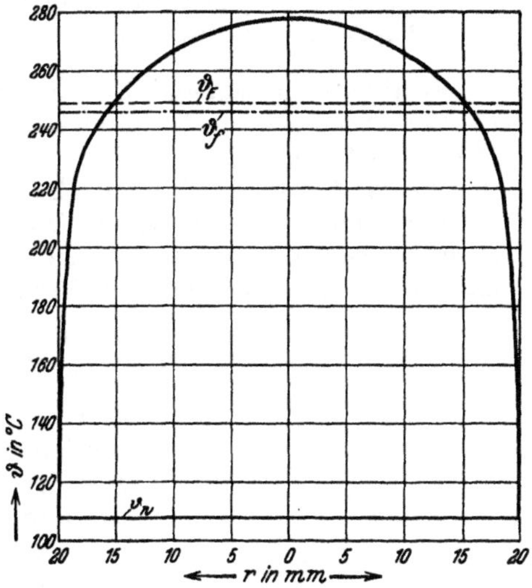

Abb. 79a.

Abb. 79a und b, die aus Messungen von M. Jakob und Mitarbeitern[2] stammt, zeigt für die Strömung von überhitztem Wasserdampf das Temperatur- und Geschwindigkeitsfeld in einem Rohr von 40 mm lichtem Durchmesser. Die Wandtemperatur ist $\vartheta_w = 108$ °C, die maximale Temperatur in der Rohrachse beträgt 278 °C. Die oben definierten Mittelwerte werden

$$\vartheta_f = 246\,°\text{C}, \quad \vartheta_F = 249\,°\text{C},$$
$$\vartheta_M = 249\,°\text{C}.$$

Infolge des besonderen Verlaufs der Stoffwerte wird hier tatsächlich $\vartheta_F \approx \vartheta_M$, was aber keineswegs immer der Fall zu sein braucht.

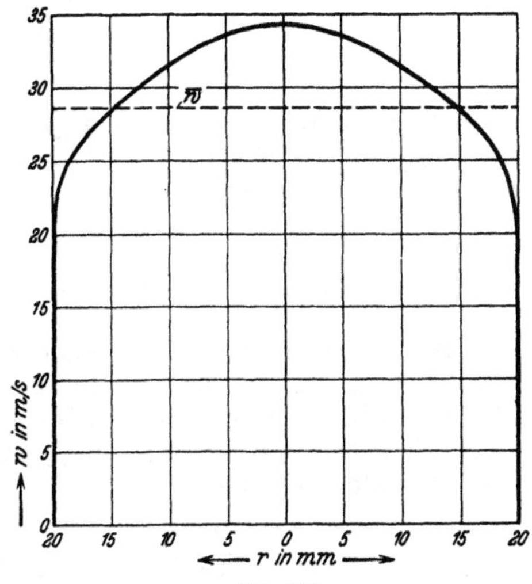

Abb. 79b.

Abb. 79a u. b. Temperatur- und Geschwindigkeitsfelder bei Strömung von überhitztem Wasserdampf in einem gekühlten Rohr.
ϑ_w = Wandtemperatur; ϑ_f und ϑ_F = mittlere Flüssigkeitstemperaturen nach Gl. (23) bzw. (24); $\overline{w}$ = mittlere Geschwindigkeit; r = Rohrradius.

Nachdem eine geeignete Mitteltemperatur der Flüssigkeit definiert ist, bleibt noch die Frage offen, bei welcher Temperatur die Stoffwerte in die Gleichungen der Wärme-

[1] Eine derartige Mischvorrichtung beschreibt H. Kraussold: VDI-Forsch.-Heft Nr. 351, Berlin 1931.
[2] Vgl. Fußnote 1 auf S. 154.

übertragung einzusetzen sind. Auf dieses Problem wird in einem späteren Kapitel eingegangen werden, da vorher noch die notwendigen Grundlagen zu erörtern sind.

c) Wärmedurchgang. Oft wird Wärme zwischen zwei strömenden Stoffen ausgetauscht, die durch eine feste Wand getrennt sind, wie es bei Wärmeaustauschern der Fall ist. Zu den Wärmeübergangsvorgängen auf den beiden Seiten der Trennfläche tritt dann noch der Wärmeleitungsvorgang innerhalb der Wand. Da im Beharrungszustand der Wärmestrom zu beiden Seiten und in der Wand den gleichen Wert haben muß, läßt er sich auch für die ebene Wand schreiben

$$Q_h = \alpha_1 F (\vartheta_{f_1} - \vartheta_{w_1}) = \frac{\lambda F}{s} (\vartheta_{w_1} - \vartheta_{w_2}) = \alpha_2 F (\vartheta_{w_2} - \vartheta_{f_2}) . \tag{26}$$

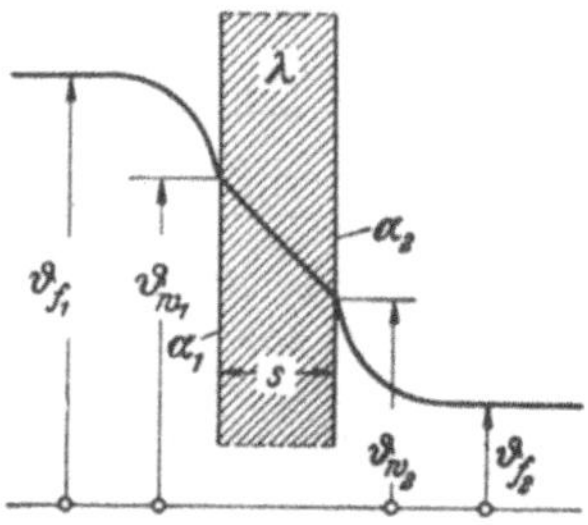

Abb. 80. Wärmedurchgang durch eine ebene Wand.
λ = Wärmeleitzahl des Wandmaterials; s = Wanddicke.

Abb. 80 erläutert den durch Gl. (26) beschriebenen Vorgang und dient gleichzeitig zur Erklärung der Abkürzungen. ϑ_{f_1} und ϑ_{f_2} sind dabei geeignet definierte Mittelwerte der Flüssigkeitstemperaturen gemäß den Ausführungen des vorigen Abschnitts.

Die einzelnen Teilvorgänge lassen sich auch zusammenfassen, indem eine *Wärmedurchgangszahl k* eingeführt wird, die durch

$$Q_h = k F (\vartheta_{f_1} - \vartheta_{f_2}) \tag{27}$$

definiert ist. Vergleicht man Gl. (26) mit (27), so folgt

$$\frac{1}{k} = \frac{1}{\alpha_1} + \frac{s}{\lambda} + \frac{1}{\alpha_2} . \tag{28a}$$

Die Dimension von k ist gleich der von α, also z. B. kcal/m² h grd.

Beim Wärmestrom durch einen Zylinder oder eine Kugel muß man den k-Wert auf eine bestimmte Fläche beziehen, da die durchströmte Fläche nicht mehr konstant ist. Die entsprechenden Gleichungen für kF, das allein zur Berechnung von Q_h nach Gl. (27) gebraucht wird, lauten für den Hohlzylinder

$$\frac{1}{kF} = \frac{1}{\alpha_i F_i} + \frac{1}{2 \pi L \lambda} \ln \frac{d_a}{d_i} + \frac{1}{\alpha_a F_a} \tag{28b}$$

und für die Hohlkugel

$$\frac{1}{kF} = \frac{1}{\alpha_i F_i} + \frac{1}{2 \pi \lambda} \frac{(d_a - d_i)}{d_a d_i} + \frac{1}{\alpha_a F_a} . \tag{28c}$$

Darin sind F_a, d_a die Außenflächen bzw. -durchmesser und F_i, d_i die entsprechenden Werte für die innere Begrenzung. L ist die Zylinderlänge. Um die umständliche Berechnung der Mittelglieder der rechten Seiten von Gl. (28b) und (28c) zu ersparen, kann man nach einem

Vorschlag von HAUSEN[1] diese Gleichungen durch einen einheitlichen Ausdruck von der Form

$$\frac{1}{k F} = \frac{1}{\alpha_i F_i} + \frac{s}{\lambda F_m} + \frac{1}{\alpha_a F_a} \tag{29}$$

ersetzen, worin $s = (d_a - d_i)/2$ die Wandstärke bedeutet. Für die mittlere Fläche F_m kann man setzen

für die ebene Wand: $$F_m = F_a = F_i = F, \tag{29a}$$

für den Hohlzylinder: $$F_m = \frac{F_a - F_i}{\ln (F_a/F_i)} = \frac{d_a - d_i}{\ln (d_a/d_i)} \pi L, \tag{29b}$$

für die Hohlkugel: $$F_m = \sqrt{F_a F_i} = \pi d_a d_i. \tag{29c}$$

Auch für Wände mit veränderlicher Krümmung lassen sich die obigen Ausdrücke für F_m als Näherung anwenden.

War schon die Wärmeübergangszahl α kein „Stoffwert", so ist es die Wärmedurchgangszahl k noch viel weniger, da in ihr drei Teilvorgänge enthalten sind. Sie ist trotzdem bei der Berechnung von Wärmeaustauschern unentbehrlich und hat auch meßtechnisch eine erhebliche Bedeutung, da viel häufiger Flüssigkeits- als Wandtemperaturen gemessen werden. Ersteres ist meist ohne Eingriff in den zu untersuchenden Apparat möglich. Mit Hilfe von Gl. (28a) läßt sich dann aus dem gemessenen Wert k z. B. der Wert von α_1 bestimmen, wozu α_2 und s/λ bekannt sein müssen. Wegen der Wichtigkeit dieses Problems gibt es darüber ein umfangreiches Schrifttum[2].

Gl. (28a) gibt auch Aufschluß darüber, welcher der drei Teilvorgänge für die gesamte Wärmeübertragung maßgebend ist und wo Verbesserungen am ehesten lohnen. Auch läßt sich die Verschlechterung des Wärmeaustausches durch Verkrustungen oder schleimige Ablagerungen auf der Heizfläche mit Hilfe von Gl. (28a) abschätzen[3].

Die einzelnen Summanden der Gl. (28a) werden auch zuweilen Wärmewiderstände[4] genannt, und man unterscheidet sinngemäß Wärmeübergangs-, Wärmeleit- und Wärmedurchgangswiderstände. Jedoch haben sich diese Bezeichnungen nicht überall eingebürgert, so anschaulich die Analogie zum elektrischen Strom auch sein kann.

---

[1] HAUSEN, H.: Ein allgemeiner Ausdruck für den Wärmedurchgang durch ebene, zylindrische und kugelförmig gekrümmte Wände. Arch. ges. Wärmetechn. 2 (1951) 123/124. Einen ähnlichen Vorschlag machte früher M. JAKOB: Zur Definition der Wärmewiderstände. Z. ges. Kälteind. 43 (1927) 141. Vgl. auch: VDI-Wärmeschutzregeln, 2. Aufl. Deutsch. Ing.-Verl., Düsseldorf (in Vorbereitung).

[2] E. E. WILSON [Trans. Amer. Soc. mech. Engrs. 37 (1915) 47] scheint als erster eine derartige Methode angegeben zu haben. Aus der neueren Literatur vgl. u. a. G. H. CUMMINGS u. A. S. WEST: Industr. Engng. Chem. 42 (1950) 2303/2313.

[3] MATZ, W.: Überschlagsberechnungen von Wärmeaustauschern. Chemie-Ing.-Technik 22 (1950) 185/190. — J. BOEHM: Zur Beurteilung der Wärmedurchgangszahlen bei veränderlichem Durchsatz und Heizflächenverschmutzung von Wärmeaustauschern. Gesundh.-Ing. 72 (1951) 291/294. — Standards of Tubular Exchanger Manufacturers Association, 3. Aufl., New York 1952, Neudruck 1954. — VDI-Wärmeatlas, Düsseldorf 1954.

[4] Vgl. S. 115, Fußn. 1.

Am Schlusse dieser Betrachtungen soll durch Zahlentafel 11 die Größenordnung von Wärmeübergangszahlen abgeschätzt werden, wodurch gleichzeitig der große Bereich dieser Werte deutlich werden mag.

Zahlentafel 11. *Größenordnung von Wärmeübergangszahlen α durch Konvektion in kcal/m² h grd.*

Freie Konvektion	
Gase	3 bis 20
Wasser	100 bis 600
Siedendes Wasser	1000 bis 20000
Erzwungene Konvektion	
Gase	10 bis 100
Zähe Flüssigkeiten	50 bis 500
Wasser	500 bis 10000
Kondensierender Dampf	1000 bis 100000

B. Das Ähnlichkeitsgesetz der Wärmeübertragung[1].

Der Begriff der Ähnlichkeit ist aus der Geometrie geläufig; wir nennen zwei Körper einander ähnlich, wenn entsprechende Strecken beider Körper in einem konstanten Zahlenverhältnis zueinander stehen. Der Begriff der *hier* auftretenden „physikalischen Ähnlichkeit" verlangt neben der konstanten Proportion der Längen auch eine solche aller übrigen Größen, die das betreffende Problem enthält, also z. B. der Kräfte, Zeiten, Geschwindigkeiten, Temperaturen usw. Der Zweck der folgenden Abschnitte ist es, festzustellen, ob diese Forderung überhaupt erfüllbar ist und welche Vorschriften sich etwa aus ihr für die einzelnen Maßstäbe ergeben. Der Besitz dieser Übertragungsregeln würde uns in die Lage versetzen, an einem Modell das physikalische Geschehen einer Hauptausführung zu studieren, so wie wir es gewohnt sind, eine Maschine auf dem Reißbrett zu entwerfen. Die an diesem Modell gefundenen Gesetze würden aber nicht nur für die eine Hauptausführung, sondern für eine beliebige Anzahl davon gelten, soweit diese untereinander und mit dem Modell physikalisch ähnlich sind.

Wir nehmen das Ergebnis der folgenden Abschnitte vorweg durch die Feststellung, daß derartige Übertragungsregeln tatsächlich existieren und ein außerordentlich nützliches Hilfsmittel für die physikalische Forschung darstellen. Das gilt hier um so mehr, als die früher auf-

[1] Literatur zur Ähnlichkeitslehre:

BRIDGMAN, P. W.: Theorie der physikalischen Dimensionen (übersetzt von H. HOLL). Leipzig u. Berlin 1932.

WEBER, M.: Das Ähnlichkeitsprinzip der Physik und seine Bedeutung für das Modellversuchswesen. Forsch. Ing.-Wes. 11 (1940) 49/58.

WEBER, M.: Ähnlichkeitsmechanik und Modellwissenschaft. Hütte Bd. 1, 27. Aufl., S. 435/445. Berlin 1941.

SCHILLER, L.: Mechanische Ähnlichkeit. Naturforschung und Medizin in Deutschland 1939—1946, Bd. 5, Teil III, S. 197/202. Wiesbaden 1948.

WALLOT, J.: Größengleichungen, Einheiten und Dimensionen. Leipzig 1953.

MATZ, W.: Anwendung des Ähnlichkeitsgrundsatzes in der Verfahrenstechnik. Berlin/Göttingen/Heidelberg: Springer 1954.

gestellten Differentialgleichungen für die Wärmeübertragung nur in wenigen Fällen exakt lösbar sind, so daß viele Probleme nur durch das Experiment geklärt werden können. Die Ähnlichkeitslehre gestattet dann eine Verallgemeinerung der Versuchsergebnisse mit Hilfe der Übertragungsregeln, der sog. Modellgesetze.

Das Aufsuchen dieser Modellgesetze läuft auf die Festlegung von dimensionslosen Kenngrößen hinaus, die bei physikalischer Ähnlichkeit bei Modell und Hauptausführung den gleichen Zahlenwert haben müssen. Diese Kenngrößen werden aus Potenzprodukten der einzelnen dimensionsbehafteten Maßgrößen (z. B. Länge, Temperatur, Geschwindigkeit usw.) gebildet, so daß sich das Aufsuchen der Modellgesetze auch so formulieren läßt: wie müssen die dimensionsbehafteten Maßgrößen miteinander kombiniert werden, damit dimensionslose Kenngrößen entstehen?

Man kann sich auch die Frage vorlegen, welche Aussagen man über die Form der zunächst unbekannten Lösung eines Problems machen kann, wenn man nur die Forderung stellt, daß diese Lösung den Bedingungen der physikalischen Ähnlichkeit genügt, d. h., daß zwischen zwei oder mehreren Abläufen des gleichen physikalischen Geschehens konstante Proportionen aller beteiligten Maßgrößen bestehen. Auch eine solche Lösung muß sich in dimensionsloser Form darstellen lassen. Physikalische Ähnlichkeit und konstante dimensionslose Kenngrößen bedeuten stets dasselbe.

Zu den dimensionslosen Kenngrößen eines Problems kann man auf verschiedenen Wegen gelangen, die wir im folgenden betrachten wollen.

1. Aufsuchen der dimensionslosen Kenngrößen aus den Differentialgleichungen.

Es ist das Verdienst von Nusselt, die Gesetze der physikalischen Ähnlichkeit für die Wärmeübertragung als erster umfassend aufgestellt zu haben. Er benutzte dabei für die erzwungene[1] und freie[2] Konvektion jenen Weg, der am ehesten formale Strenge mit physikalischer Anschaulichkeit verbindet, nämlich die Ableitung der Kenngrößen aus den Differentialgleichungen und ihren Randbedingungen.

a) Erzwungene Konvektion. Wir betrachten zwei Rohre verschiedenen Durchmessers, in denen zwei verschiedene Flüssigkeiten mit verschiedenen Geschwindigkeiten stationär strömen. Die Geschwindigkeiten mögen in beiden Fällen in einem solchen Bereich liegen, daß Zähigkeits- und Trägheitskräfte von der gleichen Größenordnung sind und außerdem die Flüssigkeit als inkompressibel betrachtet werden kann. Die Strömung wird durch ein an die Rohrenden angelegtes Druckgefälle aufrechterhalten, so daß Massenkräfte (etwa die Schwerkraft)

---

[1] Nusselt, W.: Der Wärmeübergang in Rohrleitungen. Mitt. Forsch.-Arb. Ing.-Wes. (VDI-Forsch.-Heft) Nr. 89, Berlin 1910, S. 1/38 (Auszug daraus in Z. VDI 43 (1909) 1750/1755 u. 1808/1812).

[2] Nusselt, W.: Das Grundgesetz des Wärmeüberganges. Gesundh.-Ing. 38 (1915) 477/482 u. 490/496.

von kleinerer Größenordnung sind. Es handelt sich also um einen Fall *erzwungener Konvektion.* Durch die Rohrwand wird Wärme mit der Flüssigkeit ausgetauscht, wobei die Richtung des Wärmestroms gleichgültig sei; die Flüssigkeit kann also auch in einem Rohr gekühlt und im anderen geheizt werden. Die Stoffwerte der Flüssigkeit sollen als konstant, insbesondere als unabhängig von der Temperatur betrachtet werden. Auch der Wärmeaustausch sei stationär.

Unter diesen Voraussetzungen gelten für den gesamten Strömungs- und Wärmeübergangsvorgang ohne jede weitere Einschränkung die Differentialgleichungen (19) bis (21), die wir hier nochmals in rechtwinkligen Koordinaten anschreiben wollen[1]. Die beiden Rohre sollen mit den Indizes 1 und 2 bezeichnet werden, und wir erhalten somit für das Rohr 1, wenn wir uns auf die x-Richtung beschränken und weiterhin die kinematische Zähigkeit $\nu = \eta/\varrho$ benutzen, die Bewegungsgleichung für die x-Richtung

$$w_{x_1}\frac{\partial w_{x_1}}{\partial x_1} + w_{y_1}\frac{\partial w_{x_1}}{\partial y_1} + w_{z_1}\frac{\partial w_{x_1}}{\partial z_1} = -\frac{1}{\varrho_1}\frac{\partial p_1}{\partial x_1} + \nu_1\left(\frac{\partial^2 w_{x_1}}{\partial x_1^2} + \frac{\partial^2 w_{x_1}}{\partial y_1^2} + \frac{\partial^2 w_{x_1}}{\partial z_1^2}\right), \quad (30)$$

die Kontinuitätsgleichung

$$\frac{\partial w_{x_1}}{\partial x_1} + \frac{\partial w_{y_1}}{\partial y_1} + \frac{\partial w_{z_1}}{\partial z_1} = 0 \quad (31)$$

und die Energiegleichung

$$w_{x_1}\frac{\partial \vartheta_1}{\partial x_1} + w_{y_1}\frac{\partial \vartheta_1}{\partial y_1} + w_{z_1}\frac{\partial \vartheta_1}{\partial z_1} = a_1\left(\frac{\partial^2 \vartheta_1}{\partial x_1^2} + \frac{\partial^2 \vartheta_1}{\partial y_1^2} + \frac{\partial^2 \vartheta_1}{\partial z_1^2}\right). \quad (32)$$

An der festen Wand werden alle Geschwindigkeiten Null, die Temperatur gleich der Wandtemperatur. Bei Eintritt in das von uns betrachtete Rohrstück ist eine bestimmte Geschwindigkeitsverteilung vorgegeben, damit ist auch die strömende Menge, die Axialgeschwindigkeit, die mittlere Geschwindigkeit usw. im Rohr 1 festgelegt. Den Wärmestrom durch die Wand wollen wir durch eine Wärmeübergangszahl α kennzeichnen, die mit einer mittleren Übertemperatur (oder Untertemperatur) ϑ_m der Flüssigkeit gebildet sei nach der Gleichung

$$\alpha_1\vartheta_{m_1} = -\lambda_1\left(\frac{\partial \vartheta_1}{\partial n_1}\right)_w, \quad (33)$$

die mit Gl. (22a) (S. 153) identisch ist.

Für das Rohr 2 haben die gleichen Differentialgleichungen und Randbedingungen Gültigkeit, wie sie aus Gl. (30) bis (33) durch Benutzung des Index 2 hervorgehen würden. Die Zahlenwerte 1 und 2 würden natürlich voneinander verschieden sein, und zwar in den Differentialgleichungen wie in den Lösungen. Wir stellen jetzt die Forderung auf, daß die Vorgänge in Rohr 1 und Rohr 2 einander physikalisch ähnlich sein sollen, daß also zwischen den Maßgrößen 1 und 2 konstante Proportionen bestehen. Die Maßstabsfaktoren stellen wir durch folgende Gleichungen dar:

---

[1] Obwohl wir als Beispiel Rohre betrachten, brauchen wir nicht auf Zylinderkoordinaten überzugehen, da die abzuleitenden Beziehungen dadurch nicht beeinflußt werden würden.

$$\left.\begin{array}{ll}
\text{für die Längen } l \text{ einschl. der Koordinaten } x, y, z: & f_l = l_2/l_1, \\
\text{für die Geschwindigkeiten } w_x, w_y, w_z: & f_w = w_2/w_1, \\
\text{für die Drücke } p: & f_p = p_2/p_1, \\
\text{für die Dichten } \varrho: & f_\varrho = \varrho_2/\varrho_1, \\
\text{für die kinematischen Zähigkeiten } \nu: & f_\nu = \nu_2/\nu_1, \\
\text{für die Temperaturen } \vartheta: & f_\vartheta = \vartheta_2/\vartheta_1, \\
\text{für die Temperaturleitzahlen } a: & f_a = a_2/a_1, \\
\text{für die Wärmeübergangszahlen } \alpha: & f_\alpha = \alpha_2/\alpha_1, \\
\text{für die Wärmeleitzahlen } \lambda: & f_\lambda = \lambda_2/\lambda_1.
\end{array}\right\} \qquad (34)$$

Beschreiben wir jetzt die Vorgänge im Rohr 2, und setzen $x_2 = f_l x_1$ usw. in die Gln. (30) bis (33) ein, so können wir die Maßstabsfaktoren f als Konstante vor die Differentialzeichen ziehen und erhalten:
die Bewegungsgleichung

$$\frac{f_w^2}{f_l}\left(w_{x_1}\frac{\partial w_{x_1}}{\partial x_1} + w_{y_1}\frac{\partial w_{x_1}}{\partial y_1} + w_{z_1}\frac{\partial w_{x_1}}{\partial z_1}\right) = -\frac{f_p}{f_l f_\varrho}\frac{1}{\varrho_1}\frac{\partial p_1}{\partial x_1} + \frac{f_\nu f_w}{f_l^2}\nu_1\left(\frac{\partial^2 w_{x_1}}{\partial x_1^2} + \frac{\partial^2 w_{x_1}}{\partial y_1^2} + \frac{\partial^2 w_{x_1}}{\partial z_1^2}\right), \qquad (30\,\text{a})$$

die Kontinuitätsgleichung

$$\frac{f_w}{f_l}\left(\frac{\partial w_{x_1}}{\partial x_1} + \frac{\partial w_{y_1}}{\partial y_1} + \frac{\partial w_{z_1}}{\partial z_1}\right) = 0, \qquad (31\,\text{a})$$

die Energiegleichung

$$\frac{f_w f_\vartheta}{f_l}\left(w_{x_1}\frac{\partial \vartheta_1}{\partial x_1} + w_{y_1}\frac{\partial \vartheta_1}{\partial y_1} + w_{z_1}\frac{\partial \vartheta_1}{\partial z_1}\right) = \frac{f_a f_\vartheta}{f_l^2} a_1\left(\frac{\partial^2 \vartheta_1}{\partial x_1^2} + \frac{\partial^2 \vartheta_1}{\partial y_1^2} + \frac{\partial^2 \vartheta_1}{\partial z_1^2}\right), \qquad (32\,\text{a})$$

die Gleichung der Wärmeübergangszahl

$$f_\alpha f_\vartheta \alpha_1 \vartheta_{m_1} = -\frac{f_\lambda f_\vartheta}{f_l}\lambda_1\left(\frac{\partial \vartheta_1}{\partial n_1}\right)_w. \qquad (33\,\text{a})$$

Dieses Gleichungssystem gilt für das Rohr 2. Es entspricht völlig den Gln. (30) bis (33) bis auf die Produkte der Maßstabsfaktoren. Damit die beiden Gleichungssysteme miteinander verträglich sind, müssen folgende Bedingungen erfüllt sein:

aus Gl. (30a): $$\frac{f_w^2}{f_l} = \frac{f_p}{f_l f_\varrho} = \frac{f_\nu f_w}{f_l^2}, \qquad (35)$$

aus Gl. (32a): $$\frac{f_w f_\vartheta}{f_l} = \frac{f_a f_\vartheta}{f_l^2}, \qquad (36)$$

aus Gl. (33a): $$f_\alpha f_\vartheta = \frac{f_\lambda f_\vartheta}{f_l}. \qquad (37)$$

Die Kontinuitätsgleichung (31a) gibt keine Bedingung, weil der Quotient f_w/f_l beliebige Werte annehmen kann. Setzen wir in die Gln. (35) bis (37) die Maßstabsfaktoren nach Gl. (34) ein, so erhalten wir jene Bedingungen, die für die physikalische Ähnlichkeit zwischen den Vorgängen in Rohr 1 und 2 zu erfüllen sind und die uns daher zu einem Modellversuch befähigen:

aus Gl. (35):
$$\frac{w_1 l_1}{\nu_1} = \frac{w_2 l_2}{\nu_2} = \frac{w\,l}{\nu} = \text{const} \tag{38}$$

und
$$\frac{\varrho_1 w_1^2}{p_1} = \frac{\varrho_2 w_2^2}{p_2} = \frac{\varrho\, w^2}{p} = \text{const}, \tag{39}$$

aus Gl. (36):
$$\frac{w_1 l_1}{a_1} = \frac{w_2 l_2}{a_2} = \frac{w\,l}{a} = \text{const}, \tag{40}$$

aus Gl. (37):
$$\frac{\alpha_1 l_1}{\lambda_1} = \frac{\alpha_2 l_2}{\lambda_2} = \frac{\alpha\, l}{\lambda} = \text{const}. \tag{41}$$

Die entstandenen dimensionslosen Potenzprodukte Gl. (38) bis (41) werden nach einem Vorschlag von GRÖBER[1] mit Namen hervorragender Forscher bezeichnet, wobei meist die ersten beiden Buchstaben als Symbol gewählt werden. So sind folgende Bezeichnungen üblich[2]:

$$\frac{w\,l}{\nu} = Re \quad \text{(Reynolds-Zahl)}, \tag{42a}$$

$$\frac{w\,l}{a} = Pe \quad \text{(Péclet-Zahl)}, \tag{42b}$$

$$\frac{\alpha\, l}{\lambda} = Nu \quad \text{(Nußelt-Zahl)}. \tag{42c}$$

Das dimensionslose Produkt $\varrho\, w^2/p$ nach Gl. (39) ergibt keine neue Modellregel, da in einem Kanal mit bestimmten Abmessungen und Geschwindigkeiten der Druck sich von selbst nach Gl. (30) einstellt, so daß wir hinsichtlich der Strömung nur die Reynolds-Zahl zu beachten brauchen, natürlich immer unter der Voraussetzung geometrisch ähnlicher Berandungen. An Stelle der drei abgeleiteten Kenngrößen können wir auch jede beliebige Funktion zwischen diesen wählen, solange wir drei voneinander unabhängige dimensionslose Größen benutzen. So hat sich besonders der Quotient Pe/Re eingebürgert, der

$$\frac{\nu}{a} = Pr \quad \text{(Prandtl-Zahl)} \tag{42d}$$

genannt wird und den besonderen Vorteil besitzt, nur Stoffwerte zu enthalten.

Unsere Aufgabe ist somit gelöst: haben die drei Kenngrößen Re, Pr und Nu jeweils gleiche Zahlenwerte, so sind die Vorgänge in den beiden Rohren 1 und 2 und damit auch in allen geometrisch ähnlichen Anordnungen (und alle Kreisrohre z. B. sind einander geometrisch ähnlich) auch physikalisch ähnlich, d. h. zwischen sämtlichen Maßgrößen bestehen konstante Proportionen. Haben wir uns auf irgendeine Weise eine Lösung für einen einzigen dieser Fälle verschafft, so muß sich diese in der Form der Funktion

$$F(Re, Pr, Nu) = 0 \tag{43}$$

[1] GRÖBER, H.: Die Grundgesetze der Wärmeleitung und des Wärmeüberganges. Berlin 1921. (Zugleich 1. Aufl. dieses Buches.)

[2] ERK, S., in: Fortschritte der Wärmeforschung im Verein Deutscher Ingenieure, von M. JAKOB. Z.VDI 75 (1931) 969/971. Vgl. auch Normblatt DIN 1341 (Dezember 1937): Wärmeübertragung.

darstellen lassen und gilt damit automatisch für die übrigen Fälle mit den gleichen Zahlenwerten der drei Kenngrößen.

Auch die Form der Funktion ist in allen geometrisch ähnlichen Fällen die gleiche, soweit unsere Differentialgleichungen nebst Randbedingungen Gültigkeit haben. Wir können also auch die am Modellversuch gewonnene Funktion F der Gl. (43) punktweise auf beliebig viele geometrisch ähnliche Hauptausführungen übertragen, wobei die Argumente Re, Pr und Nu bei jeder Übertragung zahlengleich sein müssen. Um zu praktisch brauchbaren Zahlenwerten etwa für die Wärmeübergangszahl α zu kommen, löst man die Funktion Gl. (43) nach jener Kenngröße auf, die die gesuchte Maßgröße enthält, in unserem Falle schreibt man also

$$Nu = \frac{\alpha l}{\lambda} = F(Re, Pr) \tag{43a}$$

oder

$$\alpha = \frac{\lambda}{l} F(Re, Pr) \tag{43b}$$

und kann dann aus dem Modellversuch unmittelbar die gesuchte Wärmeübergangszahl für eine beliebige Anzahl geometrisch ähnlicher Hauptausführungen vorausberechnen. Die Gln. (43) bis (43b) schreiben gleichzeitig vor, daß die Strömung unbeeinflußt von der Wärmeübertragung verläuft, wie es auch in unseren Voraussetzungen zum Ausdruck kam. Die Bewegungsgleichung (30a) lieferte nur die Reynolds-Zahl. Unsere Betrachtung ergab zwar die dimensionslosen Argumente der Funktion Gl. (43), sagte aber nichts über die Form der Funktion aus, die übrigens völlig beliebig sein kann und nicht etwa (wie gelegentlich behauptet wird) auch nur Potenzprodukte der Kenngrößen zu enthalten braucht[1]. Wir erkennen auch, daß die Zahl der Argumente sich verringert hat, und zwar sind aus den acht dimensionsbehafteten Maßgrößen der Gln. (30) bis (33) (ohne den Druck p, der in die Kenngrößen nicht eingeht) nur drei dimensionslose Kenngrößen geworden, ein Zusammenhang, der uns später noch beschäftigen wird.

b) Freie Konvektion. Die allgemeine Beziehung Gl. (43) gilt gemäß ihrer Ableitung für erzwungene Konvektion. Bei der *freien Konvektion* muß der Auftrieb der erwärmten und spezifisch leichteren Flüssigkeit als Massenkraft in die Differentialgleichung (30) eingeführt werden bzw. in die Gleichung der in Richtung der Schwerkraft liegenden Komponente. Als Beispiel betrachten wir hierzu etwa eine senkrechte Wand mit einer höheren Temperatur als die der umgebenden Flüssigkeit. Die an der Wand erwärmte Schicht wird spezifisch leichter und erfährt daher gegenüber der Umgebung einen Auftrieb. Die Änderung des spezifischen Volums $v = 1/\varrho$ infolge der Erwärmung wird durch die

[1] Da die Funktionen F oft monoton verlaufen, kann man sie durch

$$Nu = \text{const}\,(Re)^m\,(Pr)^n \ldots$$

in gewissen Bereichen stückweise annähern. Derartige Gleichungen sind in der Praxis sehr beliebt. Nach ihrem Urheber werden sie auch „Nußeltsche Gleichungen" genannt.

thermische Ausdehnungszahl

$$\beta = \frac{1}{v}\frac{dv}{d\vartheta}$$

angegeben. Wir müssen also für diese Betrachtung unsere Voraussetzung temperaturunabhängiger Stoffwerte (S. 160) fallenlassen, soweit es die Dichte anlangt, für die übrigen Stoffwerte (η, c_p, λ) behalten wir sie jedoch bei. Für einen endlichen Temperaturunterschied ϑ beziehen wir β auf den Mittelwert der Temperatur, bei kleinem ϑ auch auf die Temperatur der umgebenden Flüssigkeit außerhalb der Grenzschicht. Bei Gasen folgt aus der Zustandsgleichung $v = RT/p$ für die thermische Ausdehnungszahl $\beta = 1/T$.

Die Auftriebskraft je Volumeinheit wird

$$A = \beta \varrho g \vartheta .$$

Dieser Ausdruck wird in die Differentialgleichung (30) eingeführt, wobei die positive x-Richtung mit der negativen Erdbeschleunigung übereinstimmen soll. Dann ergibt sich für einen Modellversuch mit dem Index 1:

$$w_{x_1}\frac{\partial w_{x_1}}{\partial x_1} + w_{y_1}\frac{\partial w_{x_1}}{\partial y_1} + w_{z_1}\frac{\partial w_{x_1}}{\partial z_1} = -\frac{1}{\varrho_1}\frac{\partial p_1}{\partial x_1} + g_1\beta_1\vartheta_1 + \nu_1\left(\frac{\partial^2 w_{x_1}}{\partial x_1^2} + \frac{\partial^2 w_{x_1}}{\partial y_1^2} + \frac{\partial^2 w_{x_1}}{\partial z_1^2}\right). \quad (44)$$

Zur Beschreibung der Hauptausführung (Index 2) brauchen wir außer den Maßstabsfaktoren nach Gl. (34) noch $f_\beta = \beta_2/\beta_1$ und $f_g = g_2/g_1$. Nach dem Schema der Gln. (35) bis (37) ergeben sich bei der freien Konvektion folgende Modellregeln:

$$\frac{f_w^2}{f_l} = \frac{f_p}{f_\varrho f_l} = f_g f_\beta f_\vartheta = \frac{f_\nu f_w}{f_l^2}. \quad (45)$$

Da Druckunterschiede in einem System mit freier Konvektion zu vernachlässigen sind, liefert das zweite Glied auch hier keine Kennzahl. Von der früher behandelten erzwungenen Konvektion unterscheidet sich dieses System auch dadurch, daß keine Geschwindigkeit vorgegeben ist, sondern daß unmittelbar an der Platte ebenso wie außerhalb der Grenzschicht die Geschwindigkeit null ist. Das Verhältnis f_w ist daher unbestimmt und liefert keine Kenngröße. f_w kann eliminiert werden. Zusammen mit den Gln. (36) und (37), die unverändert übernommen werden können, ergeben sich also folgende Bedingungen:

$$\frac{g\beta\vartheta l^3}{\nu^2} = \text{const}, \quad (46)$$

$$\frac{\nu}{a} = \text{const}, \quad (47)$$

$$\frac{\alpha l}{\lambda} = \text{const}. \quad (48)$$

Die Kenngrößen der Gl. (47) und (48) haben wir schon oben benutzt. Wir bezeichnen das Produkt der Gl. (46) mit Grashof-Zahl (Gr), so daß sich der Wärmeübergang bei freier Konvektion durch folgende Gleichung darstellen lassen muß:

$$Nu = F(Gr, Pr). \tag{49}$$

Wenn wir in der Differentialgleichung (44) die Beschleunigungsglieder streichen, so erhalten wir die Gl. (13), die allerdings noch um das Auftriebsglied zu vermehren ist. Für diesen Fall der „schleichenden Bewegung" ergibt sich außer der Nu-Zahl nur noch ein dimensionsloses Argument von der Form $g\,\beta\,\vartheta\,l^3/\nu\,a$, das auch durch das Produkt $(Gr\,Pr)$ dargestellt werden kann. An Stelle der Gl. (49) muß man also schreiben

$$Nu = F(Gr\,Pr). \tag{50}$$

Diese Gleichung wurde bereits von L. Lorenz[1] aus theoretischen Betrachtungen abgeleitet. Nimmt man dagegen an, daß in der Grenzschicht der freien Konvektion die Zähigkeitsglieder der Differentialgleichung (44) gegenüber den Trägheitsgliedern zu vernachlässigen sind, so kommt man zu folgender Gleichung:

$$Nu = F(Gr\,Pr^2). \tag{51}$$

Diese Beziehung wurde von Boussinesq[2] aufgestellt. Die Entscheidung über den richtigen Ansatz kann nur das Experiment bringen.

Zwischen aufgezwungener und freier Konvektion gibt es Grenzfälle, in denen beide Bewegungsursachen zusammenwirken. Das wird z. B. bei langsamen Strömungsgeschwindigkeiten in senkrechten Kanälen auftreten. Eine aufwärts gerichtete Strömung wird bei Wärmeaufnahme durch die Auftriebskräfte in Wandnähe unterstützt und bei Wärmeabgabe gehindert werden. Die allgemeine Gleichung lautet für diesen Fall

$$Nu = F(Re, Gr, Pr), \tag{52}$$

da hier eine bestimmte Geschwindigkeit im Rohr vorgegeben und so der Geschwindigkeitsmaßstab nicht mehr frei wählbar ist. Dadurch tritt auch hier die Reynolds-Zahl auf.

c) Instationäre Wärmeleitung. Auf die gleiche Weise, wie wir es hier mit der erzwungenen und freien Konvektion getan haben, läßt sich auch die Fouriersche Differentialgleichung der nichtstationären Wärmeleitung behandeln, die im ersten Teil des Buches abgeleitet wurde (S. 10). Sie lautet für die x-Richtung:

$$\frac{\partial \vartheta}{\partial t} = a\,\frac{\partial^2 \vartheta}{\partial x^2}.$$

Fragen wir wieder nach den Bedingungen der physikalischen Ähnlichkeit zwischen Modell und Hauptausführung, so müssen wir noch einen Zeitmaßstab $f_t = t_2/t_1$ einführen. Damit erhalten wir analog zum Verfahren der beiden letzten Abschnitte die Bedingung

$$\frac{f_\vartheta}{f_t} = \frac{f_a\,f_\vartheta}{f_l^2} \quad \text{oder} \quad \frac{a\,t}{l^2} = \text{const.}$$

---

[1] Lorenz, L.: Über das Leitungsvermögen der Metalle für Wärme und Elektrizität. Ann. Phys. (Wied. Ann.) 13 (1881) 422/447 u. 582/606.

[2] Boussinesq, J.: Mise en équation des phénomènes de convection et aperçu sur le pouvoir refroidissant des fluids. C. R. Acad. Sci., Paris 132 (1901) 1382/1387.

Dieses dimensionslose Produkt wird als Fourier-Zahl (Fo) bezeichnet. Wie bei den früheren Betrachtungen müssen auch hier die Randbedingungen einander ähnlich sein, d. h. zur Zeit $t = 0$ müssen im ganzen Feld ebenso wie an den Berandungen ähnliche Temperaturverteilungen herrschen. Nur dann wird die spätere Temperaturverteilung bei gleichem Parameter $a\,t/l^2$ in Modell und Hauptversuch auch ähnlich bleiben. Da die Temperatur selbst in der Fourier-Zahl nicht vorkommt, bedeutet das einen beliebigen, aber einschließlich der Randbedingungen konstanten Temperaturmaßstab zwischen zwei Abläufen eines Wärmeleitungsproblems. Geometrische Ähnlichkeit ist auch hier wie in allen bisherigen Fällen verlangt.

Tritt zur Wärmeleitung im Inneren eines Körpers auch Wärmeübergang an seinen Berandungen auf, so können wir diesen wieder durch Gl. (33) beschreiben. Das führt auf den dimensionslosen Ausdruck $h\,l$ mit $h = \alpha/\lambda$, so daß wir in diesem allgemeineren Fall für die Temperaturen an entsprechenden Stellen der beiden Systeme 1 und 2 erhalten:

$$\vartheta_2 = \vartheta_1 F(h\,l, Fo)\,. \tag{53}$$

Wollen wir Temperaturen an beliebigen Punkten der beiden Systeme miteinander vergleichen, so brauchen wir weitere Parameter, um diese Punkte zu kennzeichnen, etwa das Verhältnis einer Koordinate x zu einer Hauptabmessung des Körpers l, so daß wir dafür schreiben müssen:

$$\vartheta_2 = \vartheta_1 F\left(\frac{x}{l}, hl, Fo\right). \tag{54}$$

2. Dimensionsbefreiung durch Einführen von Eigenmaßstäben.

In den oben abgeleiteten dimensionslosen Kenngrößen kommen eine Länge l, eine Geschwindigkeit w, eine Temperatur (bzw. ein Temperaturunterschied) ϑ vor. Bei physikalischer Ähnlichkeit müssen zwischen diesen Größen in Modell und Hauptausführung speziell auch in den Grenzbedingungen konstante Maßstabsfaktoren herrschen, also z. B. für den Durchmesser eines Rohres d, eine mittlere Strömungsgeschwindigkeit w oder eine Übertemperatur einer Wand ϑ. Wir hätten auch die Differentialgleichungen sofort auf dimensionslose Veränderliche umschreiben können, indem wir sie mit passenden Potenzprodukten dieser drei Größen erweitert hätten. Dabei würden wir von der Tatsache Gebrauch machen, daß die Differentialgleichungen nicht an ein bestimmtes Maßsystem gebunden sind, sondern daß auch alle Veränderlichen durch solche Maßstäbe gemessen werden können, die dem betreffenden Problem angehören, also z. B. kennzeichnende Größen der Randbedingungen darstellen. Denn wenn zwischen entsprechenden Maßgrößen der beiden Anordnungen (Modell und Hauptausführung) konstante Proportionen bestehen, so muß das auch zwischen einander entsprechenden, besonders ausgezeichneten Größen der Fall sein. Es ist dabei auch nicht erforderlich, nur die sog. Grundeinheiten Länge, Zeit, Masse (oder Kraft) und Temperatur zu verwenden, sondern man kann auch beliebige „abgeleitete" Größen benutzen, wie z. B. eine Geschwindigkeit.

Die Verwendung derartiger „Eigenmaßstäbe" eines Problems ist uns aus dem täglichen Leben längst geläufig: man mißt die Effektivleistung einer Maschine nicht nur in PS, sondern auch in einem Eigenmaßstab der betreffenden Maschine, z. B. ihrer theoretischen Leistung, und kommt so zu dem vertrauten Begriff des Wirkungsgrades. Auf diese Weise erhält man für Maschinen gleicher Art einen brauchbaren Vergleichsmaßstab, der übrigens eine echte dimensionslose Kennzahl im Sinne unserer früheren Betrachtungen darstellt und der mehr aussagt als etwa der dimensionsbehaftete spezifische Brennstoffverbrauch, der z. B. noch eine Angabe über den Heizwert benötigt[1].

Die Verwendung von Eigenmaßstäben für die Maßgrößen unserer Gleichungen nimmt diesen also ihre Individualität. Analytische oder empirische Lösungen gelten sofort für alle Probleme gleicher Art. Wir haben dieses Verfahren der Dimensionsbefreiung durch Eigenmaßstäbe bereits bei der Ableitung des Reynoldsschen Modellgesetzes angewendet (S. 148), so daß wir es hier nicht zu wiederholen brauchen. Wir würden dabei zu den gleichen Kennzahlen gelangen, wie wir sie im vorigen Abschnitt aufgestellt haben.

3. Dimensionsanalyse.

Haben wir bisher zur Aufstellung unserer Modellgesetze die Differentialgleichungen der Strömung und der Wärmeübertragung benutzt, so wollen wir jetzt einen viel allgemeineren Weg beschreiben, der auch dann noch brauchbar ist, wenn für ein bestimmtes Problem die Differentialgleichungen noch nicht bekannt sind. Hierfür hat sich die Bezeichnung „Dimensionsanalyse" eingebürgert.

Dimensionslose Kennzahlen haben die Eigenschaft, daß sie in allen Maßsystemen (wenigstens unter den später zu besprechenden Voraussetzungen) den gleichen Zahlenwert besitzen, so daß Ergebnisse ausländischer Arbeiten, die nicht im metrischen System geschrieben sind, ohne Umrechnung übernommen werden können. Dieser gewiß schätzenswerte Vorteil ist jedoch nicht der eigentliche Grund zu der häufigen Verwendung dimensionsloser Kennzahlen. Eine wesentliche Aussage der letzten Abschnitte war vielmehr die, daß nur die dimensionslose Kennzahl die „richtige" Verknüpfung der dimensionsbehafteten Maßgrößen ergibt. Wir wollen daher im folgenden die ganz allgemeine Frage beantworten, nach welchen Regeln bestimmte, an einem Problem beteiligte Maßgrößen von ihren Dimensionen frei gemacht werden können, indem sie zu dimensionslosen Kennzahlen zusammengesetzt werden.

a) Freie Konvektion. Wir betrachten als Beispiel wieder den Wärmeübergang bei *freier Konvektion* und stellen eine Liste jener Maß-

[1] Eine der ältesten dimensionslosen Kennzahlen dürfte die Zahl π sein. Der Umfang eines Kreises U wird nicht in Metern, sondern in einem „Eigenmaßstab", dem Durchmesser, gemessen. So entsteht $\pi = U/D$ als dimensionslose Kennzahl.

größen mit ihren Einheiten auf, die nach unserer Kenntnis daran beteiligt sind:

Bezeichnung	Symbol	Einheit
Länge	l	m
Auftriebsbeschleunigung	$g\beta$	m/h^2 grd
Dichte	ϱ	kg/m^3
Dynamische Viskosität	η	kg/h m
Wärmeleitfähigkeit	λ	kcal/m h grd
Temperaturdifferenz	ϑ	grd
Spezifische Wärme	c_p	kcal/kg grd
Wärmeübergangskoeffizient	α	$kcal/m^2$ h grd

Die Lösung unseres Problems soll dimensionslose Argumente enthalten, von denen wir nur verlangen, daß sie aus Potenzprodukten der beteiligten Maßgrößen bestehen. Weder über die Anzahl dieser Argumente noch über die funktionelle Verbindung untereinander machen wir irgendwelche Voraussetzungen. Die dimensionslosen Argumente müssen danach folgende Form haben, wenn s bis z die noch unbekannten Exponenten bedeuten:

$$l^s (g\beta)^t \varrho^u \eta^v \lambda^w \vartheta^x c_p^y \alpha^z .$$

Setzen wir für die Maßgrößen ihre Einheiten ein, so erhalten wir für die Dimension eines derartigen Arguments:

$$\mathrm{m}^s \cdot \mathrm{m}^t \mathrm{h}^{-2t} \mathrm{grd}^{-t} \cdot \mathrm{kg}^u \mathrm{m}^{-3u} \cdot \mathrm{kg}^v \mathrm{h}^{-v} \mathrm{m}^{-v} \cdot \mathrm{kcal}^w \mathrm{m}^{-w} \mathrm{h}^{-w} \mathrm{grd}^{-w} \cdot \mathrm{grd}^x \times$$
$$\times \mathrm{kcal}^y \mathrm{kg}^{-y} \mathrm{grd}^{-y} \cdot \mathrm{kcal}^z \mathrm{m}^{-2z} \mathrm{h}^{-z} \mathrm{grd}^{-z} .$$

Damit das ganze Argument dimensionslos wird, muß es in jeder einzelnen Grundeinheit dimensionslos werden. Entsprechend den 5 Grundeinheiten m, h, grd, kcal, kg erhalten wir 5 Bestimmungsgleichungen für die 8 Exponenten, nämlich:

für die Längeneinheit m: $s + t - 3u - v - w - 2z = 0,$
für die Zeiteinheit h: $-2t - v - w - z = 0,$
für die Temperatureinheit grd: $-t - w + x - y - z = 0,$
für die Einheit der Wärmemenge kcal: $w + y + z = 0,$
für die Masseneinheit kg: $u + v - y = 0.$

Wir können also $8 - 5 = 3$ Exponenten willkürlich festlegen und wählen dazu x, y, z, durch die wir s bis w ausdrücken. Setzen wir dann wieder die Maßgrößen ein, so erhält das Argument folgende Form:

$$l^{3x+z} (g\beta)^x \varrho^{2x} \eta^{-2x+y} \lambda^{-y-z} \vartheta^x c_p^y \alpha^z .$$

Über die drei Exponenten x, y, z verfügen wir in der Weise, daß wir nacheinander einen gleich der Einheit, die beiden anderen gleich Null setzen und erhalten

$$\text{für } x = 1;\ y = 0;\ z = 0:\ \frac{l^3 g\beta \varrho^2 \vartheta}{\eta^2} = \frac{l^3 g\beta \vartheta}{\nu^2} = Gr,$$

$$\text{für } y = 1;\ x = 0;\ z = 0:\ \frac{\eta c_p}{\lambda} = \frac{\eta/\varrho}{\lambda/c_p \varrho} = \frac{\nu}{a} = Pr,$$

$$\text{für } z = 1;\ x = 0;\ y = 0:\ \frac{\alpha l}{\lambda} = Nu .$$

Die gesuchte Funktion besteht also aus drei dimensionslosen Argumenten und hat die aus unseren früheren Überlegungen bereits bekannte Form

$$F(Nu, Gr, Pr) = 0 \quad \text{bzw.} \quad Nu = F(Gr, Pr).$$

Das Ergebnis entspricht einem von BUCKINGHAM[1] aufgestellten allgemeinen Prinzip, dem sog. Π-Theorem: *Eine Funktion zwischen m dimensionsbehafteten Maßgrößen, die mit n Grundeinheiten gemessen werden, besitzt m — n dimensionslose Argumente (eben unsere Kenngrößen).* In dieser Verringerung der Zahl der Argumente der unbekannten Funktion liegt die große Bedeutung der Ähnlichkeitslehre. Denn eine Funktion zwischen drei Argumenten ist naturgemäß viel bestimmter als eine solche zwischen acht. Der experimentelle Aufwand z. B. zu ihrer Bestimmung ist nur noch ein Bruchteil des früheren. Die vollständige Darstellung einer Funktion zwischen acht Veränderlichen würde ein Tabellenwerk beanspruchen, während sich drei Argumente in einem einzigen Diagrammblatt unterbringen lassen.

In der eben skizzierten Weise sollen nun noch jene beiden Sonderfälle des Wärmeübergangs bei freier Konvektion behandelt werden, die bereits auf S. 165 erwähnt wurden, nämlich die Vernachlässigung der Beschleunigung (schleichende Bewegung) bzw. die Annahme reibungsfreier Strömung. Offenbar muß dazu die oben aufgestellte Liste der beteiligten Maßgrößen geändert werden.

b) Schleichende Bewegung bei freier Konvektion. Für die Trägheitswirkung in einem Medium ist dessen Dichte ϱ maßgebend. Wir können jedoch ϱ nicht einfach aus unserer Aufstellung streichen und müssen uns vielmehr des Baues der Bewegungsgleichung (10c) erinnern, in der die Dichte auch noch in dem Glied der Massenkraft, in unserem Falle des thermischen Auftriebs, vorkommt. Die übrigen maßgebenden Gleichungen, insbesondere die der Energiebewegung [Gl. (16)] und ihrer Randbedingung [Gl. (22a)], bleiben unverändert. Wir berücksichtigen ferner noch, daß die Temperaturleitzahl a der Gl. (16) aus $\lambda/C_p = \lambda/c_p\varrho$ zusammengesetzt ist, wobei $C_p = c_p\varrho$ die spezifische Wärme der Volumeinheit bedeutet. Nach diesen Überlegungen stellen wir folgende Zahlentafel der beteiligten Maßgrößen auf:

Bezeichnung	Symbol	Einheiten
Länge	l	m
Dynamische Viskosität	η	kg/h m
Spezifische Wärme der Volumeinheit	$C_p = c_p\varrho$	kcal/m³ grd
Wärmeleitfähigkeit	λ	kcal/m h grd
Temperaturdifferenz	ϑ	grd
Auftriebskraft der Volumeinheit	$\varrho g\beta$	kg/h² m² grd
Wärmeübergangskoeffizient	α	kcal/m² h grd

Ein dimensionsloses Argument der Lösung muß also folgenden Aufbau haben:

$$l^t \eta^u C_p^v \lambda^w \vartheta^x (\varrho g\beta)^y \alpha^z .$$

[1] BUCKINGHAM, E.: On physically similar systems; Illustrations of the use of dimensional equations. Phys. Rev. 4 (1914) 345.

Zur Messung dieser 7 Maßgrößen dienen wieder die 5 Grundeinheiten m, h, grd, kcal, kg, so daß diesmal nur $7 - 5 = 2$ dimensionslose Argumente übrigbleiben. Nach Einführung der Exponenten t bis z für die Grundeinheiten wird die Einheit des dimensionslosen Arguments:

$$\mathrm{m}^t \cdot \mathrm{kg}^u \mathrm{h}^{-u} \mathrm{m}^{-u} \cdot \mathrm{kcal}^v \mathrm{m}^{-3v} \mathrm{grd}^{-v} \cdot \mathrm{kcal}^w \mathrm{m}^{-w} \mathrm{h}^{-w} \mathrm{grd}^{-w} \cdot \mathrm{grd}^x \times$$
$$\times\, \mathrm{kg}^y \mathrm{h}^{-2y} \mathrm{m}^{-2y} \mathrm{grd}^{-y} \cdot \mathrm{kcal}^z \mathrm{m}^{-2z} \mathrm{h}^{-z} \mathrm{grd}^{-z}.$$

Die 5 Bestimmungsgleichungen der 7 Exponenten lauten:

für die Längeneinheit m: $t - u - 3v - w - 2y - 2z = 0,$
für die Zeiteinheit h: $-u - w - 2y - z = 0,$
für die Temperatureinheit grd: $-v - w + x - y - z = 0,$
für die Einheit der Wärmemenge kcal: $v + w + z = 0,$
für die Masseneinheit kg: $u + v = 0.$

Als frei verfügbar wählen wir die Exponenten y und z, drücken t bis x darin aus und setzen y und z abwechselnd eins und null. Dann ergeben sich die beiden dimensionslosen Gruppen

$$\frac{l^3 C_p \vartheta (\varrho g \beta)}{\eta \lambda} = \frac{l^3 g \beta \vartheta}{\nu^2} \frac{\nu c_p \varrho}{\lambda} = Gr\, Pr$$

und

$$\frac{\alpha l}{\lambda} = Nu$$

in Übereinstimmung mit den aus den Differentialgleichungen gewonnenen Kenngrößen (S. 165).

c) Freie Konvektion bei Vernachlässigung der Reibung. In diesem Fall braucht aus der Liste S. 168 nur die dynamische Viskosität gestrichen zu werden, da η nur in den Reibungsgliedern der Bewegungsgleichung (10c) vorkommt. Die Zahl der Maßgrößen vermindert sich auf 7, so daß bei denselben 5 Grundeinheiten auch nur 2 dimensionslose Potenzprodukte übrigbleiben, und zwar

$$\frac{l^3 (g\beta) \varrho^2 \vartheta c_p^2}{\lambda^2} = \frac{l^3 g \beta \vartheta}{\nu^2} \frac{\eta^2 c_p^2}{\lambda^2} = Gr\, Pr^2 \quad \text{und} \quad \frac{\alpha l}{\lambda} = Nu.$$

Auch dieses Ergebnis stimmt mit dem von S. 165 überein.

4. Voraussetzungen der Ähnlichkeitslehre.

Die Anwendung der Ähnlichkeitslehre setzt bestimmte Eigenschaften unserer Maßsysteme voraus, die meist als selbstverständlich hingenommen werden. Wenn wir zwischen Modell und Hauptausführung eines physikalischen Geschehens konstante Proportionen aller Maßgrößen verlangten, ohne ein bestimmtes Maßsystem vorzuschreiben, so war dazu nötig, daß das Verhältnis zweier Maßgrößen unverändert blieb, auch wenn die Größe der Einheit geändert wurde (das Verhältnis zweier Zeiten darf nicht davon abhängen, ob sie in sek oder h gemessen wurden). Diese Eigenschaft, die von allen wissenschaftlichen Maßsystemen erfüllt wird[1], hat zur Folge, daß abgeleitete Größen (Geschwindigkeit, Zähigkeit usw.) nur in Potenzprodukten der Grundeinheiten (Länge, Zeit, Temperatur usw.) gemessen werden können[2], da nur in diesem Falle auch das Verhältnis zweier abgeleiteter Größen von der Wahl der Grundeinheiten unabhängig bleibt. Eine Nachprüfung der Dimensionen der üblichen abgeleiteten Größen zeigt, daß auch diese Forderung erfüllt ist.

Da es also nur Maßgrößen gibt, die in den Grundeinheiten oder in Potenzprodukten davon gemessen werden, müssen sich auch dimensionslose Kombinationen dieser Maßgrößen bilden lassen, ohne andere Rechenoperationen als die Multiplikation und das Potenzieren zu benutzen. Wir konnten also von unseren dimensionslosen Argumenten mit Recht voraussetzen, daß sie aus Potenzprodukten der Maßgrößen zusammengesetzt sind (S. 159).

Die genannte Eigenschaft unserer Maßsysteme benutzen wir ständig dadurch, daß wir Buchstabengleichungen anschreiben, ohne jedesmal eine Dimensionsangabe zu machen. Auch dabei ist vorausgesetzt, daß die Gleichungen in allen Maßsystemen richtig bleiben, daß es sich also um „vollständige Gleichungen" handelt[3]. Eine weitere Eigenschaft unserer Gleichungen ist die „Homogenität in den Dimensionen", d. h., daß zu beiden Seiten des Gleichheitszeichens und hinter jedem Summanden nur gleiche Dimensionen stehen. Wird von einer dieser Vorschriften abgewichen, wie es bei „Faustformeln" der Fall sein kann, so müssen die notwendigen Angaben über die vorgeschriebenen Maßeinheiten ausdrücklich hinzugefügt werden. Zur Anwendung der Ähnlichkeitslehre sind derartige Gleichungen allerdings ungeeignet.

Es wird oft nach der „Zuverlässigkeit" dimensionsloser Gleichungen gefragt, d. h. danach, ob bei zahlengleichen Kenngrößen wirklich die Maßgrößen beliebig verändert werden können und die Funktion zwischen den dimensionslosen Kenngrößen trotzdem gültig bleibt. Diese Frage läuft offenbar darauf hinaus, ob die physikalische Ähnlichkeit im strengen Sinne gewahrt ist, denn bei genau konstanten Übertragungsmaßstäben zwischen Modell und Hauptausführung muß auch die am Modell gewonnene Funktion für die Hauptausführung gelten.

Um diese Frage zu beantworten, muß man sich daran erinnern, daß die Ähnlichkeitslehre wie die Mathematik in das Gebiet der Logik gehört. Sie *ist* also nicht richtig oder falsch, sondern kann nur richtig

---

[1] Eine Ausnahme machen z. B. die schon erwähnten (S. 144) konventionellen Maßsysteme der kinematischen Zähigkeit ν, etwa das Englergrad (E), wie folgendes Zahlenbeispiel zeigt: $\nu_1 = 1{,}00$ cSt $= 1{,}00$ E, $\nu_2 = 11{,}8$ cSt $= 2{,}00$ E. Der Quotient ν_2/ν_1 wird also gleich 11,8 bzw. gleich 2, je nachdem die Zähigkeit in cSt oder in E gemessen wird. Im konventionellen Maß gemessene Zähigkeiten dürfen daher nie in Kennzahlen eingesetzt werden!

[2] Zum Beweis vgl. P. W. Bridgman (Fußnote 1 S. 158).

[3] Eine Prandtl-Zahl $Pr = 3600\, \nu/a$ bedeutet offenbar, daß ν in m^2/sek und a in m^2/h gemessen werden soll. Zwar ist auch diese Kennzahl dimensionslos, da die Zahl 3600 die Dimension sek/h hat, jedoch ist sie ohne Angabe eines Maßsystems nicht verwendbar. Die Schreibweise verstößt gegen ein Prinzip, das für die Anwendung der Ähnlichkeitslehre vorausgesetzt ist; sie ist daher nicht zu empfehlen.

oder falsch *angewendet* werden. Wie auch bei der Mathematik kann das Ergebnis nicht mehr physikalische Tatbestände als der Ansatz enthalten. Die abgeleiteten dimensionslosen Argumente reichen also nur unter den gemachten Voraussetzungen zur vollständigen Beschreibung eines Vorgangs aus, dann allerdings mit aller Strenge. So benutzten wir zur Beschreibung des Strömungszustandes nur die Reynolds-Zahl, obwohl wir schon auf S. 150 feststellten, daß damit die Strömungsform nicht immer eindeutig bestimmt ist. Wir setzten also stillschweigend voll ausgebildete turbulente oder laminare Strömung voraus, die tatsächlich allein durch die Reynolds-Zahl gekennzeichnet sind. Im Anlaufgebiet sind also weitere Parameter erforderlich, z. B. das Verhältnis Rohrdurchmesser zu Rohrlänge d/l. Am schwersten wiegt aber die Erscheinung, daß die Stoffwerte wirklicher Flüssigkeiten entgegen unserer Annahme von der Temperatur abhängen. Da diese Abhängigkeit sehr verschieden sein kann, werden u. U. eine Reihe von weiteren Parametern hierfür erforderlich sein. Da insbesondere bei Flüssigkeiten die Zähigkeit stark temperaturabhängig ist, wirkt auch der Wärmeübergang auf den Strömungsvorgang zurück, wodurch eine weitere Voraussetzung nicht mehr erfüllt ist. Auch werden dadurch Heizung und Kühlung einer Flüssigkeit keine ähnlichen Vorgänge bleiben. Bereits NUSSELT[1] berücksichtigte diese Veränderlichkeit der Stoffwerte mit der Temperatur, indem er das Verhältnis Wandtemperatur zur Temperatur in großer Entfernung T_w/T_∞ als weitere Kenngröße einführte. Andere Möglichkeiten werden wir in den späteren Abschnitten kennenlernen, jedoch gibt es noch keine allgemeingültige Lösung dieses Problems[2].

Wir setzten ferner glatte Oberflächen voraus, so daß bei rauhen Rohren ein weiterer Parameter, die „relative Rauhigkeit", nötig werden kann, nämlich das Verhältnis der mittleren Erhebung der Rauhigkeiten zu einer kennzeichnenden Abmessung, etwa dem Rohrdurchmesser.

Besonders das anscheinend so einfache Verfahren der Dimensionsanalyse könnte zu dem Schluß verleiten, daß sich damit auch Probleme behandeln lassen, deren Grundlagen noch nicht oder nur ungenügend geklärt sind. Wir haben absichtlich drei zusammenhängende Fälle verhältnismäßig ausführlich behandelt, um zu zeigen, wie stark das Ergebnis von der Auswahl der „richtigen" Maßgrößen abhängt. Auch mußten wir öfters den Aufbau der Differentialgleichungen bei dieser Auswahl zu Hilfe nehmen. Gerade für die Dimensionsanalyse ist eine beträchtliche physikalische Erfahrung über das behandelte Problem unerläßlich, wozu allerdings nicht unbedingt die Kenntnis der Differentialgleichungen gehören muß. Sie versagt aber in jenen Fällen, in denen

[1] Vgl. Fußnote 2 S. 159.

[2] In letzter Zeit sind eine Reihe von Flüssigkeiten bekanntgeworden, deren Zähigkeit wenig oder gar nicht von der Temperatur abhängt [vgl. z. B. G. H. GÖTTNER: Erdöl u. Kohle 3 (1950) 598/606]. Versuche an derartigen Flüssigkeiten würden den gemachten Voraussetzungen am besten entsprechen, solange es sich um „Newtonsche Flüssigkeiten" handelt. Sie müßten also auf die „Urform" der Wärmeübergangsgleichungen führen, die dann für gewöhnliche Flüssigkeiten zu erweitern wären.

man noch nicht alle beteiligten Stoffwerte kennt. Dazu kann der Wärmeübergang bei der Verdampfung als Beispiel dienen, für den sich heute noch nicht alle dimensionslosen Kenngrößen angeben lassen.

Da desto weniger Kenngrößen erforderlich sind, je mehr Grundeinheiten benutzt werden, sind wir daran interessiert, möglichst viele Grundeinheiten einzuführen. Dabei müssen diese Grundeinheiten aber im Rahmen des behandelten Problems voneinander unabhängig bleiben. So wäre es zwecklos gewesen, etwa die Krafteinheit als sechste Grundeinheit zu benutzen, da wir dann auch die Erdbeschleunigung explizite als Maßgröße hätten einführen müssen[1], da das Gesetz „Kraft gleich Masse mal Beschleunigung" in der Bewegungsgleichung benutzt wird. Dagegen waren wir berechtigt, die Einheiten der Wärmemenge und der Temperatur als Grundeinheiten zu gebrauchen ohne Rücksicht darauf, daß auch zwischen diesen und mechanischen Größen Zusammenhänge bestehen, da bisher von diesen Gesetzmäßigkeiten kein Gebrauch gemacht wurde.

Die Ähnlichkeitslehre schreibt, wie wir schon öfters feststellten, bestimmte Formen der Lösung vor. Diese Vorschriften sollten auch bei Faustformeln eingehalten werden. Ist z. B. bei einem Fall erzwungener Konvektion die Beziehung

$$\alpha \sim w^{0{,}8}$$

gemessen worden, so ist das nur ein Teil des allgemeinen Gesetzes

$$\frac{\alpha d}{\lambda} \sim \left(\frac{w d}{\nu}\right)^{0{,}8} \dots ;$$

daraus folgt aber auch sofort

$$\alpha \sim d^{-0{,}2}.$$

Selbst wenn im Einzelfall ein anderer Exponent für d passender wäre, ist es richtig, $d^{-0{,}2}$ zu benutzen und die Abweichung durch eine geeignete Korrektur, z. B. durch einen weiteren Parameter (l/d) zu berücksichtigen. Ein solches Ergebnis ist jedenfalls viel allgemeiner, als wenn ad hoc der Exponent von d geändert würde. Diese Folgerung aus der Ähnlichkeitslehre scheint nicht immer beachtet zu werden.

Die Ähnlichkeitslehre kann nur im ständigen Zusammenhang mit physikalischen Betrachtungen angewendet werden. Dabei kann sie aber auch unmittelbar zu neuen Gesetzmäßigkeiten führen. Ein derartiges Beispiel ist der Wärmeübergang bei freier Konvektion in ringförmigen Spalten, etwa in den konzentrischen Hohlräumen der Luftschichtenisolierung eines Rohres. Sofern es sich dabei um schleichende Bewegung handelt, läßt sich dieser Vorgang durch die Gleichung

$$Nu = F\left(Gr\, Pr, \frac{d_a}{d_i}\right)$$

darstellen. Dabei bedeuten d_a den äußeren und d_i den inneren Durchmesser des Ringraumes. In der Grashof-Zahl ist d_a oder d_i als kenn-

[1] Man bezeichnet dimensionsbehaftete Größen mit konstantem Zahlenwert auch als „Dimensionskonstanten", wie z. B. Erdbeschleunigung, mechanisches Wärmeäquivalent, allgemeine Gaskonstante usw.

zeichnende Länge eingesetzt. Die Versuchsergebnisse zeigten, daß der Parameter (d_a/d_i) zur Beschreibung ausreichte. Nun stellte KRAUSSOLD[1] fest, daß man ohne diesen Parameter auskommt, wenn in die Kennzahlen Nu und $(Gr\,Pr)$ nicht der Durchmesser, sondern die Spaltweite $s = (d_a - d_i)/2$ eingesetzt wird. Sogar ebene Spalte, die dem Ringspalt nicht mehr geometrisch ähnlich sind, lassen sich dann mit gewissen Streuungen durch die gleiche Funktion

$$Nu_s = \frac{\alpha\, s}{\lambda} = f(Gr\,Pr)_s$$

darstellen, wobei der Bereich $(Gr\,Pr)$ von 10^2 bis 10^8 ging. Im Sinne der Dimensionsanalyse bedeutet das, daß eine Maßgröße (nämlich d_a bzw. d_i) verschwindet und damit bei gleicher Anzahl der Grundeinheiten auch eine Kenngröße wegfällt. Man kann sich nur schwer vorstellen, daß ein solches Ergebnis ohne Benutzung der Ähnlichkeitslehre gefunden worden wäre.

Ein ähnliches Beispiel ist die Wärmeübertragung in durchströmten Füllkörperrohren. Die Versuchsergebnisse lassen sich durch die Gleichung $Nu = F\left(Re, \frac{d}{D}\right)$ wiedergeben, wobei d den Füllkörper- und D den Rohrdurchmesser bedeuten. Die Kennzahlen sind mit d zu bilden, die Luftgeschwindigkeit ist auf das leere Rohr bezogen. Nach einem Vorschlag von SCHUMACHER[2] bildet man die Kennzahlen mit dem Rohrdurchmesser D und kann dann alle Versuche durch die Funktion $Nu_D = F(Re_D)$ beschreiben, wenn man eine gewisse Streuung in Kauf nimmt. Diese beiden geschilderten Beispiele sind typisch dafür, wie die Ähnlichkeitslehre zusammen mit physikalischer Intuition zu fruchtbaren Ergebnissen führen kann.

5. Physikalische Bedeutung der Kenngrößen.

Wie schon bei der Ableitung des Reynoldsschen Modellgesetzes festgestellt wurde, kann die *Reynolds-Zahl* als Verhältnis der Beschleunigungs- zu den Reibungskräften aufgefaßt werden, etwa durch die Erweiterung

$$\frac{w\,d}{\nu} = \frac{\varrho\, w^2}{\eta\, w/d} = Re,$$

worin d etwa den Rohrdurchmesser bedeutet.

Die *Nußelt-Zahl* läßt sich durch die Grenzbedingung Gl. (22a) erklären. Nimmt man an der Wand eine ruhende Schicht von der Wärmeleitzahl λ an, in der dasselbe Temperaturgefälle auftritt, mit welchem die Wärmeübergangszahl α berechnet wird, so wird die Dicke dieser ruhenden Schicht λ/α. Damit wird die Nußelt-Zahl

$$\frac{\alpha l}{\lambda} = \frac{l}{\lambda/\alpha} = Nu$$

[1] KRAUSSOLD, H.: Wärmeabgabe von zylindrischen Flüssigkeitsschichten bei natürlicher Konvektion. Forsch. Ing.-Wes. 5 (1934) 186/191.

[2] SCHUMACHER, R.: Der Wärmeübergang an Gase in Füllkörper- und Kontaktrohren. Erdöl u. Kohle 2 (1949) 189/193.

das Verhältnis einer kennzeichnenden Länge l zu jener Schichtdicke λ/α. Man kann die Nußelt-Zahl auch auffassen als Quotient der tatsächlichen Wärmestromdichte, die durch die Wärmeübergangszahl α bezeichnet wird zu jener, die durch reine Leitung in einer Schicht von der Dicke l auftreten würde, also

$$\frac{\alpha l}{\lambda} = \frac{\alpha}{\lambda/l} = Nu\ .$$

Aus Gl. (22a) folgt schließlich noch, daß die Nußelt-Zahl das Verhältnis der Neigungen zweier Temperaturkurven ist, nämlich der des wirklichen Temperaturfeldes an der Wand $-\left(\frac{\partial\vartheta}{\partial n}\right)_w$ zu dem geradlinigen Temperaturverlauf in der leitenden Schicht von der Dicke l, $(\vartheta_w - \vartheta_f)/l$ nach der Gleichung

$$\frac{\alpha l}{\lambda} = \frac{-(\partial\vartheta/\partial n)_w}{(\vartheta_w - \vartheta_f)/l} = Nu\ .$$

Handelt es sich um einen Wärmeübergang an den 2 Begrenzungswänden eines Spaltes von der Dicke l, der mit einem Medium von der Wärmeleitzahl λ erfüllt ist, so stellt die Nußelt-Zahl auch das Verhältnis der scheinbaren Wärmeleitzahl $\lambda_s = \alpha\, l$ zu der wirklichen Wärmeleitzahl λ dar und gibt so unmittelbar die Erhöhung der Wärmeübertragung durch Konvektion gegenüber der reinen Wärmeleitung (bei ruhendem Medium) an:

$$\frac{\alpha l}{\lambda} = \frac{\lambda_s}{\lambda} = Nu\ .$$

Für $Nu = 1$ wäre also in allen Fällen der Wärmeübergangsvorgang identisch mit der Wärmeleitung in der Schicht der Dicke l.

Für die *Péclet-Zahl* folgt mit $a = \lambda/c_p\,\varrho$

$$\frac{w\,l}{a} = \frac{w\,\varrho\,c_p}{\lambda/l} = Pe.$$

Dabei ist $w\,\varrho\,c_p$ die Dichte des Wärmemassenstroms (z. B. in kcal/m²h grd), also die Dichte eines Stromes vom Wasserwert $\varrho\,c_p$, der mit der Geschwindigkeit w befördert wird. Der Nenner ist wieder die Dichte eines durch Wärmeleitung über die Schichtdicke l fließenden Wärmestroms. In beiden Fällen ist das gleiche treibende Temperaturgefälle anzunehmen. Der Quotient gibt also den physikalischen Inhalt der Energiegleichung (16) wieder, nämlich das Gleichgewicht zwischen Konvektion und Wärmeleitung.

Die *Prandtl-Zahl* $Pr = \nu/a$ vergleicht zwei molekulare Transportgrößen, nämlich die kinematische Viskosität ν für den Impulstransport durch Reibung mit der Temperaturleitzahl a für den Transport von Wärmeenergie durch Leitung. Die Ursache für den Impulstransport ist ein Geschwindigkeitsgefälle, für den Transport von Wärmeenergie ein Temperaturunterschied. Die Prandtl-Zahl ist also auch maßgebend für die Beziehungen des Temperaturfeldes zum Geschwindigkeitsfeld. Unter diesem Gesichtspunkt verstehen wir die Gleichung $Nu = F(Re, Pr)$ in folgendem Sinne: Die übergehende Wärme (Nu) hängt ab von der Ausbildung des Geschwindigkeitsfeldes (Re) und seiner Beziehung zum Temperaturfeld (Pr).

Für ideale Gase läßt sich die Prandtl-Zahl aus der Atomzahl nach der kinetischen Gastheorie berechnen. So erhält man die Werte der Zahlentafel 12, die nach der Theorie von Druck und Temperatur unabhängig sein sollen. Für wirkliche Gase bleibt nur die experimentelle Bestimmung der einzelnen Stoffwerte von $Pr = \nu/a = \eta\, c_p/\lambda$ übrig[1].

Zahlentafel 12. *Werte von $Pr = \nu/a = \eta c_p/\lambda$ der kinetischen Gastheorie.*

Atomzahl	c_p/c_v	Pr
1	1,66	0,67
2	1,40	0,73
3	1,30	0,80
4 und mehr		≈ 1

Zur Erklärung der *Grashof-Zahl* gehen wir auf ihre Ableitung aus der Differentialgleichung zurück. Setzen wir den ersten und dritten Ausdruck von Gl. (45) einander gleich, so erhalten wir

$$\frac{g\beta\vartheta l}{w^2} = \frac{Gr}{Re^2} = \frac{\varrho g\beta\vartheta}{\varrho w^2/l},$$

den wir als Quotienten der Auftriebskraft je Volumeinheit $\varrho\, g\, \beta\, \vartheta$ zur Trägheitskraft je Volumeinheit $\varrho\, w^2/l$ deuten können. Auch bei der freien Konvektion spielt also das Geschwindigkeitsfeld eine hervorragende Rolle für den Wärmeübergang, es ist aber keine Geschwindigkeit vorgegeben und daher w in einer Kennzahl unerwünscht. Durch Multiplikation mit Re^2 erhalten wir die gewohnte Gr-Zahl, die nur noch gegebene Größen erhält.

Dieses Beispiel zeigt auch, daß die genannten Kennzahlen durchaus nach praktischen Gesichtspunkten aus den verschiedenen Möglichkeiten ausgewählt wurden, und zwar so, daß gesuchte Größen möglichst nur in einer Kennzahl vorkommen (z. B. α in Nu) und nichtgegebene Maßgrößen eliminiert sind. Man sollte das Verlangen nach physikalischer Anschaulichkeit nicht übertreiben und bedenken, daß auch beliebige Kombinationen der Kennzahlen neue richtige Kennzahlen ergeben, solange diese voneinander unabhängig sind.

Eine Kennzahl, die die genannten Eigenschaften in hervorragendem Maße besitzt, ist die Kombination

$$\frac{Nu}{Re\,Pr} = \frac{\alpha}{w\,\varrho\,c_p} = St \text{ (Stanton-Zahl)}^2,$$

Betrachten wir ein Rohrstück vom Durchmesser d und der Länge L, das von einer Flüssigkeit mit der mittleren Geschwindigkeit w durchströmt wird, wobei durch die Rohrwand Wärme zu- oder abgeführt werden soll.

---

[1] Im technischen Maßsystem, also bei Benutzung des Gewichtes (Kraft) als Mengenmaß, wird $Pr = \nu/a = \eta c_p g/\lambda$. Denn die kinematische Zähigkeit ν ist in beiden Fällen $\nu = \eta/\varrho$ gemäß ihrer Herkunft aus der Bewegungsgleichung. Die Temperaturleitzahl a ist im technischen Maßsystem $a = \lambda/c_p\gamma$, da jetzt $c_p\gamma$ die spezifische Wärme der Raumeinheit ist.

[2] Diese Bezeichnung ist in der amerikanischen Literatur seit längerer Zeit üblich und wir schließen uns diesem Brauche an. Dadurch wird gleichzeitig eine unerwünschte Doppelbezeichnung beseitigt, da die ältere Literatur vielfach den Kehrwert der Prandtl-Zahl $1/Pr = a/\nu = St$ setzte (vgl. auch S. 178 über französische Bezeichnungen).

Ist die Rohrwandtemperatur ϑ_w und die Mitteltemperatur der Flüssigkeit ϑ_m (nach geeigneter Mittelwertsbildung über Querschnitt und Länge), so wird im Falle der Heizung der Flüssigkeit durch die Rohrwand die Wärmemenge

$$q_1 = \alpha \pi d L (\vartheta_w - \vartheta_m)$$

in der Zeiteinheit ausgetauscht. Sind Anfangs- bzw. Endtemperaturen der Flüssigkeit ϑ_a bzw. ϑ_e, so hat die Flüssigkeit in dem Rohrstück L die Wärmemenge

$$q_2 = w \frac{\pi d^2}{4} \varrho c_p (\vartheta_e - \vartheta_a)$$

aufgenommen, wobei im Beharrungszustand $q_1 = q_2$ sein muß. Daraus folgt

$$St = \frac{Nu}{Re\,Pr} = \frac{(\vartheta_e - \vartheta_a)}{(\vartheta_w - \vartheta_m)} \frac{d}{4L}.$$

Die Stanton-Zahl vergleicht also die Temperaturänderung der Flüssigkeit mit dem treibenden Temperaturgefälle zur Wand und damit den Erfolg einer Wärmeübertragung zu ihrer Ursache[1]. Sie ist ebenso wie die Nußelt-Zahl eine dimensionslose Wärmeübergangszahl.

Zwischen Wärmeübergang und *Stoffübergang* in bewegten Medien (Verdunstung, Sublimation, Kondensation, Absorption) läßt sich eine vollständige Analogie herstellen. An die Stelle der Wärmemenge tritt die Stoffmenge, der Temperaturunterschied als treibende Ursache wird durch die Differenz der Teildrücke oder Konzentrationen ersetzt. Der maßgebende Stoffwert wird statt der Temperaturleitzahl a die Diffusionszahl D (dimensionsgleich mit a). So kann man auch analog zur Prandtl-Zahl $Pr = \nu/a$ die dimensionslose Kennzahl

$$\frac{\nu}{D} = Sc \text{ (Schmidt-Zahl[2])}$$

bilden, um die Beziehungen zwischen dem Geschwindigkeitsfeld und dem Feld der Teildrücke oder Konzentrationen zu kennzeichnen.

Die bisher genannten Kennzahlen müssen fallweise durch weitere Parameter ergänzt werden, um Erscheinungen zu berücksichtigen, die in den Voraussetzungen der Differentialgleichungen nicht enthalten waren. Es sollte jedoch vermieden werden, neue Kombinationen oder neue Bezeichnungen einzuführen, da die hier benutzten Abkürzungen in vielen Ländern in der gleichen Form üblich sind und auch zur Kennzeichnung des konvektiven Wärmeaustausches ohne Änderung des Aggregatzustandes ausreichen. Bei den Vorgängen der Verdampfung und besonders der Kondensation sind weitere dimensionslose Variable einzuführen, für die noch keine Benennung vorgeschlagen wurde.

---

[1] Diesen Zusammenhang scheint als erster W. STENDER erkannt zu haben: Der Wärmeübergang an strömendes Wasser in vertikalen Röhren. Berlin: Springer 1924.

[2] Der Quotient ν/D wurde von E. SCHMIDT in seiner Arbeit: Verdunstung und Wärmeübergang, Gesundh.-Ing. 52 (1929) 525/529, benutzt. Die Bezeichnung „Schmidt-Zahl" wird seit 1933 in der amerikanischen Literatur verwendet [vgl. Trans. Amer. Inst. Chem. Engrs. 29 (1933) 206]. Wir empfehlen ihre einheitliche Anwendung auch im deutschen Schrifttum.

In der französischen Literatur sind vielfach Bezeichnungen üblich, die von den oben genannten abweichen. Die Umrechnung wird durch folgende Zusammenstellung erleichtert.

Unsere Benennung	Französische Benennung
$Nu = \frac{\alpha d}{\lambda}$ (Nußelt-Zahl)	$\mathcal{B} = \frac{\alpha d}{\lambda}$ (Biot-Zahl)
$Pr = \frac{\nu}{a}$ (Prandtl-Zahl)	$\mathcal{S} = \frac{a}{\nu}$ (Stanton-Zahl)
$Re = \frac{w d}{\nu}$ (Reynolds-Zahl)	$\mathcal{R} = \frac{w d}{\nu}$ (Reynolds-Zahl)
$St = \frac{\alpha}{w \varrho c_p}$ (Stanton-Zahl)	$\mathcal{M} = \frac{\alpha}{w \varrho c_p}$ (Margoulis-Zahl)[1]
$St = \frac{Nu}{Re\, Pr}$	$\mathcal{M} = \frac{\mathcal{B}\mathcal{S}}{\mathcal{R}}$

Ferner wird gelegentlich, besonders in der amerikanischen Literatur[2], die Graetz-Zahl Gz benutzt, die durch die Gleichung

$$Gz = \frac{w \varrho F c_p}{\lambda L}$$

definiert ist. Darin ist $w \varrho F$ die durch den Querschnitt F in der Zeiteinheit strömende Menge (z. B. in kg/h), L bedeutet eine kennzeichnende Länge, etwa die Rohrlänge. Für das Kreisrohr wird mit $F = \pi d^2/4$

$$Gz = \frac{\pi}{4} Re\, Pr \frac{d}{L} = \frac{\pi}{4} Pe \frac{d}{L},$$

wenn d den Rohrdurchmesser bedeutet.

C. Wärmeübergang bei erzwungener laminarer Strömung.

In laminarer Strömung bewegt sich die Flüssigkeit in parallelen Bahnen, ohne daß von Stromfaden zu Stromfaden eine Vermischung eintritt; lediglich durch die Zähigkeit wirken die einzelnen Stromfäden aufeinander ein, sofern sie verschiedene Geschwindigkeiten haben. Für diese Strömungsform vereinfachen sich die Bewegungsgleichungen so weit, daß sie für einige Fälle exakt lösbar sind. Die Hagen-Poiseuillesche Gleichung für die laminare Rohrströmung [Gl. (12)] war eine derartige exakte Lösung. Neben dem Geschwindigkeitsfeld läßt sich aber auch das Temperaturfeld und damit der Wärmeübergang in einigen Fällen exakt berechnen, wofür wir im folgenden Beispiele betrachten wollen.

---

[1] Margoulis, W.: Etude aérodynamique et nomographique de quelques problèmes thermiques. Chal. et Ind. 12 (1931) 269/277 u. 352/362.

[2] Über amerikanische Bezeichnungen vgl.: Symbols and nomenclature of chemical engineering. Trans. Amer. Inst. Chem. Engrs. 40 (1944) 254/268.

1. Exakte Lösungen der Differentialgleichungen.

a) Ohne Berücksichtigung der Reibungswärme.

Der Wärmeübergang bei laminarer Strömung im Rohr wurde bereits von GRAETZ[1] theoretisch behandelt und später nochmals von NUSSELT[2] und GRÖBER[3] bearbeitet:

In einem kreisrunden Rohr vom Radius R ströme eine inkompressible Flüssigkeit in ausgebildeter laminarer Strömung mit der mittleren Geschwindigkeit $\overline{w}$: Das Geschwindigkeitsfeld gehorcht also der Hagen-Poiseuilleschen Gleichung [Gl. (12)], die hier in der Form

$$w(r) = 2\overline{w}\left(1 - \left(\frac{r}{R}\right)^2\right) \tag{55}$$

geschrieben werden kann mit der mittleren Geschwindigkeit

$$\overline{w} = (p_1 - p_2)\, R^2/8\,\eta\, l\,.$$

Die Rohrachse ist zugleich die x-Achse mit positiver Zählung in Strömungsrichtung. r ist die Entfernung von der x-Achse in radialer Richtung, R der Rohrradius. Diese Geschwindigkeitsverteilung soll auch unter dem Einfluß einer Wärmeübertragung erhalten bleiben. Dazu wird die Zähigkeit (ebenso wie die übrigen Stoffwerte) als temperaturunabhängig betrachtet.

Die Flüssigkeit habe anfangs eine gleichförmige Temperatur, die mit der Temperatur der Rohrwand identisch ist. Von einem bestimmten Querschnitt an $(x = 0)$ soll die Rohrwand auf einer höheren oder tieferen Temperatur gehalten werden, die für alle positiven Werte von x konstant bleibt. Wie ändert sich die Temperatur der Flüssigkeit und welche Wärmemenge wird zwischen Rohr und Flüssigkeit auf einer Strecke $x = l$ ausgetauscht?

Die Temperatur der Flüssigkeit $\vartheta\,(x, r)$ soll von der Wandtemperatur aus gezählt werden (ϑ stellt also eine Über- bzw. Untertemperatur dar).

Die Energiegleichung (20)

$$(\mathfrak{w}, \operatorname{grad}\vartheta) = a\,\nabla^2\vartheta \tag{20}$$

lautet für den stationären Fall in Zylinderkoordinaten x, r und φ, mit φ als Winkel in Umfangsrichtung:

$$w_r\frac{\partial\vartheta}{\partial r} + \frac{w_\varphi}{r}\frac{\partial\vartheta}{\partial\varphi} + w_x\frac{\partial\vartheta}{\partial x} = a\left(\frac{\partial^2\vartheta}{\partial r^2} + \frac{1}{r}\frac{\partial\vartheta}{\partial r} + \frac{1}{r^2}\frac{\partial^2\vartheta}{\partial\varphi^2} + \frac{\partial^2\vartheta}{\partial x^2}\right). \tag{56}$$

Für die laminare Strömung ist $w_r = 0$ und $w_\varphi = 0$, so daß w_x in Übereinstimmung mit Gl. (55) mit w bezeichnet werden kann. Aus Symmetriegründen ist $\partial^2\vartheta/\partial\varphi^2 = 0$. Ferner soll angenommen werden, daß $\partial^2\vartheta/\partial x^2$ klein gegen $\partial^2\vartheta/\partial r^2$ ist, daß also die Krümmung des Tem-

---

[1] GRAETZ, L.: Über die Wärmeleitfähigkeit von Flüssigkeiten. Ann. Phys. (N. F.) 18 (1883) 79/94 u. 25 (1885) 337/357.

[2] NUSSELT, W.: Die Abhängigkeit der Wärmeübergangszahl von der Rohrlänge. Z. VDI 54 (1910) 1154/1158.

[3] GRÖBER, H.: Die Grundgesetze der Wärmeleitung und des Wärmeüberganges. Berlin 1921. (Zugleich 1. Aufl. des vorliegenden Buches.)

peraturfeldes in Achsenrichtung gegenüber der in radialer Richtung vernachlässigt werden kann. Diese Bedingung bedeutet physikalisch, daß das Medium in Strömungsrichtung die Wärmeleitzahl Null. hat, bzw. daß die reine Wärmeleitung in Strömungsrichtung gegenüber der viel größeren Wärmekonvektion nicht ins Gewicht fällt. Damit ergibt sich für die Energiegleichung, wenn noch die Geschwindigkeitsverteilung nach Gl. (55) eingesetzt wird:

$$\frac{\partial^2 \vartheta}{\partial r^2} + \frac{1}{r}\frac{\partial \vartheta}{\partial r} = \frac{2\overline{w}}{a}\left(1 - \left(\frac{r}{R}\right)^2\right)\frac{\partial \vartheta}{\partial x}. \tag{57}$$

Die Randbedingungen lauten:

für $x > 0$ und $r = R$ ist $\vartheta = 0$ (an der Wand),

für $x = 0$ und $r < R$ ist $\vartheta = \vartheta_a$

mit ϑ_a als Anfangstemperatur der Flüssigkeit vor der Heiz- bzw. Kühlstrecke (gezählt von der Temperatur der Wand). Zur Lösung der Differentialgleichung (57) wird $\vartheta(x, r)$ als Produkt aus 2 Funktionen angesetzt, die einzeln nur von x bzw. r abhängen:

$$\vartheta(x, r) = \Phi(x)\,\Psi(r). \tag{58}$$

Da mit steigendem x die Flüssigkeitstemperatur sich allmählich der Wandtemperatur angleichen muß, liegt es nahe, für $\Phi(x)$ eine Exponentialfunktion mit negativem Exponenten zu benutzen, etwa in der Form:

$$\vartheta = A\, e^{-\beta^2 \frac{a}{2\overline{w}} x}\, \Psi(r), \tag{59}$$

worin A und β zunächst willkürliche Konstante sind. Setzt man diesen Lösungsansatz in Gl. (57) ein, so erhält man

$$\frac{d^2\Psi(r)}{dr^2} + \frac{1}{r}\frac{d\Psi(r)}{dr} + \beta^2\left(1 - \left(\frac{r}{R}\right)^2\right)\Psi(r) = 0$$

oder, wenn statt r als unabhängige Variable βr eingeführt wird:

$$\frac{d^2\Psi(\beta r)}{d(\beta r)^2} + \frac{1}{(\beta r)}\frac{d\Psi(\beta r)}{d(\beta r)} + \left(1 - \left(\frac{\beta r}{\beta R}\right)^2\right)\Psi(\beta r) = 0. \tag{60}$$

Die Lösung dieser Gleichung ist eine Funktion $\psi(\beta r, \beta R)$, für die ein geschlossener Ausdruck nicht besteht. NUSSELT gibt dafür eine unendliche Reihe an. Statt der Konstanten β der Gl. (59) wird der Wert βR bestimmt unter Benutzung der Randbedingung an der Rohrwand, wonach für alle $x > 0$ und $r = R$ der Wert $\vartheta = 0$ vorgeschrieben ist, also

$$\Psi(\beta R, \beta R) = \Psi_1(\beta R) = 0. \tag{61}$$

$\Psi_1(\beta R)$ ist eine oszillierende Funktion, deren erste drei Nullstellen nach NUSSELT lauten:

$$\begin{aligned}
(\beta R)_0 &= \mu_0 = 2{,}705,\\
(\beta R)_1 &= \mu_1 = 6{,}66\\
(\beta R)_2 &= \mu_2 = 10{,}3,\\
&\;\;\vdots\\
(\beta R)_n &= \mu_n.
\end{aligned}$$

Die Teillösungen von Gl. (60) haben also die Form:

$$A_n e^{-\mu_n^2 \frac{a x}{2 \bar{w} R^2}} \Psi\left(\mu_n \frac{r}{R}, \mu_n\right). \tag{62}$$

Man kann neue Funktionen χ einführen nach der Beziehung

$$\chi_n\left(\frac{r}{R}\right) = \Psi\left(\mu_n \frac{r}{R}, \mu_n\right). \tag{63}$$

Davon hat NUSSELT mit den oben angegebenen 3 Argumenten die Funktionen χ_0, χ_1 und χ_2 berechnet, das Ergebnis ist in Abb. 81 dargestellt. Zur Bestimmung der Konstanten A_n dient die Randbedingung für $x = 0$, wodurch sich folgende Werte ergeben

$$\left.\begin{aligned} A_0 &= +1{,}477\,\vartheta_a, \\ A_1 &= -0{,}810\,\vartheta_a, \\ A_2 &= +0{,}385\,\vartheta_a, \end{aligned}\right\} \tag{64}$$

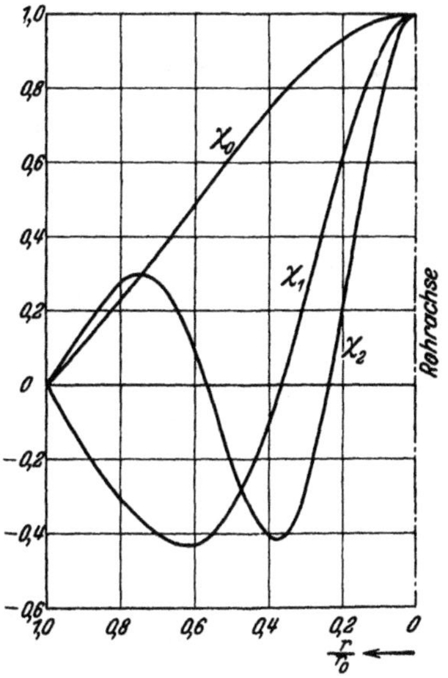

Abb. 81. Funktionen χ der Gl. (63) nach NUSSELT (r_0 = Rohrradius).

Damit läßt sich die Lösung nach Gl. (59) aus ihren Teillösungen schreiben:

$$\left.\begin{aligned} \vartheta = 1{,}477\,\vartheta_a e^{-3{,}658 \frac{a}{\bar{w} R} \frac{x}{R}} \chi_0\left(\frac{r}{R}\right) - \\ - 0{,}810\,\vartheta_a e^{-22{,}178 \frac{a}{\bar{w} R} \frac{x}{R}} \chi_1\left(\frac{r}{R}\right) + \\ + 0{,}385\,\vartheta_a e^{-53{,}05 \frac{a}{\bar{w} R} \frac{x}{R}} \chi_2\left(\frac{r}{R}\right) - \cdots + \cdots \end{aligned}\right\} \tag{65}$$

oder allgemein

$$\vartheta/\vartheta_a = f\left(\frac{a}{\bar{w} D} \frac{x}{D}, \frac{r}{R}\right), \tag{66}$$

wenn $2R = D$ als Rohrdurchmesser eingeführt wird.

Die relative Temperaturänderung, bezogen auf den anfänglichen Temperaturunterschied zwischen Flüssigkeit und Wand ϑ_a, läßt sich also als Funktion zweier dimensionsloser Größen berechnen, und zwar

$$\left(\frac{a}{\bar{w} D} \frac{x}{D}\right) \quad \text{und} \quad \frac{r}{R}. \quad \text{Dabei ist} \quad \left(\frac{a}{\bar{w} D} \frac{x}{D}\right) = \left(\frac{1}{Pe} \frac{x}{D}\right).$$

Die berechnete Funktion zeigt Abb. 82. Man erkennt, wie die äußeren Schichten am Einlauf ($x = 0$) sehr rasch die Wandtemperatur annehmen und gleichzeitig auch die Kerntemperatur von der Wand her beeinflußt wird.

Von besonderem Interesse ist die Wärmeübergangszahl α. Für die Wärmemenge dQ, die innerhalb der Rohrstrecke dx zwischen Flüssigkeit und Wand ausgetauscht wird, läßt sich schreiben:

$$dQ = -\lambda \left(\frac{d\vartheta}{dr}\right)_{r=R} D\pi\, dx$$

oder auch zur Definition von α:

$$dQ = \alpha\, \vartheta_{F,x} D\pi\, dx.$$

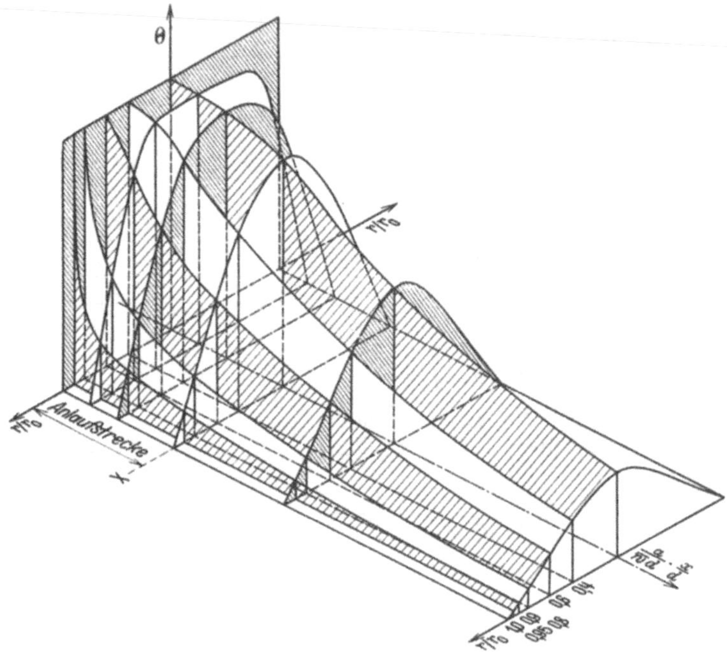

Abb. 82. Temperaturverteilung in einem Rohr bei laminarer Strömung nach NUSSELT Gl. (65). Hier bedeuten r_0 den Rohrradius, d den Rohrdurchmesser, Θ die Übertemperatur der Flüssigkeit.

Damit wird die Wärmeübergangszahl

$$\alpha = -\lambda \left(\frac{d\vartheta}{dr}\right)_{r=R} \frac{1}{\vartheta_{F,x}} = +\frac{\lambda}{D} \frac{f_2\left(\frac{a}{\overline{w}D}\frac{x}{D}\right)}{f_1\left(\frac{a}{\overline{w}D}\frac{x}{D}\right)} = +\frac{\lambda}{D} f_3\left(\frac{a}{\overline{w}D}\frac{x}{D}\right)^*.$$

Die Funktion f_3 ist in Abb. 83 dargestellt. Bemerkenswert ist die Tatsache, daß α mit steigender Rohrlänge x einem Grenzwert zustrebt, der sich zu $Nu = \alpha D/\lambda = 3{,}65$ errechnet, bezogen auf die Mitteltemperatur ϑ_F nach Gl. (24). Bezieht man die Wärmeübergangszahl α auf den einfachen Mittelwert ϑ_f nach Gl. (23), so erhält man $Nu = 5{,}16$. Wichtig ist noch die Frage, in welcher Entfernung vom Rohreinlauf

---

* Das Ergebnis $Nu = f\left(\frac{1}{Pe}\frac{x}{D}\right)$ bedeutet im Sinne der Ähnlichkeitslehre offenbar, daß die Bewegungsgleichung (30) keine Modellregel ergibt. Durch die Vorschrift der Gl. (55) sind alle Geschwindigkeitsfelder ohnehin aneinander ähnlich.

der Endwert 3,65 annähernd erreicht wird. Setzt man eine Annäherung von 1% voraus, so wird dafür

$$\left(\frac{a}{\bar{w} D} \frac{x}{D}\right)_x = 0{,}05. \tag{66a}$$

Während die zweite Arbeit von GRAETZ (1885)[1] mit der späteren Nußeltschen Ableitung im Ansatz übereinstimmte, hatte GRAETZ 1883 auch den Fall der gleichförmigen Geschwindigkeit w über den Rohrquerschnitt behandelt. Für den endgültigen Zustand nach der thermischen Anlaufstrecke ergibt sich dafür $Nu = \alpha D/\lambda = 5{,}78$. Dieser Fall entspricht in seinem Ansatz völlig dem Problem der Erwärmung oder Abkühlung eines Zylinders (S. 53), wenn an die Stelle der Temperaturleitzahl a der Ausdruck a/w und für die Zeitkoordinate t die Längenkoordinate x tritt, wenn also $w = dx/dt$ gesetzt wird.

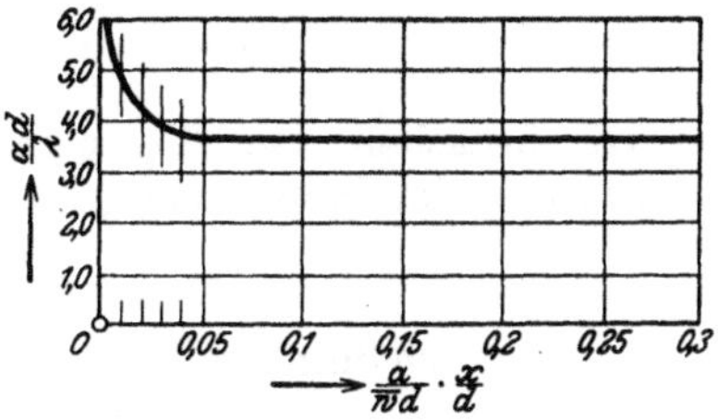

Abb. 83. Nußelt-Zahl als Funktion der dimensionslosen Rohrlänge. Bezeichnungen wie zu Abb. 82.

Mit wesentlich geringerem mathematischem Aufwand, als ihn die vorstehend abgeleitete Lösung von GRAETZ und NUSSELT erforderte, läßt sich der Fall der linear veränderlichen Wandtemperatur des Rohres behandeln, dessen Lösung von EAGLE und FERGUSON[2] angegeben wurde. Diese Voraussetzung ist bei stationärer, ausgebildeter Strömung offenbar identisch mit einer konstanten Wärmestromdichte an der Wand, wie sie etwa durch elektrische Beheizung zu verwirklichen ist.

An Stelle des Produktes der Gl. (58) wird hier folgender Lösungsansatz für das Temperaturfeld eingeführt:

$$\vartheta(x, r) = A x + \vartheta_1(r). \tag{58a}$$

Führt man $\partial\vartheta/\partial x = A$ in die Energiegleichung (57) ein, so erhält man die gewöhnliche Differentialgleichung

$$\frac{d^2\vartheta_1}{dr^2} + \frac{1}{r}\frac{d\vartheta_1}{dr} = \frac{2\bar{w}}{a}\left(1 - \left(\frac{r}{R}\right)^2\right) A$$

mit der Lösung

$$\vartheta_1(r) = -\frac{2\bar{w} A R^2}{16 a}\left(3 - \frac{4 r^2}{R^2} + \frac{r^4}{R^4}\right),$$

wobei die Randbedingung $\vartheta_1 = 0$ für $r = R$ benutzt wurde, da ϑ_1 eine Temperaturdifferenz gegen die Wand bedeutet. Das Temperaturgefälle an der Wand wird daraus für alle Werte x:

$$\left(\frac{d\vartheta_1}{dr}\right)_R = \frac{\bar{w} A R}{2 a}.$$

[1] Vgl. Fußnote 1 auf S. 179.

[2] EAGLE, A., u. R. M. FERGUSON: On the coefficient of heat transfer from the internal surface of tube walls. Proc. roy. Soc. (A) 127 (1930) 540/566. Vgl. auch S. GOLDSTEIN: Modern developments in fluid dynamics, Bd. II S. 622. Oxford 1938.

Der Mittelwert der Temperatur über den Rohrquerschnitt, definiert nach Gl. (24), ergibt sich mit $w(r)$ aus Gl. (55) zu:

$$\vartheta_{1F} = \frac{2\pi \int\limits_0^R \vartheta_1 \, w(r) \, r \, dr}{\pi R^2 \bar{w}} = -\frac{11 \bar{w} A R^2}{48 \, a},$$

so daß die auf den Durchmesser $D = 2R$ bezogene Nußelt-Zahl

$$Nu = \frac{-2R\left(\frac{d\vartheta_1}{dr}\right)_R}{\vartheta_{1F}} = \frac{48}{11} = 4{,}364$$

wird. Zwischen dem Temperaturgradienten A und der Heizflächenbelastung der Rohrwand q besteht die Beziehung

$$q = \bar{w} c \varrho R A/2,$$

die sich auch unmittelbar aus der Wärmebilanz für die Rohrlänge L ergibt:

$$2\pi R L q = \bar{w} c \varrho \pi R^2 A L.$$

Weitere Lösungen für laminar durchströmte Kanäle liegen für den ebenen Spalt vor, und zwar für konstante Wandtemperatur mit beidseitigem Wärmeaustausch von Hahnemann und Ehret[1], während Elser[2] auch den Fall des Wärmeaustausches nur durch eine Wand mit wärmedichtem Abschluß an der anderen Seite behandelte. Jansen[3]

Zahlentafel 13. *Endwerte der Nußelt-Zahlen für laminar durchströmte Kanäle.* Bezugslänge ist Rohrdurchmesser bzw. Spaltbreite. Die Wärmeübergangszahlen sind auf die mittlere Flüssigkeitstemperatur nach Gl. (24) bezogen.

Kanalform	Wandtemperatur ϑ_w	Nu	Verfasser
Kreisrohr	konstant	3,65	Graetz (1883), Nusselt (1910)
	linear veränderlich	4,36	Callendar (1902) Eagle u. Ferguson (1930)
Ebener Spalt . .	konstant	3,75	Hahnemann u. Ehret (1942)
beidseitiger Wärmeaustausch	linear veränderlich	4,12	Jansen (1952) *
Ebener Spalt . .	konstant	2,43	Elser (1951)
einseitiger Wärmeaustausch	linear veränderlich	2,70	Jansen (1952)

[1] Hahnemann, H., u. L. Ehret: Wärme- u. Kältetechnik 44 (1942) 167.

[2] Elser, K.: Der stationäre Wärmeübergang bei laminarer Strömung. Schweiz. Bauztg. 69 (1951) 641/642.

[3] Jansen, L.: Zum Wärmeübergang bei laminarer Strömung zwischen parallelen Platten. Schweiz. Bauztg. 70 (1952) 535/536.

* Zusatz bei der Korrektur: Diesen Wert hatte H. Glaser bereits 1945 in einer nichtveröffentlichten Arbeit angegeben: Ber. Aerodyn. Versuchsanstalt Göttingen Nr. 45/K/13.

erweiterte diese Rechnungen für linear veränderliche Wandtemperaturen. In Zahlentafel 13 sind diese Lösungen zusammengestellt[1].

Weitere Fälle behandelte LEVÊQUE[2], auf eine zusammenfassende Darstellung von DREW[3] sei hier verwiesen. HAHNEMANN[4] berechnete die Nußelt-Zahlen, wenn sich die Wandtemperatur linear mit x verändert, nach vorangegangenem Temperatursprung. Die Nußelt-Zahlen liegen dabei zwischen 3,65 und 4,36. Eine weitere Lösung behandelt jenen Fall, daß der Kanal außen von einer Heiz- bzw. Kühlflüssigkeit umströmt wird, deren Wärmeübergangszahl an der Außenwand konstant ist[5].

Alle bisherigen Betrachtungen über die laminare Strömung galten für konstante Stoffwerte, auch wurde die durch Reibung erzeugte Wärme vernachlässigt. Im folgenden sollen diese Voraussetzungen nacheinander fallengelassen werden.

b) Mit Berücksichtigung der Reibungswärme.

Für diesen Fall dürfen wir die Dissipationsfunktion in der Energiegleichung (18) nicht mehr vernachlässigen. Die Ursache der Reibungswärme liegt danach in großen Geschwindigkeitsgefällen, die auch schon bei geringen absoluten Geschwindigkeiten auftreten können. Ein solcher Fall ist der Schmierspalt eines Gleitlagers, der durch VOGELPOHL[6] behandelt ist. Die Erwärmung durch Reibung bei temperaturabhängiger Zähigkeit berechnete NAHME[7].

Als Beispiel für eine exakte Lösung der Differentialgleichungen mit Berücksichtigung der Reibungswärme wollen wir die ausgebildete laminare *Strömung in einem ebenen Spalt* betrachten, deren Berechnung von SCHLICHTING[8] angegeben wurde. Das strömende Medium werde als inkompressibel angesehen, die Stoffwerte seien von der Temperatur unabhängig.

Die vollständige Energiegleichung für den ebenen stationären Fall lautet dann gemäß Gl. (18)

$$\varrho\, c_p\left(w_x \frac{\partial \vartheta}{\partial x} + w_y \frac{\partial \vartheta}{\partial y}\right) = \lambda\left(\frac{\partial^2 \vartheta}{\partial x^2} + \frac{\partial^2 \vartheta}{\partial y^2}\right) + \eta\, \text{Diss.-Fkt.}\,(w_x, w_y)\,.$$

[1] Rechteck- und Dreieck-Kanäle wurden von S. H. CLARK u. W. M. KAYS untersucht: Laminar-flow forced convection in rectangular tubes. Trans. Amer. Soc. mech. Engrs. 75 (1953) 859/866.

[2] LEVÊQUE, M. A.: Les lois de la transmission de la chaleur par convection. Ann. Mines (12) 13 (1928) 201, 305 u. 381.

[3] DREW, TH. B.: Mathematical attacks on forced convection problems: a review. Trans. Amer. Inst. Chem. Engrs. 26 (1931) 26/80.

[4] HAHNEMANN, H. W.: Zur Wärmeübergangszahl bei hydrodynamisch und thermisch „ausgebildeter“ laminarer Rohrströmung. Forsch. Ing.-Wes. 18 (1952) 25/26.

[5] VAN DER DOES DE BYE, J. A. W., u. G. SCHENK: Heat transfer in laminar flow between parallel plates. Appl. Sci. Res. 3 (1953) 4, 308/316.

[6] VOGELPOHL, G.: Der Übergang der Reibungswärme von Lagern aus der Schmierschicht in die Gleitflächen. VDI-Forsch.-Heft Nr. 425. Düsseldorf 1949.

[7] NAHME, R.: Beiträge zur hydrodynamischen Theorie der Lagerreibung. Ing.-Arch. 11 (1940) 191/209.

[8] SCHLICHTING, H.: Einige exakte Lösungen für die Temperaturverteilung in einer laminaren Strömung. Z. angew. Math. Mech. 31 (1951) 78/83.

Dabei soll die x-Koordinate in Strömungsrichtung, die y-Koordinate normal zu den Spaltbegrenzungen liegen.

In der ausgebildeten Strömung ist $\partial\vartheta/\partial x = 0$ und $\partial^2\vartheta/\partial x^2 = 0$, außerdem im ganzen Feld $w_y = 0$. Die Dissipationsfunktion Gl. (18a) vereinfacht sich zu $\eta\,(\partial w_x/\partial y)^2$, da auch $\partial w_x/\partial x$, $\partial w_y/\partial y$ und $\partial w_y/\partial x$ verschwinden. Es bleibt also nur das Gleichgewicht zwischen der entstandenen Reibungswärme und ihrer Ableitung quer zur Strömung übrig:

$$\lambda \frac{d^2\vartheta}{dy^2} = -\eta \left(\frac{dw}{dy}\right)^2, \tag{67}$$

wobei wir jetzt w für w_x setzen können. Für die Geschwindigkeit nehmen wir die Hagen-Poiseuillesche Verteilung an gemäß

$$w(y) = \frac{3}{2}\,\overline{w}\left(1 - \frac{y^2}{s^2}\right) * \tag{68}$$

mit der Spaltbreite $2\,s$.

Setzen wir Gl. (68) in (67) ein, so erhalten wir

$$\lambda \frac{d^2\vartheta}{dy^2} = -9\,\frac{\eta\,\overline{w}^2}{s^4}\,y^2. \tag{69}$$

Sind beide Wände des Spaltes *auf verschiedener Temperatur*, so lauten die Randbedingungen der Differentialgleichung (69): $\vartheta = \vartheta_1$ für $y = -s$ und $\vartheta = \vartheta_2$ für $y = +s$. Damit ergibt sich für die Temperaturverteilung:

$$\vartheta(y) = \frac{1}{2}(\vartheta_1 + \vartheta_2) - \frac{1}{2}(\vartheta_1 - \vartheta_2)\,\frac{y}{s} + \frac{3}{4}\,\frac{\eta}{\lambda}\,\overline{w}^2\left(1 - \frac{y^4}{s^4}\right). \tag{70}$$

Das letzte Glied bedeutet dabei die Temperaturänderung infolge der Reibungswärme, die sich der einfachen Wärmeleitung überlagert[1]. Den Wärmestrom an den Wänden erhalten wir aus $q = \lambda\,\partial\vartheta/\partial n$, wobei n die Wandnormale bedeutet, die positiv in der Richtung von der Wand in die Flüssigkeit gerechnet werden soll. Für die untere Wand mit $\vartheta = \vartheta_1$ erhält man

$$q_1 = \lambda\,\frac{\vartheta_2 - \vartheta_1}{2\,s} + 3\,\frac{\eta\,\overline{w}^2}{s} \tag{71}$$

und für die obere Wand mit $\vartheta = \vartheta_2$

$$q_2 = -\lambda\,\frac{\vartheta_2 - \vartheta_1}{2\,s} + 3\,\frac{\eta\,\overline{w}^2}{s}. \tag{72}$$

Der gesamte Wärmestrom an beiden Wänden wird

$$q = q_1 + q_2 = 6\,\frac{\eta\,\overline{w}^2}{s}. \tag{73}$$

Der Wärmestrom von der wärmeren Wand (ϑ_2) zur kälteren Wand (ϑ_1) kann auch durch die Reibungswärme an der wärmeren

---

* Die mittlere Geschwindigkeit $\overline{w}$ ist durch das Druckgefälle in Strömungsrichtung (dp/dx) gegeben durch $\overline{w} = -(dp/dx)\,s^2/3\,\eta$. Die Maximalgeschwindigkeit in der Achse ist $w_{\max} = 1{,}5\,\overline{w}$.

[1] Beim Fehlen von Reibungswärme entsteht aus $d^2\vartheta/dy^2 = 0$ die triviale Lösung einer geradlinigen Temperaturverteilung zwischen ϑ_1 und ϑ_2, die durch die Parallelströmung überhaupt nicht beeinflußt wird.

Wand umgekehrt werden ($q_2 \geq 0$), so daß auch diese Wärme aufnimmt. Das tritt ein, sobald

$$6\,\frac{\eta\,\overline{w}^2}{\lambda} \geq (\vartheta_2 - \vartheta_1) \tag{74}$$

wird. Für $q_2 = 0$ hat sich die Wärmeaufnahme der unteren Wand q_1 gerade verdoppelt.

Sind beide Wände *auf gleicher Temperatur* ($\vartheta_1 = \vartheta_2$), so ergibt sich aus Gl. (70) eine Temperaturverteilung nach einer Parabel vierten Grades, die in Abb. 84 als Kurve a eingetragen ist. Die größte Temperatur in der Kanalachse wird dann, unabhängig von der Kanalbreite,

$$(\vartheta_{\max} - \vartheta_2) = \frac{3}{4}\,\frac{\eta\,\overline{w}^2}{\lambda}. \tag{75}$$

Ist die untere Wand *wärmedicht isoliert*, so lauten die Randbedingungen der Differentialgleichung (69): $\vartheta = \vartheta_2$ für $y = +s$ und $d\vartheta/dy = 0$ für $y = -s$. Damit wird die Lösung

$$\vartheta(y) - \vartheta_2 = \frac{3}{4}\,\frac{\eta\,\overline{w}^2}{\lambda}\left(5 - 4\,\frac{y}{s} - \frac{y^4}{s^4}\right). \tag{76}$$

Diese Temperaturverteilung ist als Kurve b in Abb. 84 eingetragen. Die isolierte Wand nimmt eine Eigentemperatur ϑ_e an, die um den Betrag

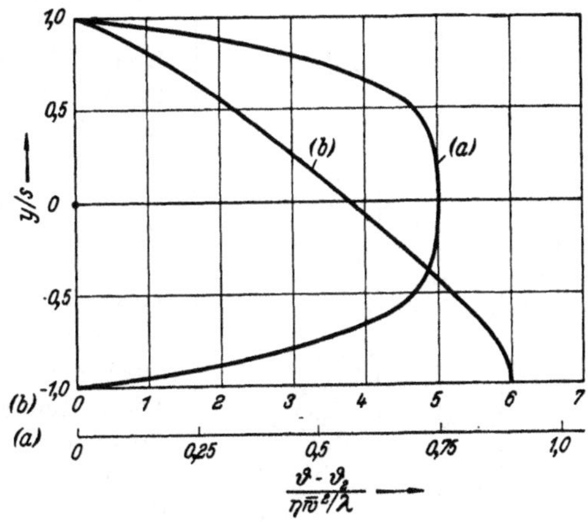

Abb. 84. Temperaturverteilung im ebenen Spalt unter Berücksichtigung der Reibungswärme (nach SCHLICHTING). *(a)* beide Wände wärmedurchlässig und auf gleicher Temperatur ϑ_2; Gl. (70); *(b)* untere Wand wärmeisoliert (Thermometerproblem); Gl. (76).

$$\vartheta_e - \vartheta_2 = 6\,\frac{\eta\,\overline{w}^2}{\lambda}$$

höher liegt als die Temperatur der nicht isolierten Wand, und zwar wieder unabhängig von der Kanalbreite.

Der Ausdruck $\vartheta\lambda/\eta\,w^2$ stellt eine neue dimensionslose Kennzahl dar, die wir unmittelbar aus Gl. (67) hätten ablesen können. Bei der zahlenmäßigen Auswertung ist zu beachten, daß wir hier die Einheiten der Wärmemenge (kcal) und der Kraft (kp) nicht nebeneinander benutzen dürfen, da die Reibungswärme eine unmittelbare Umsetzung von mechanischer Energie (z. B. in mkp) in Wärmeenergie darstellt. Es ist am einfachsten, die Dimension der Wärmeleitzahl λ umzurechnen mittels der Gleichung

$$1\ \text{kcal/m h grd} = \frac{426{,}78}{3600}\ \text{kp/sek grd} = 0{,}11855\ \text{kp/sek grd}.$$

Dann kann $\overline{w}$ in m/sek und η in kp sek/m² benutzt werden.

Um uns einen Überblick über die Größenordnung der zu erwartenden Übertemperaturen zu verschaffen, nehmen wir an, daß ein zähes Flugmotorenöl mit $\eta = 80000 \cdot 10^{-6}$ kp sek/m² und $\lambda = 0{,}125$ kcal/m h grd $= 0{,}0148$ kp/sek grd mit einer Geschwindigkeit $\bar{w} = 1$ m/sek durch einen Spalt strömt. Dann wird $\eta \bar{w}^2/\lambda = 5{,}4$ grd und die Übertemperatur $\vartheta_e - \vartheta_2 = 32{,}4$ grd. Vom gleichen Betrage würde jene Temperaturdifferenz zwischen den beiden Wänden werden, bei welcher der Wärmefluß von der wärmeren Wand gerade Null ist, wenn keine der beiden Wände isoliert ist. Die Reibungswärme kann also die Verhältnisse in einem Wärmeaustauscher für zähe Öle sehr erheblich verändern.

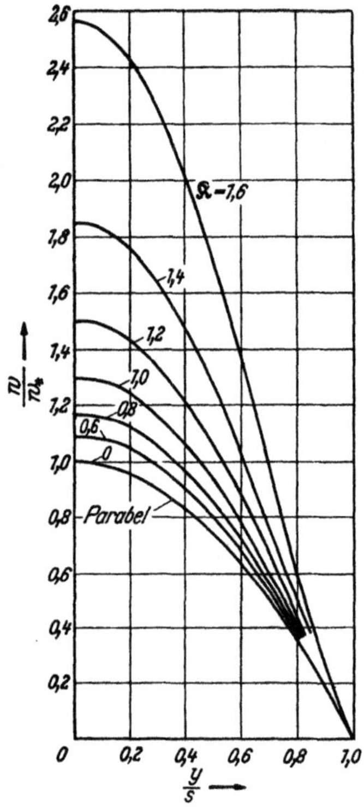

Abb. 85. Geschwindigkeitsprofile in einem ebenen Spalt bei temperaturabhängiger Zähigkeit (nach Hausenblas), Parameter 𝔎 nach Gl. (78).

Gerade aber jene Flüssigkeiten mit hohen Zähigkeiten besitzen auch eine starke Veränderlichkeit der Viskosität mit der Temperatur. Ein Temperaturanstieg wie in unserem Zahlenbeispiel von etwa 30° würde daher den Zahlenwert von η bereits stark erniedrigen. So ist es gerade für das vorliegende Problem der laminaren Strömung mit Reibungswärme wichtig, den Einfluß einer *temperaturabhängigen Zähigkeit* $\eta(\vartheta)$ kennenzulernen. Diese Rechnung wurde von Hausenblas[1] durchgeführt. An Stelle von einer vorgegebenen Geschwindigkeitsverteilung muß dabei von der Bewegungsgleichung der Spaltströmung

$$\frac{dw}{dy} = -\frac{1}{\eta(y)}\left(\frac{dp}{dx}\right) y\,^{*} \qquad (77)$$

ausgegangen werden. Die Verteilung von $\eta(y)$ wird aus der Energiegleichung (67) gewonnen, die sich mit dem linearen Ansatz $1/\eta = k_0 + k_1\vartheta$ in eine Besselsche Differentialgleichung überführen und so integrieren läßt. Die Wandtemperatur wurde dabei zu $\vartheta_w = \text{const}$ angenommen. Die Temperaturprofile über den Spalt behalten den Charakter von Parabeln vierten Grades, die Geschwindigkeitsprofile sind gegenüber dem gewohnten Bild der Hagen-Poiseuilleschen Parabel verzerrt und haben z. T. Wendepunkte, wie es in Abb. 85 dargestellt ist. Die Geschwindigkeit $w(y)$ ist mit der Maximalgeschwindigkeit der isothermen Strömung $w_* = -(dp/dx)\, s^2/2\eta$

[1] Hausenblas, H.: Die nichtisotherme laminare Strömung einer zähen Flüssigkeit durch enge Spalte und Kapillarröhren. Ing.-Arch. 18 (1950) 151/166.

* Gl. (77) kann aus der Navier-Stokesschen Gleichung oder auch direkt durch eine Gleichgewichtsbetrachtung am Flüssigkeitselement gewonnen werden.

dimensionslos gemacht[1]. Als Parameter ist die dimensionslose Kenngröße

$$\mathfrak{K} = \sqrt{\frac{k_1}{\lambda}} \frac{dp}{dx} \frac{s^2}{2} \tag{78}$$

benutzt, worin $2s$ die Spaltbreite bedeutet und k_1 den Zähigkeitsabfall mit steigender Temperatur gemäß dem obengenannten Ansatz wiedergibt[2]. An der Wand haben alle Geschwindigkeitsprofile die gleiche Neigung, da dort immer die zur Wandtemperatur ϑ_w gehörende Zähigkeit η_w herrscht. Mit steigendem $\mathfrak{K}$ wird auch die Durchflußmenge größer und verdoppelt sich etwa für $\mathfrak{K} = 1{,}5$ gegenüber der isothermen Strömung.

Ein Vergleich mit einer Näherungslösung mit parabolisch interpolierter Zähigkeitskurve zeigt, daß die einfachere Lösung mindestens bis $\mathfrak{K} = 1{,}7$ brauchbar ist.

Um uns einen Überblick über die zu erwartende Größenordnung zu verschaffen, nehmen wir eine Strömung eines zähen Motorenöls durch einen Spalt von $2s = 20$ mm, also $s = 10^{-2}$ m an, wofür ein Druckabfall von 0,1 at je m Kanallänge erforderlich sei, also $dp/dx = 10^3$ kp/m³. Die Wärmeleitzahl des Öls betrage $\lambda = 0{,}0148$ kp/sek grd (vgl. S. 188) und die Zähigkeit $\eta = 0{,}08119$ kp sek/m² bei 20 °C und $\eta = 0{,}020808$ kp sek/m² bei 40 °C. Diese werde linear interpoliert, wobei sich $k_1 = 1{,}787$ m²/kp sek grd ergibt. Damit wird

$$\mathfrak{K} = \sqrt{\frac{1{,}787}{0{,}0148}} \cdot 10^3 \cdot \frac{10^{-4}}{2} = 0{,}55.$$

Ohne daß wir besonders extreme Verhältnisse zugrunde gelegt haben, würde in unserem Beispiel (nach Abb. 85) doch schon eine merkliche Abweichung des Geschwindigkeitsprofils von der Parabel eintreten, die den Durchsatz um etwa 5% verändern würde. Es erscheint z. B. wichtig, bei Zähigkeitsmessungen an hochviskosen Flüssigkeiten mit Kapillarviskosimetern auf die Reibungswärme zu achten.

2. Strömungs- und Temperaturgrenzschichten in laminarer Strömung[3].

Die klassische Hydrodynamik des 19. Jahrhunderts fand für die Gleichungen einer idealen (reibungsfreien) Flüssigkeit eine Anzahl von Lösungen. Jedoch versagten diese Methoden bei der Umströmung fester Körper oder der Strömung in Kanälen, weil die Randbedingung des Haftens an der Wand nicht befriedigt werden konnte. Andererseits konnte

---

[1] w_* ist in Fußnote * S. 186 mit w_{max} bezeichnet. w_* ist mit der Zähigkeit η_w bei der Wandtemperatur ϑ_w berechnet.

[2] Wird λ in kp/sek grd gemessen, so hat k_1 die Dimension m²/kp sek grd.

[3] Literatur zum Problem der Grenzschicht:

PRANDTL, L.: Führer durch die Strömungslehre, 3. Aufl. Braunschweig 1949.
PRANDTL, L.: „The mechanics of viscous fluids" in W. F. DURAND: Aerodynamic Theory, Berlin 1935.
PRANDTL, L., u. O. TIETJENS: Hydro- u. Aeromechanik, 2 Bde. Berlin 1929 u. 1931.
SCHLICHTING, H.: Grenzschichttheorie. Karlsruhe 1951.
TOLLMIEN, W.: „Grenzschichttheorie" und „Turbulente Strömungen" in W. WIEN u. F. HARMS: Handbuch der Experimentalphysik, Bd. 4, Teil I, Leipzig 1931.

der Fall der „schleichenden Bewegung" gelöst werden als Grenzfall kleiner Geschwindigkeiten (kleiner Reynolds-Zahlen), weil hier die Beschleunigungsglieder gestrichen werden konnten [z. B. Stokessche Gleichung, Gl. (14)].

Für den Grenzfall *großer* Reynolds-Zahlen führte PRANDTL[1] den Begriff der „Grenzschicht" ein. Diese Theorie setzt voraus, daß in einiger Entfernung von festen Wänden der Einfluß der Reibung zu vernachlässigen ist, die Strömung dort also den Gesetzen der idealen Flüssigkeit folgt. Abweichungen davon werden sich nur in einer wandnahen Schicht einstellen, eben der Grenzschicht, innerhalb derer die Zähigkeitskräfte von der gleichen Größenordnung wie die Reibungskräfte werden. Andererseits lassen sich die Bewegungsgleichungen der Grenzschicht dadurch vereinfachen, daß alle Glieder geringerer Größenordnung gestrichen werden, so daß eine neue Differentialgleichung der Grenzschicht entsteht, die in zahlreichen Fällen lösbar ist[2]. Diese Differentialgleichung soll für den ebenen stationären Fall im folgenden abgeleitet werden:

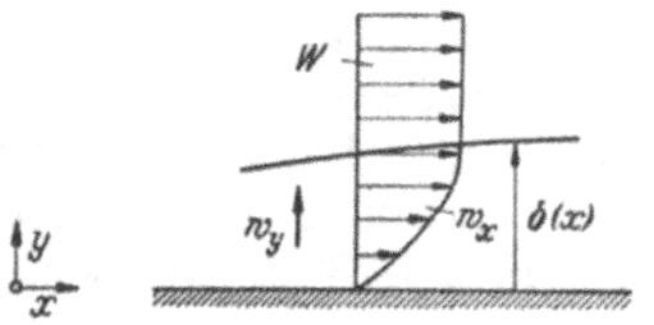

Abb. 86. Zur Ableitung der Grenzschichtgleichungen an der ebenen längsangeströmten Platte.

Wir betrachten eine ebene oder nur mäßig gekrümmte Platte, die in ihrer Längsrichtung mit der Geschwindigkeit W angeströmt wird. Innerhalb der Grenzschicht von der Dicke δ habe die Geschwindigkeit die Koordinaten w_x und w_y, die beide an der Wand Null sind (Abb. 86). Da die Geschwindigkeit w_x von der Wand bis zum Rand der Grenzschicht von Null auf den endlichen Wert W ansteigen soll, ist $\partial w_x/\partial y \sim 1/\delta$ und $\partial^2 w_x/\partial y^2 \sim 1/\delta^2$. Die Größen w_x, $\partial w_x/\partial x$ und $\partial^2 w_x/\partial x^2$ haben normale Werte, die von der Grenzschichtdicke nicht direkt abhängen und deren Größenordnung im Rahmen dieser Abschätzung zu 1 angenommen werden kann.

Aus der Kontinuitätsgleichung

$$\frac{\partial w_x}{\partial x} + \frac{\partial w_y}{\partial y} = 0$$

folgt auch $\partial w_y/\partial y \sim 1$ und $\partial^2 w_y/\partial y^2 \sim 1/\delta$. Durch Integration erhält man daraus $w_y \sim \delta$, so daß auch $\partial w_y/\partial x$ und $\partial^2 w_y/\partial x^2 \sim \delta$ sein müssen. Die so ermittelten Größenordnungen tragen wir in die Bewegungsgleichungen für das ebene stationäre Problem ein, die nach Gl. (19) lauten:

---

[1] PRANDTL, L.: Über Flüssigkeitsbewegung bei sehr kleiner Reibung. Verhandl. d. III. Intern. Mathematiker-Kongresses, Heidelberg 1904, S. 484 bis 491. Leipzig 1905. (Nachdruck in: Vier Abhandlungen zur Hydrodynamik und Aerodynamik, S. 1/8 u. 93/95, Göttingen 1927.)

[2] Auf den mathematischen Inhalt der Prandtlschen Grenzschichttheorie gehen besonders folgende Arbeiten ein: BLASIUS, H.: Grenzschichten in Flüssigkeiten mit kleiner Reibung. Z. Math. Phys. 56 (1908) 1 ff. — TH. V. KÁRMÁN: Über laminare und turbulente Reibung. Z. angew. Math. Mech. 1 (1921) 233/252. — K. POHLHAUSEN: Zur näherungsweisen Integration der Differentialgleichung der laminaren Grenzschicht. Z. angew. Math. Mech. 1 (1921) 252/268.

$$\underset{1}{w_x}\,\underset{1}{\frac{\partial w_x}{\partial x}} + \underset{\delta}{w_y}\,\underset{\frac{1}{\delta}}{\frac{\partial w_x}{\partial y}} = -\frac{1}{\varrho}\frac{\partial p}{\partial x} + \nu\left(\underset{1}{\frac{\partial^2 w_x}{\partial x^2}} + \underset{\frac{1}{\delta^2}}{\frac{\partial^2 w_x}{\partial y^2}}\right), \tag{79}$$

$$\underset{1}{w_x}\,\underset{\delta}{\frac{\partial w_y}{\partial x}} + \underset{\delta}{w_y}\,\underset{1}{\frac{\partial w_y}{\partial y}} = -\frac{1}{\varrho}\frac{\partial p}{\partial y} + \nu\left(\underset{\delta}{\frac{\partial^2 w_y}{\partial x^2}} + \underset{\frac{1}{\delta}}{\frac{\partial^2 w_y}{\partial y^2}}\right). \tag{80}$$

Damit die Reibungsglieder von der gleichen Größenordnung wie die Trägheitsglieder sind, muß in der ersten Gleichung $\nu \sim \delta^2$ sein. Auf der rechten Seite ist dann $\partial^2 w_x/\partial x^2$ gegen das größere $\partial^2 w_x/\partial y^2$ zu vernachlässigen. Aus der zweiten Gleichung folgt, daß $\partial p/\partial y \sim \delta$ sein muß, da alle übrigen Glieder von gleicher oder kleinerer Größenordnung sind. Der Druckanstieg quer zur Grenzschicht ist somit zu vernachlässigen, vielmehr wird der Druck als eingeprägte Kraft angesehen, deren Verlauf aus der reibungsfreien Strömung entnommen wird, wo er sich etwa durch die Bernoullische Gleichung berechnen läßt. Für die Strömung längs einer ebenen Platte ist der Druck in Strömungsrichtung ohnehin konstant, so daß hier $\partial p/\partial x = 0$ wird. Da die zweite Gleichung ganz wegfällt, erhalten wir als *Differentialgleichung der Strömungsgrenzschicht* für den stationären Fall:

$$w_x \frac{\partial w_x}{\partial x} + w_y \frac{\partial w_x}{\partial y} = \nu \frac{\partial^2 w_x}{\partial y^2}. \tag{81}$$

Dazu tritt die unveränderte Kontinuitätsgleichung

$$\frac{\partial w_x}{\partial x} + \frac{\partial w_y}{\partial y} = 0.$$

Physikalisch bedeuten diese Gleichungen, daß zwar Bewegungen in y-Richtung stattfinden, diese aber reibungs- und trägheitsfrei verlaufen. Die Randbedingungen heißen:

$$w_x = 0 \quad \text{und} \quad w_y = 0 \quad \text{für} \quad y = 0,$$

$$w_x = W \text{ (Geschwindigkeit der reibungsfreien Strömung) für } y = \infty.$$

Wir haben zwei Gleichungen für die beiden Unbekannten w_x und w_y erhalten. Der Druck ist für die Grenzschicht vorgegeben, die Bewegungsgleichung ist einfacher als die Navier-Stokessche Gleichung, weil ein Reibungsglied weggefallen ist. Diese vereinfachten Gleichungen werden also immer dann anwendbar sein, wenn sich der Übergang von der Geschwindigkeit Null an einer Wand zur endlichen Geschwindigkeit der ungestörten Strömung in einer verhältnismäßig dünnen Grenzschicht abspielt, deren Dicke klein gegen die Körperabmessungen ist, wenn also die Strömung „Grenzschichtcharakter" hat.

Man kann sich leicht vorstellen, daß auch das Temperaturfeld Grenzschichtcharakter hat, wenn die längsangeströmte Platte geheizt wird und an die vorbeistreichende Flüssigkeit Wärme abgibt. Die Erfahrung lehrt, daß Temperaturunterschiede dann auf eine dünne Schicht längs der Platte beschränkt bleiben. E. POHLHAUSEN[1] hat erstmalig dafür die Energiegleichung in eine Grenzschichtgleichung verwandelt und gelöst. Die Platte habe die konstante Temperatur ϑ_w, die Temperatur in großer Entfernung von der Platte betrage ϑ_∞. Die einzelnen Glieder der Energiegleichung lassen sich dann wie folgt abschätzen, wenn die Dicke der Temperaturgrenzschicht mit δ_1 bezeichnet wird.

$$\varrho c_p\left(w_x\frac{\partial\vartheta}{\partial x}+w_y\frac{\partial\vartheta}{\partial y}\right)=\lambda\left(\frac{\partial^2\vartheta}{\partial x^2}+\frac{\partial^2\vartheta}{\partial y^2}\right)+\eta\left[2\left(\frac{\partial w_x}{\partial x}\right)^2+2\left(\frac{\partial w_y}{\partial y}\right)^2+\left(\frac{\partial w_x}{\partial y}+\frac{\partial w_y}{\partial x}\right)^2\right]. \tag{82}$$

$$1 \quad 1 \quad \delta \; \frac{1}{\delta_1} \qquad 1 \quad \frac{1}{\delta_1^2} \qquad\qquad 1 \qquad\quad 1 \qquad \left(\frac{1}{\delta}+\ \delta\right)^2$$

Hierin bedeuten die Glieder in der eckigen Klammer auf der rechten Seite die durch Reibung erzeugte Wärme [Dissipationsfunktion Gl. (18a)]. Damit hier die Wärmeleitung gegenüber der Konvektion Einfluß hat, muß $\lambda \sim \delta_1^2$ sein. Dann ist $\partial^2\vartheta/\partial x^2$ gegenüber $\partial^2\vartheta/\partial y^2$ klein und zu vernachlässigen. Das bedeutet wieder, daß die Flüssigkeit in Strömungsrichtung die Wärmeleitzahl Null hat (vgl. S. 180). Auch aus der Dissipationsfunktion bleibt nur das Glied $(\partial w_x/\partial y)^2$ übrig, so daß die *Gleichung für die Temperaturgrenzschicht* lautet

$$\varrho c_p\left(w_x\frac{\partial\vartheta}{\partial x}+w_y\frac{\partial\vartheta}{\partial y}\right)=\lambda\frac{\partial^2\vartheta}{\partial y^2}+\eta\left(\frac{\partial w_x}{\partial y}\right)^2 \tag{83}$$

mit den Randbedingungen $\vartheta=\vartheta_w$ für $y=0$

und $\vartheta=\vartheta_\infty$ für $y=\infty$

für die geheizte (oder gekühlte) Platte. Betrachtet man den Fall, daß die Platte keine Wärme aufnehmen oder abgeben soll, so wird als Randbedingung

$$(\partial\vartheta/\partial y)=0 \quad \text{für} \quad y=0. \tag{84}$$

Der Randwert an der Plattenwand stellt dann die Eigentemperatur ϑ_e z. B. eines Thermometers dar, das sich in der strömenden Flüssigkeit befindet und durch die Reibungswärme aufgeheizt wird (Thermometerproblem).

a) Wärmeabgabe der ebenen Platte bei konstanter Wandtemperatur. Zur Berechnung der *Wärmeabgabe* der Platte ($\vartheta_w > \vartheta_\infty$) wollen wir von der Reibungswärme absehen; wir nehmen also an, daß die Geschwindigkeiten nicht so groß sind, daß die Reibungswärme gegenüber der Konvektion eine Rolle spielt. Danach lauten die Differentialgleichungen:

$$w_x\frac{\partial w_x}{\partial x}+w_y\frac{\partial w_x}{\partial y}=\nu\frac{\partial^2 w_x}{\partial y^2}, \tag{85}$$

$$\frac{\partial w_x}{\partial x}+\frac{\partial w_y}{\partial y}=0, \tag{86}$$

$$w_x\frac{\partial\vartheta}{\partial x}+w_y\frac{\partial\vartheta}{\partial y}=a\frac{\partial^2\vartheta}{\partial y^2}. \tag{87}$$

[1] POHLHAUSEN, E.: Der Wärmeaustausch zwischen festen Körpern und Flüssigkeiten mit kleiner Reibung und Wärmeleitung. Z. angew. Math. Mech. 1 (1921) 115/121. Vgl. auch E. ECKERT und O. DREWITZ: Forschg. Ing.-Wes. 11 (1940) 116/124.

Folgende Grenzbedingungen gelten:

für $y = 0$: $w_x = 0$; $w_y = 0$; $\vartheta = \vartheta_w$ (konstante Temperatur der Plattenwand)

für $y = \infty$: $w_x = W$ (Anströmgeschwindigkeit),

$\vartheta = \vartheta_\infty$ (Temperatur der ungestörten Strömung).

Zur Lösung dieses Gleichungssystems wird zunächst gesetzt

$$w_x = \frac{\partial \psi}{\partial y} \quad \text{und} \quad w_y = -\frac{\partial \psi}{\partial x}.$$

Durch diese „Stromfunktion" $\psi(x, y)$ ist die Kontinuitätsgleichung erfüllt. Als neue Variable werden ferner eingeführt

$$\xi = \frac{1}{2}\sqrt{\frac{W}{\nu x}}\,y, \qquad \psi = \sqrt{\nu W x}\,\zeta(\xi), \qquad \vartheta = \vartheta_w - (\vartheta_w - \vartheta_\infty)\,\Theta(\xi).$$

Damit werden die ursprünglichen Veränderlichen

$$w_x = \frac{W}{2}\frac{d\zeta}{d\xi}, \qquad w_y = \frac{1}{2}\sqrt{\frac{\nu W}{x}}\left(\xi\frac{d\zeta}{d\xi} - \zeta\right).$$

Die Randbedingungen für ζ und Θ lauten jetzt

für $\xi = 0$: $\zeta = 0$; $\zeta' = 0$; $\Theta = 0$,

für $\xi = \infty$: $\zeta' = 2$; $\Theta = 1$.

Die 3 partiellen Differentialgleichungen des Ansatzes sind nun in 2 gewöhnliche Differentialgleichungen übergegangen:

$$\frac{d^3\zeta}{d\xi^3} + \zeta\frac{d^2\zeta}{d\xi^2} = 0, \tag{88}$$

$$\frac{d^2\Theta}{d\xi^2} + Pr\,\zeta\frac{d\Theta}{d\xi} = 0 \tag{89}$$

mit $Pr = \nu/a = \eta\,c_p/\lambda$ als Prandtl-Zahl.

Die Funktion $\zeta(\xi)$ ist erstmalig von Blasius[1] gelöst worden. Mit ihrer Kenntnis läßt sich die Lösung der transformierten Energiegleichung (89) schreiben:

$$\Theta = f_1(Pr)\int_0^{\xi} e^{-Pr\int_0^{\xi}\zeta\,d\xi}\,d\xi, \tag{90}$$

worin wegen der Randbedingung $\Theta = 1$ für $y = \xi = \infty$ zu setzen ist

$$\frac{1}{f_1(Pr)} = \int_0^{\infty} e^{-Pr\int_0^{\xi}\zeta\,d\xi}\,d\xi. \tag{91}$$

Diese Funktion $f_1(Pr)$ ist in Zahlentafel 14 für Prandtl-Zahlen von 0,6 bis 15 nach den Berechnungen von E. Pohlhausen wiedergegeben. Mit guter Näherung kann man diese Zahlenwerte durch die Funktion

$$f_1(Pr) = 0{,}664\sqrt[3]{Pr} \tag{92}$$

[1] Blasius, H.: Grenzschichten in Flüssigkeiten mit kleiner Reibung. Z. Math. Phys. 56 (1908) 1. Die Rechnungen wurden später von L. Howarth wiederholt [On the solution of the laminar boundary layer equations. Proc. roy. Soc. (A) 164 (1938) 547].

ausdrücken, die bis etwa $Pr = 1000$ gilt. Der Temperaturgradient an der Wand wird aus Gl. (90)

$$\left(\frac{d\Theta}{d\xi}\right)_{\xi=y=0} = f_1(Pr).$$

Damit läßt sich auch die einseitig von der Wand je Einheit der Wandbreite an die Flüssigkeit abgegebene Wärme angeben mit

$$q = -\lambda\left(\frac{\partial\vartheta}{\partial y}\right)_{y=0} = \frac{\lambda}{2}\sqrt{\frac{W}{\nu x}}(\vartheta_w - \vartheta_\infty)\left(\frac{d\Theta}{d\xi}\right)_{\xi=0} = \alpha(\vartheta_w - \vartheta_\infty), \tag{93}$$

worin α die örtliche Wärmeübergangszahl bedeutet. Bildet man aus α und der Entfernung vom Plattenanfang x eine Nußelt-Zahl, so wird aus Gl. (92) und (93)

$$Nu = \frac{\alpha x}{\lambda} = \frac{f_1}{2}\sqrt{\frac{Wx}{\nu}} = \frac{f_1}{2}\sqrt{Re_x} = 0{,}332\sqrt{Re_x}\sqrt[3]{Pr}, \tag{94}$$

wenn $Re_x = Wx/\nu$ die Reynolds-Zahl bedeutet, die mit der Anströmgeschwindigkeit W und der Entfernung vom Plattenanfang x gebildet ist. Die gesamte, vom Plattenanfang bis zur Stelle x übergegangene Wärme erhält man durch die Integration

$$Q = \int_0^x q\,dx = \lambda\sqrt{\frac{Wx}{\nu}}f_1(\vartheta_w - \vartheta_\infty).$$

Daraus läßt sich eine mittlere Nußelt-Zahl bilden:

$$Nu_m = \frac{\alpha_m x}{\lambda} = 0{,}664\sqrt{Re_x}\sqrt[3]{Pr}. \tag{95}$$

Beide Nußelt-Zahlen gelten für die *einseitige* Wärmeabgabe der Platte.

Zahlentafel 14. *Funktion $f_1(Pr)$ für die Wärmeübergangszahl α der längsangeströmten Platte* (nach E. Pohlhausen).

Pr	0,6	0,7	0,8	0,9	1,0	1,1	7,0	10,0	15,0
f_1	0,592	0,585	0,614	0,640	0,664	0,687	1,29	1,46	1,67

Die Lösung von Gl. (90) ist in Abb. 87 dargestellt, und zwar ist dort $1 - \Theta = (\vartheta - \vartheta_\infty)/(\vartheta_w - \vartheta_\infty)$ als Funktion von $\xi = y/2 \cdot \sqrt{W/\nu x}$ aufgetragen. Die Ordinate bedeutet also die relative Übertemperatur der Luft über dem Wert im ungestörten Luftstrom, bezogen auf das gesamte Temperaturgefälle zwischen Wand und ungestörter Strömung. Dieses Temperaturfeld vermittelt uns einen wesentlichen Einblick in den Mechanismus der Wärmeübertragung in laminarer Strömung. Da an der Wand ($\xi = y = 0$) w_x und w_y verschwinden, ist dort nach Gl. (87) auch $\partial^2\vartheta/\partial y^2 = 0$, also der Temperaturverlauf geradlinig infolge reiner Wärmeleitung. Je größer die Prandtl-Zahl, desto steiler verlaufen die Temperaturkurven, desto geringer ist also die Dicke δ_1 der Temperaturgrenzschicht. Die Temperaturprofile sind (für eine bestimmte Prandtl-

Zahl) an verschiedenen Entfernungen vom Plattenanfang x einander ähnlich. Die thermische Grenzschichtdicke δ_1 wächst mit $\sqrt{x}$ *.

Auch das Geschwindigkeitsfeld ist in Abb. 87 dargestellt: Setzt man in Gl. (89) $Pr = 1$, so werden die beiden Differentialgleichungen (88) und (89) für Θ und $\zeta' = d\zeta/d\xi$ identisch. Da $\zeta' = 2\,w_x/W$ ist, stimmen auch die Randbedingungen für Θ und w_x/W überein. Somit stellt die Kurve $Pr = 1$ in Abb. 87 gleichzeitig das Geschwindigkeitsprofil in der Grenzschicht dar, wenn die Ordinate in umgekehrter Richtung beziffert wird ($w_x/W = 0$ für $\xi = y = 0$). Wir begegnen hier erstmalig einer Analogie zwischen Schubspannung und Wärmeabgabe, die sich besonders bei der Theorie des turbulenten Wärmeaustausches bewähren wird.

Mit Hilfe dieser Analogie hätten wir das Ergebnis unserer Grenzschichtrechnung, nämlich Gl. (94), auch auf eine einfachere Weise er-

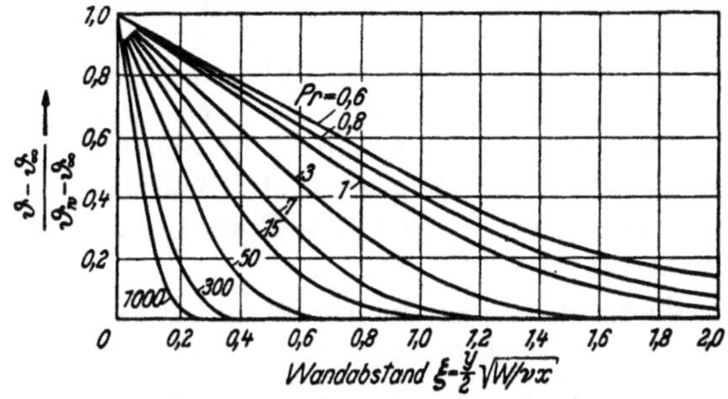

Abb. 87. Temperaturverteilung in der laminaren Grenzschicht der längsangeströmten wärmeabgebenden Platte. (Nach E. POHLHAUSEN.)
ϑ_w = Wandtemperatur; W und ϑ_∞ = Geschwindigkeit und Temperatur des ungestörten Mediums

halten können. Die Wärmeabgabe der Wand an der Stelle x läßt sich schreiben:

$$q(x) = -\lambda \left(\frac{\partial \vartheta}{\partial y}\right)_{y=0}.$$

Die Wandschubspannung τ_w wird

$$\tau_w(x) = -\eta \left(\frac{\partial w_x}{\partial y}\right)_{y=0}.$$

Führen wir näherungsweise einen linearen Geschwindigkeits- und Temperaturverlauf in der Grenzschicht ein und nehmen ferner für beide Grenzschichten die gleiche Dicke an ($\delta = \delta_1$, was für $Pr = 1$ tatsächlich erfüllt ist), so erhalten wir die Beziehung

$$q(x) = \frac{\lambda}{\eta}\,\frac{(\vartheta_w - \vartheta_\infty)}{W}\,\tau_w(x).$$

Mit einer örtlichen Nußelt-Zahl $Nu = \alpha x/\lambda = q(x) \cdot x/\lambda(\vartheta_w - \vartheta_\infty)$ und einer Reynolds-Zahl $Re_x = W x \varrho/\eta = W x/\nu$ können wir obige Glei-

* Da W und ϑ_∞ asymptotisch erreicht werden, müssen δ bzw. δ_1 durch Definition festgelegt werden. Näheres darüber in der Literatur über Grenzschichtlehre (Fußnote 3 S. 189).

chung auch schreiben

$$Nu = \frac{x}{\eta W}\,\tau_w(x) = Re_x \frac{\tau_w}{\varrho W^2}. \tag{95a}$$

Unter Benutzung der Lösung von BLASIUS[1] für die Strömungsgrenzschicht

$$\tau_w/\varrho W^2 = 0{,}332/\sqrt{Re_x}$$

wird die örtliche Nußelt-Zahl für den einseitigen Wärmeübergang an der Platte

$$Nu = \frac{\alpha x}{\lambda} = 0{,}332\,\sqrt{Re_x}.$$

Das Ergebnis stimmt für $Pr = 1$ mit Gl. (94) überein. Unsere Abschätzung führte aber nur deswegen zu demselben Resultat wie die exakte Rechnung von E. POHLHAUSEN, weil die beiden Felder der Temperatur und Geschwindigkeit identisch waren. In dem Ansatz $\delta = \delta_1$ steckte bereits die Voraussetzung $Pr = 1$, wodurch auch die beiden Differentialgleichungen (88) und (89) für Θ und ζ' identisch wurden. Das war andererseits nur für verschwindendes Druckgefälle dp/dx möglich, wie es bei der Platte tatsächlich der Fall war.

Aus Abb. 87 läßt sich ferner die Grenzschichtdicke für das Strömungsfeld δ und das Temperaturfeld δ_1 abschätzen. Für $Pr = 1$ ist $\delta = \delta_1$. Wir entnehmen dem Diagramm als Näherung, daß $\delta/\delta_1 \approx Pr^{1/3}$ ist. Hier wird der starke Einfluß der Prandtl-Zahl auf Wärmeübergangsvorgänge deutlich.

b) Wärmeübergang an der ebenen Platte bei veränderlicher Wandtemperatur. Es seien konstante Stoffwerte und mäßige Geschwindigkeiten zugrunde gelegt, so daß die Reibungswärme zu vernachlässigen ist. Der Fall veränderlicher Wandtemperatur läßt sich dann im Prinzip wie die Platte konstanter Temperatur behandeln, solange der Grenzschichtcharakter auch des Temperaturfeldes erhalten bleibt. Das schließt schroffe Temperaturänderungen $\vartheta_w(x)$ aus, da sonst nicht mehr $\partial^2\vartheta/\partial x^2$ klein gegen $\partial^2\vartheta/\partial y^2$ bleiben würde.

Unter diesen Voraussetzungen behandelte SCHLICHTING[2] das Problem und berechnete das Temperaturfeld für linear und parabolisch mit der Plattenlänge x veränderlicher Plattentemperatur bei $Pr = 1$. Der erstgenannte Fall sei hier wiedergegeben (Abb. 88). Die Platte habe an ihrer Vorderkante ($x = 0$) die Übertemperatur ($\vartheta_{w_0} - \vartheta_\infty$) gegen die ungestörte Strömung, für $x = l$ sei sie um den gleichen Betrag kälter. Die Wandtemperatur verläuft also nach der Gleichung

$$\frac{\vartheta_w(x) - \vartheta_\infty}{\vartheta_{w_0} - \vartheta_\infty} = \left(1 - 2\,\frac{x}{l}\right).$$

Für $x = l/2$ stimmen ϑ_w und ϑ_∞ überein. Wie Abb. 88 zeigt, wird das Temperaturfeld durch den Verlauf der Wandtemperatur grundlegend verändert. Während in der Nähe der Vorderkante zunächst wie bei konstanter Wandtemperatur Wärme abgegeben wird [$(\partial\vartheta/\partial y)_{y=0}$ negativ], nimmt von $x/l = 0{,}313$ an die Platte Wärme auf, obwohl erst

[1] Vgl. Fußnote 1 auf S. 193.

[2] SCHLICHTING, H.: Der Wärmeübergang an einer längsangeströmten ebenen Platte mit veränderlicher Wandtemperatur. Forsch. Ing.-Wes. 17 (1951) 1/8.

bei $x/l = 0{,}5$ die Plattentemperatur $\vartheta_w = \vartheta_\infty$ wird. Zwischen $0{,}313 < x/l < 0{,}5$ wird also die Wand durch eine kältere Außenströmung geheizt, weil die Grenzschicht von $x/l < 0{,}313$ her noch Übertemperaturen mitbringt. Die Temperaturprofile der Grenzschicht haben für $x/l > 0{,}5$ in Plattennähe bereits Untertemperaturen, weiter draußen aber noch Übertemperaturen gegen ϑ_∞, da die Kühlung der Grenzschicht durch die Platte sich erst allmählich in deren Außenbezirke fortpflanzt

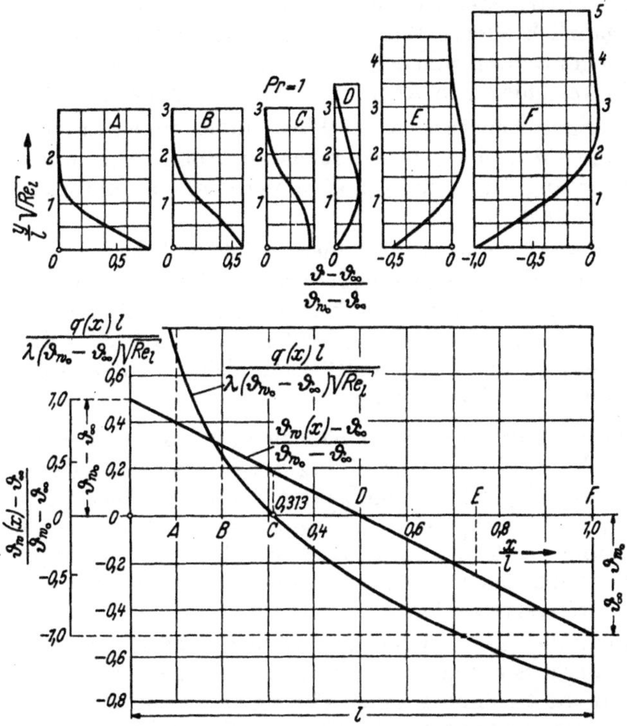

Abb. 88. Wärmeübergang an der ebenen Platte bei veränderlicher Wandtemperatur. (Nach SCHLICHTING.)

Der örtliche Wärmestrom $q(x)$, bezogen auf die Flächeneinheit, ist in Abb. 88 ebenfalls eingetragen, dimensionslos gemacht mit

$$\lambda\,(\vartheta_{w_0} - \vartheta_\infty)\sqrt{Re_l}/l,$$

wobei $Re_l = W\,l/\nu$ ist. Für $x = 0$ ist $q(x) = \infty$, weil dort wie im Fall konstanter Wandtemperatur die Grenzschichtdicke $\delta = \delta_1$ Null ist. Im vorderen Drittel der Platte wird Wärme abgegeben, in den beiden stromabwärts gelegenen Dritteln wird die Platte geheizt. Im Mittel ist die Platte auf gleicher Temperatur wie die Umgebung, trotzdem überwiegt die Wärmeaufnahme. Der gesamte Wärmefluß der Platte der Länge l und der Breite b wird nämlich (z. B. in kcal/h)

$$Q = -\,0{,}038\,b\,\lambda\sqrt{Re_l}\,(\vartheta_{w_0} - \vartheta_\infty)$$

mit der Richtung von der Flüssigkeit zur Wand.

Das behandelte Beispiel läßt erkennen, daß bei veränderlicher Wandtemperatur von Über- zu Untertemperaturen gegen die Außenströmung keine Wärmeübergangszahl sinnvoll gebildet werden kann, weil kein eindeutiges Temperaturgefälle als Bezugsgröße existiert. Man muß sich also auf die Berechnung des Wärmestroms beschränken. Die praktische Bedeutung derartiger Rechnungen erhellt daraus, daß die veränderliche Wandtemperatur der technisch häufigere Fall ist[1]. Für extreme Verhältnisse, wie sie das hier behandelte Beispiel darstellt, müssen gänzlich andere Wärmeübergangsverhältnisse erwartet werden, als es dem gewohnten Bild entspricht. Insbesondere sind die Temperaturprofile in verschiedenen Abständen x nicht mehr einander ähnlich.

Für geringe Änderungen der Plattenübertemperatur nach der Gleichung $(\vartheta_w - \vartheta_\infty) = A\,x^m$ untersuchten Sugawara und Sato[2] den Wärmeübergang theoretisch und experimentell, und zwar für glatte und rauhe Platten.

Eine Veränderung des Temperaturfeldes tritt auch dadurch ein, daß während des Wärmeüberganges in der strömenden Flüssigkeit Wärme erzeugt wird, etwa durch eine chemische Reaktion. Diesen Fall behandelte Véron in einer grundlegenden Arbeit[3]. Er stellte den Begriff dieser „convection vive" den bisher behandelten Fällen der „convection morte" gegenüber.

c) Wärmeübergang an der ebenen Platte bei veränderlichen Stoffwerten. Schon bei der Behandlung der Rohrströmung stießen wir auf die Schwierigkeit, daß die Stoffwerte der Flüssigkeit, insbesondere die Zähigkeit, nicht temperaturunabhängig sind. Dann aber besteht eine Rückwirkung des Temperaturfeldes auf das Geschwindigkeitsfeld, wodurch wiederum das Temperaturfeld selbst und damit die Wärmeübertragung verändert werden.

Während die Praxis diesen Einfluß bisher durch empirisch gefundene Faktoren berücksichtigt (vgl. S. 207), interessiert hier eine theoretische Lösung für die Strömung zäher Flüssigkeiten entlang einer Wand, die von Schuh[4] angegeben wurde. Werden die Stoffwerte als veränderlich angesehen, so lauten die Differentialgleichungen der beiden Grenzschichten ohne Berücksichtigung der Reibungswärme

$$\varrho\left(w_x \frac{\partial w_x}{\partial x} + w_y \frac{\partial w_x}{\partial y}\right) = \frac{\partial}{\partial y}\left(\eta \frac{\partial w_x}{\partial y}\right), \tag{96}$$

[1] Veränderliche Wandtemperaturen kommen z. B. bei Rippenrohren vor. Über den Wärmefluß in Rippen, der im Rahmen dieses Buches nicht behandelt wird, vgl. z. B. Th. E. Schmidt: Die Wärmeleistung von berippten Oberflächen. Abh. Deutsch. Kältetechn. Vereins, Nr. 4, Karlsruhe 1950.

[2] Sugawara, S., u. T. Sato: Heat transfer on the surface of a flat plate in the forced flow. Mem. Fac. Engng. Kyoto Univ. 14 (1952) 21/37.

[3] Véron, M.: La convection vive. Bull. techn. Soc. franç. Constructions Babcock & Wilcox Nr. 21, Paris 1948, 81 S.

[4] Schuh, H.: Über die Lösung der laminaren Grenzschichtgleichung an der ebenen Platte für Geschwindigkeits- und Temperaturfeld bei veränderlichen Stoffwerten und für das Diffusionsfeld bei höheren Konzentrationen. Z. angew. Math. Mech. 25/27 (1947) 54/60.

$$\frac{\partial}{\partial x}(\varrho\, w_x) + \frac{\partial}{\partial y}(\varrho\, w_y) = 0, \tag{97}$$

$$\varrho\, c_p\left(w_x \frac{\partial \vartheta}{\partial x} + w_y \frac{\partial \vartheta}{\partial y}\right) = \frac{\partial}{\partial y}\left(\lambda \frac{\partial \vartheta}{\partial y}\right). \tag{98}$$

Da insbesondere die Zähigkeit η vom Temperaturfeld abhängt, kann die 1. Gleichung nicht mehr unabhängig von der 3. gelöst werden. Es wird daher ein Iterativ-Verfahren nach PIERCY und PRESTON[1] benutzt Die Lösungen für konstante Stoffwerte nach BLASIUS und POHLHAUSEN werden als 1. Näherungen betrachtet, mit denen dann schrittweise wechselseitig die Lösungen verbessert werden, wozu 3 bis 4 Schritte bis zur genügenden Genauigkeit ausreichen.

Diese Rechnung wird u. a. für die Strömung eines zähen Öles längs einer Platte durchgeführt, wobei nur die Zähigkeit η als temperaturabhängig betrachtet wird. Als Zähigkeit-Temperatur-Funktion wird ein Exponentialgesetz mit dem Exponenten 3 benutzt und eine solche Temperaturdifferenz $(\vartheta_w - \vartheta_\infty)$ angenommen, daß bei der wärmeabgebenden Platte $\eta_w/\eta_\infty = 1/8$ und $Pr_w = 12{,}5$ und bei der wärmeaufnehmenden[2] Platte $\eta_w/\eta_\infty = 8$ und $Pr_w = 100$ wird (die Indizes w und ∞ beziehen sich dabei auf die Wandtemperatur bzw. auf die Temperatur der Außenströmung). Die Temperaturdifferenz ist in beiden Fällen gleich groß.

Die Ergebnisse dieser Rechnung zeigen Abb. 89 für die wärmeabgebende und Abb. 90 für die wärmeaufnehmende Platte. Die Abszisse $\xi = y/2 \cdot \sqrt{W/\nu\, x}$ ist doppelt beziffert, je nachdem ν bei der Wandtemperatur (ν_w, ξ_w) oder bei der Temperatur der Außenströmung (ν_∞, ξ_∞) eingesetzt ist. Da die Maßstäbe für ξ_w und ξ_∞ im Verhältnis $1/\sqrt{8}$ bzw. $\sqrt{8}/1$ gedehnt sind, bleibt der tatsächliche Wandabstand y derselbe. Als Ordinaten sind das Geschwindigkeitsfeld $\omega = w_x/W$ und das Temperaturfeld $\Theta = (\vartheta - \vartheta_w)/(\vartheta_\infty - \vartheta_w)$ bei veränderlicher Zähigkeit aufgetragen. Daneben sind auch die entsprechenden Größen bei konstanter Zähigkeit eingezeichnet, wobei die Zähigkeiten entweder bei Wandtemperatur (ω_w, Θ_w) oder bei der Temperatur der Außenströmung $(\omega_\infty, \Theta_\infty)$ eingesetzt sind.

Der Einfluß der temperaturabhängigen Zähigkeit ist deutlich zu erkennen. Bei der wärmeabgebenden Platte ist das Geschwindigkeitsfeld ω wesentlich völliger und steigt nahe der Wand noch steiler als ω_w an, während bei der wärmeaufnehmenden Platte ω noch flacher als ω_w verläuft und einen Wendepunkt aufweist. Am Rand der Grenzschicht nähert sich ω in beiden Fällen dem Verlauf von ω_∞. Trotz dieser Deformierung des Geschwindigkeitsprofils ist die Temperaturverteilung nicht grundlegend verändert. Besonders bei der wärmeaufnehmenden Wand schließt sich Θ eng an Θ_w an, was auch bei der wärmeabgebenden Wand die bessere Näherung zu bedeuten scheint.

---

[1] PIERCY, N. A. V., u. J. H. PRESTON: A simple solution of the flat plate problem of skin friction and heat transfer. Phil. Mag. (7) 21 (1936) 995/1005.

[2] „wärmeaufnehmend" bedeutet einen Wärmestrom von der Flüssigkeit zur Wand $(\vartheta_w < \vartheta_\infty)$.

Hiernach scheint es also richtiger, die Zähigkeit bei der Wandtemperatur als bei der Außentemperatur einzusetzen, was in gewissen Fällen auch schon experimentell bestätigt ist.

Berücksichtigt man bei *Gasen* die Veränderlichkeit von η, ϱ und c_p, so zeigen die Felder der Geschwindigkeit und Temperatur zwar auch

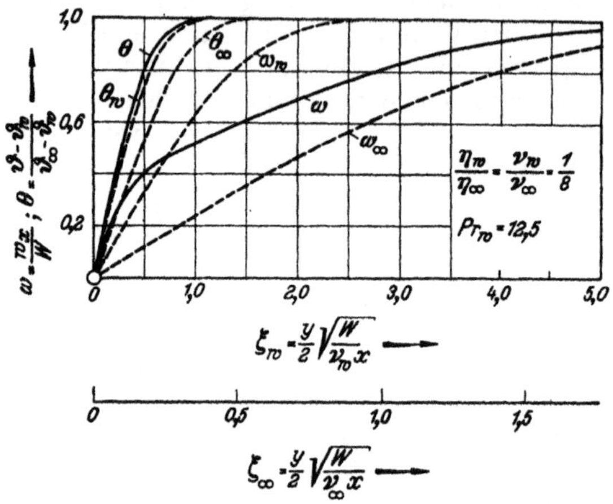

Abb. 89. Geschwindigkeits- und Temperaturverteilung an der längsangeströmten *wärmeabgebenden* Platte bei veränderlicher Zähigkeit. (Nach SCHUH.) Zähigkeitsexponent = 3. ω_w, ω_∞, Θ_w und Θ_∞ bedeuten Profile bei „isothermer" Strömung. Index w Zähigkeit bei Wandtemperatur ϑ_w. Index ∞ Zähigkeit bei der Temperatur der Außenströmung ϑ_∞.

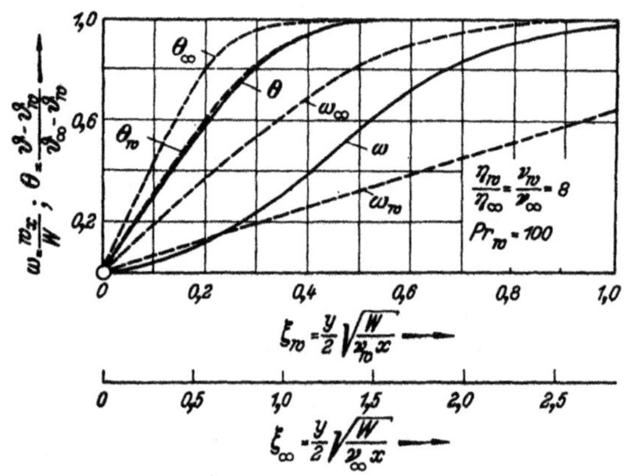

Abb. 90. Geschwindigkeits- und Temperaturverteilung an der längsangeströmten *wärmeaufnehmenden* Platte bei veränderlicher Zähigkeit. (Nach SCHUH.) Bezeichnungen nach Abb. 89.

beträchtliche Abweichungen von dem Fall konstanter Stoffwerte, sofern man zu hohen Werten von $(\vartheta_w - \vartheta_\infty)$ übergeht (SCHUH berechnet die Felder für Luft mit $\vartheta_w = 620$ °C und $\vartheta_\infty = 20$ °C), jedoch weichen Wandschubspannung und Wärmeübergangszahl nur um wenige Prozent von den Werten bei konstanten Stoffwerten ab. Da sich η und λ bei Gasen gleichsinnig ändern, bleibt $Pr = c_p\,\eta/\lambda$ im ganzen Feld annähernd konstant, so daß auch die Ähnlichkeit der Geschwindigkeits- und der Temperaturverteilung weitgehend erhalten bleibt.

d) Impuls- und Wärmestromgleichung als Näherungsverfahren der Berechnung laminarer Grenzschichten. Der Aufwand für die exakte Berechnung der Grenzschichtgleichungen ist selbst für die ebene Platte erheblich. Daher besteht das Bedürfnis nach Näherungsverfahren, zu denen auch die Iterativ-Methode des vorigen Abschnitts gehört. Im folgenden soll ein Verfahren behandelt werden, das von v. KÁRMÁN[1] und K. POHLHAUSEN[2] angegeben wurde und das den Impulssatz der Strömungsgrenzschicht benutzt. Dieses wie auch andere Näherungsverfahren haben gemeinsam, daß empirische Annahmen erforderlich sind, deren Zulässigkeit erst durch die genaue Rechnung oder das Experiment bewiesen werden muß, so daß eine Fehlerabschätzung des Verfahrens allein nicht möglich ist. Trotzdem ist die praktische Bedeutung dieser Verfahren beträchtlich, da sie auch da angewendet werden können, wo die exakte Berechnung noch nicht bekannt ist.

Zur Aufstellung des *Impulssatzes* legen wir in eine stationäre Strömung eine raumfeste „Kontrollfläche". Die Änderung des Impulses (= Masse × Geschwindigkeit), welche die in der Zeiteinheit durch die Kontrollfläche strömende Flüssigkeit erleidet, muß gleich sein der Summe aller äußeren Kräfte, die an der Kontrollfläche auf die Flüssigkeit einwirken. Diese Kontrollfläche legt man dabei zweckmäßig so, daß sowohl die Impulsänderung als auch die äußeren Kräfte möglichst einfache Ausdrücke ergeben. Der Impulssatz gilt unabhängig von der Zustandsänderung innerhalb der Kontrollfläche.

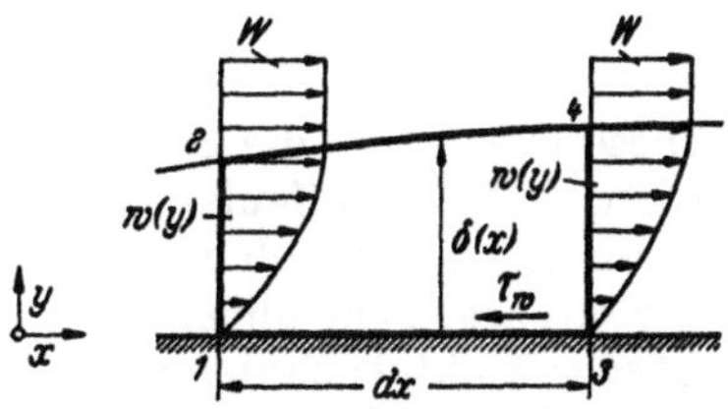

Abb. 91. Zur Ableitung der Impulsgleichung der Grenzschicht an der ebenen Platte.

Wir betrachten wieder eine stationäre Grenzschichtströmung längs einer ebenen Platte und setzen voraus, daß eine endliche Grenzschichtdicke $\delta(x)$ existiert, derart, daß für $y \geqq \delta$ die Geschwindigkeit W der ungestörten Strömung vorhanden ist. Die Kontrollfläche besteht aus zwei zur Wand senkrechten Ebenen *1—2* und *3—4* (Abb. 91) und verläuft im übrigen in der Wand (*1—3*) und in der Entfernung $\delta(x)$ von der Platte (*2—4*). Die Impulsbilanz ergibt folgende Einzelbeträge:

Durch die Fläche *1—2* tritt (bezogen auf die Plattenbreite Eins) die Flüssigkeitsmenge $\varrho \int\limits_0^\delta w\, dy$ ein, worin wir w für w_x einsetzen, da nur der Impuls in x-Richtung betrachtet wird. Diese Flüssigkeitsmenge bringt den Impuls $\varrho \int\limits_0^\delta w^2\, dy$ mit, der sich bis zum Austritt aus

[1] KÁRMÁN, TH. v.: Über laminare und turbulente Reibung. Z. angew. Math. Mech. 1 (1921) 233/252.

[2] POHLHAUSEN, K.: Zur näherungsweisen Integration der Differentialgleichung der laminaren Grenzschicht. Z. angew. Math. Mech. 1 (1921) 252/268.

der Kontrollfläche (*3—4*) um

$$\varrho \frac{d}{dx}\left(\int_0^\delta w^2\, dy\right) dx$$

geändert hat. Auch durch die Fläche *2—4* strömt Flüssigkeit ein vom Betrage $\varrho \frac{d}{dx}\left(\int_0^\delta w\, dy\right) dx$, nämlich gerade jene Menge, um die sich der Durchfluß durch *3—4* von jenem durch *1—2* unterscheidet. Da für $y \geqq \delta$ die Geschwindigkeit $w = W$ ist, beträgt der Impulsdurchfluß durch 2—4

$$\varrho\, W \frac{d}{dx}\left(\int_0^\delta w\, dy\right) dx.$$

Als äußere Kraft bleibt nur die Wandschubspannung τ_w übrig, die je Einheit der Plattenbreite längs *1—3* mit dem Betrage $\tau_w\, dx$ wirkt. Der Druckunterschied $(dp/dx)\, dx$ soll nach Voraussetzung an der ebenen Platte verschwinden, so daß folgende Bilanz übrigbleibt:

$$\varrho \frac{d}{dx} \int_0^\delta (W - w)\, w\, dy = \tau_w. \tag{99}$$

Diese Gleichung, die auch „v. Kármánsche Integralbedingung" genannt wird, gestattet offenbar eine Berechnung der Wandschubspannung τ_w, wenn irgendeine plausible Geschwindigkeitsverteilung $w(y)$ innerhalb der Grenzschicht angenommen wird. Anstatt für jeden Stromfaden die Grenzschichtgleichungen nach PRANDTL zu erfüllen, genügt es jetzt, wenn die Funktion $w(y)$ den Randbedingungen an der Wand und am Rand der Grenzschicht entspricht. Zur richtigen Wahl eines geeigneten Ansatzes $w(y)$ bedarf es aber einer gewissen physikalischen Erfahrung. Wir setzen:

$$w(y) = a y + b y^2 + c y^3 \tag{100}$$

und können damit folgende Randbedingungen erfüllen:

$$\text{für } y = 0\colon \quad w = 0; \quad d^2w/dy^2 = 0, \quad \text{wenn } b = 0;$$
$$\text{für } y = \delta\colon \quad w = W; \quad dw/dy = 0,$$

wenn $a = 1{,}5\, W/\delta$ und $c = -0{,}5\, W/\delta^3$, womit sich eine Geschwindigkeitsverteilung von

$$\frac{w}{W} = 1{,}5\left(\frac{y}{\delta}\right) - 0{,}5\left(\frac{y}{\delta}\right)^3 \tag{101}$$

ergibt. Setzen wir diese Funktion in das Impulsintegral ein, so erhalten wir

$$\varrho \int_0^\delta (W - w)\, w\, dy = \varrho\, W^2 \int_0^\delta \left[1{,}5\frac{y}{\delta} - 0{,}5\left(\frac{y}{\delta}\right)^3\right]\left[1 - 1{,}5\frac{y}{\delta} + 0{,}5\left(\frac{y}{\delta}\right)^3\right] dy$$
$$= \frac{39}{280}\varrho\, W^2\, \delta. \tag{102}$$

Die Wandschubspannung ergibt sich andererseits aus Gl. (101) zu

$$\tau_w = \eta \frac{dw}{dy} = 1{,}5\, \eta \frac{W}{\delta}, \tag{102a}$$

so daß die Integralbedingung Gl. (99) eine Differentialgleichung für $\delta(x)$ liefert:

$$\delta\, d\delta = \frac{140}{13}\,\frac{\nu}{W}\,d x \tag{103}$$

mit $\nu = \eta/\varrho$. Die Lösung lautet

$$\frac{\delta}{x} = \frac{4{,}64}{\sqrt{Re_x}}, \tag{104}$$

wobei $Re_x = W x/\nu$ die mit der Plattenlänge x gebildete Reynolds-Zahl bedeutet. Bei der Integration von Gl. (103) ist die Anfangsbedingung $\delta = 0$ für $x = 0$ berücksichtigt.

Die dimensionslose Wandschubspannung errechnet sich aus Gl. (102a) und (104) zu

$$\frac{\tau_w}{\varrho W^2} = \frac{0{,}323}{\sqrt{Re_x}}, \tag{105}$$

während die exakte Lösung nach Blasius (S. 193) den Zahlenfaktor 0,332 ergab. Die Näherungslösung ist also auf 3% genau.

Diese gute Näherung ist wesentlich darauf zurückzuführen, daß unser Polynom $w(y)$ nach Gl. (100) die Bedingung erfüllte, daß die Geschwindigkeit in Wandnähe geradlinig verläuft, also $(d^2w/dy^2)_{y=0} = 0$ war. Die einfache Parabel hätte auch an der Wand eine endliche Krümmung ergeben. Am Rand der Grenzschicht ($y = \delta$) geht $w(y)$ nach Gl. (101) zwar ohne Knick, aber mit endlicher Krümmung in den konstanten Wert W über. Um auch die zweite Ableitung zum Verschwinden zu bringen, hätte es eines Ansatzes der vierten Potenz bedurft, der die Annäherung an die exakte Lösung jedoch auch nicht wesentlich steigert.

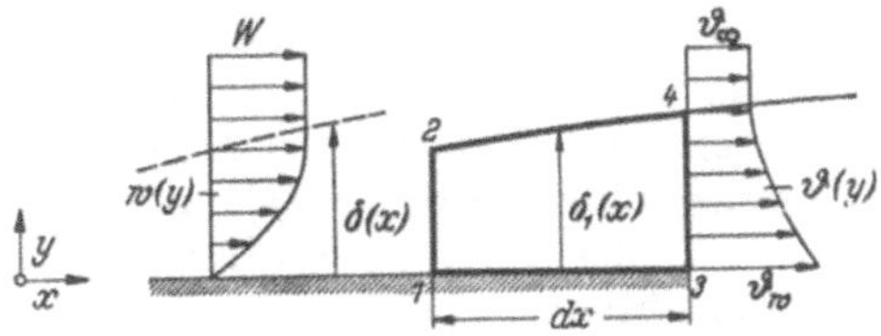

Abb. 92. Zur Ableitung der Wärmestromgleichung der Grenzschicht an der ebenen Platte.

Ganz analog zur Impulsgleichung der Grenzschicht läßt sich deren *Wärmestromgleichung* aufstellen, die von Kroujiline[1] angegeben wurde. Wir setzen wieder voraus, daß für $y \geq \delta_1$ die Temperatur der ungestörten Strömung ϑ_∞ herrscht, während die Wand auf der konstanten Temperatur ϑ_w gehalten wird. Nach Abb. 92 legen wir eine Kontrollfläche durch die Grenzschicht und stellen nun die Wärmebilanz auf, wobei die Reibungswärme vernachlässigt werde.

Durch die Fläche *1—2* wird mit der Strömung die Wärmemenge $\varrho\, c_p \int_0^{\delta_1} \vartheta\, w\, d y$ getragen. Der Unterschied des Wärmestromes durch *3—4* gegenüber *1—2* ist danach

$$\varrho\, c_p \frac{d}{d x}\left(\int_0^{\delta_1} \vartheta w\, d y\right) d x\,.$$

[1] Kroujiline, G.: Investigation de la couche-limite thermique. Techn. Physics USSR 3 (1936) 183/194. Vgl. auch S. Goldstein: Modern developments in fluid dynamics, Bd. II, Oxford 1936, und E. Eckert: Einführung in den Wärme- und Stoffaustausch. Berlin/Göttingen/Heidelberg 1949.

Durch 2—4 wird gemäß den Betrachtungen auf S. 202 der Wärmestrom

$$\varrho\, c_p\, \vartheta_\infty \frac{d}{d\,x}\left(\int\limits_0^{\delta_1} w\, d\,y\right) d\,x$$

getragen, da nach Voraussetzung $\vartheta = \vartheta_\infty = \text{const}$ für $y \geq \delta_1$ sein soll. Von der Wand wird auf der Strecke $d\,x$ die Wärmemenge

$$q_w\, d\,x = -\lambda \left(\frac{d\,\vartheta}{d\,y}\right)_{y=0} d\,x$$

abgegeben. Die Bilanz ergibt

$$\frac{d}{d\,x}\int\limits_0^{\delta_1} (\vartheta - \vartheta_\infty)\, w\, d\,y = \frac{q_w}{\varrho\, c_p} = -a\left(\frac{d\,\vartheta}{d\,y}\right)_{y=0} \tag{106}$$

mit der Temperaturleitzahl $a = \lambda/\varrho\, c_p$. Die Wärmestromgleichung ist also völlig analog der Impulsgleichung (99) aufgebaut. Für $\nu = a$, also $Pr = 1$, werden die Felder der Temperatur und der Geschwindigkeit identisch, wie es die exakte Lösung von E. Pohlhausen (Abb. 87) bereits vorschrieb. Wir müssen allerdings voraussetzen, daß die Temperaturgrenzschicht dünner als die Strömungsgrenzschicht ist oder höchstens mit dieser die gleiche Stärke hat ($\delta_1 \leq \delta$), da das angenommene Geschwindigkeitsprofil $w(y)$ nach Gl. (101) nur bis $y \leq \delta$ gilt und für $y > \delta$ nicht mit der Geschwindigkeit der Außenströmung $w = W = \text{const}$ übereinstimmt.

Haben wir vorher bei der Lösung der Impulsgleichung eine Parabel dritten Grades als brauchbare Annäherung für $w(y)$ erkannt, so liegt es nahe, den gleichen Ansatz auch für das Temperaturfeld in die Wärmestromgleichung einzuführen. Wir müssen das sogar tun, wenn die beiden Felder für $Pr = 1$ identisch werden sollen[1].

Schreiben wir die gleichen Randbedingungen wie für das Geschwindigkeitsfeld vor, so ergibt sich für das Temperaturfeld der Ansatz

$$\Theta = 1{,}5\,\frac{y}{\delta_1} - 0{,}5\left(\frac{y}{\delta_1}\right)^3 \tag{107}$$

mit $\Theta = (\vartheta - \vartheta_w)/(\vartheta_\infty - \vartheta_w)$.

Dieser Ansatz erfüllt die Randbedingungen:

für $y = 0$: $\Theta = 0$; $\dfrac{d^2\Theta}{dy^2} = 0$; für $y = \delta_1$: $\Theta = 1$; $\dfrac{d\Theta}{dy} = 0$.

Führt man den Ansatz Gl. (107) und das Geschwindigkeitsfeld Gl. (101) in die Wärmestromgleichung ein, so erhält man nach Auswertung des Integrals eine Beziehung zwischen δ und δ_1, für die sich mit guter Annäherung $\delta/\delta_1 = Pr^{1/3}$ ergibt, wenn dieser Quotient als von x unabhängig betrachtet wird. Die beiden Profile der Geschwindigkeit und Temperatur erfüllen also die Vorschrift, daß sie für $Pr = 1$ miteinander identisch werden. Den Wert δ/δ_1 hatten wir bereits aus Abb. 87 abgeschätzt.

---

[1] Kroujiline benutzt allerdings für $w(y)$ eine Parabel zweiten Grades, für $\vartheta(y)$ eine solche vierten Grades und erhält trotzdem eine auf 1% genaue Näherungslösung. Im Sinne der Analogie zwischen Wärmeübertragung und Reibungswiderstand ist es aber richtiger, für beide Felder das gleiche Profil zu benutzen.

Für die Wärmeübergangszahl erhält man denselben Ausdruck wie bei der exakten Rechnung

$$Nu_m = \frac{\alpha_m x}{\lambda} = 0{,}664 \sqrt{Re_x} \sqrt[3]{Pr}, \tag{95}$$

wobei der Zahlenwert der Näherungslösung einen Fehler von nur etwa 0,3% aufweist. Gl. (95) gilt für die mittlere Wärmeübergangszahl zwischen 0 und x bei einseitiger Wärmeabgabe der geheizten Platte. Vorausgesetzt waren konstante Stoffwerte und verschwindende Reibungswärme bei laminarer Strömung.

Die Näherungslösungen für die Schubspannung und die Wärmeabgabe haben sich damit als brauchbar erwiesen. Der Rechenaufwand ist erheblich geringer als bei der exakten Lösung.

3. Versuchsergebnisse und Gebrauchsformeln für den Wärmeübergang bei erzwungener laminarer Strömung.

a) Strömung in Rohren. Die theoretische Lösung von GRAETZ-NUSSELT (S. 179) setzte ausgebildete laminare Geschwindigkeitsverteilung voraus, die auch unter dem Einfluß des Wärmestromes erhalten bleiben sollte. Dazu sind aber temperaturunabhängige Stoffwerte erforderlich, während bei wirklichen Flüssigkeiten insbesondere die Zähigkeit sich oft stark mit der Temperatur ändert. Auch fallen bei Wärmeaustauschern meist der hydrodynamische und der thermische Einlauf zusammen, sofern nicht eine unbeheizte Rohrstrecke vor dem Eintritt angeordnet ist, die glatt in den beheizten Teil übergeht. Jedoch kann der Einfluß des hydrodynamischen Einlaufs oft unberücksichtigt bleiben, wie folgende Abschätzung zeigt.

Nach SCHILLER[1] beträgt die Einlaufstrecke der Hagen-Poiseuilleschen Strömung im Rohr

$$\left(\frac{L}{D}\right)_{hydr} = 0{,}02875\, Re \approx 0{,}03\, Re.$$

Aus der Theorie von GRAETZ-NUSSELT findet man eine thermische Einlaufstrecke nach Gl. (66a) (in ausgebildeter laminarer Strömung) von

$$\left(\frac{L}{D}\right)_{th} = 0{,}05\, Re\, Pr,$$

bei der die Wärmeübergangszahl α den konstanten Wert auf 1% erreicht hat. Bei höheren Prandtl-Zahlen (z. B. $Pr = 100$) macht also $(L/D)_{hydr}$ nur einen kleinen Bruchteil des thermischen Einlaufs aus, da $(L_{th}/L_{hydr}) \approx 1{,}7\, Pr$ wird.

Schwerer wiegt jedoch der Einfluß der temperaturabhängigen Zähigkeit, die das Geschwindigkeitsfeld erheblich deformieren kann. Für die ebene Platte zeigen diesen Einfluß Abb. 89 und 90 nach den Rechnungen von SCHUH für einen Quotienten $\eta_\infty/\eta_w = 8$ bzw. $1/8$. Für das Rohr sind ähnliche Verhältnisse zu erwarten, wie sie Abb. 93 qualitativ

[1] SCHILLER, L.: Untersuchungen über laminare und turbulente Strömung. VDI-Forsch.-Heft Nr. 248. Berlin 1922.

nach Überlegungen von KRAUSSOLD[1] wiedergibt. Es sind also zwischen Heizung und Kühlung abweichende Wärmeübergangszahlen zu erwarten. Dabei ist die Frage wesentlich, auf welche Temperatur die Stoffwerte in den Kennzahlen bezogen werden sollen.

Diese Entscheidung wird dadurch erschwert, daß jeder Stoffwert φ seine eigene Funktion $\varphi(\vartheta)$ haben kann, so daß nicht unbedingt eine Mitteltemperatur (nach S. 154) auch die richtige Bezugstemperatur für den betreffenden Stoffwert sein muß. NUSSELT[2] schlägt den integralen Mittelwert

$$\varphi_m = \frac{1}{\vartheta_{fl} - \vartheta_w} \int_{\vartheta_w}^{\vartheta_{fl}} \varphi \, d\vartheta \qquad (108)$$

vor, der bei Heizung und Kühlung auf denselben Wert führen würde. Die Auswertung des Integrals wäre allerdings für die Praxis oft zu zeitraubend, so daß näherungsweise als Bezugstemperatur auch

$$\vartheta_m = (\vartheta_{fl} + \vartheta_w)/2$$

benutzt wird. Die Richtung des Wärmestromes käme dann durch eine weitere dimensionslose Kennzahl $(\vartheta_{fl}/\vartheta_w)^n$ oder bei Gasen $(T_{fl}/T_w)^m$ zum Ausdruck.

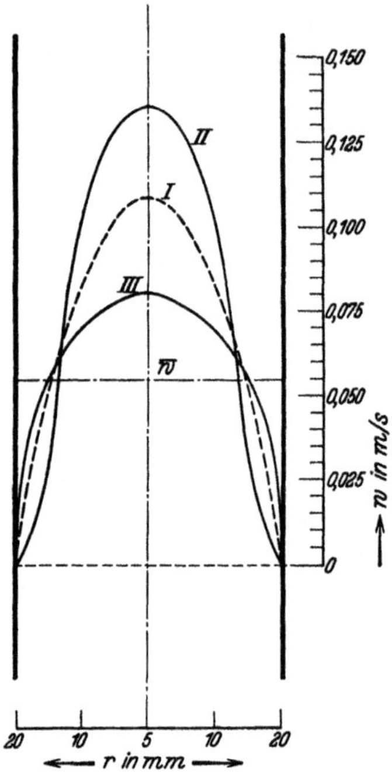

Abb. 93. Angenommene Geschwindigkeitsverteilung in laminarer Rohrströmung bei temperaturabhängiger Zähigkeit.
I: Isotherme Strömung; *II*: Kühlung der Flüssigkeit; *III*: Heizung der Flüssigkeit. $\bar{w}$ ist in allen Fällen gleich groß.

Nicht bei jedem Wärmeaustausch ist Wand- und Kernströmung in gleichem Maße beteiligt, so daß die Bezugstemperatur für die Stoffwerte oft empirisch gefunden wird. Als „richtige" Bezugstemperatur gilt jene, bei der sich die gemessenen Werte mit der geringsten Streuung darstellen lassen. Für den Wärmeübergang bei der laminaren Rohrströmung stimmen mehrere Autoren (KRAUSSOLD[1], SIEDER-TATE[3], BOEHM[4]) darin überein, daß die *mittlere Flüssigkeitstemperatur* als Bezugstemperatur für die Kenngrößen am meisten geeignet ist, wobei $\vartheta_{fl} = (\vartheta_1 + \vartheta_2)/2$ ist[5].

[1] KRAUSSOLD, H.: Die Wärmeübertragung bei zähen Flüssigkeiten in Rohren. VDI-Forsch.-Heft Nr. 351, Berlin 1931, und: Neue amerikanische Untersuchungen über den Wärmeübergang an Flüssigkeiten bei laminarer Strömung. Forsch. Ing.-Wes. 3 (1932) 21/24.

[2] NUSSELT, W.: Das Grundgesetz des Wärmeüberganges. Gesundh.-Ing. 38 (1915) 477/482 u. 490/496.

[3] SIEDER, E. N., u. G. E. TATE: Heat transfer and pressure drop of liquids in tubes. Industr. Engng. Chem. 28 (1936) 1429/1435.

[4] BOEHM, J.: Messungen des Wärmeübergangs im laminaren Strömungsgebiet mit Rizinusöl. Wärme 66 (1943) 144/152.

[5] ϑ_1 = mittlere Eintrittstemperatur, ϑ_2 = mittlere Austrittstemperatur der Flüssigkeit über den Querschnitt des Rohres gemittelt.

Um die Richtung des Wärmestromes zu berücksichtigen, schlagen SIEDER und TATE[1] den Ausdruck $(\eta_w/\eta_{fl})^n$ vor[2] und ermitteln aus eigenen und fremden Messungen $n = 0{,}14$, wobei der untersuchte Bereich des Quotienten (η_w/η_{fl}) von 0,004 bis 14 reichte. $(\eta_w/\eta_{fl}) > 1$ bedeutet dabei Kühlung, $(\eta_w/\eta_{fl}) < 1$ Heizung der Flüssigkeit. Zur einheitlichen Darstellung des Wärmeüberganges benutzen SIEDER und TATE das Ergebnis der Graetz-Nußeltschen Theorie, wonach Nu nicht von Re, Pr und L/D einzeln abhängt, sondern $Nu = f\,(Re\,Pr\,D/L)$ wird[3]. Das Ergebnis ihrer Auswertung ist die Gl. (109) für mittlere Nu-Zahlen zwischen Rohranfang und Länge L

$$\left.\begin{aligned} Nu = \frac{\alpha D}{\lambda} &= 1{,}86\,(Re\,Pr\,D/L)^{1/3}\,(\eta_{fl}/\eta_w)^{0{,}14} \\ &= 1{,}86\,(Pe\,D/L)^{1/3}\,(\eta_{fl}/\eta_w)^{0{,}14} \\ &= 1{,}86\left(\frac{\bar{w} D}{a}\,\frac{D}{L}\right)^{1/3}(\eta_{fl}/\eta_w)^{0{,}14} \\ &= 1{,}86\left(\frac{4}{\pi}\,\frac{M F c_p}{\lambda L}\right)^{1/3}(\eta_{fl}/\eta_w)^{0{,}14} \\ &= 2{,}02\left(\frac{M F c_p}{\lambda L}\right)^{1/3}(\eta_{fl}/\eta_w)^{0{,}14}, \end{aligned}\right\} \tag{109}$$

wobei $M = \bar{w}\,\varrho$ die auf die Flächeneinheit bezogene strömende Flüssigkeitsmenge (z. B. in kg/m²h) und $F = \pi\,D^2/4$ den Rohrquerschnitt bedeuten[4].

Die mittlere Wärmeübergangszahl α zwischen Rohranfang und Länge L ergibt sich aus obigen Gleichungen zu

$$\alpha = 1{,}86\left(\frac{\lambda^2\,\bar{w}\,\varrho\,c_p}{D L}\right)^{1/3}(\eta_{fl}/\eta_w)^{0{,}14}. \tag{109a}$$

Aus der Wärmebilanz am Rohr

$$\alpha\,(\vartheta_w - \vartheta_{fl})\,\pi D L = \bar{w}\,\varrho\,c_p\,(\vartheta_2 - \vartheta_1)\,\pi D^2/4$$

entsteht die Stanton-Zahl $St = Nu/Re\,Pr$, so daß sich Gl. (109) auch wie folgt darstellen läßt:

$$\frac{Nu}{Re\,Pr}\,\frac{4L}{D} = \frac{(\vartheta_2 - \vartheta_1)}{(\vartheta_w - \vartheta_{fl})} = 7{,}44\,(Re\,Pr\,D/L)^{-2/3}\left(\frac{\eta_{fl}}{\eta_w}\right)^{0{,}14}. \tag{110}$$

Diese Form ist besonders zur Auswertung von Messungen von Interesse, weil sie nur gemessene Temperaturen enthält. Dabei ist bei stärkerer Erwärmung der Flüssigkeit $(\vartheta_w - \vartheta_{fl})$ nicht mehr, wie oben angegeben, als arithmetischer, sondern als logarithmischer Mittelwert zwischen $(\vartheta_w - \vartheta_1)$ und $(\vartheta_w - \vartheta_2)$ zu berechnen. Wird bei großen Rohrlängen $\vartheta_2 \approx \vartheta_w$, so nimmt dann wegen $\vartheta_{fl} \approx (\vartheta_w + \vartheta_1)/2$ der Quotient $(\vartheta_2 - \vartheta_1)/(\vartheta_w - \vartheta_{fl})$ den Grenzwert 2 an, der nicht überschritten werden kann. Daher gilt Gl. (110) und damit Gl. (109) nur bis $(Re\,Pr\,D/L) \gtrsim 7{,}17$.

---

[1] Vgl. Fußnote 3, S. 206.

[2] η_w = Zähigkeit bei Wandtemperatur ϑ_w; η_{fl} = Zähigkeit bei mittlerer Flüssigkeitstemperatur ϑ_{fl}.

[3] Vgl. S. 181 ff. Die Rohrlänge L ist dort mit x bezeichnet.

[4] Der Ausdruck $\bar{w}\,\varrho\,F c_p/\lambda\,L$ entspricht der Graetz-Zahl Gz (vgl. S. 178).

Die Gleichung von SIEDER und TATE ist in der Form

$$Nu\left(\frac{\eta_w}{\eta_{fl}}\right)^{0,14} = 1{,}86\,(Re\,Pr\,D/L)^{1/3} \tag{111}$$

in Abb. 94 dargestellt. Weiter ist dort die theoretische Gleichung nach GRAETZ-NUSSELT wiedergegeben, die sehr gut durch eine Interpolationsformel von HAUSEN[1] angenähert wird:

$$Nu\left(\frac{\eta_w}{\eta_{fl}}\right)^{0,14} = 3{,}65 + \frac{0{,}0668\,Re\,Pr\,D/L}{1 + 0{,}045\,(Re\,Pr\,D/L)^{2/3}}, \tag{112}$$

wenn man darin $\eta_w = \eta_{fl}$ setzt. Auch Gl. (112) gilt für die mittlere Wärmeübergangszahl auf der Rohrlänge L.

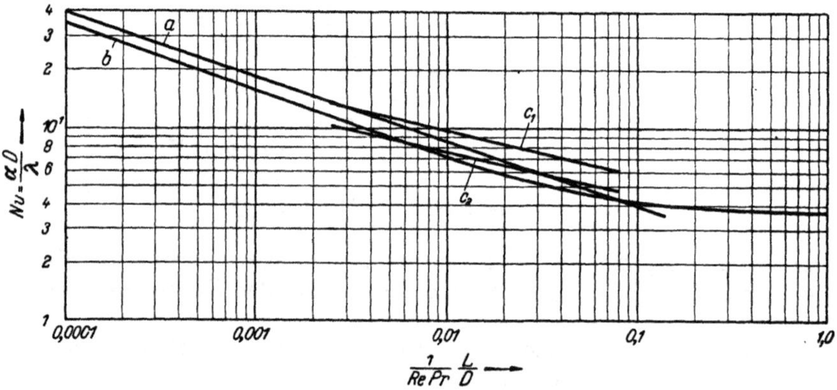

Abb. 94. Wärmeübergang bei laminarer Rohrströmung.

Kurve a: Gl. (111) nach SIEDER u. TATE ($\eta_w = \eta_{fl}$);
Kurve b: Gl. (112) nach GRAETZ-NUSSELT-HAUSEN ($\eta_w = \eta_{fl}$);
Kurve c_1: Gl. (113) nach KRAUSSOLD (Heizung der Flüssigkeit) ($L/D = 250$);
Kurve c_2: Gl. (113) nach KRAUSSOLD (Kühlung der Flüssigkeit) ($L/D = 250$).

Früher hatte KRAUSSOLD[2] die Gleichung

$$Nu = C\,(Re\,Pr)^{0,23}\,(D/L)^{0,5} \tag{113}$$

angegeben, worin $C = 15$ für Heizung und $C = 11{,}5$ für Kühlung der Flüssigkeit zu setzen ist. Diese Gleichung ist für $Re\,Pr = 5000$ bis 40000 und $L/D = 100$ bis 400 gewonnen. Da sie durch die beiden Konstanten einen bestimmten Änderungsbereich der Stoffwerte vorwegnimmt, gilt sie am sichersten für jene Stoffe und Temperaturunterschiede, wie sie etwa den Versuchen zugrunde lagen (zähe Öle). Für den Grenzfall $(\vartheta_w - \vartheta_{fl}) \to 0$ bzw. temperaturunabhängige Stoffwerte geht sie nicht in eine einzige Gleichung über [wie z. B. Gl. (111)]. In Abb. 94 ist sie für $L/D = 250$ eingetragen.

---

[1] HAUSEN, H.: Darstellung des Wärmeüberganges in Rohren durch verallgemeinerte Potenzbeziehungen. Z. VDI Beihefte Verfahrenstechnik 1943 Heft 4 S. 91/98. Dort ist auch eine neuere numerische Auswertung der Graetz-Nußeltschen Lösung mitgeteilt.

[2] Vgl. Fußnote 1 auf S. 206; auch H. KRAUSSOLD: Der konvektive Wärmeübergang. Technik 3 (1949) 205/213 u. 257/261.

Die Gln. (111) bis (113) setzten voraus, daß der Wärmeübergang auch im Einlaufgebiet nur von $Re\,Pr$ abhängt, wie es die Graetz-Nußeltsche Theorie für ausgebildete Poiseuillesche Strömung ergab, daß also Nu unabhängig von der dynamischen Zähigkeit ν sein sollte. Soweit auch der hydrodynamische Einlauf sich innerhalb des Wärmeaustauschers abspielt, wenn also kein unbeheiztes Rohrstück vorgeschaltet ist, muß aber die Zähigkeit ν bzw. die Prandtl-Zahl $Pr = \nu/a$ als selbständige Variable erscheinen, da im Einlaufgebiet Trägheits- und Reibungskräfte von der gleichen Größenordnung sind. Wie wir schon feststellten, kann bei großen Pr-Zahlen die hydrodynamische nur einen Bruchteil der thermischen Einlaufstrecke betragen. Darin ist wohl der Grund zu suchen, warum sich die Meßergebnisse überhaupt in der Form $Nu = f\,(Re\,Pr)$ darstellen ließen, wenn auch die Streuung größer ist, als es die oft sehr sorgfältig durchgeführten Messungen erwarten ließen.

BOEHM[1] findet sogar experimentell eine Abhängigkeit der Nußelt-Zahl von Pr allein und gibt dafür die Gleichung an

$$Nu = C\,Re^{0,23}\,Pr^{0,12}\,(D/L)^{0,5}, \tag{114}$$

wobei C zwischen 17,4 und 20,55 liegen soll. Seine Meßwerte sind nicht mit $(\eta_{fl}/\eta_w)^n$ reduziert. Auch SIEDER und TATE diskutieren eine Gleichung der Form

$$Nu = C\,Re^{0,3}\,Pr^{0,25}\,(D/L)^m\,(\eta_{fl}/\eta_w)^n, \tag{115}$$

die die Versuchswerte mit etwa derselben Genauigkeit wiedergibt wie die endgültig gewählte Gl. (111).

Es kann also vermutet werden, daß es bei gemeinsamem hydrodynamischem und thermischem Einlauf bei nicht zu großen Pr-Zahlen Bereiche von (L/D) gibt, in denen Pr und Re verschiedene Exponenten haben. Diese Vermutung wird durch die exakte Lösung an der ebenen Platte von E. POHLHAUSEN gestützt, die die Gleichung

$$Nu_x = \frac{\alpha\,x}{\lambda} = 0,664\,Pr^{1/3}\,Re_x^{0,5} \tag{95a}$$

ergab. Bezieht man formal die Kenngrößen auf den Rohrdurchmesser D, so erhält man

$$Nu_D = \frac{\alpha\,D}{\lambda} = 0,664\,Pr^{1/3}\,Re_D^{0,5}\,(D/L)^{0,5}. \tag{95b}$$

Im Exponenten von Pr stimmt diese Gleichung mit Gl. (111) überein, während KRAUSSOLD und BOEHM auch $(D/L)^{0,5}$ erhielten. Dagegen ist $Re^{0,5}$, d. h. $\bar{w}^{0,5}$, durch keinen der genannten Beobachter bestätigt worden, was wegen der geometrischen Unterschiede zwischen gekrümmter Rohrwand und ebener Platte erklärlich ist. $Re^{0,5}$ könnte höchstens für kleine Werte (L/D) gelten, also für $(\delta/D) \ll 1$ (δ = Grenzschichtdicke). Gerade diese Bereiche sind in letzter Zeit technisch interessant geworden, weil einige neuere Konstruktionen von Wärmeaustauschern[2]

[1] Vgl. Fußnote 5 auf S. 206.

[2] Vgl. z. B. P. GRASSMANN: Neue Aufgaben und Wege im Bau von Wärmetauschern. Schweiz. Bauztg. 69 (1951) 587/590. — W. LINKE: Hydraulische Durchmesser und Anlaufströmungen bei Wärmetauschern. Arch. ges. Wärmetechn. 1 (1950) 161/169.

durch häufige Unterbrechung der wärmeaustauschenden Fläche auf ihrer ganzen Länge im hydrodynamischen *und* thermischen Einlauf arbeiten. Die obenerwähnte Übereinstimmung zwischen Rohr und Platte beim Einlaufvorgang wurde durch Messungen von KARMIN und TRAVERS[1] bestätigt. Ihre Ergebnisse für die laminare Strömung von Luft durch geheizte Rohre ($5 < L/D < 63$) lassen sich befriedigend durch die theoretische Lösung von E. POHLHAUSEN für die ebene Platte wiedergeben.

Eine bisher unveröffentlichte theoretische Behandlung dieses Falles liegt von EHRET und HAHNEMANN[2] vor. Analog dem Verfahren von SCHILLER[3] für den hydrodynamischen Einlauf der laminaren Rohrströmung wird hierbei für die thermische Grenzschicht ein Temperaturprofil angenommen, das den Bedingungen an der Wand und in Rohrmitte genügt und für die thermisch und hydrodynamisch ausgebildete Strömung in den Endwert der Graetz-Nußeltschen Lösung übergeht ($Nu \to 3{,}65$). Bei gleichzeitigem Beginn des hydrodynamischen und thermischen Einlaufs muß man folgende Bereiche unterscheiden:

a) Beide Einlaufvorgänge unbeendet: Die von der hydrodynamischen Grenzschicht unbeeinflußte Kernströmung hat eine gleichförmige Geschwindigkeit, außerhalb der thermischen Grenzschicht herrscht die Eintrittstemperatur ϑ_0.

b) Hydrodynamischer Einlauf beendet, thermischer Einlauf unbeendet: Bei der dimensionslosen Entfernung vom Rohranfang $L_{hydr}/D\,Re = 0{,}02875$ (nach SCHILLER) ist die hydrodynamische Grenzschicht in der Rohrmitte zusammengewachsen (zum Parabelprofil nach Hagen-Poiseuille). Die thermische Kernströmung behält unverändert die Temperatur ϑ_0. Je größer die Prandtl-Zahl, desto länger dauert der thermische Einlauf $[L_{th}/D\,Re = f(Pr)]$.

c) Beide Einlaufvorgänge beendet: Nachdem auch die thermische Grenzschicht bis zur Rohrmitte reicht, stellt sich das endgültige Temperaturprofil ein, das gemäß Ansatz dem Wert von GRAETZ-NUSSELT entspricht.

Für das Ende der thermischen Einlaufstrecke L_{th} erhalten EHRET und HAHNEMANN die Näherungsgleichung für $Pr > 20$:

$$L_{th}/D\,Re = 0{,}02875 + 0{,}0342\,Pr\ *. \tag{116}$$

Die Wärmeübergangszahl wird im Bereich a und b auf die Differenz zwischen der konstanten Wandtemperatur ϑ_w und der Eintrittstemperatur ϑ_0 bezogen, im Bereich c auf die (nicht bekannte) Temperatur in

[1] KARMIN, B., u. H. C. TRAVERS: Thesis Mass. Inst. Technology, Cambridge (Mass.), zitiert nach W. H. MC ADAMS: Heat transfer. Chem. Engng. Progr. 46 (1950) 121/130.

[2] Vgl. L. EHRET, u. H. HAHNEMANN: Zur Theorie der Rohreinlaufströmung mit Wärmeübergang. ZWB-Forsch.-Ber. Nr. 1751 (1943). Herrn Dr. HAHNEMANN danke ich für die freundliche Übermittlung dieser Arbeit und seine Erlaubnis, Abb. 95 daraus zu veröffentlichen.

[3] SCHILLER, L.: Die Entwicklung der laminaren Geschwindigkeitsverteilung und ihre Bedeutung für Zähigkeitsmessungen. Z. angew. Math. Mech. 2 (1922) 96/106.

* Nach GRAETZ-NUSSELT war der Endwert der Wärmeübergangszahl bei der Rohrlänge $L_{th}/D\,Re = 0{,}05\,Pr$ bis auf 1% erreicht [Gl. (66a)].

der Rohrachse ϑ_a. Um die auf einem bestimmten Rohrstück übergegangene Wärmemenge Q schnell bestimmen zu können, wird die Darstellung nach Abb. 95 gewählt. Als Ordinate dient der Wert

$$\frac{Pr}{4}\,\frac{Q}{Q_{\max}} \equiv Nu\,\frac{\overline{(\vartheta_w - \vartheta_a)}}{(\vartheta_w - \vartheta_0)}\,\frac{L}{D\,Re}.$$

Darin ist Q die gesuchte Wärmemenge $\left(Q = \pi\,D\,L\,\bar{\alpha}\,\overline{(\vartheta_w - \vartheta_a)}\right)$, während $Q_{\max}$ die maximale Wärmemenge bedeutet, die übertragen werden kann. Diese ist durch $Q_{\max} = (\pi\,D^2/4)\,\varrho\,\bar{w}\,c_p\,(\vartheta_w - \vartheta_0)$ gegeben. Sie ist dann übergegangen, wenn die gesamte Flüssigkeit von der Anfangs-

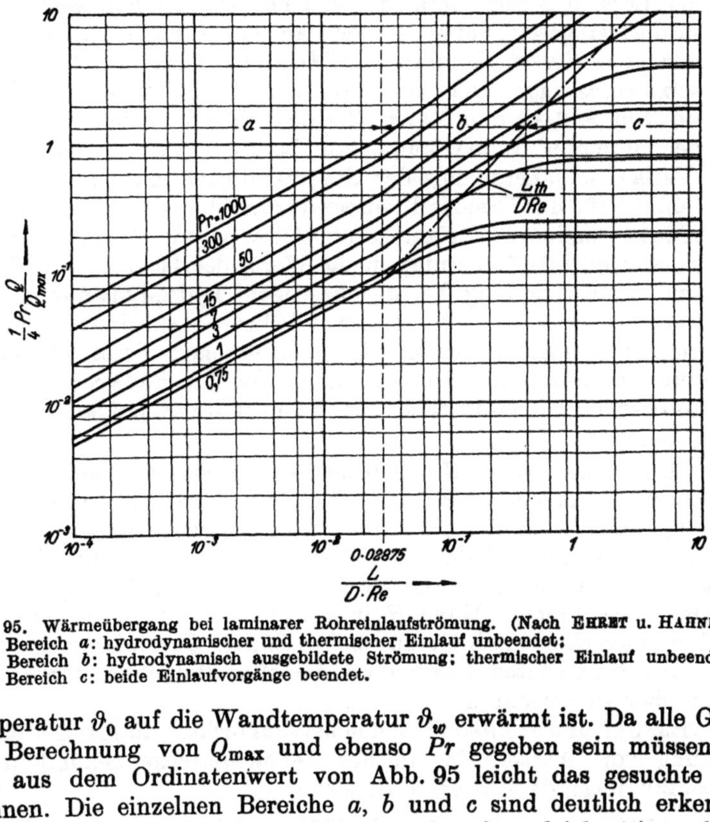

Abb. 95. Wärmeübergang bei laminarer Rohreinlaufströmung. (Nach EHRET u. HAHNEMANN.)
Bereich *a*: hydrodynamischer und thermischer Einlauf unbeendet;
Bereich *b*: hydrodynamisch ausgebildete Strömung; thermischer Einlauf unbeendet;
Bereich *c*: beide Einlaufvorgänge beendet.

temperatur ϑ_0 auf die Wandtemperatur ϑ_w erwärmt ist. Da alle Größen zur Berechnung von $Q_{\max}$ und ebenso Pr gegeben sein müssen, läßt sich aus dem Ordinatenwert von Abb. 95 leicht das gesuchte Q errechnen. Die einzelnen Bereiche *a*, *b* und *c* sind deutlich erkennbar.

Für den Bereich *a* von Abb. 95, also für gleichzeitigen hydrodynamischen und thermischen Einlauf, leitet ELSER[1] eine vereinfachte Beziehung ab, indem er für beide Grenzschichten linearen Geschwindigkeits- bzw. Temperaturanstieg annimmt. Für die örtliche Nu-Zahl erhält er

$$Nu = \frac{\alpha D}{\lambda} = 0{,}289\,Re^{0{,}5}\,Pr^{1/3}\,(D/L)^{0{,}5}, \tag{116a}$$

[1] ELSER, K.: Der Wärmeübergang im Rohreinlauf. Allg. Wärmetechn. 3 (1952) 30/37.

woraus sich für die mittlere Nu-Zahl zwischen Einlauf und Rohrlänge L der Wert

$$Nu = \frac{\bar{\alpha} D}{\lambda} = 0{,}578\, Re^{0,5}\, Pr^{1/3}\, (D/L)^{0,5} \tag{116b}$$

ergibt. Dabei ist die Wärmeübergangszahl auf den Temperaturunterschied zwischen Wand (ϑ_w) und Kernströmung (ϑ_0) bezogen, wie auch bei EHRET und HAHNEMANN. In die Re-Zahl ist die über den Querschnitt gemittelte Geschwindigkeit eingesetzt. Gl. (116b) kann in der Form[1]

$$\frac{Pr}{4} \frac{Q}{Q_{max}} \equiv Nu \frac{L}{D\, Re} = 0{,}578 \left(\frac{L}{D\, Re}\right)^{0,5} Pr^{1/3}$$

mit dem Bereich a von Abb. 95 verglichen werden und schließt sich gut den dort eingezeichneten Geraden an. Gl. (116a) wird auch durch Messungen von KAYE, KEENAN und MC ADAMS[2] gut bestätigt.

Zusammenfassung: Die aus zahlreichen Meßwerten gewonnene Gl. (109) von SIEDER und TATE gibt augenblicklich den Wärmeübergang bei laminarer Rohrströmung am besten wieder. Sie stimmt mit ihrem Verlauf annähernd mit der Graetz-Nußeltschen Theorie überein (Abb. 94), die für den Grenzfall temperaturunabhängiger Stoffwerte und ausgebildeter laminarer Strömung abgeleitet wurde. Die Gl. (112) von HAUSEN ist eine gute Näherung an die Werte der Theorie. Der Wärmeübergang am Rohranfang bei gleichzeitigem hydrodynamischem und thermischem Einlauf ist durch EHRET und HAHNEMANN sowie von ELSER theoretisch behandelt (Abb. 95). Alle Gleichungen dieses Abschnittes gelten nur für reine laminare Strömung, also für $Re = wD/\nu < 2300$. Die Stoffwerte sind einheitlich auf die mittlere Flüssigkeitstemperatur ϑ_{fl} bezogen.

b) Einfluß der freien Konvektion auf die erzwungene Strömung. Bei den verhältnismäßig geringen Geschwindigkeiten der laminaren Strömung kann auch der natürliche Auftrieb und das dadurch verursachte Geschwindigkeitsfeld den Wärmeübergang beeinflussen. Dann tritt als neue Veränderliche die Grashof-Zahl $Gr = gH^3 \beta (\vartheta_w - \vartheta_{fl})/\nu^2$ auf. Da die senkrechte Höhe H in der dritten Potenz eingeht, wird Gr bei waagerechten Rohren nur bei größeren Durchmessern Einfluß haben. Bei senkrechten Rohren ist die Mitwirkung der freien Konvektion eher zu vermuten.

WATZINGER und JOHNSON[3] fanden bei senkrechter, abwärtsgerichteter Strömung von Wasser, das in der Versuchsstrecke gekühlt wurde, ($L/D = 20$) folgende einzelnen Bereiche:

für $Re < 1600$: $$Nu_w = 0{,}525\, (Gr\, Pr)_w^{1/4}. \tag{117}$$

[1] Bei einem Vergleich von Gl. (116b) mit der Pohlhausen-Gleichung (95) (S. 194) ist zu beachten, daß in Gl. (95) die Re-Zahl auf die konstante Geschwindigkeit der ungestörten Strömung W bezogen ist.

[2] KAYE, J., J. H. KEENAN u. W. H. MC ADAMS: Report of progress on measurements of friction coefficients, recovery factors and heat transfer coefficients for supersonic flow of air in a pipe. Trans. Amer. Soc. mech. Engrs. 73 (1951) 267/279.

[3] WATZINGER, A., u. D. G. JOHNSON: Wärmeübertragung von Wasser an Rohrwand bei senkrechter Strömung im Übergangsgebiet zwischen laminarer und turbulenter Strömung. Forsch. Ing.-Wes. 10 (1939) 182/196.

Hier herrscht die freie Konvektion vor (vgl. S. 262). Der Index w bedeutet, daß die Stoffwerte auf die Wandtemperatur ϑ_w bezogen sind:

für $1600 < Re < 4600$: $Nu_* = 0{,}255\, Gr_*^{0,25}\, Re_*^{0,07}\, Pr_*^{0,37}$. (118)

Dabei sind die Kennzahlen bei folgender Temperatur gebildet

$$\vartheta_* = \vartheta_{fl} - \frac{0{,}1\,Pr + 40}{Pr + 72}(\vartheta_{fl} - \vartheta_w), \text{ (vgl. S. 230)}$$

wofür hier auch gesetzt werden kann $\vartheta_* = \vartheta_{fl} - 0{,}54\,(\vartheta_{fl} - \vartheta_w)$.

Für $Re > 4600$ gelten die gewöhnlichen Gleichungen der turbulenten Wärmeübertragung ohne Einfluß der freien Konvektion.

Einem Vorschlag von Colburn[1] folgen auch Sieder und Tate[2]. Danach ist die rechte Seite von Gl. (111) zu multiplizieren mit

$$0{,}8\,(1 + 0{,}015\,Gr^{1/3}), \qquad (119)$$

sobald $Gr > 25000$ wird. Die Stoffwerte sind hierzu wie in Gl. (111) bei der Temperatur ϑ_{fl} einzusetzen. Dieser Ansatz ist insoweit unbefriedigend, als die Korrektur für die freie Konvektion in keinem Zusammenhang zur Strömungsgeschwindigkeit w, d. h. zur Reynolds-Zahl steht. Daher gibt der Vorschlag von Kern und Othmer[3] ein richtigeres Bild, wonach Gl. (119) zu ersetzen ist durch

$$\frac{2{,}25\,(1 + 0{,}010\,Gr^{1/3})}{\log Re}, \qquad (120)$$

wobei auch hier $\vartheta_{fl} = (\vartheta_1 + \vartheta_2)/2$ die Stofftemperatur ist. Gl. (120) ist für waagerechte Rohre bei großen Differenzen $(\vartheta_w - \vartheta_{fl})$ gewonnen.

Unsere Ähnlichkeitsbetrachtungen ergaben für den allgemeinen Fall (S. 165) die Funktion

$$Nu = f(Re,\ Gr,\ Pr,\ L/d).$$

Aus Gl. (45) kann man die Quotienten

$$Gr/Re \quad \text{und} \quad Gr/Re^2 \qquad (121\text{a u. b})$$

bilden. Eine Funktion zwischen diesen Größen ist als maßgebender Parameter für den Einfluß der freien Konvektion zu erwarten.

Neuere Versuche an einem 1,5 langen senkrechten Rohr von 30 mm Innendurchmesser, in dem die Flüssigkeit erwärmt wurde, veröffentlichte Kirschbaum[4]. Die an Wasser gewonnenen Ergebnisse sind in Abb. 96 wiedergegeben. Die gemessenen Kurven für aufwärts- und abwärtsgerichtete Strömung sind durch die Gleichung

$$Nu = 0{,}032\left[Re + f\left(\frac{Gr}{Re}\right)\right]^{0,8} Pr^{0,37}(L/D)^{-0,054} \qquad (122)$$

dargestellt, die durch Erweiterung aus den für ausgebildete turbulente

---

[1] Colburn, A. P.: Trans. Amer. Inst. Chem. Engrs. 29 (1933) 174.

[2] Vgl. Fußnote 4 S. 206.

[3] Kern, D. Q., u. D. F. Othmer: Trans. Amer. Inst. Chem. Engrs. 39 (1943) 517/535.

[4] Kirschbaum, E.: Neues zum Wärmeübergang mit und ohne Änderung des Aggregatzustandes. Chemie-Ing.-Technik 24 (1952) 393/400.

Strömung bekannten Gleichungen entstanden ist. Die Funktion $f\left(\frac{Gr}{Re}\right)$ ist für die Verhältnisse des Versuches aus Abb. 96 zu entnehmen ($w = 2{,}0$ bis 0,01 m/sek).

c) Längsangeströmte Platte. Die theoretische Lösung von E. POHLHAUSEN (S. 194) wurde neuerdings durch JAKOB und DOW[1] bestätigt. Sie maßen den Wärmeübergang eines längsangeströmten Rohres von 33 mm Durchmesser in einem Luftstrom von 3 bis 45 m/sek Geschwindigkeit und erhielten die Gleichung

$$Nu_x = \alpha_m\, x/\lambda = 0{,}590\, Re_x^{0,5}, \qquad (123)$$

die mit $Pr = 0{,}71$ in $Nu_x = 0{,}663\, Pr^{1/3}\, Re_x^{0,5}$ übergeht, während die

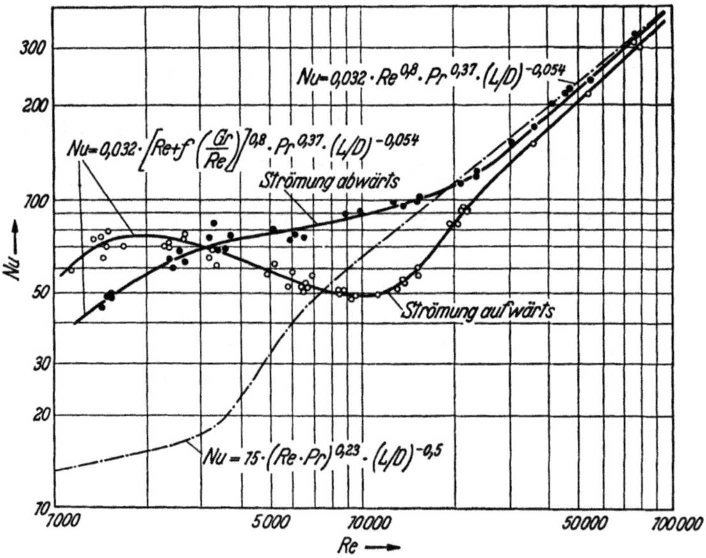

Abb. 96. Gemessene Wärmeübergangszahlen an Wasser in einem senkrechten Rohr. (Nach KIRSCHBAUM.) Einfluß der freien Konvektion auf die erzwungene Strömung.

Konstante in der theoretischen Lösung 0,664 heißt. Diese hervorragende Übereinstimmung wurde vor allem dadurch erreicht, daß der Meßkörper ein abgerundetes unbeheiztes Kopfstück trug, dessen Länge 0,1 bis 0,6 der Gesamtlänge ausmachte. So konnten Einlaufstörungen von der Vorderkante her vermieden werden. Die Krümmung der Oberfläche quer zur Strömung hatte offenbar keinen Einfluß, da der Krümmungsradius groß gegen die Grenzschichtdicke war. In den Kennzahlen der Gl. (123) ist ν bei ϑ_∞ und λ bei $\vartheta = (\vartheta_\infty + \vartheta_w)/2$ eingesetzt. Die Strecke x wurde einschließlich des unbeheizten Kopfstücks gerechnet.

Auch andere Verfasser bestätigten für Luft die theoretische Glei-

[1] JAKOB, M., u. W. M. DOW: Trans. Amer. Soc. mech. Engrs. 68 (1946) 123, zitiert nach M. JAKOB: Some investigations in the field of heat transfer. Proc. phys. Soc. 49 (1947) 726/755.

chung, so ELIAS[1], FAGE und FALKNER[2]. Höhere Nu-Zahlen wurden da erhalten, wo durch scharfe Vorderkanten Störungen entstehen, die die Ausbildung der laminaren Grenzschicht beeinflussen. Für Flüssigkeiten in laminarer Strömung sind keine Messungen bekanntgeworden.

Wird beim längsangeströmten Zylinder die Grenzschichtdicke groß im Verhältnis zum Radius (dünne Drähte), so tritt als neue Kennzahl der Wert $\xi = 4\,x/(r\sqrt{Re_x})$ auf. Nach SEBAN und BOND[3] wird dann für Luft

$$Nu_{zyl}/Nu_{Platte} = 1 + 0{,}575\,\xi\,.$$

Darin ist x die Entfernung von der Anströmkante, r der Zylinderradius, $Re_x = W\,x/\nu$, $Nu = \alpha\,x/\lambda$.

D. Wärmeübergang bei erzwungener turbulenter Strömung.

Auch im Beharrungszustand ist bei turbulenter Strömung die Geschwindigkeit in einem festen Punkte nicht konstant, sondern schwankt um einen zeitlichen Mittelwert. Dadurch werden ungeordnete Mischbewegungen erzeugt, die auch quer zur Hauptströmungsrichtung wirken und einen molaren Impulsaustausch zwischen Schichten verschiedener Geschwindigkeit verursachen. Dieser Impulsaustausch wirkt so, als ob die Flüssigkeit eine gegenüber der molekularen Zähigkeit um einige Zehnerpotenzen erhöhte scheinbare Zähigkeit besäße, die auch den turbulenten Strömungswiderstand gegenüber dem der laminaren Strömung beträchtlich vergrößert.

Die turbulente Mischbewegung erfaßt aber nicht nur den Impuls, sondern auch jede andere Eigenschaft der Flüssigkeit, die an sie materiell gebunden ist, so die Enthalpie, die Konzentration von Beimischungen oder gelösten Teilchen usw. Der Austausch von Wärme, Konzentration usw. ist daher mit den Gesetzen des turbulenten Impulsaustausches und damit des Strömungswiderstandes eng verbunden. Diese Analogie zwischen den einzelnen Austauschvorgängen ist gleichzeitig der einzige Ansatz, der zur theoretischen Behandlung auch der Wärmeübertragung in turbulenter Strömung zur Verfügung steht.

1. Die Analogie zwischen Impuls- und Wärmeaustausch nach REYNOLDS.

Die Wirkung der turbulenten Austauschbewegung kann formal in der Weise wiedergegeben werden, daß zu den molekularen Stoffwerten der Zähigkeit η und Wärmeleitzahl λ entsprechende turbulente Aus-

---

[1] ELIAS, F.: Die Wärmeübertragung einer geheizten Platte an strömende Luft. Z. angew. Math. Mech. 9 (1929) 434/453 und 10 (1930) 1/4.

[2] FAGE, A., u. V. M. FALKNER: On the relation between heat transfer and surface friction for laminar flow. Brit. Adv. Comm. Aeron., Rep. and Mem. Nr. 1408 (1931).

[3] SEBAN, R. A., u. R. BOND: Skin-friction and heat-transfer characteristics of a laminar boundary layer on a cylinder in axial incompressible flow. J. Aeronaut. Sci. 18 (1951) 671/675.

tauschgrößen hinzugefügt werden, so daß folgende Ansätze entstehen:

für die Schubspannung: $$\tau = (\eta + A_\tau)\frac{dw}{dy},\qquad(124)$$

für die Wärmestromdichte: $$q = c_p\left(\frac{\lambda}{c_p} + A_q\right)\frac{d\vartheta}{dy}.\qquad(125)$$

Darin bedeuten A_τ den Austauschfaktor für den Impuls und $c_p A_q$ den Betrag des turbulenten Wärmeaustauschs. Die Gln. (124) und (125) bestehen also je aus der Summe der molekularen und der turbulenten Austauschbeträge. Durch Division von Gl. (125) durch Gl. (124) entsteht

$$\frac{q}{\tau} = \frac{\lambda/c_p + A_q}{\eta + A_\tau} c_p \frac{d\vartheta}{dw}.\qquad(126)$$

In Gl. (126) setzen wir $\eta = \lambda/c_p$, also $Pr = \eta\, c_p/\lambda = 1$, ferner $A_q = A_\tau$. Betrachten wir eine Ebene, die parallel zur wärmeaustauschenden Wand verläuft und in der die Geschwindigkeit w und die Übertemperatur ϑ herrschen, so wird aus $q_w/\tau_w = c_p\,\vartheta/w$:

$$\frac{q_w}{\varrho\, w\, c_p\, \vartheta} \equiv \frac{\alpha}{\varrho\, w\, c_p} \equiv St \equiv \frac{Nu}{Re\, Pr} = \frac{\tau_w}{\varrho\, w^2}.\qquad(127)$$

Darin bedeuten q_w die Wärmestromdichte und τ_w die Schubspannung an der Wand, ferner q_w/ϑ die Wärmeübergangszahl α. Wir nahmen weiterhin an, daß $q/\tau = \text{const} = q_w/\tau_w$ im betrachteten Bereich ist. Die Bezugsebene konnte dabei beliebig gelegt werden, z. B. so, daß ϑ und w Werte außerhalb der Grenzschicht einer Plattenströmung darstellen. Nach den gemachten Voraussetzungen könnten ϑ und w jedoch auch in gleicher Weise gebildete Mittelwerte bedeuten, da auch $d\vartheta/dw = \text{const}$ war [Gl. (126)]. Führen wir in Gl. (127) statt der Wandschubspannung τ_w eine Widerstandszahl ζ ein, die durch

$$\zeta = 8\,\tau_w/\varrho\, w^2$$

definiert ist[1], so ergibt sich

$$St \equiv \frac{Nu}{Re\, Pr} = \frac{\zeta}{8}.\qquad(128)$$

Gl. (128) stellt in der heutigen Schreibweise die Analogie zwischen Wärmeübertragung und Reibungswiderstand dar, wie sie erstmalig von Reynolds[2] angegeben wurde. Sie gilt also nur für $Pr = 1$, ferner für gleiche Austauschgrößen A_τ und A_q und für ein konstantes Verhältnis q/τ. Gl. (128) entspricht der Gl. (95a) von S. 196, die wir dort für die längsangeströmte Platte bei laminarer Grenzschicht ableiteten, und sagt aus, daß unter den gemachten Voraussetzungen die beiden Felder der Geschwindigkeit und der Temperatur miteinander übereinstimmen,

[1] Im amerikanischen Schrifttum wird meist statt ζ ein friction (Fanning) factor c_f benutzt, der durch $c_f = 2\,\tau_w/\varrho w^2 = \zeta/4$ definiert ist.

[2] Reynolds, O.: On the extent and action of the heating surface of steam boilers. Proc. Lit. Philos. Soc. Manchester 14 (1874/75); auch Scient. Pap. Osborne Reynolds Bd. 1 S. 81/85, Cambridge 1900. Übersetzung in Arch. ges. Wärmetechn. 1 (1950) 120/122.

so daß aus der bekannten Wandreibung auch die übergehende Wärme bestimmt werden kann[1].

Aus Gl. (127) ist eine Beziehung zwischen Reibungswiderstand und Wärmeaustausch abzulesen, die NUSSELT[2] aus Messungen an einer turbulenten Rohrströmung vermutet hatte: wenn die Wandschubspannung τ_w proportional w^n ist, so wird die Wärmeübergangszahl $\alpha \sim w^{n-1}$. NUSSELT hatte für Luft ($Pr \approx 1$) $n = 1{,}776$ gemessen und erhielt statt $(n - 1)$ den Wert 0,786. Gl. (127) ist also für Gase recht gut erfüllt.

2. Der Wärmequellenansatz von PRANDTL.

Die einfache Gl. (128) mußte für $Pr \neq 1$ versagen, wie folgende Überlegung zeigt: In genügendem Abstand von der Wand überwiegen die turbulenten Austauschgrößen A_τ und A_q so stark gegenüber den molekularen Werten η und λ, daß dort auch für $Pr \neq 1$ die Proportionalität zwischen ϑ und w erhalten bleibt, solange nur $A_\tau/A_q \approx$ const ist, was zunächst vorausgesetzt sein soll. Dagegen muß es wandnahe Schichten geben, in denen der turbulente Austausch abklingt und der molekulare Transport überwiegt. Dann aber bleibt die Ähnlichkeit der beiden Felder nur noch für $Pr = 1$ erhalten, wie wir es bereits für die laminare Grenzschicht erkannten (S. 195). Für die Berechnung des Wärmeaustausches sind aber gerade die Vorgänge in diesen wandnahen Schichten wesentlich. Um nun auch für $Pr \neq 1$ eine Proportionalität von Geschwindigkeit und Temperatur in der Kernströmung und in den wandnahen Schichten gleichzeitig zu erzielen, zerlegt PRANDTL[3] die turbulente Strömung in 2 Zonen: in der turbulenten Kernströmung überwiegt der turbulente Austausch, so daß dort Zähigkeit und Wärmeleitung völlig zurücktreten; in einer Randzone sind A_τ und A_q gleich Null, so daß dort Wärme nur durch Leitung und Impuls nur durch Zähigkeitswirkung übertragen werden kann.

PRANDTL ging dabei nicht von den Ansätzen nach Gl. (124) und (125) aus, sondern von den Differentialgleichungen der Strömung Gl. (10d) und der Energiebewegung Gl. (17)

$$\varrho \frac{D\mathfrak{w}}{dt} = -\operatorname{grad} p + \eta \nabla^2 \mathfrak{w}, \tag{129}$$

$$\varrho c_p \frac{D\vartheta}{dt} = q + \lambda \nabla^2 \vartheta. \tag{130}$$

In die Energiegleichung (130) ist eine Wärmequelle q eingeführt, die dem Glied $(-\operatorname{grad} p)$ der Bewegungsgleichung entspricht. Das Druckgefälle, das für eine Rohrströmung erforderlich ist, ersetzt den an die Wand abgegebenen Impuls, so daß bei ausgebildeter Strömung das

[1] Durch eine derartige Betrachtung läßt sich auch die wirtschaftliche Auslegung eines Wärmeaustauschers für Gase behandeln. Vgl. z. B. E. SCHMIDT: The design of contra-flow heat exchangers. Proc. Instn. mech. Engrs. 159 (1948) 351/356.

[2] NUSSELT, W.: Der Wärmeübergang in Rohrleitungen. Mitt. Forsch.-Arb. Ing.-Wes. (VDI-Forsch.-Heft) Nr. 89, Berlin 1910, S. 1/38.

[3] PRANDTL, L.: Eine Beziehung zwischen Wärmeaustausch und Strömungswiderstand der Flüssigkeiten. Phys. Z. 11 (1910) 1072/1078.

Geschwindigkeitsfeld erhalten bleibt. Die Temperatur der Flüssigkeit dagegen würde sich immer mehr der Wandtemperatur nähern, wenn nicht durch Wärmezufuhr (bzw. -abfuhr) die mit der Wand ausgetauschte Wärme ersetzt würde. Die Ergiebigkeit von q ist also gerade so zu bemessen, daß die Temperaturfelder erhalten bleiben. Nur dadurch ist die verlangte Proportionalität zwischen ϑ und $\mathfrak{w}$ zu erzielen. In Gl. (127) und (128) wurde diese Analogie vorausgesetzt, so daß diese Gleichungen nur für die Plattenströmung ($\operatorname{grad} p = 0$) streng gelten können.

Da die Wärmequelle q in Wirklichkeit nicht vorhanden ist, verändert sich durch diese Annahme das wirkliche Temperaturfeld, da q wie $\operatorname{grad} p$ über den Querschnitt konstant sein muß. Da aber turbulente Temperaturprofile ohnehin ziemlich ausgeglichen sind, ist nur eine geringe Abweichung zu erwarten, und zwar in Richtung zu hoher Wärmeübergangszahlen durch zu starke Heizung der Randschichten.

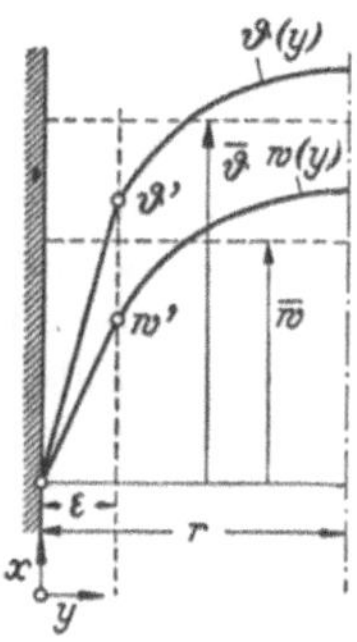

Abb. 97. Zur Ableitung der Prandtlschen Gleichung für den Wärmeübergang bei turbulenter Rohrströmung.

Innerhalb der laminaren Randschicht von der Dicke ε (Abb. 97) sollen ϑ und w linear auf ϑ' und w' ansteigen. Aus dem Gleichgewicht der Kräfte erhält man daraus für ε:

$$-\frac{dp}{dx}\pi r^2 = 2\pi r \eta \frac{w'}{\varepsilon}$$

und

$$\varepsilon = -\frac{2\eta w'}{r\, dp/dx}, \tag{131}$$

wenn $(r - \varepsilon) = r$ gesetzt wird, da $\varepsilon \ll r$ ist. Durch die laminare Randschicht fließt je Längeneinheit des Rohres die Wärmemenge

$$Q = \frac{\lambda \vartheta' 2\pi r}{\varepsilon} = -\pi r^2 \frac{\lambda \vartheta'}{\eta w'} \frac{dp}{dx}. \tag{132}$$

In der turbulenten Kernströmung gelten nach Voraussetzung die Differentialgleichungen (129) und (130), jedoch ohne die Glieder der Zähigkeit und Wärmeleitung. Man kann daher ohne Rücksicht auf die speziellen Werte von η und λ (und damit der Prandtl-Zahl) die Proportionalität

$$\vartheta - \vartheta' = k(w - w')$$

ansetzen, wobei

$$k = \frac{\bar{\vartheta} - \vartheta'}{\bar{w} - w'}$$

zu setzen ist, wenn $\bar{\vartheta}$ und $\bar{w}$ zwei in gleicher Weise gebildete Mittelwerte bedeuten, auf welche später die Wärmeübergangszahl und der Strömungswiderstand bezogen werden sollen (da nur eine Komponente von $\mathfrak{w}$ in Betracht kommt, schreiben wir dafür w). Für die Wärmequelle q (etwa mit der Dimension $\mathrm{kcal/m^3h}$) erhält man damit

$$q = -k c_p \frac{dp}{dx}. \tag{132a}$$

Setzt man die Konstante k ein und bezieht die Ergiebigkeit der Wärmequelle auf die Längeneinheit des Rohres, so ergibt sich

$$Q = q \pi r^2 = -c_p \pi r^2 \frac{(\bar{\vartheta} - \vartheta')}{(\bar{w} - w')} \frac{dp}{dx}. \tag{133}$$

Diese Wärmemenge muß durch die laminare Randschicht abgeführt werden, so daß Gl. (132) und (133) einander gleichzusetzen sind. Dadurch entsteht eine Beziehung für die noch unbekannte Größe ϑ':

$$\vartheta' = \bar{\vartheta} \frac{Pr}{Pr - 1 + \bar{w}/w'} \tag{133a}$$

mit $Pr = \eta\, c_p/\lambda$. Dieser Ausdruck wird in Gl. (132) eingesetzt, wobei außerdem eine Wärmeübergangszahl $\alpha = Q/\bar{\vartheta}\, 2\pi r$ gebildet wird. Statt des Druckabfalls wird eine Widerstandszahl ζ eingeführt, die durch $-dp/dx = \zeta/2\,r \cdot \varrho\, \bar{w}^2/2$ definiert ist[1]. Bildet man weiter $Nu = \alpha\, 2\, r/\lambda$, $Re = \bar{w}\, 2\, r\, \varrho/\eta$ und $\varphi' = w'/\bar{w}$, so erhält man schließlich

$$St \equiv \frac{\alpha}{\varrho\, \bar{w}\, c_p} \equiv \frac{Nu}{Re\, Pr} = \frac{\zeta/8}{1 + (Pr - 1)\, \varphi'} \quad \text{(Prandtlsche Gleichung)}. \tag{134}$$

Für $Pr = 1$ geht Gl. (134) in Gl. (128) über. Für die Widerstandszahl ζ kann in beide Gleichungen ein gut bestätigtes, von BLASIUS[2] gefundenes Gesetz für die turbulente Strömung in glatten Rohren eingesetzt werden:

$$\zeta = 0{,}3164\, Re^{-1/4} \tag{135}$$

mit $Re = \bar{w}\, 2\, r/\nu$. Gl. (135) gilt von $Re = 2300$ bis 80000 und umfaßt damit den wesentlichen Teil des technisch wichtigen Bereichs. Der Zähler von Gl. (134) lautet damit

$$\zeta/8 = 0{,}03955\, Re^{-1/4} \approx 0{,}04\, Re^{-1/4}.$$

Es sei bemerkt, daß die Analogie zwischen Widerstand und Wärmeaustausch nur für den reinen Reibungswiderstand gilt. Bei großen Rauhigkeiten, bei deren Umströmung auch ein nennenswerter Anteil an Formwiderstand entsteht, müssen auf der einfachen Analogie aufgebaute Gleichungen versagen[3].

In Gl. (134) bleibt noch der Faktor $\varphi' = w'/\bar{w}$ offen. Die Geschwindigkeit an der Grenze der laminaren Randschicht w' könnte dabei aus einer bekannten Geschwindigkeitsverteilung bei turbulenter Strömung errechnet werden, etwa aus dem 1/7-Potenzgesetz

$$w/w_{\max} = (y/r)^{1/7},$$

das aus dem Blasiusschen Widerstandsgesetz folgt (y = Wandabstand,

---

[1] Zwischen Druckabfall, Wandschubspannung τ_w und Widerstandszahl ζ im Rohr besteht die Beziehung:

$$-\frac{dp}{dx} = \frac{2\,\tau_w}{r} = \frac{\zeta}{2\,r} \frac{\varrho\, \bar{w}^2}{2}.$$

[2] BLASIUS, H.: Das Ähnlichkeitsgesetz bei Reibungsvorgängen in Flüssigkeiten. VDI-Forsch.-Heft Nr. 131 S. 1/39. Berlin 1913.

[3] Vgl. W. POHL: Einfluß der Wandrauhigkeit auf den Wärmeübergang an Wasser. Forsch. Ing.-Wes. 4 (1933) 230/237 und die Diskussionsbemerkung dazu von L. PRANDTL: Forsch. Ing.-Wes. 5 (1934) 5.

w_{max} = Geschwindigkeit in der Rohrachse). Damit wurde von PRANDTL[1] $\varphi' = w'/\overline{w} = 1{,}74\, Re^{-1/8}$ angegeben, so daß Gl. (134) nunmehr lautet:

$$St \equiv \frac{\alpha}{\varrho \overline{w} c_p} \equiv \frac{Nu}{Re\, Pr} = \frac{0{,}04}{Re^{1/4} + (Pr - 1)\, 1{,}74\, Re^{1/8}}. \qquad (136)$$

Die Prandtlschen Gleichungen wurden von TAYLOR[2] ein zweites Mal entdeckt. Ihre Bedeutung für die weitere Entwicklung der Lehre von der Wärmeübertragung war beträchtlich. In der Folgezeit erschien eine große Zahl von Arbeiten, die sich mit der Verbesserung der Gln. (134) und (136) befaßten, nachdem sich herausgestellt hatte, daß diese für höhere Pr-Zahlen zu wenig genau waren. Die Verbesserungen bezogen sich vor allem auf die Funktion $\varphi' = w'/\overline{w}$, während die Form von Gl. (134) meist beibehalten wurde. Dabei wurde statt $\varphi' = \varphi'(Re)$ auch $\varphi' = \varphi'(Re, Pr)$ gesetzt[3]. Die benutzten Funktionen sind teilweise sehr verwickelt und sind entweder halbempirisch durch Vergleich mit Versuchsergebnissen oder auch theoretisch durch verfeinerte Betrachtungen des Übergangs zwischen der turbulenten Kernströmung und der laminaren Randschicht entstanden. Ohne Anspruch auf Vollständigkeit seien von Arbeiten der genannten Art folgende zitiert: SCHILLER und BURBACH[4], TEN BOSCH[5], KUPRIANOFF[6], BÜHNE[7], HOFMANN[8], v. KÁRMÁN[9], MATTIOLI[10], RIBAUD[11]. Zusammenfassende Betrachtungen darüber stammen u. a. von ECKERT[12] und KOCH[13].

---

[1] PRANDTL, L.: Bemerkung über den Wärmeübergang im Rohr. Phys. Z. 29 (1928) 487/489.

[2] TAYLOR, G. J.: Conditions at the surface of a hot body exposed to the wind Techn. Rep. Adv. Comm. Aer., Bd. II, Rep. Mem. Nr. 272, Mai 1916, S. 423/429. London 1916/17.

[3] Auf Grund theoretischer Betrachtungen kommt auch H. HAUSEN zu einer solchen Funktion [Angew. Chem. (B) 20 (1948) 177/182].

[4] SCHILLER, L., u. TH. BURBACH: Wärmeübergang strömender Flüssigkeit in Rohren. Phys. Z. 29 (1928) 340/342; ferner Phys. Z. 30 (1929) 471/472.

[5] BOSCH, M. TEN: Die Prandtlsche Gleichung für den Wärmeübergang. Z. techn. Phys. 16 (1935) 105/107 und: Die Wärmeübertragung, 3. Aufl. Berlin 1936.

[6] KUPRIANOFF, J.: Eine neue Form der Prandtlschen Gleichung für den Wärmeübergang. Z. techn. Phys. 16 (1935) 13/15.

[7] BÜHNE, W.: Die Wärmeübertragung in zähen Flüssigkeiten bei turbulenter Strömung. Jb. dtsch. Luftf.-Forschg. 1937, Teil II, S. 57/66.

[8] HOFMANN, E.: Der Wärmeübergang bei der Strömung im Rohr. Z. ges. Kälteind. 44 (1937) 99/107 und Z. VDI 82 (1938) 741/742. — Über die Gesetzmäßigkeiten der Wärme- und der Stoffübertragung auf Grund des Strömungsvorganges im Rohr. Forsch. Ing.-Wes. 11 (1940) 159/169.

[9] KÁRMÁN, TH. v.: Analogy between fluid friction and heat transfer. Engineering 148 (1939) 210/213; auch Trans. Amer. Soc. mech. Engrs. 61 (1939) 705/710.

[10] MATTIOLI, G. D.: Theorie der Wärmeübertragung in glatten und rauhen Rohren. Forsch. Ing.-Wes. 11 (1940) 149/158.

[11] RIBAUD, G.: Nouvelle expression du coefficient de convection de la chaleur en régime d'écoulement turbulent. J. Phys. Radium 2 (1941) 12/25.

[12] ECKERT, E.: Wärmeübertragung bei turbulenter Strömung. Z. VDI 85 (1941) 581/583.

[13] KOCH, B.: Turbulenter Wärmeaustausch im Rohr. Arch. ges. Wärmetechn. 1 (1950) 2/8.

Die meisten Gleichungen der genannten Autoren lassen sich auf die Form $St/(\zeta/8) = f(Re, Pr)$ bringen. Der reziproke Wert davon, also

$$\frac{\zeta/8}{St} = f(Re,\ Pr), \tag{137}$$

ist für einige der zitierten Arbeiten in Zahlentafel 15 zusammengestellt und in Abb. 98 graphisch wiedergegeben, wobei $Re = 3 \cdot 10^4$ gesetzt wurde. Man erkennt, daß die Kurven *3*, *4* und *6* mindestens bis $Pr = 50$

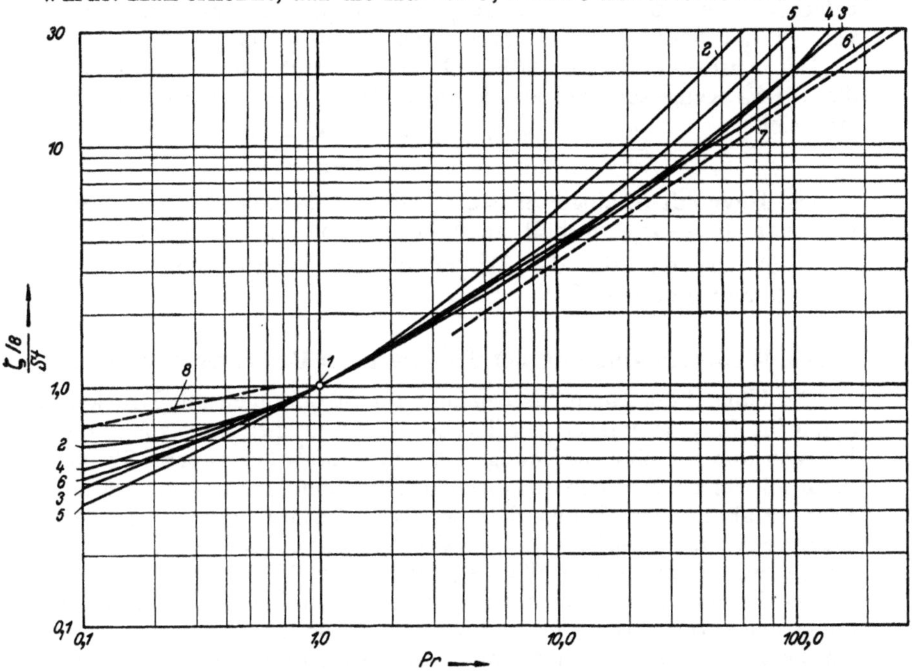

Abb. 98. Wärmeübergang bei turbulenter Rohrströmung nach verschiedenen Autoren. Dargestellt ist Gl. (137) für $Re = 3 \cdot 10^4$. Bedeutung der Zahlen in Zahlentafel 15.

Zahlentafel 15. *Gleichungen für den turbulenten Wärmeübergang im Rohr.*

Bez. in Abb. 98	Verfasser (s. Fußnoten)	$\frac{\zeta/8}{St} = f(Re, Pr)$
1	REYNOLDS (1874)	1 (nur für $Pr = 1$)
2	PRANDTL (1910, 1928)[1]	$1 + (Pr - 1)\ 1{,}74\ Re^{-1/8}$
3	TEN BOSCH (1935)	$1 + (Pr - 1)\ 1{,}26\ Re^{-0{,}1}\ Pr^{-0{,}185}$
4	HOFMANN (1937)	$1 + (Pr - 1)\ 1{,}5\ Re^{-1/8}\ Pr^{-1/6}$
5	v. KÁRMÁN (1939)	$1 + Re^{-1/8}\left\{(Pr - 1) + \ln\left[1 + \frac{5}{6}(Pr - 1)\right]\right\}$
6	RIBAUD (1941)	$1 + 0{,}75\ (Pr^{2/3} - 1)$
7	Richtung empirischer Funktionen von der Form $Nu \sim Pr^{1/3}$ [z. B. Gl. (173)].	
8	Richtung empirischer Funktionen von der Form $Nu \sim Pr^{0{,}8}$ [z. B. Gl. (151)].	

[1] PRANDTL bezeichnet den Faktor 1,74 selbst als unsicher und empfiehlt eine Ermittlung durch Wärmeübergangsmessungen.

sehr nahe zusammenliegen. Für höhere Pr-Zahlen ist bislang keine eindeutige Entscheidung möglich, da die starke Veränderlichkeit der Stoffwerte zu großen Streuungen der Versuchsergebnisse führt (vgl. S. 230). Für sehr kleine Pr-Werte sind die mitgeteilten Gleichungen nicht mehr gültig, da dort andere Voraussetzungen vorliegen (vgl. S. 228).

In Abb. 98 sind ferner 2 Gerade eingetragen, die die Neigungen empirischer Gleichungen wiedergeben, die in einem späteren Abschnitt behandelt werden. Man erkennt jedenfalls, daß für größere Bereiche von Pr die Neigung der Kurven stark veränderlich ist.

Der Ausdruck $St/(\zeta/8)$ läßt sich leicht durch Größen ausdrücken, die direkt gemessen werden können. Mit $\Delta p = \zeta\,(L/D)\,(\varrho\,\overline{w}^2/2)$ ergibt sich

$$\frac{St}{\zeta/8} = \frac{Nu/Re\,Pr}{\zeta/8} = \frac{(\vartheta_e - \vartheta_a)/(\vartheta_w - \overline{\vartheta})}{\Delta p/\varrho\,\overline{w}^2}. \tag{138}$$

Die Reynolds-Analogie $St = \zeta/8$ bedeutet danach: Die Temperaturänderung $(\vartheta_e - \vartheta_a)$ verhält sich zum treibenden Temperaturgefälle $(\vartheta_w - \overline{\vartheta})$ wie der für die Strömung aufgewandte Druckabfall Δp zum Gesamtimpuls $\varrho\,\overline{w}^2$.

3. Die Weiterentwicklung der Theorie nach Reynolds und Prandtl.

Die Mängel der Reynolds-Analogie für Strömungen mit Druckabfall (auch für $Pr = 1$) wurden von Taylor[1] auch quantitativ nachgewiesen. Ein von ihm für eine Strömung mit Druckabfall berechnetes Temperaturprofil weicht von dem gemessenen Geschwindigkeitsprofil um einige Prozent ab in dem Sinne, daß der Temperaturanstieg an der Wand geringer ist. Das Ergebnis stimmt also mit jenen Überlegungen überein, die zu dem Prandtlschen Wärmequellenansatz führten.

Die Prandtlschen Gleichungen hatten eine scharfe Trennung zwischen der turbulenten Kernströmung und der laminaren Randschicht zur Voraussetzung. Durch die zunehmende Erforschung der turbulenten Strömung kam man zu der Erkenntnis, daß es zwischen beiden eine Zwischenschicht gibt, in der molekularer und molarer Austausch von der gleichen Größenordnung sein müssen. Als erster leitete v. Kármán[2] auf dieser Grundlage eine Gleichung für den turbulenten Wärmeübergang ab, indem er Geschwindigkeitsmessungen von Nikuradse bis zur Wandnähe extrapolierte. Auch die bereits erwähnten Arbeiten von Mattioli (1940) und Hofmann (1940) beruhen auf der Annahme einer „halblaminaren" Schicht, wie sie auch von Boelter und Mitarbeitern[3] vorausgesetzt wurde. Am weitesten wurde die Theorie durch Reichardt[4]

---

[1] Taylor, G. J.: The application of Osborne Reynolds' theory of heat transfer to flow through a pipe. Proc. roy. Soc., Lond. (A) 129 (1930) 25/30.

[2] Kármán, Th. v.: Vgl. Fußnote 9 auf S. 220.

[3] Boelter, L. M. K., R. C. Martinelli u. F. Jonassen: Trans. Amer. Soc. mech. Engrs. 63 (1941) 447/455.

[4] Reichardt, H.: Die Wärmeübertragung in turbulenten Reibungsschichten. Z. angew. Math. Mech. 20 (1940) 297/328. — Der Einfluß der wandnahen Strömung auf den turbulenten Wärmeübergang. Mitt. Max-Planck-Inst. Strömungsforschung Nr. 3. Göttingen 1950. — Die Grundlagen des turbulenten Wärmeüberganges. Arch. ges. Wärmetechn. 2 (1951) 129/142.

vervollständigt, der insbesondere die über den heutigen Stand der Erkenntnis hinausgehenden hypothetischen Annahmen klar herausstellte. Die nachfolgenden Ausführungen schließen sich an die Überlegungen von REICHARDT an.

Trennt man in Gl. (124) und (125) die molekularen (Index m) und turbulenten (Index t) Anteile von Wärmestrom und Schubspannung, so kann man schreiben:

$$\tau_m = \eta \frac{dw}{dy}; \quad \tau_t = A_\tau \frac{dw}{dy}; \tag{139}$$

$$q_m = \lambda \frac{d\vartheta}{dy}; \quad q_t = c_p A_q \frac{d\vartheta}{dy}. \tag{140}$$

Aus den Gln. (139) und (140) erhält man

$$\frac{q_t}{q_m} = \frac{\eta\, c_p}{\lambda} \frac{A_q}{A_\tau} \frac{\tau_t}{\tau_m} = Pr \frac{A_q}{A_\tau} \frac{\tau_t}{\tau_m} = Pr^* \frac{\tau_t}{\tau_m}. \tag{141}$$

Darin ist $Pr^* = Pr\, A_q/A_\tau$ eine von REICHARDT eingeführte „allgemeine Prandtl-Zahl", die nur im Sonderfall $A_q = A_\tau$ mit der bisherigen Pr-Zahl $Pr = \eta\, c_p/\lambda$ übereinstimmt. Pr^* ist somit kein reiner Stoffwert wie Pr, sondern kann je nach Art der Strömung und innerhalb der Strömung auch örtlich verschieden sein. Die Einführung von Pr^* bedeutet, daß über das Verhältnis der Austauschgrößen A_q und A_τ zunächst keine Annahmen gemacht werden, daß also die Prandtlsche Voraussetzung $A_q = A_\tau$ fallengelassen wird.

An der Wand (Index w) muß der turbulente Austausch verschwinden, so daß dort

$$q_w = q_m = \lambda \left(\frac{d\vartheta}{dy}\right)_w \quad \text{und} \quad \tau_w = \tau_m = \eta \left(\frac{dw}{dy}\right)_w \tag{142}$$

ist. Aus diesen Gleichungen läßt sich eine Beziehung zwischen dem Temperaturfeld und dem Geschwindigkeitsfeld ableiten. Für beide Felder werden dimensionslose Koordinaten eingeführt mit

$$\Theta = (\vartheta - \vartheta_w)/(\vartheta_\infty - \vartheta_w) \quad \text{und} \quad \varphi = w/W.$$

Darin bedeuten ϑ_∞ und W im Rohr die Maximalwerte in der Rohrachse ($y = r$), an der ebenen Platte die Werte außerhalb der Grenzschicht. Für das Temperaturfeld allein erhält man aus Gln. (140) bis (142)

$$\frac{d\Theta}{d(y/r)} = \left(\frac{d\Theta}{d(y/r)}\right)_w \frac{q/q_w}{1 + Pr^* A_\tau/\eta} \tag{143}$$

und für das Geschwindigkeitsfeld

$$\frac{d\varphi}{d(y/r)} = \left(\frac{d\varphi}{d(y/r)}\right)_w \frac{\tau/\tau_w}{1 + A_\tau/\eta}. \tag{144}$$

Werden diese beiden Gleichungen zusammengesetzt, so ergibt sich die gesuchte Beziehung

$$\Theta = \left(\frac{d\Theta}{d\varphi}\right)_w \int\limits_0^\varphi \frac{(1 + A_\tau/\eta)\,\dfrac{q/q_w}{\tau/\tau_w}}{1 + Pr^* A_\tau/\eta}\, d\varphi. \tag{145}$$

Die Stoffwerte sind in Gl. (145) konstant angenommen worden. Nach

Integration von Gl. (145) läßt sich für ein vorgegebenes Geschwindigkeitsfeld $\varphi(y/r)$ auch der Wert $d\Theta/d(y/r)$ angeben, da in Gl. (145) für $\varphi = 1$ auch $\Theta = 1$ sein muß. Damit läßt sich eine Nußelt-Zahl

$$Nu = \frac{\alpha\, 2\, r}{\lambda} = \frac{2}{\overline{\Theta}} \left(\frac{d\Theta}{d(y/r)}\right)_w \tag{146}$$

berechnen, wobei $\overline{\Theta} = (\overline{\vartheta} - \vartheta_w)/(\vartheta_\infty - \vartheta_w)$ dazu dient, die Wärmeübergangszahl auf die mittlere Temperaturdifferenz zu beziehen.

Zur Integration von Gl. (145), die lediglich auf allgemeinen Definitionen der turbulenten Strömung beruht, sind einige spezielle Annahmen erforderlich, die auch für die Auswertung der späteren Gl. (149) gebraucht werden.

Die allgemeine Prandtl-Zahl $Pr^* = Pr\, A_q/A_\tau$. Die Voraussetzung der klassischen Theorie $A_q = A_\tau$ wurde erstmals durchbrochen, als FAGE und FALKNER[1] im Windschatten geheizter Zylinder $A_q > A_\tau$ feststellten. In Freistrahlen wurde später $A_q/A_\tau = 2$ gemessen. Die Versuche von ELIAS[2], die weitgehende Kongruenz zwischen den Feldern der Temperatur und der Geschwindigkeit in der turbulenten Grenzschicht einer mit Luft längsangeströmten Platte zeigten, wurden durch REICHARDT so gedeutet, daß für $Pr = 0{,}72$ das Verhältnis der Austauschgrößen $A_q/A_\tau = 1{,}4$ sein müßte, da nach Gl. (145) $(d\Theta/d\varphi)_w = 1$ nur mit $Pr^* = 1$ verträglich ist. Danach ist also in Reibungsschichten A_q/A_τ kleiner als im freien Strahl, was offenbar auf den Einfluß der Wand zurückzuführen ist. Eine plausible Annahme ist die, daß unmittelbar an der Wand $A_q/A_\tau = 1$ ist und mit zunehmendem Wandabstand auf 2 ansteigt. Ein zur Auswertung von Gl. (145) angenommener Mittelwert $(A_q/A_\tau)_m$ müßte also zwischen diesen beiden Werten liegen. Ein derartiger Mittelwert $(A_q/A_\tau)_m$ kann aber auch noch von der Prandtl-Zahl Pr selbst abhängen[3]. Wie Abb. 99 zeigt, liegt bei großen Pr-Zahlen der stärkste Temperaturgradient in Wandnähe, wo (A_q/A_τ) sich dem Wert 1 nähert. Man erhält also den Grenzwert

$$(A_q/A_\tau)_m \rightarrow 1 \quad \text{für} \quad Pr \rightarrow \infty .$$

Von diesem Grenzwert wird der Mittelwert um so stärker abweichen, je kleiner die Pr-Zahl ist, ohne jedoch für $Pr \rightarrow 0$ den Höchstwert 2 des Freistrahls zu erreichen. Da genauere Bestimmungen noch nicht vorliegen, wird vorläufig $(A_q/A_\tau) \approx 1{,}3$ gesetzt.

Das Verhältnis der Reibungskoeffizienten A_τ/η. In der klassischen Theorie war vorausgesetzt, daß in der laminaren Randschicht der turbulente Austausch $A_\tau = 0$ ist, in der Kernströmung $\eta = 0$. Dagegen

---

[1] FAGE, A., u. V. M. FALKNER: The transport of vorticity and heat through fluids in turbulent motion. Proc. roy Soc. (A) 135 (1932) 685/705.

[2] ELIAS, F.: Z. angew. Math. Mech. 9 (1929) 434/453 u. 10 (1930) 1/14; vgl. Fußnote 1 S. 215. Die Messungen von ELIAS umfassen das laminare und turbulente Gebiet.

[3] Vgl. hierzu auch die Arbeit von R. JENKINS: Variation of the eddy conductivity with Prandtl modulus and its use in prediction of turbulent heat transfer coefficients. Heat Transfer Fluid Mech. Inst., Stanford Univ., Calif. (1951) S. 147 bis 158.

folgt aus Gl. (141), daß bei hohen Pr^*-Zahlen auch noch für kleine Werte $\tau_t/\tau_m = A_\tau/\eta$ ein erheblicher turbulenter Wärmetransport möglich ist. Nach Abb. 99 ist das dadurch zu erklären, daß im Gebiet starker Temperaturgradienten in Wandnähe (große Pr^*-Zahlen) auch schon geringe Schwankungsbewegungen große Wärmemengen austauschen können. Die Ergebnisse einer Theorie werden also sehr stark von der Festlegung von A_τ/η als Funktion des Wandabstandes abhängen. Diese Festlegung wird dadurch erschwert, daß geringe Änderungen der Funktion A_τ/η zwar großen Einfluß auf den Wärmeaustausch, aber geringen Einfluß auf das allein meßbare Geschwindigkeitsfeld haben. REICHARDT verwendet für A_τ/η Näherungsansätze, durch die der turbulente Austausch A_τ vom „vollturbulenten" Gebiet kontinuierlich auf den Wert Null in Wandnähe abklingt. Seine Werte sind in Zahlentafel 16 als Funktion des dimensionslosen Wandabstandes $y^* = y\,w^*/\nu$ wiedergegeben[1]. Für $y^* < 6$ gilt $(A_\tau/\eta) = 2{,}7 \cdot 10^{-5}\,(y^*)^5$. An Stelle der Zweiteilung der turbulenten Strömung nach PRANDTL oder der Dreiteilung nach v. KÁRMÁN gibt es nach REICHARDT keine feste Einteilung mehr. Man kann höchstens eine „überwiegend zähe Schicht" definieren, in der $A_\tau/\eta < 1$ ist, was nach Zahlentafel 16 etwa für $y^* = 11$ eintritt.

Zahlentafel 16. *Verhältnis des turbulenten Reibungskoeffizienten A_τ zur Zähigkeit η als Funktion des dimensionslosen Wandabstandes $y^* = y\,w^*/\nu$* (nach REICHARDT).

y^*	A_τ/η
0,2	$9 \cdot 10^{-8}$
0,4	$3 \cdot 10^{-7}$
0,6	$2{,}1 \cdot 10^{-6}$
0,8	$8{,}8 \cdot 10^{-6}$
1	$2{,}7 \cdot 10^{-5}$
2	$8{,}6 \cdot 10^{-4}$
3	$6{,}5 \cdot 10^{-3}$
4,5	$4{,}9 \cdot 10^{-2}$
6	0,193
9	0,630
11	1,05
12	1,30
15	2,14
18	3,12
21	4,19
24	5,31
36	10,0
48	14,8
67	22,8
100	35,6

Das Verhältnis von Wärmestrom zu Impulsstrom $\frac{(q/q_w)}{(\tau/\tau_w)}$. Die allgemeine Gl. (145) für $\Theta(\varphi)$ braucht zu ihrer Auswertung noch einen Ansatz für diesen Quotienten. Die Schubspannung allein verläuft in der ausgebildeten Rohrströmung nach der Gleichung $\tau/\tau_w = 1 - (y/r)$, da in der Rohrachse $\tau = 0$ wegen $dw/dy = 0$ sein muß. An der Wand ist $\tau/\tau_w \equiv 1$ und $q/q_w \equiv 1$. Es wird daher der Ansatz

$$\frac{q/q_w}{\tau/\tau_w} = 1 + k \tag{147}$$

eingeführt, worin k eine gegen 1 kleine Zahl sein muß, die in Wandnähe Null wird.

Benutzt man $k = 0$ als erste Näherung[2], so lassen sich aus Gl. (145) die Temperaturprofile für vorgegebene Geschwindigkeitsprofile (vor-

[1] Dabei ist $w^* = \sqrt{\tau_w/\varrho}$ die sogenannte Schubspannungsgeschwindigkeit, die gleichzeitig ein Maß für die turbulenten Schwankungsbewegungen darstellt.

[2] $k = 0$ entspricht, wie REICHARDT nachweist, dem Prandtlschen Ansatz einer über dem Querschnitt konstanten Wärmequelle. Für die ebene Platte $(dp/dx = 0)$ kann die erste Näherung als Lösung betrachtet werden.

gegebene Re-Zahlen) durch graphische Integration berechnen. Aus diesen Temperaturprofilen werden erste Näherungen für q/q_w bestimmt, da für jeden Wandabstand zwischen der radial und axial transportierten Wärme Gleichgewicht herrschen muß. Die so ermittelten Werte q/q_w werden in Gl. (145) eingesetzt und damit durch graphische Integration zweite Näherungen für Θ ermittelt. Diese Temperaturverteilungen sind für $Re = 3 \cdot 10^4$ in Abb. 99 als Funktion des Wandabstandes y/r dargestellt. Nach demselben Verfahren ist auch für die parabolische Geschwindigkeitsverteilung der laminaren Rohrströmung die zugehörige Temperaturverteilung berechnet und ebenfalls in Abb. 99 eingetragen. Abb. 100 zeigt die Verteilung der Wärmestromdichten q/q_w über dem Wandabstand y/r. Die Wärmestromdichten weichen erheblich von der Schubspannungsverteilung ab, besonders bei kleinen Pr-Zahlen.

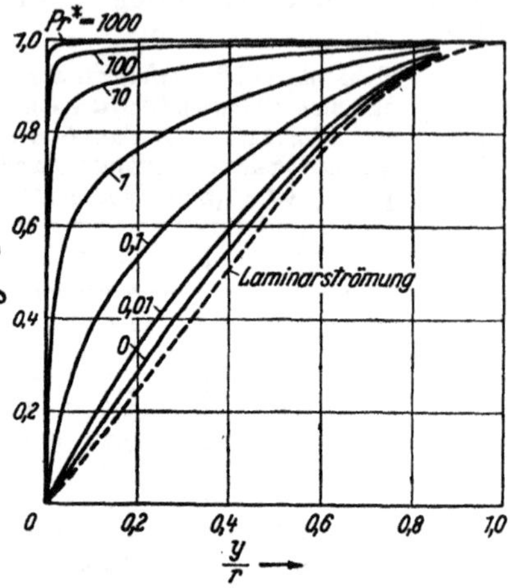

Abb. 99. Temperaturverteilung $\Theta = (\vartheta - \vartheta_w)/(\vartheta_\infty - \vartheta_w)$ der turbulenten Rohrströmung über dem Wandabstand y/r. (Nach Reichardt.) $Re = 3 \cdot 10^4$.

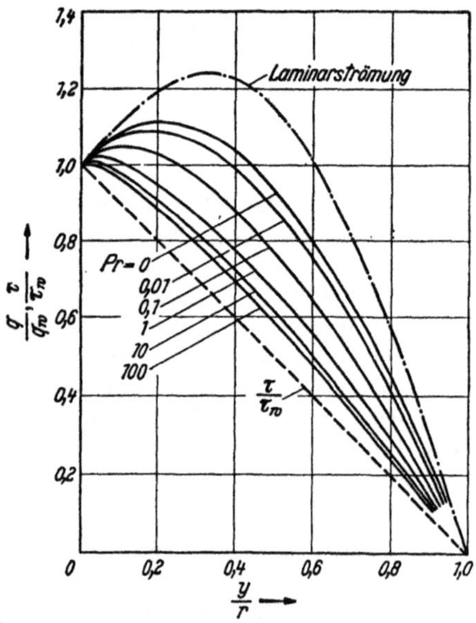

Abb. 100. Verteilungen der Wärmestromdichte q/q_w und der Schubspannung τ/τ_w bei turbulenter Rohrströmung über dem Wandabstand (nach Reichardt). $Re = 3 \cdot 10^4$.

Nach Gl. (146) läßt sich eine Nu-Zahl berechnen, da sowohl $d\Theta/d(y/r)$ als auch $\overline{\Theta}$ bekannt sind. Diese Nu-Zahlen sind für $Re = 3 \cdot 10^4$ als Funktion von Pr in Abb. 101 eingetragen. Man erkennt deutlich eine stark veränderliche Neigung über größere Bereiche der Pr-Zahl. Für $Pr \to 0$ wird $Nu = \text{const} \approx 5{,}24$. Für die Laminarströmung ergibt sich $Nu = \text{const} = 3{,}77$, während die Theorie von Graetz-Nusselt den Wert 3,65 ergeben hatte (S. 182).

Näherungsgleichung für große Pr-Zahlen. Nach dem oben beschriebenen Rechnungsgang war zur Ermittlung von Nu die Berechnung von q/q_w und $\Theta(\varphi)$ erforderlich. Reichardt leitet aus Gln. (145) und (146) auch eine geschlossene Gleichung für den

Wärmeübergang ab, in der die Wärmeübergangszahl auf die Maximaltemperatur ϑ_∞ und die Reynolds-Zahl auf die größte Geschwindigkeit W bezogen sind. Diese Gleichung lautet:

$$\frac{q_w}{\varrho\, c_p\, W(\vartheta_\infty - \vartheta_w)} = St^* = \frac{\left(\frac{A_q}{A_\tau}\right)_m \left(\frac{w^*}{W}\right)^2}{1 + (Pr^* - 1)\, b\,(w^*/W) + \varepsilon}. \qquad (148)$$

Die Verwendung von W und ϑ_∞ hat den Vorteil, daß dieselbe Gleichung auch für die längsangeströmte Platte benutzt werden kann (unter Berücksichtigung der individuellen Unterschiede der beiden Strömungen). Die Verwandtschaft von Gl. (148) zur Prandtlschen Gleichung (134) ist augenfällig, besonders wenn die Beziehung $\zeta/8 = \varphi_m^2\,(w^*/W)^2$ benutzt wird und $Pr^* = Pr$, also $A_q/A_\tau = 1$ gesetzt wird. Gleichzeitig erkennt man aber auch die grundsätzlichen Unterschiede. Der Korrekturwert ε enthält die k-Werte der Gl. (147) ($\varepsilon \approx \int_0^1 k\, d\varphi$). Für die ebene Platte

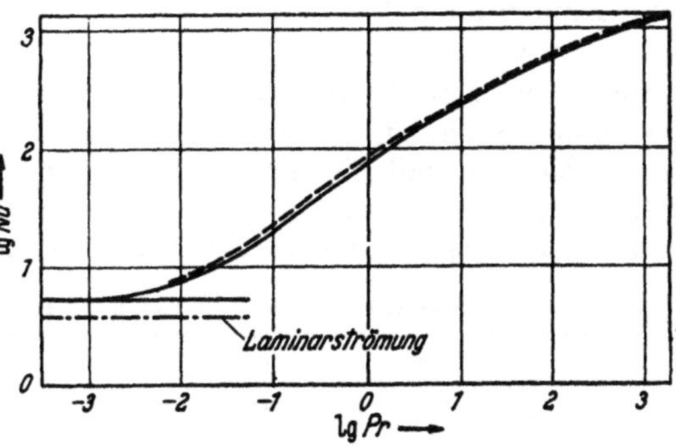

Abb. 101. Nu als Funktion von Pr für $Re = 3 \cdot 10^4$ aus Gl. (145). Die gestrichelte Kurve ist aus Gl. (148) mit $\varepsilon = 0$ gewonnen. (Nach Reichardt.)

kann $\varepsilon = 0$ gesetzt werden, wodurch gleichzeitig eine Näherungslösung für die Rohrströmung entsteht. Wesentlicher ist aber die Bedeutung von b in Gl. (148); dieser Wert kann als Maß für eine Schichtstärke aufgefaßt werden, in der $A_q < \lambda/c_p$ bzw. $A_\tau/\eta < 1/Pr^*$ ist, in der also die molekulare Wärmeleitung den turbulenten Austausch überwiegt. Die klassische Theorie setzte diese Schichtstärke unabhängig von der Prandtl-Zahl fest, da $\varphi' = w'/w$ in Gl. (134) eine reine Strömungsgröße war. Nach Reichardt gibt es also eine „überwiegend zähe" und eine „überwiegend wärmeleitende" Schicht, innerhalb derer jeweils der molekulare Austausch überwiegt. Der Übergang an der Schichtgrenze ist kontinuierlich. Nur für $Pr^* = 1$ stimmen beide Schichtstärken überein.

Um Gl. (148) auswerten zu können, sind zahlenmäßige Angaben von b erforderlich. Für $Pr\, Re > 2500$ hängt, wie Reichardt nachweist, b allein von Pr ab. Als Näherungsgleichung für $1 < Pr < 200$ wird

$$b = 9{,}12\, Pr^{-0{,}2} \qquad (149)$$

angegeben. Diese Gleichung stimmt befriedigend mit einer von TEN BOSCH[1] mitgeteilten überein, die halbempirisch abgeleitet wurde. Für $Re = 3 \cdot 10^4$ sind die aus Gl. (148) errechneten Nu-Zahlen ebenfalls in Abb. 101 eingetragen, wobei $\varepsilon = 0$ gesetzt wurde. Für die Umrechnung dient dabei die Identität

$$Nu = \frac{St^* \, Re \, Pr}{\frac{\overline{w}}{W} \frac{(\overline{\vartheta} - \vartheta_w)}{(\vartheta_\infty - \vartheta_w)}}. \tag{150}$$

Die Abweichung gegenüber den Nu-Werten nach Gl. (145) ist gering.

Die Bedeutung der Reichardtschen Theorie liegt nicht so sehr darin, daß sie sofort greifbare Ergebnisse zeigt, als vielmehr in ihrer Methode: von ganz allgemeinen Ansätzen über den turbulenten Austausch ausgehend, Gl. (139) und (140), wird eine Gleichung für die Temperaturverteilung [Gl. (145)] aufgestellt. Erst bei der Integration dieser Gleichung werden Annahmen über spezielle Ausdrücke eingeführt. Der wichtigste ist dabei jener für $A_\tau/\eta = f(y^*)$, der das kontinuierliche Abklingen der turbulenten Schwankungsbewegungen bei Annäherung an die Wand beschreibt.

Wärmeübergang bei sehr kleinen *Pr*-Zahlen. Wie Abb. 99 zeigt, liegt bei sehr kleinen Pr-Zahlen der größte Teil des Temperaturabfalls im turbulenten Gebiet, so daß hierfür die Vorgänge in unmittelbarer Wandnähe nicht mehr entscheidend sind. Das Temperaturfeld bekommt also „laminaren" Charakter, da die molekulare Wärmeleitung auch im wandfernen vollturbulenten Gebiet überwiegt oder mindestens von der gleichen Größenordnung wie der molare Austausch ist. Für $\lambda \to \infty$ bzw. $Pr \to 0$ hängt die Nu-Zahl nur noch vom Geschwindigkeitsfeld, also der Re-Zahl, ab. REICHARDT erhält dafür durch Auswertung von Gl. (145) die Werte der Zahlentafel 17.

Zahlentafel 17. *Nu-Zahlen für* $Pr \to 0$ (nach REICHARDT).

Re	10^4	$3 \cdot 10^4$	10^5	10^6
Nu	5,05	5,24	5,43	5,50

ELSER[2] errechnete nach der gleichen Methode, jedoch mit einem anderen Ansatz für die Geschwindigkeitsverteilung in Wandnähe als REICHARDT, nebenstehende Werte (Zahlentafel 18), die für $Pr = 0$ ausgezeichnet mit den Reichardtschen Werten übereinstimmen.

Zahlentafel 18. *Nu-Zahlen für turbulente Rohrströmung bei sehr kleinen Pr-Zahlen* (nach ELSER).

	$Re = 10^4$	10^5	10^6
$Pr = 10^{-1}$	11,3	47,6	248
10^{-2}	5,86	12,0	45,1
10^{-3}	5,03	6,12	11,2
0	4,94	5,40	5,45

[1] Vgl. Fußnote 5 auf S. 220. Die Übereinstimmung ist in Wirklichkeit etwas besser, als REICHARDT sie angibt. TEN BOSCH bezieht seine Angaben auf $\overline{w}$ statt auf W, so daß seine Zahlenwerte mit $\varphi_m = \overline{w}/W \approx 0,85$ zu multiplizieren sind.

[2] ELSER, K.: Der turbulente Wärmeübergang im Rohr bei sehr kleinen Prandtl-Zahlen. Allg. Wärmetechn. 2 (1951) 206/211.

Für diese Werte gibt ELSER eine Näherungsgleichung an, die höchstens 5% Abweichung aufweist:

$$Nu = 5{,}2 + 0{,}025\,(Re\,Pr)^{0{,}8}. \qquad (151)$$

Hierin sind $Nu = \alpha D/\lambda$ und $Re = \bar{w}D/\nu$ wieder auf die Mittelwerte von Temperatur und Geschwindigkeit bezogen. Eine ganz ähnliche Gleichung (mit dem Zahlenwert 5,0 statt 5,2) erhielten auch SEBAN und SHIMAZAKI[1]. Gl. (151) wird durch Messungen von LYON[2] an einer Legierung von Kalium und Natrium (in gleichen Massenteilen) innerhalb der Versuchsgenauigkeit befriedigend bestätigt. Messungen verschiedener Autoren an Quecksilber wurden dadurch gestört, daß Quecksilber die Unebenheiten der Rohrwand nicht benetzte.

4. Versuchsergebnisse und Gebrauchsformeln für den Wärmeübergang bei erzwungener turbulenter Strömung.

Aufgabe der theoretischen Forschung muß es sein, Gleichungen von möglichst hoher Allgemeingültigkeit zu entwickeln. Je besser diese Gleichungen die wirklichen Vorgänge der Wärmeübertragung wiedergeben, desto komplizierter werden sie. Um zu einfachen, ohne lange Zwischenrechnungen anwendbaren Gleichungen zu gelangen, ist es daher berechtigt, die Ergebnisse der Theorie durch empirische Ausdrücke zu interpolieren. Hierfür haben sich nach dem Vorschlag von NUSSELT Potenzgleichungen etwa von der Form

$$Nu = \text{const}\; Re^m\, Pr^n\, (D/L)^o \ldots \qquad (152)$$

bewährt, die nach Bedarf um weitere Parameter erweitert werden. Man darf von derartigen Gleichungen nicht mehr erwarten, als sie zu leisten imstande sind, nämlich einen komplizierten, oft noch nicht vollständig bekannten Ausdruck stückweise anzunähern. Die fast regelmäßig beobachtete starke Streuung der Versuchsergebnisse berechtigt durchaus zur Anwendung derartiger Gleichungen, die auch nach den Worten ihres Urhebers Lösungs*ansätze* darstellen. Nur in seltenen Fällen ergibt auch die theoretische Lösung ein Potenzprodukt (z. B. die E.-Pohlhausen-Gleichung für die längsangeströmte Platte mit laminarer Grenzschicht).

Die erwähnten Streuungen der Versuchsergebnisse werden auch bei sorgfältigen Messungen beobachtet und auch dann, wenn diese nach den Regeln der Ähnlichkeitslehre aufgetragen werden. Das läßt den Schluß zu, daß nicht alle Voraussetzungen der vollständigen physikalischen Ähnlichkeit richtig berücksichtigt sind. Dazu gehören vor allem die Einflüsse der nicht temperaturkonstanten Stoffwerte und der Anlaufströmung am Rohranfang.

a) Einfluß der temperaturabhängigen Stoffwerte. Die Annahme konstanter Stoffwerte bedeutete, daß das Geschwindigkeitsfeld völlig

---

[1] SEBAN, R. A., u. T. T. SHIMAZAKI: Heat transfer to a fluid flowing turbulently in a smooth pipe with walls at constant temperature. Trans. Amer. Soc. mech. Engrs. 73 (1951) 803/809.

[2] LYON, R. N.: Liquid metal heat-transfer coefficients. Chem. Engng. Progr. 47 (1951) 75/79.

unabhängig vom Temperaturfeld war und sich das letztere als einparametrige Kurvenschar (Parameter Pr bzw. Pr^*) darstellen ließ (Abb. 87 und 99). Sofern die Stoffwerte von der Temperatur abhängen, deformiert das Temperaturfeld die Geschwindigkeitsverteilung, die dann durch die veränderliche Zähigkeit bestimmt wird. Aber selbst wenn man von dieser Rückwirkung der Temperatur auf die Geschwindigkeit absieht, muß man sich für eine Temperatur entscheiden, bei der man die Stoffwerte einführt.

Diese „wirksame", „effektive" oder „Stoffwert"-Temperatur war bei der laminaren Rohrströmung die gewogene Mitteltemperatur ϑ_M nach Gl. (25), für die man oft den Wert ϑ_F nach Gl. (24) setzen kann, nicht jedoch das einfache Mittel über den Querschnitt ϑ_f [Gl. (23)]. Diese Wahl wird aus Abb. 82 verständlich, da bei der ausgebildeten laminaren Rohrströmung das Temperaturgefälle weit in den Strömungskern hineinragt.

Die Temperaturprofile der turbulenten Rohrströmung sind gemäß Abb. 99 völliger als die der Laminarströmung. Daher sind hier Bezugstemperaturen vorzuziehen, die auch den Einfluß der Wandtemperatur berücksichtigen. Hält man an der Prandtlschen Zweiteilung der turbulenten Strömung in laminare Randschicht und turbulenten Kern fest, so erscheint die mittlere Temperatur der laminaren Randschicht ein geeigneter Bezugswert zu sein, der sich graphisch oder analytisch vorausberechnen läßt (TEN BOSCH[1], KOCH[2]).

Nach einer Betrachtung von HOFMANN[3] ist diejenige Bezugstemperatur zu wählen, bei der für Heizung und Kühlung die gleichen Nu-Zahlen erhalten werden. In dem Ansatz

$$\vartheta_* = \vartheta_F - z(\vartheta_F - \vartheta_w)$$

wird $z = z\,(Pr)$ durch Auswertung einer Reihe von Versuchen mit $Pr = 0{,}7$ bis 300 zu $z = (0{,}1\,Pr + 40)/(Pr + 72)$ ermittelt, so daß sich als wirksame Stoffwerttemperatur[4]

$$\vartheta_* = \vartheta_F - \frac{0{,}1\,Pr + 40}{Pr + 72}(\vartheta_F - \vartheta_w) \qquad (153)$$

ergibt. Je höher die Prandtl-Zahl, desto mehr nähert sich ϑ_* der mittleren Flüssigkeitstemperatur ϑ_F.

Ein leicht zu berechnender Wert für die Stoffwerttemperatur ist

$$\vartheta_* = (\vartheta_F + \vartheta_w)/2, \qquad (153\,a)$$

der sich auch aus Gl. (153) für $Pr = 10$ ergibt[5].

---

[1] BOSCH, M. TEN: Die Wärmeübertragung, 3. Aufl. S. 114. Berlin 1936.

[2] KOCH, B.: Wärmeübergangsfragen. Mitt. Forsch.-Anst. Gutehoffn., Nürnberg 6 (1938) Heft 6 S. 143/148.

[3] HOFMANN, E.: Der Wärmeübergang bei der Strömung im Rohr. Z. ges. Kälteind. 44 (1937) 99/107 und Z. VDI 82 (1938) 741/742.

[4] Einen ähnlichen Vorschlag macht R. G. DEISSLER: Investigation of turbulent flow and heat transfer in smooth tubes, including the effects of variable fluid properties. Trans. Amer. Soc. mech. Engrs. 73 (1951) 101/107.

[5] Der Wert ϑ_* aus Gl. (153a) wird in der amerikanischen Literatur häufig als „film temperature" bezeichnet.

SIEDER und TATE[1] schlagen vor, die Stoffwerte bei der mittleren Flüssigkeitstemperatur ϑ_F einzusetzen und die Unterschiede zwischen Kühlung und Heizung durch den Quotienten $(\eta_F/\eta_w)^{0,14}$ zu berücksichtigen, der ursprünglich für laminare Strömung [Gl. (111)] ermittelt war. Dieses Verfahren ist für die Rechnung sehr bequem, da ϑ_F und ϑ_w ohnehin bekannt sind.

Einen anderen Vorschlag machen KAYE und FURNAS[2]. Bedeutet Index H Heizung und K Kühlung der Flüssigkeit, so soll sein

$$\frac{\alpha_K}{\alpha_H} = \left(\frac{\eta_H}{\eta_K}\right)^r. \tag{154}$$

Dabei bedeuten η_H und η_K die dynamischen Zähigkeiten, bezogen auf die mittlere Flüssigkeitstemperatur ϑ_F. r ist bei Flüssigkeiten 0,5, bei Gasen 1 zu setzen. Die übrigen Stoffwerte sind auf die mittlere Temperatur der Grenzschicht, näherungsweise auf $\vartheta = (\vartheta_F + \vartheta_w)/2$ zu beziehen.

Andere Autoren geben für Heizung und Kühlung verschiedene Konstanten in ihren Gleichungen an, so TEN BOSCH[3] für die Prandtlsche Gleichung (Zahlentafel 15). Statt des dort verwendeten Zahlenwertes 1,26 steht im Original 1,4 für Kühlung und 1,12 für Heizung, beide empirisch gefunden. KRAUSSOLD[4] gibt für Flüssigkeiten eine Potenzgleichung nach NUSSELT an:

$$Nu = 0{,}032\, Re^{0,8}\, Pr^n\, (D/L)^{0,054}. \tag{155}$$

Darin ist $n = 0{,}37$ für Heizung und $n = 0{,}30$ für Kühlung der Flüssigkeit. Diese Gleichungen gehen allerdings für verschwindendes Temperaturgefälle nicht ineinander über.

Würde sich gemäß den früher abgeleiteten Ähnlichkeitsbeziehungen eine vollständige Ähnlichkeit zwischen Modell und Hauptausführung herstellen lassen, so wäre die Wahl der Bezugstemperatur belanglos. Dazu müßten sämtliche temperatur- und druckabhängigen Größen innerhalb des untersuchten Bereichs proportionale Zustandsgleichungen haben[5]. Die Funktion $\eta = \eta_0 f(\vartheta/\vartheta_0)$ z. B. müßte in beiden Fällen gleich sein. η_0 und ϑ_0 wären Bezugswerte, die für Modell und Hauptausführung an entsprechenden Stellen liegen müßten, z. B. am Einlauf. Ließe sich die Funktion f in der Form $\eta/\eta_0 = (\vartheta/\vartheta_0)^m$ schreiben, so käme als neue dimensionslose Kennzahl der Exponent m hinzu. Vollständige Ähnlichkeit würde also bei Gleichheit von m und der dimensionslosen Übertemperatur $(\vartheta - \vartheta_0)/(\vartheta_1 - \vartheta_0)$ herrschen, worin ϑ_1 eine zweite verab-

---

[1] Zit. S. 206 Fußnote 4.

[2] KAYE, W. A., u. C. C. FURNAS: Heat transfer involving turbulent fluids. Industr. Engng. Chem. 26 (1934) 783/786.

[3] Zit. S. 220 Fußnote 5.

[4] KRAUSSOLD, H.: Der konvektive Wärmeübergang. Technik 3 (1948) 205/213 und 257/261.

[5] Vgl. A. BUSEMANN: Gasdynamik, in Handbuch der Experimentalphysik, Bd. IV, 1. Hrsg. von WIEN u. HARMS, Leipzig 1931, u. H. NOVAK: Ähnlichkeitsbetrachtungen an Wärmeaustauschern, Dissertation T. H. München 1951.

redete Temperatur wäre, etwa die Wandtemperatur[1]. Während bei Gasen derartige einfache Potenzgesetze weitgehend der Wirklichkeit entsprechen, hängen die Stoffwerte der Flüssigkeiten meist in komplizierter Form von der Temperatur ab.

b) Einfluß der Rohrlänge. Bei turbulenter Strömung hat die Rohrlänge einen weit geringeren Einfluß auf den Wärmeübergang als bei laminarer Strömung. Das gilt sowohl für den Fall, daß der hydrodynamische und der thermische Einlauf gleichzeitig stattfinden als auch dafür, daß die Flüssigkeit bereits hydrodynamisch ausgebildet in die Wärmeübergangsstrecke eintritt. Die turbulente Grenzschicht wächst im ersten Falle schneller an als die laminare, im zweiten Fall ist der turbulente Austausch bereits von Anfang an wirksam.

LATZKO[2] hat beide Probleme unter der Annahme berechnet, daß die turbulente Geschwindigkeitsverteilung bis zur Wand gilt, so daß seine Ergebnisse nur für $Pr \approx 1$ gelten können.

1. Gleichzeitiger hydrodynamischer und thermischer Einlauf (Flüssigkeit tritt mit über den Querschnitt konstanter Geschwindigkeit in den Wärmeaustauscher ein).

Die Reihenausdrücke von LATZKO wurden von BOELTER, YOUNG und IVERSEN[3] im Bereich $L/D = 0{,}5$ bis 17 gut bestätigt. Sie geben als empirische Gleichung an:

$$\bar{\alpha} = \alpha_{\min}\left(1 + \frac{KD}{L}\right), \tag{156}$$

worin $\bar{\alpha}$ die mittlere Wärmeübergangszahl vom Rohranfang bis zur Stelle L bedeutet, während $\alpha_{\min}$ den Endwert nach völliger Ausbildung beider Felder darstellt. Für K ist der Wert 1,4 zu benutzen. Die Messungen erstreckten sich von $Re = 25000$ bis 55000.

NUSSELT[4] hatte den Einfluß der Rohrlänge durch einen Berichtigungsfaktor in Potenzform berücksichtigt. Diese Gleichung wurde in der von KRAUSSOLD mitgeteilten Form bereits im vorigen Abschnitt als Gl. (155) angegeben. Der Berichtigungsfaktor $(D/L)^{0{,}054}$ wurde mit $L/D = 10$ bis 400 und abgerundetem Einlauf abgeleitet. Für einen Mittelwert $L/D \approx 200$ wird $(D/L)^{0{,}054} \approx 0{,}75$, so daß sich Gl. (155) dann schreiben läßt:

$$Nu = 0{,}024\, Re^{0{,}8}\, Pr^{n}. \tag{155a}$$

Für kleinere Werte von (L/D) kann Gl. (155) naturgemäß nicht richtig sein. Nach Beobachtungen von HOFFMANN[5] und STILL[6] schlägt HAUSEN[7]

[1] Der Vorschlag von SIEDER u. TATE kann als Näherung in diesem Sinne angesehen werden.

[2] LATZKO, H.: Der Wärmeübergang an einen turbulenten Flüssigkeits- oder Gasstrom. Z. angew. Math. Mech. 1 (1923) 268/290.

[3] BOELTER, L. M. K., G. YOUNG u. H. W. IVERSEN: Nat. Advis. Comm. Aeron. Techn. Note 1451 (1948).

[4] NUSSELT, W.: Der Wärmeübergang im Rohr. Z. VDI 61 (1917) 685/689.

[5] HOFFMANN, W.: Wärmeübergang und Diffusion. Forsch. Ing.-Wes. 6 (1935) 293/304.

[6] STILL, E. W.: Some factors affecting the design of heat transfer apparatus. Proc. Instn. mech. Engrs. 134 (1936) 363/435.

[7] HAUSEN, H.: Zit. S. 208 Fußnote 1.

vor, Gl. (155a) folgendermaßen zu ergänzen:

$$Nu = 0{,}027\left[1 + \left(\frac{D}{L}\right)^{2/3}\right] Re^{0{,}8}\, Pr^{n}. \tag{155b}$$

Diese Gleichung bleibt näherungsweise auch für $L/D < 10$ gültig.

Für sehr kleine Werte L/D kann man die Ergebnisse an der ebenen, längsangeströmten Platte heranziehen. Bei voller Turbulenz von der Eintrittskante an errechnet sich für Luft aus Gl. (170) für $L_u = 0$

$$Nu = \frac{\alpha D}{\lambda} = 0{,}0284\left(\frac{W D}{\nu}\right)^{0{,}8}\left(\frac{D}{L}\right)^{0{,}2}. \tag{155c}$$

Darin ist W die Anströmgeschwindigkeit. Der Zahlenfaktor 0,0284 ist aus Gl. (170) und (169a) gemittelt.

2. Hydrodynamischer Einlauf beendet, thermischer Einlauf unbeendet.

Für die Rohrlänge des hydrodynamischen Einlaufs allein erhielt LATZKO den Ausdruck

$$(L/D)_{hydr} = 0{,}693\left(\frac{\bar{w} D}{\nu}\right)^{1/4}. \tag{157}$$

Seine Ergebnisse für den Wärmeübergang lagen wesentlich unter den Meßwerten nach BOELTER und Mitarbeitern. Für Gl. (156) wird für diesen Fall $K = 0{,}7$ empfohlen. Eine theoretische Lösung liegt auch von ELSER[1] vor, der für die örtliche Nu-Zahl die Gleichung

$$Nu = \frac{\alpha D}{\lambda} = 0{,}183\, Re^{7/12}\, Pr^{1/3}\, (L/D)^{-1/3} \tag{158}$$

angibt. Die mittlere Wärmeübergangszahl von $x = 0$ bis $x = L$ wird dann

$$Nu_L = 1{,}5\, Nu. \tag{159}$$

Auch die Werte dieser Gleichung liegen höher als die Ergebnisse von LATZKO.

c) Gleichwertiger Durchmesser. Um auch Kanäle von nicht kreisförmigem Querschnitt rechnerisch behandeln zu können, ist der gleichwertige Durchmesser eingeführt worden, der für reine Strömungsaufgaben auch „hydraulischer Durchmesser" genannt wird. Da die treibenden Druckkräfte über den durchströmten Querschnitt F, die Reibungskräfte längs des benetzten Umfangs U angreifen, ist D_{hydr} so zu wählen, daß das Verhältnis der beiden Kräfte dem beim Kreisrohr entspricht. Damit wird

$$D_{hydr} = 4\,\frac{\pi D^2/4}{\pi D} = D = 4\,\frac{F}{U}. \tag{160}$$

Untersuchungen von SCHILLER[2] und NIKURADSE[3] haben ergeben, daß bei der Verwendung von D_{hydr} die am Kreisrohr gewonnenen Widerstandsgesetze bei turbulenter Strömung auch für andere Querschnitts-

---

[1] ELSER, K.: Der Wärmeübergang in der thermischen Anlaufstrecke bei hydrodynamisch ausgebildeter turbulenter Zuströmung im Rohr. Schweizer Arch. angew. Wiss. Techn. 15 (1949) 359/364.

[2] SCHILLER, L.: Über den Strömungswiderstand von Rohren. Z. angew. Math. Mech. 3 (1923) 11.

[3] NIKURADSE, J.: Turbulente Strömung in nicht kreisförmigen Rohren. Ing.-Arch. 1 (1930) 306.

formen voll gültig bleiben. Der Wert für D_{hydr} ist in Zahlentafel 19 für einige häufig auftretende Querschnittsformen ausgerechnet.

Zahlentafel 19. *Hydraulischer Durchmesser* $D_{hydr} = 4\,F/U$.

Querschnitt	D_{hydr}
Quadrat (Kantenlänge a)	a
Rechteck (Kantenlänge a und b) . . .	$2\,ab/(a+b)$
Ringrohr (D_a; D_i)	$D_a - D_i$
Film am senkrechten Rohr (Filmdicke δ) .	$4\,\delta$
Offenes Gerinne (Breite b; Tiefe t) . . .	$4t/(1+2t/b)$

Es ist zu erwarten, daß bei der Verwendung von D_{hydr} nach Gl. (160) auch die am Kreisrohr gewonnenen Wärmeübergangsgleichungen gültig bleiben, solange bei anderen Querschnitten benetzter und wärmedurchströmter Umfang gleich sind. Wird aber, wie beim Doppelrohr-Wärmeaustauscher, nur die Innenfläche des Ringspaltes von Wärme durchströmt, während die Außenfläche wärmeisoliert ist, so erhebt sich die Frage, welche kennzeichnende Länge in die dimensionslosen Kennzahlen einzusetzen ist, um die Gleichungen des Kreisrohres auch hierfür verwenden zu können. JORDAN[1] hat die Verwendung des „thermischen Durchmessers" $D_{th} = 4\,F/U_{th}$ vorgeschlagen, worin U_{th} der wärmedurchströmte Teil des Umfanges ist. Eine Reihe von Autoren haben sich diesem Vorschlag angeschlossen, während andere[2] dafür eintraten, D_{hydr} beizubehalten ohne Rücksicht darauf, ob der ganze benetzte Umfang oder nur ein Teil davon am Wärmeaustausch beteiligt ist. Für den Ringspalt mit Wärmeaustausch an der Innenfläche wäre

$$D_{hydr} = D_a - D_i \quad \text{und} \quad D_{th} = \frac{D_a^2 - D_i^2}{D_i}. \tag{161}$$

Darin sind D_a und D_i der Außen- bzw. Innendurchmesser des Spaltes.

Die am Kreisrohr gewonnenen Gleichungen für den Wärmeaustausch beruhen auf den gleichen Randbedingungen für Geschwindigkeits- und Temperaturfeld. Ist aber ein Teil der benetzten Wand wärmeisoliert, so ist dort zwar $w = 0$, dagegen $(d\vartheta/dy)_w = 0$. Die beiden Felder sind also wesentlich voneinander verschieden und es ist nicht zu erwarten, daß die für $w = 0$ und $(\vartheta - \vartheta_w) = 0$ abgeleiteten Gleichungen auch für diesen Fall streng gültig bleiben, ob man nun D_{hydr} oder D_{th} in die Kennzahlen einsetzt. Auch sind Ringspalte mit verschiedenem Durchmesserverhältnis D_a/D_i einander nicht mehr ähnlich. Will man die früheren Gleichungen beibehalten, so muß man wohl eine neue dimensionslose Kennzahl, etwa in der Form $f\,(D_a/D_i)$, einführen, wobei möglicherweise in f auch noch die Prandtl-Zahl eingeht.

Die experimentellen Ergebnisse zu dieser Frage sind nicht eindeutig. FOUST und CHRISTIAN[3] erhielten an wasserdurchströmten Ringrohren

---

[1] JORDAN, H. P.: On the rate of heat transmission between fluids and metal surfaces. Proc. Instn. mech. Engrs., Lond. (1909) 1317/1357.

[2] Z. B. B. KOCH: Wärmeaustausch und gleichwertiger Durchmesser. Z. techn. Phys. 23 (1942) 277/280.

[3] FOUST, A. S., u. G. A. CHRISTIAN: Non-boiling heat transfer coefficients in annuli. Trans. Amer. Inst. Chem. Engrs. 36 (1940) 541/554.

mit Wärmeaustausch an der Innenfläche

$$\frac{\alpha D_{hydr}}{\lambda} = 0{,}032 \frac{D_a}{D_i} \left(\frac{\overline{w} D_{hydr}}{\nu}\right)^{0{,}8} Pr^{0{,}4}. \qquad (162)$$

Setzte man in diese Gleichung D_{th} statt D_{hydr} ein, so erhöhte sich die Zahlenkonstante auf 0,04.

MONRAD und PELTON[1] geben für Wasser und Luft mit $D_a/D_i = 1{,}65$; 2,45 und 17 und mit Re-Zahlen von 12000 bis 220000 die Gleichung an

$$\frac{\alpha D_{hydr}}{\lambda} = 0{,}020 \left(\frac{D_a}{D_i}\right)^{0{,}53} \left(\frac{\overline{w} D_{hydr}}{\nu}\right)^{0{,}8} Pr^{1/3}. \qquad (162\,\mathrm{a})$$

McADAMS und Mitarbeiter[2] fanden für Wasserdampf mit $0{,}76 < Pr < 1{,}21$ und $7000 < Re < 40000$ bei $D_a/D_i = 1{,}52$ die Gleichung

$$\frac{\alpha D_{hydr}}{\lambda} = 0{,}0214 \left(\frac{\overline{w} D_{hydr}}{\nu}\right)^{0{,}8} Pr^{1/3} \left(1 + \frac{2{,}3}{L/D_{hydr}}\right). \qquad (162\,\mathrm{b})$$

Dabei war L der Abstand der Meßstrecke vom Rohranfang.

KIRSCHBAUM[3] gibt Messungen an einem Ringspalt, in dem Luft von 100 bis 300 °C Eintrittstemperatur gekühlt wurde, durch folgende Gleichung wieder:

$$\frac{\alpha D_{th}}{\lambda} = 0{,}032 \left(\frac{\overline{w} D_{th}}{\nu}\right)^{0{,}8} Pr^{0{,}3} (L/D_{th})^{-0{,}054}. \qquad (163)$$

Diese Gleichung gilt in diesem Falle infolge starker Einlaufstörungen bis $Re = 2300$ herunter. Die Wahl von D_{hydr} hätte hier um 30% höhere α-Werte ergeben, also etwa die Zahlenkonstante 0,025 verlangt. Bei Heizung der Luft ist $Pr^{0{,}37}$ einzusetzen [siehe Gl. (155)].

Beim Ringspalt ist nach Gl. (161) $D_{th}/D_{hydr} = 1 + D_a/D_i$, also stets > 2. Wenn $\alpha \sim D^{-0{,}2}$ gesetzt wird, so ist in die Gleichungen nach Art der Gl. (163) stets ein kleinerer Zahlenfaktor einzusetzen, wenn zur Wiedergabe von Messungen D_{hydr} statt D_{th} verwendet wird. Die bisherigen Meßergebnisse lassen noch nicht eindeutig erkennen, welcher Durchmesser und welche Korrekturfunktion gewählt werden muß, um für den Ringspalt die Gleichungen für das Kreisrohr verwenden zu können. WALGER[4] empfiehlt aus einer vergleichenden Betrachtung verschiedener Meßergebnisse die Beziehung

$$\frac{\alpha D_{hydr}}{\lambda} = 0{,}021 \left(\frac{D_a}{D_i}\right)^{0{,}45} \left(\frac{\overline{w} D_{hydr}}{\nu}\right)^{0{,}8} Pr^{1/3} \left(\frac{\eta_{fl}}{\eta_w}\right)^{0{,}14} \qquad (164)$$

für das Ringrohr mit Wärmeübertragung an der Innenseite.

Bei der Auswertung von Messungen an Gasen ist besonders auf den Strahlungsaustausch zwischen den ungleichmäßig erwärmten Oberflächen zu achten.

---

[1] MONRAD, C. C., u. J. F. PELTON: Heat transfer by convection in annular spaces. Trans. Amer. Inst. Chem. Engrs. 38 (1942) 593/611.

[2] McADAMS, W. H., W. E. KEMMEL u. J. N. ADDENS: Heat transfer to superheated steam at high pressures. Trans. Amer. Soc. mech. Engrs. 72 (1950) 421/428

[3] KIRSCHBAUM, E.: Neues zum Wärmeübergang mit und ohne Änderung des Aggregatzustandes. Chemie-Ing.-Technik 24 (1952) 393/400.

[4] WALGER, O.: Wärmeübergang in ringförmigen Strömungsquerschnitten. Chemie-Ing.-Technik 25 (1953) 474/476.

d) Übergangsgebiet zwischen laminarer und turbulenter Strömung. Die bisher verwendete kritische Re-Zahl von $Re = \bar{w} D/\nu = 2300$ stellt einen unteren Grenzwert dar, unterhalb dessen auch starke Einlaufstörungen in ein Rohr wieder abklingen, so daß immer laminare Strömung entsteht. Die obere Grenze dieses Übergangsbereiches[1] kann für technische Fälle mit $Re = 10000$ angegeben werden. Nach den Ergebnissen von Wärmeübergangsversuchen ist die untere Grenze schärfer ausgeprägt als die obere, wie es Abb. 102 zeigt. Das gleiche Ergebnis

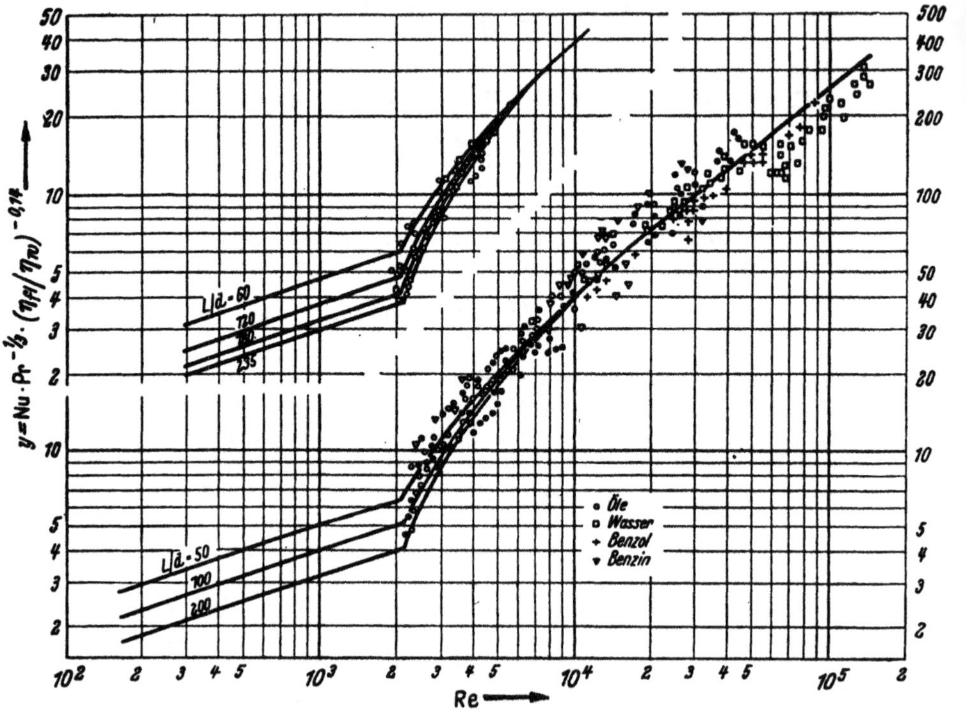

Abb. 102. Wärmeübergang an Flüssigkeiten. (Nach einer Zusammenstellung von SIEDER u. TATE.) Die vollen Zeichen gelten für Kühlen, die leeren für Heizen der Flüssigkeit.

erhielt auch BÖHM[2] aus Messungen des Wärmeübergangs an Glykol und Glykol-Wassermischungen. Er gab für das Übergangsgebiet die Gleichung

$$Nu = \frac{1}{300} Re\, Pr^{0,37} \qquad (165)$$

an, die seine Messungen von $Re = 3000$ bis 30000 für Heizen und Küh-

[1] Es gibt keinen kontinuierlichen Übergang zwischen dem laminaren und dem turbulenten Geschwindigkeitsprofil, vielmehr wechselt die Strömungsform im Übergangsgebiet ständig zwischen beiden Arten. [Vgl. H. MACHE: Der Übergang zwischen laminarer und turbulenter Strömung von Gasen in einem kreiszylindrischen, glatten Rohr. Forsch. Ing.-Wes. 14 (1933) 77/81.]

[2] BÖHM, J.: Der Wärmeübergang im Übergangsbereich von laminarer zu turbulenter Strömung. Wärme 67 (1944) 3/11.

len wiedergibt. Die Stoffwerte wurden auf $\vartheta_f = (\vartheta_a + \vartheta_e)/2$ bezogen, wobei ϑ_a und ϑ_e die Austritts- bzw. Eintrittstemperaturen an der Meßstrecke bedeuten. In Gl. (165) ist α unabhängig vom Rohrdurchmesser D*.

Da die Potenzgleichungen für turbulente Strömung nach Art von Gl. (155) nicht den gekrümmten Linienzug nach Abb. 102 wiedergeben, gibt HAUSEN[1] folgende erweiterte Potenzbeziehung an:

$$Nu\, Pr^{-1/3}\, (\eta_{fl}/\eta_w)^{-0,14} = 0,12\,(Re^{2/3} - 125)\,. \tag{166}$$

Diese Gleichung nähert die mittlere Kurve nach Abb. 102 an und geht ohne Knick in die Gerade für $Re > 10^4$ über. Sie gilt damit für das Übergangsgebiet wie für die reine Turbulenz. Alle Stoffwerte außer η_w sind bei der mittleren Flüssigkeitstemperatur einzusetzen. Es ist aber zu beachten, daß der Kurvenverlauf im Übergangsgebiet stark von den Einlaufbedingungen abhängt und nicht immer eindeutig vorausgesagt werden kann [vgl. die Bemerkung zu Gl. (163)].

e) Gebrauchsformeln für den Wärmeübergang bei turbulenter Strömung. *1. Längsangeströmte Platte.* Da bei der Plattenströmung konstanter Druck $(dp/dx = 0)$ herrscht, kann für $Pr = 1$ die Reynoldssche Gleichung (128) angewendet werden. Mit $c_f = 2\,\tau_w/\varrho\, W^2 = \zeta/4$ wird dann

$$\frac{Nu_L}{Re_L\, Pr} = \frac{\bar{\alpha}}{W \varrho\, c_p} = \frac{c_f}{2}, \tag{128a}$$

worin die Kennzahlen auf die Plattenlänge L zu beziehen sind, da eine andere Bezugsgröße fehlt. Ist die Turbulenz von der Anströmkante an voll ausgebildet, so wird

$$c_f = 0,074 \left(\frac{WL}{\nu}\right)^{-0,2}. \tag{167}$$

Diese Gleichung gibt den Gesamtwiderstand der Platte von $x = 0$ bis $x = L$ wieder. W ist die Anströmgeschwindigkeit. Damit wird aus Gl. (128a)

$$Nu_L = 0,037\,(Re_L)^{0,8}\, Pr\,. \tag{168}$$

Das Widerstandsgesetz Gl. (167) gilt für $Re_L = 5 \cdot 10^5$ bis 10^7, da für kleinere Re-Zahlen die Plattenströmung laminar ist und für größere nicht mehr das 1/7-Potenzgesetz der Geschwindigkeitsverteilung gilt, aus dem Gl. (167) abgeleitet ist[2].

Mit zugespitzter Plattennase und künstlich erhöhter Turbulenz des Luftstrahls erreichten SUGAWARA und SATO[3] einen Turbulenzbeginn von $x = 0$ an. Für glatte Plattenoberfläche maßen sie für die örtliche Nußelt-Zahl

$$Nu_x = 0,0230\, Re_x^{0,8}, \tag{169}$$

---

* Die Beziehung $Nu \sim Re$ für das Übergangsgebiet geben auch P. A. KERN und W v. NOSTRAND aus Messungen an Fettsäuren an [Industr. Engng. Chem. 41 (1949) 2209/2212]. Ihre Gleichung $Nu = 0,00111\; Re\; Pr^{0,8}\; (\eta_{fl}/\eta_w)^{1/3}$ weicht sonst in verschiedener Hinsicht von den gewohnten Formen ab.

[1] HAUSEN, H.: Zit. Fußnote 1 S. 208.

[2] Vgl. H. SCHLICHTING: Grenzschichttheorie, S. 394. Karlsruhe 1951.

[3] SUGAWARA, S., u. T. SATO: Heat transfer on the surface of a flat plate in the forces flow. Mem. Fac. Engng. Kyoto Univ. 14 (1952) 21/37. Auszug in Chemie-Ing.-Technik 24 (1952) 633.

woraus sich der Mittelwert

$$Nu_L = 0{,}0288\, Re_L^{0,8} \tag{169a}$$

errechnet. Setzt man in Gl. (168) $Pr = 0{,}72$ ein, so erhält man

$$Nu_L = 0{,}0266\, Re_L^{0,8}, \tag{168a}$$

also einen um 8% geringeren Wert als aus Gl. (169a).

Bei einem derartigen Vergleich muß man sich bewußt bleiben, daß die erste Potenz von Pr in Gl. (168) nicht den richtigen Zusammenhang $Nu = f\,(Pr)$ bei $Pr \approx 1$ wiedergibt, wie aus Abb. 98 hervorgeht. Trotzdem ist die Übereinstimmung zwischen der Reynolds-Analogie und dem Experiment bemerkenswert.

Den Einfluß der Form der Plattennase und der Länge einer unbeheizten Anfangsstrecke auf den Wärmeübergang maßen Jakob und Dow[1] an einem von Luft längsangeströmten Zylinder. Bedeutet L_u die Länge der unbeheizten Anfangsstrecke und L_{ges} die Länge der Anfangs- und Meßstrecke zusammen, so lassen sich die Ergebnisse im turbulenten Bereich durch folgende empirische Gleichung darstellen

$$\frac{\bar{\alpha}\, L}{\lambda} = Nu_L = 0{,}0280\, Re_L^{0,8}\left[1 + 0{,}4\left(\frac{L_u}{L_{ges}}\right)^{2,75}\right]. \tag{170}$$

Die Zähigkeit ν ist bei der Temperatur der ungestörten Strömung, ϑ_∞, die Wärmeleitzahl λ bei der Temperatur $\vartheta = (\vartheta_\infty + \vartheta_w)/2$ eingesetzt. Die Wärmeübergangszahl bezieht sich auf die Oberfläche der beheizten Strecke und den Temperaturunterschied $(\vartheta_w - \vartheta_\infty)$. Die Ergebnisse sind in Abb. 103 wiedergegeben. Besonders deutlich ist die Verschiebung des Turbulenzbeginns: je geringer die Anfangsstörung (z. B. durch konische Vorderkante), bei desto höheren Re_L-Zahlen setzt die Turbulenz ein.

Die Messungen von Jürges[2] an einer ebenen Platte lassen sich durch Gl. (170) darstellen, wenn als Zahlenkonstante 0,0322 statt 0,028 gesetzt wird. Die Ergebnisse von Elias[3] liegen vorwiegend im Übergangsgebiet. Für $L_u = 0$, also Wärmeübergang von $x = 0$ an, stimmt Gl. (170) bis auf 3% mit Gl. (169a) überein. Sind starke Einlaufstörungen vorhanden, so kann man danach den Wärmeübergang an der längsangeströmten Platte in turbulenter Luftströmung durch folgende Gleichung darstellen:

$$\bar{\alpha} = 0{,}0284\, \lambda \frac{(W \varrho)^{0,8}}{L^{0,2}\, \eta^{0,8}}. \tag{171}$$

Wird ϱ in kg/m³ und λ in kcal/m h grd gemessen, so muß die Einheit von $\eta = \nu \varrho$ kg/m h sein, damit der Zahlenwert unbenannt bleibt. W ist in m/h einzusetzen, L in m. $\bar{\alpha}$ erhält dann die gewohnte Einheit kcal/m² h grd. Der Zahlenfaktor 0,0284 ist aus Gln. (170) und (169a) gemittelt.

---

[1] Jakob, M., u. W. M. Dow: Trans. Amer. Soc. mech. Engrs. 68 (1946) 112; zitiert nach M. Jakob: Some investigations in the field of heat transfer. Proc. phys. Soc. 39 (1947) 726/755.

[2] Jürges, W.: Der Wärmeübergang an einer ebenen Wand. Beihefte z. Gesundh.-Ing. Reihe 1, Heft 19. München u. Berlin 1924.

[3] Elias, F.: Zit. Fußnote 1 S. 215.

Im Übergangsgebiet zwischen laminarer und turbulenter Strömung gibt es [wie auch bei der Rohrströmung Gl. (165)] einen Bereich, in dem $Nu_L \sim Re_L$ wird, also $\bar{\alpha}$ unabhängig von L, was bereits TEN BOSCH feststellte[1]. Aus Abb. 103 entnehmen wir dafür im Mittel für $L_u = 0$

$$Nu_L = 0{,}002\, Re_L \tag{172}$$

für den Bereich $10^5 < Re_L < 5 \cdot 10^5$. Mit $Pr = \eta c_p/\lambda = 0{,}72$ kann dafür auch gesetzt werden

$$\bar{\alpha} = 0{,}0028\, W \varrho c_p, \tag{172a}$$

worin W wieder in m/h eingesetzt werden muß, um $\bar{\alpha}$ in kcal/m²h grd zu erhalten. Gl. (172a) kann für Luft oder andere Gase mit $Pr \approx 0{,}72$

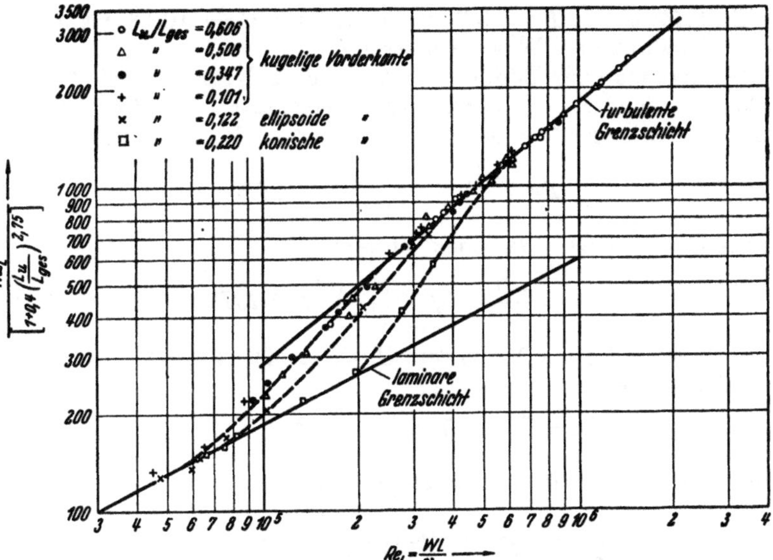

Abb. 103. Wärmeübergang am von Luft längsangeströmten Zylinder mit unbeheizten Vorderstücken verschiedener Form und Länge. Ordinate nach Gl. (170). (Nach JAKOB u. DOW.)

zur Abschätzung im angegebenen Bereich verwendet werden. Der laminare Ast in Abb. 103 folgt der Gl. (123) für alle Werte L_u/L_{ges}.

2. Turbulente Strömung in Rohren. Aus den Betrachtungen der früheren Abschnitte ging hervor, daß es keine Gleichung von allgemeiner Geltung geben kann, die gleichzeitig einfach aufgebaut ist. Auf die Wärmeübergangszahl α bzw. die Nußelt-Zahl Nu wirken nicht nur Re und Pr ein, sondern es muß auch der Einfluß der Rohrlänge und der von der Temperatur abhängigen Stoffwerte berücksichtigt werden. Als Gleichung, die die genannten Forderungen am meisten erfüllt, kann die von HAUSEN[2] empirisch aufgestellte gelten, die durch Gln. (155b) und (166) bereits mitgeteilt war. Sie lautet zusammengefaßt

$$Nu = 0{,}116\left[1 + \left(\frac{D}{L}\right)^{2/3}\right](Re^{2/3} - 125)\, Pr^{1/3}\left(\frac{\eta_{fl}}{\eta_w}\right)^{0{,}14}. \tag{173}$$

[1] TEN BOSCH: Die Wärmeübertragung, 3. Aufl. S. 147. Berlin 1936.
[2] HAUSEN, H.: Zit. Fußnote 1 S. 208.

Gl. (173) gilt für $Re > 2300$ (vgl. Abb. 102) bis $Re = 150000$. Alle Stoffwerte bis auf η_w sind bei der mittleren Flüssigkeitstemperatur ϑ_{fl}, η_w bei der Wandtemperatur ϑ_w einzusetzen.

Daneben bewähren sich in der Praxis die gewöhnlichen Potenzgleichungen nach NUSSELT, etwa in der von KRAUSSOLD[1] angegebenen Form für *Gase und Flüssigkeiten*:

$$Nu = \frac{\alpha D}{\lambda} = 0{,}032\, Re^{0{,}8}\, Pr^n\, (L/D)^{-0{,}054}, \tag{174}$$

mit $n = 0{,}37$ für Heizung
und $n = 0{,}30$ für Kühlung der Flüssigkeit.

Gl. (174) ist für $Pr = 0{,}7$ bis 370 und für $Re = 10000$ bis 90000 bei Ölen, bis 500000 bei Wasser[2] bestätigt.

Benutzt man zur Bildung der Re-Zahl im Rohr nicht die Geschwindigkeit $\overline{w}$, sondern die durch den Querschnitt $F = \pi D^2/4$ strömende Flüssigkeitsmenge[3] $G = \overline{w}\varrho F = \overline{w}\varrho \pi D^2/4$ (z. B. in kg/h), so wird

$$Re = \frac{\overline{w} D \varrho}{\eta} = \frac{4}{\pi}\frac{G}{D\eta} = 1{,}273\frac{G}{D\eta}. \tag{175}$$

Damit läßt sich Gl. (174) auch schreiben

$$Nu = \frac{\alpha D}{\lambda} = 0{,}039\left(\frac{G}{D\eta}\right)^{0{,}8} Pr^n (L/D)^{-0{,}054}. \tag{174a}$$

Wird in Gl. (174) ein Mittelwert $(L/D) \approx 200$ eingesetzt, so entstehen die Gleichungen:

$$Nu = \frac{\alpha D}{\lambda} = 0{,}024\, Re^{0{,}8}\, Pr^n \tag{176}$$

und, wenn wieder Re mit G gebildet wird,

$$Nu = \frac{\alpha D}{\lambda} = 0{,}029\left(\frac{G}{D\eta}\right)^{0{,}8} Pr^n. \tag{176a}$$

Für *Gase* ist besonders die Gleichung

$$Nu = \frac{\alpha D}{\lambda} = 0{,}027\,(Re\, Pr)^{0{,}78} \tag{177}$$

geeignet, die ebenfalls für $(L/D) \approx 200$ gilt. Aus ihr läßt sich ableiten

$$Nu = \frac{\alpha D}{\lambda} = 0{,}033\left(\frac{G c_p}{D\lambda}\right)^{0{,}78}. \tag{177a}$$

Daraus entsteht z. B. für die Wärmeübergangszahl α die Beziehung für *Gase*

$$\alpha = 0{,}033\,\frac{(G c_p)^{0{,}78}\,\lambda^{0{,}22}}{D^{1{,}78}}. \tag{177b}$$

---

[1] KRAUSSOLD, H.: Der konvektive Wärmeübergang. Technik 3 (1949) 205/213 u. 257/261.

[2] WINKLER, K.: Wärmeübergang in Rohren bei hohen Reynoldsschen Zahlen. Forsch. Ing.-Wes. 6 (1935) 261/268.

[3] Im amerikanischen Schrifttum ist oft die Bezeichnung „mass velocity" $G = \overline{w}\varrho$ üblich. Auf den Unterschied zu unserer Definition $G = \overline{w}\varrho F$ sei ausdrücklich hingewiesen.

In allen Gleichungen sind übereinstimmende Einheiten zu verwenden. So müßte in Gl. (177b) eingesetzt werden

Gasmenge G in kg/h,
spezifische Wärme c_p in kcal/kg grd,
Wärmeleitzahl λ in kcal/m h grd,
Rohrdurchmesser D in m,

damit die Wärmeübergangszahl α in kcal/m² h grd erhalten wird. In Gl. (175) ist η in kg/m h einzuführen. Die Stoffwerte aller obiger Gleichungen sind bei der mittleren Flüssigkeitstemperatur einzusetzen.

Die mitgeteilten Gleichungen sind in Abb. 104 dargestellt. Der Unterschied zwischen Heizung und Kühlung der Flüssigkeit würde in Gl. (173)

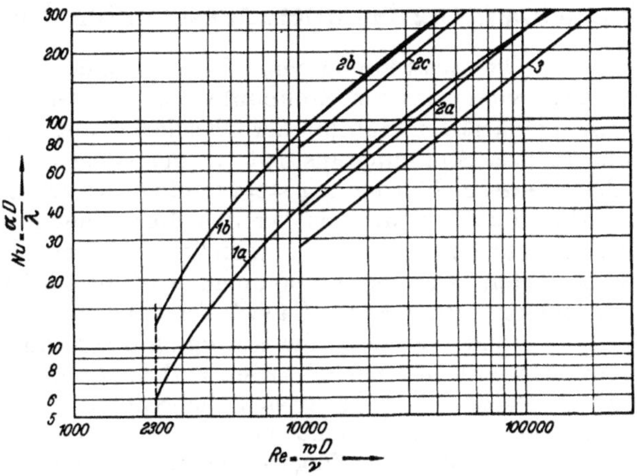

Abb. 104. Empirische Gleichungen für den Wärmeübergang einer turbulenten Rohrströmung für $L/D = 250$.

Kurve *1a*: Gl. (173) mit $Pr = 1$ und $\eta_w = \eta_{fl}$;
Kurve *1b*: Gl. (173) mit $Pr = 10$ und $\eta_w = \eta_{fl}$;
Kurve *2a*: Gl. (174) mit $Pr = 1$;
Kurve *2b*: Gl. (174) mit $Pr = 10$ für Heizung der Flüssigkeit;
Kurve *2c*: Gl. (174) mit $Pr = 10$ für Kühlung der Flüssigkeit;
Kurve *3*: Gl. (177) für Gase mit $Pr = 0{,}72$.

durch $(\eta_{fl}/\eta_w)^{0,14}$ zum Ausdruck kommen, so daß dadurch bei Kühlung der Flüssigkeit Kurve *1b* näher an *2c* liegen würde.

Die obigen Gleichungen haben im ganzen Geltungsbereich konstante Exponenten der Kennzahlen. Schon aus unseren früheren Betrachtungen ging hervor, daß das nicht streng gültig sein kann. Da der Nenner der Prandtlschen Gleichung (134) auch von Re abhängt, muß auch in einer Interpolationsformel der Re-Exponent veränderlich sein. Auch der Exponent der Prandtl-Zahl kann nicht gleichbleiben, wie besonders aus Abb. 98 hervorgeht. Für hohe Pr-Werte gibt der Exponent $n = 1/3$ die theoretischen Gleichungen gut wieder (Kurve *7* in Abb. 98), während für sehr kleine Pr-Zahlen $n = 0{,}8$ gilt (Kurve *8* in Abb. 98). Dazwischen muß ein stetiger Übergang vorhanden sein. In diesem Sinne sind die Gleichungen dieses Abschnitts Näherungen, worauf im Schrifttum schon wiederholt hingewiesen wurde.

Eine Reihe von Autoren haben die theoretischen und empirischen Gleichungen im ganzen Bereich ausgewertet und als Diagramme oder Nomogramme dargestellt, so HOFMANN[1], WEBER[2], KOCH[3], ELLINGER[4], ALTENKIRCH[5].

Die Frage nach der „besten" Gleichung ist heute noch nicht zu beantworten. Es wird weiterer theoretischer und experimenteller Bemühungen bedürfen, um besonders die Einflüsse des Einlaufgebietes und der temperaturabhängigen Stoffwerte so genau eliminieren zu können, daß unsere Vorstellungen über den Wärmeaustausch strenger durch den Versuch nachzuprüfen sind.

E. Wärmeübergang bei querangeströmten Körpern.

Auch bei der Queranströmung von Körpern bildet sich von der Vorderkante bzw. vom vorderen Staupunkt aus eine Grenzschicht, in der die Geschwindigkeit von Null (an der Oberfläche) auf den jeweiligen Wert der ungestörten Strömung ansteigt. In der Umgebung des Staupunkts ist die Grenzschichtströmung stets laminar, sie kann an stromabwärts gelegenen Punkten turbulent werden. Der Druck in der Grenzschicht wird als eingeprägte Kraft aufgefaßt und dem Druckverlauf dp/dx der ungestörten Strömung entnommen (x ist die Entfernung vom vorderen Staupunkt längs der Oberfläche). Das bedeutet, daß auf der Vorderseite des Körpers (Luvseite) die Strömung beschleunigt wird, da sich die Stromlinien dort zusammendrängen und dp/dx negativ ist. Auf der Rückseite (Leeseite) verbreitern sich die Stromlinien wieder, die Strömung wird verzögert und dp/dx positiv. Dieser leeseitige Druckanstieg hat eine Erscheinung zur Folge, die es bei der längsangeströmten Platte ($dp/dx = 0$) nicht gibt, nämlich die Ablösung der Grenzschicht und damit die Ausbildung von Trennflächen zwischen einem „Totraum" und der ungestörten Strömung.

Nach PRANDTL[6] kann man die Ablösung der Grenzschicht wie folgt erklären: Während die ungestörte und als reibungsfrei angenommene Strömung die Rückverwandlung kinetischer in Druckenergie auf der Leeseite des Körpers ohne Schwierigkeit mitmacht, besitzt die bereits durch Reibung verzögerte Grenzschichtströmung dazu nicht mehr genügend kinetische Energie. Sie wird daher auf die Geschwindigkeit

[1] HOFMANN, E.: Wärmeübergang bei turbulenter Strömung in Rohren. Z. VDI 82 (1938) 741/742. — Forsch. Ing.-Wes. 20 (1954) 81/93.

[2] WEBER, A. P.: Nomographische Bestimmung des Wärmeübergangs. Gesundh.-Ing. 69 (1948) 249/253.

[3] KOCH, B.: Turbulenter Wärmeaustausch im Rohr. Arch. ges. Wärmetechn. 1 (1950) 2/8.

[4] ELLINGER, J. H.: Nomograms in the design of heat transfer equipment. Industr. Chemist 26 (1950).

[5] ALTENKIRCH, E.: Eine allgemeine Gleichung für den Wärmeübergang im glatten Rohr. Kältetechnik 5 (1953) 253/254.

[6] PRANDTL, L.: Fußnote 1 S. 251.

Null abgebremst und u. U. sogar unter Einwirkung des weiteren Druckanstieges $dp/dx > 0$ zur Rückströmung gezwungen. Das an der Körperoberfläche angehäufte Grenzschichtmaterial drängt die ungestörte Strömung ab und erzeugt eine Trennfläche, die sich weit in die leeseitige Strömung hinein fortpflanzt. Abb. 105 zeigt diese Vorgänge für den quer angeströmten Zylinder[1].

Die Ablösung verändert auch das Druckfeld um den Körper. Im Totwasserraum herrscht annähernd der Druck der angrenzenden Stromlinien der reibungsfreien Strömung, der infolge der Zusammendrängung der Stromlinien klein ist, so daß eine Kraft in Strömungsrichtung, also ein Widerstand, entsteht. Die resultierende Kraft in Strömungsrichtung,

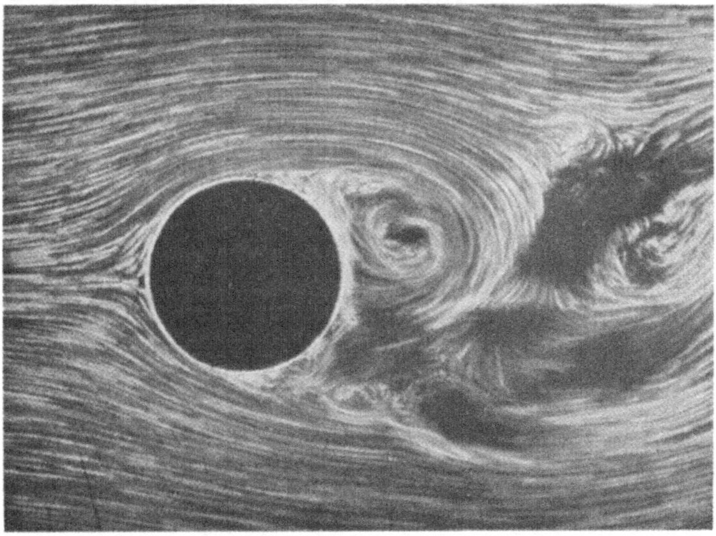

Abb. 105. Strömung um einen Kreiszylinder mit Ablösung. (Nach PRANDTL-TIETJENS.)

die aus dem Druckfeld um den Körper entsteht, nennt man Formwiderstand, der sich zu dem Reibungswiderstand als der Summe aller Schubspannungen addiert. Die längsangeströmte, unendlich dünne Platte hat nur Reibungswiderstand.

Die Lage des Ablösungspunktes hängt stark davon ab, ob die Grenzschicht dort noch laminar oder schon turbulent ist. Wegen des völligeren Geschwindigkeitsprofils der turbulenten Grenzschicht besitzt diese im Mittel eine höhere kinetische Energie, so daß sie den Verzögerungen auf der Leeseite eher folgen kann als die laminare Grenzschicht. Dementsprechend tritt die Ablösung auch erst an einem weiter hinten liegenden Punkt ein. Der Formwiderstand eines Körpers kann dadurch herabgesetzt werden.

[1] Aus L. PRANDTL u. O. TIETJENS: Hydro- und Aeromechanik, Band II. Berlin 1931.

1. Wärmeübergang bei laminarer Grenzschicht.

In der Nähe des Staupunkts hängt die Geschwindigkeit der reibungsfreien Strömung linear von der Bogenlänge x des umströmten Körpers ab, also $W = C x$, und zwar unabhängig von der Körperform. Dafür läßt sich die Wärmeübergangszahl in folgender Form schreiben:

$$\alpha = A \lambda \sqrt{C/\nu}. \tag{178}$$

Die Konstante A ist als Funktion der Pr-Zahl in Zahlentafel 20 nach GOLDSTEIN[1] wiedergegeben.

Zahlentafel 20. *Werte für A (Pr) in Gl. (178)* (nach GOLDSTEIN).

Pr	0,6	0,7	0,8	0,9	1,0	1,1	7,0	10	15
A	0,466	0,495	0,521	0,546	0,570	0,592	1,18	1,34	1,54

Diese Werte lassen sich sehr angenähert durch die Gleichung

$$A = 0{,}570\, Pr^{0{,}371} \tag{178a}$$

ausdrücken. Beim Kreiszylinder vom Durchmesser D folgt die reibungsfreie Strömung der Gleichung $W(x) = 2\, W_\infty \sin(2x/D)$, wenn W_∞ die Anströmgeschwindigkeit ist. Für kleine Werte x, also in Staupunktsnähe, wird daraus $W(x) = 4\, W_\infty\, x/D$ und $C = 4\, W_\infty/D$. Damit kann man Gl. (178) auf die dimensionslose Form

$$Nu = \frac{\alpha D}{\lambda} = 2 A \sqrt{\frac{W_\infty D}{\nu}} = 2 A \sqrt{Re} \tag{179}$$

bringen. Setzt man Gl. (178a) in Gl. (179) ein, so erhält man für den Wärmeübergang am Staupunkt des Kreiszylinders

$$Nu = 1{,}14\, Re^{0{,}5}\, Pr^{0{,}371}. \tag{179a}$$

Diese Beziehung wird gut durch Messungen von SCHMIDT und WENNER[2] bestätigt. Sie dürfte auch für ähnlich geformte Körper gelten, wenn für D eine geeignete Längenabmessung eingesetzt wird.

Auch der weitere Verlauf der Wärmeübergangszahl $Nu(x)$ an einem beliebigen angeströmten Körper ist nach ECKERT[3] der theoretischen Behandlung zugänglich, solange die Grenzschicht laminar bleibt und keine Ablösung eintritt. Dazu werden exakte Lösungen für die Strömungsgrenzschicht an angeströmten Keilen nach HARTREE[4] benutzt. Vorgegeben muß stets der Verlauf $W(x)$ der Geschwindigkeit am Rande

[1] GOLDSTEIN, S.: Modern developments in fluid dynamics, Bd. II. Oxford 1938.

[2] SCHMIDT, E., u. K. WENNER: Wärmeabgabe über den Umfang eines angeblasenen geheizten Zylinders. Forsch. Ing.-Wes. 12 (1941) 65/75.

[3] ECKERT, E.: Die Berechnung des Wärmeüberganges in der laminaren Grenzschicht umströmter Körper. VDI-Forsch.-Heft Nr. 416, Berlin 1942.

[4] HARTREE, D. R.: On a equation occuring in Falkner and Skan's approximate treatment of the equations of the boundary layer. Proc. Cambridge Phil. Soc. 33, Teil II (1937) S. 223/239.

der Grenzschicht sein, der sich aus den Gesetzen der reibungsfreien Strömung errechnen läßt. Das Rechenverfahren von ECKERT geht von der Annahme aus, daß an einem beliebigen Körper die laminare Grenzschicht in gleichem Maße anwächst, wie an einem Keilprofil mit jeweils gleicher Grenzschichtdicke und gleichem Geschwindigkeitsgefälle dW/dx. Das Ergebnis der Rechnung für verschiedene Profile bei $Pr = 0{,}7$ zeigt Abb. 106, in das auch die örtliche Nu-Zahl für die längsangeströmte ebene Platte nach POHLHAUSEN Gl. (94) eingetragen ist. Der Wert t bedeutet dabei die größte Erstreckung des Körpers in Strömungsrichtung, die sog. Profiltiefe.

Man erkennt aus Abb. 106, daß schlanke Körper (Platte, elliptischer Zylinder 1 : 4) einen völlig anderen Verlauf der Nu-Zahl aufweisen als stumpfe Profile (Kreiszylinder). Die Wärmeübergangszahl an der querangeströmten Kreisplatte wäre unabhängig von der Entfernung x vom Staupunkt.

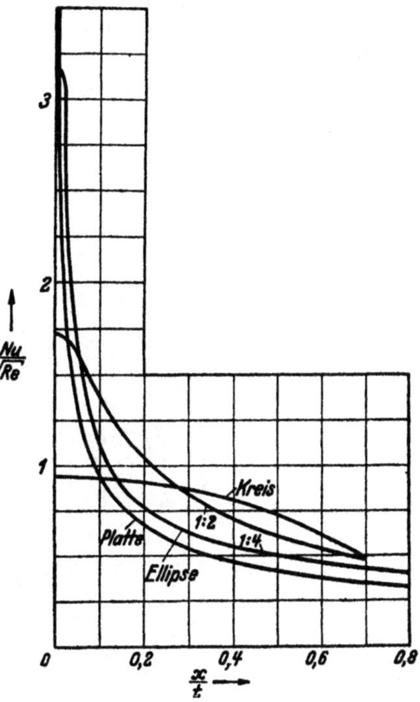

Abb. 106. Örtliche Wärmeübergangszahlen an quer angeströmten Körpern bei laminarer Grenzschicht ($Pr = 0{,}7$). Kreiszylinder, elliptischer Zylinder mit dem Achsenverhältnis 1 : 2 und 1 : 4 und längs angeströmte Platte. (Nach ECKERT.)

t = Profiltiefe; x = Entfernung vom Staupunkt; $Nu = \alpha\, t/\lambda$; $Re = W_\infty\, t/\nu$.

2. Wärmeübergang am Kreiszylinder.

Soweit die Grenzschicht laminar verläuft, werden die Rechnungen des vorigen Abschnittes befriedigend durch die Messungen von SCHMIDT und WENNER (s. S. 244) bestätigt. Die Werte $Nu/\sqrt{Re}$ lassen sich untereinander und mit der theoretischen Kurve zur Deckung bringen, wenn man sie über dem Zentriwinkel am Zylinder aufträgt.

Im Polardiagramm sind die gemessenen Nu-Zahlen in Abb. 107 wiedergegeben. Man muß annehmen, daß die Minima der Nu-Werte bei den kleinen Re-Zahlen an den Ablösungspunkten der bis dort laminaren Grenzschicht liegen. Die bei der Ablösung auftretenden Wirbel erhöhen den Wärmeübergang auf der Leeseite etwas. Einen ganz anderen Charakter hat die Kurve für $Re = 426\,000$. Das Minimum ist deutlich stromabwärts verschoben und die Nu-Zahlen steigen leeseitig stark an. Hier ist offenbar die Grenzschicht vor der Ablösung turbulent geworden. Diese Vorstellung wird dadurch erhärtet, daß die Widerstandszahl des Kreiszylinders zwischen $Re = 2 \cdot 10^5$ bis $5 \cdot 10^5$ stark abnimmt, was ebenfalls auf spätere Ablösung infolge Turbulenz in der Grenzschicht zurückzuführen ist. Die Lage des Umschlagspunktes hängt jedoch auch vom Turbulenzgrad der anströmenden Luft ab, so daß keine allgemein gültigen Aussagen darüber zu machen sind.

Im Bereich kleiner *Re*-Zahlen wurde die Verteilung der *Nu*-Zahl über den Umfang des Kreiszylinders von ECKERT und SOEHNGEN[1] durch Auswertung von Interferenzbildern ermittelt, wie es in Abb. 108 dargestellt ist. Hieran fällt der geringe Anteil der Leeseite am gesamten Wärmeübergang sowie der weit nach hinten verschobene Ablösungspunkt

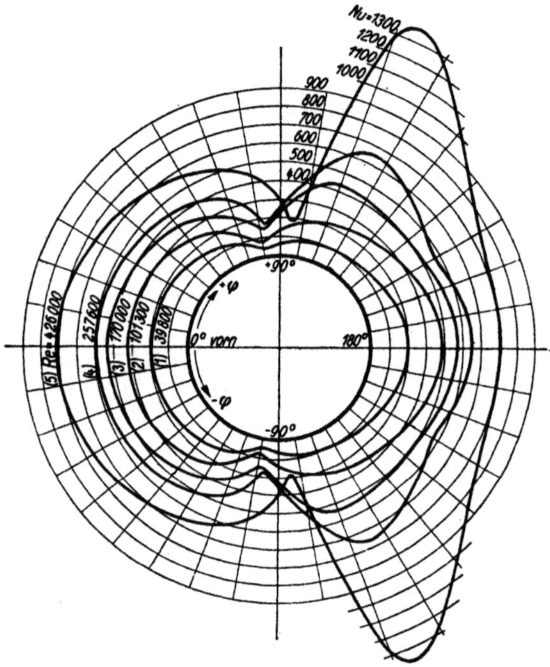

Abb. 107. Gemessene örtliche Wärmeübergangszahlen am mit Luft querangeströmten Kreiszylinder. (Nach SCHMIDT u. WENNER.) φ = Zentriwinkel vom Staupunkt.

auf. Diese Messungen haben besonders für die Anwendung von Thermoelementen und Hitzdraht-Anemometern bei kleinen Geschwindigkeiten Bedeutung. Die Staupunktsgleichung (179a) ist auch hier einigermaßen erfüllt.

Weitere Messungen der Wärmeübergangszahl am Umfang des Kreiszylinders liegen von mehreren Autoren vor[2]. Sie stimmen untereinander mehr oder weniger gut überein, zeigen jedoch alle den typischen Verlauf

[1] ECKERT, E. R. G., u. E. SOEHNGEN: Distribution of heat transfer coefficients around circular cylindres in crossflow at Reynolds numbers from 20 to 500. Trans. Amer. Soc. mech. Engrs. 74 (1952) 343/347.

[2] DREW, T. B., u. W. P. RYAN: Trans. Amer. Inst. Chem. Engrs. 26 (1931) 118/149. — V. KLEIN: Diss. T. H. Hannover 1933. — J. SMALL: Phil. Mag. (7) 19 (1935) 251. — G. KRUJILIN: Techn. Phys. USSR 5 (1938) Nr. 4 S. 289.

von Abb. 107. Auch die aus Diffusionsversuchen erhaltenen Werte von Lohrisch[1], sowie von Winding und Cheney[2] ordnen sich gut in den allgemeinen Rahmen ein.

Für technische Anwendungen ist besonders die *Gesamt*wärmeübergangszahl am Zylinder von Bedeutung. Diese wurde an Luft in einem weiten Bereich der *Re*-Zahl durch Hilpert[3] gemessen. Die Ergebnisse sind in Abb. 109 dargestellt und lassen sich durch die Gleichung

$$Nu = \frac{\alpha D}{\lambda} = C\,Re^m \quad (180)$$

mit den Werten C und m der Zahlentafel 21 wiedergeben. Die Stoffwerte in Gl. (180) sind bei der Mitteltemperatur der Luft und der Oberfläche, also bei $\vartheta = (\vartheta_w + \vartheta_\infty)/2$ einzusetzen. Die *Re*-Zahl ist mit der Anströmgeschwindigkeit W_∞ gebildet.

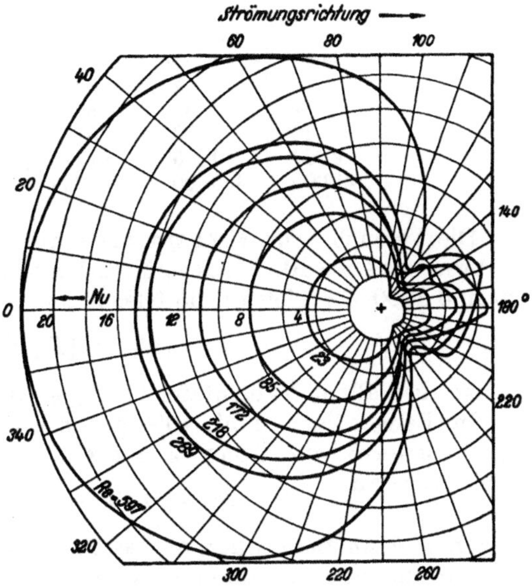

Abb. 108. Gemessene örtliche Wärmeübergangszahlen am Kreiszylinder bei $Re = 20$ bis 600. (Nach Eckert u. Soehngen.)

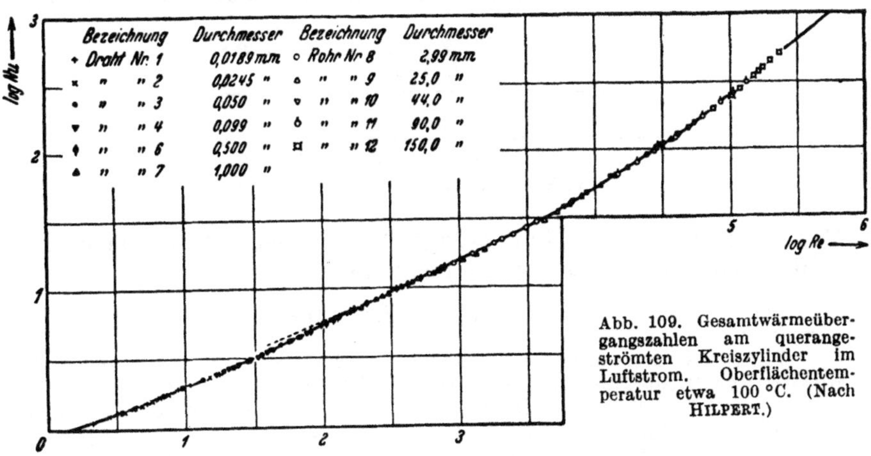

Abb. 109. Gesamtwärmeübergangszahlen am querangeströmten Kreiszylinder im Luftstrom. Oberflächentemperatur etwa 100 °C. (Nach Hilpert.)

[1] Lohrisch, W.: VDI-Forsch.-Heft Nr. 322. Berlin 1929.

[2] Winding, C. C., u. A. J. Cheney: Mass and Heat Transfer in Tube banks. Industr. Engng. Chem. 40 (1948) 1087/1093.

[3] Hilpert, R.: Wärmeabgabe von geheizten Drähten und Rohren im Luftstrom. Forsch. Ing.-Wes. 4 (1933) 215/224.

Zahlentafel 21. *Werte* C *und* m *der Gl.* (180) *und* C_1 *nach Gl.* (180a) (nach HILPERT).

Re von	Re bis	C	m	C_1
1	4	0,891	0,330	0,872
4	40	0,821	0,385	0,802
40	4000	0,615	0,466	0,600
4000	40000	0,174	0,618	
40000	400000	0,0239	0,805	

Die Versuche von HILPERT nach Abb. 109 sind bei Zylindertemperaturen von etwa 100 °C ausgeführt. Bei anderen Temperaturen zwischen 50 und 1000 °C erhielt er die Gleichung

$$Nu = C_1 Re^m (T_w/T_\infty)^{0,25}. \tag{180a}$$

C_1 ist ebenfalls in Zahlentafel 21 angegeben.

Im Bereich $Re = 1$ bis 4000 geben ECKERT und SOEHNGEN[1] für die Versuchswerte von HILPERT mit einem größten Fehler von 4% die Gleichung[2] an

$$Nu = 0,43 + 0,48\,Re^{0,5}. \tag{181}$$

Durch *Flüssigkeiten* quer angeströmte geheizte Drähte wurden von DAVIS[3] und anderen untersucht, und zwar mit Wasser und Ölen im Bereich $Pr = 6$ bis 1240 und $Re = 0,2$ bis 10000. Nach ULSAMER[4] kann man diese Messungen durch die Gleichung

$$Nu = K\,Re^m\,Pr^n \tag{182}$$

wiedergeben, wobei K, m und n aus Zahlentafel 21a zu entnehmen sind.

Zahlentafel 21a. *Werte* K, m *und* n *aus Gl.* (182).

Re	K	m	n
0,1—50	0,91	0,385	0,31
50—10000	0,60	0,50	0,31

Man kann auch die für Luft gültige Gl. (180) dadurch für andere Pr-Zahlen umrechnen, daß man die rechte Seite mit

$$Pr^{0,31}/0,71^{0,31} = Pr^{0,31}/0,90 \tag{182a}$$

[1] Zit. S. 246. Eine ähnliche Gleichung für $0,1 < Re < 10^3$ gab früher W. H. MCADAMS an (Heat Transmission, 2. Aufl. S. 222. New York u. London 1942.

[2] $\alpha \sim w^{0,5}$ bedeutet stets ein Überwiegen der laminaren Grenzschicht. Beim Vorherrschen der turbulenten Grenzschicht wird $\alpha \sim w^{0,8}$. Diese beiden Typen von Potenzgleichungen finden sich als Näherungslösungen im gesamten Gebiet der erzwungenen Konvektion.

[3] DAVIS, A. H.: Phil. Mag. 47 (1924) 972/1057; auch Nat. Phys. Lab. Coll. Res. 19 (1926) 243.

[4] ULSAMER, J.: Die Wärmeabgabe eines Drahtes oder Rohres an einen senkrecht zur Achse strömenden Gas- oder Flüssigkeitsstrom. Forsch. Ing.-Wes. 3 (1932) 94/98.

erweitert[1]. Die Übereinstimmung ist befriedigend, wenn man die stärkere Streuung der Messungen von DAVIS gegenüber denen von HILPERT berücksichtigt. Bei kleinen Re-Zahlen werden die gemessenen Nu-Werte durch freie Konvektion beeinflußt.

Die Lage des Umschlags- und des Ablösungspunktes der Grenzschicht hängt auch vom Turbulenzgrad der anströmenden Luft ab. COMINGS[2] und Mitarbeiter fanden, daß die Erhöhung der Turbulenz eines Luftstroms erst für $Re = \frac{W_\infty D}{\nu} > 1750$ den Wärmeübergang am Zylinder erhöht. Dieser Einfluß wird mit steigender Re-Zahl immer stärker. Für $Re = 20000$ ließ sich durch vorgeschaltete Turbulenzgitter die Nu-Zahl um 25% vergrößern.

3. Wärmeübergang am Rohrbündel.

Da die hinteren Rohrreihen in der Wirbelschleppe der vorderen liegen, ist mit einer höheren Wärmeübergangszahl als am Einzelrohr zu rechnen. Hierüber liegt eine große Zahl von Versuchen vor, die von

Zahlentafel 22. *Werte K und m der Gl.* (183) *für Luft bei 10 Rohrreihen.* $a = s_1/d$ $=$ *Querteilungsverhältnis,* $b = s_2/d =$ *Längsteilungsverhältnis,* $d =$ *Rohrdurchmesser.*

a	1,25		1,5		2		3	
	K	*m*	*K*	*m*	*K*	*m*	*K*	*m*
b	*für fluchtende Rohrbündel*							
1,25	0,348	0,592	0,275	0,608	0,100	0,704	0,0633	0,752
1,5	0,367	0,586	0,250	0,620	0,101	0,702	0,0678	0,744
2	0,418	0,570	0,299	0,602	0,229	0,632	0,198	0,648
3	0,290	0,601	0,357	0,584	0,374	0,581	0,286	0,608
b	*für versetzte Rohrbündel*							
0,6							0,213	0,636
0,9					0,446	0,571	0,401	0,581
1,0			0,497	0,558				
1,125					0,478	0,565	0,518	0,560
1,25	0,518	0,556	0,505	0,554	0,519	0,556	0,522	0,562
1,5	0,451	0,568	0,460	0,562	0,452	0,568	0,488	0,568
2	0,404	0,572	0,416	0,568	0,482	0,556	0,449	0,570
3	0,310	0,592	0,356	0,580	0,440	0,562	0,421	0,574

HOFMANN[3] zusammenfassend bearbeitet wurden. Danach kann die Wärmeübergangszahl dargestellt werden durch

$$Nu = \frac{\alpha d}{\lambda} = K\, Re^m\, f\left(\frac{s_1}{d}, \frac{s_2}{d}\right). \tag{183}$$

[1] Grundsätzlich kann man durch diese Operation jede für Luft geltende Gleichung erweitern. Im Mittel dürfte der Exponent $n = 1/3$ für höhere Pr-Zahlen, dagegen $n \approx 0{,}5$ für $Pr \approx 1$ richtiger sein (vgl. Abb. 98).

[2] COMINGS, E. W., J. T. CLAPP u. J. F. TAYLOR: Air turbulence and transfer processes; flow normal to cylinders. Industr. Engng. Chem. 40 (1948) 1076/1082.

[3] HOFMANN, E.: Wärmeübergang und Druckverlust bei Queranströmung durch Rohrbündel. Z. VDI 84 (1940) 97/101.

Darin bedeuten d den Rohrdurchmesser und s_1, s_2 den Quer- bzw. Längsabstand der Rohrreihen. Außerdem ist Nu von der Anordnung der Rohre (fluchtend oder versetzt) abhängig. In der Re-Zahl ist als Geschwindigkeit der Mittelwert im engsten Querschnitt zwischen 2 Rohren einzusetzen. Für die Stoffwerte gilt die Mitteltemperatur $\vartheta = (\vartheta_w + \vartheta_\infty)/2$. Die Werte K und m sind aus Zahlentafel 22, S. 249, zu entnehmen, die von GRIMISON[1] aufgestellt wurde und für 10 Rohrreihen gilt.

Für weniger Rohrreihen wird die Nu-Zahl kleiner, und zwar um etwa 12% für 4 Rohrreihen.

Bei mittleren Verhältnissen kann auch nach der einfacheren Gleichung

$$Nu = 0{,}267\, Re^{0{,}609} \tag{184}$$

gerechnet werden, die von GLASER[2] angegeben wurde. Die versetzte Rohranordnung gibt nur für $Re < 20000$ merklich höhere Nu-Werte und auch nur dann, wenn die Querteilung größer als die Längsteilung ist.

Örtliche Wärmeübergangszahlen an Rohren in Rohrbündeln geben WINDING und CHENEY (s. S. 247) an. Der durch die Wirbelschleppe der vorderen Reihen verursachte Umschlag der laminaren Grenzschicht wird durch das ausgeprägte Maximum von α auf der Leeseite sichtbar, wie es in Abb. 107 für das Einzelrohr erst bei $Re = 426000$ auftrat.

Für andere Pr-Zahlen als für Luft kann Gl. (183) und (184) mit Hilfe von Gl. (182a) umgerechnet werden.

Den Einfluß ungleichmäßiger Geschwindigkeitsverteilung über den Anströmquerschnitt und ungenauer Rohrteilung untersuchten GREGORIG und TROMMER[3].

4. Wärmeübergang an Kugeln.

Aus zahlreichen Messungen in Luft hat McADAMS[4] die Gleichung

$$Nu = 0{,}33\, Re^{0{,}6} \tag{185}$$

ermittelt, die von $Re = 20$ bis 150000 gilt. Die Stoffwerte sind mit der Mitteltemperatur $\vartheta = (\vartheta_w + \vartheta_\infty)/2$ zu bilden. Für andere Pr-Zahlen ließe sich diese Gleichung erweitern, so daß

$$Nu = 0{,}37\, Re^{0{,}6}\, Pr^{1/3} \tag{185a}$$

entstehen würde. Jedoch fehlt für Gl. (185a) bisher die experimentelle Bestätigung. Eine theoretische Betrachtung liegt von JOHNSTONE und Mitarbeitern[5] vor, die einen kleineren Exponenten von Re als in Gl. (185) erhalten. Da bei Kugeln die Grenzschicht bei $Re \approx 300000$ turbulent

---

[1] GRIMISON, E. D.: Trans. Amer. Soc. mech. Engrs. 59 (1937) 583/594.

[2] GLASER, H.: Z. VDI Beihefte Verfahrenstechnik (1938) 112/115.

[3] GREGORIG, R., u. H. TROMMER: Verminderung des Wärmedurchgangs bei ungleichmäßiger Geschwindigkeitsverteilung und ungenauer Rohrteilung. Schweiz. Bauztg. 70 (1952) 151/155 u. 174/176. Vgl. dazu auch H. GLASER: Die Wirksamkeit von Kühlflächen bei teilweiser Umströmung. Kältetechnik 4 (1952) 318/322.

[4] McADAMS, W. H.: Heat Transmission, 2. Aufl. New York u. London 1942.

[5] JOHNSTONE, H. F., R. L. PIGFORD u. J. H. CHAPIN: Trans. Amer. Inst. Chem. Engrs. 37 (1941) 95/133.

wird[1], ist anzunehmen, daß für größere *Re*-Zahlen Gl. (185) nicht mehr gilt. Im Bereich $44000 < Re < 151000$ wurde durch CARY[2] folgende Gleichung experimentell in Luftströmung gefunden:

$$Nu = 0{,}37\,Re^{0{,}53}. \qquad (185\,b)$$

Für den Staupunkt ergab sich $Nu/\sqrt{Re} = 0{,}69$, auch war im durchgemessenen Bereich $Nu/\sqrt{Re}$ einigermaßen unabhängig von *Re*, und zwar bis zu einem Zentriwinkel von etwa 100° (vom Staupunkt gemessen).

Für sehr kleine *Re*-Zahlen ($Re \approx 1$) wird $Nu = 2$, da sich der Wärmeübergang dann als Wärmeleitung durch ein ruhendes Medium betrachten läßt. Aus Gl. (c) S. 107 mit $D_a \to \infty$ wird:

$$Q_h = \lambda\, 2\pi D_i (\vartheta_w - \vartheta_\infty) = \alpha \pi D_i^2 (\vartheta_w - \vartheta_\infty), \quad \text{oder} \quad Nu = \alpha D_i/\lambda = 2.$$

Denkt man sich um die Kugel eine ruhende Grenzschicht von der Dicke δ, in welcher der Temperaturabfall $(\vartheta_w - \vartheta_\infty)$ eintritt, so wird $D_a = D_i + 2\,\delta$ und damit

$$Nu = 2 + D_i/\delta. \qquad (186)$$

Für den Wert D_i/δ errechnete KUDRJASCHEV[3] die Gleichung

$$D_i/\delta = 0{,}388\sqrt{Re\,Pr}, \qquad (187)$$

so daß für Luft mit $Pr = 0{,}72$ der Wärmeübergang an der Kugel

$$Nu = 2 + 0{,}33\,Re^{0{,}5} \qquad (188)$$

werden würde. Diese Gleichung kann im Bereich kleiner *Re*-Zahlen angewendet werden [s. auch Gl. (368) S. 359].

5. Wärmeübergang an der querangeströmten Platte.

Solange die Grenzschicht an der senkrecht angeströmten Platte laminar bleibt, wäre nach den Betrachtungen in Abschnitt 1 (S. 244) die Wärmeübergangszahl α unabhängig von der Entfernung vom Staupunkt x. Außerdem wäre $\alpha \sim W_\infty^{0{,}5}$. JAKOB[4] hat Messungen an einer Kreisplatte von etwa 10 cm Durchmesser bei Luftgeschwindigkeiten von 4 bis 35 m/sek veröffentlicht, bei denen sich eine über den ganzen Bereich gehende Meßreihe durch die Gleichung

$$\bar{\alpha} = 14{,}5\, W_\infty^{0{,}45} \text{ in kcal/m}^2\,\text{h grd} \qquad (189)$$

darstellen läßt, wenn die Anströmgeschwindigkeit W in m/sek gemessen wird. Andere Messungen im oberen Geschwindigkeitsbereich ergaben den Exponenten 0,571 statt 0,45 und andere Zahlenkonstanten. $\bar{\alpha}$ ist die mittlere Wärmeübergangszahl für die Kreisplatte.

---

1 PRANDTL, L.: Führer durch die Strömungslehre, 3. Aufl. Braunschweig 1949.

2 CARY, J. R.: The determination of local forced-convection coefficients for spheres. Trans. Amer. Soc. mech. Engrs. 75 (1953) 483/487.

3 KUDRJASCHEV, L. I.: Genauere Berechnung der Wärmeübergangszahlen an schwebende Teilchen nach der Methode der Wärmegrenzschicht (Titel übers.). Bull. Acad. Sci. USSR Sci. techn. (1949) Heft 11 S. 1620/1625 (russisch).

4 JAKOB, M.: Some investigations in the field of heat transfer. Proc. phys. Soc. 59 (1947) 726/755.

Im Staupunkt eines Wasserstrahls von 3,9 mm Durchmesser, der auf eine geheizte Platte senkrecht auftraf, maßen E. SCHMIDT und Mitarbeiter[1] folgende Wärmeübergangszahlen:

Wassergeschwindigkeit in m/sek	5,0	7,7	9,2
Wärmeübergangszahl in kcal/m² h grd. . . .	37000	52000	66000

Im übrigen ist dieses Gebiet noch wenig durchforscht.

F. Wärmeübergang bei hohen Geschwindigkeiten.

Bei hohen Strömungsgeschwindigkeiten treten verschiedene Abweichungen gegenüber den bisher behandelten Fällen auf. Die durch Reibung in der Flüssigkeit entstehende Wärme muß hier stets berücksichtigt werden. Für ihr Zustandekommen sind, wie aus dem Bau der Dissipationsfunktion Gl. (18a) hervorgeht, große Geschwindigkeitsgefälle notwendig. Da bei schnell angeströmten Körpern die Geschwindigkeit in der Grenzschicht auf den Wert Null an der Körperoberfläche abgebremst wird, sind immer hohe Geschwindigkeitsgradienten quer zur Strömung vorhanden, die eine Berücksichtigung der Reibungswärme erfordern.

Andererseits spielt auch die Kompressibilität der Flüssigkeit bei hohen Geschwindigkeiten eine Rolle, da nach der Bernoullischen Gleichung Änderungen der Geschwindigkeit Druckänderungen erzeugen, denen gegenüber die Dichte nicht mehr als konstant angenommen werden kann. Als Maß für diesen Einfluß kann das Verhältnis des Staudrucks $\varrho w^2/2$ zum Elastizitätsmodul $(dp/d\varrho)/\varrho$ gelten, da der Staudruck die größtmögliche Druckerhöhung bei verlustloser Verzögerung auf $w = 0$ bedeutet. Befolgt der strömende Stoff die Gasgleichung $p/\varrho = RT$ und differenzieren wir diese Gleichung längs der Adiabaten $p =$ const $\varrho^{\varkappa}$, so wird $(dp/d\varrho) = \varkappa\, p/\varrho = w_s^2$. Darin ist

$$w_s = \sqrt{\varkappa\, p/\varrho} = \sqrt{\varkappa R T} \tag{190}$$

die Schallgeschwindigkeit des Gases im betrachteten Zustand. Der Quotient aus Staudruck und Elastizitätsmodul wird danach

$$\frac{w^2}{2\, w_s^2} = \frac{1}{2} Ma^2 . \tag{191}$$

Durch die Gleichung

$$Ma = \frac{w}{w_s} \tag{192}$$

ist die *Mach*-Zahl *Ma* definiert, die als dimensionslose Kennzahl für kompressible Strömungen zu betrachten ist. Es ist zu erwarten, daß sie auch den Wärmeübergang bei hohen Geschwindigkeiten beeinflußt, so daß sich die allgemeine Gl. (43a) hier erweitert zu

$$Nu = f(Re, Pr, Ma) . \tag{193}$$

---

[1] SCHMIDT, E., W. SCHURIG u. W. SELLSCHOPP: Versuche über die Kondensation von Wasserdampf in Film- und Tropfenform. Techn. Mech. Thermodyn. 1 (1930) 53/63.

Wird eine Strömung von der Geschwindigkeit w bei der Temperatur ϑ_∞ ohne äußere Wärmezu- oder -abfuhr abgebremst, so folgt aus dem ersten Hauptsatz[1]

$$d\frac{w^2}{2} = -d\,i = -c_p\,d\vartheta, \tag{194}$$

worin i die Enthalpie der Masseneinheit bedeutet.

Die Integration von Gl. (194) ergibt für den adiabaten Temperaturanstieg bei Verzögerung auf $w = 0$

$$\vartheta_{ad} - \vartheta_\infty = \frac{w^2}{2\,c_p}\ *. \tag{195}$$

Auch in der Grenzschicht schnell angeströmter Körper wird mechanische Energie in Wärme umgesetzt, und zwar durch Reibung. Die dabei frei werdende Wärme steht mit der freien Strömung im Austausch. Die Temperatur an der Körperoberfläche, die bei wärmedichter Ausbildung dieser Oberfläche die „Eigentemperatur" ϑ_e des Körpers genannt wird, hängt also vom Verhältnis der Zähigkeit zur Wärmeleitzahl, d. h. von der Pr-Zahl ab, bei turbulenter Strömung auch noch vom Austauschverhältnis A_q/A_τ (S. 224). ϑ_e wird im allgemeinen nicht mit ϑ_{ad} übereinstimmen, jedoch ist ϑ_{ad} ein geeigneter Bezugswert für ϑ_e, der auch für inkompressible Flüssigkeiten verwendet werden kann. Man bezeichnet jenen Bruchteil von $(\vartheta_{ad} - \vartheta_\infty)$, der als Eigentemperatur des angeströmten Körpers in Erscheinung tritt, als *Rückgewinnfaktor*

$$r = \frac{\vartheta_e - \vartheta_\infty}{\vartheta_{ad} - \vartheta_\infty} = \frac{\vartheta_e - \vartheta_\infty}{w^2/2\,c_p}. \tag{196}$$

Diese Bezeichnung rührt daher, daß $(\vartheta_{ad} - \vartheta_\infty)$ auch jene Temperaturabsenkung darstellt, die eine aus der Ruhe ($w = 0$) auf die Geschwindigkeit w adiabat beschleunigte Strömung erfährt. ϑ_{ad} ist dann mit der „Kesseltemperatur" identisch.

1. Eigentemperatur der längsangeströmten Platte.

Für laminare Grenzschicht und einschließlich der Dichte konstante Stoffwerte ist dieses Problem von Pohlhausen[2] zusammen mit der Frage nach dem Wärmeübergang behandelt worden (S. 192). Wird in der Gleichung für die Temperaturgrenzschicht (83) das Reibungsglied $\eta\,(dw_x/dy)^2$ nicht gestrichen, so erhält man an Stelle von Gl. (89) als transformierte Energiegleichung

$$\frac{d^2\Theta_1}{d\xi^2} + Pr\,\zeta\,\frac{d\Theta_1}{d\xi} = -\frac{Pr}{2}\left(\frac{d^2\zeta}{d\xi^2}\right)^2, \tag{197}$$

[1] Zur Ableitung vgl. z. B. E. Schmidt: Einführung in die technische Thermodynamik und die Grundlagen der chemischen Thermodynamik, 5. Aufl. Berlin/Göttingen/Heidelberg 1953.

* Zur Auswertung von Gl. (195) beachte, daß 1 kcal = 427 mkp = 427 · 9,81 = 4190 m²kg/sek². Für Luft mit $c_p = 0{,}24$ kcal/kg grd wird $2\,c_p = 0{,}48$ kcal/kg grd = 2010 m²/sek² grd.

[2] Pohlhausen, E.: Der Wärmeaustausch zwischen festen Körpern und Flüssigkeiten mit kleiner Reibung und kleiner Wärmeleitung. Z. angew. Math. Mech. 1 (1921) 115/121.

worin als neue Veränderliche

$$\vartheta = \vartheta_\infty + \frac{W^2}{2\,c_p}\,\Theta_1(\xi)$$

eingeführt ist. W ist wieder die Ansströmgeschwindigkeit. Die Wärmeabgabe an der Platte soll Null sein, außerhalb der Grenzschicht herrschen die Zustände der ungestörten Strömung. Damit werden die Randbedingungen

$$\text{für } \xi = 0\colon\ (d\Theta_1/d\xi) = 0, \tag{a}$$

$$\text{für } \xi = \infty\colon\ \Theta_1 = 0. \tag{b}$$

Zusammen mit der unveränderten Gl. (88) ergibt sich aus Gl. (197) für das Temperaturfeld $\Theta_1(\xi)$ vor der unbeheizten, wärmeisolierten Platte

$$\Theta_1(\xi) = f_2(Pr) - \frac{Pr}{2}\int\limits_0^\xi \left[e^{-Pr\int\limits_0^\xi \zeta\,d\xi}\int\limits_0^\xi \left(\frac{d^2\zeta}{d\xi^2}\right)^2 e^{Pr\int\limits_0^\xi \zeta\,d\xi}\,d\xi\right] d\xi, \tag{198}$$

worin wegen der Randbedingungen (b) zu setzen ist:

$$f_2(Pr) = \frac{Pr}{2}\int\limits_0^\infty \left[e^{-Pr\int\limits_0^\xi \zeta\,d\xi}\int\limits_0^\xi \left(\frac{d^2\zeta}{d\xi}\right)^2 e^{Pr\int\limits_0^\xi \zeta\,d\xi}\,d\xi\right] d\xi. \tag{199}$$

Da $\Theta_1(\xi) = \dfrac{\vartheta - \vartheta_\infty}{W^2/2\,c_p}$ ist, ergibt sich die Eigentemperatur der Platte zu

$$\vartheta_e = \vartheta_\infty + f_2(Pr)\,W^2/2\,c_p = \vartheta_\infty + f_2(Pr)\,(\vartheta_{ad} - \vartheta_\infty). \tag{200}$$

Die Funktion $f_2(Pr)$ ist damit identisch mit dem Rückgewinnfaktor r nach Gl. (196). In Zahlentafel 23 sind die von POHLHAUSEN ausgerechneten Werte angegeben. Die beiden letzten Zahlen stammen von ECKERT und DREWITZ[1].

Zahlentafel 23. *Rückgewinnfaktor r für die längsangeströmte Platte mit laminarer Grenzschicht bei konstanten Stoffwerten.*

Pr	0,6	0,7	0,8	0,9	1,0	1,1	7,0	10,0	15,0	100	1000
r	0,77	0,835	0,895	0,95	1,00	1,05	2,52	2,97	3,54	6,7	12,9

Für $Pr = 0{,}5$ bis 5, also auch für den Bereich der Gase, können die Werte der Zahlentafel 23 durch

$$r = Pr^{1/2} \quad \text{(laminar)} \tag{201}$$

angenähert werden. Für Luft mit $Pr = 0{,}714$ wird $r = 0{,}845$.

Mit $Pr = 1$ wird auch $r = 1$. Ein Plattenthermometer zeigt dann stets den Wert $\vartheta_{ad} = \vartheta_\infty + W^2/2\,c_p$, also jene Temperatur, die das Gas bei $w = 0$, etwa in einem Kessel, gehabt hat. Damit sind durch adiabatische Expansion hervorgerufene Temperaturunterschiede bei $Pr = 1$ nicht durch ein eingetauchtes Thermometer meßbar. Innerhalb

[1] ECKERT, E., u. O. DREWITZ: Wärmeübergang an eine mit großer Geschwindigkeit längs angeströmten Platte. Forsch. Ing.-Wes. 11 (1940) 116/124.

der ganzen Grenzschicht gilt bei $Pr = 1$ exakt $W^2/2 + i = \text{const}$ nach Gl. (194)[1], unabhängig vom Strömungszustand.

Für Luft ist Gl. (201) bei laminarer Grenzschicht sehr befriedigend durch das Experiment bestätigt worden. Für $Ma < 1$ erhielten ECKERT und WEISE[2] die Ergebnisse nach Abb. 110, worin im laminaren Teil ($Re_x < 5 \cdot 10^5$) $r = 0{,}845$ ist. Da an der längsangeströmten Platte konstanter Druck herrscht, spielt auch für Überschallgeschwindigkeiten die Kompressibilität des Gases keine Rolle. Lediglich die Änderungen von Dichte und Zähigkeit, die durch die größeren Temperaturunterschiede hervorgerufen werden, könnten für $Ma > 1$ Abweichungen von Gl. (201) hervorrufen. Für vorgegebene Zähigkeits-Temperaturfunktionen und $Pr = 1$ wurde dieser Fall von BUSEMANN[3] und von KÁRMÁN und TSIEN[4] theoretisch behandelt. EBER[5] erhielt aus Messungen mit Luft an Kreiskegeln (Öffnungswinkel 10° bis 80°) den Wert $r = 0{,}845 \pm 1\%$ im ganzen Bereich von $Ma = 0{,}9$ bis $4{,}7$ und $Re_x = 6000$ bis 500000 in überraschend guter Übereinstimmung mit Gl. (201), die nach ihrer Ableitung für inkompressible Strömung und konstante Stoffwerte gelten sollte. Bei den Messungen von EBER waren alle Stoffwerte auf die Eigentemperatur ϑ_e der Konusoberfläche bezogen, W war die Geschwindigkeit außerhalb der Grenzschicht.

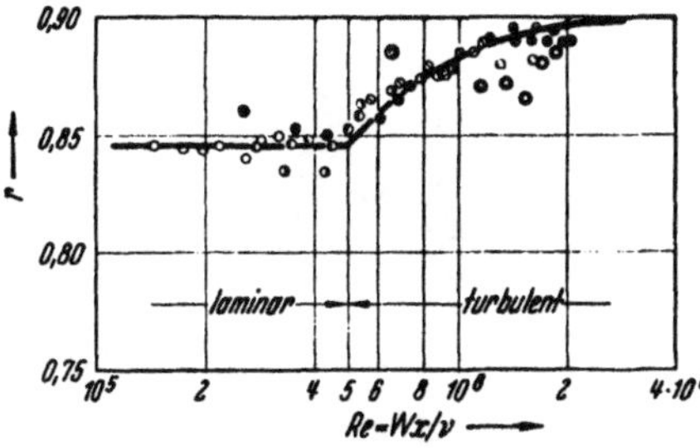

Abb. 110. Rückgewinnfaktor r einer längs angeströmten Platte für $Ma < 1$. (Nach ECKERT u. WEISE.)

Für die *turbulente* Grenzschicht an der ebenen Platte ist der Rückgewinnfaktor r vom Verhältnis der Austauschgrößen für Wärme und Impuls A_q/A_τ abhängig. Theoretische Lösungen für $A_q = A_\tau$ liegen von SCHIROKOW[6] und ACKERMANN[7] vor. Für $A_q/A_\tau \approx 1{,}1$ berechnete ELSER[8] für turbulente Platten- und Rohrströmung den

[1] Vgl. A. BUSEMANN: Gasdynamik, in Handb. Exp.-Physik, Bd. IV 1. Teil S. 366. Leipzig 1931.

[2] ECKERT, E., u. W. WEISE: Messungen der Temperaturverteilung auf der Oberfläche schnell angeströmter unbeheizter Körper. Forsch. Ing.-Wes. 13 (1942) 246/254.

[3] BUSEMANN, A.: Gasströmung mit laminarer Grenzschicht entlang einer Platte. Z. angew. Math. Mech. 15 (1935) 23/25.

[4] KÁRMÁN, TH. v., u. H. S. TSIEN: Boundary layer in compressible fluids. J. Aeronaut. Sci. 5 (1938) 227/232.

[5] EBER, G. R.: Recent investigation of temperature recovery and heat transmission on cones and cylinders in axial flow in the N. O. L. aeroballistics wind tunnel. J. Aeronaut. Sci. 19 (1952) 1/6 u. 14.

[6] SCHIROKOW, M.: Der Einfluß der laminaren Endschicht auf den Wärmeaustausch bei hohen Geschwindigkeiten. Techn. Physics USSR 3 (1936) 1020/1027.

[7] ACKERMANN, G.: Plattenthermometer in Strömung mit großer Geschwindigkeit und turbulenter Grenzschicht. Forsch. Ing.-Wes. 13 (1942) 226/234.

[8] ELSER, K.: Reibungstemperaturfelder in turbulenten Grenzschichten. Mitt. Inst. Thermodyn. Verbrennungsmotorenbau E. T. H. Zürich, Heft 8. Zürich 1949.

Rückgewinnfaktor. Seine Messungen im Rohr bestätigen den gewählten Wert A_q/A_τ.

Für Luft liegen alle aus Messungen bekanntgewordenen Werte näher an Eins als für die laminare Grenzschicht, wie auch Abb. 110 zeigt, bei der r dem Endwert 0,90 zustrebt. EBER[1] erhielt an längsangeströmten Zylindern mit spitzer Vorderkante einen deutlichen Einfluß der Ma-Zahl. Für ausgebildete Turbulenz wurde $r = 0{,}92$ für $Ma = 2{,}87$ und $r = 0{,}97$ für $Ma = 4{,}25$. Im Übergangsgebiet zeigt r einen Höchstwert von $r = 0{,}96$ bzw. $r = 0{,}98$.

Auf einen zusammenfassenden Bericht von KRAUS[2] sei hingewiesen.

2. Wärmeübergang an der längsangeströmten Platte und im Rohr.

Da die Energiegleichung (82) in ϑ linear ist, lassen sich die beiden Felder der Temperaturverteilung aus dem Wärmeübergang Gl. (90) und

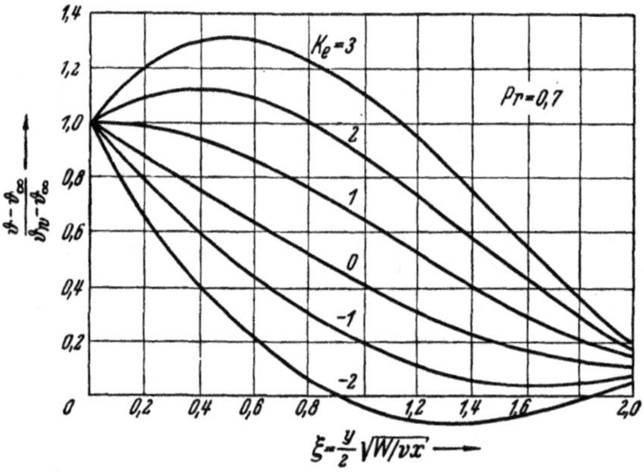

Abb. 111. Temperaturfeld vor einer beheizten oder gekühlten Platte mit laminarer Grenzschicht und Reibungswärme für $Pr = 0{,}7$. (Nach POHLHAUSEN.)
ξ = dimensionsloser Wandabstand; $K_e = \frac{r\,W^2/2\,c_p}{\vartheta_w - \vartheta_\infty} = \frac{\vartheta_e - \vartheta_\infty}{\vartheta_w - \vartheta_\infty}$; $K_e = 0$: ohne Reibungswärme.

aus der Reibungswärme Gl. (198) bei laminarer Grenzschicht[3] additiv zusammensetzen, wie es Abb. 111 für $Pr = 0{,}7$ zeigt. Dort ist die dimensionslose Gastemperatur $(\vartheta - \vartheta_\infty)/(\vartheta_w - \vartheta_\infty)$ über dem dimensionslosen Wandabstand $\xi = y\sqrt{W/\nu\,x}/2$ aufgetragen, mit dem Parameter

$$K_e = \frac{r\,W^2/2\,c_p}{\vartheta_w - \vartheta_\infty} = \frac{\vartheta_e - \vartheta_\infty}{\vartheta_w - \vartheta_\infty}, \tag{202}$$

worin der Rückgewinnfaktor r nach Gl. (196) definiert ist. $K_e = 0$ bedeutet einen Wärmeübergang ohne Reibungswärme nach Abb. 87. Bei $K_e = 1$ wird $\vartheta_w = \vartheta_e$, die Platte nimmt also unter dem Einfluß der

[1] EBER, G. R., zit. S. 255.

[2] KRAUS, W.: Temperaturmessung in Gasen bei hoher Geschwindigkeit. Allg. Wärmetechn. 4 (1953) 113/120.

[3] Da auch die allgemeine Energiegleichung (18) in ϑ linear ist, gilt dieselbe Regel für die turbulente Grenzschicht, in beiden Fällen mit der Einschränkung konstanter Stoffwerte. (Vgl. ECKERT u. DREWITZ, zit. S. 254.)

„aerodynamischen Heizung" ihre Eigentemperatur an und tauscht dann keine Wärme mehr mit dem Gasstrom aus.

Für alle Werte $K_e > 1$ bis $K_e = \infty$ ($\vartheta_w = \vartheta_\infty$) nimmt die Platte Wärme aus dem Gas auf, obwohl $\vartheta_w \geq \vartheta_\infty$ ist. Die Richtung des Wärmestromes wird also nicht mehr durch den Temperaturunterschied ($\vartheta_w - \vartheta_\infty$) bestimmt, sondern hängt davon ab, ob $\vartheta_w \lesseqgtr \vartheta_e$ ist. Die Platte gibt Wärme ab für

$$\vartheta_w > \vartheta_e \quad \text{oder} \quad K_e < 1 \quad \text{oder} \quad (\vartheta_w - \vartheta_\infty) > r\, W^2/2\, c_p. \tag{203a}$$

Die Platte nimmt Wärme auf für

$$\vartheta_w < \vartheta_e \quad \text{oder} \quad K_e > 1 \quad \text{oder} \quad (\vartheta_w - \vartheta_\infty) < r\, W^2/2\, c_p. \tag{203b}$$

Die bisher gebrauchte Wärmeübergangszahl α nach Gl. (22a), die für die Plattenströmung

$$q = \alpha\,(\vartheta_w - \vartheta_\infty) \tag{204}$$

lautet, muß bei Strömungen mit Reibungswärme durch

$$q = \alpha_e(\vartheta_w - \vartheta_e) = \alpha_e\,[\vartheta_w - (\vartheta_\infty + r\, W^2/2\, c_p)] \tag{205}$$

ersetzt werden. Das folgt unmittelbar aus der Linearität der Differentialgleichungen und gilt daher für laminare und turbulente Strömung. Die ohne Berücksichtigung der Reibungswärme abgeleiteten Wärmeübergangsgleichungen behalten auch für α_e nach Gl. (205) streng ihre Gültigkeit, solange nicht durch zu hohe Geschwindigkeiten andere Effekte auftreten (druck- und temperaturabhängige Stoffwerte, Verdichtungsstöße), die Korrekturen erforderlich machen[1]. Die beiden Wärmeübergangszahlen α und α_e und ebenso die zugehörigen *Nu*-Zahlen *Nu* und Nu_e lassen sich durch folgende Beziehung umrechnen

$$\frac{\alpha}{\alpha_e} = \frac{Nu}{Nu_e} = (1 - K_e) = 1 - \frac{r\, W^2/2\, c_p}{\vartheta_w - \vartheta_\infty}. \tag{206}$$

Zur Ermittlung der Wärmeübergangszahl α_e ist die Kenntnis des Rückgewinnfaktors r nach Gl. (196) erforderlich.

Wie weit die für inkompressible Strömung gewonnenen Wärmeübergangsgleichungen wirklich durch Benutzung von α_e auch für hohe Geschwindigkeiten gültig bleiben, muß das Experiment entscheiden. Für *laminare* Grenzschicht liegen Messungen von EBER[2] vor, die an mit Luft längsangeströmten Kegeln gewonnen sind. Für $Re_x = 10^4$ bis 10^6 und $Ma = 0{,}88$ bis $4{,}65$ wurde für Heizung und Kühlung für die mittlere Nu_e-Zahl erhalten

$$Nu_e = 0{,}767\, Re_x^{0,5}\, Pr^{1/3}. \tag{207}$$

Die Werte liegen 15% höher, als es für die ebene Platte nach Gl. (95) zu erwarten wäre. Der Kegelwinkel betrug 10° bis 30°. Bemerkenswert ist, daß *Nu* unabhängig von *Ma* gefunden wurde. Als Rückgewinnfaktor wurde $r = 0{,}845$ eingesetzt.

---

[1] Es sei daran erinnert, daß für das Auftreten von Reibungswärme weder hohe Geschwindigkeiten noch Kompressibilität erforderlich sind.

[2] EBER, G. R., zit. S. 255. Vgl. auch G. R. EBER: Some aspects of supersonic heat transfer. Proc. Third Midwestern Conf. Fluid Mechanics. Minnesota 1953 S. 161/191.

Für *turbulente* Grenzschicht fand EBER mit den von ihm ermittelten Rückgewinnfaktoren (S. 256) große Unterschiede in den örtlichen Nu_e-Werten zwischen beheizter und gekühlter Platte (bis 100% Differenz). Diese Streuung kann u. a. durch die temperaturabhängigen Stoffwerte verursacht werden. Auch die kritische Re_x-Zahl für den Umschlag der laminaren in die turbulente Grenzschicht zeigte eine starke Abhängigkeit von der Richtung des Wärmestroms. Bei ausgebildeter Turbulenz folgten für $Ma = 2{,}87$ die örtlichen Nu_e-Werte für den Wärmeübergang von der Wand an den Luftstrom der Gleichung

$$Nu_e = 0{,}029\, Re_x^{0,8}\, Pr^{1/3}\,. \tag{208}$$

Setzt man darin $Pr = 0{,}72$, so wird die Zahlenkonstante 0,026 und liegt damit 13% höher als der Wert von Gl. (169) für kleine Geschwindigkeiten. In die Kennzahlen der Gl. (208) ist die Länge x von der Anströmkante des Modells gerechnet, obwohl im vorderen Teil des Zylinders noch keine volle Turbulenz herrschte.

In einer zusammenfassenden Arbeit von JOHNSON und RUBESIN[1] sind Gleichungen für den gesamten Wärmeübergang an der ebenen Platte angegeben. Setzt man für die mittlere Nu_e-Zahl im laminaren Teil nach Gl. (95)

$$Nu_e = 0{,}664\, Re_x^{0,5}\, Pr^{1/3} \tag{209}$$

und für den turbulenten Teil

$$Nu_e = 0{,}037\, Re_x^{0,8}\, Pr^{1/3}, \tag{210}$$

wie es durch Mittelwertbildung aus Gl. (208) hervorgeht, so wird für die ganze Platte

$$Nu_e = 0{,}037\,(R_x^{0,8} - Re_{kr}^{0,8} + 18\, Re_{kr}^{0,5})\, Pr^{1/3}\,. \tag{211}$$

Hierin ist $Re_{kr} = W x_{kr}/\nu$ die kritische Reynolds-Zahl des Umschlagspunktes. Bei störungsfreiem Zustrom wird $Re_{kr} = 5 \cdot 10^5$, so daß sich dafür Gl. (211) auch schreiben läßt

$$Nu_e = 0{,}037\,(Re_x^{0,8} - 23100)\, Pr^{1/3}\,. \tag{212}$$

Diese Gleichung kann für hohe Geschwindigkeiten so lange als Anhalt dienen, bis der turbulente Wärmeübergang genauer erforscht ist.

Als Stoffwerttemperatur T^* ermittelten JOHNSON und RUBESIN[1] aus Rechnungen von CROCCO[2, 3]

$$\frac{T^*}{T_\infty} = 1 + 0{,}032\, Ma^2 + 0{,}58\left(\frac{T_w}{T_\infty} - 1\right). \tag{213}$$

Für die *turbulente Rohrströmung* von Gasen bei hohen Geschwindig-

[1] JOHNSON, H. A., u. M. W. RUBESIN: Aerodynamic heating and convective heat transfer — summary of literature survey. Trans. Amer. Soc. mech. Engrs. 71 (1949) 447/456.

[2] CROCCO, L.: Sullo strato limite laminare nei gas lungo una lamina plana. Rend. Math. Univ. Roma V, 2 (1941) 138.

[3] Nach einem Vorschlag von E. BRUN u. M. PLAN sind bei großen Temperaturunterschieden verschiedene Bezugstemperaturen für die einzelnen Größen einzuführen: η und λ sind bei der Wandtemperatur ϑ_w und ϱ bei der Temperatur der freien Strömung ϑ_∞ einzusetzen: La convection forcée de la chaleur aux grandes vitesses et aux températures élévées. IV. Congr. intern. Chauffage Industriel, Paris 1952, Groupe I, Section 13, Bericht Nr. 81.

keiten liegen Messungen von JUNG[1] vor. In den Bereichen $Ma = 0{,}2$ bis 0,5 und $Re = 40000$ bis 190000 ließen sich seine Ergebnisse durch die Gleichung

$$St = \frac{\alpha_{ad}}{w\,\varrho\,c_p} = 0{,}043\,Re^{-0{,}25}\left(\frac{T_{ad}}{T_w}\right)^{0{,}15} \qquad (214)$$

wiedergeben.

Darin ist die Wärmeübergangszahl durch die Gleichung

$$q = \alpha_{ad}\,(\vartheta_w - \vartheta_{ad}) = \alpha_{ad}\left[\vartheta_w - \left(\vartheta_{fl} + \frac{w^2}{2\,c_p}\right)_m\right] \qquad (215)$$

definiert, d. h. auf die mittlere adiabatische Staupunktstemperatur nach Gl. (195) bezogen[2]. ϑ_{fl} ist die statische Temperatur des Gases. Gegenüber α_e nach Gl. (205) ist hier $r = 1$ gesetzt. Der Temperatur-

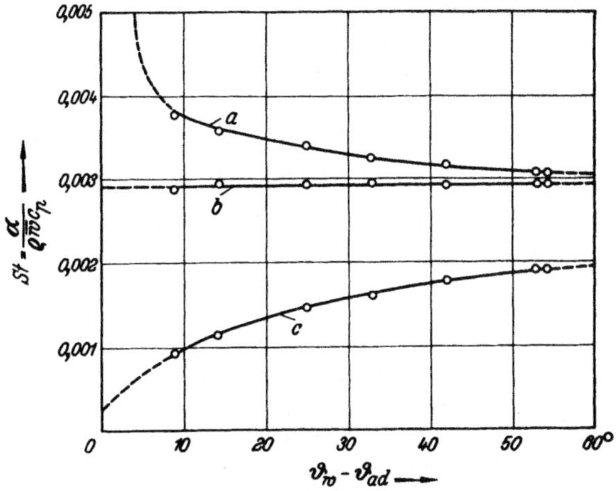

Abb. 112. Verschieden definierte Wärmeübergangszahlen einer turbulenten Luftströmung im Rohr bei $Ma < 1$. (Nach McADAMS, NICOLAI u. KEENAN.)
a: $q = \alpha_{ad}(\vartheta_w - \vartheta_{ad}) = \alpha_{ad}[\vartheta_w - (\vartheta_{fl} + w^2/2\,c_p)_m]$;
b: $q = \alpha_e(\vartheta_w - \vartheta_e) = \alpha_e[\vartheta_w - (\vartheta_{fl} + r\,w^2/2\,c_p)_m]$;
c: $q = \alpha\,(\vartheta_w - \vartheta_{fl})$.

faktor auf der rechten Seite von Gl. (214) berücksichtigt die veränderlichen Stoffwerte der zur Messung benutzten Rauchgase. Ein Einfluß von L/D im Bereich 20 bis 200 wurde nicht gefunden.

Den Unterschied der verschieden definierten Wärmeübergangszahlen bei einer turbulenten Luftströmung im beheizten Rohr bei hohen Geschwindigkeiten zeigten McADAMS und Mitarbeiter[3]. Nur die Wärmeübergangszahl α_e ist nach Abb. 112 unabhängig von der Differenz zwischen Wand- und adiabatischer Stautemperatur $(\vartheta_w - \vartheta_{ad})$. Bei größeren Temperaturdifferenzen wird α_{ad} etwa konstant und nähert sich α_e,

[1] JUNG, I.: Wärmeübergang und Reibungswiderstand bei Gasströmung in Rohren bei hohen Geschwindigkeiten. VDI-Forsch.-Heft Nr. 380. Berlin 1936.

[2] Ähnlichkeitsbetrachtungen für diesen Fall sind von A. GUCHMANN angestellt: Zur Frage der Ähnlichkeit der Temperatur- und Geschwindigkeitsfelder bei turbulenter Strömung. Techn. Physics USSR 3 (1936) 295/310.

[3] McADAMS, W. H., L. A. NICOLAI u. J. H. KEENAN: Measurements of recovery factors and coefficients of heat transfer in a tube for subsonic flow of air. Trans. Amer. Inst. Chem. Engrs. 42 (1946) 907/925.

weil der Betrag $(\vartheta_{ad} - \vartheta_e) = (1 - r)\,\overline{w}^2/2c_p$ immer weniger gegen ϑ_w ausmacht. Da auch JUNG[1] bei sehr großen Temperaturdifferenzen gemessen hat, kann man annehmen, daß sein α_{ad} nicht sehr viel von α_e abweichen wird.

Im Bereich von $Re = 10000$ bis 400000 und $Ma = 0{,}1$ bis 1 ließen sich die Messungen von McADAMS[2] durch folgende Gleichung darstellen:

$$St = \frac{\alpha_e}{\overline{w}\,\varrho\,c_p} = 0{,}033\,Re^{-0{,}23}. \tag{216}$$

Alle Stoffwerte sind darin bei der mittleren Lufttemperatur ϑ_{fl} eingesetzt. Im unbeheizten Rohr ergab sich im Mittel ein Rückgewinnfaktor $r = 0{,}88$, unabhängig von Ma im Bereich $Ma = 0{,}2$ bis 1. Bei der Rohrströmung ist r durch

$$r = \frac{\vartheta_e - \vartheta_{fl}}{\vartheta_{ad} - \vartheta_{fl}} = \frac{\vartheta_e - \vartheta_{fl}}{\overline{w}^2/2\,c_p} \tag{217}$$

definiert.

Setzt man in Gl. (216) $Pr = 0{,}71$ ein, so erhält man

$$Nu_e = 0{,}0236\,Re^{0{,}77}. \tag{216a}$$

Aus der entsprechenden Gleichung für kleine Geschwindigkeiten Gl. (177) erhält man für $Pr = 0{,}71$

$$Nu = 0{,}021\,Re^{0{,}78},$$

also eine um 11% kleinere Zahlenkonstante.

ELSER[3] erhielt für eine turbulente Luftströmung im unbeheizten Rohr im Bereich $Re = 60000$ bis 127000 und $Ma = 0{,}2$ bis $0{,}6$ einen mittleren Rückgewinnfaktor $r = 0{,}845$. Die Messungen zeigten für r eine steigende Tendenz mit steigenden Re-Zahlen, wobei die größten gemessenen Werte den Wert $r = 0{,}86$ erreichten.

Diese Betrachtungen zeigen, daß unsere Kenntnisse über die turbulente Strömung mit Reibungswärme noch nicht sehr vollständig sind.

3. Eigentemperatur querangeströmter Zylinder.

Bei der Umströmung von Körpern treten bei hohen Geschwindigkeiten erhebliche Druckänderungen auf, gegen die das Gas nicht mehr als inkompressibel betrachtet werden kann. Es ist also hier mit einem stärkeren Einfluß der Ma-Zahl zu rechnen als bei der längsangeströmten Platte. Das bestätigen Messungen von ECKERT und WEISE[4,5] an querangeströmten Zylindern. Die Gesamtwerte des Rückgewinnfaktors r_0 für den ganzen Zylinder liegen für $Ma = 0{,}3$ bis 1 (auf den Anströmzustand der Luft mit W_0 und T_0 bezogen) zwischen 0,6 und 0,8, meist

[1] JUNG, I., zit. S. 259.

[2] McADAMS u. Mitarbeiter, zit. S. 259.

[3] ELSER, K., zit. Fußnote 8 S. 255.

[4] ECKERT, E., u. W. WEISE: Temperatur unbeheizter Körper im Gasstrom. Forsch. Ing.-Wes. 12 (1941) 40/50.

[5] ECKERT, E., u. W. WEISE: Messungen der Temperaturverteilung auf der Oberfläche schnell angeströmter unbeheizter Körper. Forsch. Ing.-Wes. 13 (1942) 246/254.

mit einem deutlichen Minimum bei $Ma_0 = 0{,}64$. Dabei ist der Rückgewinnfaktor durch

$$r_0 = \frac{\vartheta_e - \vartheta_0}{W_0^2/2\,c_p} \tag{218}$$

definiert.

Sehr aufschlußreich sind örtliche Messungen von r_0 und r über den Umfang, wie sie in Abb. 113 für einen Einzelfall wiedergegeben sind. r ist mit der örtlichen Geschwindigkeit W und der örtlichen Temperatur ϑ_∞ außerhalb der Grenzschicht gebildet gemäß Gl. (196). Im Staupunkt ist $r_0 = 1$, also $\vartheta_e = \vartheta_{ad}$, da die Geschwindigkeit W_0 adiabatisch auf $W_0 = 0$ verzögert und innerhalb des Zylinders keine Wärme abgeleitet wird. Während r innerhalb der laminaren Grenzschicht etwa konstant gleich 0,84 bleibt (wie an der ebenen Platte), fällt r_0 über den Umfang ab. Der Ablösungspunkt bei $\beta \approx 80°$ macht sich durch einen Knick im Verlauf von r_0 bemerkbar.

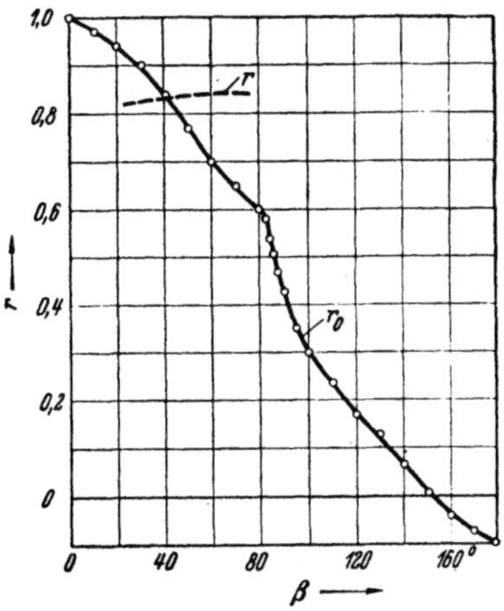

Abb. 113. Rückgewinnfaktoren r und r_0 am Umfang eines mit Luft quer angeblasenen Kreiszylinders (nach ECKERT u. WEISE). $Ma = 0{,}685$; $Re_0 = 1{,}05 \cdot 10^5$; $W_0 = 227$ m/sek (Index 0 für Anblasezustand); β = Zentriwinkel; $\beta = 0$ Staupunkt.

Besonders auffällig ist der weitere Abfall von r_0 und damit ϑ_e im Totwassergebiet, wo nach Abb. 113 r_0 sogar negative Werte annimmt. Diese Erscheinung wurde von SCHULTZ-GRUNOW[1] als turbulenter Wärmetransport bei gekrümmten Stromlinien in kompressibler Strömung gedeutet, wie er in stärkerem Maße beim Ranque-Wirbelrohr[2,3] beobachtet wurde. Ein Turbulenzballen, der vom Krümmungsmittelpunkt weg auf einen größeren Radius der Stromlinien gestoßen wird, wird adiabat komprimiert, weil er in ein Gebiet größeren Druckes gerät. Bei stabiler Schichtung des Gases nimmt er dabei eine höhere Temperatur als seine neue Umgebung an, so daß er beim Zerfallen die äußeren Schichten aufheizen kann. Auf dem entgegengesetzten Weg kann ein adiabat entspanntes Luftteilchen die inneren Schichten, in unserem Falle die Zylinderoberfläche im Totwassergebiet, abkühlen. Im ganzen tritt ein von innen nach außen gerichteter Wärmetransport ein, wodurch die geringen Temperaturen auf der Leeseite schnell angeströmter Körper (Abb. 113) zustande kommen. Für andere Körperformen wurde die gleiche Beobachtung von RYAN[4] gemacht. Technische Anwendungen sind noch nicht bekanntgeworden.

[1] SCHULTZ-GRUNOW, F.: Turbulenter Wärmedurchgang im Zentrifugalfeld. Forsch. Ing.-Wes. 17 (1951) 65/76.

[2] RANQUE, G.: J. Phys. Radium (7) 4 (1933) 112.

[3] HILSCH, R.: Die Expansion von Gasen im Zentrifugalfeld als Kälteprozeß. Z. Naturforsch. 1 (1946) 208/214.

[4] RYAN, L. F.: Experiments on aerodynamic cooling. Mitt. Inst. Aerodynamik E. T. H. Zürich, Nr. 18. Zürich 1951.

G. Wärmeübergang bei freier Konvektion.

Bei „freier" oder „natürlicher" Konvektion entsteht die Flüssigkeitsströmung ausschließlich durch Dichteunterschiede in der ungleichmäßig temperierten Flüssigkeit. In der Bewegungsgleichung (10c) muß daher statt der Massenkraft ϱg der thermische Auftrieb $\varrho g \beta \vartheta$ eingeführt werden, so daß Gl. (44) entsteht. Als allgemeine Form der Lösung ergab die Ähnlichkeitslehre nach Gl. (49)

$$Nu = F(Gr, Pr), \quad (219)$$

in der die Stoffwerte, mit Ausnahme der Dichte im Auftriebsglied (Ausdehnungszahl β), konstant sein sollten. Die analytische Bestimmung der Funktion F in Gl. (219) wird dadurch erschwert, daß das Geschwindigkeitsfeld jetzt vom Temperaturfeld abhängt.

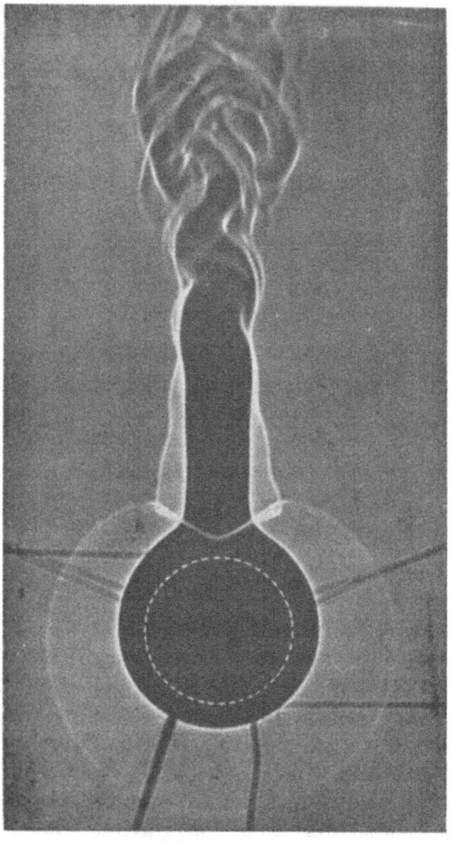

Abb. 114a. Schlierenbild eines beheizten waagerechten Rohres von 50 mm Durchmesser bei freier Konvektion in Luft. (Nach E. Schmidt.)

Eine anschauliche Vorstellung vom Temperaturfeld um einen waagerechten Zylinder geben die Abb. 114a und b. Abb. 114a ist eine Schlierenaufnahme von E. Schmidt[1], die an einem beheizten Rohr von 50 mm Durchmesser in Luft gemacht wurde. Der weißgestrichelte Kreis gibt die Außenkontur des Rohres an, der schwarze Schlagschatten überdeckt das Gebiet der Temperaturgrenzschicht, die Entfernung von der Rohrwand zum äußeren Umriß der hellen Zone ist der Wärmeübergangszahl proportional. Abb. 114b zeigt unmittelbar das Isothermenfeld um das Rohr, und zwar in einer Interferenzaufnahme von Eckert und Soehngen[2]. Es handelt sich hier um ein be-

[1] Schmidt, E.: Schlierenaufnahmen des Temperaturfeldes in der Nähe wärmeabgebender Körper. Forsch. Ing.-Wes. 3 (1932) 181/189.

[2] Vgl. E. R. G. Eckert u. E. Soehngen: Trans. Amer. Soc. mech. Engrs. 74 (1952) 343/347. Der Herausgeber dankt dem Aeronautical Research Laboratory, Wright-Patterson Air Force Base, Ohio (USA), und Herrn Dipl.-Ing. E. Soehngen für die Überlassung dieses Bildes.

heiztes Rohr von 12 mm Durchmesser in Luft bei einer Grashof-Zahl $Gr \approx 10^4$. Beide Aufnahmeverfahren sind auch zur quantitativen Auswertung geeignet.

1. Lösungen der Grenzschichtgleichungen an der senkrechten Platte und am waagerechten Zylinder.

Der Wärmeübergang an der senkrechten Platte bei freier Konvektion wurde von LORENZ[1] und von NUSSELT und JÜRGES[2], später mit größerer Strenge von E. SCHMIDT und BECKMANN[3] unter mathematischer Unterstützung durch E. POHLHAUSEN behandelt.

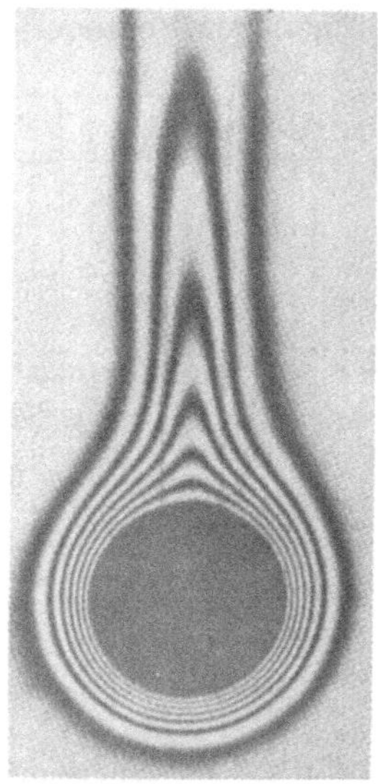

Abb. 114 b. Interferenzbild eines beheizten waagerechten Rohres von 12 mm Durchmesser bei freier Konvektion in Luft, $Gr_D \approx 10^4$. (Nach ECKERT u. SOEHNGEN).

Durch die experimentelle Feststellung, daß die Luftströmung an der Platte laminar verläuft und daß Bewegung und Übertemperatur nur auf wenige cm Schichtdicke beschränkt sind, die Strömung also Grenzschichtcharakter besitzt, war von SCHMIDT und BECKMANN die Berechtigung dafür nachgewiesen, die Bewegungsgleichungen in Grenzschichtgleichungen umzuwandeln. Legt man den Nullpunkt des Koordinatenkreuzes in die Unterkante der Platte mit der x-Achse senkrecht nach oben und der y-Achse normal zur Platte, so lauten die Grenzschichtgleichungen analog zu Gln. (85) bis (87):

$$w_x \frac{\partial w_x}{\partial x} + w_y \frac{\partial w_x}{\partial y} = \nu \frac{\partial^2 w_x}{\partial y^2} + g \frac{T_w - T_\infty}{T_\infty} \Theta, \quad (220)$$

$$\frac{\partial w_x}{\partial x} + \frac{\partial w_y}{\partial y} = 0, \quad (221)$$

$$w_x \frac{\partial \Theta}{\partial x} + w_y \frac{\partial \Theta}{\partial y} = a \frac{\partial^2 \Theta}{\partial y^2}. \quad (222)$$

Darin bedeuten T_w und T_∞ die Wand- bzw. Außentemperatur der Luft und $\Theta = (T - T_\infty)/(T_w - T_\infty)$ die dimensionslose Übertemperatur der Luft in der Grenzschicht. Die Bewegungsgleichung (220) ist gegenüber Gl. (85) um das Auftriebsglied erweitert, in dem die thermische Ausdehnungszahl

$$\beta = \frac{1}{v} \frac{\partial v}{\partial T} = \frac{1}{T_\infty} \quad (223)$$

gesetzt ist. Dieser Ansatz entspricht einer linearen Abhängigkeit der

[1] LORENZ, L.: Über das Wärmeleitvermögen der Metalle für Wärme und Elektrizität. Wied. Ann. 13 (1881) 422/447 u. 582/606.

[2] NUSSELT, W., u. W. JÜRGES: Das Temperaturfeld über einer lotrecht stehenden geheizten Platte. Z. VDI 72 (1928) 597/603.

[3] SCHMIDT, E., u. W. BECKMANN: Das Temperatur- und Geschwindigkeitsfeld vor einer Wärme abgebenden senkrechten Platte bei natürlicher Konvektion. Techn. Mech. Thermodyn. 1 (1930) 341/349 u. 391/406.

Dichte $\varrho = 1/v$ von der Temperatur, also einem konstanten β, während nach dem Gasgesetz $\beta = 1/T$ mit der Temperatur veränderlich ist, also bei einer Mittelwertbildung β genau so wie die übrigen Stoffwerte zu mitteln wäre. Bei kleinen Temperaturunterschieden $(T_w - T_\infty)$ ist jedoch der einfache Ansatz nach Gl. (223) zulässig.

Die Randbedingungen für Gln. (220) bis (222) lauten

$$\text{für } y = 0\colon\quad w_x = 0,\quad w_y = 0,\quad \Theta = 1,$$
$$\text{für } y = \infty\colon\quad w_x = 0,\qquad\qquad \Theta = 0.$$

Durch Einführen der Stromfunktion $\psi(x, y)$ mit $w_x = \partial\psi/\partial y$ und $w_y = -\,\partial\psi/\partial x$ wird die Kontinuitätsgleichung (221) erfüllt. Führt man die neuen Veränderlichen

$$\xi = \sqrt[4]{\frac{g(T_w - T_\infty)}{4\nu^2 T_\infty}}\,\frac{y}{\sqrt[4]{x}} = c\,\frac{y}{\sqrt[4]{x}}, \qquad (224)$$

$$\psi(x, y) = 4\,\nu\,c\,\sqrt[4]{x^3}\,\zeta(\xi), \qquad (225)$$

$$\Theta(x, y) = \vartheta(\xi) \qquad (226)$$

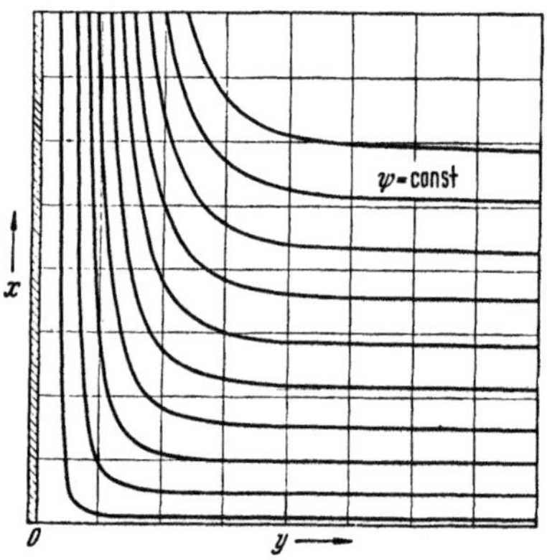

Abb. 115. Strömungsfeld vor einer wärmeabgebenden, senkrechten Platte.

ein, so lassen sich die 3 partiellen Differentialgleichungen (220) bis (222) in 2 gewöhnliche transformieren:

$$\zeta''' + 3\,\zeta\,\zeta'' - 2\,\zeta'^2 + \vartheta = 0, \qquad (227)$$

$$\vartheta'' + 3\,Pr\,\zeta\,\vartheta' = 0 \qquad (228)$$

mit den Randbedingungen

$$\text{für } \xi = 0\colon\quad \zeta = 0,\quad \zeta' = 0,\quad \vartheta = 1,$$
$$\text{für } \xi = \infty\colon\quad \zeta' = 0,\quad \zeta'' = 0,\quad \vartheta = 0.$$

Für die Geschwindigkeitskomponenten erhält man damit

$$w_x = \frac{\partial\psi}{\partial y} = 4\,\nu\,c^2\,\sqrt{x}\,\zeta', \qquad (229)$$

$$w_y = -\frac{\partial\psi}{\partial x} = -\,\nu\,c\left[\frac{\zeta}{x^{1/4}} - c\,\frac{y}{x^{1/2}}\,\zeta'\right]. \qquad (230)$$

Abb. 115 zeigt schematisch das Feld der Stromlinien $\psi = \text{const}$, das von den beiden Achsen begrenzt wird. Die Luft strömt in breiter Front waagerecht auf die Platte zu und wird erst in unmittelbarer Nähe ziemlich plötzlich nach oben umgelenkt. Aus dem unteren Halbraum fließt nach den gemachten Ansätzen keine Luft der Platte zu.

Die Gln. (224) bis (226) gestatten die Nachprüfung der Annahmen, die zur Bildung der Grenzschichtgleichungen (220) bis (222) geführt haben: sowohl das Temperaturfeld Θ als auch die dimensionslose Geschwindigkeit $w_x/4\,\nu\,c^2\,x^{1/2}$ hängen nur vom dimensionslosen Wandabstand $\xi = c\,y/x^{1/4}$ ab, und zwar für alle Werte x. Die in verschiedener Höhe experimentell bestimmten Temperaturen und Geschwindigkeiten müssen bei entsprechender Auftragung zusammenfallen. Abb. 116 und 117 zeigen Messungen von Schmidt und Beckmann an einer 50×50 cm großen senkrechten Platte von 66 bzw. 68 °C mittlerer Oberflächentemperatur in Luft von 19,5 bzw. 22 °C. Die ausgezogenen Kurven stellen Lösungen der Gln. (227) und (228) dar. Während die Temperaturfelder sehr gut in einen Linienzug zusammenfallen, der weitgehend mit der Theorie übereinstimmt, zeigen sich bei den Geschwindigkeitsfeldern stärkere Abweichungen, die z. T. auch durch die weit schwierigere Messung bedingt sein mögen. Auch konnte bei der Messung Luft aus dem unteren Halbraum zur Platte strömen, was die Abweichung für $x = 1$ cm gegen die Theorie (Abb. 115) erklären dürfte. Die grundsätzliche Übereinstimmung ist aber unverkennbar. Bei Messungen an einer 12 cm hohen Platte sind die Abweichungen von der Theorie geringer. Die Stoffwerte in Abb. 116 und 117 wurden bei der Wandtemperatur eingesetzt.

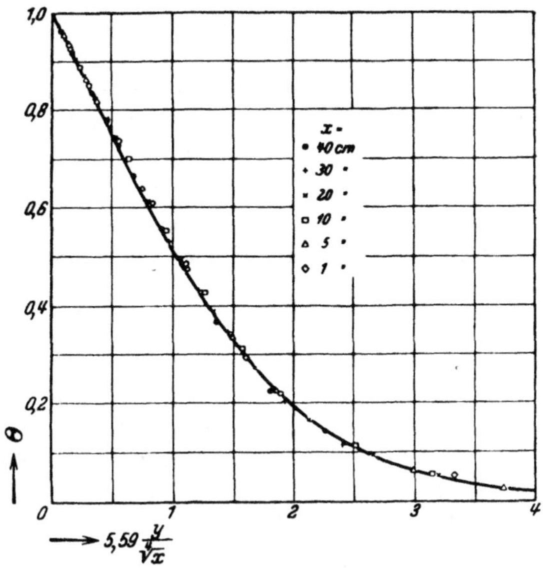

Abb. 116. Temperaturfeld vor einer senkrechten Platte in dimensionsloser Darstellung. Ausgezogene Kurve theoretisch gewonnen. (Nach SCHMIDT u. BECKMANN.)

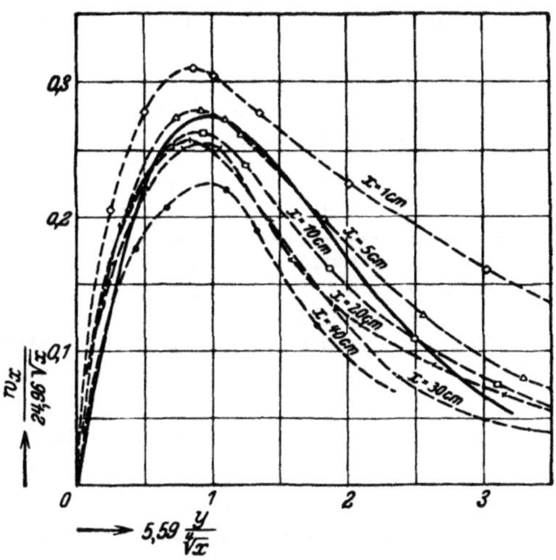

Abb. 117. Geschwindigkeitsfeld vor einer senkrechten Platte in dimensionsloser Darstellung. Ausgezogene Kurve theoretisch gewonnen. (Nach SCHMIDT und BECKMANN.)

Die Differentialgleichungen (227) und (228) lassen sich durch Reihenentwicklungen nach Potenzen von ξ lösen. Wegen der schlechten Konvergenz dieser Reihen für $\xi > 1$ werden die experimentell bestimmten Neigungen der Geschwindigkeits- und Temperaturfelder an der Wand für Luft (mit $Pr = 0{,}73$)

$$\zeta_w'' = 0{,}675 \quad \text{und} \quad \vartheta_w' = -\,0{,}508$$

als bekannt vorausgesetzt, wodurch die Lösung auf die gewählte Pr-Zahl beschränkt bleibt.

Die örtliche Wärmeübergangszahl α ergibt sich aus Gl. (226) zu

$$\alpha = -\lambda\left(\frac{\partial\Theta}{\partial y}\right)_w = \lambda(-\vartheta'_w)\sqrt[4]{\frac{g(T_w - T_\infty)}{4\nu^2 T_\infty x}}, \tag{231}$$

woraus sich durch Integration die mittlere Wärmeübergangszahl zwischen $x = 0$ und $x = H$ berechnen läßt:

$$\bar{\alpha} = \frac{4}{3\sqrt{2}}\frac{\lambda}{H}(-\vartheta'_w)\,Gr_H^{1/4}. \tag{232}$$

Darin ist $(-\vartheta'_w)$ nach Gl. (228) von deren einzigem Parameter, der Pr-Zahl, abhängig, so daß man auch schreiben kann:

$$Nu_H = \frac{\bar{\alpha} H}{\lambda} = 0{,}943\,f(Pr)\,Gr_H^{1/4}. \tag{233}$$

Mit $-\vartheta'_w = 0{,}508$ wird daraus für Luft bei $Pr = 0{,}73$

$$Nu = 0{,}48\,Gr_H^{1/4}. \tag{234}$$

Aus Gl. (233) geht hervor, daß die Voraussetzung schleichender Bewegung nicht ohne weiteres erfüllt ist, da dann $Nu = F(Gr\,Pr)$ gemäß Gl. (49a) werden müßte. Bei Wegfall der Beschleunigungsglieder würde sich die Differentialgleichung (227)

$$\zeta''' + \vartheta = 0 \tag{227a}$$

schreiben. Dagegen läßt sich aus Gl. (224) entnehmen, daß die Lösung von der Form

$$Nu \sim Gr^{1/4}$$

bereits im Ansatz enthalten und für alle jene Fälle freier Konvektion eigentümlich ist, bei denen die beiden Felder Grenzschichtcharakter haben und das Gleichungssystem (220) bis (222) gilt.

Zahlentafel 24. *Wärmeübergang an der senkrechten Platte bei freier Konvektion und laminarer Grenzschicht.*

Pr	$\frac{Nu}{Gr^{1/4}}$	$\frac{Nu}{(Gr\,Pr)^{1/4}}$
0,01	0,0765	0,242
0,73	0,479	0,518
10	1,102	0,619
100	2,064	0,652
1000	3,64	0,663

Die Rechnungen von Pohlhausen für $Pr = 0{,}73$ wurden von Schuh[1] auf große Pr-Zahlen ausgedehnt, wie es Zahlentafel 24 zeigt. Danach wird erst für $Pr > 100$ der Quotient $Nu/(Gr\,Pr)^{1/4}$ annähernd konstant, was schleichender Bewegung entspricht.

Bei $Pr > 1$ erstreckt sich das Geschwindigkeitsfeld weiter in die Flüssigkeit als das Temperaturfeld, wie es auch von Lorenz[2] experimentell beobachtet wurde[3]. Dieser Unterschied in den Grenzschichtdicken war auch bei der erzwungenen Konvektion festzustellen (Abb. 87).

[1] Schuh, H.: Einige Probleme bei freier Strömung zäher Flüssigkeiten (unveröffentlicht). Vgl. Temperaturgrenzschichten. Göttinger Monographien B 6 (1946) S. 33. Vgl. S. Ostrach: NACA-Report 111; Washington 1953.

[2] Lorenz, H. H.: Der Wärmeübergang von einer ebenen, senkrechten Platte an Öl bei natürlicher Konvektion. Z. techn. Phys. 15 (1934) 362/366.

[3] Einige Näherungslösungen des folgenden Abschnitts gehen von der Gleichheit beider Grenzschichtdicken aus (auch für $Pr > 1$). Insoweit sind die wirklichen Verhältnisse nur unvollkommen wiedergegeben.

Die Randbedingungen der Gln. (227) und (229) verlangten für alle Werte $x = 0$, also für die Höhe der Plattenunterkante, die Vertikalgeschwindigkeit $w_x = 0$, so daß der Platte aus dem unteren Halbraum keine Flüssigkeit zuströmen sollte. TOULOUKIAN, HAWKINS und JAKOB[1] untersuchten auch den Fall einer senkrechten Wand mit vorgeschalteter unbeheizter Anlaufstrecke. Der Versuchskörper war ein senkrechter Zylinder von 70 mm Durchmesser. Die Anlaufstrecke machte $^2/_3$ bis $^1/_4$ der ganzen Länge aus. Im gesamten laminaren Bereich ließen sich die Messungen durch die Gleichung

$$Nu_H = \frac{\bar{\alpha} H}{\lambda} = 0{,}726\,(Gr_H\,Pr)^{1/4} \tag{235}$$

wiedergeben, worin H die beheizte Strecke bedeutet. Die endlichen Vertikalgeschwindigkeiten am unteren Ende der wärmeübertragenden Strecke erhöhen also den Wärmeübergang gegenüber dem Fall rein seitlicher Zuströmung. Bemerkenswert ist an Gl. (235) weiterhin, daß keine Aufspaltung der Versuchswerte nach verschiedenen Pr-Zahlen auftrat, obwohl der große Bereich von $Pr = 2{,}4$ bis $Pr = 118$ untersucht wurde. Die Annahme schleichender Bewegung war also hier berechtigt, was im Gegensatz zu den Ergebnissen von Zahlentafel 24 steht.

Da die dimensionslose Veränderliche ξ in den Gln. (227) und (228) nicht explizit vorkommt, läßt sich $\vartheta' = d\vartheta/d\xi = p(\vartheta)$ als neue Veränderliche einführen, wie es von TEN BOSCH[2] und SAUNDERS[3] vorgeschla n wurde. Mit $p' = dp/d\vartheta$ wird

$$\vartheta'' = d\vartheta'/d\xi = \frac{d\vartheta'}{d\vartheta}\frac{d\vartheta}{d\xi} = p'\,p\,.$$

Setzt man ϑ' und ϑ'' in Gl. (228) ein, so wird $\zeta = -\,p'/3\,Pr$. Damit lassen sich auch die Ableitungen von ζ bilden, so daß aus Gl. (227) eine gewöhnliche Differentialgleichung für $p = \vartheta'$ entsteht, die durch Reihenansätze gelöst werden kann. Man kann dann $f(Pr)$ aus Gl. (233) für beliebige Pr-Werte ausrechnen. Stellt man das Ergebnis in der Form

$$Nu_H = C\,(Gr_H\,Pr)^{1/4} \tag{239}$$

dar, so wird nach SAUNDERS $C = 0{,}33$; 0,518 und 0,55 für $Pr = 0{,}03$ (Quecksilber), 0,73 und $Pr > 5$. Das bedeutet, daß erst für $Pr > 5$ schleichende Bewegung auftritt, also die Konstante C in Gl. (239) von Pr unabhängig wird. Für Luft mit $Pr = 0{,}73$ stimmt das Ergebnis von SAUNDERS mit Gl. (234) überein, während es für größere Pr-Zahlen von der exakten Lösung nach Zahlentafel 24 abweicht.

Die freie Konvektion bei laminarer Grenzschichtströmung am *waagerechten Zylinder* behandelte HERMANN[4]. Für Luft ergab die theoretische

---

[1] TOULOUKIAN, Y. S., G. A. HAWKINS u. M. JAKOB: Heat transfer by free convection from heated vertical surfaces to liquids. Trans. Amer. Soc. mech. Engrs. 70 (1948) 13/18.

[2] BOSCH, M. TEN: Die Wärmeübertragung, 3. Aufl. S. 162. Berlin 1936.

[3] SAUNDERS, O. A.: Natural convection in liquids. Proc. roy. Soc., Lond. (A) 172 (1939) 55/71.

[4] HERMANN, R.: Wärmeübergang bei freier Strömung am waagerechten Zylinder in zweiatomigen Gasen. VDI-Forsch.-Heft Nr. 379. Berlin 1936.

Lösung der Grenzschichtgleichungen

$$Nu_D = \frac{\bar{\alpha} D}{\lambda} = 0{,}372\, Gr_D^{1/4}\,, \tag{236}$$

worin D den Zylinderdurchmesser bedeutet. Ein Vergleich zwischen senkrechter Platte und waagerechtem Zylinder ergibt aus Gln. (234) und (236):

$$Nu_H/Nu_D = 1{,}29\,. \tag{237}$$

Das bedeutet, daß bei gleichen Gr-Zahlen und $H = D$ die Wärmeübergangszahl $\bar{\alpha}$ für die Platte 1,29mal so groß ist wie für den Zylinder. Damit die gleiche mittlere Wärmeübergangszahl auftritt, muß

$$H/D = 2{,}76 \tag{238}$$

sein, die Platte darf also die 2,76fache Höhe des Zylinderdurchmessers haben. Voraussetzung für diesen Vergleich ist, daß die Grenzschicht auch dann noch laminar strömt.

2. Näherungslösungen.

Auch das Verfahren der Impuls- und Wärmestromgleichung der Grenzschicht läßt sich für die freie Konvektion anwenden, wenn nur Geschwindigkeits- und Temperaturprofile benutzt werden, die den Grenzbedingungen der Gln. (220) bis (222) genügen. Mit Parabeln 2. und 3. Grades erhält SQUIRE[1] Ergebnisse, die nur 3% von der Lösung nach Gl. (234) abweichen. SUGAWARA und MICHIYOSHI[2] verwenden Polynome 3. und 4. Grades, mit denen sie verschiedene Ansätze durchrechnen. Das Ergebnis ist eine Gleichung von der Form

$$Nu_H = f(Pr)\, Gr_H^{1/4}\,, \tag{239a}$$

die sich im Bereich $0{,}6 < Pr < 20$ auch durch

$$Nu_H = 0{,}550\, Pr^{1/3}\, Gr_H^{1/4} \tag{239b}$$

annähern läßt. Ein Vergleich mit Versuchsergebnissen steht noch aus.

Die Lösung von der Form $Nu \sim Gr^{1/4}$ war davon abhängig, daß die Grenzschicht laminar blieb und daß das Geschwindigkeits- und Temperaturfeld überhaupt Grenzschichtcharakter hatten. Bei hohen Gr-Zahlen werden wegen beginnender Turbulenz Abweichungen auftreten. Bei sehr kleinen Gr-Zahlen ist die Grenzschicht nicht mehr klein gegen die Körperabmessungen, so daß auch hierfür ein anderes Gesetz zu erwarten ist. Für den horizontalen Zylinder behandelte ELENBAAS[3] den letzteren Fall, indem er nach Vorschlägen von LANGMUIR[4] eine ruhende Grenzschicht um den Zylinder annahm, außerhalb derer die Temperatur T_∞

[1] SQUIRE, H. B., in S. GOLDSTEIN: Modern developments in fluid dynamics, Bd. II S. 641/643. Oxford 1938.

[2] SUGAWARA, S., u. I. MICHIYOSHI: Heat transfer by natural convection in laminar boundary layer on vertical flat wall. Mem. Fac. Engng. Kyoto Univ. 13 (1951) 149/161.

[3] ELENBAAS, W.: Dissipation of heat by free convection. Philips Res. Rep. 3 (1948) 338/360 u. 450/465. — The dissipation of heat by free convection from vertical and horizontal cylinders. J. appl. Physics 19 (1948) 1148/1154.

[4] LANGMUIR, I.: Convection and conduction of heat in gases. Phys. Rev. 34 (1912) 401/422.

herrschen sollte. Der Temperaturgradient am äußeren Rand dieser Leitungsschicht sollte unabhängig vom Zylinderdurchmesser sein. Unter diesen Voraussetzungen erhielt ELENBAAS für zweiatomige Gase (Luft) bei $(Gr\ Pr) < 10^4$ die Gleichung

$$Nu_D^3\, e^{-6/Nu_D} = Gr_D/500\,, \tag{240}$$

die durch Messungen an Glühlampendrähten bestätigt wurde. Für die Stoffwerte sind dabei Mittelwerte zwischen Draht- und Lufttemperatur einzusetzen. Da sowohl die Wärmeleitzahl als auch die Zähigkeit der Luft mit steigender Temperatur ansteigen, treffen an glühenden Drähten die Voraussetzungen einer ruhenden Leitungsschicht noch am ehestenzu. Daß im allgemeinen Falle diese Annahme nicht mit der Wirklichkeit übereinstimmt, wurde schon von KENNARD[1] durch interferometrische Ausmessung des Temperaturfeldes festgestellt.

Eine andere Schematisierung des Wärmeübergangs bei freier Konvektion nahm SENFTLEBEN[2] vor. An Stelle des wirklichen Temperaturverlaufs in der Grenzschicht nach Abb. 116 wird ein geknickter Kurvenzug angenommen mit einem steilen Abfall an der Wand und einem flachen Verlauf am Rand der Grenzschicht. Beide Äste sollen reiner Wärmeleitung entsprechen. Die Differenz der Wärmemengen, die so von der Wand abgeführt und der freien Strömung zugeführt werden, soll gerade die durch Konvektion transportierte Wärmemenge darstellen. Weiterhin wird schleichende Strömung, also die Gültigkeit der Gleichung $Nu = f(Gr\ Pr)$ vorausgesetzt. Unter diesen Annahmen und unter Benutzung einiger empirischer Zahlenwerte leitet SENFTLEBEN eine Gleichung für den waagerechten Zylinder ab, die in Abb. 118 wiedergegeben und mit Messungen verschiedener Autoren verglichen ist. Es zeigt sich eine sehr gute Übereinstimmung im Bereich von 12 Zehnerpotenzen für $(Gr\ Pr)$. Die zusammengehörenden Zahlenwerte sind in Zahlentafel 25 wiedergegeben.

Zahlentafel 25. *$Nu_D = f\ (Gr_D\ Pr)$ für den waagerechten Zylinder bei freier Konvektion.* (Nach SENFTLEBEN.)

$Gr_D\ Pr$	10^{-5}	10^{-4}	10^{-3}	10^{-2}	10^{-1}	1	10	10^2	10^3	10^4	10^5	10^6	10^7	10^8
Nu_D	0,338	0,408	0,497	0,616	0,785	1,03	1,42	2,04	3,10	4,92	8,14	13,8	23,9	41,8

Für $Gr\ Pr > 10^5$ geht die dargestellte Gleichung in

$$Nu_D = 0{,}41\,(Gr_D\ Pr)^{1/4}$$

über, die für $Pr = 0{,}74$ bis auf 2% mit Gl. (236) übereinstimmt, wie sie HERMANN durch Lösung der Grenzschichtgleichungen am waagerechten Zylinder erhielt. Innerhalb der Versuchsgenauigkeit ist in Abb. 118 keine Aufspaltung der Meßwerte für verschiedene Pr-Zahlen erkennbar, so daß auch die Annahme schleichender Bewegung im ganzen Bereich gerechtfertigt erscheint.

---

[1] KENNARD, R. B.: An optical method for measuring temperature distribution and convective heat transfer. Bur. Stand. J. Res. 8 (1932) 787/805.

[2] SENFTLEBEN, H.: Die Wärmeabgabe von Körpern verschiedener Form in Flüssigkeiten und Gasen bei freier Strömung. Z. angew. Phys. 3 (1951) 361/373.

3. Freie Konvektion bei turbulenter Grenzschicht.

Aus den dimensionslosen Koordinaten von Abb. 117 ging hervor, daß bei laminarer Grenzschicht die Geschwindigkeit $w_x \sim x^{1/2}$ und eine noch zu definierende Grenzschichtdicke $\delta \sim x^{1/4}$ anwachsen. Für bestimmte Werte von x muß also die anfänglich laminare Grenzschicht in die turbulente umschlagen. Die theoretische Lösung von E. POHLHAUSEN für die senkrechte Platte in Luft ergab für die maximale dimensionslose Geschwindigkeit ζ' nach Gl. (229) den Wert $\zeta'_{\max} = 0{,}275$ beim dimensionslosen Wandabstand ξ nach Gl. (224) $\xi_{\max} = 0{,}95$, wie es auch aus Abb. 117 erkennbar ist (stark ausgezogene Kurve). Bezeichnet

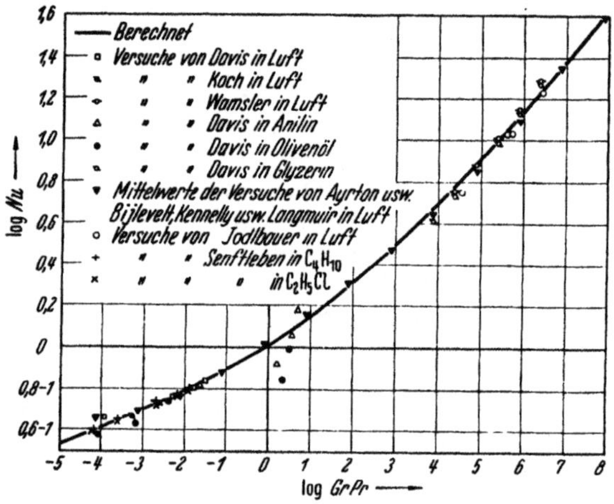

Abb. 118. Wärmeübergang am waagerechten Zylinder bei freier Konvektion. (Nach SENFTLEBEN. Die ausgezogene Kurve entspricht der Gleichung:

$$Nu = \frac{2}{\ln\frac{s}{r}}\left\{1 - \frac{0{,}033}{(Gr\,Pr)^{1/4}\ln\frac{s}{r}}\left[\sqrt{1 + \frac{(Gr\,Pr)^{1/4}\ln\frac{s}{r}}{0{,}033}} - 1\right]\right\} \quad \text{mit} \quad \frac{s}{r} = 1 + \frac{4{,}5}{(Gr\,Pr)^{1/4}}.$$

man die Maximalgeschwindigkeit w_x mit W_x und bildet eine Reynolds-Zahl $Re_x = W_x\, x/\nu$, so besteht zwischen dieser und der Grashof-Zahl nach Gl. (229) die Beziehung

$$Re_x = W_x\, x/\nu = 0{,}55\, Gr_x^{1/2}. \tag{241}$$

Zur Definition einer Grenzschichtdicke δ kann man nach HERMANN[1] die Dicke derjenigen Schicht wählen, durch die mit der Maximalgeschwindigkeit W_x die gleiche Flüssigkeitsmenge wie mit der wirklichen gesamten Strömung fließt. Diese Grenzschichtdicke δ ist durch die Gleichung

$$\delta\, W_x = \int_0^\infty w_x\, dy \tag{242}$$

definiert. Das Integral auf der rechten Seite von Gl. (242) ist gleich der Stromfunktion für den Wandabstand $y = \infty$. Die dimensionslose Strom-

[1] HERMANN, R.: Wärmeübergang bei freier Strömung am waagerechten Zylinder in zweiatomigen Gasen. VDI-Forsch.-Heft Nr. 379. Berlin 1936.

funktion $\zeta(\xi)$ nach Gl. (225) wird für $\xi = \infty$ nach der Theorie $\zeta(\infty) \approx 0{,}6$. Damit läßt sich eine andere Reynolds-Zahl $Re_\delta = W_x\,\delta/\nu$ definieren, die mit den angegebenen Zahlenwerten

$$Re_\delta = W_x\,\delta/\nu = 1{,}7\,Gr_x^{1/4} \tag{243}$$

wird. Für die senkrechte Platte erhielt HERMANN aus Schlierenaufnahmen kritische Grashof-Zahlen von etwa 10^9, was einem Wert $Re_\delta \approx 303$ entspricht. ECKERT und SOEHNGEN[1] stellten durch Interferenzbeobachtungen fest, daß bei $Gr_x = 4 \cdot 10^8$ die ersten Wellen am äußeren Rand der Grenzschicht auftraten, daß also hier der eigentliche Beginn des Übergangs zur Turbulenz zu suchen ist (Abb. 119). Dieser Wert entspricht $Re_\delta = 240$ und $Re_x = 1{,}1 \cdot 10^4$. Für den waagerechten Zylinder ermittelte HERMANN ebenfalls einen kritischen Wert $Gr_d \approx 10^9$ entsprechend $Re_\delta \approx 285$. Diese Werte gelten ebenso wie die Gln. (241) und (243) für Luft mit $Pr = 0{,}71$. Da beginnender Übergang zur Turbulenz den Wärmeübergang noch nicht merklich beeinflußt, ist es sicher berechtigt, für die senkrechte Wand wie für den waagerechten Zylinder in Luft mit einer kritischen Grashof-Zahl $Gr_{kr} = 10^9$ zu rechnen, oder für beliebige Werte der Prandtl-Zahl mit $(Gr\,Pr)_{kr} = 0{,}7 \cdot 10^9$. In der Literatur finden sich auch höhere Werte. So gibt SAUNDERS[2] den Wert $(Gr\,Pr)_{kr} = 2{,}0 \cdot 10^9$ an.

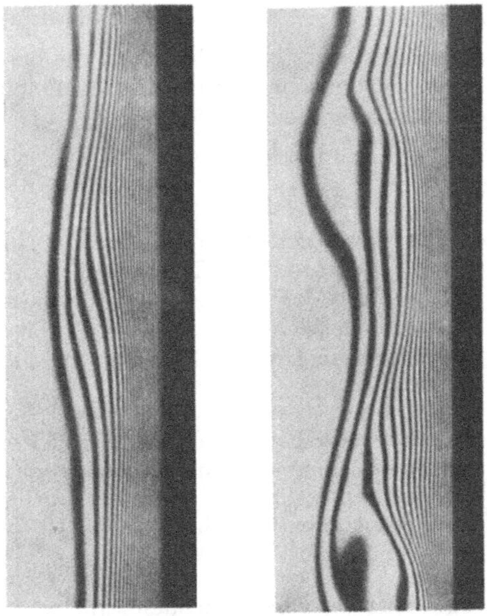

a b

Abb. 119 a u. b. Freie Konvektion an der senkrechten Wand. (Nach ECKERT u. SOEHNGEN.)
a Erstes Auftreten von Wellen in der Grenzschicht.
b Die Wellen beginnen sich einzurollen.

Eine Theorie über den *turbulenten* Wärmeübergang bei freier Konvektion besteht bisher nicht. Der Vergleich der beiden Differentialgleichungen (19) und (20) zeigt, daß selbst für $\operatorname{grad} p = 0$ keine einfache Analogie zwischen Wärme- und Impulsaustausch herzustellen ist, da für die Auftriebskraft in der Bewegungsgleichung (19) ein entsprechen-

[1] ECKERT, E. R. G., u. E. SOEHNGEN: Interferometric studies on the stability and transition to turbulence of a free convection boundary layer. Proc. General Discussion Heat Transfer, London 1951, S. 321/323.

[2] SAUNDERS, O. A.: Natural convection in liquids. Proc. roy. Soc., Lond. (A) 172 (1939) 55/71.

des Glied in der Energiegleichung (20) fehlt. Der Unterschied zur erzwungenen Konvektion wird auch aus der verschiedenen Form des Geschwindigkeits- und des Temperaturfeldes deutlich (Abb. 116 u. 117). Versuche bei höheren $(Gr\,Pr)$-Werten ergaben, daß die Wärmeübergangszahl von der senkrechten Höhe H einer Wand unabhängig wird, was auf die bereits von NUSSELT[1] vorausgesagte Gleichung

$$Nu_H = \mathrm{const}\, Gr^{1/3} \tag{244}$$

führt, oder, solange die Annahme schleichender Bewegung berechtigt ist, auf die Gleichung

$$Nu_H = \mathrm{const}\,(Gr\,Pr)^{1/3}.$$

Die Konstante in Gl. (244) wird wie bei laminarer Strömung eine Funktion von Pr sein, wofür SAUNDERS[2] folgende Werte für die senkrechte Platte experimentell ermittelte:

$$\text{für Luft} \quad (Pr = 0{,}74): \quad Nu_H/(Gr\,Pr)^{1/3} = 0{,}10,$$

$$\text{für Wasser} \quad (Pr = 7{,}4\ ): \quad Nu_H/(Gr\,Pr)^{1/3} = 0{,}17.$$

Beide Werte gelten für $(Gr\,Pr) > 2 \cdot 10^9$.

Das gleichzeitige Wirken der Trägheits- und Zähigkeitskräfte in der Grenzschicht bei freier Konvektion läßt sich auch noch auf eine andere Weise berücksichtigen. Wie auf S. 165 ausgeführt wurde, führt die Annahme reibungsfreier Strömung zu einer Gleichung von der Form

$$Nu = f(Gr\,Pr^2). \tag{49b}$$

In den wandnahen Schichten darf die Reibung auch bei voll ausgebildeter Turbulenz nicht vernachlässigt werden, so daß der Wert 2 für den Exponenten der Pr-Zahl praktisch nicht erreicht werden dürfte. Setzt man jedoch eine Gleichung

$$Nu = \mathrm{const}\,(Gr\,Pr^m)^n \tag{245}$$

an, so ist bei voller Turbulenz für m ein Wert zwischen 1 und 2 zu erwarten. Die Messungen von TOULOUKIAN u. a.[3] an einer senkrechten Wand ergaben für den Bereich von $Pr = 2{,}4 \ldots 118$ die Gleichung

$$Nu = 0{,}0674\,(Gr\,Pr^{1{,}29})^{1/3}. \tag{246}$$

Die Werte $(Gr\,Pr)$ lagen dabei zwischen $4 \cdot 10^{10}$ und $9 \cdot 10^{11}$, also im eindeutig turbulenten Bereich.

Es sei nochmals erwähnt, daß für den Wärmeübergang bei freier Konvektion mit turbulenter Grenzschicht an festen Wänden bisher kein theoretischer Ansatz besteht und auch der Exponent 1/3 der Grashof-Zahl nur empirisch aus der Beobachtung gewonnen wurde, daß mit Einsetzen von Turbulenz die Wärmeübergangszahl α unabhängig von der Körperabmessung zu werden beginnt. Über den weiteren Verlauf von α bzw. Nu bei höheren $(Gr\,Pr)$-Werten fehlt bisher jede Kenntnis.

---

[1] NUSSELT, W.: Das Grundgesetz des Wärmeüberganges. Gesundh.-Ing. 38 (1915) 477/482 u. 490/496.

[2] SAUNDERS, O. A.. zit. S. 267.

[3] TOULOUKIAN, Y. S., G. A. HAWKINS u. M. JAKOB, zit. S. 267.

4. Freie Konvektion über waagerechten Flächen.

Befindet sich in einer waagerechten Ebene eine punktförmige Wärmequelle, so wird von dieser ein senkrecht nach oben gerichteter Strom warmer Luft ausgehen, der sich nach oben verbreitert und aus der ruhenden Luft der Umgebung gespeist wird (Abb. 120). Nimmt man an, daß die an der Strahlgrenze mitgerissene Luft keinen Impuls mitbringt und daß dort keine Wärmeleitung stattfindet, so kann man für die ganze Fläche des Strahles πb^2 den Impuls- und Energiesatz ansetzen.

Die Änderung des Impulses in x-Richtung muß gleich der Summe aller angreifenden Kräfte, in diesem Falle gleich der Auftriebskraft sein:

$$\frac{d}{dx} 2\pi \int_0^b \varrho w_x^2 y\, dy = 2\pi \int_0^b \varrho g \beta \vartheta y\, dy. \tag{247}$$

Hierin bedeutet ϑ die Übertemperatur im Strahl gegenüber der Umgebung, $\varrho g \beta \vartheta$ ist die Auftriebskraft je Volumeneinheit (vgl. S. 164). Die gesamte, von der Wärmequelle abgegebene Wärmemenge muß im Strahl als fühlbare Wärme enthalten sein; das bedeutet für alle Entfernungen x:

$$2\pi \int_0^b \varrho w_x c_p \vartheta y\, dy = \text{const}. \tag{248}$$

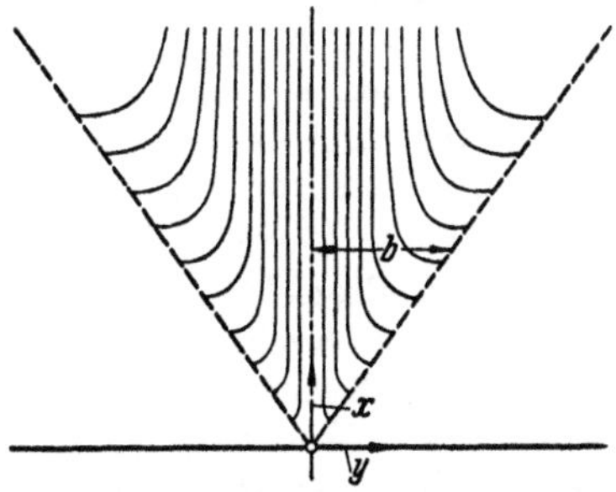

Abb. 120. Stromlinien über einer punktförmigen Wärmequelle in einer waagerechten Ebene. (Nach W. Schmidt.) Strahlradius $b = 0{,}366\, x$.

Wir nehmen an, daß in allen Höhen x ähnliche Temperatur- und Geschwindigkeitsprofile herrschen; dann lassen sich Gln. (247) und (248) auch mit geeigneten Mittelwerten schreiben:

$$\frac{d}{dx} \varrho \overline{w_x^2} b^2 = \varrho g \beta \overline{\vartheta} b^2, \tag{247a}$$

$$\pi \varrho \overline{w}_x c_p \overline{\vartheta} b^2 = \text{const}. \tag{248a}$$

Für die Dichten ϱ seien konstante Werte eingeführt, etwa die Dichte der umgebenden Luft ϱ_∞. Um die Abnahme von $\overline{w}_x$ und $\overline{\vartheta}$ und damit auch von w_x und ϑ mit der Höhe x zu ermitteln, seien die Ansätze $\vartheta \sim x^{-m}$ und $w_x \sim x^p$ gemacht und weiterhin im Anschluß an Betrachtungen von Prandtl[1] eine geradlinige Strahlbegrenzung, also $b = \text{const}\, x$ angenommen. Dann ergeben sich, wie W. Schmidt[2] gezeigt hat, aus Gln. (247a) und (248a) folgende Bestimmungsgleichungen für m und p:

$$p - m + 2 = 0 \quad \text{und} \quad 2p + m - 1 = 0$$

mit den Lösungen $p = -1/3$ und $m = 5/3$. Damit fällt die Temperatur im Strahl proportional $x^{-5/3}$ und die Geschwindigkeit proportional

[1] Prandtl, L.: Führer durch die Strömungslehre, 3. Aufl. S. 115. Braunschweig 1949

[2] Schmidt, W.: Turbulente Ausbreitung eines Stromes erhitzter Luft. Z. angew. Math. Mech. 21 (1941) 265/278 u. 351/363.

$x^{-1/3}$ wie es von W. Schmidt durch das Experiment bestätigt wurde. Abb. 120 zeigt die Stromlinien der analytischen Lösung. Auch die errechneten Verteilungen von Temperatur und Geschwindigkeit stehen mit den Versuchsergebnissen in guter Übereinstimmung.

Im Falle einer linienförmigen Wärmequelle in einer waagerechten Ebene fällt $\vartheta \sim x^{-1}$, während die Geschwindigkeit von der Höhe unabhängig ist. Für diesen Fall stellten Rouse u. a.[1] die Ähnlichkeitsbeziehungen auf und maßen die Verteilungen von Temperatur und Geschwindigkeit in einem oben offenen Kasten, auf dessen Boden die stabförmige Wärmequelle angeordnet war. Der Anlaß für diese Versuche war die Entnebelung von Flughäfen.

Die Temperaturverteilung an waagerechten quadratischen Platten, die im ganzen geheizt waren, maß Weise[2], während Kraus[3] auch noch das Geschwindigkeitsfeld bestimmte. Auf der Plattenunterseite herrschte geordnete Zuströmung vom Mittelpunkt zu den Kanten, auf der Oberseite bildeten sich regellose Wirbel. Die höchsten Geschwindigkeiten traten bei der Umströmung der Kanten auf. Die Strömungsgrenzschicht der Unterseite überragte beträchtlich die Temperaturgrenzschicht (auch bei Luft mit $Pr = 0{,}72$).

Die größten Wärmeübergangszahlen an einer waagerechten Platte bei freier Konvektion sind an den Stellen größter Geschwindigkeit, also an den Kanten, zu erwarten. Je größer die Platte ist, desto weniger wird diese Randwirkung auf den gesamten Wärmeübergang Einfluß haben. Die Gesamtwärmeübergangszahl wird also mit zunehmender Plattengröße von dieser unabhängig werden, so daß bei dimensionsloser Darstellung eine Gleichung von der Form $Nu = \text{const}\,(Gr\,Pr)^{1/3}$ zu erwarten ist, sofern schleichende Bewegung auftritt. Die Wahl der Bezugslänge in der Nu- und Gr-Zahl ist dabei belanglos, so daß Kantenlänge, Diagonale oder nach einem Vorschlag von Weise der Umfang genommen werden kann. Die Messungen von Weise und Kraus an Platten von 16 cm × 16 cm bis 26 cm × 26 cm in Luft bei Übertemperaturen der Platte von 50 bis 350 °C lassen sich befriedigend durch folgende Gleichung wiedergeben:

$$Nu = 0{,}137\,(Gr\,Pr)^{1/3}. \tag{249}$$

Die Wärmeübergangszahl α bedeutet dabei den Mittelwert der Ober- und Unterseite. Die Stoffwerte sind in Gl. (249) bei der mittleren Temperatur der Grenzschicht zu wählen, wie sie sich aus den Feldmessungen ergeben hatte[4]. Näherungsweise wird man $\vartheta_m = (\vartheta_w + \vartheta_\infty)/2$ wählen, wenn die Indizes w und ∞ die Wand bzw. die ungestörte Umgebung bedeuten.

---

[1] Rouse, H., W. D. Baines u. W. H. Humphreys: Free convection over parallel sources of heat. Proc. phys. Soc. (B) 66 (1953) 393/399.

[2] Weise, R.: Wärmeübergang durch freie Konvektion an quadratischen Platten. Forsch. Ing.-Wes. 6 (1935) 281/292.

[3] Kraus, W.: Temperatur- und Geschwindigkeitsfeld bei freier Konvektion um eine waagerechte quadratische Platte. Phys. Z. 41 (1940) 126/150.

[4] Vgl. L. Schiller: Z. VDI 81 (1937) 1041.

Den Wärmeübergang an quadratischen Platten bei verschiedenen Neigungswinkeln β gegen die Waagerechte maß H. TAUTZ[1]. Für $\beta > 45°$ war α konstant gleich dem Wert der senkrechten Platte. Für Winkel β zwischen 0° und 45° kann man linear zwischen den Werten der waagerechten und der senkrechten Platte interpolieren.

5. Freie Konvektion in geschlossenen Räumen.

Für technische Anwendungen interessiert besonders der Wärmetransport durch ebene, senkrechte und waagerechte Spalte und durch Ringspalte. Hierunter fällt auch das Problem der Isolierwirkung von Luftschichten sowie des Wärmetransportes durch poröse Stoffe. Kennzeichnend ist in allen Fällen, daß die Grenzschichtdicken nicht mehr klein gegen die Abmessungen des Raumes sind, so daß die Ausbildung der Strömung oft stark von der Form der Wände beeinflußt wird.

Waagerechte Spalte. Bei einem Wärmestrom von unten nach oben entsteht zunächst eine instabile Schichtung dadurch, daß leichtere (wärmere) Flüssigkeit unter der schwereren (kälteren) liegt. RAYLEIGH[2] erkannte, daß diese Instabilität bei einem bestimmten Wert von $(Gr_\delta Pr)$ zusammenbrechen muß, oberhalb dessen die Konvektionsbewegung beginnt (die Grashof-Zahl Gr_δ ist dabei mit der Spaltdicke δ zu bilden). JEFFREYS[3] und LOW[4] berechneten diesen Grenzwert $(Gr_\delta\, Pr)$ zu 1700 für beidseitige Begrenzung des Spaltes durch feste Wände, während sich der Wert 1108 bei freier Oberfläche und festem Boden ergab. Der erste Zahlenwert wurde sehr gut durch optische Beobachtung eines mit Wasser gefüllten waagerechten Troges von SCHMIDT und SAUNDERS bestätigt[5,6].

Die oberhalb des Grenzwerts $(Gr_\delta Pr)$ einsetzende Konvektionsströmung bildet in der Flüssigkeit regelmäßige sechseckige Zellen, in deren Mitte die Flüssigkeit aufsteigt und an deren Rändern sie abwärts strömt. Diese regelmäßigen Zellen sind kennzeichnend für den laminaren Bereich, während bei ausgebildeter Turbulenz unregelmäßige und instabile Begrenzungen der Aufwärts- und Abwärtsbewegung beobachtet werden[7].

Zur Beschreibung des konvektiven Wärmetransportes durch Flüssigkeitsschichten empfiehlt sich die Einführung der „scheinbaren Wärme-

---

[1] Vgl. L. SCHILLER: Wärme- u. Kältetechn. 43 (1941) 6/12.

[2] LORD RAYLEIGH: On convection currents in a horizontal layer of fluid, when the higher temperature is on the under side. Phil. Mag. (6) 32 (1916) 529/546.

[3] JEFFREYS, H.: Some cases of instability in fluid motion. Proc. roy. Soc. (A) 118 (1928) 195/208.

[4] LOW, A. R.: On the criterion for stability of a layer of viscous fluid heated from below. Proc. roy. Soc. (A) 125 (1929) 180/195.

[5] SCHMIDT, R. J., u. O. A. SAUNDERS: On the motion of a fluid heated from below. Proc. roy. Soc. (A) 165 (1935) 216/228.

[6] Die Kennzahl $(Gr\ Pr)$ wird zuweilen Rayleigh-Zahl Ra genannt. Es sei daran erinnert, daß schon L. LORENZ dieses Produkt angegeben hat (vgl. S. 263).

[7] Derartige Strömungsbilder sind wiedergegeben bei: S. MAL: Forms of stratified clouds. Beitr. z. Physik d. freien Atmosph. 17 (1931) 40/68 und L. PRANDTL: Führer durch die Strömungslehre, 3. Aufl. S. 393. Braunschweig 1949.

leitzahl" λ_s, die bei ebener Schicht durch die Gleichung

$$q = \frac{\lambda_s}{\delta}(\vartheta_1 - \vartheta_2) \tag{250}$$

definiert ist. λ_s wäre also die Wärmeleitzahl eines festen Körpers, der die gleiche Wärmestromdichte q zulassen würde, wie sie unter dem Einfluß der Konvektion durch die Flüssigkeitsschicht von der Dicke δ unter der Wirkung des Temperaturunterschiedes $(\vartheta_1 - \vartheta_2)$ hindurchtritt (ϑ_1 und ϑ_2 sind die Temperaturen der Schichtbegrenzungen). Der Quotient λ_s/λ kennzeichnet dann die Erhöhung des Wärmetransportes durch Konvektion, wenn λ die wahre Wärmeleitzahl der Flüssigkeit bedeutet.

Messungen des Wärmetransportes an waagerechten Spalten sind mit Luft von Mull und Reiher[1], mit Wasser von Schmidt und Saunders[2] durchgeführt worden, die letztgenannten Autoren beobachteten auch den Turbulenzeinsatz bei Wasser ($Pr = 7{,}1$) bei dem Wert $(Gr_\delta Pr) = 45000$,

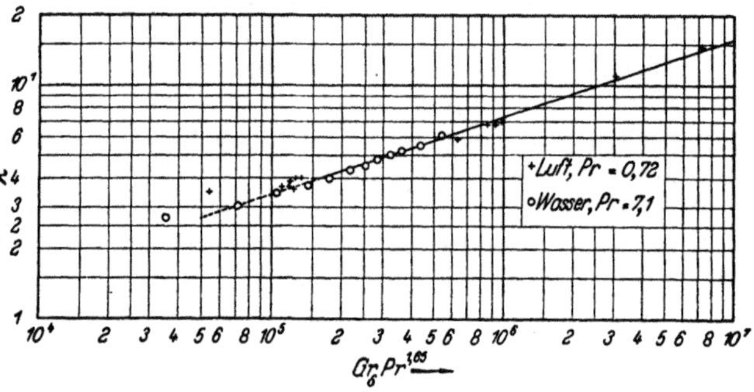

Abb. 121. Wärmetransport durch waagerechte ebene Spalte für Luft und Wasser bei Beheizung von unten. Turbulenz für $(Gr\,Pr^{1,65}) > 160000$.

der sich recht scharf erkennen ließ. Die gemeinsame Auftragung von λ_s/λ über $(Gr_\delta Pr)$ zeigt, daß die Kurven für Luft und Wasser nicht zusammenfallen, so daß keine schleichende Bewegung angenommen werden kann und daher $(Gr\,Pr)$ nicht die geeignete unabhängige Variable ist. Wendet man die Überlegungen, die auf die Gl. (245) geführt haben, auch auf diesen Fall an, so erhält man einen annähernd übereinstimmenden Linienzug für Luft und Wasser, wenn $m = 1{,}65$ gesetzt wird (Abb. 121). Für den turbulenten Bereich ergibt sich die Gleichung

$$\frac{\lambda_s}{\lambda} = 0{,}073\,(Gr_\delta Pr^{1{,}65})^{1/3}, \tag{251}$$

die für $(Gr_\delta Pr^{1{,}65}) > 160000$ gilt. Der Beginn der Turbulenz ist bei den Beobachtungen an Luft wenig scharf ausgeprägt. Im laminaren Bereich streuen die Werte zu stark, so daß auf die Wiedergabe einer gemeinsamen Gleichung verzichtet sei. Sicherlich ist der Exponent $m = 1{,}65$ für den laminaren Bereich zu hoch. Daß m in Gl. (251) höher als in

[1] Mull, W., u. H. Reiher: Der Wärmeschutz von Luftschichten. Beihefte z. Gesundh.-Ing. Reihe I, Heft 28 S. 1/26. München u. Berlin 1930.

[2] Schmidt, R. J., u. O. A. Saunders, zit. S. 275.

Gl. (246) ist, dürfte so zu erklären sein, daß im waagerechten Spalt der gesamte Strömungskern in turbulenter Bewegung ist und nicht, wie bei der senkrechten Wand, noch ein wesentlicher Teil der Begrenzungsfläche von einer laminaren Grenzschicht angeströmt wird. Für endgültige Aussagen ist der bisher untersuchte Bereich der Prandtl-Zahl $0{,}72 < Pr < 7{,}1$ noch zu klein. Aus dem kritischen Wert $(Gr_\delta Pr^{1,65}) = 160000$ von Gl. (251), der aus den Beobachtungen an Wasser hervorging, ergibt sich für Luft eine kritische Grashof-Zahl $Gr_\delta = 275000$. Im laminaren Bereich lassen sich die Messungen von MULL und REIHER[1] an Luft annähernd durch die Gleichung

$$\frac{\lambda_s}{\lambda} = 0{,}2\, Gr_\delta^{1/4} \tag{252}$$

wiedergeben. Zur Bestätigung des Grenzwertes $(Gr_\delta Pr) = 1700$ für den Beginn der Konvektion reichte die Genauigkeit in diesem Bereich nicht aus. Da dieser Wert andererseits durch optische Beobachtung zuverlässig bestätigt ist, muß man in allen Fällen $\lambda_s/\lambda = 1$ für $(Gr_\delta Pr) < 1700$ annehmen mit einem allmählichen Übergang auf Gl. (252).

Alle Stoffwerte für Gln. (251) und (252) sind bei der mittleren Temperatur im Spalt $\vartheta_m = (\vartheta_1 + \vartheta_2)/2$ zu wählen.

Senkrechte Spalte. Im vorigen Abschnitt ergab sich für den waagerechten Spalt keinerlei Einfluß der linearen Abmessungen der Wände. Da die Konvektionsströmung sich in kleinen individuellen Bezirken abspielte, war ein solcher Einfluß auch nicht zu erwarten. Beim senkrechten Spalt verläuft die Konvektionsbewegung entlang der ganzen Wand, so daß die Ausbildung der Grenzschicht sowohl von der Spaltbreite δ als auch von der Spalthöhe h abhängen wird.

Versuche über den Wärmetransport in senkrechten Spalten durch Luft liegen von MULL und REIHER[1] vor. Nach einer Auswertung durch JAKOB[2] ergeben sich für den untersuchten Bereich von $h/\delta = 11 \ldots 42$ folgende Gleichungen:

$$\text{für} \quad 2000 < Gr_\delta < 20000: \quad \frac{\lambda_s}{\lambda} = 0{,}18\; Gr_\delta^{1/4} \left(\frac{h}{\delta}\right)^{-1/9}, \tag{253}$$

$$\text{für} \quad 20000 < Gr_\delta < 200000: \quad \frac{\lambda_s}{\lambda} = 0{,}065\, Gr_\delta^{1/3} \left(\frac{h}{\delta}\right)^{-1/9}. \tag{254}$$

Der Korrekturfaktor $(h/\delta)^{-1/9}$ kann nicht bedenkenlos über den untersuchten Wert hinaus extrapoliert werden. Insbesondere müssen Gln. (253) und (254) für $(h/\delta) \to 0$, also für sehr breite senkrechte Spalte, in die Gleichungen für die einseitig angeströmte senkrechte Platte (S. 266) übergehen. Einen Anhalt für den Grenzwert der Spaltdicke δ liefert Gl. (243) für die Grenzschichtdicke bei laminarer Grenzschicht (δ ist dort die Grenzschichtdicke!).

Für $Gr_\delta < 2000$ nähert sich λ_s/λ dem Wert eins. Näherungsweise kann auch für den senkrechten Spalt der Grenzwert $(Gr_\delta Pr) = 1700$ als gültig angenommen werden, obwohl er exakt nur für waagerechte, von unten beheizte Schichten bestätigt ist.

---

[1] MULL, W., u. H. REIHER, zit. S. 276.

[2] JAKOB, M.: Free heat convection through enclosed plane gas layers. Trans. Amer. Soc. mech. Engrs. 68 (1946) 189/194.

Eine Übertragung der Gln. (253) und (254) auf Flüssigkeiten mit anderen Pr-Zahlen als Luft ist nicht ohne weiteres möglich, wie der Vergleich mit den Ergebnissen am waagerechten Spalt zeigt [Gl. (251)]. Versuche hierüber sind nicht bekanntgeworden.

Ringspalte. Die freie Konvektion in waagerechten Ringspalten ist für die Isolierung von Rohren mittels Luftschichten[1] von besonderer Bedeutung, so daß hierüber eine Reihe experimenteller Arbeiten vorliegt. Als unabhängige Veränderliche ist ein Verhältnis der beiden Durchmesser d_a und d_i zu erwarten, die die Schicht begrenzen.

KRAUSSOLD[2] konnte jedoch zeigen, daß man den Quotienten (d_a/d_i) eliminieren kann, wenn Nu und Gr auch hier mit der Spaltdicke $\delta = (d_a - d_i)/2$ gebildet werden. Die Auswertung der Messungen von BECKMANN[3] an Luft, Wasserstoff und Kohlensäure und eigener Messungen an Wasser und zähen Ölen ergab folgende Gleichungen:

$$\text{für } 6000 < (Gr_\delta Pr) < 10^6: \quad \frac{\lambda_s}{\lambda} = 0{,}11\,(Gr_\delta Pr)^{0{,}29}, \tag{255}$$

$$\text{für } 10^6 < (Gr_\delta Pr) < 10^8: \quad \frac{\lambda_s}{\lambda} = 0{,}40\,(Gr_\delta Pr)^{0{,}20}. \tag{256}$$

Darin ist die scheinbare Wärmeleitzahl λ_s analog zu Gl. (250) durch die Gleichung der Wärmeleitung im Ringspalt

$$q = \frac{2\,\pi\,\lambda_s(\vartheta_1 - \vartheta_2)}{\ln\,(d_a/d_i)} \tag{257}$$

definiert. Der untersuchte Bereich ging von $Pr = 0{,}7$ bis 4000 bei Spaltweiten von 0,25 bis 285 mm.

Durch die Gln. (255) und (256) ließen sich auch angenähert Messungen anderer Autoren[4] an waagerechten und senkrechten Spalten, die also mit dem Ringspalt nicht mehr geometrisch ähnlich waren, darstellen (Abb. 122), wenn auch teilweise nur mit erheblichen Streuungen.

Die Konvektionsbewegung hörte bei $(Gr_\delta Pr) < 2000$ auf, so daß es möglich ist, den Wert für waagerechte Spalte von 1700 universell als angenäherten unteren Grenzwert für die Konvektion in geschlossenen Räumen zu betrachten. Ob es durch Anwendung einer Gleichung von der Form der Gl. (245) zu erreichen ist, daß die Exponenten in Gln. (255) und (256) die gewohnten Werte 1/4 bzw. 1/3 erhalten, muß einstweilen offenbleiben.

In *kugelförmigen Gefäßen* kann nach einer Angabe von E. SCHMIDT[5] näherungsweise die Gleichung

$$Nu_D = 0{,}65\,(Gr_D\,Pr)^{1/4} \tag{258}$$

---

[1] Z. B. das sog. „Alfol"-Verfahren nach E. SCHMIDT: Das Alfol-Verfahren zur Isolierung gegen Wärme- und Kälteverluste. Z. ges. Kälteind. 44 (1937) 163/169.

[2] KRAUSSOLD, H.: Wärmeabgabe von zylindrischen Flüssigkeitsschichten bei natürlicher Konvektion. Forsch. Ing.-Wes. 5 (1934) 186/191.

[3] BECKMANN, W.: Die Wärmeübertragung in zylindrischen Gasschichten bei natürlicher Konvektion. Forsch. Ing.-Wes. 2 (1931) 165/178.

[4] SELLSCHOPP, W.: Forsch. Ing.-Wes. 5 (1934) 162/172. — W. NUSSELT: VDI-Forsch.-Heft Nr. 63/64 (1907). — E. SCHMIDT: Z. VDI 71 (1927) 1395/1400. — W. MULL u. H. REIHER, zit. S. 276. — W. EPP: Arch. Wärmew. 14 (1933) 183/185.

[5] SCHMIDT, E.: Z. VDI 81 (1937) 1041/1042.

als gültig angenommen werden, in der die Kennzahlen auf den Kugeldurchmesser D bezogen sind.

Poröse Stoffe (Isolierstoffe). Die Isolierwirkung poröser Stoffe beruht darauf, daß das porenfüllende Gas keine oder keine nennenswerte Konvektionsbewegung ausführt, so daß die geringen Wärmeleitzahlen der Gase auch wirklich für den Wärmeschutz ausgenutzt werden. Da nach den Ausführungen der vorigen Abschnitte für den Beginn der Konvektion der Wert $(Gr_\delta\, Pr) \approx 1700$ als unterer Grenzwert angesehen werden kann (δ ist hier eine kennzeichnende Abmessung der einzelnen Pore), interessiert der Zusammenhang des Produktes $(Gr_\delta\, Pr)$ mit den äußeren Bedingungen. Aus den Definitionsgleichungen (46) und (47) folgt

$$Gr_\delta Pr = \frac{g\,\beta\,\Delta\vartheta\,\delta^3}{\nu^2}\,\frac{\nu}{a} = \frac{g\,\beta\,\Delta\vartheta\,\delta^3\,c_p\,\varrho^2}{\eta\,\lambda}. \tag{259}$$

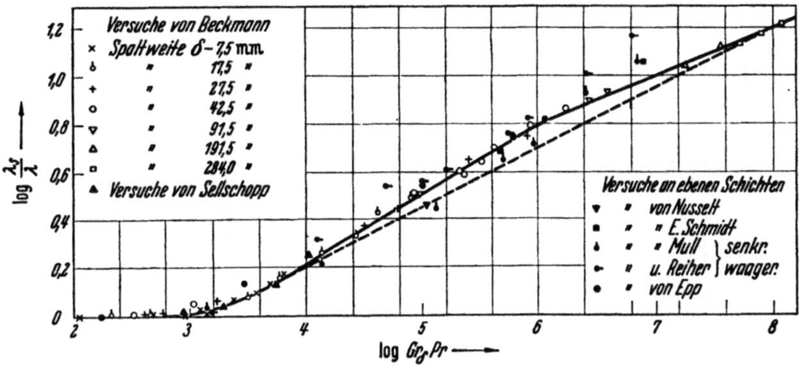

Abb. 122. Wärmetransport durch Ringspalte, verglichen mit Messungen an ebenen Spalten. Die ausgezogenen Geraden entsprechen Gl. (255) und (256), die gestrichelte Gerade bedeutet $\lambda/\lambda_s \sim (Gr\ Pr)^{1/4}$. (Nach KRAUSSOLD.)

Darin ist $\Delta\vartheta$ der Temperaturunterschied zwischen beiden Seitenwänden der Pore, die die lichte Abmessung δ haben soll. Nach der kinetischen Gastheorie können wir $\eta \sim T^{1/2}$ und $\lambda \sim T^{1/2}$ setzen, während $\beta = 1/T$ ist und c_p unabhängig von Druck und Temperatur angenommen sei. Die Gasgleichung ergibt $\varrho = pM/\mathfrak{R}\,T$, worin p den Gasdruck, M das Molekulargewicht und $\mathfrak{R}$ die universelle Gaskonstante bedeuten. Damit läßt sich folgende Proportion aufstellen:

$$(Gr_\delta Pr) \sim \Delta\vartheta\,\delta^3\,\frac{p^2 M^2}{T^4}. \tag{260}$$

Aus dieser Beziehung läßt sich ablesen, daß ein Isolierstoff, der bei gewöhnlicher Temperatur keine Konvektion in den Poren zeigt, bei höheren Temperaturen erst recht „konvektionssicher" ist, da auch bei größerem Temperaturunterschied $\Delta\vartheta$ die Potenz T^4 im Nenner meist überwiegen wird. Umgekehrt kann bei kleinem T, etwa bei Gasverflüssigungsanlagen, ein Isolierstoff versagen, der bei höheren Temperaturen brauchbar ist.

Der starke Einfluß des Gasdruckes auf den Konvektionsbeginn, der in der Potenz p^2 im Zähler von Gl. (260) zum Ausdruck kommt, ist für

Ausmauerungen von Druckgefäßen von Bedeutung. KLING[1] konnte an Messungen der Wärmeleitzahl von Leichtschamottesteinen in Wasserstoff zeigen, daß ein grobporiger Stein eine starke Vergrößerung der Wärmeleitzahl bei 750 at durch Konvektion aufwies (Abb. 123). Der Abfall der Wärmeleitzahl bei weiter steigendem Temperaturunterschied $\Delta\vartheta$ (hier auf die ganze Isolierschicht bezogen) ist so zu erklären, daß mit $\Delta\vartheta$ auch die Mitteltemperatur T_m steigt und dadurch die Potenz T^4 im Nenner von Gl. (260) wirksam wird.

Von der eben beschriebenen Konvektion in den Poren eines Isolierstoffes ist die Luftbewegung durch den Isolierstoff im ganzen zu unterscheiden[2,3]. Diese wird besonders bei Stoffen mit zusammenhängenden Lufträumen zu erwarten sein (Faserstoffen). Zu ihrer Kennzeichnung müßte eine modifizierte Grashof-Zahl benutzt werden, in der der höhere Strömungswiderstand des Faserstoffs enthalten ist. Das Beobachtungsmaterial hierüber ist noch spärlich.

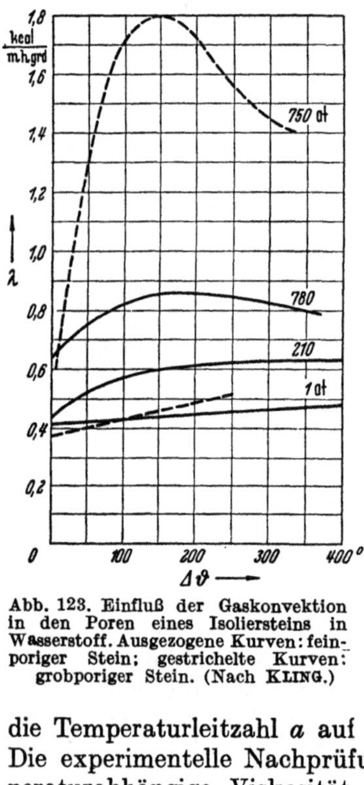

Abb. 123. Einfluß der Gaskonvektion in den Poren eines Isoliersteins in Wasserstoff. Ausgezogene Kurven: feinporiger Stein; gestrichelte Kurven: grobporiger Stein. (Nach KLING.)

Die thermische Konvektion von Flüssigkeiten in porösen Sandschüttungen behandelten ROGERS und Mitarbeiter[4]. An Stelle des kritischen Wertes $(Gr\,Pr)$ trat hier als Konvektionsbedingung der Ausdruck

$$\frac{g\,\beta\,\Delta\vartheta\,\delta\,k}{\nu\,a} > 4\pi^2, \qquad (259\,\text{a})$$

worin $k\,[\text{m}^2]$ die Durchlässigkeit[5] des Sandbodens bedeutet, die durch die Gleichung $w = (k/\eta)\,dp/dy$ definiert ist (dp/dy ist das Druckgefälle in Richtung der Geschwindigkeit w). δ ist die Dicke der von unten erwärmten Schicht, β und ν beziehen sich auf die Flüssigkeit, die Temperaturleitzahl a auf die flüssigkeitsgetränkte poröse Schicht. Die experimentelle Nachprüfung von Gl. (259a) wurde durch die temperaturabhängige Viskosität der Flüssigkeit erschwert, so daß die Theorie verfeinert werden mußte.

[1] KLING, G.: Der Einfluß des Gasdrucks auf das Wärmeleitvermögen von Isolierstoffen. Allg. Wärmetechn. 3 (1952) 167/174.

[2] ALLCUT, E. A., u. F. G. EWENS: Thermal conductivity of insulating materials. Canad. J. Res. (A) 17 (1939) 209/215.

[3] ALLCUT, E. A.: An analysis of heat transfer through thermal insulating materials. Proc. Gen. Discussion Heat Transfer, S. 232/235. London 1951.

[4] ROGERS, F. T., L. E. SCHILBERG u. H. L. MORRISON: Convection currents in porous media. J. appl. Phys. 22 (1951) 1476/1479; auch 21 (1950) 1177/1180; 20 (1949) 1027/1029; 16 (1945) 367/370.

[5] k wird auch in „darcy" gemessen. 1 darcy $= 9{,}87 \cdot 10^{-9}$ cm².

Freie Konvektion im kritischen Gebiet. Im kritischen Punkt einer Flüssigkeit werden sowohl die Ausdehnungszahl β wie die spezifische Wärme c_p unendlich groß. Nach Gl. (259) sind dann sehr große Werte $(Gr\,Pr)$ und damit hohe konvektive Wärmetransporte λ_s/λ zu erwarten, wie es von E. SCHMIDT u. a.[1] experimentell nachgewiesen wurde. Die dabei erreichten Werte λ_s/λ hatten die Größenordnung 100. Dieser Effekt wird bei der Kühlung von Gasturbinenschaufeln mit Wasser ausgenutzt[2], wobei die hohen Werte der Zentrifugalbeschleunigung verstärkend wirken und u. U. die Coriolisbeschleunigung den Hin- und Rückstrom voneinander trennt.

6. Gebrauchsgleichungen für freie Konvektion.

Als *Bezugstemperatur* für die Stoffwerte in den Kennzahlen der freien Konvektion hat sich die Mitteltemperatur ϑ_m zwischen der Wandtemperatur ϑ_w und der Temperatur in großem Abstand vom Körper ϑ_∞ als beste Wahl herausgestellt, also $\vartheta_m = (\vartheta_w + \vartheta_\infty)/2$. Das hat den besonderen Vorteil, daß dann bei Gasen $\beta = 1/T_m$ wird, mit $T_m = \vartheta_m + 273\,[°\mathrm{K}]$, so daß alle Stoffwerte in Gl. (259) auf dieselbe Temperatur bezogen sind.

Aus dem zusammenfassenden Vergleich zahlreicher Beobachtungen lassen sich für einige einfache Fälle, unbeschadet der in den vorigen Abschnitten mitgeteilten Besonderheiten, Gebrauchsgleichungen angeben, die mit einer für technische Zwecke ausreichenden Genauigkeit gelten.

Senkrechte Platte (Höhe H):

$$\text{für } 1700 < (Gr_H\,Pr) < 10^8\text{:}\quad Nu_H = 0{,}55\,(Gr_H\,Pr)^{1/4}, \tag{261}$$

$$\text{für } (Gr_H\,Pr) > 10^8\text{:}\quad Nu_H = 0{,}13\,(Gr_H\,Pr)^{1/3}. \tag{262}$$

Waagerechtes Rohr (Durchmesser D):

Hierfür lassen sich die zusammengehörigen Werte von Nu_D und $(Gr_D\,Pr)$ aus Abb. 118 bzw. Zahlentafel 25 entnehmen. Für $(Gr_D\,Pr) > 10^5$ entsprechen diese Werte angenähert der Gleichung

$$Nu_D = 0{,}41\,(Gr_D\,Pr)^{1/4}. \tag{263}$$

Für den gesamten Bereich $1000 < (Gr_D\,Pr) < 10^9$ gibt McADAMS[3] die mittlere Gleichung

$$Nu_D = 0{,}53\,(Gr_D\,Pr)^{1/4} \tag{264}$$

an, die im unteren Bereich kleinere, im oberen Bereich größere Werte als Zahlentafel 25 ergibt.

Löst man die Gl. (264) bzw. (263) nach der Wärmeübergangszahl α auf, so lassen sich alle Stoffwerte und Konstanten in einem benannten

---

[1] SCHMIDT, E., E. ECKERT u. U. GRIGULL: Wärmetransport durch Flüssigkeiten in der Nähe ihres kritischen Zustandes. Jb. dtsch. Luftf.-Forschg. 1939, Bd. II, 53/58.

[2] SCHMIDT, E.: Heat transmission by natural convection at high centrifugal acceleration in water-cooled gas-turbine blades. Proc. Gen. Discussion Heat Transfer, S. 361/363. London 1951.

[3] McADAMS: Heat Transmission, 2. Aufl. S. 244. New York u. London 1942.

Zahlenwert zusammenfassen, so daß man folgende einfache Gebrauchsgleichung erhält:

$$\alpha = K\,[(\vartheta_w - \vartheta_\infty)/D]^{1/4} \text{ in kcal/m}^2\,\text{h grd}. \qquad (265)$$

Für Wasser und Luft ist der Wert K unter Benutzung der Gl. (264) in Zahlentafel 26 und 27 als Funktion der Mitteltemperatur ϑ_m wiedergegeben. Der Durchmesser D muß in m eingesetzt werden. Die Zahlenwerte von K sind auch zur Auswertung von Gl. (261) brauchbar, wenn sie um 4% erhöht werden und die Höhe H statt des Durchmessers D benutzt wird.

Zahlentafel 26. *Werte K aus Gl.* (265) *für Wasser.*

ϑ_m (°C)	20	40	60	80	100	150	200	250
K	92	129	156	179	197	239	269	291

Zahlentafel 27. *Werte K aus Gl.* (265) *für Luft.*

ϑ_m (°C)	0	50	100	200	300	400	500
K	1,19	1,13	1,10	1,01	0,95	0,90	0,85

Spalte (Spaltdicke δ):

Durch Auswertung einer großen Zahl von Messungen stellte NIEMANN[1] das Verhältnis der scheinbaren Wärmeleitzahl λ_s [nach Gl. (250) bzw. (257)] zur wahren Wärmeleitzahl λ einheitlich dar, indem er die Gleichung

$$\frac{\lambda_s}{\lambda} = 1 + \frac{m\,(Gr_\delta\,Pr)^r}{(Gr_\delta\,Pr) + n} \qquad (266)$$

benutzte. Darin sind m, n und r unbenannte Zahlenwerte, die für verschiedene geometrische Anordnungen aus Zahlentafel 28 zu entnehmen sind. Gl. (266) gilt für Gase und Flüssigkeiten bis $(Gr_\delta Pr) < 10^8$, also im laminaren Bereich.

Zahlentafel 28. *Konstanten m, n und r der Gl. (266).*

Anordnung und Wärmefluß	m	$10^{-4}\,n$	r
	0,119	1,45	1,270
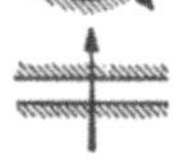	0,070	0,32	1,333
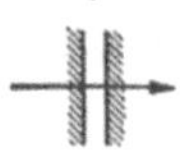	0,0236	1,01	1,393
	0,043	0,41	1,360
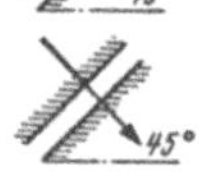	0,025	1,30	1,360

Zur leichteren Berechnung von $(Gr_\delta Pr)$ für Gase kann man im Anschluß an Gl. (260) die temperaturabhängigen Anteile herausziehen und

[1] NIEMANN, H.: Die Wärmeübertragung durch natürliche Konvektion in spaltförmigen Hohlräumen. Gesundh.-Ing. 69 (1948) 224/228.

erhält dann für den Ausdruck

$$(Gr_\delta\, Pr)/p^2\, \delta^3 \Delta\vartheta \text{ in m/kp}^2\,\text{grd}$$

eine reine Temperaturfunktion, die für einige Gase in Zahlentafel 29 (nach NIEMAMM) dargestellt ist. T in °K ist darin die Mitteltemperatur im Spalt. Die angegebenen Werte gelten nur soweit, wie λ, η und c_p vom Druck unabhängig sind. Der Gasdruck p ist in kp/m², die Spaltdicke δ in m und der Temperaturunterschied $\Delta\vartheta$ zwischen den Begrenzungswänden in grd einzusetzen.

Zahlentafel 29. *Temperaturfunktion zur Berechnung von* ($Gr_\delta\, Pr$) *für Gase.*

Gas	$(Gr_\delta\, Pr)/p^2\, \delta^3\, \Delta\vartheta$ in m/kp² grd
Luft	$38{,}3\ (1 + 113/T)^2/(T/100)^4$
Kohlensäure	$87{,}3\ (1 + 273/T)^2/(T/100)^4$
Wasserstoff	$0{,}95\ (1 + 71{,}7/T)^2/(T/100)^4$
Stickstoff	$40{,}2\ (1 + 104/T)^2/(T/100)^4$
Argon	$39\ (1 + 147{,}8/T)^2/(T/100)^4$

Konvektionsumkehr. Sobald die Ausdehnungszahl β ihr Vorzeichen ändert, kehrt sich auch die Richtung der Konvektionsbewegung um. Derartige Erscheinungen sind bei feuchter Luft[1] sowie bei Wasser von 4 °C beobachtet worden.

Der Wärmeübergang an einer Eiskugel[2], die in Wasser von der Temperatur ϑ_W (in Celsiusgraden) gehängt wurde, ließ sich befriedigend durch die Gleichung

$$Nu_D = 2 + 0{,}6\,(Gr\,Pr)^{1/4}$$

wiedergeben, wenn für die Ausdehnungszahl β folgender Ausdruck verwendet wurde:

$$\beta = p + 1{,}51\, q\, \vartheta_W$$

mit $p = -64{,}3 \cdot 10^{-6}$ und $q = 8{,}51 \cdot 10^{-6}$. Der Faktor 1,51 entstand aus der Mittelwertbildung quer zur Grenzschicht. Das Minimum von Nu lag bei $\vartheta_W = 5$ °C. Im Bereich $0 < \vartheta_W < 5$ war die Konvektionsbewegung nach oben, für $\vartheta_W > 5$ °C nach unten gerichtet. Der Wert $Nu = 2$ stellt den Grenzwert reiner Wärmeleitung um eine Kugel im ausgedehnten Medium dar.

H. Wärmeübergang bei Kondensation.

Die Kondensation ist stets mit einem gekoppelten Wärme- und Stoffaustausch verbunden, wobei die Verdampfungswärme die übergehende Wärmemenge und das Kondensat den ausgetauschten Stoff darstellen. Werden weiter keine oder keine nennenswerten Wärmemengen ausgetauscht, so läßt sich die Wärmemengenmessung durch eine Kondensatwägung ersetzen. Der gesamte Übergang von der dampf-

[1] HILPERT, R.: VDI-Forsch.-Heft Nr. 355. Berlin 1932.

[2] DUMORÉ, J. A., H. J. MERK u. J. A. PRINS: Heat transfer from water to ice by thermal convection. Nature, Lond. 172 (1953) 4375, 460/461.

förmigen in die flüssige Phase an einer gekühlten Wand läßt sich in mehrere, hintereinander geschaltete Teilvorgänge zerlegen, deren Anteil am gesamten Übertragungswiderstand sehr verschieden sein kann:

1. Der zu kondensierende Dampf muß durch molekularen oder molaren Transport an die Phasengrenzfläche (die Kondensatoberfläche) herangeschafft werden.

2. An der Phasengrenzfläche findet die eigentliche Kondensation statt.

3. Die dabei frei werdende Verdampfungswärme muß an die gekühlte Wand transportiert werden.

Der *erste* Vorgang bedingt eine endliche, auf die Wand zu gerichtete Normalgeschwindigkeit, die sich zu

$$w_n = q\, v_D / r \tag{269}$$

ergibt, wenn q die Heizflächenbelastung, v_D das spezifische Volum des Dampfes und r die Verdampfungswärme darstellen. Für gesättigten Wasserdampf von 100 °C ergibt sich z. B. mit $q = 250000$ kcal/m² h (ein Wert, der zwar hoch, aber technisch erreichbar ist) $w_n = 0{,}22$ m/sek. Ein solcher Wert ist immer noch klein gegen die üblichen Strömungsgeschwindigkeiten, so daß die Nachlieferung des kondensierten Dampfes bei reinen Dämpfen den Gesamtvorgang nicht beeinflußt. Handelt es sich um ein Gemisch von Dampf und Inertgasen, so tritt der Diffusionswiderstand hemmend hinzu, der dann allgemein nicht mehr zu vernachlässigen ist.

Der *zweite* Vorgang kann durch einen Kondensationskoeffizienten f gekennzeichnet werden, der den Bruchteil aller auftreffenden Moleküle angibt, die von der Kondensatoberfläche wirklich festgehalten werden. Nach Messungen von PRÜGER[1] wird für Wasser bei Atmosphärendruck $f \approx 0{,}02$, das bedeutet, daß etwa 50mal soviel Moleküle durch ihre thermische Eigenbewegung auf die Grenzfläche auftreffen, als dort als Kondensat festgehalten werden können. Um den einseitigen Transport von der Dampf- auf die Kondensatseite aufrechtzuerhalten, ist eine Unterkühlung der Kondensatoberfläche notwendig, deren Größenordnung bei Wasser von Atmosphärendruck 0,03° beträgt. Für technische Zwecke genügt es, der Kondensatoberfläche die Sattdampftemperatur zuzuschreiben. Erst bei sehr kleinen Dampfdrücken wäre die Untertemperatur der Kondensatoberfläche zu berücksichtigen[2].

Der *dritte* Teilvorgang ist bei technischen Kondensationsvorgängen meist entscheidend. Bildet das Kondensat einen zusammenhängenden Film, der ruht oder laminar oder turbulent strömt, so ist der Wärmedurchgangswiderstand dieses Films allein bestimmend für die Kondensationsgeschwindigkeit. Zur Berechnung genügt es dann, diesen Widerstand zu ermitteln, wie es erstmalig von NUSSELT[3] für die laminare

[1] PRÜGER, W.: Die Verdampfungsgeschwindigkeit von Flüssigkeiten. Z. Phys. 115 (1940) 202/244.

[2] SILVER, R. S.: Heat transfer coefficients in surface condensers. Engineering 161 (1946) 505/506.

[3] NUSSELT, W.: Die Oberflächenkondensation des Wasserdampfes. Z. VDI 60 (1916) 541/546 u. 569/575.

Wasserhaut durchgeführt wurde. Aber auch für die von E. Schmidt, Schurig und Sellschopp[1] beobachtete Kondensation in unzusammenhängenden Tropfen ist vermutlich die Wärmeabfuhr ein wesentlicher Faktor, wenn auch der Mechanismus dieser Kondensationsart noch nicht völlig aufgeklärt ist.

Film- und Tropfenkondensation. Ob sich das Kondensat als zusammenhängender Film oder in einzelnen Tropfen auf der gekühlten Wand niederschlägt, hängt nur davon ab, ob die Wand vollständig oder unvollständig benetzbar ist. Diese Verhältnisse werden formal durch das Spannungsgleichgewicht am Tropfenrand wiedergegeben, wie es Abb. 124 zeigt. Bedeutet $\sigma_{fl\,d}$ die Oberflächenspannung der Flüssigkeit gegen ihren eigenen Dampf und $\sigma_{f\,fl}$, σ_{fd} die Grenzflächenspannungen der festen Wand gegen die Flüssigkeit bzw. gegen den Dampf, so muß sich im Gleichgewicht ein Randwinkel β nach der Gleichung

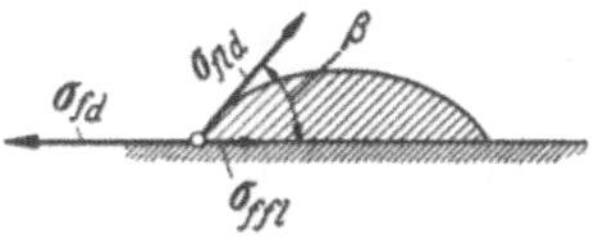

Abb. 124. Grenzflächenspannungen am Tropfenrand bei unvollständiger Benetzung. Die Indizes *f*, *fl* und *d* bedeuten die feste, flüssige und dampfförmige Phase, *β* den Randwinkel.

$$\sigma_{fd} - \sigma_{f\,fl} = \sigma_{fl\,d} \cos\beta \qquad (270)$$

einstellen. Die linke Seite von Gl. (270) wird auch als Benetzungsspannung $\sigma_B = \sigma_{fd} - \sigma_{f\,fl}$ bezeichnet. Vollständige Benetzung und damit Filmbildung tritt ein, wenn $\sigma_B > \sigma_{fl\,d}$ ist und damit der Randwinkel $\beta = 0$ wird. Endliche β-Werte bedeuten unvollständige Benetzung und Tropfenbildung. Weitere Einzelheiten werden im Zusammenhang mit der Tropfenkondensation behandelt werden. Beide Kondensationsarten sind in technischen Apparaten durchaus möglich.

1. Die Nußeltsche Wasserhauttheorie.

Nusselt[2] setzte reine Filmkondensation mit laminarer Geschwindigkeitsverteilung voraus. Bei ruhendem oder nur schwach bewegtem Dampf kann von Impuls- und Schubkräften des Dampfes auf das Kondensat abgesehen werden. Da die Wasserhaut nur eine geringe Dicke hat, werden die Beschleunigungskräfte vernachlässigt, so daß die Schwerkraft nur mit den Reibungskräften im Gleichgewicht steht. Ferner wird die Krümmung der Filmoberfläche vernachlässigt und nur Bewegungen in x-Richtung betrachtet (Abb. 125). Es handelt sich also um eine Grenzschichtgleichung mit schleichender Bewegung, deren Druck konstant gleich dem Dampfdruck ist. Aus Gl. (19) bleibt dann für die Bewegungsgleichung der Wasserhaut an der *senkrechten* Wand nur der Ausdruck

$$\eta \frac{d^2 w}{d y^2} = -\varrho g \qquad (271)$$

übrig, wenn w für w_x und g für $\mathfrak{g}$ geschrieben wird. Die Randbedingungen

[1] Schmidt, E., W. Schurig u. W. Sellschopp: Versuche über die Kondensation von Wasserdampf in Film- und Tropfenform. Techn. Mech. Thermodyn. 1 (1930) 53/63.

[2] Nusselt, W., zit. S. 284.

lauten $w = 0$ für die Wand ($y = 0$) und $dw/dy = 0$ für den äußeren Rand der Wasserhaut ($y = \delta$), wo nach Voraussetzung keine Schub- und Impulskräfte auf das Kondensat ausgeübt werden sollen ($\delta =$ Schichtdicke). Damit ergibt sich als Lösung von Gl. (271)

$$w(y) = \frac{\varrho g}{\eta}\left(\delta y - \frac{y^2}{2}\right), \tag{271a}$$

und für die mittlere Geschwindigkeit

$$\overline{w} = \varrho g \delta^2/3\eta. \tag{271b}$$

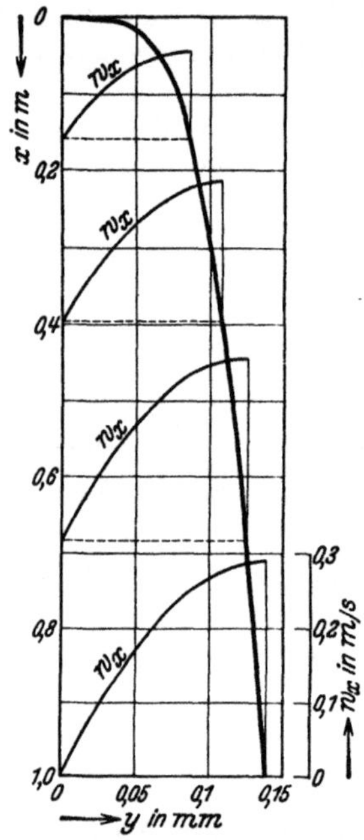

Abb. 125. Laminare Kondensathaut an der senkrechten Wand für gesättigten Wasserdampf von 100 °C.

Die Geschwindigkeit am äußeren Rand ($y = \delta$) wird $w_\delta = 1{,}5\,\overline{w}$.

Auch bei der Aufstellung der Energiegleichung werden Vereinfachungen vorgenommen, die erheblich über die der laminaren Grenzschicht, etwa nach Gl. (87), hinausgehen. Durch Weglassen der konvektiven Glieder bleibt die Gleichung des geradlinigen Temperaturverlaufs

$$\frac{d^2\vartheta}{dy^2} = 0 \tag{272}$$

übrig mit den Randbedingungen $\vartheta = \vartheta_w$ für $y = 0$ und $\vartheta = \vartheta_s$ für $y = \delta$ (ϑ_w, ϑ_s bedeuten Wand- bzw. Sättigungstemperatur). Für die Filmoberfläche Sättigungstemperatur anzunehmen, ist nach den Betrachtungen der Einleitung berechtigt. Als Lösung von Gl. (272) ergibt sich eine von y unabhängige Wärmestromdichte

$$q = \frac{\lambda(\vartheta_s - \vartheta_w)}{\delta}. \tag{273}$$

Die zu berechnende Wärmeübergangszahl α sei durch die Gleichung

$$\alpha = \frac{q}{(\vartheta_s - \vartheta_w)} = \frac{\lambda}{\delta} \tag{274}$$

definiert.

Zur Berechnung der noch unbekannten Filmdicke $\delta(x)$ wird die Kontinuitätsgleichung benutzt, nach welcher die Zunahme der Kondensatmenge längs der Wand durch neu kondensierenden Dampf gedeckt werden muß. Bezeichnet $G = \varrho\overline{w}\delta$ die abfließende Kondensatmenge je Einheit der Wandbreite (z. B. in kg/m h), so muß sein

$$\frac{dG}{dx} = \varrho\frac{d}{dx}(\overline{w}\delta) = \frac{q}{r} = \frac{\lambda(\vartheta_s - \vartheta_w)}{\delta r}, \tag{275}$$

wenn r die Verdampfungswärme bedeutet.

Mit $\overline{w}$ aus Gl. (271b) entsteht daraus die Differentialgleichung für $\delta(x)$:

$$\delta^3 d\delta = \frac{\lambda(\vartheta_s - \vartheta_w)\eta}{\varrho^2 g r}dx \tag{276}$$

mit der Randbedingung $\delta = 0$ für $x = 0$, da die Kondensation erst bei $x = 0$ einsetzen soll.

Die Lösung lautet

$$\delta(x) = \left(\frac{4\,\lambda(\vartheta_s - \vartheta_w)\,\eta\,x}{\varrho^2\,g\,r}\right)^{1/4}, \tag{277}$$

woraus sich mit Gl. (274) die örtliche Wärmeübergangszahl an der Stelle x zu

$$\alpha_x = \left(\frac{\lambda^3\,\varrho^2\,g\,r}{4(\vartheta_s - \vartheta_w)\,\eta\,x}\right)^{1/4} \tag{278}$$

und die mittlere Wärmeübergangszahl zwischen $x = 0$ und $x = H$ zu

$$\bar{\alpha} = 0{,}943\left(\frac{\lambda^3\,\varrho^2\,g\,r}{(\vartheta_s - \vartheta_w)\,\eta\,H}\right)^{1/4} \;{*}\;{**} \tag{279}$$

ergibt ($4^{3/4}/3 = 0{,}943$). Sämtliche Stoffwerte beziehen sich gemäß der Ableitung auf das Kondensat, sie sind am besten bei $\vartheta_m = (\vartheta_w + \vartheta_s)/2$ einzusetzen.

Bildet man mit $\bar{\alpha}$ und der Höhe H eine Nußelt-Zahl $Nu_H = \bar{\alpha} H/\lambda$, so läßt sich Gl. (279) auch dimensionslos schreiben:

$$Nu_H = \frac{\bar{\alpha}\,H}{\lambda} = 0{,}943\left(\frac{\varrho^2\,g\,r\,H^3}{(\vartheta_s - \vartheta_w)\,\eta\,\lambda}\right)^{1/4}. \tag{280}$$

Anschaulicher ist jedoch eine dimensionslose Schreibweise mit Hilfe der Reynolds-Zahl der Wasserhaut

$$Re_H = \frac{\bar{w}\,\delta}{\nu} = \frac{G}{\eta}. \tag{281}$$

Solange die Unterkühlung des Kondensats unter die Sattdampftemperatur ϑ_s zu vernachlässigen ist, läßt sich die übergegangene Wärme auch durch die Kondensatmenge G in folgender Form ausdrücken:

$$G\,r = \bar{\alpha}(\vartheta_s - \vartheta_w)\,H, \tag{281a}$$

so daß zwischen Re_H und $\bar{\alpha}$ die Beziehung

$$Re_H = \bar{\alpha}(\vartheta_s - \vartheta_w)\,H/r\,\eta \tag{281b}$$

besteht, die allgemeine Gültigkeit hat und nicht eine laminare Strömung der Wasserhaut voraussetzt. Mit Gl. (281 b) läßt sich Gl. (279) in folgen-

---

* In der Originalarbeit von NUSSELT (1916) ist mit dem technischen Maßsystem gerechnet. Dann geht die Dichte ϱ [kg/m³] in das spezifische Gewicht γ [kp/m³] über, und statt der Zähigkeit η (z. B. in kg/m sek) muß η' [kp sek/m²] $= \eta/g$ gesetzt werden. Gl. (279) lautet dann

$$\bar{\alpha} = 0{,}943\left(\frac{\lambda^3\,\gamma^2\,r}{(\vartheta_s - \vartheta_w)\,\eta'\,H}\right)^{1/4}. \tag{279a}$$

Soll $\bar{\alpha}$ und λ auf die Stunde bezogen, η' dagegen in kp sek/m² eingesetzt werden, so entsteht die Gleichung

$$\bar{\alpha} = 0{,}943\left(\frac{\lambda^3\gamma^2\,r}{(\vartheta_s - \vartheta_w)\,(\eta'/3600)\,H}\right)^{1/4} = 7{,}3\left(\frac{\lambda^3\gamma^2\,r}{(\vartheta_s - \vartheta_w)\,\eta'\,H}\right)^{1/4} \text{in kcal/m}^2\,\text{h grd}. \tag{279b}$$

Der Zahlenwert 7,3 ist dann nicht mehr unbenannt!

** Der Vergleich zwischen den Gln. (279) und (279a) zeigt eine gewisse Schwerfälligkeit des technischen Maßsystems. Gl. (279) kann ohne weiteres für Systeme mit anderen Beschleunigungen b verwendet werden, wenn g durch b ersetzt wird, etwa bei rotierenden Systemen. Bei Gl. (279a) ist das nicht zulässig.

der dimensionsloser Form ausdrücken:

$$Re_H = \frac{G}{\eta} = \frac{\bar{\alpha}(\vartheta_s - \vartheta_w) H}{r\,\eta} = 0{,}943 \left(\frac{\lambda\,\varrho^{2/3} g^{1/3} (\vartheta_s - \vartheta_w) H}{\eta^{5/3}\, r}\right)^{3/4}. \tag{282}$$

Diese Gleichung wird später noch bei der Behandlung der turbulenten Wasserhaut benutzt werden.

Gl. (282) läßt sich auch noch in folgende Form bringen, die im amerikanischen Schrifttum häufig zu finden ist:

$$\bar{\alpha} \left(\frac{\eta^2}{\lambda^3 \varrho^2 g}\right)^{1/3} = 0{,}925 (Re_H)^{-1/3} \;*\; **, \tag{282a}$$

wofür man auch mit $\nu = \eta/\varrho$ schreiben kann

$$\frac{\bar{\alpha}}{\lambda} \left(\frac{\nu^2}{g}\right)^{1/3} = 0{,}925 (Re_H)^{-1/3}. \tag{282b}$$

Da der Ausdruck $(\nu^2/g)^{1/3}$ die Dimension einer Länge hat, wäre die linke Seite der Gl. (282b) formal als eine Nußelt-Zahl aufzufassen[1].

Die bisherige Ableitung bezog sich auf die senkrechte Wand bzw. das senkrechte Rohr nicht zu kleinen Durchmessers. Ist die Wand gegen die Waagerechte um den Winkel β *geneigt*, so lautet die Bewegungsgleichung an Stelle von Gl. (271)

$$\eta \frac{d^2 w}{dy^2} = -\varrho\, g \sin\beta. \tag{271c}$$

Bei im übrigen gleichen Voraussetzungen ergibt sich dann eine Wärmeübergangszahl $\bar{\alpha}_\beta$, die mit $\bar{\alpha}$ für die senkrechte Wand nach Gl. (279) durch folgende Beziehung zusammenhängt:

$$\bar{\alpha}_\beta = \bar{\alpha} (\sin\beta)^{1/4}. \tag{283}$$

Diese Umrechnung gilt jedoch nur, solange kein Kondensat abtropft.

Nusselt berechnete weiterhin auch den Wärmeübergang am *waagerechten Rohr*. Die Differentialgleichung der Filmdicke läßt sich dafür graphisch integrieren. Ist H die Rohrlänge und d der äußere Rohrdurchmesser, so wird bei waagerechter Lage

$$\bar{\alpha}_{waag} = 0{,}77\, \bar{\alpha}\, (H/d)^{1/4}, \tag{284}$$

worin $\bar{\alpha}$ wieder aus Gl. (279) einzusetzen ist. Mit $H = 3$ m und $d = 0{,}029$ m wird z. B. $\bar{\alpha}_{waag} = 2{,}5\bar{\alpha}$, an dem Rohr kondensiert also bei waagerechter Lage 2,5 mal soviel Dampf als in senkrechter Lage.

Liegen bei einem *waagerechten Rohrregister n* Rohre senkrecht untereinander, so wird die Wasserhaut der unteren Rohre durch auftropfendes Kondensat verstärkt und dadurch ihre Wärmeübergangszahl gemäß Gl. (274) verschlechtert, wenn alle übrigen Voraussetzungen bestehen-

---

* Schreibt man Gl. (282) in der Form $x = a\,y^n$, so lautet Gl. (282a):

$$x/y = a^{1/n}\, x^{(n-1)/n}.$$

** Im amerikanischen Schrifttum wird meist der vierfache Wert der nach Gl. (281) definierten *Re*-Zahl benutzt.

[1] Weitere Möglichkeiten dimensionsloser Darstellung diskutiert W. Traupel: Das Modellgesetz der Filmkondensation. Allg. Wärmetechn. 4 (1953) 105/107.

bleiben. Als Mittelwert für n Rohre erhält man dann $\alpha_n/\alpha_1 = n^{-1/4}$, wenn α_1 für das oberste Rohr nach Gl. (284) gilt. Neuere Messungen[1] zeigen jedoch, daß diese Wirkung nicht eintritt und auch bei zwanzig senkrecht untereinander angeordneten Rohren die Wärmeübergangszahl annähernd konstant gleich der des obersten Rohres bleibt. Das auftropfende Kondensat wirbelt die Wasserhaut so stark durch, daß dadurch die Wirkung des höheren Wärmeleitwiderstandes ungefähr aufgehoben wird[2]. Die Nußeltschen Ableitungen lassen sich auch für die Kondensation *im Inneren* waagerechter Rohre und Behälter anwenden, wie es von SCHMIDT[3] nachgewiesen wurde.

In praktischen Fällen wird die *Wandtemperatur* nicht völlig konstant sein, wie es bei der Randbedingung zu Gl. (272) angenommen wurde. Das auf der anderen Seite der Wand strömende Kühlwasser wird sich vielmehr erwärmen, so daß sich die Wärmestromdichte auch

$$q = k(\vartheta_w - \vartheta_{fl})$$

schreiben läßt, wobei $1/k = 1/\alpha_{fl} + s/\lambda_w$ ist (α_{fl} = Wärmeübergangszahl auf der Flüssigkeitsseite, s = Wanddicke, λ_w = Wärmeleitzahl der Wand). Die Wärmedurchgangszahl k kann konstant angenommen werden, während die Wandtemperatur ϑ_w und die Flüssigkeitstemperatur ϑ_{fl} von x abhängen. Die Durchrechnung ergibt eine so geringe Korrektur von Gl. (279), daß die Annahme einer mittleren konstanten Wandtemperatur berechtigt ist. Zu dem gleichen Ergebnis für das waagerechte Rohr kamen PECK und REDDIE[4], die auch die Wärmeleitung im Rohrmaterial berücksichtigen[5].

In der gleichen Arbeit[4] wird auch der Einfluß der *Beschleunigungskräfte* behandelt, die in der Bewegungsgleichung (271) vernachlässigt waren. Ihre Berücksichtigung führt zu einem dimensionslosen Ausdruck $r\,\eta/\lambda\,(\vartheta_s - \vartheta_w)$, der als Korrektur der nach Gl. (284) berechneten α-Werte für das waagerechte Rohr benutzt wird. Durch Vergleich mit etwa 200 Messungen von 17 Autoren ergibt sich die halbempirische Beziehung

$$\alpha/\alpha_{Nu} = 0{,}0206\,[r\,\eta/\lambda\,(\vartheta_s - \vartheta_w)]^{1/2} + 0{,}79\,. \qquad (285)$$

Dabei ist α_{Nu} der aus Gl. (284) nach NUSSELT berechnete Wert. Der Quotient α/α_{Nu} reicht im untersuchten Bereich etwa von 0,7 bis 1,3, wobei sich die Meßwerte auch nur mit starken Streuungen um die Gl. (285) einordnen (Abb. 126). Alle Stoffwerte sind bei $\vartheta_m = (\vartheta_w + \vartheta_s)/2$ eingesetzt.

---

[1] SHORT, B. E., u. H. E. BROWN: Condensation of vapors on vertical banks of horizontal tubes. Proc. General Discussion Heat Transfer, London 1951, 27/31.

[2] Eine gegenteilige Ansicht vertrat A. GINABAT: Über Oberflächenkondensation. Wärme 47 (1924) 573/578, 588/592 u. 601/604.

[3] SCHMIDT, TH. E.: Der Wärmeübergang bei der Kondensation in Behältern und Rohren. Kältetechnik 3 (1951) 282/288.

[4] PECK, R. E., u. W. A. REDDIE: Heat transfer coefficients for vapors condensing on horizontal tubes. Industr. Engng. Chem. 43 (1951) 2926/2931.

[5] Das gleiche Problem mit dem gleichen Ergebnis behandeln auch L. A. BROMLEY, R. S. BRODKEY, N. FISHMAN: Heat transfer in condensation. Industr. Engng. Chem. 44 (1952) 2962/2966.

Krujilin[1] behandelt die laminare Wasserhaut mit der Methode der Wärmestrom- und Impulsgleichung (vgl. S. 201 u. S. 203). In diese Gleichungen führt er die geradlinige Temperaturverteilung und die parabolische Geschwindigkeitsverteilung [Gl. (271a)] ein, die auch Nusselt angenommen hatte, so daß sich das Ergebnis nur wenig von den Nußeltschen Gleichungen unterscheidet.

Bei der Wärmebilanz nach Gl. (275) war angenommen, daß die bei der Kondensation auf der Filmoberfläche frei werdende Wärme auch gerade an die Wand abfließt. In Wirklichkeit muß ein kondensiertes Teilchen unterkühlt werden, da es auf seinem weiteren Weg an Stellen geringerer Temperatur im Inneren der Wasserhaut gerät. Dadurch wird

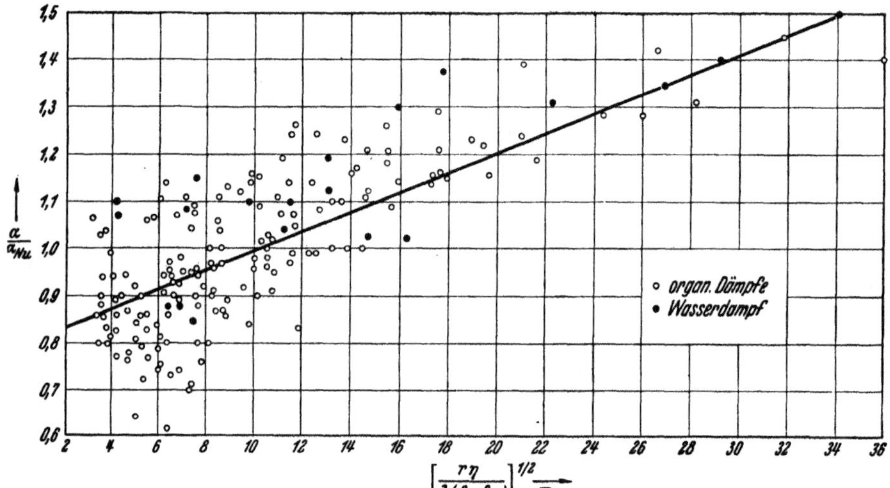

Abb. 126. Kondensation am waagerechten Rohr von Wasserdampf und organischen Dämpfen. Die Gerade stellt Gl. (285), der Ordinatenwert Eins Gl. (284) dar.

das geradlinige Temperaturfeld etwas nach oben durchgebogen werden. Die Wärmeabfuhr an die Wand ist also größer, als es der Kondensatnachlieferung entspricht. Bromley[2] gibt für den Einfluß dieser endlichen *Wärmekapazität* des Kondensats die Gleichung

$$\alpha/\alpha_{Nu} = [1 + 0{,}4\,(\vartheta_s - \vartheta_w)\,c/r]^{1/2} \tag{286}$$

an, worin c die spezifische Wärme des Kondensats bedeutet und α_{Nu} nach Gl. (284) auszurechnen ist. In technischen Fällen wird der Ausdruck $(\vartheta_s - \vartheta_w)\,c/r$ selten Werte erreichen, die diese Korrektur erforderlich machen[3].

[1] Krujilin, G.: Increasing the accuracy of the Nusselt theory of heat interchange at condensation. Techn. Physics USSR 5 (1938) 59/66.

[2] Bromley, L. A.: Effect of heat capacity of condensate. Industr. Engng. Chem. 44 (1952) 2966/2969.

[3] Messungen von K. Schmidt an CO_2 im kritischen Gebiet [Z. ges. Kälteind. 44 (1937) 21/24, 43/49 u. 65/70] lassen sich durch Gl. (286) nicht erklären. Sie liegen vermutlich z. T. auch im turbulenten Bereich (vgl. Abb. 128).

Die gesamte *Unterkühlung* des Kondensats läßt sich aus den Nußeltschen Ableitungen errechnen. Bei Annahme eines linearen Temperaturfeldes und einer parabolischen Geschwindigkeitsverteilung wird die mittlere Kondensatablauftemperatur an der senkrechten Wand

$$\vartheta_m = \frac{c\,\varrho \int\limits_0^\delta \vartheta w\,dy}{c\,\varrho \int\limits_0^\delta w\,dy} = \vartheta_s - \frac{3}{8}(\vartheta_s - \vartheta_w)\,. \tag{287}$$

Hierbei sind die Stoffwerte konstant angenommen. Unter Berücksichtigung einer veränderlichen Wandtemperatur erhielt KIRSCHBAUM[1] den Zahlenwert 0,55 anstatt 3/8, wenn ϑ_w die mittlere Wandtemperatur ist. Seine Messungen bestätigten dieses Ergebnis.

Vergleich von Versuchsergebnissen mit der Theorie. In jenen Fällen, in denen die Voraussetzungen der Theorie erfüllt waren (laminarer Kondensatfilm), sind auch einzelne Forderungen aus Gl. (279) experimentell gut bestätigt worden, so z. B. die Proportionen[2]

$$\bar{\alpha} \sim (\vartheta_s - {}_w)^{-1/4} \quad \text{und} \quad \bar{\alpha} \sim H^{-1/4}.$$

Dagegen zeigen die gemessenen absoluten Werte der Wärmeübergangszahl gegenüber der Theorie eine gewisse Streuung, wie sie für das waagerechte Rohr aus Abb. 126 abgeschätzt werden kann. Für die senkrechte Wand kann man überschlägig annehmen, daß die gemessenen α-Werte um -10% bis $+20\%$ von Gl. (279) abweichen. Die im vorigen Abschnitt behandelten Korrekturen reichen zur Erklärung nicht aus. Im folgenden seien noch zwei weitere Einflüsse erwähnt.

a) Wellenbildung auf der Filmoberfläche. Die Theorie hatte eine gleichmäßige Filmdicke angenommen, die nur langsam durch weitere Kondensation anwachsen sollte. DUKLER und BERGELIN[3] beobachteten jedoch, daß auch bei eindeutig laminarer Filmströmung auf der Filmoberfläche Rippeln und Wellen auftraten, deren Höhe von der Größenordnung der mittleren Filmdicke war (Abb. 127). Die Wellentäler waren flach und langgestreckt, die Wellenberge verhältnismäßig steil, besonders auf der Vorderseite. Da bei den Versuchen derartige Wellen an einer polierten Wand auftraten, ist in der Praxis bei größeren Rauhigkeiten erst recht damit zu rechnen. So beobachtete z. B. KIRSCHBAUM[4] derartige Querwellen, neben denen auch längsgerichtete Strähnen im Kondensatfilm auftraten. Wellen von der beschriebenen Form werden

---

[1] KIRSCHBAUM, E.: Bestimmung der Kondensatabflußtemperatur von dampfbeheizten Apparaten mit senkrechter Heizfläche. Z. VDI Beihefte Verfahrenstechnik Nr. 1 (1938) 14/16.

[2] SHEA, F. L., u. N. W. KRASE: Dropwise and film condensation of steam. Trans. Amer. Inst. Chem. Engrs. 36 (1940) 463/490.

[3] DUKLER, A. E., u. O. P. BERGELIN: Characteristics of flow in falling liquid films. Chem. Engng. Progr. 48 (1952) 557/563.

[4] KIRSCHBAUM, E.: Neues zum Wärmeübergang mit und ohne Änderung des Aggregatzustandes. Chemie-Ing.-Technik 24 (1952) 393/402.

aber den Wärmeübergang erhöhen, in jedem Fall bedeuten sie eine Unsicherheit gegenüber der Theorie[1].

b) Mischkondensation. Hierunter sei das gleichzeitige Auftreten von Tropfen- und Filmkondensation verstanden, das in der Praxis gerade bei Wasserdampf recht häufig sein dürfte. Auf die Tropfenkondensation wird weiter unten genauer eingegangen, während hier ihr Einfluß auf α_{Nu} nach Gl. (279) abgeschätzt werden soll. Nimmt man im oberen Teil H_T einer senkrechten Wand von der Höhe H Tropfenkondensation an, so beginnt dort die Filmbildung bereits mit einer gewissen Dicke [vgl. Randbedingung zu Gl. (276)]. Die Kondensatmenge beträgt dort $G_T = \varrho\, \overline{w}\, \delta_T = \alpha_T \Delta\vartheta_T H_T/r$, wenn α_T die konstant angenommene Wärmeübergangszahl der Tropfenkondensation und $\Delta\vartheta_T = (\vartheta_s - \vartheta_w)_T$ das Temperaturgefälle[2] bedeutet. Bezeichnet man mit Re_{TF} die nach Gl. (281) definierte

Abb. 127. Wellenbildung auf einem laminar strömenden Wasserfilm ($Re_\delta = 190$). (Nach DUKLER u. BERGELIN.)

Reynolds-Zahl für die gesamte Höhe H, also für Tropfen- und Filmkondensation zusammen, und mit Re_{Nu} den entsprechenden Wert nach Gl. (282), wie er sich für reine Filmkondensation über die Höhe H ergeben würde, so erhält man für den Quotienten Re_{TF}/Re_{Nu} folgenden Ausdruck[3]:

$$\left(\frac{Re_{TF}}{Re_{Nu}}\right)^{4/3} = 1 + \frac{H_T}{H}\left[1{,}082\left(\frac{H_T\, \alpha_T^4\, \Delta\vartheta_T^4\, \eta}{\lambda^3\, g\, \varrho^2\, r\, \Delta\vartheta_F^3}\right)^{1/3} - 1\right]. \qquad (288)$$

Der Einfluß der Tropfenkondensation sei durch folgendes Zahlenbeispiel

[1] FRIEDMAN, S. J., u. C. O. MILLER definieren einen „pseudo-laminaren" Strömungszustand für $6 < Re < 375$, innerhalb dessen infolge Wellenbildung $w_\delta/\overline{w} > 1{,}5$ ist (S. 286). [Liquid films in the viscous flow region. Industr. Engng. Chem. 33 (1941) 885/891.]

[2] $\Delta\vartheta_T$ braucht nicht mit dem Mittelwert $\Delta\vartheta_F = (\vartheta_s - \vartheta_w)_F$ für die Filmkondensation übereinzustimmen.

[3] Es sei angenommen, daß die Menge G_T in der Höhe H_T bereits laminare Geschwindigkeitsverteilung nach Gl. (271a) besitzt.

für Wasserdampf von 100 °C abgeschätzt:

$$\alpha_T = 65000\,\text{kcal/m}^2\,\text{h grd}, \qquad \Delta\vartheta_T = 3\,\text{grd},$$
$$H_T = 0{,}1\,\text{m}, \qquad \Delta\vartheta_F = 10\,\text{grd}.$$
$$H = 1\,\text{m},$$

Damit erhält man $Re_{TF}/Re_{Nu} \approx 1{,}11$. Wird in beiden Fällen die Wärme, übergangszahl mit dem gleichen mittleren Temperaturgefälle gebildet- so bedeutet das Ergebnis eine Erhöhung von α um etwa 11% gegenüber Gl. (279), obwohl nur für $^1/_{10}$ der Kühlstrecke Tropfenkondensation angenommen wurde. Man kann vermuten, daß gerade bei der Kondensation von Wasserdampf in der Praxis öfters Mischkondensation eintritt, die dann meist höhere α-Werte verursacht.

Die Theorie der zusammenhängenden laminaren Kondensathaut ließe sich auch nach den strengeren Methoden der Grenzschichtlehre behandeln. Das Ergebnis würde dann die Korrekturen des vorigen Abschnitts und andere enthalten. Ob damit die Streuung der Meßwerte zu beseitigen wäre, ist fraglich. Ein so komplexer Vorgang wie die Filmkondensation enthält Unsicherheiten, die sich nicht befriedigend theoretisch erfassen lassen; zwei Einflüsse dieser Art wurden vorstehend behandelt. Die Nußeltsche Lösung muß als jene angesehen werden, die größte mathematische Klarheit mit noch zulässiger physikalischer Vereinfachung verbindet.

In allen bisher betrachteten Fällen ist auch der Einfluß der temperaturabhängigen Stoffwerte unberücksichtigt geblieben, der eine weitere Unsicherheit gegenüber der Theorie bedeutet. Als Stoffwerttemperatur hat sich der arithmetische Mittelwert für die Kondensathaut, $\vartheta_m = (\vartheta_s + \vartheta_w)/2$, bewährt.

2. Filmkondensation mit turbulenter Wasserhaut.

Eine wesentliche Voraussetzung der Nußeltschen Wasserhauttheorie war laminare Filmströmung. Da die abfließende Kondensatmenge G mit steigendem x (Abb. 125) anwächst, muß die Wasserhaut bei einem bestimmten Wert der Reynolds-Zahl Re_H nach Gl. (281) turbulent werden. Gl. (279) bzw. (282) kann dann nicht mehr angewendet werden.

Beobachtungen aus der Praxis zeigten, daß an langen senkrechten Rohren (z. B. 7,5 m) die Wärmeübergangszahl der Kondensation nicht mehr mit der Länge abnahm, sondern wieder größer wurde[1]. Diese Erscheinung ist als das Kennzeichen der turbulenten Wasserhaut anzusehen. Besonders deutlich zeigte sich dieses Verhalten bei Messungen von Badger, Monrad und Diamond[2,3] an Diphenyl, wobei ein senkrechtes Rohr von 3,7 m Länge verwendet wurde. Auf Grund dieser

[1] Vgl. eine Bemerkung von B. Block im VDI-Forsch.-Heft Nr. 300 (1928) S. 32.

[2] Badger, W. L., C. C. Monrad u. H. W. Diamond: Evaporation of caustic soda to high concentrations by means of diphenyl vapors. Industr. Engng. Chem. 22 (1930) 700/709.

[3] Monrad, C. C., u. W. L. Badger: The condensation of vapors. Industr. Engng. Chem. 22 (1930) 1103/1112.

Messungen gab KIRKBRIDE[1] eine empirische Gleichung von folgender Form an

$$\frac{\bar{\alpha}}{\lambda}\left(\frac{\nu^2}{g}\right)^{1/3} = 0{,}0133\, Re_H^{0,4}. \tag{289}$$

Schreibt man diese Gleichung entsprechend Gl. (282), so entsteht daraus

$$Re_H = 0{,}76\cdot 10^{-3}\left(\frac{\lambda\,\varrho^{2/3}\,g^{1/3}\,(\vartheta_s - \vartheta_w)\,H}{\eta^{5/3}\,r}\right)^{5/3}. \tag{289a}$$

Für die kritische Reynolds-Zahl der Wasserhaut wurde dabei der Wert $Re_{kr} = 500$ angegeben. Messungen von COOPER, DREW und MCADAMS[2] ergaben einen Wert von $Re_{kr} = 525$. COLBURN[3] benutzte die erweiterte Analogie von REYNOLDS zwischen Schubspannung und Wärmeübergangszahl, um den Wärmeübergang bei turbulenter Wasserhaut zu berechnen. Als kritische Reynolds-Zahl wählte er $Re_{kr} = 400$.

Die Prandtl-Analogie für die Rohrströmung (S. 217) wurde von GRIGULL[4] auf die turbulente Kondensathaut angewendet. Wie auch bei COLBURN trat dabei als neuer Parameter die Prandtl-Zahl $Pr = \nu/a$ des Kondensats auf. Die Ergebnisse dieser Rechnung lassen sich nicht in geschlossener Form wiedergeben, sie sind in Abb. 128 dargestellt, in das auch zahlreiche Meßpunkte eingetragen sind. Im Hinblick auf die starken Streuungen der Meßergebnisse muß man die Übereinstimmung als befriedigend bezeichnen. Besonders deutlich wird die Tatsache, daß bei größeren Werten der senkrechten Kühlstrecke H die α-Werte ein Mehrfaches von den Werten betragen können, die sich nach Gl. (282) bei laminarer Wasserhaut nach NUSSELT ergeben würden.

Zur einfacheren Berechnung und mit Rücksicht auf die Streuung der Meßpunkte kann man die Abhängigkeit der Reynolds-Zahl Re_H von der Prandtl-Zahl unterdrücken und für das turbulente Gebiet eine empirische Gleichung benutzen, für die GRIGULL[5] die Form

$$Re_H = 0{,}30\cdot 10^{-2}\left(\frac{\lambda\,\varrho^{2/3}\,g^{1/3}(\vartheta_s - \vartheta_w)\,H}{\eta^{5/3}\,r}\right)^{1,5} \tag{290}$$

vorgeschlagen hat.

Löst man Gl. (290) nach $\bar{\alpha}$ auf, so ergeben sich besonders einfache, mit dem gewöhnlichen Rechenschieber zu lösende Potenzen:

$$\bar{\alpha} = 0{,}30\cdot 10^{-2}\left(\frac{\lambda^3\,\varrho^2\,g\,(\vartheta_s - \vartheta_w)\,H}{\eta^3\,r}\right)^{1/2}. \tag{291}$$

Gl. (290) ist in Abb. 129 dargestellt und mit den Meßwerten von Abb. 128 verglichen. Der Sprung beim Übergang der laminaren Wasserhaut in

[1] KIRKBRIDE, C. G.: Heat transfer by condensing vapor on vertical tubes. Industr. Engng. Chem. 26 (1934) 425/428.

[2] COOPER, C. M., T. B. DREW u. W. H. MCADAMS: Isothermal flow of liquid layers. Industr. Engng. Chem. 26 (1934) 428/431.

[3] COLBURN, A. P.: Calculation of condensation with a portion of condensate layer in turbulent motion. Industr. Engng. Chem. 26 (1934) 432/434.

[4] GRIGULL, U.: Wärmeübergang bei der Kondensation mit turbulenter Wasserhaut. Forsch. Ing.-Wes. 13 (1942) 49/57. — Z. VDI 86 (1942) 444/445.

[5] GRIGULL, U.: Wärmeübergang bei Filmkondensation. Forsch. Ing.-Wes. 18 (1952) 10/12.

die turbulente entspricht dem Sprung des Widerstandsbeiwerts beim Übergang von der laminaren Strömung in die turbulente.

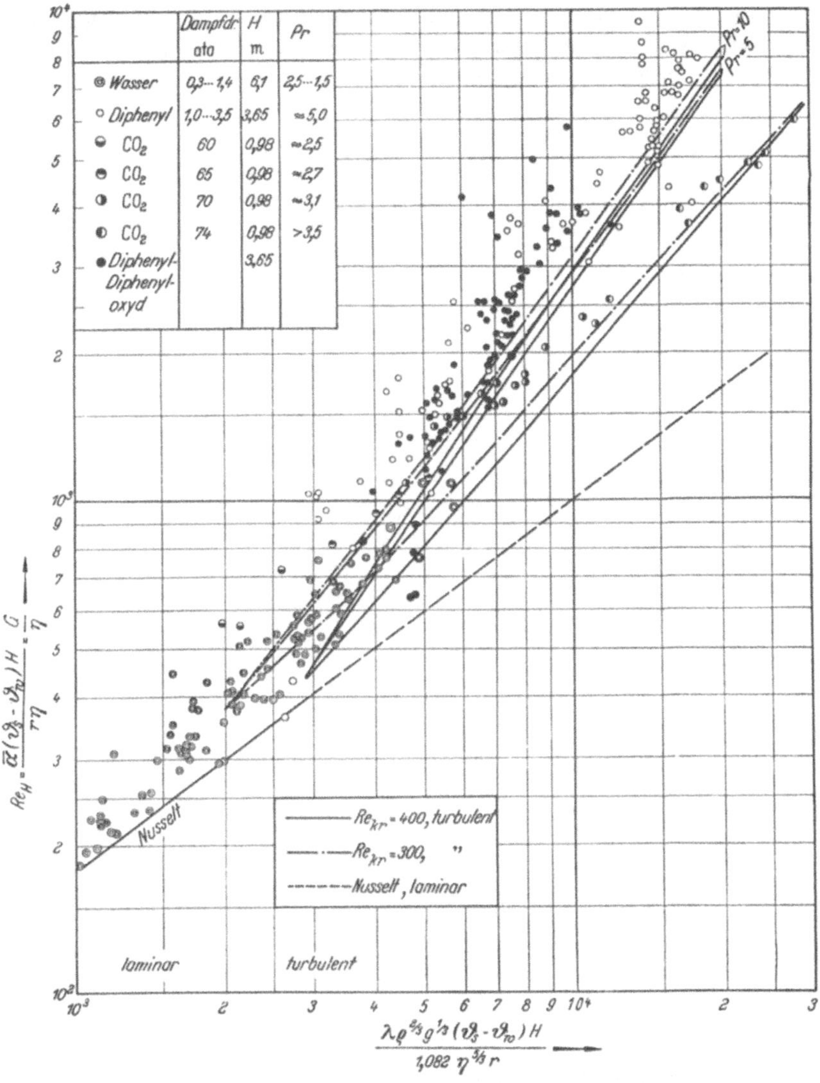

Abb. 128. Wärmeübergang mit laminarer und turbulenter Wasserhaut in dimensionsloser Darstellung ($Re_{kr} = 300$ und 400).

Unsicher ist noch der genaue Wert der kritischen Wasserhaut Re_{kr}. An Stelle der Werte von 400 bis 525 in den oben zitierten Arbeiten ergab sich aus Abb. 128, daß Re_{kr} vermutlich zwischen 300 und 400 liegen wird. Es ist naturgemäß nicht zu erwarten, daß sich aus den Meßergebnissen ein scharfer Umschlagspunkt ergibt, um so weniger, als Gln. (290) und (291) Mittelwerte $\bar{\alpha}$ enthalten, die einschließlich der oberhalb liegenden, laminaren Kondensatstrecke gelten. Gl. (291) wurde mit $Re_{kr} = 350$ berechnet, welchen Wert wir nach den bisherigen Ergebnissen für den wahrscheinlichsten halten. An der an unbeheizter Wand herabrieselnden Wasserhaut wurde neuerdings[1] der Wert $Re_{kr} = 270$ ermittelt[2,3,4].

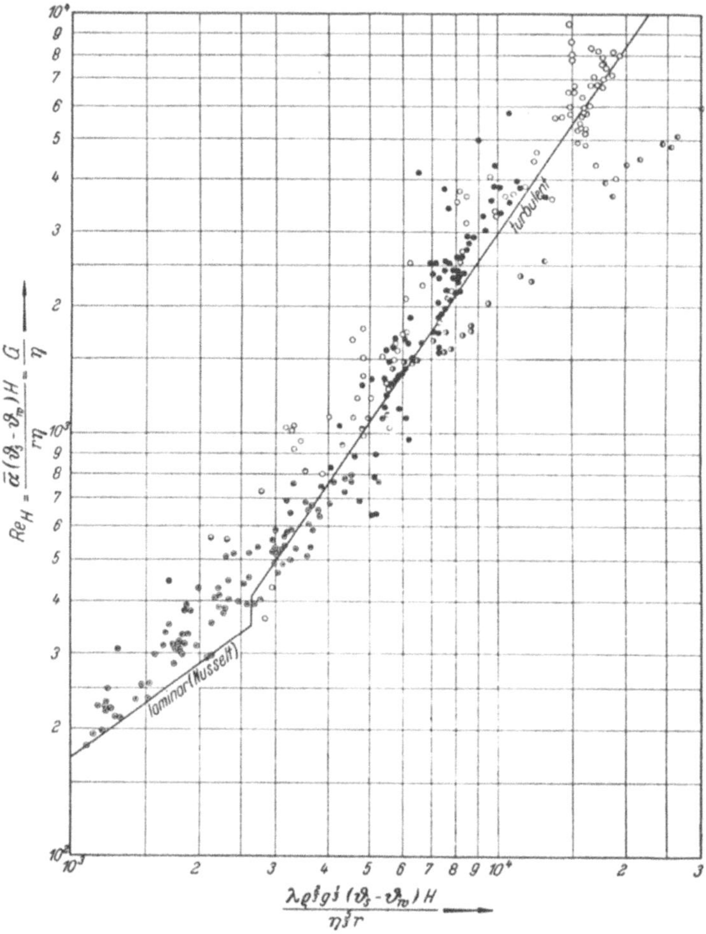

Abb. 129. Gl. (290) für den Wärmeübergang bei turbulenter Wasserhaut ($Re_{kr} = 350$) (Bedeutung der Meßpunkte wie in Abb. 128).

---

[1] DUKLER, A. E., u. O. P. BERGELIN, zit. Fußnote 3 S. 291.

[2] S. J. FRIEDMAN und C. O. MILLER (zit. Fußnote 1 S. 292) erhielten für den isothermen Film $Re_{kr} = 375$.

[3] R. E. EMMERT, und R. L. PIGFORD geben $Re_{kr} = 300$ an: A study of gas absorption in falling liquid films. Chem. Engng. Progr. 50 (1954) 87/93. Dort Hinweis auf weitere Zitate.

[4] Aus Messungen örtlicher α-Werte an Rieselfilmen erhielt H. BRAUER den Wert $Re_{kr} \approx 400$ (persönliche Mitteilung von H. GLASER).

Da bis zum Umschlagswert Re_{kr} laminare Filmströmung herrscht, läßt sich aus Gl. (282) ein Grenzwert $(\Delta\vartheta H)_{lam}$ errechnen, wenn $\Delta\vartheta = (\vartheta_s - \vartheta_w)$ das Temperaturgefälle in der Kondensathaut bedeutet. Mit $Re_{kr} = 350$ ergibt sich dafür

$$(\Delta\vartheta H)_{lam} = 2680 \frac{\eta^{5/3}\, r}{\lambda\, \varrho^{2/3}\, g^{1/3}}. \qquad (292)$$

Für Wasserdampf erhält man damit folgende Werte, wenn die Stoffwerte auf ϑ_s bezogen werden, was bei nicht zu hohen Werten $\Delta\vartheta$ zulässig ist:

Zahlentafel 30. *Grenzwerte* $(\Delta\vartheta H)_{lam}$ *für Wasserdampf.*

ϑ_s [°C]	100	150	200	250	300	350	374
$(\Delta\vartheta H)_{lam}$ [m grd]	52	25	15	11	8,1	4,9	0

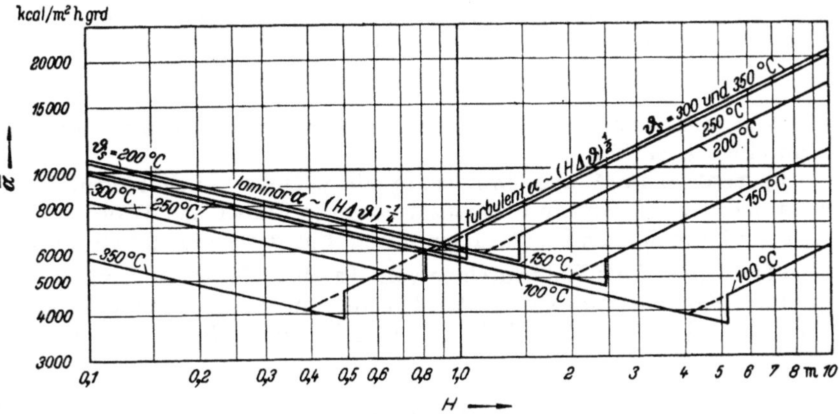

Abb. 130. Wärmeübergang von gesättigtem Wasserdampf für $(\vartheta_s - \vartheta_w) = 10°$ als Funktion der senkrechten Kühlstrecke H. Parameter ϑ_s.

Für Diphenyl bei Atmosphärendruck ($\vartheta_s = 255$ °C) ergibt sich $(\Delta\vartheta H)_{lam} = 33$ m grd. Für Temperaturgefälle zwischen Sattdampf und Wand von 10° bis 20° werden damit H-Werte erhalten, die durchaus im Bereich technischer, dampfbeheizter Wärmeaustauscher liegen.

Das wesentliche Kennzeichen einer turbulenten Kondensathaut ist darin zu sehen, daß $\bar{\alpha}$ mit steigendem H und steigendem $\Delta\vartheta$ ansteigt, im Gegensatz zu dem Verhalten des laminaren Films. Das wird besonders deutlich, wenn $\bar{\alpha}$ über H aufgetragen wird, wie es für Wasserdampf bei $\Delta\vartheta = 10°$ in Abb. 130 geschehen ist. Der laminare Teil ist dabei nach Gl. (279), der turbulente nach Gl. (291) berechnet, als Parameter ist die Sattdampftemperatur ϑ_s angegeben.

3. Gebrauchsgleichungen für Filmkondensation bei ruhendem oder langsam strömendem Sattdampf.

a) Waagerechtes Rohr. Wegen der kurzen Laufstrecke des Kondensats ist mit Turbulenz nicht zu rechnen, so daß Gl. (284) mit den vorher genannten Unsicherheiten angewendet werden kann (vgl. auch

Abb. 126). Aus dieser Gleichung läßt sich noch das Temperaturgefälle eliminieren, wenn die in der Zeiteinheit anfallende Kondensatmenge $\dot{G}$ eingeführt wird (z. B. in kg/h), die durch den Ausdruck

$$\dot{G} = \bar{\alpha}\,(\vartheta_s - \vartheta_w)\,\pi\, d\, L/r \tag{293}$$

gegeben ist. Darin bedeuten d den äußeren Rohrdurchmesser und L die Rohrlänge. Damit lassen sich 2 Gleichungen mit dem gleichen Inhalt angeben. Aus Gl. (284) wird:

$$\bar{\alpha} = 0{,}725\left(\frac{\lambda^3\,\varrho^2\,g\,r}{(\vartheta_s - \vartheta_w)\,\eta\, d}\right)^{1/4}. \tag{284a}$$

Mit $\dot{G}$ nach Gl. (293) kann man auch schreiben

$$\bar{\alpha} = 0{,}955\left(\frac{\lambda^3\,\varrho^2\,g\,L}{\eta\,\dot{G}}\right)^{1/3}. \tag{294}$$

Zur leichteren Auswertung lassen sich die Stoffwerte zu einer Gruppe $C = 0{,}955\,(\lambda^3\varrho^2\,g/\eta)^{1/3}$ zusammenfassen[1], so daß die Gleichung

$$\bar{\alpha} = C\,(L/\dot{G})^{1/3} \tag{294a}$$

entsteht, die dann nur noch die verlangte Kondensatmenge $\dot{G}$ und die Rohrlänge L enthält.

b) Senkrechte Wand bzw. senkrechtes Rohr. Auch hierfür kann man die bereits benutzte Kondensatmenge je Einheit der Wandbreite G (z. B. in kg/m h) nach Gl. (281a) einführen. Für das senkrechte Rohr wird $\dot{G} = G\pi d$ (mit d als Rohrdurchmesser). In allen Fällen ist darunter die gesamte Kondensatmenge verstanden, die am unteren Ende der senkrechten Kühlstrecke H anfällt. Es entstehen dann für *laminaren* Film die beiden Gleichungen:

$$\bar{\alpha} = 0{,}943\left(\frac{\lambda^3\,\varrho^2\,g\,r}{(\vartheta_s - \vartheta_w)\,\eta\, H}\right)^{1/4}, \tag{279}$$

$$\bar{\alpha} = 0{,}925\left(\frac{\lambda^3\,\varrho^2\,g}{\eta\,G}\right)^{1/3}. \tag{295}$$

Für $Re_H = G/\eta > 350$ bzw. für $(\varDelta\vartheta H)_{lam}$ größer, als es sich aus Gl. (292) ergibt, wird für den *turbulenten* Film

$$\bar{\alpha} = 0{,}30\cdot 10^{-2}\left(\frac{\lambda^3\,\varrho^2\,g\,(\vartheta_s - \vartheta_w)\,H}{\eta^3\,r}\right)^{1/2}, \tag{291}$$

$$\bar{\alpha} = 0{,}0208\left(\frac{\lambda^3\,\varrho^2\,g\,G}{\eta^3}\right)^{1/3}. \tag{296}$$

Alle Stoffwerte sind am besten bei der Mitteltemperatur $\vartheta_m = (\vartheta_s + \vartheta_w)/2$ einzusetzen.

4. Filmkondensation von Heißdampf.

Bleibt die Unterkühlung des Kondensats unberücksichtigt, so gibt 1 kg Sattdampf beim Kondensieren die Verdampfungswärme $r = i'' - i'$

[1] Für Kohlenwasserstoffe ist dieser Wert von D. A. Donohue berechnet worden: Heat transfer coefficients for condensing hydrocarbon vapors. Industr. Engng. Chem. 39 (1947) 62/64. Vgl. auch E. Lyon: Heat transfer coefficients for condensing Dowtherm vapors. Chem. Engng. 59 (1952) 12, 204/205.

ab. 1 kg Heißdampf muß dazu noch die Überhitzungswärme $i_ü - i'$ abgeben, wobei die gleiche Kondensatmenge wie beim Sattdampf entsteht. Dabei bedeuten $i_ü$ und i'' die Enthalpien des überhitzten bzw. des gesättigten Dampfes und i' die des Kondensats bei Siedetemperatur. Es hat sich als zweckmäßig erwiesen, in beiden Fällen die Wärmeübergangszahl auf den Temperaturunterschied $(\vartheta_s - \vartheta_w)$ zu beziehen (STENDER[1], KIRSCHBAUM[2]), wobei ϑ_s die Sattdampf- und ϑ_w die Wandtemperatur bedeuten. Nimmt man in beiden Fällen für die Kondensatabfuhr den gleichen Mechanismus an, wie ihn NUSSELT für seine Wasserhauttheorie zugrunde gelegt hat, so verhalten sich die beiden Wärmeübergangszahlen $\alpha_ü$ für überhitzten und α_s für Sattdampf wie

$$\frac{\alpha_ü}{\alpha_s} = \left(\frac{i_ü - i'}{r}\right)^{1/4} = \left(\frac{r + i_ü - i''}{r}\right)^{1/4} = \left[1 + \frac{c_p}{r}(\vartheta_ü - \vartheta_s)\right]^{1/4}, \qquad (297)$$

worin c_p die spezifische Wärme des überhitzten Dampfes bedeutet. Bei laminarem Kondensatfilm wäre danach die Wärmeübergangszahl $\alpha_ü$ um einige Prozent besser als α_s. Nach Gl. (297) sind die für Sattdampf abgeleiteten Beziehungen auch für Heißdampf gültig, wenn statt der Verdampfungswärme r die Enthalpiedifferenz $(i_ü - i')$ eingesetzt wird.

Die Praxis interessiert sich mehr für den Fall strömenden Dampfes, wie er bei dampfbeheizten Wärmeaustauschern auftritt. Dabei sind die Verhältnisse wesentlich komplizierter, als es nach der einfachen Gl. (297) erscheint. Bei mäßigen Dampfgeschwindigkeiten ist aber die Überlegenheit [illegible] Heißdampfes experimentell gesichert, wenigstens im Bereich laminaren Kondensatfilms. Sofern die Wandtemperatur ϑ_w größer als die Sättigungstemperatur ϑ_s ist, tritt keine Kondensation, sondern eine Abkühlung des Heißdampfes ein, die nach den Gleichungen des konvektiven Wärmeübergangs zu berechnen ist. WINCKELSESSER[3] erhielt das wesentliche Ergebnis, daß Kondensation von Heißdampf genau an der Stelle eintritt, an der ϑ_w die Sättigungstemperatur ϑ_s unterschreitet. Man muß annehmen, daß die Wandrauhigkeiten als Kondensationskeime dienen, die eine Unterkühlung des Dampfes verhindern.

5. Filmkondensation bei strömendem Dampf.

Bereits NUSSELT hatte seine Wasserhauttheorie (1916) auf den Fall erweitert, daß der am Kondensatfilm entlang strömende Dampf die Geschwindigkeitsverteilung in der Wasserhaut beeinflußt. Die Randbedingung zu Gl. (271) lautet dann nicht mehr $dw/dy = 0$ für $y = \delta$, sondern das Geschwindigkeitsfeld endet mit endlicher Neigung auf der freien Filmoberfläche entsprechend der vom strömenden Dampf ausgeübten Schubspannung. Während NUSSELT mit konstanter mittlerer Dampfgeschwindigkeit gerechnet hatte, berücksichtigten JAKOB, ERK

[1] STENDER, W.: Der Wärmeübergang bei kondensierendem Heißdampf. Z. VDI 69 (1925) 905/909.

[2] KIRSCHBAUM, E.: Heizwirkung von kondensierendem Heiß- und Sattdampf. Arch. Wärmew. 12 (1931) 265/266.

[3] WINCKELSESSER, G.: Die Wärmeabgabe von strömendem Heiß- und Sattdampf. Dechema-Monographien Bd. 20 Nr. 244. Weinheim 1952.

und Eck[1] deren Abnahme längs der gekühlten Wand eines senkrechten Rohres. Winckelsesser[2] verwendete dazu noch das Blasiussche Widerstandsgesetz statt der älteren Reibungszahl nach Eberle.

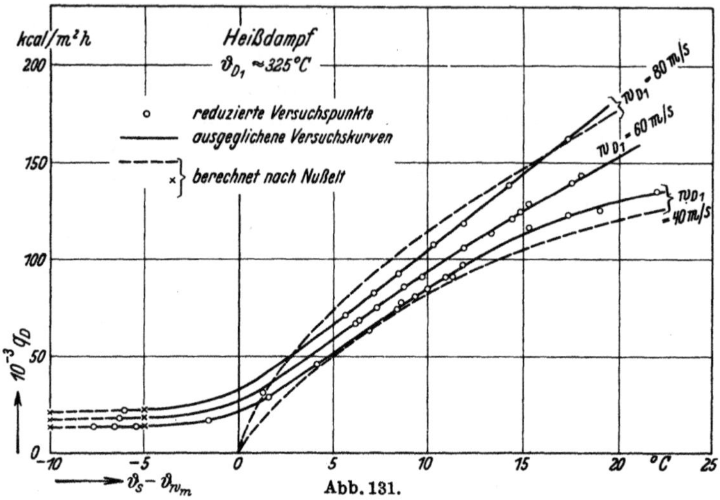

Abb. 131.

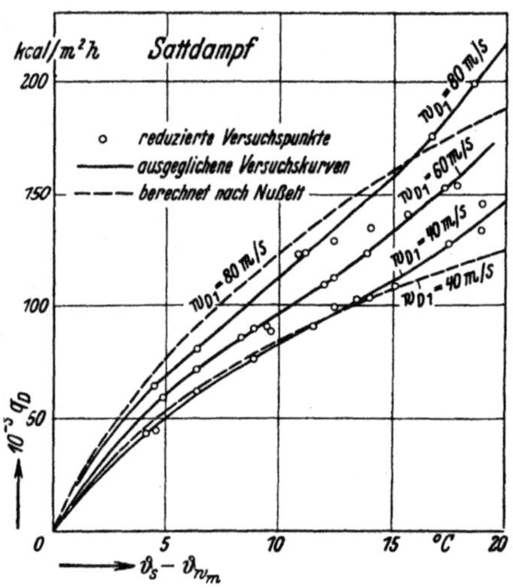

Abb. 132.

Abb. 131 u. 132. Filmkondensation von abwärts strömendem Heiß- und Sattdampf bei 1 ata. (Nach Jakob u. Mitarb.)

Abb. 131 und 132 zeigen typische Meßwerte von Jakob für Heiß- und Sattdampf, verglichen mit der erweiterten Nußeltschen Theorie. Die negativen Temperaturunterschiede in Abb. 131 bedeuten $\vartheta_w > \vartheta_s$, also reine Abkühlung des Heißdampfes ohne Kondensation. Aufgetragen ist die Flächenbelastung der Kühlfläche q_D in kcal/m²h, als Parameter ist die Eintrittsgeschwindigkeit des Dampfes w_{D1} [m/sek] in das senkrechte Rohr bei abwärts gerichteter Dampfströmung angegeben.

Abb. 133 zeigt $\alpha_ü/\alpha_s$ (vgl. vorigen Abschnitt) für eine entsprechende Anordnung nach Kirschbaum und Mitarbeitern[3,4]. Die

---

[1] Jakob, M., S. Erk u. H. Eck: Verbesserte Messungen und Berechnungen des Wärmeüberganges beim Kondensieren strömenden Dampfes in einem vertikalen Rohr. Phys. Z. 36 (1935) 73/84. Dort sind auch frühere Arbeiten zitiert.

[2] Winckelsesser, G., zit. S. 299.

[3] Kirschbaum, E., G. Winckelsesser u. A. K. Wetjen: Neues über den Wärmeaustausch. Chemie-Ing.-Technik 23 (1951) 361/367.

[4] Kirschbaum, E.: Neues zum Wärmeübergang mit und ohne Änderung des Aggregatzustandes. Chemie-Ing.-Technik 24 (1952) 393/400.

hohen Ordinatenwerte bei geringem $(\vartheta_s - \vartheta_w)$ beruhen darauf, daß α_s gegen Null geht mit verschwindendem Temperaturgefälle (die Kondensation hört auf), während $\alpha_ü$ auch für negative Werte $(\vartheta_s - \vartheta_w)$ endlich bleibt (Abb. 131). Außerhalb dieses Bereiches zeigt sich, daß besonders für höhere Dampfgeschwindigkeiten der Sattdampf überlegen ist, da er infolge seiner höheren Dichte eine größere Schubkraft auf die Wasserhaut ausübt.

Jakob gab folgende empirische Gleichungen für Wasserdampf von 1 ata an:

Für Sattdampf:

$$q_D = (3400 + 100\, w_{D1})\, (\vartheta_s - \vartheta_w) \left(\frac{1{,}21}{H}\right)^{1/3} \text{ in kcal/m}^2\,\text{h}. \qquad (298)$$

Für Heißdampf von 325 °C Eintrittstemperatur:

$$q_D = (3500 + 51\, w_{D1})\, (\vartheta_s - \vartheta_w) \left(\frac{1{,}21}{H}\right)^{1/3} \text{ in kcal/m}^2\,\text{h}. \qquad (299)$$

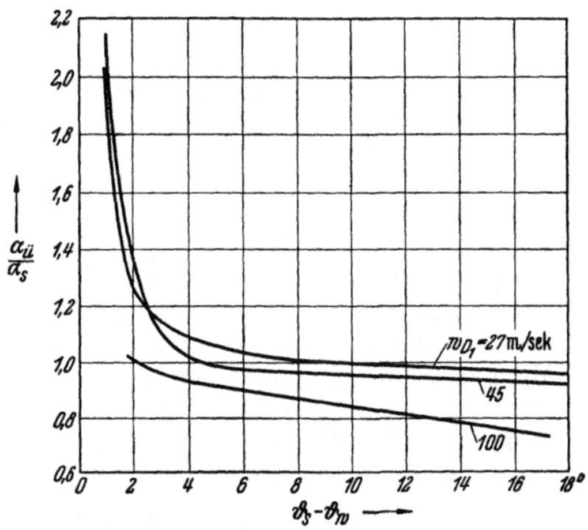

Abb. 133. Wärmeübergangszahlen von überhitztem und Sattdampf bei 1 ata als Funktion der Temperaturdifferenz Sattdampf—Wand. w_{D1} = Eintrittsgeschwindigkeit des Dampfes. (Nach Kirschbaum.)

Darin ist w_{D1} in m/sek und die senkrechte Kühlstrecke H in m einzusetzen. Die Gleichungen gelten für Dampfströmung von oben nach unten durch ein senkrechtes Rohr.

Die Verhältnisse bei Filmkondensation von strömendem Dampf sind recht verwickelt. Neben den in früheren Kapiteln erwähnten Unsicherheiten treten noch folgende auf: Nach Messungen von Bergelin u. a.[1] können die Reibungszahlen des Dampfes bei benetzter Wand erheblich höher liegen als bei trockener Wand. Auch für das Eintreten von Turbulenz im Film werden andere Gesetzmäßigkeiten herrschen, als sie für ruhenden oder langsam strömenden Dampf beobachtet wurden. Der kondensierte Dampf überträgt auch seinen Impulsverlust an die Kondensathaut. Durch das ausfallende Kondensat wird die Dampfströmung stark verzögert, wodurch auch ihr Strömungszustand beeinflußt werden kann[2].

---

[1] Bergelin, O. P., P. K. Kegel, F. G. Carpenter u. C. Gazley jun.: Co-Current gasliquid flow. Heat Transfer and Fluid Mechanics Institute. Amer. Soc. mech. Engrs. 1949 S. 19/28.

[2] Dieser Fall entspricht etwa einer Grenzschichtströmung mit Absaugung. Vgl. H. Schlichting: Grenzschichttheorie. Karlsruhe 1951.

Bei abwärts strömendem Dampf kann man 3 Bereiche (von oben nach unten) unterscheiden:

Laminare Wasserhaut mit starken Schub- und Impulskräften durch den Dampfstrom,

turbulente Wasserhaut, bei der noch die Schub- und Impulskräfte des Dampfes Einfluß haben,

turbulente Wasserhaut bei stark verringerten Dampfgeschwindigkeiten.

CARPENTER und COLBURN[1,2] entwickelten eine halbempirische Gleichung unter der Annahme, daß die mittlere Zone für den ganzen Vorgang maßgebend ist. Der Einfluß der Schwerkraft auf den Kondensatfilm wurde gegenüber den vom Dampf ausgeübten Kräften vernachlässigt, als kritische Reynolds-Zahl der Wasserhaut wurde der Wert $Re_{kr} = 60$ angenommen. Diese Zahl ergibt sich, wenn die universelle Geschwindigkeitsverteilung einer Rohrströmung auch auf die Wasserhaut angewendet und die laminare Schicht bis zum universellen Wandabstand $y^* = 11$ gezählt wurde. Einziger Wärmeübergangswiderstand für den ganzen Vorgang sollte die laminare Randschicht des Films sein. Durch diese Annahmen wurde aus dem Kondensationsproblem ein solches der erzwungenen Konvektion mit aus Kondensat bestehender, laminarer Randschicht konstanter Dicke. Die so erhaltene Näherungsgleichung lautet:

$$\bar{\alpha} = 0{,}023 \left(\frac{c\,\varrho\,\lambda\,\zeta}{\eta\,\varrho_D}\right)^{1/2} M_m. \tag{300}$$

Darin gelten die Stoffwerte $c, \varrho, \lambda, \eta$ für das Kondensat bei dessen Mitteltemperatur; ϱ_D, ζ und M_m sind auf den Dampf bezogen. ζ ist die Widerstandszahl der Dampfströmung (vgl. S. 219), für die näherungsweise die des trockenen Rohres angenommen wird. $M_m = (\varrho \bar{w})_D$ ist die mittlere Mengenstromdichte des Dampfes, wobei zwischen Eintritt (M_1) und Austritt (M_2) so gemittelt wird, daß sich für M_m die gleiche Gesamtreibung an der Wand ergibt. Bei linearer Geschwindigkeitsabnahme des Dampfes längs des Rohres wird

$$M_m = \left(\frac{M_1^2 + M_1 M_2 + M_2^2}{3}\right)^{1/2}, \tag{301}$$

woraus für $M_2 = 0$ (totale Kondensation) $M_m = 0{,}58\, M_1$ entsteht.

Der unter der Wurzel stehende Ausdruck in Gl. (300) ist für konstanten Dampfdruck angenähert konstant. Für einige von CARPENTER und COLBURN durchgemessene organische Dämpfe (Methylalkohol, Äthylalkohol, Toluol, Benzol, Trichloräthylen) unterscheidet er sich nicht sehr stark, so daß zur Auswertung von Gl. (300) die Darstellung nach Abb. 134 möglich ist, die für 1 ata gilt[3]. Die Vereinfachungen bei der Ableitung von Gl. (300) lassen von vornherein nur eine angenäherte

---

[1] CARPENTER, E. F., u. A. P. COLBURN: The effect of vapor velocity on condensation inside tubes. Proc. Gen. Discussion Heat Transfer, London 1951, S. 20/26.

[2] COLBURN, A. P.: Problems in design and research on condensers of vapors and vapor mixtures. Proc. Gen. Discussion Heat Transfer, London 1951, S. 1/11.

[3] Da nach BLASIUS $\zeta \sim (\varrho \bar{w})_D^{-1/4}$, wird $\bar{\alpha} \sim (\varrho \bar{w})_D^{7/8}$. Die tatsächliche Neigung der Geraden ist etwas geringer.

Wiedergabe der Messungen erwarten. Trotzdem ist Abb. 134 zur Abschätzung bei hohen Dampfgeschwindigkeiten brauchbar, insbesondere deswegen, weil eine genauere Theorie bisher fehlt.

Ausmessungen der Geschwindigkeits- und Temperaturfelder in einem kondensierenden Heißdampfstrom durch JAKOB und Mitarbeiter[1] zeigten den Einfluß der radialen Abwanderung des Dampfes zur Rohrwand bei starker Heizflächenbelastung (Abb. 135 u. 136). Die Dampfeintrittstemperatur ϑ_D betrug 325 °C. Bei schwacher Kühlung (mittlere Wandtemperatur $\vartheta_{wm} = 108$ °C) wird das Geschwindigkeitsfeld nur wenig verändert (Abb. 135 links), während bei starker Kühlung ($\vartheta_{wm} = 75$ °C) eine Abflachung infolge der verzögerten Strömung zu beobachten ist (rechts)[2]. Die Temperaturfelder zeigen noch deutlicher, daß bei starker Kondensation keine wesentliche Kühlung des Dampfkernes eintreten kann. Die an der Wand festgehaltenen Dampfteilchen fehlen für den turbulenten Austausch zur Mitte hin (Abb. 136). So ergibt sich die paradox erscheinende Tatsache, daß bei starker Kühlung der nicht kondensierte Heißdampfkern heißer abströmt als bei schwacher Kühlung. Dieselbe Erscheinung beobachtete später WINCKELSESSER[3].

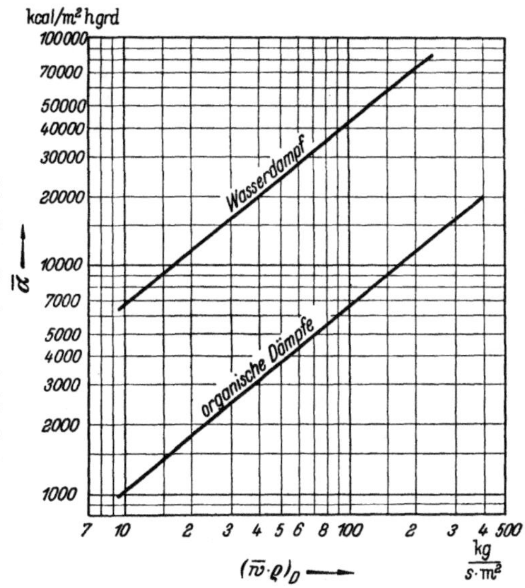

Abb. 134. Wärmeübergangszahlen bei Filmkondensation und hohen Dampfgeschwindigkeiten für 1 ata. (Nach CARPENTER u. COLBURN.)

6. Tropfenkondensation.

Seit der ersten systematischen Beobachtung dieser Kondensationsform durch E. SCHMIDT und Mitarbeiter[4] hat eine große Zahl von Autoren Wärmeübergangszahlen gemessen und die Bedingungen studiert, unter denen Tropfenkondensation auftritt[5]. Die Ergebnisse waren

---

[1] JAKOB, M., S. ERK u. H. ECK: Der Wärmeübergang beim Kondensieren strömenden Dampfes in einem vertikalen Rohr. Forsch. Ing.-Wes. 3 (1932) 161/170.

[2] Es ist nicht entscheidend, daß bei schwacher Kühlung ein Teil der Heizfläche trocken geblieben sein wird.

[3] WINCKELSESSER, G., zit. S. 299.

[4] SCHMIDT, E., W. SCHURIG u. W. SELLSCHOPP: Versuche über die Kondensation von Wasserdampf in Film- und Tropfenform. Techn. Mech. Thermodyn. 1 (1930) 53/63.

[5] Von neueren Arbeiten seien genannt:

a) NAGLE, W. N., G. S. BAYS, L. M. BLENDERMAN u. T. B. DREW: Heat trans-

anfangs sehr widerspruchsvoll und erst in neuerer Zeit lassen sich einige allgemeine Gesetzmäßigkeiten erkennen.

Nach den Ausführungen auf S. 285 war die Voraussetzung für Tropfenkondensation, daß das Kondensat die Wand unvollständig benetzt. Es hat sich nun

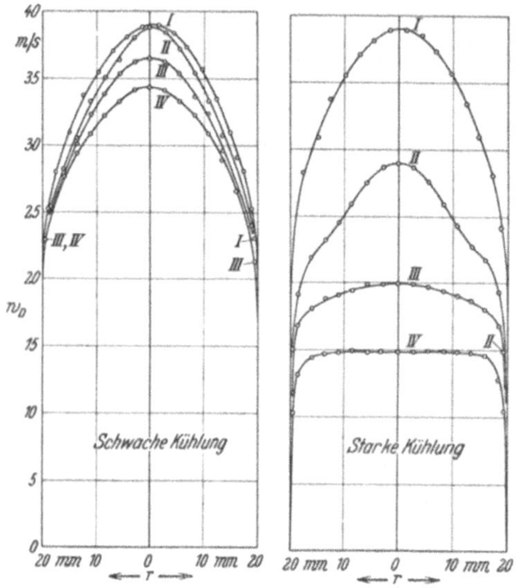

Abb. 135. Geschwindigkeitsfelder in einem kondensierenden Heißdampfstrom. (Nach JAKOB.)

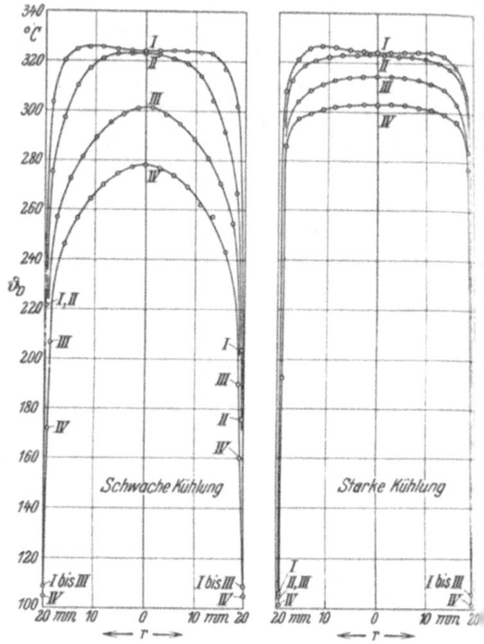

Abb. 136. Temperaturfelder in einem kondensierenden Heißdampfstrom. (Nach JAKOB.)

Zu Abb. 135 u. 136: Abstand der Profile vom Anfang der Kühlstrecke: *I*: 0 cm, *II*: 25 cm, *III*: 75 cm, *IV*: 120 cm.

---

fer coefficients during dropwise condensation of steam. Trans. Amer. Inst. Chem. Engrs. 31 (1934/35) 593/604.

b) DREW, T. B., W. N. NAGLE u. W. Q. SMITH: The conditions for dropwise condensation of steam. Trans. Amer. Inst. Chem. Engrs. 31 (1934/35) 605/621.

c) GNAM, E.: Tropfenkondensation von Wasserdampf. VDI-Forsch.-Heft Nr. 382 (1937) 17/31.

d) FITZPATRICK, J. P., S. BAUM u. W. H. MCADAMS: Dropwise condensation of steam on vertical tubes. Trans. Amer. Inst. Chem. Engrs. 35 (1939) 97/107.

e) EMMONS, H.: The mechanism of drop condensation. Trans. Amer. Inst. Chem. Engrs. 35 (1939) 109/125.

f) SHEA, F. L., u. N. W. KRASE: Dropwise and film condensation of steam. Trans. Amer. Inst. Chem. Engrs. 36 (1940) 463/490.

g) FATICA, N., u. D. L. KATZ: Dropwise condensation. Chem. Engng. Progr. 45 (1949) 661/674.

h) HAMPSON, H.: Heat transfer during condensation of steam. Engineering 172 (1951) 4464, 221/223.

i) HAMPSON, H.: The condensation of steam on a metal surface. Proc. Gen. Discussion Heat Transfer, London 1951, S. 58/61.

k) KIRSCHBAUM, E., G. WINCKELSESSER u. A. K. WETJEN: Neues über den Wärmeaustausch. Chemie-Ing.-Technik 23 (1951) 361/367.

l) KIRSCHBAUM, E.: Neues zum Wärmeübergang mit und ohne Änderung des Aggregatzustandes. Chemie-Ing.-Technik 24 (1952) 393/400.

herausgestellt, daß alle untersuchten Stoffe, insbesondere Wasser, alle Metalle, die als übliche Apparatewerkstoffe in Frage kommen, vollständig benetzen, sofern Metall und Flüssigkeit rein waren. Das bedeutet, daß immer Filmkondensation auftritt, solange Verunreinigungen ferngehalten werden[1].

Dieser Regel widersprechende Ergebnisse sind damit zu erklären, daß eine „technisch reine" Oberfläche noch nicht im molekularen Sinne rein ist. Nach DEVAUX[2] genügen 2 bis $3 \cdot 10^{-8}$ g/cm² von Japanwachs bzw. Olivenöl, um einen Wasserfilm an einer Glaswand in Einzeltropfen aufzulösen. Diese Menge entspräche einer Schicht von $^1/_5$ bis $^1/_3$ Moleküldicke. Es sind also für die Wand wie für den Dampf besondere Anstrengungen nötig, um Verunreinigungen zu entfernen. Eine Ausnahme von obiger Regel macht z. B. Quecksilber, das die meisten Metalle nicht benetzt. Kondensationsversuche mit Quecksilber sind nicht bekanntgeworden.

Es ist müßig, nach der Kondensationsform unter „technischen Bedingungen" zu fragen, da diese Bedingungen viel zu unscharf definiert sind, um reproduzierbare Ergebnisse erwarten zu können. Als Maß für die Benetzbarkeit könnte der Randwinkel β eines Tropfens nach Gl. (270) dienen[3]. Seiner Messung steht jedoch die Schwierigkeit entgegen, daß er stark von der „Vorgeschichte" der Oberfläche abhängt, d. h. davon, ob Fremdmoleküle an ihr adsorbiert sind.

Man erhält verschiedene Werte β, je nachdem, ob die Oberfläche nach der Reinigung an Luft getrocknet oder in noch feuchtem Zustand mit dem Dampf in Berührung gebracht wurde. Die Tropfenoberfläche ist auf der festen Wand nicht kräftefrei verschiebbar[4,5], vielmehr schwankt der Randwinkel zwischen dem größeren Wert des Vordrückwinkels und dem kleineren Wert des Rückzugswinkels.

Schon die ersten Versuche über Tropfenkondensation beschäftigten sich mit der Frage, wie auf der festen Oberfläche adsorbierte Fremdstoffe die Kondensationsform beeinflussen. Für die Benetzung sind bei einer solchen Adsorption nur noch die Grenzflächenspannungen zwischen Fremdstoff und Dampf bzw. Kondensat maßgebend. Da Wasser eine große Zahl organischer Stoffe nicht vollständig benetzt, läßt sich durch Hinzufügen solcher Anti-Netzmittel (Impfstoffe, Promotoren) künstlich Tropfenkondensation erzeugen[6]. Derartige Impfstoffe können auch unbeabsichtigt im Dampf enthalten sein (z. B. Schmieröl der Kesselspeisepumpe), wobei zur Erzeugung von Tropfenkondensation solche Mengen ausreichen, die im Kondensat noch lösbar sind. Da Ad-

[1] Das entspricht der täglichen Erfahrung: Ein Wasserfilm wird als Kennzeichen gut gereinigten Laborgeräts angesehen.

[2] DEVAUX, M. H.: Ce qu'il suffit d'une souillure pour altérer la mouillabilité d'une surface. J. Phys. Radium (6) 4 (1923) 293/309.

[3] POCKELS, AGNES: Über Randwinkel und Ausbreitung von Flüssigkeiten auf festen Körpern. Phys. Z. 15 (1914) 39/46.

[4] v. EICHBORN, J. L.: Benetzung von Metallen durch Wasser. Werkstoffe u. Korrosion 2 (1951) 212/221.

[5] HALLER, W.: Über die Benetzungsspannung. Kolloid-Z. 53 (1930) 247/255.

[6] US-Patent 1995361 v. 26. März 1935 (W. N. NAGLE).

sorptionsvorgänge eine gewisse Zeit brauchen (Minuten bis Tage), liegen auch die beobachteten Wechsel der Kondensationsform in diesen Bereichen. Zur Aufrechterhaltung stabiler Tropfenkondensation ist jedoch eine ständige oder periodische Zugabe des Impfstoffes erforderlich, da dieser durch Abwaschen, Lösen im Kondensat oder Verdrängung von der Oberfläche im Laufe der Zeit entfernt wird. Der Impfstoff kann direkt auf die Kondensationsoberfläche (evtl. in einem Lösungsmittel) aufgebracht oder dem Dampf zugesetzt werden.

Um die „Lebensdauer" der Tropfenkondensation zu erhöhen, sind Impfstoffe geeignet, die eine feste Bindung mit der Metallwand eingehen. Dafür haben sich Fettsäuren (Stearinsäure, Ölsäure) und Merkaptane (Benzylmerkaptan) bewährt, und zwar besonders an Kupfer und seinen Legierungen. Mineralöle ergeben nur kurzzeitig Tropfenkondensation. Auf Stahl und Aluminium ist Tropfenkondensation schwer zu erreichen[1]. Eine monomolekulare Schicht des Impfstoffs ist ausreichend, ein Überschuß ergibt vorübergehend Emulsion mit dem Kondensat. Rauhe Wände begünstigen Filmkondensation. Manche Impfstoffe sind besonders wirksam, wenn im Dampf Inertgase enthalten sind. So kann durch Zugabe von Luft Film- in Tropfenkondensation übergehen, wodurch höhere Wärmeübergangszahlen erzielt werden. Bei reiner Filmkondensation wirkt ein Luftzusatz stark erniedrigend auf die Wärmeübergangszahl (S. 310). Nach früheren Mitteilungen wird Kohle von Wasser unvollständig benetzt[2]. Kondensationsversuche an Graphitwänden sind nicht bekanntgeworden[3]. Außer an Wasserdampf ist Tropfenkondensation an Anilin, Glyzerin und Ammoniak[4] beobachtet worden. Für die große Zahl organischer Dämpfe, die reine Metalle meist vollständig benetzen, sind geeignete Promotoren noch nicht bekanntgeworden. Ohne Zusätze kann man bei organischen Dämpfen mit Filmkondensation rechnen.

Für Wasserdampf ist nach den bisherigen Ausführungen die Frage nach der Kondensationsart nicht eindeutig zu beantworten. Es kommt sehr auf die Art und Menge des Impfstoffs (sei er beabsichtigt oder unbeabsichtigt vorhanden) und auf den Wandbaustoff an, ob Film- oder Tropfenkondensation eintritt. Ein häufiger Fall kann in praktischen Fällen die Mischkondensation sein (vgl. S. 292), die meist die Wärmeübergangszahl gegenüber reiner Filmkondensation erhöhen wird.

Versuche über Tropfenkondensation. Die experimentellen Schwierigkeiten bei der Messung von Wärmeübergangszahlen liegen vor allem

---

[1] Eine tabellarische Übersicht bringen DREW, NAGLE u. SMITH (zit. S. 304). Wiedergabe in der zusammenfassenden Darstellung von W. FRITZ: Film- und Tropfenkondensation von Wasserdampf. Z. VDI Beihefte Verfahrenstechnik Nr. 4 (1937) S. 127/132.

[2] POCKELS, A., zit. S. 305.

[3] Diese Frage könnte für die Verwendung von Graphitwärmeaustauschern Bedeutung erlangen [vgl. R. SÖHNGEN: Graphitwärmeaustauscher. Chemie-Ing.-Technik 23 (1951) 81/85].

[4] Letzteres beobachtete A. TRAPP: Der Wärmeübergang bei der Kondensation von Ammoniak. Wärme- u. Kältetechn. 42 (1940) 161/166 u. 181/186 sowie 43 (1941) 12/16.

darin, daß Temperaturunterschiede von der Größenordnung 1° zu bestimmen sind, wobei die Wandtemperatur zeitlich und örtlich schwankt. Andererseits ging aus den früheren Betrachtungen hervor, daß die Benetzungsverhältnisse zwischen Wand und Kondensat sehr veränderlich

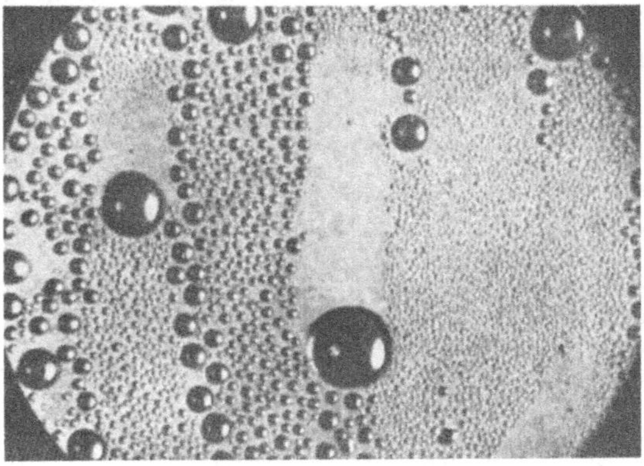

Abb. 137. Ideale Tropfenkondensation. (Nach HAMPSON.)

sein können. Im folgenden sind nur solche Messungen behandelt, bei denen wenigstens über einen gewissen Zeitraum stabile Tropfenkondensation erreicht wurde. Der meßtechnische Aufwand bei den Versuchen war oft beträchtlich.

Eine „ideale Tropfenkondensation" zeigt Abb. 137. Die kleinen Tröpfchen wachsen durch Nachkondensation aus dem Dampfraum und durch Zusammenfließen. Da der Dampfdruck über der stärker gekrümmten Oberfläche größer ist als über der schwächer gekrümmten (LORD KELVIN), ist der kleinere Tropfen gegenüber dem größeren unstabil. Ist eine „kritische Tropfengröße" erreicht, rollt der Tropfen ab, wobei er alle auf seiner Bahn liegenden Tropfen mitnimmt. In der Spur bilden sich sofort neue Tröpfchen.

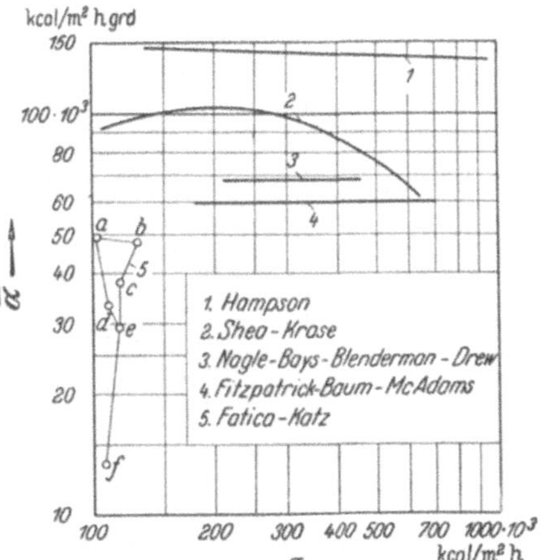

Abb. 138. Tropfenkondensation von ruhendem gesättigtem Wasserdampf an senkrechten Wänden (Legende s. Zalentafel 31).

In Abb. 138 sind einige Messungen an ruhendem oder nur schwach bewegtem gesättigten Wasserdampf wiedergegeben, der an senkrechten Wänden (Höhe H) in Tropfen kondensierte. Die mittlere Wärmeübergangszahl $\bar{\alpha}$, bezogen auf die Temperaturdifferenz $\Delta\vartheta$ zwischen Sattdampf und Wand, ist über der Heizflächenbelastung $q = \bar{\alpha}\,\Delta\vartheta$ auf getragen. Für die Kurven *1* bis *4* sind schon ausgeglichene Werte verwendet. Bis auf Kurve *2* und *5* zeigen die Ergebnisse eine annähernd konstante Wärmeübergangszahl $\bar{\alpha}$ über weite Bereiche der Heizflächenbelastung. Mit Kurve *3* stimmt auch eine Extrapolation auf ruhenden Dampf von GNAM überein ($\bar{\alpha} = 68500$ kcal/m²h grd). Die mit *5* bezeichneten Werte zeigen den Einfluß von Wandbaustoff und Impfstoff innerhalb einer Apparatur (vgl. Zahlentafel 31).

Zahlentafel 31. *Legende zu Abb. 138.*

Kurve	Wandmetall	Impfstoff	Senkrechte Höhe H [m]	Dampfdruck p_D [ata]
1	Kupfer	Benzyl-Merkaptan	0,13	1,0
2	Kupfer	Benzyl-Merkaptan	0,12	1,0
3	Chrom	Ölsäure	0,61	1,35
4	Kupfer	Benzyl-Merkaptan	1,86	1,0
5a	Chrom	Stearinsäure	0,076	1,0
5b	Nickel	Stearinsäure		
5c	Chrom	Ölsäure		
5d	Kupfer	Stearinsäure		
5e	Nickel	Ölsäure		
5f	Kupfer	Ölsäure		

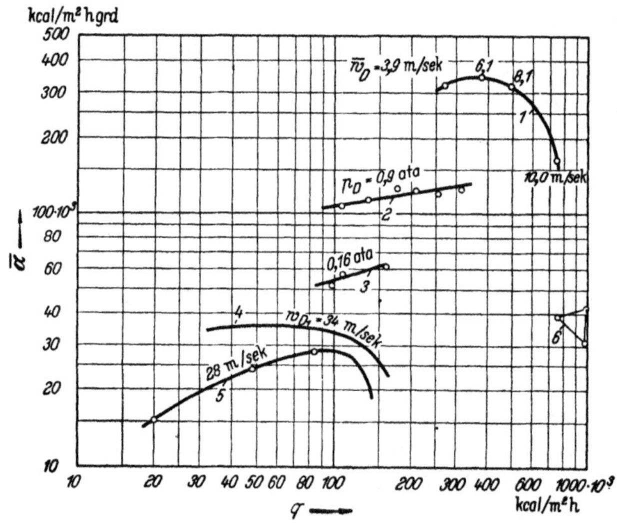

Abb. 139. Tropfenkondensation von strömendem gesättigtem Wasserdampf an senkrechten Wänden (Höhe H).
$\bar{w}_D$ = mittlere und w_{D_1} = Eintrittsgeschwindigkeit des Dampfes; p_D = Dampfdruck; *1* SHEA-KRASE, $H = 0{,}12$ m, $p = 1$ ata; *2* u. *3* GNAM, $w_{D_1} = 2{,}5$ bis 10 m/sek, $H = 0{,}81$ m; *4* u. *5* KIRSCHBAUM, $H = 1{,}67$ m, 1 ata; *6* E. SCHMIDT-SCHURIG-SELLSCHOPP, $H = 0{,}15$ m, Dampfströmung senkrecht auf Wand.

Messungen bei strömendem Dampf sind in Abb. 139 wiedergegeben. Die Strömungsgeschwindigkeiten sind hier teilweise auf den Dampfeintritt (w_{D_1}) und teilweise auf den Mittelwert über die senkrechte Fläche ($\bar{w}_D$) bezogen, so daß die $\bar{\alpha}$-Werte untereinander kaum zu vergleichen sind. Den Einfluß des Dampfdrucks zeigen die Werte von GNAM. Auf eine Einzeldiskussion der Ergebnisse sei verzichtet, die Abb. 138 und 139 sollen nur die bisher durchgemessenen Bereiche wiedergeben.

Theorien zur Tropfenkondensation. Einen ersten Deutungsversuch unternahm EUCKEN[1]. Aus einer adsorbierten (monomolekularen) Kondensatschicht bilden sich, durch „Keime" gefördert, die ersten Kondensattröpfchen. Diese Schicht ist gegenüber dem Tropfen übersättigt, so daß durch Oberflächendiffusion dem Tropfen ständig neues Kondensat, vorwiegend am Tropfenrand, zufließt. Dieser Vorgang wird durch direkte Kondensation aus dem Dampfraum an den Tropfenrand unterstützt, da dort die niedrigste Temperatur (infolge Nähe der kälteren Wand) herrscht. In Abb. 140 ist dieser Vorgang schematisch dargestellt, wobei die Dicke der adsorbierten Schicht ein Maß für ihre Übersättigung sein soll. Etwas abweichend davon nimmt EMMONS[2] die Existenz eines unterkühlten Dampfpolsters zwischen den Tropfen an. Die Kondensation wird nach seiner Vorstellung durch heftige Wirbel gefördert, die durch die starke Volumabnahme beim Kondensieren entstehen und sich besonders an den Tropfenrändern bilden.

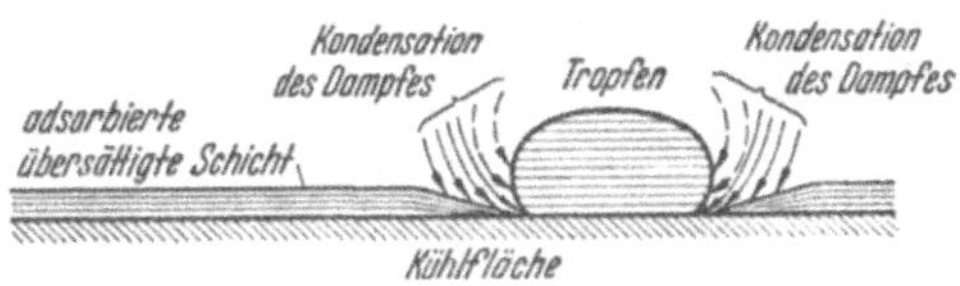

Abb. 140. Veranschaulichung der Tropfenkondensation. (Nach EUCKEN.)

FATICA und KATZ[3] erklären die Kondensation als Wärmeleitung durch die Tropfen. Sie nehmen einen unstetigen Verlauf der Wandtemperatur an, und zwar soll die Wand zwischen den Tropfen sowie die Tropfenoberfläche Sattdampftemperatur besitzen, während auf der Auflagefläche des Tropfens eine geringere Temperatur herrscht. Der sich bei dieser Temperaturverteilung einstellende Wärmetransport wird über ein „Spiel" gemittelt. Auch HAMPSON[4] schätzt den Wärmeleitwiderstand der Tropfen ab. Auf ganz ähnlichen Ansätzen beruht eine Arbeit von SUGAWARA und MICHIYOSHI[5]. Infolge vereinfachender Annahmen über den Mechanismus der Tropfenbewegung sind die berechneten Wärmeübergangszahlen etwas kleiner als die gemessenen, liegen aber in der richtigen Größenordnung.

Nach Ansätzen von GREGORIG[6] wird der Wärmeübergang bei Tropfenkondensation durch konvektiven Wärmeaustausch beschrieben. Der Tropfen wird als thermische und hydrodynamische Anlaufstrecke einer

[1] EUCKEN, A.: Energie- und Stoffaustausch an Grenzflächen. Naturwiss. 25 (1937) 209/218. Vgl. auch E. WICKE: Einige Probleme des Stoff- und Wärmeüberganges an Grenzflächen. Chemie-Ing.-Technik 23 (1951) 5/12.

[2] EMMONS, H., zit. S. 304. [3] FATICA, N., u. D. L. KATZ, zit. S. 304.

[4] HAMPSON, H., zit. S. 304.

[5] SUGAWARA, S., u. I. MICHIYOSHI: Dropwise Condensation. Proc. 2. Japan Nat. Congr. Appl. Mech. 1952, Teil III, Heat, S. 289/292.

[6] GREGORIG, R.: Beitrag zur rechnerischen Erfassung der Analogie zwischen Tropfenkondensation und Verdampfung. Kältetechnik 6 (1954) 2/7.

längsangeströmten Wand angesehen, für den Wärmeübergang werden die dafür gültigen Potenzgesetze in entsprechender Anpassung benutzt.

So verschieden die einzelnen Hypothesen untereinander auch sind, stimmen sie darin überein, daß das meiste Kondensat am Tropfenrand anfällt. Die von Tropfen bedeckte Wandfläche macht nach FATICA und KATZ 45% der gesamten Fläche aus, im Mittel über verschiedene Auszählungen, während HAMPSON 46% oben, 38% in mittlerer Höhe und 50% am unteren Rand der senkrechten gekühlten Fläche erhält.

Eine Überlegenheit des Heißdampfes gegenüber Sattdampf wurde auch bei Tropfenkondensation festgestellt[1,2].

7. Mischungen von Dämpfen mit Inertgasen und gemischte Dämpfe.

Bei der Kondensation von Dämpfen in Anwesenheit inerter Gase spielt der Diffusionsvorgang eine wesentliche Rolle. Nimmt man Filmkondensation an, so stellt sich auf der Filmoberfläche jene Temperatur ein, die der Sättigung des Dampfes unter seinem dortigen Teildruck p_s entspricht. Das Temperaturgefälle der Wasserhaut wird also geringer sein, so daß weniger Wärme abfließt und weniger Kondensat gebildet wird. Diese unbekannte Sättigungstemperatur ϑ_s' erhält man durch folgenden Ansatz:

$$\frac{\lambda}{\delta}(\vartheta_s' - \vartheta_w) = \frac{\beta}{R\,T}\,r\,(\bar{p} - p_s)\,. \tag{302}$$

Darin ist die linke Seite die Wärmestromdichte durch die Kondensathaut von der Dicke δ und die rechte Seite jene Wärmemenge, die mit dem Dampf unter dem Einfluß des Teildruckgefälles $(\bar{p} - p_s)$ und der Stoffübergangszahl β an die Wasserhaut diffundiert. $\bar{p}$ bedeutet den mittleren Dampfteildruck im Strömungskern an der betrachteten Stelle der Wand. Die gleichzeitige Abkühlung des Inertgases ist in obigem Ansatz vernachlässigt. p_s und ϑ_s' gehören nach der Dampfdruckkurve zusammen. Gl. (302) wurde schon von NUSSELT angegeben[3]. Ein Lösungsverfahren durch schrittweises Probieren teilten COLBURN und HOUGEN[4] mit, das durch SMITH[5] erweitert wurde. Vorliegende Messungen lassen sich nur schwer miteinander vergleichen, weil über die Stoffübergangszahl β meist keine Angaben gemacht sind.

Eine halbempirische Gleichung bei Filmkondensation geben MEISENBURG, BOARTS und BADGER[6] an,

$$\bar{\alpha} = 0{,}670\left(\frac{\lambda^3\,\varrho^2\,g\,r}{(\vartheta_s - \vartheta_w)\,\eta\,H}\right)^{1/4}\left(\frac{1}{C}\right)^{0,11}. \tag{303}$$

[1] GNAM, E., zit. S. 304. [2] KIRSCHBAUM, E., zit. S. 304.

[3] NUSSELT, W.: (1916), zit. S. 284.

[4] COLBURN, A. P., u. O. A. HOUGEN: Design of cooler condensers for mixtures of vapors with noncondensing gases. Industr. Engng. Chem. 26 (1934) 1178/1182.

[5] SMITH, J. C.: Condensation of vapors from noncondensing gases. Industr. Engng. Chem. 34 (1942) 1248/1252.

[6] MEISENBURG, S. J., R. M. BOARTS u. W. L. BADGER: The influence of air in steam on the steam film coefficient of heat transfer. Trans Amer. Inst. Chem. Engrs. 31 (1934/35) 622/638.

Darin ist ϑ_s die Sättigungstemperatur des eintretenden Dampfes bei seinem Teildruck. C bedeutet den Luftgehalt des Dampfes in Gewichtsprozent. Die Messungen, die zu Gl. (303) führten, wurden an einem 3,6 m langen, senkrechten Rohr ausgeführt mit Luftgehalten von 0,1 bis 4 Gew.-%. Gl. (303) ist der Nußeltschen Gl. (279) nachgebildet.

Auch bei der Kondensation von Dampfgemischen mit gegenseitiger Lösung der Gemischpartner wurde Filmkondensation beobachtet, z. B. bei Äthylalkohol-Wassergemischen[1]. Es ist eine vernünftige Annahme, hier die Wärmeübergangszahl auf das Temperaturgefälle zwischen Wand- und Gleichgewichtstemperatur des ablaufenden Kondensats zu beziehen. Allerdings scheint die Nußeltsche Theorie nur für jene Bereiche anwendbar, in denen die Zusammensetzung von Dampf und Kondensat ungefähr dieselbe ist. Theoretische Betrachtungen stammen von Colburn und Drew[2].

Sind die beiden Bestandteile des Dampfes nicht oder nur beschränkt ineinander löslich, so ist Film- und Tropfenkondensation nebeneinander beobachtet worden[3,4]. Bei Gemischen aus Wasser und Kohlenwasserstoffen kondensierte der Kohlenwasserstoff als Film an der Wand, während auf und in diesem Film Wassertropfen herunterliefen. Dadurch wurde der Wärmetransport durch den Film erhöht, so daß die Wärmeübergangszahl mit dem Wassergehalt anstieg. Als Temperatur an der Filmoberfläche war dabei die azeotropische Gleichgewichtstemperatur für den betreffenden Druck einzusetzen. Bisher sind nur empirische Gleichungen beschränkter Gültigkeit bekanntgeworden. Messungen am senkrechten Rohr veröffentlichten Edwards und Mitarbeiter[5].

I. Wärmeübergang bei Verdampfung.

Obwohl das Verdampfen zu den ältesten wärmetechnischen Verfahren gehören dürfte, ist seine Vorausberechnung weit weniger sicher als die der meisten anderen Einzelvorgänge der Wärmeübertragung. Unsere heutige Kenntnis der physikalischen Vorgänge bei der Dampfbildung reicht nicht aus, um etwa halbempirisch unter Benutzung der Dimensionsanalyse zu völlig befriedigenden Ansätzen zu gelangen. So verfügen wir in vielen Fällen nur über Gleichungen mit beschränktem Gültigkeitsbereich.

---

[1] Wallace, J. L., u. A. Davison: Condensation of mixed vapors. Industr. Engng. Chem. 30 (1938) 948/953.

[2] Colburn, A. P., u. T. B. Drew: The condensation of mixed vapors. Trans. Amer. Inst. Chem. Engrs. 33 (1937) 197/215.

[3] Baker, E. M., u. A. C. Mueller: Condensation of vapors on a horizontal tube, Teil II. Trans. Amer. Inst. Chem. Engrs. 33 (1937) 539/561.

[4] Baker, E. M., u. U. Tsao: Heat transfer coefficients of vapors of water and non-miscible organic liquids on horizontal tubes. Trans. Amer. Inst. Chem. Engrs. 36 (1940) 517/539. Vgl. auch die zusammenfassende Darstellung von W. Fritz: Verdampfen und Kondensieren. Z. VDI Beihefte Verfahrenstechnik 1943 Nr. 1 S. 1/14.

[5] Edwards, D. A., C. F. Bonilla u. M. T. Cichelli: Condensation of water, styrene and butadiene vapors. Industr. Engng. Chem. 40 (1948) 1105/1112.

Nach dem äußeren Ablauf sind folgende Arten der Verdampfung zu unterscheiden:

Verdampfen an einer (ebenen) Flüssigkeitsoberfläche,
Blasenverdampfung (das eigentliche Sieden),
Filmverdampfung (Leidenfrostsches Phänomen),
Kurzzeitige örtliche Blasenbildung in unterkühlter Flüssigkeit (surface boiling).

1. Verdampfen an einer Flüssigkeitsoberfläche ohne Blasenbildung.

In einem von unten beheizten, mit Flüssigkeit gefüllten Gefäß stellt sich ein Temperaturverlauf ein, wie er schematisch in Abb. 141 wiedergegeben ist. Über dem beheizten Boden mit der Temperatur ϑ_w bildet sich eine Grenzschicht von der Größenordnung 1 mm mit einem starken Temperaturabfall, während im Kern die Flüssigkeitstemperatur fast konstant über die Höhe h ist (Mittelwert ϑ_{fl}). An der freien Oberfläche fällt wieder in einer dünnen Schicht[1] die Temperatur auf den Wert ϑ_0, der wenig über der Sättigungstemperatur ϑ_s liegt. Die Differenz $(\vartheta_0 - \vartheta_s)$, also die Überhitzung der dampfbildenden Oberfläche, wurde von PRÜGER[2] für Wasser bei 1 ata zu etwa 0,03° gemessen, während bei nicht polaren Flüssigkeiten (z. B. Tetrachlorkohlenstoff) dieser Wert etwa 0,001° beträgt.

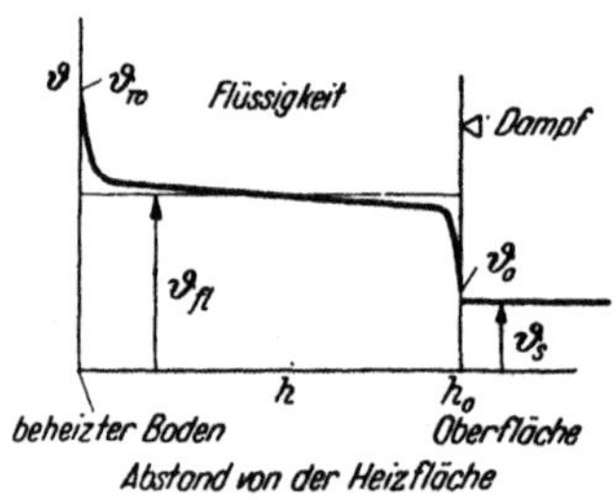

Abb. 141. Temperaturverlauf in der Flüssigkeit bei Oberflächenverdampfung ohne Blasenbildung (schematisch).

So wichtig diese Flüssigkeitsüberhitzung für die kinetische Betrachtung der Verdampfung ist, kann sie bei technischen Berechnungen außer acht bleiben. Im folgenden ist einer dampfbildenden Oberfläche stets die Sattdampftemperatur zugeschrieben $(\vartheta_0 = \vartheta_s)$.

Das Temperaturfeld nach Abb. 141 dient nur dazu, die an der Oberfläche aufzuwendende Verdampfungswärme vom beheizten Boden her nachzuliefern. Diesen Wärmetransport besorgen auf- und absteigende Konvektionsströme und erzeugen das ausgeglichene Temperaturfeld im Kern der Flüssigkeit. Die beiden Grenzschichten oben und unten unterscheiden sich dadurch voneinander, daß die freie Oberfläche verschiebbar ist und dort auch endliche Parallelgeschwindigkeiten auftreten können. Die Verdampfung selbst wirkt als Wärmesenke an der Oberfläche, die man sich auch durch einen anderen Vorgang, etwa durch Abstrahlung, ersetzt denken könnte. Der ganze Vorgang gehört also

[1] Derartige Felder wurden u. a. gemessen von A. HEIDRICH: Über die Verdampfung des Wassers bei Siedeverzug. Diss. Techn. Hochschule Aachen 1931, und von K. LEVEN: Beitrag zur Frage der Wasserverdunstung. Wärme- u. Kältetechn. 44 (1942) 161/167.

[2] PRÜGER, W., zit. S. 284, auch Forsch. Ing.-Wes. 12 (1941) 258/260. Die Messungen von PRÜGER bestätigten frühere Ergebnisse von T. ALTY u. C. A. MACKY: The accomodation coefficient and the evaporation coefficient of water. Proc. roy. Soc. (A) 149 (1935) 104/116; auch Proc. roy. Soc. (A) 161 (1937) 68/79.

seinem Wesen nach zum Problem der freien Konvektion in geschlossenen Räumen. Wärmeübergangszahlen lassen sich mit $(\vartheta_w - \vartheta_{fl})$, $(\vartheta_{fl} - \vartheta_s)$ oder auch mit $(\vartheta_w - \vartheta_s)$ bilden, je nachdem, welcher Teilvorgang gerade interessiert. Davon wird im folgenden noch Gebrauch gemacht werden.

2. Verdampfung mit Blasenbildung an waagerechten und senkrechten Heizflächen bei freier Konvektion.

Wie die Beobachtung zeigt, bilden sich Dampfblasen im allgemeinen nur an der Heizfläche, und zwar dort nur an bestimmten Stellen, deren Zahl mit der Heizflächenbelastung anwächst. Einen typischen Temperaturverlauf über einer waagerechten Platte zeigt Abb. 142 nach Messungen von Jakob und Mitarbeitern[1,2,3,4], deren Untersuchungen wir einen wesentlichen Einblick in diese Vorgänge verdanken. Gegenüber Abb. 141 fällt auf, daß der Temperaturunterschied $(\vartheta_w - \vartheta_{fl})$ wesentlich größer ist als $(\vartheta_{fl} - \vartheta_s)$. Die Blasenbewegung an der Oberfläche erlaubte keine genaue Ausmessung der oberen Grenzschicht.

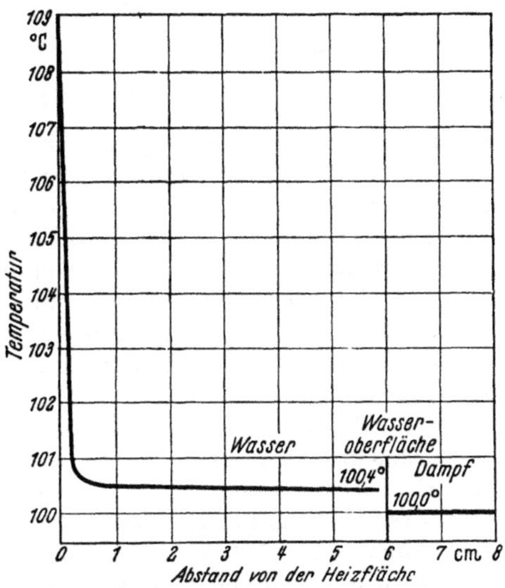

Abb. 142. Temperaturverlauf über einer waagerechten Heizfläche bei Blasendampfung. (Nach Jakob und Linke.) Heizflächenbelastung $q = 19300$ kcal/m²h, Temperatur der Heizfläche $\vartheta_w = 109{,}1$ °C.

Für das Gleichgewicht einer Dampfblase mit der sie umgebenden Flüssigkeit gelten folgende Betrachtungen. Der Druck des Dampfes in der Blase p_D ist infolge der Oberflächenspannung um

$$\Delta p_1 = p_D - p_F = 2\,\sigma/R \quad (304)$$

größer als der Druck der sie umgebenden Flüssigkeit p_F. Dabei be-

---

[1] Jakob, M., u. W. Fritz: Versuche über den Verdampfungsvorgang. Forsch. Ing.-Wes. 2 (1931) 435/447.

[2] Jakob, M.: Kondensation und Verdampfung. Z. VDI 76 (1931) 1161/1170.

[3] Jakob, M., u. W. Linke: Der Wärmeübergang von einer waagerechten Platte an siedendes Wasser. Forsch. Ing.-Wes. 4 (1933) 75/81.

[4] Jakob, M., u. W. Linke: Der Wärmeübergang beim Verdampfen von Flüssigkeiten an senkrechten und waagerechten Flächen. Phys. Z. 36 (1935) 267/280.

Vgl. auch folgende Zusammenfassungen:

Jakob, M.: Heat transfer in evaporation and condensation. Mech. Engng. 58 (1936) 643/660 u. 729/739.

Fritz, W.: Wärmeübergang an siedende Flüssigkeiten. Z. VDI Beihefte Verfahrenstechnik (1937) Nr. 5 S. 149/155.

Fritz, W.: Verdampfen und Kondensieren. Z. VDI Beihefte Verfahrenstechnik (1943) Nr. 1 S. 1/14.

deuten σ die Oberflächenspannung der Flüssigkeit gegen ihren Dampf und R den Radius der als Kugel betrachteten Dampfblase. Außerdem ist nach LORD KELVIN der Dampfdruck an der konkaven Oberfläche der Blase p_D um

$$\Delta p_2 = p_s - p_D = \frac{2\,\sigma}{R}\,\frac{\varrho''}{\varrho' - \varrho''} \tag{305}$$

kleiner als der Dampfdruck über einer ebenen Oberfläche p_s, wenn ϱ'' und ϱ' die Dichten des Dampfes und der Flüssigkeit im Sättigungszustand bedeuten[1]. Damit die Blase bestehen kann, muß die Flüssigkeit so weit überhitzt sein, daß die notwendige Dampfdruckerhöhung

$$\Delta p = \Delta p_1 + \Delta p_2 = \frac{2\,\sigma}{R}\,\frac{\varrho'}{\varrho' - \varrho''} \tag{306}$$

zustande kommt, also um den Betrag

$$\Delta\vartheta = \Delta p\,(d\vartheta/dp)_s, \tag{306a}$$

wenn $(d\vartheta/dp)_s$ die Neigung der Dampfdruckkurve bedeutet. In einem ausgedehnten Flüssigkeitsraum oder bei völlig glatten Wänden kann sich in der Regel überhaupt keine Dampfblase bilden (Siedeverzug). Dazu müssen Verdampfungskerne (Gasbläschen, Wandrauhigkeiten, Siedesteine) vorhanden sein, die einen endlichen Anfangsradius R der Blase zulassen. Mit zunehmender Belastung der Heizfläche steigt deren Übertemperatur $(\vartheta_w - \vartheta_{fl})$ und nimmt auch die Zahl der Verdampfungsstellen zu, da dann auch noch kleinere Anfangsradien R zur Blasenbildung ausreichen[2].

Für Wasser von 100 °C mit $\sigma = 58{,}8$ dyn/cm und $(d\vartheta/dp)_s = 0{,}0369$ grd/Torr ergeben sich aus Gln. (306) und (306a) $\Delta\vartheta \approx 0{,}3°$ für $R = 10^{-2}$ cm und $\Delta\vartheta \approx 3°$ für $R = 10^{-3}$ cm. Im stationären Zustand der Verdampfung müssen die wandnahen Schichten der Flüssigkeit auch noch den Wärmetransport durch Leitung an den Flüssigkeitskern übernehmen, so daß die Übertemperatur der Wand (Abb. 142) beträchtlich höher sein kann, als es Gl. (306a) entsprechen würde.

Die an der Wand gebildete Dampfblase wächst durch weitere Verdampfung an, bis sie nach Erreichen eines Grenzvolumens abreißt und aufsteigt. Dieses Grenzvolumen ist als Funktion des Randwinkels β von BASHFORT und ADAMS[3] errechnet und von FRITZ[4] in dimensionsloser Form dargestellt worden. Als Parameter diente die sog. Laplacesche Konstante

$$b = \sqrt{\frac{2\,\sigma}{g\,(\varrho' - \varrho'')}}, \tag{307}$$

die z. B. für Wasser von 100 °C den Wert $b = 3{,}538$ mm annimmt.

---

[1] An der konvexen Tropfenoberfläche herrscht ein um den gleichen Betrag höherer Dampfdruck gegenüber der ebenen Oberfläche (vgl. S. 307).

[2] Den Einfluß von gasgefüllten Poren an einer Heizfläche behandelt E. J. NESIS: Siedevorgang unter realen Verhältnissen. Z. techn. Phys. 22 (1952) 1506/1512. (russisch).

[3] BASHFORT, FR., u. J. ADAMS: Capillary action. Cambridge 1883.

[4] FRITZ, W.: Berechnung des Maximalvolumens von Dampfblasen. Phys. Z. 36 (1935) 379/384.

Diese Rechnung wurde von FRITZ und ENDE[1] durch Ausmessung von Filmaufnahmen sehr gut bestätigt (Abb. 143). Dabei wurden an einer waagerechten, verchromten Kupferheizplatte Blasenrandwinkel β zwischen 40 und 45° erhalten, wenn die Wassertemperatur im Mittel 90 °C betrug. Die Frequenz der abreißenden Blasen f_B war weitgehend unabhängig von der Heizflächenbelastung und damit von der Übertemperatur der Heizfläche $(\vartheta_w - \vartheta_{fl})$, sie hing aber stark vom Abreißvolumen V_A und damit von den Eigenschaften der Flüssigkeit und der Heizfläche (β und p_s) ab.

Näherungsweise konnte $f_B\, d_A = \text{const}$ gesetzt werden, wobei die Konstante etwa den Zahlenwert 100 mm/sek hatte, wenn f_B [l/sek] die Blasenfrequenz und $d_A = (6\, V_A/\pi)^{1/3}$ in mm den Abreißdurchmesser der kugelförmig angesehenen Blase bedeuten.

Nach dem Abreißen der Dampfblase wächst diese während des Aufsteigens weiterhin durch Nachverdampfung an. Nach Überlegungen

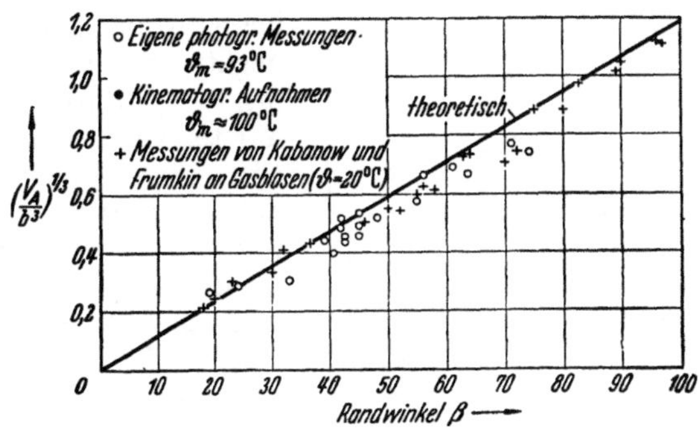

Abb. 143. Abreißvolumen V_A von Dampf- und Gasblasen über einer waagerechten Heizfläche. (Nach FRITZ u. ENDE.) b = Laplace-Konstante.

von BOŠNJAKOVIĆ[2] kann man hierbei von einem Wärmeübergangsvorgang sprechen, der durch das Temperaturgefälle $(\vartheta_{fl} - \vartheta_s)$ zustande kommt. Dabei ist dem Dampf in der Blase ebenso wie ihrer Oberfläche die Sättigungstemperatur ϑ_s zugeschrieben, während in einer die Blase umgebenden Grenzschicht die Temperatur der Flüssigkeit auf den Wert ϑ_{fl} ansteigt. Bei einer Volumenzunahme der Blase um dV muß ihr zur Dampfbildung die Wärmemenge $dQ = r\, dV/v''$ zugeführt werden (v'' ist das spezifische Volumen des Sattdampfes). Andererseits kann man formal eine Wärmeübergangszahl an der Blase α_B durch die Gleichung

$$dQ = \alpha_B F\, (\vartheta_{fl} - \vartheta_s)\, dt \tag{308}$$

definieren, worin F die augenblickliche Blasenoberfläche und t die Zeit bedeuten. Durch Gleichsetzen der beiden Ausdrücke für dQ entsteht

[1] FRITZ, W., u. W. ENDE: Über den Verdampfungsvorgang nach kinematographischen Aufnahmen an Dampfblasen. Phys. Z. 37 (1936) 391/401.

[2] BOŠNJAKOVIĆ, F.: Verdampfung und Flüssigkeitsüberhitzung. Techn. Mech. Thermodyn. 1 (1930) 358/362.

die Beziehung

$$\alpha_B = \frac{r}{v''} \frac{dV}{dt} \frac{1}{F(\vartheta_{fl} - \vartheta_s)}. \tag{309}$$

Fritz und Ende[1] erhielten experimentell für α_B den Mittelwert 16000 kcal/m² h grd, indem sie sämtliche Größen auf der rechten Seite von Gl. (309) maßen.

Gegenüber dieser einfachen und klaren Vorstellung liegen die Verhältnisse in Wirklichkeit etwas komplizierter. Die durch die aufsteigenden Dampfblasen verstärkte Konvektionsbewegung der Flüssigkeit gleicht den Temperaturverlauf über der Höhe stärker aus, als es der Sättigungstemperatur beim hydrostatischen Druck entsprechen würde (Abb. 144, nach Messungen von Fritz und Homann[2]). Falls der Dampf in der Blase stets die Sättigungstemperatur ϑ_s besitzt, würde die Dampfblase beim Aufsteigen auch Zonen negativen Temperaturgefälles $(\vartheta_{fl} - \vartheta_s)$ durchlaufen und damit teilweise rückkondensieren. Die oben skizzierte Theorie müßte also noch verfeinert werden. Die Wandübertemperaturen $(\vartheta_w - \vartheta_s) = 2$ bis 11° sind in Abb. 144 nicht eingetragen, die Flüssigkeitstemperaturen sind Mittelwerte über alle Heizflächenbelastungen.

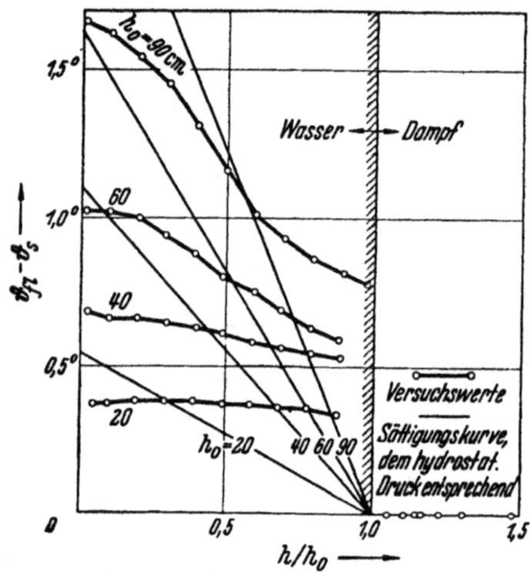

Abb. 144. Übertemperatur in einer siedenden Flüssigkeit gegenüber Sattdampftemperatur im Dampfraum. h_0 = Höhe des Flüssigkeitsspiegels über der Heizfläche.

Der Wärmeübergang der Blasenverdampfung stellt also nach den obigen Betrachtungen primär einen Wärmeübergang an die Flüssigkeit dar. Die Dampfblasen beeinflussen diesen Vorgang hydrodynamisch, die ihnen zugeführte Wärmemenge stammt aber ganz überwiegend aus der Flüssigkeit, selbst während des Aufsitzens an der Heizfläche. Eine höhere Heizflächenbelastung q steigert die Übertemperatur $(\vartheta_w - \vartheta_{fl})$ und macht neue Verdampfungsstellen wirksam. Die Überhitzung der Flüssigkeit gegen den Dampfraum $(\vartheta_{fl} - \vartheta_s)$ ist in weiten Grenzen von q unabhängig, die Frequenz der Dampfblasen und ihr Abreißvolumen, also die Dampferzeugung einer einzelnen Stelle, ist vorwiegend nur von den Eigenschaften der Flüssigkeit und der Wand abhängig.

Nach diesen Überlegungen ist die Übertemperatur der Wand gegen die Flüssigkeit ein charakteristisches Temperaturgefälle für den Wärme-

[1] Fritz, W., u. W. Ende, zit. S. 315.

[2] Fritz, W., u. F. Homann: Über die Temperaturverteilung im siedenden Wasser. Phys. Z. 37 (1936) 873/878.

übergang, im folgenden sind Wärmeübergangszahlen daher durch

$$\alpha = q/(\vartheta_w - \vartheta_{fl}) \tag{310}$$

definiert, soweit nicht ausdrücklich andere Definitionen erwähnt sind.

Versuche von JAKOB und Mitarbeitern an siedendem Wasser von 100 °C, die in Abb. 145 wiedergegeben sind[1], zeigen zwei deutlich getrennte Bereiche für $\alpha = f(q)$. Für eine Heizflächenbelastung

$$q < 15000 \text{ kcal/m}^2\text{h}$$

bilden sich nur wenig Dampfblasen, so daß der ganze Vorgang durch die Gleichung der freien Konvektion bei turbulenter Grenzschicht $Nu = \text{const}\ (Gr\ Pr)^{1/3}$ wiedergegeben werden kann, wie JAKOB und

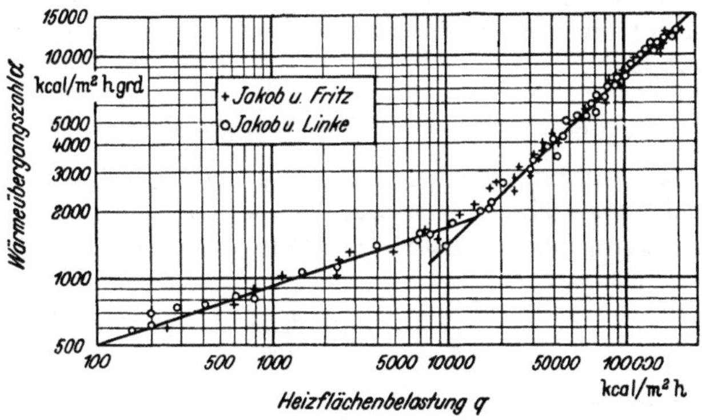

Abb. 145. Wärmeübergang an siedendes Wasser von 100 °C bei waagerechter Heizfläche. (Nach JAKOB u. Mitarbeiter.)

LINKE[2] gezeigt haben. In der Darstellung nach Abb. 145 ergibt sich die Gleichung

$$\alpha = 152\, q^{0{,}26} \text{ in kcal/m}^2\text{ h grd}, \tag{311}$$

worin q in kcal/m² h einzusetzen ist.

Bei steigender Belastung ist aber die „Rührwirkung der Dampfblasen" so groß, daß der Charakter des Vorgangs geändert wird. Dabei spielen insbesondere die Vorgänge in der Grenzschicht der Heizfläche eine Rolle, wo durch das Abreißen der Blasen starke lokale Strömungen entstehen. Dieser Bereich ist der technisch wichtigere und soll im folgenden näher behandelt werden. Hierbei beschränken wir uns in diesem Abschnitt auf den Fall des natürlichen Umlaufs der siedenden Flüssigkeit bei waagerechten und senkrechten Heizflächen in nicht zu kleinen Gefäßen.

Zur Darstellung von Versuchsergebnissen eignet sich am besten die Art von Abb. 145 mit der üblichen Potenzform

$$\alpha = C_1 q^n. \tag{a}$$

---

[1] Entnommen der Zusammenfassung von W. FRITZ: Wärmeübergang an siedende Flüssigkeiten. Z. VDI Beihefte Verfahrenstechnik (1939) Nr. 5 S. 149/155.

[2] JAKOB, M., u. W. LINKE: (1933), zit. S. 313.

Es sind auch Gleichungen der Art

$$\alpha = C_2 \, \Delta\vartheta^m \tag{b}$$

gebräuchlich, worin $\Delta\vartheta = (\vartheta_w - \vartheta_{fl})$ ist. Die Gln. (a) und (b) hängen durch die Beziehungen

$$m = \frac{n}{1-n} \tag{c}$$

und

$$C_2 = C_1^{1/(1-n)} \tag{d}$$

miteinander zusammen, wie aus Gl. (310) hervorgeht. Da n im betrachteten Bereich zwischen 0,6 und 0,8 liegt, aber m nach Gl. (c) von 1,5 bis 4,0 reicht, ist der Fehler bei der Auswertung von Messungen nach Gl. (a) wesentlich geringer als nach Gl. (b)[1]. Trotzdem ist auch Gl. (b) häufig im Schrifttum anzutreffen. Eine weitere Darstellungsmöglichkeit ist

$$q = C_3 \, \Delta\vartheta^s, \tag{e}$$

worin $C_3 = C_2$ und $s = (m+1) = 1/(1-n)$ ist.

Blasenverdampfung bei Atmosphärendruck. Durch Auswertung der oben geschilderten Einzelbeobachtungen bei der Bildung und dem Aufsteigen der Dampfblasen gelangten Jakob und Linke[2] zu der dimensionslosen Gleichung

$$\frac{\alpha\, b}{\lambda} = 42{,}4 \left(\frac{q}{\varrho''\, r\, w}\right)^{0{,}8}. \tag{312}$$

Hierin ist b die Laplacesche Konstante nach Gl. (307), die nach Abb. 143 in eindeutiger Weise mit dem Abreißvolumen der Blase V_A und dadurch mit dem Durchmesser d_A verknüpft ist. Als charakteristische Länge ist also eine Funktion von d_A benutzt. ϱ'' und r bedeuten die Dichte des Sattdampfes bzw. die Verdampfungswärme, λ die Wärmeleitzahl der Flüssigkeit, während w eine empirische Größe von der Dimension einer Geschwindigkeit darstellt, welche die ungefähre Konstanz des Produkts $f_B\, d_A$ wiedergibt (vgl. S. 315) und für die die Verfasser den Zahlenwert 280 m/h benutzen (ermittelt an Wasser und Tetrachlorkohlenstoff). Gl. (312) gilt etwa für $(q/\varrho''\, r\, w) > 0{,}2$ entsprechend dem ungefähren Wert $q = 15000$ kcal/m²h aus Abb. 145. Über die obere Gültigkeitsgrenze wird in Abschnitt 4 gesprochen werden.

Die Bedeutung von Gl. (312) liegt vor allem darin, daß sie die erste rationelle Gleichung für den Wärmeübergang bei Blasenverdampfung darstellte. Sie gab Messungen an Wasser, Tetrachlorkohlenstoff und einigen anderen Flüssigkeiten bei 760 Torr befriedigend wieder. Als Mittelwert verschiedener Messungen an Wasser bei 100 °C schlägt Fritz[3] die empirische Gleichung

$$\alpha = 1{,}48\, q^{0{,}75} \quad \text{bzw.} \quad \alpha = 4{,}80\,(\Delta\vartheta)^3 \tag{313a u. b}$$

vor[4].

---

[1] Hierauf machte bereits W. Fritz (1937) aufmerksam (zit. S. 313).
[2] Jakob, M., u. W. Linke: (1935), zit. S. 313.
[3] Fritz, W.: (1937), zit. S. 313.
[4] Dimensionen wie in Gl. (311).

Eine wesentliche Beobachtung von Jakob und Mitarbeitern war noch der Einfluß der Zeit und der Rauhigkeit auf die Wärmeübergangszahl. Nach längerer Versuchsdauer (Stunden bis Tage) nahm α ab, da die Gasbeladung und damit die Zahl der wirksamen Stellen der Blasenbildung verringert wurde. Bei gleicher Heizflächenbelastung war damit eine größere Überhitzung der Heizfläche erforderlich. Künstlich aufgerauhte Heizflächen ergaben anfangs hohe α-Werte, die sich ebenfalls mit der Zeit verringerten. Durch diesen Zeiteinfluß lassen sich z. T. die beobachteten starken Streuungen der Versuchswerte erklären.

Aus sorgfältigen und umfangreichen Messungen bei Blasenverdampfung gelangten Insinger und Bliss[1] zu folgender dimensionsloser Gleichung, die für 760 Torr Dampfdruck gelten soll:

$$\log Y = 0{,}363 + 0{,}923 \log X - 0{,}047 (\log X)^2 . \tag{314}$$

Hierin bedeuten:

$$Y = \frac{\alpha (\gamma'' \sigma)^{0{,}5}}{(c \lambda \gamma'^3 \sqrt{r^3 J^3 g})^{0{,}5}} \cdot 10^{10}$$

und

$$X = \frac{q}{\gamma' \sqrt{r^3 J g}} \cdot 10^{10} .$$

Gl. (314) ist im technischen Maßsystem dimensionslos, so daß z. B. folgende Dimensionen einzuhalten sind: spezifisches Gewicht des Dampfes bzw. der Flüssigkeit γ'' und γ' in kp/m^3, Oberflächenspannung σ in kp/m, spezifische Wärme der Flüssigkeit c in kcal/kp grd, Verdampfungswärme r in kcal/kp, mechanisches Wärmeäquivalent $J = 427$ mkp/kcal, Erdbeschleunigung $g = 127{,}1 \cdot 10^6$ m/h^2, wenn α, λ und q auch auf die Stunde bezogen werden sollen.

In Abb. 146 ist Gl. (314) wiedergegeben und mit Messungen der Verfasser und Gl. (312) verglichen. Die höheren Y- bzw. α-Werte gegenüber Gl. (312) erklären sich dadurch, daß die Verfasser an senkrechten Heizflächen gemessen haben. Obwohl der Aufbau der Gl. (314) hinsichtlich der Dimensionen nicht völlig befriedigt, scheinen doch wesentliche Funktionen richtig getroffen zu sein. Ersetzt man in Abb. 146 die schwach gekrümmte Kurve durch die Gerade $Y = k X^{0{,}69}$, so läßt sich Gl. (314) auch in folgender aufgelöster Form schreiben:

$$\alpha = k' \frac{c^{0{,}5} \lambda^{0{,}5} (\gamma')^{0{,}81}}{\sigma^{0{,}5} (\gamma'')^{0{,}5} r^{0{,}29}} q^{0{,}69} . \tag{314a}$$

Die Konstante k' ließe sich aus bekannten Messungen z. B. an Wasser entnehmen. Den Gln. (312) und (314a) ist die Proportion

$$\alpha \sim \sigma^{-0{,}5}$$

gemeinsam, während Insinger und Bliss aus der genaueren Gl. (314) $\alpha \sim \sigma^{-0{,}62}$ folgern. Jedenfalls ist näherungsweise der Einfluß der Ober-

---

[1] Insinger, Th. H., u. H. Bliss: Transmission of heat to boiling liquids. Trans. Amer. Inst. Chem. Engrs. 36 (1940) 491/516.

flächenspannung damit festgelegt[1]. Die Verfasser beobachteten im Gegensatz zu JAKOB keinen Einfluß der Zeit auf die Wärmeübergangszahl. Als vermutlicher Grund dafür wird angegeben, daß sie mit besonders sorgfältig gereinigten Apparaturen und Flüssigkeiten gearbeitet haben.

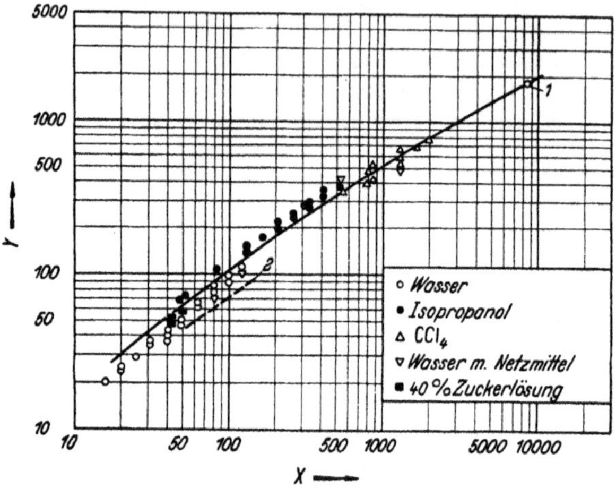

Abb. 146. Wärmeübergang bei Blasenverdampfung und 760 Torr. (Nach INSINGER u. BLISS.) Kurve *1* ist Gl. (314), Kurve *2* Gl. (312).

Zahlentafel 32. *Wärmeübergangszahlen α bei Blasenverdampfung, verglichen mit den Werten von Wasser α_w bei gleicher Heizflächenbelastung (bei 760 Torr)*[3].

Flüssigkeit	α/α_w
Wasser	1
Wässerige Lösungen:	
10% Na_2SO_4	0,94
20% Zuckerlösung	0,87
40% Zuckerlösung	0,84
26% Glyzerin in Wasser	0,83
55% Glyzerin in Wasser	0,75
24% NaCl	0,61
Isopropanol	0,70
Methanol	0,53
Petroleum	0,52
Toluol	0,36
Tetrachlorkohlenstoff	0,35
n-Butanol	0,32

Die Verdampfung von Wasser bei 100 °C im Bereich der Blasenbildung ist bisher ziemlich eingehend erforscht. Es liegt daher nahe, die Wärmeübergangszahlen anderer Flüssigkeiten (bei 760 Torr) mit denen von Wasser zu vergleichen, wie es in Zahlentafel 32 nach FRITZ[2] geschehen ist.

Einfluß des Dampfdrucks. Die bisherigen Betrachtungen bezogen sich auf Atmosphärendruck; die mitgeteilten Gleichungen versagten bei geändertem

[1] A. J. MORGAN, L. A. BROMLEY u. C. R. WILKE weisen besonders auf den Einfluß der „Alterung“ einer Oberfläche hin. Nur die Grenzflächenspannungen an einer frisch gebildeten Oberfläche sind für den Verdampfungsvorgang maßgebend [Effect of surface tension on heat transfer in boiling. Industr. Engng. Chem. 41 (1949) 2767/2769].

[2] FRITZ, W.: Verdampfen und Kondensieren. Z. VDI Beihefte Verfahrenstechnik (1943) Nr. 1 S. 1/14.

[3] Zu den Angaben von INSINGER u. BLISS bestehen z. T. Abweichungen.

Dampfdruck. JAKOB[1] erweiterte Gl. (312) durch folgende Formel:

$$\frac{\alpha\, b}{\lambda} = 44{,}7\,\frac{\nu_a}{\nu}\left(\frac{\varrho_a'}{\varrho'}\,\frac{\sigma}{\sigma_a}\,\frac{q}{\varrho_a''\, r_a\, w_a}\right)^{0{,}8}. \tag{315}$$

Hierin bezieht sich der Index a auf Atmosphärendruck, b ist wieder die Laplacesche Konstante nach Gl. (307).

Um Gl. (315) an ihre Versuchsergebnisse an Wasser, Äthanol, Butanol, Azeton und einigen Zweistoffgemischen anzupassen, änderten BONILLA und PERRY[2] sie in folgender Weise um:

$$\frac{\alpha\, b}{\lambda} = 31{,}6\,\frac{\nu_a}{\nu}\left(\frac{\varrho_a'}{\varrho'}\,\frac{\sigma}{\sigma_a}\,\frac{q}{\varrho_a''\, r_a\, w_a}\right)^{0{,}73} Pr^{0{,}5}\ *. \tag{316}$$

Die Prandtl-Zahl Pr bezieht sich dabei auf die Flüssigkeit im Siedezustand, der untersuchte Bereich ging von $Pr = 1$ bis 12 und umfaßte

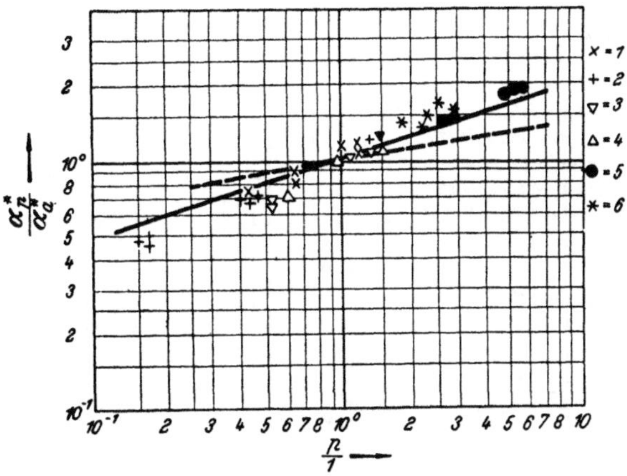

Abb. 147. Einfluß des Dampfdrucks auf die Wärmeübergangszahl bei Blasenverdampfung. $\alpha^* = \alpha/q^{0,7}$. Index p bezieht sich auf den Dampfdruck p ata, Index a auf Atmosphärendruck (1 ata). (Nach SYSSINA-MOLOCHEN u. KUTATELADSE.)
1: CCl_4; *2*: 26% Glyzerin-Wasser; *3*: 24% NaCl-Wasser; *4*: Wasser; *5*: Wasser; *6*: Quecksilber

Dampfdrücke von 0,2 bis 1,5 ata. Für Zweistoffgemische wurden α-Werte erhalten, die zwischen denen der reinen Komponenten lagen. Der Heizkörper war eine waagerechte verchromte Platte.

Der Einfluß des Druckes ließ sich durch die Beziehung

$$\frac{\alpha_p}{\alpha_a} = \left(\frac{p}{1}\right)^{0{,}25} \tag{317}$$

wiedergeben, wenn sich der Index p auf den Dampfdruck p (in ata)

[1] JAKOB, M.: The influence of pressure on heat transfer in evaporation. Proc. 5. Intern. Congress Applied Mech. 1938, S. 561; vgl. auch M. JAKOB: Heat Transfer, New York u. London, 1949, S. 647.

[2] BONILLA, CH. F., u. CH. W. PERRY: Heat transmission to boiling binary liquid mixtures. Trans. Amer. Inst. Chem. Engrs. 37 (1941) 685/705.

* Nach Angaben von CICHELLI u. BONILLA (zit. S. 322) enthält der Zahlenfaktor von Gl. (316) in der Originalarbeit einen Druckfehler, der hier berichtigt ist. Außerdem ist zu beachten, daß die Verfasser eine Laplace-Konstante $b_1 = b/\sqrt{2} = [\sigma/[g\,(\varrho' - \varrho'')]]^{0{,}5}$ verwenden.

und der Index a auf Atmosphärendruck (1 ata) bezieht. INSINGER und BLISS[1] hatten in obiger Gleichung den Exponenten 0,4 vorgeschlagen, während FAGGIANI[2] den Wert 0,27 empfahl.

Auch SYSSINA-MOLOSCHEN und KUTATELADSE[3] korrigierten die Jakobsche Gleichung (315), indem sie besonders die Abhängigkeit der Konstanten $w = f\,d_A$ vom Druck untersuchten. Abb. 147 zeigt α_p^*/α_a^* als Funktion des Druckes $(p/1)$, wobei $\alpha^* = \alpha/q^{0,7}$ ist und die Indizes dieselbe Bedeutung wie zu Gl. (317) haben. Die gestrichelte Linie zeigt den Verlauf nach Gl. (315).

Wie verschiedenartig der Druckeinfluß bei den einzelnen Flüssigkeiten sein kann, zeigten Messungen von CICHELLI und BONILLA[4] in

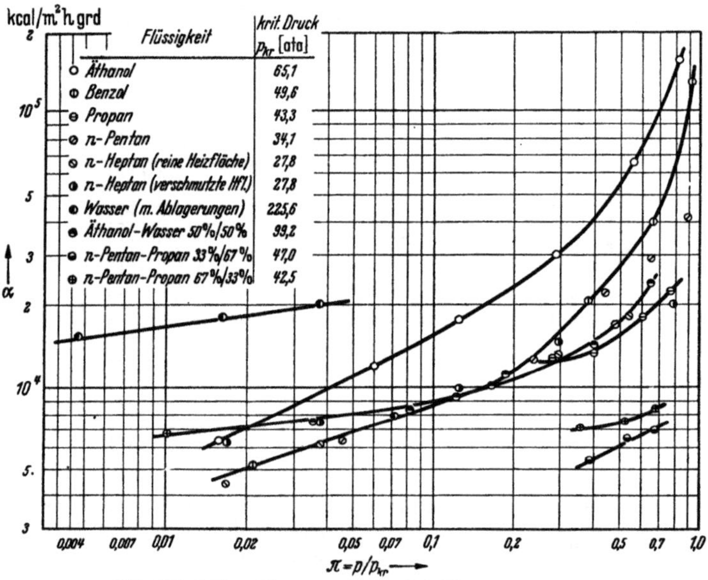

Abb. 148. Wärmeübergangszahlen bei Blasenverdampfung. Reduzierter Dampfdruck $\pi = p/p_{kr}$. kritischer Druck p_{kr}. Heizflächenbelastung $q = 190000$ kcal/m²h. (Nach CICHELLI u. BONILLA.)

größeren Druckbereichen an einer waagerechten verchromten Heizplatte. Abb. 148 gibt die erhaltenen Wärmeübergangszahlen, die (wie bisher stets in diesem Abschnitt) nach Gl. (310) definiert sind, als Funktion des reduzierten Dampfdrucks $\pi = p/p_{kr}$ wieder, wobei p_{kr} den kritischen Druck bedeutet. Von einem einheitlichen Exponenten

---

[1] INSINGER, TH. H., u. H. BLISS, zit. S. 319.

[2] FAGGIANI, D.: Tentativo di correlazione della convezione in liquidi bollenti. Termotecnica 9 (1950) 430/432; vgl. Referat in Brennstoff-Wärme-Kraft 3 (1951) 213.

[3] SYSSINA-MOLOSCHEN, L. M., u. S. S. KUTATELADSE: Zur Frage des Druckeinflusses auf den Mechanismus der Dampfbildung in einer siedenden Flüssigkeit. Z. techn. Phys. 20 (1950) 110/116 (russisch).

[4] CICHELLI, M. T., u. CH. F. BONILLA: Heat transfer to liquids boiling under pressure. Trans. Amer. Inst. Chem. Engrs. 41 (1945) 755/787.

nach Gl. (317) kann danach weder für eine einzelne Flüssigkeit über einen größeren Druckbereich noch für verschiedene Flüssigkeiten bei gleichem (reduziertem) Druck die Rede sein. Als grobe Näherung für den ganzen durchgemessenen Bereich wird die Gleichung

$$\frac{1}{s} = 0{,}208\, p^{0{,}256}$$

angegeben. Darin ist s der Exponent der Gl. (e) auf S. 318, $q = C_3\, \Delta\vartheta^s$. Der Dampfdruck p ist in ata einzusetzen. Für Atmosphärendruck ergibt sich daraus der Wert $n = 0{,}8$ nach Gl. (a) auf S. 317. Abb. 148 ist für eine Heizflächenbelastung $q = 190000$ kcal/m²h gezeichnet.

Der Wert der sorgfältigen Einzeluntersuchungen über die Blasenverdampfung, wie sie von JAKOB und Mitarbeitern durchgeführt wurden (S. 313ff.), und der daraus abgeleiteten Ansätze von M. JAKOB zeigte sich besonders in der Weiterentwicklung der Theorie durch ROHSENOW[1]. Dieser definiert eine Reynolds-Zahl Re_B der Heizfläche, an der die Blasen entstehen, nach der Gleichung

$$Re_B = \frac{G_B\, d_A}{\eta_{fl}}. \tag{318}$$

Darin ist G_B die Mengenstromdichte des Dampfes, der mit den Blasen je Zeit- und Flächeneinheit die Heizfläche verläßt (etwa in kg/m²h), d_A (z. B. in m) der Abreißdurchmesser der einzelnen Dampfblase und η_{fl} (z. B. in kg/mh) die dynamische Zähigkeit der siedenden Flüssigkeit, für die als Bezugstemperatur die Sättigungstemperatur ϑ_s vorgeschlagen wird. Die Mengenstromdichte G_B ist durch die Gleichung

$$G_B = \varrho''\, n\, f\, d_A^3\, \pi/6 = \varrho''\, n\, f\, V_A \tag{319}$$

gegeben, worin n die Zahl der Verdampfungsstellen je Flächeneinheit, f die Frequenz der Blasen und $V_A = d_A^3\, \pi/6$ das Volumen der Einzelblase beim Abreißen bedeuten. Für d_A läßt sich aus Abb. 143 die Beziehung

$$d_A = \text{const}\, \beta\, b_1 \tag{320}$$

herleiten, worin β den Randwinkel der Blase an der Heizfläche und $b_1 = b/\sqrt{2}$ eine abgeänderte Laplace-Konstante darstellen [vgl. Gl. (307)]. Zwischen Heizflächenbelastung q und Abreißvolumen V_A besteht andererseits die Beziehung

$$q = \text{const}\, r\, \varrho''\, n\, f\, V_A\, {}^{*}, \tag{321}$$

worin die Konstante vom Dampfdruck abhängen kann. Gl. (321) enthält die Annahme, daß die gesamte Wärmemenge den Dampfblasen während des Aufsitzens zugeführt wird, daß also die Nachverdampfung beim Aufsteigen dagegen zu vernachlässigen ist. Mit Gln. (319) bis (321) schreibt sich die Reynolds-Zahl

$$Re_B = \text{const}\, \frac{\beta\, b_1\, q}{r\, \eta_{fl}}. \tag{322}$$

[1] ROHSENOW, W. M.: A method of correlating heat-transfer data for surface boiling of liquids. Trans. Amer. Soc. mech. Engrs. 74 (1952) 969/976.

* Daß $n \sim q$ ist, war für kleine Heizflächenbelastungen schon von JAKOB u. Mitarbeitern festgestellt worden.

Aus dieser Gleichung wird deutlich, daß beim Verdampfungsvorgang die Heizflächenbelastung q eine wesentliche Rolle spielt. Die früheren Darstellungen $\alpha = f(q)$ waren also durchaus berechtigt.

Weiterhin wird nach dem Vorgang von JAKOB eine Nußelt-Zahl

$$Nu_B = \frac{\alpha\, d_A}{\lambda} \tag{323}$$

definiert, die sich mit Gl. (320) auch

$$Nu_B = \text{const}\,\frac{\alpha\,\beta\, b_1}{\lambda} \tag{323a}$$

schreiben läßt. Da nach den früheren Feststellungen die Wärme von der Heizfläche erst an die Flüssigkeit übergeht, wird deren Pr-Zahl als weitere Veränderliche eingeführt. Die Wärmeübergangszahl wird hier auf $\Delta\vartheta = (\vartheta_w - \vartheta_s)$ bezogen, da die abgeleiteten Beziehungen auch für unterkühlte Flüssigkeiten (surface boiling) herangezogen werden sollen[1].

Mit $q = \alpha\, \Delta\vartheta$ läßt sich der Ausdruck

$$\frac{Re_B\, Pr}{Nu_B} \sim \frac{q\, c}{r\, \alpha} = \frac{\Delta\vartheta\, c}{r} = \frac{i_w - i'}{r} \tag{324}$$

bilden, worin i_w und i' die Enthalpie der Flüssigkeit bei Wandtemperatur ϑ_w bzw. Sättigungstemperatur ϑ_s bedeuten. Der Quotient vergleicht also die Überhitzungsenthalpie der Flüssigkeit mit der Verdampfungswärme.

Der Randwinkel β der Dampfblase läßt sich genau so wie beim Flüssigkeitstropfen (vgl. S. 285) durch Grenzflächenspannungen ausdrücken. Mangels genauerer Kenntnis wird angenommen, daß β vom Dampfdruck unabhängig ist, so daß zur endgültigen Darstellung die Gleichung

$$\frac{\Delta\vartheta\, c}{r} = f\left(\frac{b_1\, q}{r\,\eta}, Pr\right) \tag{325}$$

benutzt wird, worin η für η_{fl} geschrieben ist. Mit dieser Beziehung werden Messungen von ADDOMS[2], CICHELLI und BONILLA[3] sowie CRYDER und FINALBORGO[4] dargestellt. Die beste Wiedergabe wird durch die Gleichung

$$\frac{\Delta\vartheta\, c}{r} = k\left(\frac{b_1\, q}{r\,\eta}\right)^{1/3} Pr^{1,7} \tag{326}$$

erreicht, deren Konstante k von der Flüssigkeit und dem Material der Heizfläche abhängt. Ihre Werte sind in Zahlentafel 33 zusammengestellt. Abb. 149 zeigt als Beispiel die Meßwerte von CRYDER und FINALBORGO an Wasser, das auf der Außenseite eines Messingrohres siedet.

---

[1] Der Temperaturunterschied $(\vartheta_{fl} - \vartheta_s)$ ist bei freier Konvektion gering gegen $(\vartheta_w - \vartheta_s)$ (vgl. Abb. 142).

[2] ADDOMS, J. N.: Heat transfer at high rates to water boiling outside cylinders. Thesis Massachusetts Inst. Technology, 1948.

[3] CICHELLI, M. T., u. CH. F. BONILLA, zit. S. 322.

[4] CRYDER, D. S., u. A. C. FINALBORGO: Heat transmission from metal surfaces to boiling liquids. Trans. Amer. Inst. Chem. Engrs. 33 (1937) 346/361.

Zahlentafel 33. *Konstante k der Gl.* (326).

Verfasser	Form der Heizfläche	Wandmaterial	Flüssigkeit	Druckbereich ata	Konstante k
ADDOMS	Waagerechter Draht, 0,6 mm Durchmesser	Platin	Wasser	1,03 ... 174	0,013
CICHELLI und BONILLA	Waagerechte Platte	Chrom, poliert	Benzol	1,03 ... 45	0,010
CICHELLI und BONILLA	Waagerechte Platte	Chrom, poliert	Äthanol	1,03 ... 53	0,0027
CICHELLI und BONILLA	Waagerechte Platte	Chrom, poliert	n-Pentan	1,55 ... 29	0,015
CRYDER und FINALBORGO	Waagerechtes Rohr, 38 mm Durchmesser	Messing	Wasser	0,14 ... 1,6	0,0060

Die Wiedergabe der Einzelmessungen durch Gl. (326) ist im allgemeinen befriedigend. Als Bezugstemperatur wurde die Sattdampftemperatur gewählt. In Zahlentafel 33 fallen die starken Unterschiede

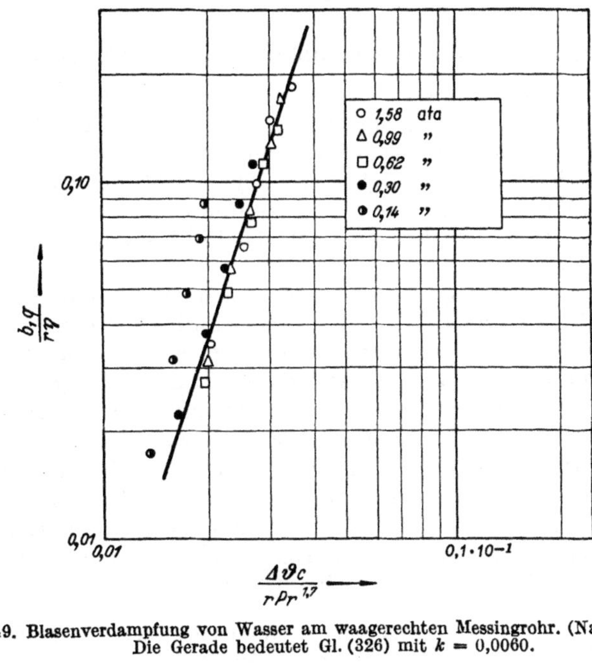

Abb. 149. Blasenverdampfung von Wasser am waagerechten Messingrohr. (Nach ROHSENOW.) Die Gerade bedeutet Gl. (326) mit $k = 0{,}0060$.

in den Zahlenwerten von k auf. In dieser Konstanten steckt u. a. die Abhängigkeit des Randwinkels von Flüssigkeit und Wandmaterial, von der Verunreinigung der Wand durch Fremdstoffe und Ablagerungen[1]

[1] Den Einfluß von Verunreinigungen der Heizfläche untersuchten auch F. RHODES u. C. H. BRIDGES: Heat transfer to boiling liquids. Trans. Amer. Inst. Chem. Engrs. 35 (1939) 73/95.

und insbesondere vom Dampfdruck, worüber noch wenig bekannt ist. Zur Klärung dieser Fragen sind also noch weitere Versuche nötig.

Gl. (326) läßt sich in aufgelöster Form wie folgt schreiben:

$$\alpha = \frac{q^{2/3}}{k} \frac{c\,\eta^{1/3}}{r^{1/3}\, b_1^{1/3}\, Pr^{1,7}}\,{}^{*}. \tag{327}$$

Da $b_1 \sim \sigma^{1/2}$ ist, ergibt sich die Proportion $\alpha \sim \sigma^{-1/6}$, die im Gegensatz zu früheren Feststellungen (S. 319) steht. Hierdurch sind auch möglicherweise die Streuungen von k in Zahlentafel 33 zu erklären. Die Proportion $\alpha \sim q^{2/3}$ stimmt gut mit den Ergebnissen anderer Autoren überein. Führt man diesen Exponenten von q in Gl. (313a) für Wasser ein, so kann man etwa setzen

$$\alpha = 3{,}68\, q^{2/3}. \tag{313c}$$

Mit den Stoffwerten von Wasser bei 100 °C errechnet sich daraus $k = 0{,}012$, in guter Übereinstimmung mit dem ersten k-Wert der Zahlentafel 33. Die große Abweichung gegenüber dem Wert am Messingrohr muß einstweilen ungeklärt bleiben, doch dürfte auch der Unterschied der Durchmesser eine Rolle spielen.

3. Verdampfung mit Blasenbildung im senkrechten Rohr.

Gegenüber dem Verdampfungsvorgang an einer Heizfläche, von der die Dampfblasen ungehindert aufsteigen können, tritt hier als neue Veränderliche die Strömungsgeschwindigkeit des Dampf-Flüssigkeits-Gemisches auf. Diese Geschwindigkeit ist längs des Rohres nicht konstant, da der Dampfanteil nach oben hin zunimmt. Zu dem eigentlichen Wärmeübergangsproblem kommt noch die Flüssigkeitsförderung durch die Dampfblasen.

Den letzteren Vorgang untersuchten besonders E. Schmidt und Mitarbeiter[1] und gaben dabei auch die dimensionslosen Kennzahlen dieses komplizierten Problems an. Ihre Messungen wurden später nochmals durch Kaissling[2] ausgewertet. Aus diesen Untersuchungen ging u. a. hervor, daß das Aufsteigen der Blasen in ruhender und bewegter Flüssigkeitssäule zwei einander unähnliche Vorgänge sind. Bei ruhender Säule (Förderung Null) erzeugte die abwärts gerichtete Ausgleichströmung der Flüssigkeit eine negative (nach unten wirkende) Schubkraft auf das Rohr, die schon bei geringer Förderung in einen positiven Wert überging[3]. Den Fördervorgang bei Dampfblasen, die das ganze Rohr erfüllten (Kolbenblasen), untersuchte Cattaneo[4].

---

* Will man Gl. (327) weiter auflösen, so empfiehlt es sich, den Pr-Exponenten 5/3 statt des Wertes 1,7 der Originalarbeit einzuführen.

[1] Schmidt, E., Ph. Behringer u. W. Schurig: Wasserumlauf in Dampfkesseln. VDI-Forsch.-Heft Nr. 365. Berlin 1934.

[2] Kaissling, F.: Steiggeschwindigkeit von Dampfblasen in Kesselrohren. Forsch. Ing.-Wes. 14 (1943) 30/34.

[3] Der Unterschied ist ähnlich dem zwischen einem Fließbett und einem pneumatischen Fördervorgang.

[4] Cattaneo, A. G.: Über die Förderung von Flüssigkeiten mittels der eigenen Dämpfe. Z. ges. Kälteind. 42 (1935) 2/8, 27/32 u. 48/53.

Bei Verdampfern tritt ebenso wie in Dampfkesseln die Flüssigkeit meist mit der Siedetemperatur des Dampfraumes von unten in das Rohr ein. Wegen des dort herrschenden höheren Drucks muß sie auf einem Teil der Heizstrecke erst vorgewärmt werden, ehe die Verdampfung beginnt. Die Länge dieser Vorwärmstrecke ist aber von der Geschwindigkeit und der Heizflächenbelastung abhängig, so daß Ergebnisse verschiedener Beobachter nicht ohne weiteres miteinander zu vergleichen sind. Auch kann die Wärmeübergangszahl auf verschiedene Temperaturgefälle bezogen sein. Die bisher von uns meist verwendete Definition gemäß Gl. (310) sei in diesem Abschnitt als *wahre* Wärmeübergangszahl

$$\alpha_w = q/(\vartheta_w - \vartheta_{fl}) \quad (310\,\text{a})$$

bezeichnet. Da die Flüssigkeitstemperatur ϑ_{fl} im voraus nicht bekannt ist, hat sich auch die *scheinbare* Wärmeübergangszahl

$$\alpha_s = q/(\vartheta_w - \vartheta_s) \quad (310\,\text{b})$$

eingebürgert. In dieser Gleichung ist ϑ_s die Siedetemperatur im Dampf- bzw. Brüdenraum. Im folgenden seien einige charakteristische Versuchsergebnisse mitgeteilt[1].

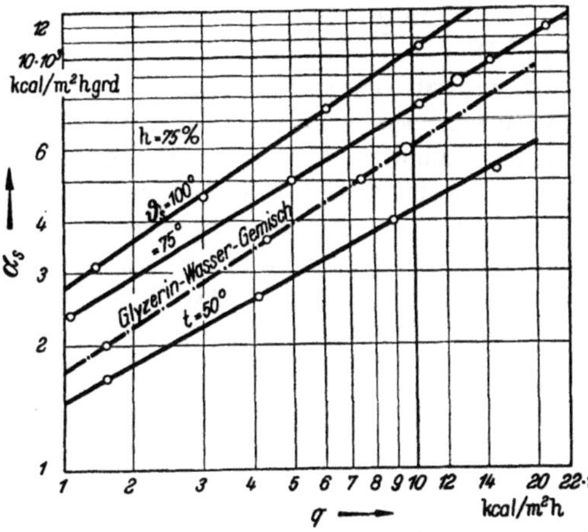

Abb. 150. Scheinbare Wärmeübergangszahlen α_s an Wasser im senkrechten Verdampferrohr mit natürlichem Umlauf. (Nach KIRSCHBAUM u. a.)

Natürlicher Umlauf. Der Wärmeübergang an einem senkrechten, von außen beheizten Verdampferrohr von 40 mm innerem Durchmesser und rd. 2 m Länge wurde von KIRSCHBAUM und Mitarbeitern[2,3] untersucht. Als kennzeichnender Parameter ist dabei der scheinbare Flüssigkeitsstand h_s verwendet. Darunter ist die Höhe der Flüssigkeitssäule in einem Standrohr zu verstehen, das mit dem Verdampferrohr kommuniziert. Diese Flüssigkeitshöhe gibt das Gewicht des Dampf-Flüssigkeits-Gemischs im Verdampferrohr, den Reibungs- und Beschleunigungswiderstand und je nach Lage der Anschlußstellen noch den Eintritts- und Austrittsverlust an. Damit ist h_s eine wesentliche Betriebsgröße für den Verdampfer, wenn es auch keine unabhängige Variable dar-

---

[1] Auf die früheren systematischen Untersuchungen von H. CLAASSEN sei hier verwiesen. (Die Wärmeübertragung bei der Verdampfung von Wasser und von wässerigen Lösungen. VDI-Forsch.-Heft Nr. 4 S. 49/68. Berlin 1902.) — Vgl. auch H. CLAASSEN: Verdampfen und Verdampfer mit senkrechten Heizrohren. Magdeburg: Schallehn & Wollbrück 1938.

[2] KIRSCHBAUM, E., B. KRANZ u. D. STARCK: Wärmeübergang am senkrechten Verdampferrohr. VDI-Forsch.-Heft Nr. 375 S. 1/8. Berlin 1935.

[3] STARCK, D.: Verdampfungsvorgang und Wärmeübergang in Verdampfapparaten. Z.VDI Beihefte Verfahrenstechnik Nr. 6 (1937) 175/187.

stellt, da die genannten Größen auch z. B. von der Heizflächenbelastung q abhängen. In Abb. 150 ist die gemessene scheinbare Wärmeübergangszahl α_s von Wasser als Funktion von q bei $h_s = 75\%$ wiedergegeben. Die letztere Angabe soll bedeuten, daß der scheinbare Flüssigkeitsstand h_s 75% der gesamten Länge des Verdampferrohres betrug.

Als weiterer Parameter ist die Siedetemperatur im Dampfraum ϑ_s und damit der Dampfdruck angegeben. Die Geraden des doppeltlogarithmischen Diagramms haben die Neigung $n = 0{,}53$ bis $0{,}65$. Für das Verhältnis der beiden Wärmeübergangszahlen nach Gl. (310a) und (310b) ergab sich im Mittel der Wert $y = \alpha_w/\alpha_s = 1{,}1$. Dabei ist ϑ_{fl} die mittlere Flüssigkeitstemperatur über die Rohrlänge außerhalb der Wandgrenzschicht, analog zu unseren früheren Betrachtungen (Abb. 142).

An einem Langrohrverdampfer mit natürlichem Umlauf (innerer Rohrdurchmesser 45 mm, Rohrlänge 6,1 m) maßen BROOKS und BADGER[1] Wärmedurchgangszahlen vom Heizdampf bis zum verdampfenden Wasser, während STROEBE, BAKER und BADGER[2] an demselben Apparat die wahren Wärmeübergangszahlen α_w auf der Verdampfungsseite maßen. Bei den letztgenannten Versuchen wurde durch direktes Dampfeinblasen in die umlaufende Flüssigkeit (Wasser) dafür gesorgt, daß diese mit Siedetemperatur in das Rohr eintrat, so daß nahezu die ganze Rohrlänge für die Verdampfung ausgenutzt wurde. Die Verfasser gaben eine empirische Gleichung an, die die Proportion

$$\alpha_w \sim \sigma^{-2} (\vartheta_w - \vartheta_{fl})^{-0{,}13}$$

enthielt. Darin ist besonders der starke Einfluß der Oberflächenspannung σ bemerkenswert, die bei den Versuchen durch Hinzufügen eines Netzmittels (Duponol) herabgesetzt wurde. Auch KIRSCHBAUM[3] beobachtete einen starken Anstieg der α-Werte, wenn das verdampfende Wasser mit einem Schaummittel (1% Erkantol BDX) versetzt wurde.

Messungen des Temperaturverlaufs im Rohr hatten übereinstimmend ergeben, daß die mittlere Flüssigkeitstemperatur ϑ_{fl} vom unteren Eintritt an zunächst fast geradlinig ansteigt (entsprechend konstanter Heizflächenbelastung) und nach Durchlaufen eines Maximums wieder abfällt. Abb. 151 zeigt derartige Messungen von KIRSCHBAUM[4] bei einer Eintrittsgeschwindigkeit des Wassers $w_e = 0{,}86$ m/sek. Der Verdampfungsbeginn muß bei dem Maximum von ϑ_{fl} angenommen werden. Daneben sind die Verhältnisse bei Zwangsumlauf ($w = 2$ m/sek) dargestellt. Der Verdampfungsbeginn ist erheblich weiter nach oben gerückt.

---

[1] BROOKS, C. H., u. W. L. BADGER: Heat transfer coefficients in the boiling section of a long-tube natural-circulation evaporator. Trans. Amer. Inst. Chem. Engrs. 33 (1937) 392/416.

[2] STROEBE, G. W., E. M. BAKER u. W. L. BADGER: Boiling film heat transfer coefficients in a long tube vertical evaporator. Trans. Amer. Inst. Chem. Engrs. 35 (1939) 17/43.

[3] KIRSCHBAUM, E.: Neues zum Wärmeübergang mit und ohne Änderung des Aggregatzustandes. Chemie-Ing.-Technik 24 (1952) 393/400.

[4] KIRSCHBAUM, E., u. a. (1935), zit. S. 327.

Geschwindigkeitsfelder im Verdampferrohr wurden von FOUST, BAKER und BADGER[1] durch Pitotrohre ausgemessen. Versuche am geneigten Rohr führten LINDEN und MONTILLON[2] aus.

Zwangsumlauf. Die Eintrittsgeschwindigkeit der Flüssigkeit ist hierbei unabhängig von den Strömungswiderständen und der Heizflächenbelastung einstellbar. Da zu erwarten ist, daß in der Vorwärmzone die Gesetze der erzwungenen Konvektion gelten[3], liegt es nahe, den Wärmeübergang im ganzen Verdampferrohr mit diesen Gesetzen zu vergleichen. Auf diese Weise sind Messungen von BOARTS, BADGER und MEISENBURG[4] an einem Verdampferrohr von 19 mm innerem Durchmesser und 3,7 m Länge dargestellt (Abb. 152)[5]. Es wurden 0 bis 5 Gew.-% der gesamten Wassermenge verdampft bei Eintrittsgeschwindigkeiten von 0,75 bis 4,5 m/sek. Die Abszisse von Abb. 152 ist das scheinbare Temperaturgefälle $(\vartheta_w - \vartheta_s)$, auf das auch die Wärmeübergangszahlen (α_s) bezogen sind. Im Mittel ergab sich $y' = \alpha_w/\alpha_s = 1{,}59$. Die Ordinate stellt die Konstante k der Gleichung

$$Nu = k\, Re^{0,8}\, Pr^{0,4} \qquad (328)$$

dar, die hier für die erzwungene Konvektion im Rohr bei turbulenter Strömung benutzt wurde und in der für nichtsiedende Flüssigkeiten $k = 0{,}023$ zu setzen ist[6]. Da Gl. (328) für wahre Wärmeübergangszahlen gilt, ergibt sich hier für die Anwärmstrecke $k = 0{,}023/y' = 0{,}0145$. Abb. 152 zeigt, daß der Einfluß der Verdampfung

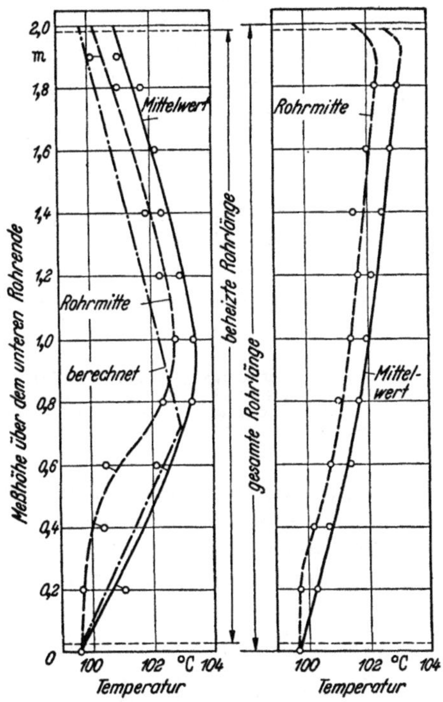

Abb. 151. Temperaturverteilung im senkrechten Verdampferrohr bei natürlichem (links) und Zwangsumlauf (rechts) von Wasser. $\vartheta_s = 99{,}8$ °C; $h_s = 100\%$; $\vartheta_w = 111{,}7$ °C (nach KIRSCHBAUM u. a.).

[1] FOUST, A. S., E. M. BAKER u. W. L. BADGER: Liquid velocity and coefficients of heat transfer in a natural circulation evaporator. Trans. Amer. Inst. Chem. Engrs. 35 (1939) 45/72.

[2] LINDEN, C. M., u. G. H. MONTILLON: Industr. Engng. Chem. 22 (1930) 708.

[3] Mindestens, solange vom Einfluß der überlagerten freien Konvektion abzusehen ist.

[4] BOARTS, R. M., W. L. BADGER u. S. G. MEISENBURG: Temperature drops and liquid film heat transfer coefficients in vertical tubes. Trans. Amer. Inst. Chem. Engrs. 33 (1937) 363/391.

[5] Abb. 152 ist dem Buche von MCADAMS: Heat Transmission, 2. Aufl., New York u. London 1942, entnommen.

[6] Gl. (328) weicht etwas von unserer Gl. (176), S. 240 ab.

für kleine Werte $(\vartheta_w - \vartheta_s)$ gering ist. Für $(\vartheta_w - \vartheta_s) > 12°$ sind in Abb. 152 Meßwerte von OLIVER[1] eingetragen, die an einem Verdampferrohr von 12,6 mm innerem Durchmesser und 0,52 m Länge gewonnen sind. Die Wärmeübergangszahlen sind hier erheblich höher gegenüber nichtsiedender Flüssigkeit. Die beiden Gruppen der Meßwerte für $Re \lessgtr 65000$ zeigen den Einfluß der Geschwindigkeit. Die Reynolds-Zahl ist durch $Re = w\varrho\, d/\eta$ definiert, wobei η die Zähigkeit von Wasser bei Siedetemperatur, d der Rohrdurchmesser und $(w\varrho)$ die Mengenstromdichte des umlaufenden Wassers bedeuten.

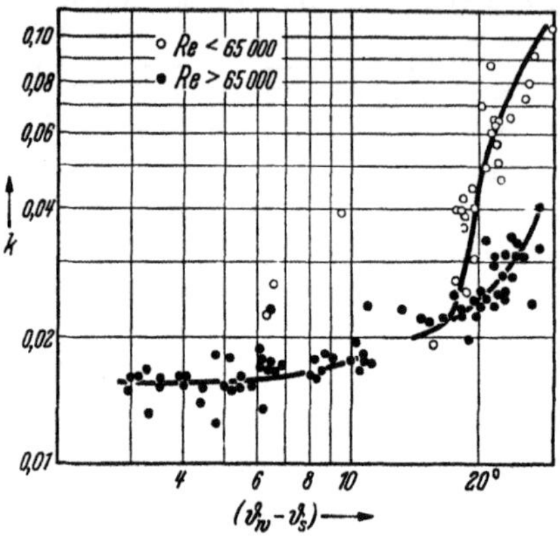

Abb. 152. Wärmeübergangszahlen im senkrechten Verdampferrohr bei Zwangsumlauf, verglichen mit der Konstanten k der Gl. (328) für erzwungene Konvektion. (Nach MCADAMS.)

Die Verdampfung in einem an der Wand herabrieselnden Film wurde von LINKE diskutiert[2].

4. Filmverdampfung.

Bei den bisherigen Betrachtungen über Blasenverdampfung war es offen geblieben, ob eine obere Grenze für die Heizflächenbelastung besteht. Das Experiment ergab eindeutig, daß sich oberhalb eines bestimmten Höchstwertes $q_{\max}$ eine neue Verdampfungsform einstellte, die sog. Filmverdampfung. An Stelle der von einzelnen Verdampfungskernen ausgehenden Blasen bildete sich ein mehr oder weniger zusammenhängender Dampffilm, durch den die Wärme durch Leitung, Konvektion und Strahlung an die verdampfende Flüssigkeit übertragen werden muß. Der Gesamtverlauf der Heizflächenbelastung q und der Wärmeübergangszahl α über dem Temperaturgefälle $(\vartheta_w - \vartheta_{fl})$ ist in Abb. 153 für siedendes Wasser von 100 °C und bei freier Konvektion dargestellt:

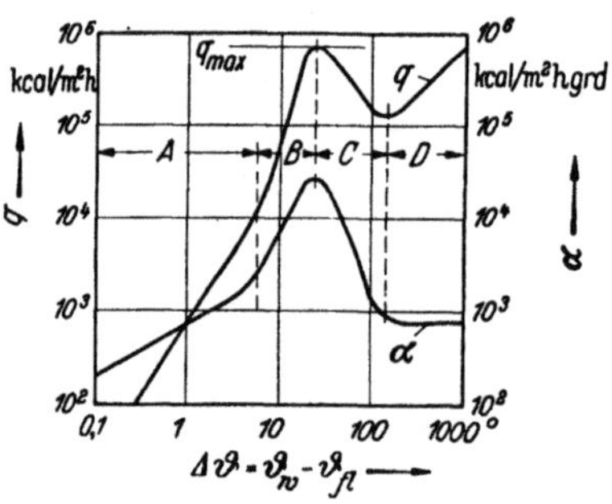

Abb. 153. Verlauf der Heizflächenbelastung q und der Wärmeübergangszahl beim Verdampfungsvorgang für Wasser von Atmosphärendruck (schematisch).

Bereich A: Keine oder geringe Blasenbildung; es gelten die Gesetze der freien Konvektion nichtsiedender Flüssigkeiten.

Bereich B: Blasenverdampfung, intensive Rührwirkung der Dampfblasen (S. 317ff.).

[1] OLIVER, E.: Thesis Mass. Inst. Technology (1939).

[2] LINKE, W.: Zum Wärmeübergang bei der Verdampfung von Flüssigkeitsfilmen. Kältetechnik 5 (1953) 275/279.

Bereich C: Instabile Filmverdampfung; allmählicher Übergang zum geschlossenen Dampffilm, q und α fallen mit steigendem Temperaturunterschied.

Bereich D: Stabile Filmverdampfung; Leidenfrost-Phänomen[1]. Obere Grenze durch thermische Zersetzung des Dampfes bestimmt.

Der so skizzierte Verlauf ist im ganzen Bereich experimentell belegt[2]. Nach einer Mitteilung von DREW und MUELLER scheint ein Höchstwert q_{max} zum erstenmal von LANG[3] beobachtet worden zu sein.

Wird mit Dampf oder hochsiedenden Flüssigkeiten geheizt, so läßt sich durch Steigerung von ϑ_w der ganze Bereich von Abb. 153 ohne Schwierigkeit ausmessen. Bei elektrischer Heizung brennt der Heizdraht durch, wenn die Flächenbelastung über q_{max} gesteigert wird. Um trotzdem in den Bereich des Filmsiedens zu kommen, kann man folgendes Verfahren anwenden (McADAMS und Mitarbeiter, BROMLEY): Die Heizleistung wird kurzzeitig stark erhöht und vor dem Durchbrennen wieder zurückgeregelt. Dann stellt sich, häufig erst nach mehrfacher Wiederholung, eine stabile Filmverdampfung im Bereich D (Abb. 153) ein. Durch vorsichtiges Vermindern und Wiedererhöhen von q läßt sich dann auch der instabile Bereich C erreichen. Alle Versuchswerte sind völlig reproduzierbar (FARBER und SCORAH), sofern der eingetauchte Heizdraht etwa 15 Minuten lang geglüht wurde.

Über das Zustandekommen der Filmverdampfung liegen ganz verschiedene Erklärungen vor. Die übliche Ansicht geht von der Vorstellu aus, daß die steigende Wandtemperatur ϑ_w immer mehr Verdampfungskerne wirksam macht, bis die gebildeten Blasen sich zu einem Film zusammenschließen. Dagegen beobachteten McADAMS u. a. (1948), daß beim Übergang von der Film- zur Blasenverdampfung erst nach mehreren Minuten das gewohnte Bild zu beobachten und die früheren Meßwerte zu reproduzieren waren. Die Verfasser folgern daraus, daß bei der Filmverdampfung die alten Verdampfungskerne (durch Entgasung des meist glühenden Drahtes) zerstört werden und erst nach

---

[1] LEIDENFROST, J. G.: De aquae communis nonnullis qualitatibus tractatus. Duisburg 1756.

[2] An neueren Arbeiten über Filmverdampfung seien genannt:

NUKIJAMA, S.: Maximum and minimum values of heat transmitted from metal to boiling water under atmospheric pressure. J. Soc. mech. Engrs. Jap. 37 (1934) 367/374 u. S 53/S 54.

DREW, TH. B., u. A. C. MUELLER: Boiling. Trans. Amer. Inst. Chem. Engrs. 33 (1937) 449/473.

SAUER, E. T., H. B. COOPER u. W. H. McADAMS: Heat transfer to boiling liquids. Mech. Engng. 60 (1938) 669/675.

AKIN, G. A., u. W. H. McADAMS: Boiling. Heat Transfer in natural convection evaporator. Trans. Amer. Inst. Chem. Engrs. 35 (1939) 137/158.

FARBER, E. A., u. R. L. SCORAH: Heat transfer to water boiling under pressure. Trans. Amer. Soc. mech. Engrs. 70 (1948) 369/384.

McADAMS, W. H., J. N. ADDOMS, P. M. RINALDO u. R. S. DAY: Heat transfer from single horizontal wires to boiling water. Chem. Engng. Progr. 44 (1948) 639/646.

BROMLEY, L. A.: Heat transfer in stable film boiling. Chem. Engng. Progr. 46 (1950) 221/227.

[3] LANG, C.: Trans. Instn. Engrs. Shipb. Scotl. 32 (1888) 279/295.

einer gewissen Zeit eine neue Adsorption von Gas oder Dampf an der Oberfläche stattfindet[1].

Der instabile Bereich der Filmverdampfung kommt dadurch zustande, daß dabei die Heizfläche nur teilweise von einem Dampffilm bedeckt ist, der auch noch öfters von Flüssigkeitsballen durchbrochen wird. Mit steigender Wandtemperatur ϑ_w wird der filmbedeckte Anteil größer, und der isolierende Einfluß des Dampfes bewirkt eine Verringerung von q und α. Sobald die ganze Heizfläche von einem Dampffilm bedeckt ist, verursacht die Zunahme der Wärmeübertragung durch Leitung, Konvektion und Strahlung durch den Film hindurch ein Ansteigen von q mit $(\vartheta_w - \vartheta_{fl})$.

Für den stabilen Bereich der Filmverdampfung hat BROMLEY eine Theorie angegeben, die von folgenden Voraussetzungen ausgeht. Ein waagerechtes Rohr ist von einem durchgehenden Film überhitzten Dampfes umgeben, der Wand und Flüssigkeit trennt. Der Einfluß der an der Oberkante des Rohres durchbrechenden Dampfblasen wird vernachlässigt. Die Wandtemperatur ϑ_w ist konstant[2], die Oberfläche der Flüssigkeit hat die Sattdampftemperatur ϑ_s. Der Dampffilm ist für Wärmestrahlung völlig durchlässig, die Flüssigkeit völlig undurchlässig. Analog zur Nußeltschen Wasserhauttheorie erhält der Verfasser für den Wärmeübergang ohne Berücksichtigung der Strahlung, also für reine Wärmeleitung (Index L), die Gleichung

$$\alpha_L = 0{,}62\left(\frac{\lambda^3\, \varrho_d(\varrho' - \varrho_d)\, g\, \Delta i}{D\, \eta\, (\vartheta_w - \vartheta_s)}\right)^{1/4}. \tag{329}$$

Die Stoffwerte des Dampfes λ, ϱ_d und η sind bei $\vartheta_m = (\vartheta_w + \vartheta_s)/2$ einzusetzen, ϱ' ist die Dichte der Flüssigkeit im Siedezustand, D bedeutet den äußeren Rohrdurchmesser. $\Delta i = i_{ü} - i'$ ist die Enthalpiedifferenz zwischen dem überhitzten Dampf bei der Temperatur ϑ_m und der Flüssigkeit im Siedezustand.

Der Einfluß der Wärmestrahlung wird durch eine Wärmeübergangszahl α_S berücksichtigt (S. 392), die durch die Gleichung

$$\alpha_S = \frac{\sigma_s}{\frac{1}{\varepsilon_w} + \frac{1}{\varepsilon_{fl}} - 1}\, \frac{T_w^4 - T_s^4}{(\vartheta_w - \vartheta_s)} \tag{330}$$

definiert ist. Darin ist σ_s die Strahlungszahl des schwarzen Körpers, ε_w und ε_{fl} bedeuten die Emissionszahlen der Rohrwand bzw. der Flüssigkeitsoberfläche. Wärmeleitung und Wärmestrahlung verlaufen nicht unabhängig voneinander, so daß die beiden Wärmeübergangszahlen α_L

[1] Diese Theorie würde, falls sie bestätigt wird, zugleich interessante Einsichten in das Wesen der Verdampfungskerne erlauben.

[2] Es sind ähnliche Temperaturunterschiede wie bei der Filmkondensation zu erwarten (S. 289). Für den Bereich der Blasenverdampfung wurden derartige Temperaturfelder an der Rohrwand von H. SCHWIND sowie von BOGDANOW u. MIROPOLSKIJ gemessen. [H. SCHWIND: Messungen des Wärmeüberganges an verdampfendes Ammoniak. Abh. Dtsch. Kältetechn. Vereins Nr. 6 (1952). F. F. BOGDANOW u. S. L. MIROPOLSKIJ: Die Temperaturverteilung in der Wandung eines horizontalen dampferzeugenden Rohres. Nachr. Akad. Wiss., Abt. Techn. Wiss. (1952) 7, 1026/1030 (russisch).]

und α_S nicht einfach addiert werden können. Vielmehr wird auch der durch Strahlung erzeugte Dampf die Dicke des Dampffilms erhöhen und die Wärmeleitung herabsetzen. Zur angenäherten Berücksichtigung dieses Einflusses schlägt der Verfasser die Gleichungen

$$\alpha = \alpha_L + \alpha_S \left[\frac{3}{4} + \frac{1}{4}\frac{\alpha_S}{\alpha_L}\left(\frac{1}{2{,}62 + \frac{\alpha_S}{\alpha_L}}\right)\right] \tag{331}$$

für α_S/α_L von 0 bis 10 und

$$\alpha = \alpha_L + \frac{3}{4}\alpha_S \tag{332}$$

für $\alpha_S/\alpha_L < 1$ vor. In Abb. 154 sind die so berechneten α-Werte für flüssigen Stickstoff bei Atmosphärendruck mit Messungen an einem waagerechten Graphitrohr von 9 mm Durchmesser verglichen. Die Kreise bedeuten die gemessenen α-Werte bzw. die zurückgerechneten α_L-Werte. Die Übereinstimmung ist befriedigend und besser als bei Wasser. Hier ergab das Experiment am gleichen Rohr den fast konstanten Wert $\alpha_L = 160$ kcal/m² h grd bei Temperaturunterschieden $(\vartheta_w - \vartheta_s)$ von 400 bis 900°. Der in Gl. (329) enthaltene Durchmessereinfluß $\alpha_L \sim D^{-1/4}$ wurde für Rohrdurchmesser von 5 bis 12 mm experimentell bestätigt. Messungen von McAdams und Mitarbeitern (1948) an waagerechten Drähten von 0,1 bis 0,6 mm Durchmesser ergaben 100 bis 30% höhere α-Werte. Hier war die Voraussetzung der Theorie (Filmdicke klein gegen Drahtdurchmesser) nicht mehr eingehalten.

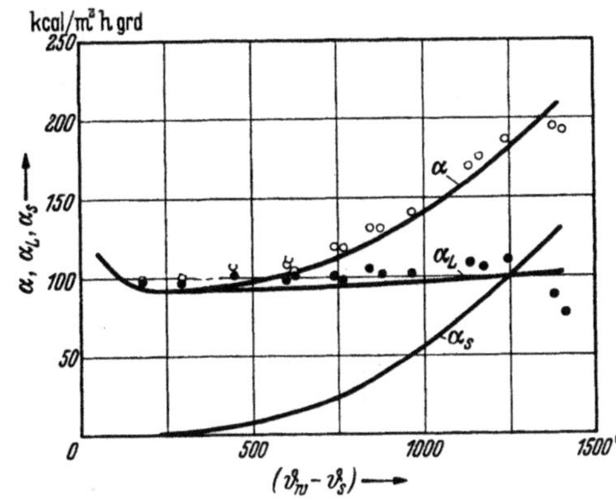

Abb. 154. Wärmeübergang bei stabiler Filmverdampfung von flüssigem Stickstoff bei Atmosphärendruck. Leere Kreise: gemessene Gesamtwärmeübergangszahlen, volle Kreise: daraus berechnete α_L-Werte. Die Kurven stellen die theoretischen Werte dar. (Nach Bromley.)

Der Verlauf von q und α hängt im Bereich B und C (Abb. 153) stark vom Material der Wand und deren Benetzung ab, wie wir es schon im Abschnitt Blasenverdampfung erwähnten. Dagegen geht dieser Einfluß im Bereich der stabilen Filmverdampfung fast völlig zurück, da dort Flüssigkeit und Wand keine Berührung mehr miteinander haben. Als neue Veränderliche kommt die Emissionszahl der Oberfläche hinzu, besonders im Bereich hoher Wandtemperaturen, in dem der Strahlungsanteil beträchtlich ist. Für die Wirkung des Dampfdrucks auf die Wärmeübergangszahl zeigt Abb. 155 charakteristische Messungen von Farber und Scorah an einem waagerechten Heizdraht aus Chromel A von 1 mm Durchmesser in siedendem Wasser. Auch im Bereich der Filmverdampfung bleibt der Druckeinfluß bestehen.

Maximale Heizflächenbelastung q_{max}. Diese Heizflächenbelastung, bei der die allmähliche Umbildung von der Blasenverdampfung zum Filmsieden beginnt (Abb. 153), hängt ebenfalls von den Benetzungseigenschaften der Flüssigkeit gegenüber der Wand ab, so daß keine eindeutigen Werte angegeben werden können. Zahlentafel 34 zeigt die von SAUER u. a.[1] bei Atmosphärendruck gemessenen Beträge. Die dazugehörige Temperaturdifferenz $(\vartheta_w - \vartheta_s)$ ist nicht mitgeteilt. Für Wasser beträgt sie 23 bis 28°, für drei höhere Alkohole erhielten AKIN und McADAMS[2] 36 bis 49°. Danach dürfte auch in industriellen Verdampfern

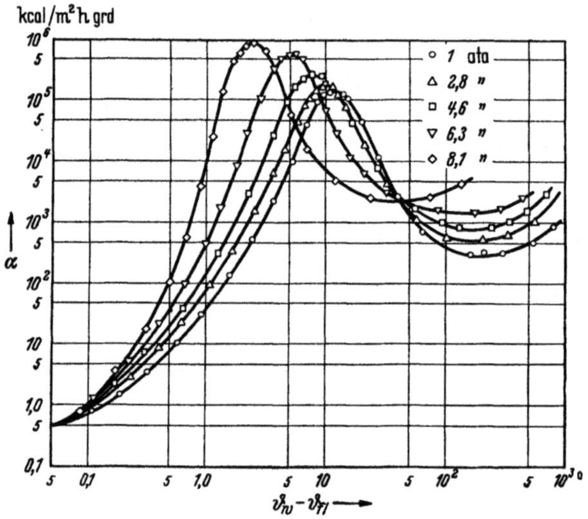

Abb. 155. Einfluß des Dampfdrucks auf die Wärmeübergangszahl von siedendem Wasser an einem waagerechten Heizdraht aus Chromel A von 1 mm Durchmesser. (Nach FARBER u. SCORAH.)

der Bereich von q_{max} öfter überschritten werden, als es bisher angenommen wurde. WEIL[3] gibt folgende Werte für einige Flüssiggase und für Wasser bei Atmosphärendruck an:

	H_2	N_2	O_2	H_2O	
$10^{-3} \cdot q_{max}$	25,8	86	129	945	kcal/m²h
$(\vartheta_w - \vartheta_s)$	2	11	11	30	grd

Über das Minimum von q beim Übergang vom Bereich C nach D (Abb. 153), also bei der vollen Ausbildung des Leidenfrost-Phänomens[4] und dem Beginn stabilen Filmsiedens, liegen bisher noch wenig Beobachtungen vor. Aus den von WEIL[3] mitgeteilten Werten lassen sich folgende ungefähre Zahlen entnehmen:

[1] SAUER, E. T., H. B. H. COOPER, G. A. AKIN u. W. H. McADAMS, zit. S. 331.
[2] AKIN, G. A., u. W. H. McADAMS, zit. S. 331.
[3] WEIL, L.: Echanges thermiques dans les liquides bouillants. IV. Congr. Int. du Chauffage Industriel, Groupe I, Section 13, Bericht Nr. 210.
[4] Dieser Wert q_{min} wird zuweilen „Leidenfrost-Punkt" genannt.

	H_2	N_2	O_2	H_2O	
$10^{-3} \cdot q_{\min}$	7	8	17	130	kcal/m²h
$(\vartheta_w - \vartheta_s)$	20	35	60	300	grd

Eine Reihe von Untersuchungen beschäftigen sich mit der Abhängigkeit von $q_{\max}$ vom Dampfdruck p. CICHELLI und BONILLA[1] fanden, daß für mehrere organische Flüssigkeiten gute Übereinstimmung erzielt werden kann, wenn man $q_{\max}/p_{kr}$ über dem reduzierten Dampfdruck $\pi = p/p_{kr}$ aufträgt (p_{kr} = kritischer Druck), wie es Abb. 156 zeigt. Die Werte gelten für eine waagerechte verchromte Kupferplatte. Für verunreinigte Oberflächen empfehlen die Verfasser, die Ordinatenwerte um 13% zu erhöhen. Diese Beziehung wurde für Wasser durch Messungen

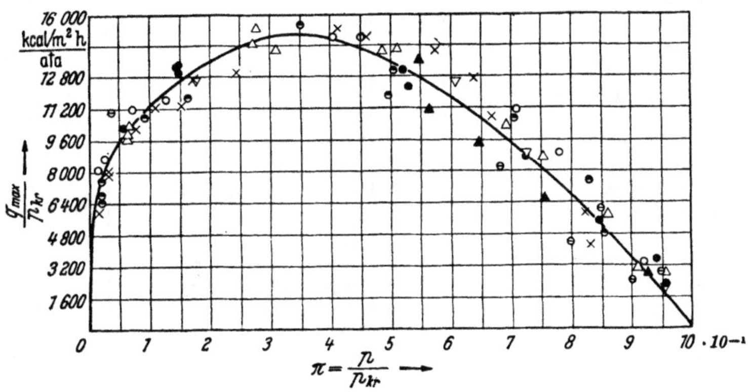

Abb. 156. Maximale Heizflächenbelastung $q_{\max}$ als Funktion des reduzierten Dampfdruckes $\pi = p/p_{kr}$ für einige organische Flüssigkeiten. p_{kr} = kritischer Druck. (Nach CICHELLI u. BONILLA.)

von McADAMS u. a.[2] nicht bestätigt. Für $p = 85$ ata ($\pi = 0{,}375$) wurde $q_{\max} = 5{,}7 \cdot 10^6$ kcal/m²h an einem waagerechten Platindraht von 0,3 mm Durchmesser erhalten, ohne daß damit schon ein Höchstwert von $q_{\max} = f(\pi)$ erreicht zu sein schien.

Andererseits fand KASAKOWA[3] eine ähnliche Beziehung wie Abb. 156 für Wasser[4], wobei der Größtwert von $q_{\max p}/q_{\max 1} = 4$ für $\pi = 0{,}3$ bis 0,4 erreicht wird (Index p und 1 bedeuten den Druck p [ata] und 1 ata). Für $q_{\max 1}$ erhält er an einem waagerechten Platindraht von 0,15 mm Durchmesser den Wert 900000 kcal/m²h in ungefährer Übereinstimmung mit Zahlentafel 34. Theoretische Ansätze zur Berechnung

[1] CICHELLI, M. T., u. CH. F. BONILLA, zit. S. 322.

[2] McADAMS, W. H., J. N. ADDOMS, P. M. RINALDO u. R. S. DAY, zit. S. 331.

[3] KASAKOWA, A.: Über die „maximale“ Wärmebelastung beim Wärmeübergang an siedendes Wasser bei hohen und höchsten Drücken. Nachr. Akad. Wiss., Abt. Techn. Wiss. (1950) 1377/1387 (russisch).

[4] Das Diagramm von CICHELLI und BONILLA ist universell, da $q_{\max}$ mit p_{kr} reduziert ist. KASAKOWA bildet den Quotienten $q_{\max p}/q_{\max 1}$, wozu der individuelle Wert $q_{\max 1}$ bekannt sein muß.

von q_{max} liegen von KRUSCHILIN[1] und KUTATELADSE[2] vor. Jedoch werden deren Gleichungen nicht sehr gut durch die Messungen von KASAKOWA bestätigt, die einen Druckbereich von 1 bis 200 ata umfassen[3].

Zahlentafel 34. *Maximale Heizflächenbelastung bei Atmosphärendruck an waagerechten Rohren von 12,7 mm äußerem Durchmesser.* (Nach SAUER u. a.)

Siedende Flüssigkeit	Wandmaterial	q_{max} kcal/m² h
Wasser	Kupfer	540000
Wasser	Kupfer	730000
Wasser	Kupfer, verchromt	870000
Wasser	Stahl	1112000
Äthylazetat	Aluminium	112000
Benzol	Kupfer	118000
Benzol	Aluminium	137000
Heptan	Kupfer	144000
Äthanol	Aluminium	149000
Tetrachlorkohlenstoff	Kupfer	159000
Äthylazetat	Kupfer	167000
Benzol	Kupfer, verchromt	187000
Benzol	Kupfer	188000
Benzol	Kupfer, verchromt	208000
Äthylazetat	Kupfer, verchromt	209000
Äthanol	Kupfer	218000
Benzol	Stahl	221000
Methanol	Kupfer, verchromt	301000
Äthanol	Kupfer, aufgerauht	320000
Äthanol	Kupfer, verchromt	337000
Methanol	Kupfer	339000
Methanol	Stahl	420000

5. Verdampfung in unterkühlter Flüssigkeit (surface boiling)[4].

Bei unseren vorstehenden Betrachtungen über die Verdampfung bei freier Konvektion war stets vorausgesetzt, daß die Flüssigkeit annähernd die Siedetemperatur ϑ_s besaß. Ist die Flüssigkeitstemperatur ϑ_{fl} beträchtlich unterhalb ϑ_s, so kann der Fall eintreten, daß der an der Wand gebildete Dampf vor Erreichen der Oberfläche kondensiert. Dieser Vorgang kann sich ebenso im Rohr bei natürlichem oder erzwungenem Umlauf abspielen. Offenbar ist er sowohl bei Blasen- wie bei Film-

[1] KRUSCHILIN, G. N.: Wärmeübergang von der Heizfläche für siedende einkomponentige Flüssigkeit bei freier Konvektion. Nachr. Akad. Wiss., Abt. Techn. Wiss. (1948) 967/980 (russisch).

[2] KUTATELADSE, S. S.: Hydrodynamische Theorie der Änderung des Siedezustandes von Flüssigkeiten bei freier Konvektion. Nachr. Akad. Wiss., Abt. Techn. Wiss. (1951) 529/536 (russisch).

[3] Einen Überblick über die neuere russische Literatur gibt G. SARUKHANIAN: Wärmeübergang bei Verdampfung. Chemie-Ing.-Technik 25 (1953) 477/480. Vgl. auch das Buch von Ss. N. SCHORIN: Wärmeübertragung S. 214/218 (russisch). Moskau u. Leningrad 1952.

[4] Die im amerikanischen Schrifttum übliche Bezeichnung „surface boiling" ist nicht sehr treffend, da Dampfblasen *immer* an Oberflächen entstehen. Wir verwenden im folgenden die Bezeichnungen „örtliches Sieden", „kurzzeitige Blasenbildung" u. ä.

verdampfung denkbar. Ein glühendes Stahlstück, das in kaltes Wasser getaucht wird, überzieht sich mit einem Dampffilm, und die aus diesem hervorbrechenden Blasen kondensieren beim Aufsteigen. Derartige Vorgänge sind seit langem beobachtet und beschrieben, aber erst in letzter Zeit systematisch erforscht, und zwar vorwiegend bei erzwungener Konvektion im Rohr[1–6]. Darauf sei im folgenden eingegangen.

In Abb. 157 ist ein typischer Verlauf dieses Vorgangs nach Messungen von McAdams u. a. eingetragen. Die Versuchsstrecke bestand aus einem senkrechten Ringrohr mit elektrisch beheizter Innenwand aus rostfreiem Stahl, das aufwärts von Wasser durchflossen wurde. Dargestellt ist die Wärmestromdichte q über dem Temperaturunterschied $\vartheta_w - \vartheta_{fl}$, wobei die Flüssigkeitstemperatur ϑ_{fl} zwischen Eintritt und Austritt gemittelt ist. Als Unterkühlung ist die Differenz $(\vartheta_s - \vartheta_{fl})$ bezeichnet. Für die verschiedenen Wassergeschwindigkeiten w und Temperaturen ϑ_{fl} ergeben sich die Gesetze der erzwungenen Konvektion, solange ϑ_w nicht wesentlich größer als ϑ_s ist. Um örtliche Dampfblasen zu erzeugen, ist eine erhebliche Übertemperatur der Wand $\vartheta_w - \vartheta_s$ erforderlich. Die Kurven in Abb. 157 biegen dann ziemlich scharf nach oben um und verlaufen geradlinig bis zum Höchstwert von q, bei dem das Heizrohr durchbrannte. In diesem Bereich ist q unabhängig von der Geschwindigkeit. Dieser Verlauf entspricht der Verwendung von entgastem Wasser. Sind nennenswerte Gasmengen im Wasser gelöst, so ist der Übergang zur steileren Geraden weniger scharf ausgeprägt. Offenbar bilden sich dann schon bei geringeren Wandtemperaturen Gasblasen, die den Wärmeübergang in ähnlicher Weise wie die Dampfblasen erhöhen. Im ganzen Versuchsbereich tritt aus dem Rohr reines Wasser aus, es wird also im Endeffekt kein Dampf erzeugt.

Wird als Abszisse die Übertemperatur der Wand gegen die Sättigungstemperatur, also $(\vartheta_w - \vartheta_s)$ benutzt, so verschwindet im Bereich des örtlichen Siedens der Einfluß der Wassergeschwindigkeit und bei mäßigen Drücken auch der des Dampfdrucks. Abb. 158 zeigt, daß sich dann alle Meßpunkte angenähert um 2 Gerade ordnen, die den verschiedenen Luftgehalt des Wassers kennzeichnen. Die Neigung dieser

---

[1] McAdams, W. H., W. E. Kennet, C. S. Minden, R. Carl, P. M. Picornell u. J. E. Dew: Heat transfer at high rates to water with surface boiling. Industr. Engng. Chem. 41 (1949) 1945/1953.

[2] Kreith, F., u. M. Summerfield: Heat transfer to water at high flux densities with and without surface boiling. Trans. Amer. Soc. mech. Engrs. 71 (1949) 805/815.

[3] Buchberg, H., F. Romie, R. Lipkis u. M. Greenfield: Heat transfer, pressure drop and burnout studies with and without surface boiling for de-aerated and gassed water at elevated pressures in a forced flow system. Heat Transfer Fluid Mech. Inst. Stanford Univ. Calif. (1951) 177/191.

[4] Rohsenow, W. M., u. J. A. Clark: Heat transfer and pressure drop data for high heat flux densities to water at high subcritical pressures. Heat Transfer Fluid Mech. Inst. Stanford Univ. Calif. (1951) 193/207.

[5] Gunther, F. C.: Photographic study of surface boiling heat transfer to water with forced convection. Trans. Amer. Soc. mech. Engrs. 73 (1951) 115/123.

[6] Rohsenow, W. M., u. J. A. Clark: A study of the mechanism of boiling heat transfer. Trans. Amer. Soc. mech. Engrs. 73 (1951) 609/620.

Geraden entspricht einer Gleichung

$$q = \text{const}\,(\vartheta_w - \vartheta_s)^{3,86},$$

woraus sich mit Gl. (e) von S. 319 auch die Gleichung

$$\alpha = \text{const}\,q^{0,74}$$

ergibt in bemerkenswerter Übereinstimmung mit den Gesetzen der Blasenverdampfung bei freier Konvektion.

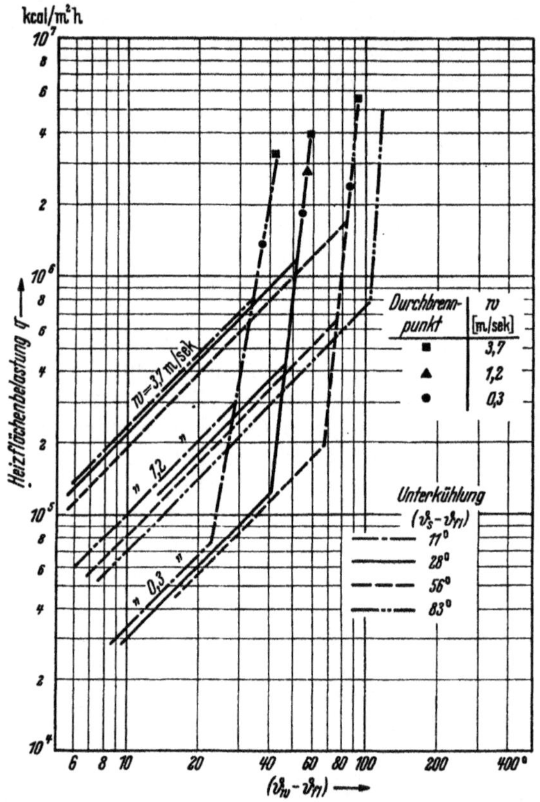

Abb. 157. **Heizflächenbelastung beim örtlichen Sieden von entgastem Wasser für verschiedene Geschwindigkeiten und Unterkühlungen. (Nach McADAMS u. a.)**

Messungen an Wasser bei höheren Dampfdrücken sind in Abb. 159 in der Form der Gl. (326) dargestellt und mit dieser Gleichung verglichen (mit $k = 0{,}013$ aus Zahlentafel 33). Es muß einstweilen offenbleiben, ob die Aufspaltung für verschiedene Geschwindigkeiten bei höheren Heizflächenbelastungen verschwinden und auch hier der Verlauf bei freier Konvektion asymptotisch erreicht werden würde.

Filmaufnahmen des örtlichen Siedevorgangs zeigen, daß die Lebensdauer der Dampfblasen sehr gering ist und mit steigender Unterkühlung abnimmt. Abb. 160 zeigt den zeitlichen Verlauf des Blasenradius vom Start bis zum Zusammenbrechen der Blasen im Inneren der strömenden

Flüssigkeit (Wasser). Der Weg der Blasen ist nur wenige Millimeter lang, ihre Geschwindigkeit ist mit der Strömungsgeschwindigkeit vergleichbar. Zur Erklärung der hohen Heizflächenbelastungen liegt die Vermutung nahe, daß die Blasen selbst als Träger latenter Wärme von der Wand durch die Grenzschicht in den Strömungskern wesentlich am Wärmetransport beteiligt sind. Jedoch zeigt die Auswertung der

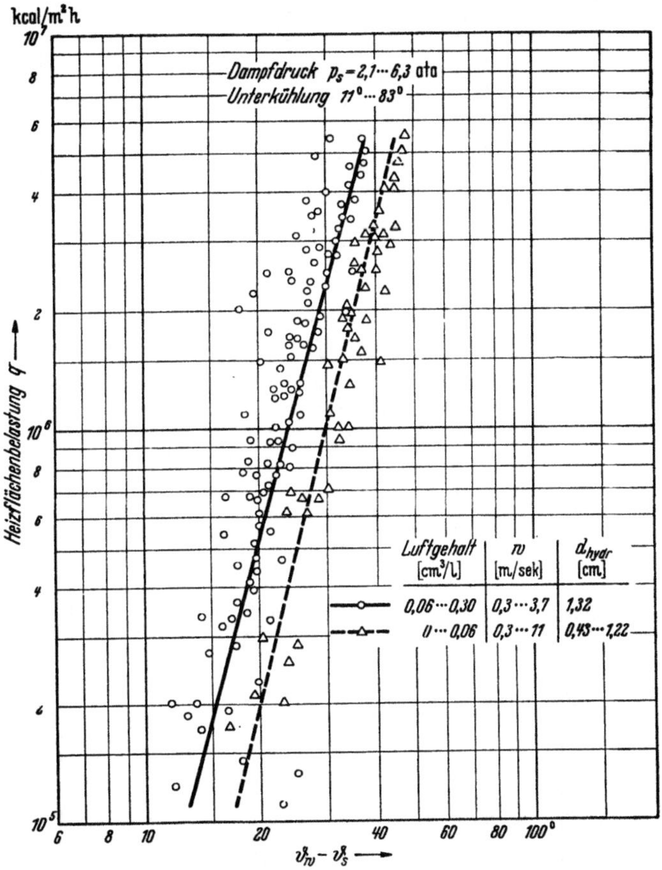

Abb. 158. Heizflächenbelastung beim örtlichen Sieden von entgastem und gashaltigem Wasser. Abszisse: Übertemperatur der Wand gegen Sättigungstemperatur. (Nach McAdams u. a.)

Filmaufnahmen von McAdams[1] durch Rohsenow und Clark[2], daß sich damit nur wenige Prozent des gesteigerten Wärmetransports begründen lassen. Es bleibt nur der Schluß übrig, daß die wesentliche Wirkung auf den örtlichen hohen Strömungsgeschwindigkeiten in unmittelbarer Wandnähe beruht, die durch das Abreißen (und u. U. das Zusammenbrechen) der Blasen entstehen. Die von Jakob und Mitarbeitern für

---

[1] McAdams u. a., zit. Fußnote 1 S. 337.

[2] Rohsenow, W. M., u. J. A. Clark, zit. Fußnote 4 S. 337.

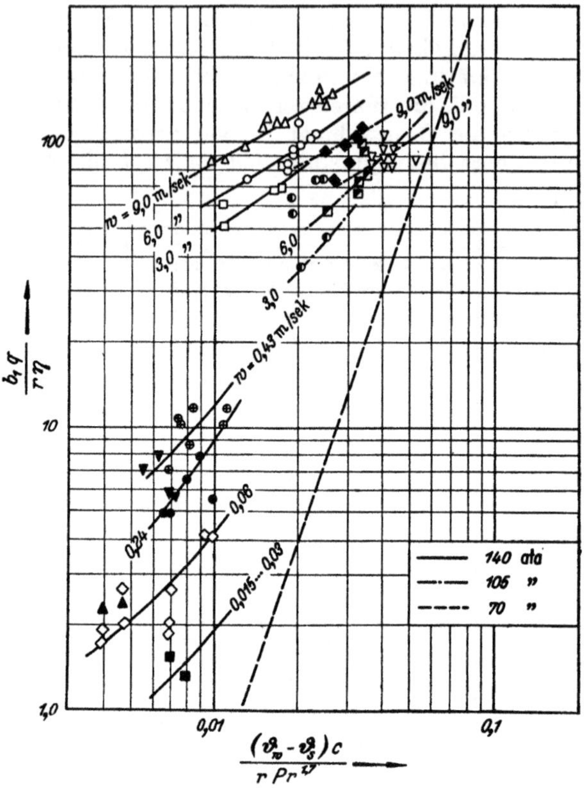

Abb. 159. Wärmeübergang beim örtlichen Sieden von Wasser bei höheren Dampfdrücken. Die gestrichelte Gerade stellt Gl. (326) dar, die Messungen stammen von ROHSENOW u. CLARK. (Nach ROHSENOW.)

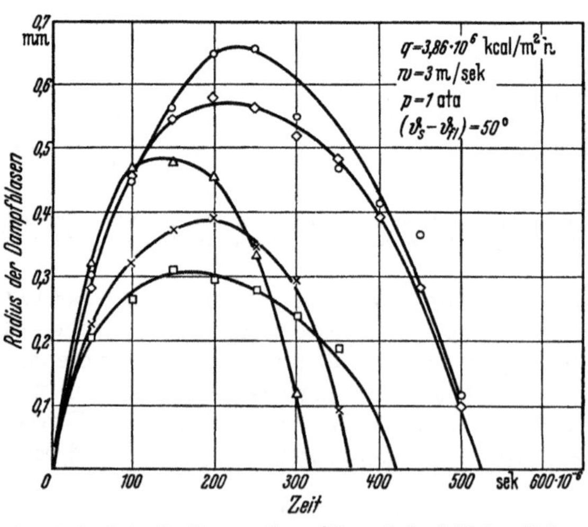

Abb. 160. Zeitlicher Verlauf des Radius von Dampfblasen beim örtlichen Sieden. (Nach GUNTHER.)

die freie Konvektion entwickelten Vorstellungen bewähren sich auch bei der Erklärung des örtlichen Siedevorgangs in erzwungener Strömung[1].

Eine obere Grenze $q_{\max}$ der Heizflächenbelastung ist dann zu erwarten, wenn die gebildeten Blasen nicht mehr schnell genug kondensieren können. Es wird sich, analog zur freien Konvektion, ein allmählicher Übergang zum Filmsieden einstellen. Der Wert $q_{\max}$ wird von der Unterkühlung $(\vartheta_s - \vartheta_{fl})$ und der Strömungsgeschwindigkeit w abhängen.

GUNTHER[2] gibt für Wasser bei Atmosphärendruck die empirische Gleichung

$$q_{\max} = 6{,}2 \cdot 10^4 \cdot w^{0,5} (\vartheta_s - \vartheta_{fl}) \text{ in kcal/m}^2\text{h}$$

an, in der ϑ_{fl} die Austrittstemperatur des Wassers ist. Die Geschwindigkeiten w (einzusetzen in m/sek) lagen zwischen 1,5 und 12 m/sek, als $q_{\max}$ wurde der Wert angesehen, bei dem ein in Strömungsrichtung liegendes, elektrisch geheiztes Band von 3 mm Breite durchbrannte. Die zugehörigen Wandtemperaturen wurden nicht gemessen.

K. Stoffübertragung.

Auch beim Stofftransport gibt es, wie beim Wärmetransport, den molekularen Leitungsvorgang, hier Diffusion genannt, und den molaren Übertragungsvorgang durch die Bewegung endlicher Flüssigkeitsteilchen. Die Differentialgleichungen für beide Transportvorgänge weisen starke Ähnlichkeiten mit denen des Wärmetransportes auf, so daß sich die Möglichkeit bietet, die für die Wärmeübertragung gesammelten Erkenntnisse auf den Stofftransport anzuwenden. Da auch zwischen Wärme- und Impulsübertragung Analogien bestehen, lassen sich alle 3 Vorgänge gemeinsam behandeln, wie es in folgendem Abschnitt geschehen soll.

Für den molekularen Stofftransport, die *Diffusion*, wurde von FICK[3] die Differentialgleichung

$$\frac{\partial C}{\partial t} = D \frac{\partial^2 C}{\partial y^2} \tag{333}$$

aufgestellt und ihre Ähnlichkeit zur Fourierschen Differentialgleichung der Wärmeleitung erkannt. In Gl. (333) bedeuten C die Konzentration eines Stoffes 1 in einem Gemisch mit einem oder mehreren Partnern (etwa in kg/m^3 gemessen), t die Zeit und y eine Längenkoordinate, während D die Diffusionszahl darstellt, die der Temperaturleitzahl a entspricht und mit dieser dimensionsgleich ist (z. B. in m^2/sek). Alle Lösungen der Fouriergleichung für den stationären und nichtstationären Fall lassen sich damit auf die Diffusion anwenden, soweit die beiden

---

[1] Aus diesen Betrachtungen geht hervor, daß die Theorie der Blasenverdampfung voraussichtlich weiterentwickelt werden kann, wenn Ansätze für den Flüssigkeitsschwall beim Blasenstart gefunden werden.

[2] GUNTHER, F. C., zit. Fußnote 5 S. 337.

[3] FICK, A.: Über Diffusion. Ann. Physik Chemie (Poggendorffs Ann.) 94 (1855) 59/86.

Differentialgleichungen gelten und ihre Randbedingungen ähnlich sind. Für $D = a$ sind die Felder der Konzentration und der Temperatur einander ähnlich, im allgemeineren Fall läßt sich analog zur Fourier-Zahl $Fo = a\,t/y^2$ der dimensionslose Ausdruck $D\,t/y^2$ bilden.

Die Analogie zwischen *konvektivem* Wärmeübergang und Stoffübergang an Grenzflächen wurde von NUSSELT[1] dazu benutzt, um die Diffusion von Sauerstoff an die Oberfläche eines glühenden, von Luft angeströmten Kohlestückes zu berechnen, da der analoge Vorgang des Wärmeüberganges bekannt war. In umgekehrter Richtung wurde die Analogie durch THOMA[2] und LOHRISCH[3] angewendet, indem ein Modellversuch der Stoffübertragung zur Berechnung von Wärmeübergangszahlen an Rohrbündeln ausgewertet wurde (Abb. 161). Eine Beziehung zwischen der Verdunstung und der Wärmeübertragung wurde von LEWIS[4] und MERKEL[5] unter der speziellen Voraussetzung $D = a$ aufgestellt. Allgemeiner und in mathematisch schärferer Form wurden diese Verhältnisse durch E. SCHMIDT[6] und NUSSELT[7] behandelt, während COLBURN[8] die Prandtl-Analogie auf den Stoffübergang anwendete.

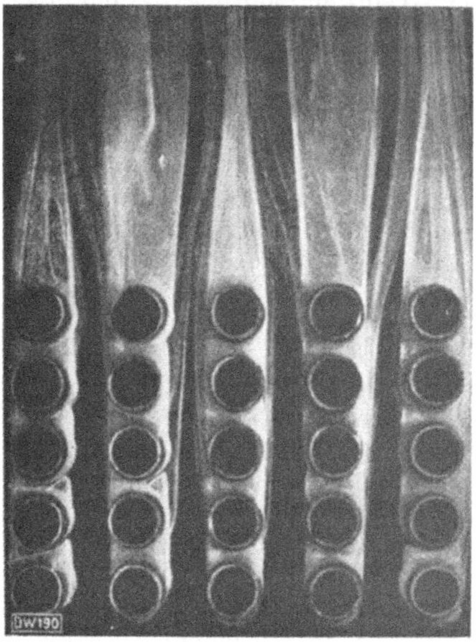

Abb. 161. Modellversuch des Stoffüberganges zur Ermittlung des Wärmeüberganges an Rohrbündeln. (Nach LOHRISCH.) Die Strömung ist durch Ammoniumchloridnebel sichtbar gemacht.

Im folgenden soll die Analogie zwischen Impuls-, Wärme- und Stofftransport nochmals gemeinsam behandelt werden, wobei wir von den Differentialgleichungen in vereinfachter Form ausgehen wollen.

[1] NUSSELT, W.: Die Verbrennung und die Vergasung der Kohle auf dem Rost. Z. VDI 60 (1916) 102/107. Vgl. auch W. NUSSELT: Technische Thermodynamik Bd. II S. 15. Berlin 1951 (Sammlung Göschen Bd. 1151).

[2] THOMA, H.: Hochleistungskessel. Berlin 1921.

[3] LOHRISCH, W.: Bestimmung von Wärmeübergangszahlen durch Diffusionsversuche. VDI-Forsch.-Heft Nr. 322 S. 46/68. Berlin 1929.

[4] LEWIS, W. K.: The evaporation of a liquid into a gas. Mech. Engng. 44 (1922) 445.

[5] MERKEL, FR.: Verdunstungskühlung. VDI-Forsch.-Heft Nr. 275. Berlin 1925.

[6] SCHMIDT, E.: Verdunstung und Wärmeübergang. Gesundh.-Ing. 52 (1929) 525/529.

[7] NUSSELT, W.: Wärmeübergang, Diffusion und Verdunstung. Z. angew. Math. Mech. 10 (1930) 105/121.

[8] COLBURN, A. P.: Relation between mass transfer (absorption) and fluid friction. Industr. Engng. Chem. 22 (1930) 967/970.

1. Die dreifache Analogie.

Für ein inkompressibles Medium in stationärer Strömung ohne Druckabfall ($\mathrm{grad}\, p = 0$) und ohne äußere Kräfte lautet die Bewegungsgleichung bei konstanten Stoffwerten

$$(\mathfrak{w}, \mathrm{grad})\, \mathfrak{w} = \nu\, \nabla^2 \mathfrak{w}. \tag{334}$$

Diese Gleichung ließe sich etwa durch die Strömung an der längsangeströmten Platte bei nicht zu hohen Geschwindigkeiten verwirklichen.

Für die Wärmeübertragung ohne Berücksichtigung der Kompressions- und Reibungswärme lautet die Energiegleichung

$$(\mathfrak{w}, \mathrm{grad}\, \vartheta) = a\, \nabla^2 \vartheta, \tag{335}$$

während die Differentialgleichung für den konvektiven Stoffaustausch sich wie folgt schreibt:

$$(\mathfrak{w}, \mathrm{grad}\, C) = D\, \nabla^2 C. \tag{336}$$

Diese 3 Gleichungen enthalten 3 Stoffwerte, die für die Intensität des Austauschs maßgebend sind, nämlich

die kinematische Zähigkeit ν für den Impulsaustausch,
die Temperaturleitzahl a für den Wärmeaustausch,
die Diffusionszahl D für den Stoffaustausch.

Die Dimension von ν, a und D ist die gleiche.

Lösungen der Gln. (334), (335) und (336) mit ihren Randbedingungen ergeben die Felder der Geschwindigkeit, der Temperatur und der Konzentration. Es ist unmittelbar ersichtlich, daß im Falle $\nu = a = D$ diese 3 Felder einander ähnlich sind, solange auch ähnliche Randbedingungen herrschen.

Die Kenntnis der 3 Felder wird vor allem dazu benutzt, um den Austausch von Impuls, Wärme und Stoff an der festen Wand (im Falle des Stoffaustausches auch oft an der flüssigen Phasengrenzfläche) zu berechnen. Dazu macht man von der Tatsache Gebrauch, daß in unmittelbarer Nähe von Wänden nur noch molekularer Austausch stattfinden kann. Außerdem führt man zur leichteren Berechnung des Austausches sog. Übergangszahlen ein, wie wir sie in der Wärmeübergangszahl α bereits kennenlernten.

Für den *Impulsaustausch* läßt sich danach schreiben:

$$\zeta\, \varrho\, w^2/8 = \tau_w = -\nu \frac{d(\varrho\, w)}{d y}. \tag{334a}$$

Darin ist $(\varrho\, w)$ der Impuls der Volumeneinheit, etwa in kg m/h m³, und die Wandschubspannung τ_w ist damit die Dichte eines Impulsstromes[1], etwa mit der Dimension $\frac{\text{kg m/h}}{\text{m}^2\,\text{h}}$. Die linke Seite der obigen Doppelgleichung definiert die Widerstandszahl ζ, für die auch der Reibungsbeiwert $c_f = \zeta/4$ gebräuchlich ist.

[1] Der Impuls als Masse × Geschwindigkeit hat die Dimension kg m/h.

In ähnlicher Weise erhält man für den *Wärmeaustausch*:

$$\alpha(\vartheta_w - \vartheta_\infty) = q = -a\frac{d(\varrho\, i)}{dy}. \tag{335a}$$

Die Wärmestromdichte q wird hierin ausgedrückt durch den Gradienten der Enthalpie je Volumeneinheit $(\varrho\, i)$ in der Richtung senkrecht zur Wand. Dabei ist (statt der üblichen Schreibweise) $di = c_p\, d\vartheta$ eingeführt, um auszudrücken, daß eigentlich nur extensive (an die Masse gebundene) Größen wie die Enthalpie i ausgetauscht werden können, nicht aber intensive Größen wie die Temperatur ϑ. Als maßgebender Stoffwert erscheint dadurch die Temperaturleitzahl a, wie in Gl. (334a) die kinematische Zähigkeit ν. Dort war der Impuls die extensive Größe.

Die linke Seite der Doppelgleichung (335a) definiert die Wärmeübergangszahl α, die auf die Differenz zwischen Wandtemperatur ϑ_w und Temperatur der ungestörten Strömung ϑ_∞ bezogen wird. Bei Kanalströmungen tritt an Stelle von ϑ_∞ die Achsentemperatur oder ein geeigneter Mittelwert über den Querschnitt.

Für den *Stoffaustausch* findet man danach folgende Gleichung:

$$\beta(C_w - C_\infty) = g = -D\frac{dC}{dy}. \tag{336a}$$

Die Mengenstromdichte g (z. B. in kg/m^2h), die durch die Grenzfläche tritt, ist proportional dem Konzentrationsgefälle an der Wand, wobei die Konzentration C die Menge des diffundierenden Stoffes in der Volumeneinheit des Gemisches angibt (z. B. in kg/m^3). Der Proportionalitätsfaktor D ist die Diffusionszahl. Die linke Seite der Gl. (336a) definiert die Stoffübergangszahl β, die die Dimension einer Geschwindigkeit erhält (z. B. m/h). Für die Indizes der Konzentrationen C_w und C_∞ gilt das zu Gl. (335a) Gesagte.

Ähnlichkeitsbetrachtungen ergaben aus Gl. (335a) die dimensionslose Wärmeübergangszahl $Nu = \alpha l/\lambda$, worin l eine kennzeichnende Länge war. In entsprechender Weise läßt sich aus Gl. (336a) eine dimensionslose Stoffübergangszahl $Nu' = \beta l/D$ bilden, die auch *Nußelt-Zahl zweiter Art* genannt wird. Der Quotient der beiden Transportgrößen ν und a ergab die Prandtl Zahl $Pr = \nu/a$, die als Parameter diente, um aus dem Geschwindigkeitsfeld das Temperaturfeld zu erhalten (Abb. 87 und 99). Die gleiche Bedeutung für das Konzentrationsfeld hat die Schmidt-Zahl $Sc = \nu/D$. Als dritter Quotient aus den 3 Transportgrößen läßt sich a/D bilden, der im Schrifttum[1,2] zuweilen mit Lewis-Zahl Le bezeichnet wird. Dieser Ausdruck ist dann maßgebend, wenn aus einem Wärmeübergangsvorgang ein Stoffübergangsvorgang ermittelt werden soll (und umgekehrt) oder wenn beide im gleichen Feld auftreten. Es gilt nach Definition: $Le\,Pr/Sc = 1$.

[1] Hilpert, R.: Verdunstung und Wärmeübergang an senkrechten Platten in ruhender Luft. VDI-Forsch.-Heft Nr. 355. Berlin 1932.

[2] Klinkenberg, A., u. H. H. Mooy: Dimensionless groups in fluid friction, heat and material transfer. Chem. Engng. Progr. 44 (1948) 17/36.

Für den Wärmeübergang bei erzwungener Strömung ergaben sich Lösungen von der allgemeinen Form

$$Nu = f(Re, Pr). \tag{337a}$$

Durch entsprechende Ähnlichkeitsbetrachtungen läßt sich aus den Gln. (336) und (336a) die allgemeine Lösung

$$Nu' = f(Re, Sc) \tag{337b}$$

ableiten. Die analoge Form der beiden Differentialgleichungen (335) und (336) verlangt, daß die Funktion f für den Wärme- und für den Stoffaustausch völlig identisch ist, solange die Differentialgleichungen gelten und die Randbedingungen ebenfalls analog sind. Die Bedingung, daß die Anordnungen geometrisch ähnlich sind, ist darin enthalten. Unter diesen Voraussetzungen lassen sich Lösungen für den Wärmeübergang auch auf den Stoffübergang anwenden, insbesondere auch solche Lösungen, die unter Benutzung der Analogie zum Impulsaustausch gewonnen wurden.

Die Stanton-Zahl der Wärmeübertragung

$$St = Nu/(Re\,Pr) = \alpha/w\,\varrho\,c_p$$

läßt sich ebenfalls auf den Stoffübergang anwenden, und zwar erhält man hier

$$St' = Nu'/(Re\,Sc) = \beta/w. \tag{338}$$

Die St'-Zahl läßt sich in ähnlicher Weise deuten wie die St-Zahl (vgl. S. 177). Nach der linken Seite von Gl. (336a) kann man β auch als die Geschwindigkeit eines Stoffes der Dichte $(C_w - C_\infty)$ auffassen, der die Mengenstromdichte g besitzt. Diese Geschwindigkeit senkrecht zur Wand wird durch die St'-Zahl mit der Strömungsgeschwindigkeit w parallel zur Wand verglichen.

Im Sonderfall $Pr = 1$ galt unter den gemachten Voraussetzungen die Reynolds-Analogie nach Gl. (128). Ist gleichzeitig $Sc = 1$ und damit $Le = 1$, so läßt sich die dreifache Analogie in der Form

$$\frac{\alpha}{w\,\varrho\,c_p} = \frac{\beta}{w} = \frac{\zeta}{8} \quad \text{oder} \quad St = St' = \zeta/8 \tag{339}$$

anschreiben, die für alle Re-Zahlen gelten soll. Dann sind alle 3 Felder, nämlich die der Geschwindigkeit, der Temperatur und der Konzentration, einander ähnlich. Ist nur eine der 3 Kennzahlen Pr, Sc und Le gleich Eins, so gelten folgende Einzelgleichungen:

$$\left.\begin{aligned} St &= \zeta/8, &&\text{für} \quad Pr = 1 \quad \text{bzw.} \quad \nu = a,\\ St' &= \zeta/8, &&\text{für} \quad Sc = 1 \quad \text{bzw.} \quad \nu = D,\\ St' &= St, &&\text{für} \quad Le = 1 \quad \text{bzw.} \quad a = D.\end{aligned}\right\} \tag{340}$$

Im letzteren Falle läßt sich die Stoffübergangszahl β sehr einfach aus der Wärmeübergangszahl α berechnen, nämlich durch die *Lewissche Beziehung*[1]

$$\beta = \alpha/\varrho\,c_p. \tag{341}$$

---

[1] Daß die Lewissche Gleichung nur für $a = D$ richtig ist, betonten besonders E. Schmidt (1929), zit. S. 342, und W. Nusselt (1930), zit. S 342. Vgl. dazu auch G. Ackermann: Das Lewissche Gesetz für das Zusammenwirken von Wärmeübergang und Verdunstung. Forsch. Ing.-Wes. 5 (1934) 95/100.

In den obigen Gleichungen ist auch noch (wie in der Reynolds-Analogie) die stillschweigende Voraussetzung jeweils gleicher Austauschgrößen für Impuls (A_τ), Wärme (A_q) und Stoff (A_s) enthalten. Fehlt bei einem Austauschvorgang jeder molekulare Austausch oder ist er verschwindend gering, so gelten die Gln. (340) auch für beliebige Werte Pr, Sc und Le (Grenzfall $Re \to \infty$). In der Nähe fester Wände ist jedoch auch bei großen Reynolds-Zahlen der molekulare Austausch vorhanden und nicht zu vernachlässigen, so daß dieser Grenzfall für Strömungen an Wänden wenig praktisches Interesse hat.

Die Beobachtung, daß die einfache Analogie für $Pr \neq 1$ versagte, führte beim Wärmeübergang zu einer großen Zahl verbesserter Lösungen (vgl. S. 220) von der Form der Gl. (137) $St = \zeta/8 \cdot f(Re, Pr)$. Diese Lösungen sind auch für den Stoffübergang in der Form

$$St' = \zeta/8 \cdot f(Re, Sc)$$

angewendet worden, und zwar (wie schon erwähnt) die Prandtl-Analogie durch COLBURN[1], ferner die Methode nach v. KÁRMÁN durch SHERWOOD[2]. Ansätze für ein allmähliches Abklingen der Austauschbewegung zur Wand hin benutzten HOFMANN[3], LIN u. a.[4].

Auch empirische Interpolationsformeln der Wärmeübertragung in der Nußeltschen Potenzform $Nu = \text{const}\, Re^m\, Pr^n$ wurden zur Darstellung des Stoffüberganges benutzt bzw. in der etwas allgemeineren Form $Nu = f(Re)\, Pr^n$. Für den Pr-Exponenten n hatte sich beim Wärmeübergang in gewissen Bereichen der Wert 1/3 bewährt, und zwar für turbulente und laminare Strömung [für letztere vgl. Gl. (95) und Gl. (109)]. Diese Tatsache benutzte COLBURN[5] zur Definition eines Wärmeübergangskoeffizienten

$$j_W = \frac{Nu}{Re\, Pr}\, Pr^{2/3} = St\, Pr^{2/3} = \frac{\alpha}{w\, \varrho\, c_p}\, Pr^{2/3}, \qquad (342)$$

der (in ausgebildeter Strömung) nur noch eine Funktion der Reynolds-Zahl war. Der entsprechende Stoffübergangskoeffizient[6] lautete dann

$$j_S = \frac{Nu'}{Re\, Sc}\, Sc^{2/3} = St'\, Sc^{2/3} = \frac{\beta}{w}\, Sc^{2/3}. \qquad (343)$$

Da auch j_S und $\zeta/8$ nur von der Re-Zahl abhängen, kann man diese 3 Koeffizienten gemeinsam in einem Diagramm als Funktion von Re darstellen und so für bestimmte Anordnungen (Rohr, ebene Platte, Zylinder

---

[1] COLBURN, A. P.: Relation between mass transfer (absorption) and fluid friction. Industr. Engng. Chem. 22 (1930) 967/970.

[2] SHERWOOD, T. K.: Trans. Amer. Inst. Chem. Engrs. 36 (1940) 817.

[3] HOFMANN, E.: Über die Gesetzmäßigkeiten der Wärme- und Stoffübertragung auf Grund des Strömungsvorganges im Rohr. Forsch. Ing.-Wes. 11 (1940) 159/169.

[4] LIN, C. S., R. W. MOULTON u. G. L. PUTNAM: Mass transfer between solid wall and fluid stream. Industr. Engng. Chem. 45 (1953) 636/640.

[5] COLBURN, A. P.: A method of correlating forced convection heat transfer data and a comparison with fluid friction. Trans. Amer. Inst. Chem. Engrs. 29 (1933) 174/210.

[6] CHILTON, T. H., u. A. P. COLBURN: Mass transfer (absorption) coefficients. Industr. Engng. Chem. 26 (1934) 1183/1187.

usw.) die Analogie nachprüfen. Unter den gemachten Voraussetzungen sollte für beliebige Werte von Pr, Sc und Le die Gleichung bestehen:

$$j_W = j_S = \zeta/8. \tag{344}$$

Für $Pr = 1$ und $Sc = 1$ und damit $Le = 1$ geht diese Gleichung in Gl. (339) über.

Durch die Benutzung der Koeffizienten j_W und j_S ist der Exponent n der Pr- und Sc-Zahl festgelegt, und zwar wird $n = 1/3$ in Potenzgleichungen der Form $Nu = \text{const}\, Re^m\, Pr^n$ bzw. $Nu' = \text{const}\, Re^m\, Sc^n$. Für den Wärmeübergang steht bisher fest, daß bei turbulenter Rohrströmung für hohe Pr-Zahlen ($Pr > 10$) der Wert $n = 1/3$ brauchbar ist, während für sehr kleine Pr-Zahlen $n = 0{,}8$ wird (vgl. Abb. 98). Für $Pr \approx 1$ wäre ein Wert $n \approx 0{,}5$ zu erwarten. Da jedoch für $Pr \approx 1$ eine Änderung von n wenig ins Gewicht fällt, ist eine Entscheidung durch die Auswertung des vorliegenden Versuchsmaterials sehr erschwert. NUSSELT[1] erhielt aus Versuchen an Gasen

$$Nu = \text{const}\,(Re\, Pr)^{0{,}78},$$

während McADAMS[2] für $0{,}8 < Pr < 100$ den Wert $n = 0{,}4$ ermittelte (bei $Re = 10000$). Im Bereich der Pr- und Sc-Zahl von 0,5 bis 2,5 schlagen MIZUSHIMA und NAKAJIMA[3] für Wärme- und Stoffübergang (einzeln und gemeinsam) $n = 0{,}5$ vor.

Das Verhältnis von Wärmeübergangszahl α zu Stoffübergangszahl β wird stark durch diesen Wert n beeinflußt. Aus Gl. (344) erhält man

$$\frac{\alpha}{\beta} = \varrho\, c_p \left(\frac{Sc}{Pr}\right)^{2/3} = \varrho\, c_p\, Le^{2/3} = \varrho\, c_p \left(\frac{a}{D}\right)^{2/3} \tag{345a}$$

oder mit $\varrho\, c_p = \lambda/a$

$$\frac{\alpha}{\beta} = \frac{\lambda}{D}\left(\frac{D}{a}\right)^{1/3} = \frac{\lambda}{D}\, Le^{-1/3}. \tag{345b}$$

Mit $n = 0{,}5$ erhält man dagegen die Beziehung

$$\frac{\alpha}{\beta} = \varrho\, c_p \left(\frac{a}{D}\right)^{0{,}5} = \frac{\lambda}{D}\left(\frac{D}{a}\right)^{0{,}5}. \tag{346}$$

Für $Le = a/D = 1$ wird daraus in beiden Fällen die Lewissche Beziehung Gl. (341). Für Pr und Sc in der Nähe von Eins verdient Gl. (346) den Vorzug vor Gl. (345a) und (345b).

In der Definitionsgleichung (336a) der Stoffübergangszahl β kann man die Konzentration des diffundierenden Stoffes C in gasförmigen Systemen auch durch seinen Teildruck p ersetzen mit Hilfe der Beziehung

$$C = p/R\,T,$$

wenn R die Gaskonstante und T die absolute Temperatur des diffundierenden Stoffes bedeuten. Dann wird die Mengenstromdichte

$$\frac{\beta}{R\,T}(p_w - p_\infty) = g = -\frac{D}{R\,T}\frac{dp}{dy}. \tag{336b}$$

[1] NUSSELT, W.: Der Wärmeübergang im Rohr. Z. VDI 61 (1917) 685/689.

[2] McADAMS, W. H.: Heat Transmission, 2. Aufl., Abb. 73. New York u. London 1942.

[3] MIZUSHIMA, T., u. M. NAKAJIMA: Simultaneous heat and mass transfer. Chem. Engng. Japan 15 (1951) 30/34 (japan. mit engl. Zusammenfassung).

Diese Beziehung kann wie Gl. (336a) verwendet werden, solange im Diffusionsfeld keine oder keine nennenswerten Temperaturunterschiede auftreten. Finden jedoch Stoff- und Wärmeaustausch im gleichen Feld und unter erheblichen Temperaturdifferenzen statt, so *muß*, da C auch von T abhängt, Gl. (336b) verwendet werden, wie ACKERMANN gezeigt hat[1]. Der Stoffaustausch geht immer in Richtung des Partialdruckgefälles vor sich und kann sogar in Richtung steigender Konzentrationen verlaufen[2].

Die Mengenstromdichte des diffundierenden Stoffes in Gl. (336a) kann auch mit Hilfe des relativen Stoffgehalts x in kg/kg beschrieben werden. Darunter ist der Anteil des diffundierenden Stoffes in kg je kg eines anderen Stoffes (Trägergas) zu verstehen.

Dann wird definiert

$$g = \sigma (x_w - x_\infty), \tag{336c}$$

worin σ mit g dimensionsgleich ist (z. B. in kg/m²h) und auch *Verdunstungsziffer* genannt wird. x läßt sich mit Hilfe der Gasgleichung durch den Partialdruck p und den Gesamtdruck P ausdrücken, was zu folgender Gleichung führt

$$x = \frac{R_2}{R_1} \frac{p}{P - p},$$

worin R_1 und R_2 die Gaskonstanten des diffundierenden Stoffes bzw. des Trägergases sind. Damit wird

$$g = \sigma \frac{R_2}{R_1} \left(\frac{p_w}{P - p_w} - \frac{p_\infty}{P - p_\infty} \right). \tag{336d}$$

Für ausreichend kleine Partialdrücke p_w und p_∞ gegen den Gesamtdruck P kann man setzen

$$g = \sigma \frac{R_2}{R_1 P} (p_w - p_\infty). \tag{336e}$$

Damit g mit der linken Seite von Gl. (336b) übereinstimmt, muß die Beziehung gelten

$$\sigma = \beta \frac{P}{R_2 T} \approx \beta \varrho_2,$$

worin ϱ_2 die Dichte des Trägergases bedeutet. Gilt weiterhin das Lewissche Gesetz nach Gl. (341) ($Le = 1$ bzw. $a = k$), so kann man auch setzen

$$\sigma \approx \alpha / c_p. \tag{341a}$$

Bei der Verdunstung von Wasserdampf in Luft bei turbulenter Strömung ist diese Beziehung befriedigend bestätigt worden[3], weil dabei $Le = 0{,}866 \approx 1$ für 0 °C und 760 Torr und außerdem $p \ll P$ ist.

Sind die Partialdrücke p nicht mehr klein gegen den Gesamtdruck P, so liefert der Ansatz (336d) bei gleichem σ zu hohe Werte für die Stoff-

---

[1] ACKERMANN, G.: Wärmeübergang und molekulare Stoffübertragung im gleichen Feld bei großen Temperatur- und Partialdruckdifferenzen. VDI-Forsch.-Heft Nr. 382 S. 1/16. Berlin 1937.

[2] Vgl. auch K. NESSELMANN: Wärme- und Stoffaustausch an Flächen gleicher Temperatur. Z. ges. Kälteind. 48 (1941) 181/185.

[3] KIRSCHBAUM, E., u. K. KIENZLE: Wärme- und Stoffaustausch beim Trocknen feuchten Gutes. Chem. Fabrik 14 (1941) 171/190.

menge g gegenüber der richtigen Gl. (336b) und ist daher nicht mehr brauchbar.

Aber auch bei Verwendung der Partialdrücke nach Gl. (336b) sind unsere bisherigen Betrachtungen auf geringe Partialdruckdifferenzen $(p_w - p_\infty)$, d. h. auf kleine diffundierende Mengen, beschränkt, wenn auch aus ganz anderen, nämlich hydrodynamischen Gründen. Darauf wird im folgenden Abschnitt eingegangen.

2. Grenzen der Analogie.

Die Differentialgleichungen (334) bis (336) galten für konstante, d. h. insbesondere von Temperatur und Konzentration unabhängige Stoffwerte. Genau wie beim Wärmeübergang tritt auch beim Stoffübergang das Problem der geeigneten Mittelung der veränderlichen Stoffwerte auf[1]. Besonders schwer wiegt wiederum die Tatsache, daß eine veränderliche Zähigkeit und Dichte das Geschwindigkeitsfeld deformieren können und dann die Bewegungsgleichung nicht mehr unabhängig von der Temperatur- bzw. Konzentrationsverteilung gilt.

Auch war Gl. (334) für grad $p = 0$ angeschrieben worden, während bei Kanalströmungen ein endlicher Druckabfall in Strömungsrichtung auftreten muß. Dieser Ähnlichkeitsdefekt hatte zum Wärmequellenansatz von PRANDTL geführt, der in entsprechender Weise auch für den Stoffübergang nutzbar gemacht wurde. Darauf sei hier nicht mehr eingegangen, vielmehr sollen im folgenden einige Besonderheiten des Stoffaustausches besprochen werden, die die strenge Analogie in Frage stellen.

Wir betrachten zwei Gase 1 und 2 mit den Partialdrücken p_1 und p_2, die unter dem Einfluß eines Partialdruckgefälles gegeneinander diffundieren, etwa in der laminaren Grenzschicht in der Nähe einer Wand. Nach Gl. (336b) sind dann die beiden Mengenstromdichten in einem zur Wand parallelen Querschnitt

$$g_1 = -\frac{D_1}{R_1 T}\frac{dp_1}{dy} \quad \text{und} \quad g_2 = -\frac{D_2}{R_2 T}\frac{dp_2}{dy}. \tag{347}$$

Werden diese Gleichungen durch die entsprechenden Molekulargewichte m_1 und m_2 dividiert und wird die allgemeine Gaskonstante $\mathfrak{R} = m_1 R_1 = m_2 R_2$ eingeführt, so erhält man die Zahl der diffundierenden Mole:

$$\frac{g_1}{m_1} = -\frac{D_1}{\mathfrak{R} T}\frac{dp_1}{dy} \quad \text{und} \quad \frac{g_2}{m_2} = -\frac{D_2}{\mathfrak{R} T}\frac{dp_2}{dy}. \tag{348}$$

Damit der Gesamtdruck $P = p_1 + p_2$ an der betrachteten Stelle konstant bleibt, müssen gleich große Volumina (bezogen auf den Druck P) gegeneinander diffundieren, was nach dem Satz von AVOGADRO zu der Vorschrift

$$\frac{g_1}{m_1} = -\frac{g_2}{m_2} \tag{349}$$

[1] Die Diffusionszahl D scheint nicht sehr stark von der Konzentration abzuhängen. Vgl. K. ROSSIÉ: Die Diffusion von Wasserdampf in Luft bei Temperaturen bis 300° C. Forsch. Ing.-Wes. 19 (1953) 49/58.

führt. Da auch $dp_1/dy = -dp_2/dy$ ist, läßt sich Gl. (349) nur mit $D_1 = D_2$ erfüllen. Für ein bestimmtes Stoffpaar gibt es nur eine einzige Diffusionskonstante.

a) Voll durchlässige Wand. Ist die Grenzfläche für beide Stoffe voll durchlässig, so ist also die Anzahl der diffundierenden Mole in beiden Richtungen gleich groß[1]. Sind auch die beiden Molekulargewichte m_1 und m_2 einander gleich oder wenigstens annähernd einander gleich, so sind auch die diffundierenden Massen g_1 und g_2 gleich groß. Trotz eines (beliebig großen) Massenstromes senkrecht zur Wand bleiben in diesem Falle die Grenzbedingungen für den Stoffaustausch dieselben wie für den Impuls- und Wärmeaustausch, so daß auch die Analogie erhalten bleibt.

Ist $m_1 \neq m_2$, so bleibt ein resultierender Massenstrom

$$g_r = g_1 (1 - m_2/m_1)$$

übrig, der die hydrodynamischen Verhältnisse verändert, und zwar in folgendem Sinne: Ist g_r auf die Wand zu gerichtet, so befördert dieser Massenstrom Teilchen höherer Geschwindigkeit aus der ungestörten Strömung in Bereiche der Grenzschicht mit geringerer Geschwindigkeit. Durch diesen Impulszuwachs wird die Grenzschicht beschleunigt und damit dünner, was zu höheren Stoffübergangszahlen β führt. Die β-Werte werden verkleinert, wenn g_r von der Wand weg gerichtet ist.

Die aus der Analogie folgenden Gleichungen, z. B. Gl. (345a) oder (346) u. a., ergeben nur jene α- und β-Werte, für die auch die Voraussetzungen, also auch analoge Grenzbedingungen, gelten. Sobald diese Voraussetzungen nicht mehr erfüllt sind, sind die aus den obigen Gleichungen erhaltenen Werte zu korrigieren, um sie dem jeweiligen Vorgang anzupassen. Auf diese Korrekturen hat ACKERMANN[2] hingewiesen und sie in der schon genannten Arbeit abgeschätzt.

b) Halbdurchlässige Wand. Ein in der Technik häufiger Fall ist die halbdurchlässige Grenzfläche, durch die nur einer der beteiligten Stoffe hindurchtreten kann. Dann sind die Grenzbedingungen gegenüber der reinen Impuls- und Wärmeübertragung immer verändert und die aus der Analogie folgenden β-Werte müssen korrigiert werden. Wie die folgende Betrachtung zeigt, ist eine Korrektur auch dann nötig, wenn der hydrodynamische Einfluß des einseitigen Massenstroms auf die Grenzschicht gar nicht berücksichtigt wird[2,3].

Vor einer Wand (bzw. Phasengrenzfläche) diffundieren zwei Stoffe 1 und 2 unter dem Einfluß eines Partialdruckgefälles gegeneinander

[1] Nur dieser Vorgang der äquimolaren Gegendiffusion verdient die Bezeichnung *Austausch* mit vollem Recht, während Impuls- und Wärmeübertragung durchaus einseitige Vorgänge sind. Aus diesem Grunde sind gegen die Bezeichnung „Wärmeaustauscher" usw. Einwände erhoben worden und es ist dafür auch „Wärmeübertrager" vorgeschlagen worden. Wir haben in diesem Buche die gewohnten Bezeichnungen beibehalten, da wir nicht glauben, daß sie zu einer falschen Auffassung über die Physik dieser Vorgänge führen können.

[2] ACKERMANN, G.: VDI-Forsch.-Heft Nr. 382. Berlin 1937.

[3] Vgl. hierzu auch W. NUSSELT (1930), zit. S. 342.

(Abb. 162). Die Wand sei nur für den Stoff 1 durchlässig, der in unserem Beispiel von der Wand weg diffundiere (Verdampfung, Verdunstung, Sublimation, Desorption u. a.). Die beiden Mengenstromdichten g_1 und g_2 betragen nach Gl. (347)

$$g_1 = -\frac{D}{R_1 T}\frac{dp_1}{dy} \quad \text{und} \quad g_2 = -\frac{D}{R_2 T}\frac{dp_2}{dy}.$$

Da der Stoff 2 nach Voraussetzung nicht von der Wand aufgenommen werden kann, muß der Strom g_2 durch eine ihm entgegengesetzt gerichtete konvektive Bewegung aufgehoben werden in der Weise, daß überhaupt keine Wanderung des Stoffes 2 zustande kommt. Für alle Werte y muß also gelten

$$w\,C_2 = -g_2,$$

wenn w die Geschwindigkeit der Konvektionsbewegung und

$$C_2 = p_2/R_2 T$$

die örtliche Konzentration des Stoffes 2 bedeuten. Damit wird

$$w = \frac{D}{p_2}\frac{dp_2}{dy} = -\frac{D}{p_2}\frac{dp_1}{dy}. \qquad (350)$$

Diese Konvektionsbewegung unterstützt gleichzeitig die Diffusion des Stoffes 1, da sie die Mengenstromdichte $w\,C_1$, gleichgerichtet mit g_1, erzeugt. Insgesamt wandert also der Stoff 1 mit einer Mengenstromdichte

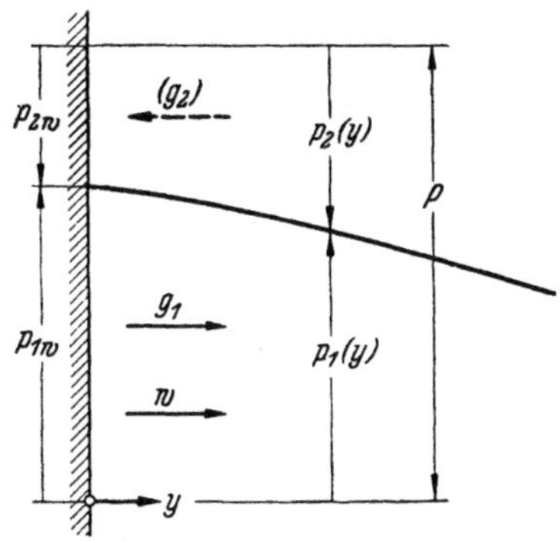

Abb. 162. Zur Ableitung des Stefanschen Gesetzes der einseitigen Diffusion.

$$G_1 = g_1 + w\,C_1 = -\frac{D}{R_1 T}\frac{dp_1}{dy}\left(1 + \frac{p_1}{p_2}\right) = -\frac{D}{R_1 T}\frac{P}{P - p_1}\frac{dp_1}{dy}, \qquad (351)$$

während $G_2 = 0$ ist. Das zu G_1 gehörige Volumen V_1, bezogen auf den Gesamtdruck P (etwa in $m^3/m^2\,h$ gemessen),

$$V_1 = \frac{G_1 R_1 T}{P} = -\frac{D}{p_2}\frac{dp_1}{dy} = w \qquad (351)$$

muß unabhängig von y sein, so daß sich durch Integration von Gl. (351) folgender Partialdruckverlauf ergibt:

$$\frac{P - p_1}{P - p_{1_w}} = \frac{p_2}{p_{2_w}} = e^{V_1 y/k}. \qquad (352)$$

Dabei sind für $y = 0$ die Partialdrücke an der Wand $p_1 = p_{1_w}$ und $p_2 = p_{2_w}$ eingeführt. Für die Mengenstromdichte G_1 erhält man damit

$$G_1 = \frac{D}{y}\frac{P}{R_1 T}\ln\frac{P - p_1}{P - p_{1_w}} = \frac{D}{y}\frac{P}{R_1 T}\ln\frac{p_2}{p_{2_w}}. \qquad (353)$$

Diese von STEFAN[1, 2] gefundene Beziehung über die Diffusion an

---

[1] STEFAN, J.: Über das Gleichgewicht und die Bewegung, insbesondere die Diffusion von Gasgemengen. Sitzgs.-Ber. Akad. Wiss. Wien (2) 63 (1871) 63/124.

[2] STEFAN, J.: Versuche über die Verdampfung. Sitzgs.-Ber. Akad. Wiss. Wien (2) 68 (1873) 385/423.

der halbdurchlässigen Wand bleibt auch für den Fall gültig, daß G_1 bzw. V_1 auf die Wand zu gerichtet ist (lediglich das Vorzeichen von G_1 und V_1 ändert sich), wie es bei der Kondensation, Absorption, Adsorption und anderen Vorgängen eintritt. Immer wirkt die konvektive Ausgleichsströmung verstärkend auf die Diffusion ein. Aus Gl. (351) war noch abzulesen, daß w gleich ist der gesamten Volumenstromdichte V_1 des von der Grenzfläche abgegebenen oder aufgenommenen Stoffes.

Zur Beschreibung des Stoffüberganges an der halbdurchlässigen Grenzfläche sei eine Stoffübergangszahl β_h durch die Gleichung

$$G_1 = \frac{\beta_h}{R_1 T}(p_{1_w} - p_{1_\infty}) \tag{354}$$

eingeführt, worin p_{1_∞} den Teildruck des übertragenen Stoffes 1 außerhalb der Grenzschicht bedeutet. Um β_h mit der aus der Analogie folgenden Stoffübergangszahl β für die voll durchlässige Grenzfläche vergleichen zu können, sei näherungsweise angenommen, daß im Abstand $y = \delta$ der Wert p_{1_∞} erreicht sei, so daß sich Gl. (353) schreiben läßt:

$$G_1 = \frac{D}{\delta}\frac{P}{R_1 T}\ln\frac{P - p_{1_\infty}}{P - p_{1_w}}. \tag{353a}$$

Diese Grenzschichtdicke δ wird durch den Stoffstrom (nach den bisherigen Voraussetzungen) nicht beeinflußt, so daß $\beta = D/\delta$ gesetzt werden kann, was einem geradlinigen Verlauf des Partialdruckes vor der voll durchlässigen Wand entsprechen würde. Aus dem Vergleich von Gl. (353a) mit Gl. (354) erhält man

$$\beta_h = \beta\frac{P}{(p_{1_w} - p_{1_\infty})}\ln\frac{P - p_{1_\infty}}{P - p_{1_w}} = \beta K_h, \tag{355}$$

worin $K_h = \frac{P}{(p_w - p_\infty)}\ln\frac{P - p_\infty}{P - p_w}$ ist, wenn jetzt der Index 1 für den diffundierenden Stoff weggelassen wird. Da $K_h > 1$ ist, wird die Stoffübergangszahl (in Übereinstimmung mit unseren früheren Feststellungen) durch den Einfluß der halbdurchlässigen Wand erhöht.

Ist die Partialdruckdifferenz $(p_w - p_\infty)$ mäßig, so daß $(p_w + p_\infty) \approx 2\,p_w$ gesetzt werden kann, so erhält man durch Reihenentwicklung[1] den im Schrifttum häufig verwendeten Ausdruck

$$\beta_h = \beta\frac{P}{P - p_w}, \tag{356}$$

der immer noch für beliebig hohe *Absolutwerte* der Partialdrücke p gilt. Ist auch der Partialdruck $p \ll P$, so hat die halbdurchlässige Wand keinen Einfluß auf den Stoffübergang gegenüber den aus der Analogie folgenden β-Werten.

Bei großen Partialdruckdifferenzen $(p_w - p_\infty)$ sind gegenüber der Analogie weitere Korrekturen nötig, die den Einfluß der diffundierenden Masse G_1 auf die Ausbildung der Grenzschicht berücksichtigen[2]

---

[1] $\ln x \approx 2\left(\frac{x-1}{x+1}\right)$.

[2] Ackermann, G. (1937), zit. S. 348.

(die obigen Betrachtungen enthielten diesen Einfluß noch nicht). Im Falle der Kondensation wird wiederum die Grenzschichtdicke dünner und β_h dadurch vergrößert. Bei der Verdunstung wird die Grenzschicht verdickt und β_h nähert sich mehr dem Wert β aus der Analogie.

Diese Vorgänge wurden auch von DAMKÖHLER[1] durch Ähnlichkeitsbetrachtungen abgeschätzt, eine analytische Lösung hierfür liegt von ECKERT und LIEBLEIN[2] vor.

c) Stoff- und Wärmeübergang im gleichen Feld. Sind die Temperaturen im Diffusionsfeld nicht konstant, so muß der Stoffübergang mittels der Partialdrücke nach Gl. (336b) beschrieben werden. Aus den Differentialgleichungen (334), (335) und (336) und den Gln. (334a), (335a) und (336a) folgt keinerlei gegenseitige Beeinflussung der Austauschvorgänge, da dort analoge Randbedingungen vorausgesetzt waren.

Auch wenn man von der hydrodynamischen Beeinflussung der Grenzschicht durch den resultierenden Mengenstrom absieht, kann der Stoffübergang auf den Wärmeübergang einwirken, so daß dann auch die aus der Analogie folgenden Wärmeübergangszahlen α zu korrigieren sind. Diese Korrekturen kommen dadurch zustande, daß der Mengenstrom auch konvektiv Enthalpie transportiert, so daß die Grenzbedingungen in Wirklichkeit nicht analog sind. Je nach dem Vorzeichen der beiden Ströme sind verschiedene Korrekturen anzubringen, wie näher von ACKERMANN[3] sowie von COLBURN und DREW[4] ausgeführt wurde. Erst im Grenzfalle kleiner Partialdruckdifferenzen verlaufen Stoff- und Wärmeaustausch unabhängig voneinander.

Der Fall der *freien Konvektion* wurde theoretisch von E. SCHMIDT[5] und experimentell von HILPERT[6] behandelt.

Anstatt der durch Gl. (336b) definierten Stoffübergangszahl β wird auch (besonders in der amerikanischen Literatur) ein Wert K_G benutzt, der durch folgende Gleichung definiert ist:

$$g = \frac{\beta}{R\,T}(p_w - p_\infty) = K_G\, m\,(p_w - p_\infty). \qquad (357)$$

In dieser Gleichung beziehen sich die Gaskonstante R und das Molekulargewicht m auf den diffundierenden Stoff, dessen Mengenstromdichte g ist. Es besteht die Beziehung

$$K_G = \beta/\mathfrak{R}\,T. \qquad (358)$$

Werden die Partialdrücke p in at gemessen, erhält K_G beispielsweise die Dimension kmol/m²h at. Damit schreibt sich die dimensions-

[1] DAMKÖHLER, G.: Die laminare Grenzschicht beim Stofftransport von und zur längs angeströmten ebenen Platte. Z. Elektrochem. 48 (1942) 178/181.

[2] ECKERT, E., u. V. LIEBLEIN: Berechnung des Stoffüberganges an einer ebenen, längs angeströmten Oberfläche bei großem Teildruckgefälle. Forsch. Ing.-Wes. 16 (1949) 33/42.

[3] ACKERMANN, G. (1937), zit. S. 348.

[4] COLBURN, A. P., u. TH. B. DREW: The condensation of mixed vapors. Trans. Amer. Inst. Chem. Engrs. 33 (1937) 197/215.

[5] SCHMIDT, E. (1930), zit. S. 342.

[6] HILPERT, R.: Verdunstung und Wärmeübergang an senkrechten Platten in ruhender Luft. VDI-Forsch.-Heft Nr. 355. Berlin 1932.

lose Stoffübergangszahl St'

$$St' = \frac{\beta}{w} = \frac{K_G P}{G/m_m}. \tag{359}$$

Darin ist P der Gesamtdruck, $G = \varrho\, w$ die Mengenstromdichte des Gasgemisches längs der Austauschfläche und m_m das mittlere Molekulargewicht des Gasgemisches. Gl. (357) bis (359) galten für die äquimolare Gegendiffusion, wie sie etwa beim Rektifikationsvorgang auftritt.

Für die einseitige Diffusion an der halbdurchlässigen Wand (β_h) kann man die Korrekturgleichung (355) folgendermaßen umformen, da $p_1 + p_2 = P$ ist:

$$\beta = \frac{\beta_h}{P} \frac{p_{1_w} - p_{1_\infty}}{\ln \frac{P - p_{1_\infty}}{P - p_{1_w}}} = \frac{\beta_h}{P} \frac{(p_{2_\infty} - p_{2_w})}{\ln \frac{p_{2_\infty}}{p_{2_w}}} = \beta_h \frac{\overline{\Delta p_2}}{P}, \tag{360}$$

wenn $\overline{\Delta p_2}$ den logarithmischen Mittelwert der Partialdrücke der nicht diffundierenden Komponente (Trägergas) bedeutet. Für mäßige Partialdruckdifferenzen wird daraus [siehe Gl. (356)]

$$\beta = \beta_h \frac{p_{2_w}}{P}. \tag{360 a}$$

Damit wird die dimensionslose Stoffübergangszahl St' für die einseitige Diffusion:

$$St' = \frac{\beta}{w} = \frac{\beta_h \overline{\Delta p_2}}{w P} = \frac{K_{G_h} \overline{\Delta p_2}}{G/m_m} \tag{361}$$

oder für kleine Partialdruckdifferenzen, auf welche diese Gleichungen nach den früheren Betrachtungen ohnehin beschränkt sind:

$$St' = \frac{\beta}{w} = \frac{\beta_h p_{2_w}}{w P} = \frac{K_{G_h} p_{2_w}}{G/m_m}. \tag{361 a}$$

Es bedeuten dabei β die aus der Analogie folgende und β_h die wirklich auftretende Stoffübergangszahl. K_{G_h} ist die für die halbdurchlässige Wand geltende Stoffübergangszahl, die analog zu Gl. (357) definiert ist.

3. Experimentelle Nachprüfung der Analogie.

Nach den Ausführungen des vorigen Abschnittes ist die strenge Analogie auf wenige Sonderfälle beschränkt. Es könnte dadurch der Eindruck entstehen, als ob der praktische Wert von Analogiebetrachtungen sehr gering wäre, da die wirklichen Vorgänge meist mehr oder weniger erhebliche Ähnlichkeitsdefekte aufweisen. Es ist der Sinn dieses Abschnitts, an einigen Beispielen die praktische Bedeutung der Analogie aufzuzeigen, wobei darauf hingewiesen sei, daß dieses Gebiet noch nicht annähernd in seinem vollen Umfang ausgeschöpft ist[1].

a) Längs angeströmte Platte. Da hierbei $\operatorname{grad} p = 0$ ist und reiner Reibungswiderstand auftritt, ist die Voraussetzung für die Ähnlichkeit

[1] Für eine Zusammenstellung der neueren Literatur vgl. E. SCHMIDT in: Fortschritte der Verfahrenstechnik 1952/1953. Weinheim 1954.

der Geschwindigkeits-, Temperatur- und Konzentrationsfelder gegeben. Problematisch ist der Umschlagspunkt von der laminaren in die turbulente Grenzschicht, der von der Form der Anströmkante und dem Turbulenzgrad der ungestörten Strömung abhängt.

Bei *Turbulenz* von der Vorderkante an wird die mittlere Widerstandszahl bis zur Plattenlänge L nach Gl. (167)

$$c_f/2 = 0{,}037(Re_L)^{-0{,}2}. \tag{362}$$

Für den Wärmeübergang können die Messungen von SUGAWARA und SATO[1] herangezogen werden, da auch dort für sehr frühes Einsetzen der Turbulenz gesorgt war. Mit $Pr = 0{,}72$ für Luft wird aus Gl. (169a)

$$j_W = \frac{Nu_L}{Re_L\,Pr}\,Pr^{2/3} = 0{,}0322(Re_L)^{-0{,}2}. \tag{363}$$

Die um über 10% gegenüber $c_f/2$ kleineren j_W-Werte scheinen darauf hinzuweisen, daß bei den Wärmeübergangs-Messungen doch noch eine kurze laminare Anlaufstrecke vorhanden war.

Für die *laminare* Grenzschicht an der ebenen Platte gilt nach BLASIUS für die mittlere Widerstandszahl

$$c_f/2 = 0{,}664(Re_L)^{-0{,}5} \tag{364}$$

und für den Wärmeübergang nach E. POHLHAUSEN gemäß Gl. (95)

$$j_W = \frac{Nu_L}{Re_L\,Pr}\,Pr^{2/3} = 0{,}664\,(Re_L)^{-0{,}5}. \tag{365}$$

Da Gl. (365) durch Messungen sehr gut bestätigt wurde, ist für laminare Grenzschicht die Analogie zwischen Impuls- und Wärmeaustausch vollständig erfüllt.

In Abb. 163 sind die Gln. (362) bis (365) gemeinsam als Funktion der Reynolds-Zahl $Re_L = WL/\nu$ dargestellt und mit Verdunstungsversuchen mehrerer Verfasser (zusammengestellt von SHERWOOD[2]) verglichen. Trotz gewisser Streuungen zeigt sich eine grundsätzliche Übereinstimmung. Auch SUTTON[3] erhielt aus Verdunstungsversuchen einen Exponenten der Geschwindigkeit von nahezu 0,8 ($g \sim W^{0{,}8}$). W bedeutet die Geschwindigkeit der ungestörten Strömung.

b) Quer angeströmter Zylinder. Statt der Verdunstung kann man auch die Sublimation fester Körper zur Messung des Stoffüberganges benutzen, etwa von Kampfer, Naphthalin, Paradichlorbenzol u. ä. Damit kommt man zu sehr einfachen Versuchsanordnungen, die unter Benutzung der Analogie auch zur Berechnung von Wärmeübergangszahlen brauchbar sind[4]. Nachdem WINDING und CHENEY[5] diese Methode

---

[1] Zit. S. 237.

[2] SHERWOOD, TH. K.: Heat transfer, mass transfer and fluid friction. Industr. Engng. Chem. 42 (1950) 2077/2084.

[3] SUTTON, O. G.: Wind structure and evaporation in a turbulent atmosphere. Proc. roy. Soc., Lond. (A) 146 (1934) 701/722.

[4] Bei geeignet gewählten Versuchsbedingungen und Verzicht auf höchste Genauigkeit genügt eine Mengenmessung des Gasstroms und eine Wägung des Versuchskörpers.

[5] WINDING, C. C., u. A. J. CHENEY: Mass and heat transfer in tube banks. Industr. Engng. Chem. 40 (1948) 1087/1093.

für Rohrbündel angewendet hatten, veröffentlichten BEDINGFIELD und DREW[1] eine sorgfältige Untersuchung am Einzelrohr. Die Ergebnisse ihrer eigenen und fremder Messungen zeigt Abb. 164. Dort sind dimensionslose Stoff- und Wärmeübergangszahlen J_S und J_W über der Reynolds-Zahl $Re_D = WD/\nu$ aufgetragen, worin D den Zylinderdurchmesser und W die Anströmgeschwindigkeit bedeuten. Die ausgezogene Gerade entspricht dem Wärmeübergang am Zylinder für $1000 < Re_D < 50000$

$$J_W = \frac{Nu_D}{Re_D\, Pr} Pr^{0,56} = 0,281\, Re_D^{-0,4}, \tag{366}$$

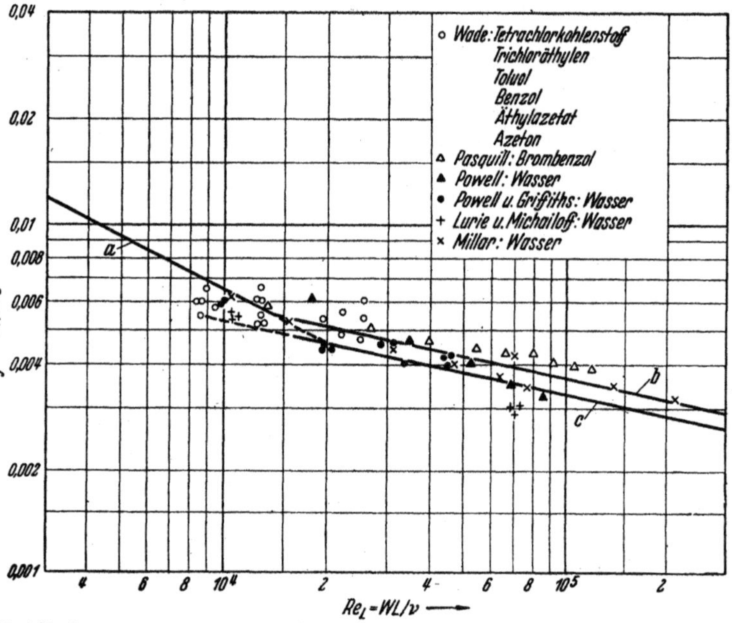

Abb. 163. Impuls-, Wärme- und Stoffübergang an der ebenen, längs angeströmten Platte. a bedeutet Gl. (364) und (365), b bedeutet Gl. (362), c bedeutet Gl. (363). W = Anströmgeschwindigkeit. Die Meßpunkte stammen aus Verdunstungsversuchen.

die aus einer von McADAMS[2] angegebenen Gleichung

$$Nu_D = 0,26\, Re_D^{0,6}\, Pr^{0,3} \tag{366a}$$

abgeleitet wurde. Nach Abb. 164 würde sich auch der Stoffübergang durch die entsprechende Gleichung

$$J_S = \frac{Nu'_D}{b\, Re_D\, Sc} Sc^{0,56} = 0,281\, Re_D^{-0,4} \tag{367}$$

wiedergeben lassen. Darin ist b ein Korrekturwert, der den Einfluß der diffundierenden Masse berücksichtigt und der bei den Versuchen

[1] BEDINGFIELD, CH. H. jr., u. TH. B. DREW: Analogy between heat transfer and mass transfer. Industr. Engng. Chem. 42 (1950) 1164/1173.

[2] McADAMS, W. H.: Heat Transmission, 2. Aufl. S. 222. New York u. London 1942. Vgl. dazu die Messungen von R. HILPERT (S. 247).

der Verfasser meist weniger als 1% ausmachte, was aber nicht die Regel zu sein braucht. Als Stoffwerte wurden die Mittelwerte in der Grenzschicht eingesetzt.

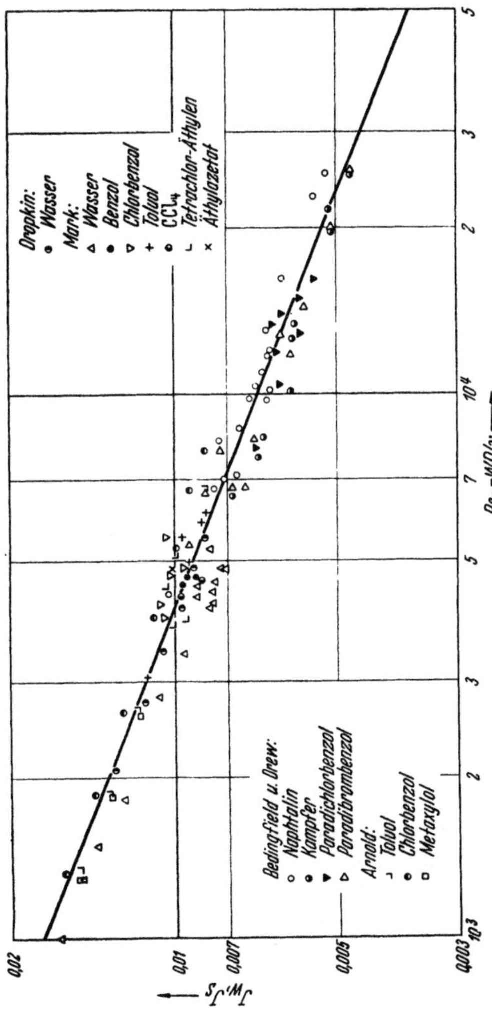

Abb. 164. Stoff- und Wärmeübergang am quer angeströmten Zylinder. (Nach BEDINGFIELD u. DREW.)

In den Gln. (366) und (367) fällt besonders der Wert des Pr- bzw. Sc-Exponenten von 0,56 auf, der dem Wert $n = 0{,}44$ in der einfachen Potenzgleichung

$$Nu = \text{const} Re^m Pr^n$$

entsprechen würde. Da $n = 0{,}33$ nicht den Versuchsergebnissen des Stoffüberganges entsprach, liegt der Schluß nahe, daß für $Pr \approx 1$ auch beim Wärmeübergang ein Wert n zwischen 0,4 und 0,5 geeigneter wäre (vgl. dazu S. 347). Die Schmidt-Zahlen lagen bei den Versuchspunkten nach Abb. 164 zwischen $Sc = 0{,}6$ und $2{,}6$, wenn die Zähigkeit der reinen Luft eingesetzt wurde.

Die Analogie zwischen Wärme- und Stoffübergang ist nach den in Abb. 164 wiedergegebenen Messungen befriedigend erfüllt. Der Vergleich mit dem Strömungswiderstand wird dadurch erschwert, daß am Zylinder ein nennenswerter Anteil an Formwiderstand entsteht, der nicht der einfachen Analogie unterliegt. Näherungsweise kann man den reinen Reibungswiderstand zum Vergleich heranziehen, soweit sich die beiden Anteile überhaupt trennen lassen.

c) Berieselte Rohrwand. Abb. 165 zeigt mittlere dimensionslose Stoffübergangszahlen

$$j_S = \frac{\beta}{w} Sc^{2/3}$$

als Funktion der Reynolds-Zahl $Re_D = \overline{w}\, D/\nu$, die aus Rektifikations-

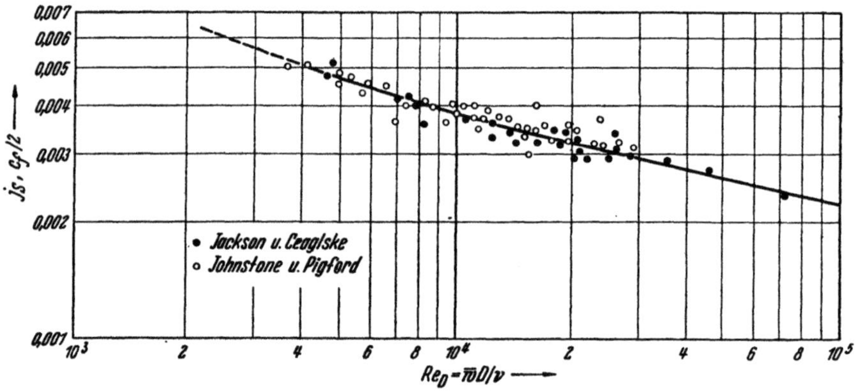

Abb. 165. Stoffübergang und Reibung im senkrechten Rohr mit berieselter Wand.

versuchen von Jackson und Ceaglske[1] in einem senkrechten Rohr mit berieselter Wand stammen, wobei mit vollständigem oder Teilrücklauf gearbeitet wurde. Da hier die Wand voll durchlässig war, brauchte β nicht korrigiert zu werden. Die Reynolds-Zahl bezieht sich auf die Relativgeschwindigkeit des Gasstroms zum Flüssigkeitsfilm. Die Stoffwerte der Sc-Zahl sind für die Mittelwerte der Gasphase eingesetzt. Die ausgezogene Gerade in Abb. 165 stellt den Strömungswiderstand $c_f/2$ dar, wie er in demselben Rohr versuchsmäßig ermittelt wurde. Auch hier ist die Analogie befriedigend erfüllt trotz der Schwierigkeiten der Mittelwertbildung, da die Stoffgrößen längs des Rohres stark veränderlich sind.

d) Tropfen und Kugeln. Der Wärme- und Stoffübergang an Tropfen und Kugeln ist für eine Reihe von technischen Prozessen von Bedeutung, so für die Sprühtrocknung, Sprühextraktion und -absorption, die Verbrennung im Dieselmotor u. a. Eine ausführliche Untersuchung von

---

[1] Jackson, M. L., u. N. H. Ceaglske: Distilliation, vaporization and gas absorption in a wetted wall column. Industr. Engng. Chem. 42 (1950) 1188/1198.

Ranz und Marshall[1] zeigt, daß auch hier die Analogie erfüllt ist. Wasser- und Benzoltropfen hingen dabei an der Mündung einer Mikrobürette und wurden einem bis auf 200 °C vorgeheizten und getrockneten Luftstrom ausgesetzt. Wie Temperaturmessungen im Tropfen ergaben, entsprach die Tropfentemperatur sehr genau der psychrometrischen Sättigungstemperatur. Auf diese bzw. auf die zugehörigen Partialdrücke der verdunstenden Flüssigkeit wurden die Wärme- und Stoffübergangszahlen bezogen. Die Tropfendurchmesser betrugen 0,6 bis 1,1 mm.

Wärme- und Stoffübergang ließen sich im Meßbereich von

$$0 < Re_D < 200$$

durch folgende Gleichungen darstellen:

$$Nu_D = 2{,}0 + 0{,}6\, Re_D^{0{,}5}\, Pr^{1/3}, \tag{368}$$

$$Nu'_D = 2{,}0 + 0{,}6\, Re_D^{0{,}5}\, Sc^{1/3}. \tag{369}$$

Ein Vergleich mit Messungen anderer Autoren zeigt, daß diese Gleichungen auch bis $Re = 1000$ brauchbar sind[2]. Eine Korrektur für die gegenseitige Beeinflussung der beiden Austauschvorgänge war nicht erforderlich.

Im Bereich $1700 < Re < 6000$ maß Ingebo[3] die Verdunstung an Korkkugeln, die mit Wasser, Tetrachlorkohlenstoff, Oktan oder Azeton getränkt waren. Für die in der Zeiteinheit verdunstende Menge m erhielt er folgenden Ausdruck:

$$\frac{dm}{dt} = \frac{\lambda_l\, \Delta\vartheta}{r}\, \pi D \left[2 + 0{,}303\,(Re\, Sc)^{0{,}6} \left(\frac{\lambda_l}{\lambda_d}\right)^{0{,}5}\right]. \tag{370}$$

Darin bedeuten λ_l und λ_d die Wärmeleitzahlen der Luft bzw. des Dampfes, r die Verdampfungswärme der Flüssigkeit, $\Delta\vartheta$ den Temperaturunterschied zwischen Luft und Kugeloberfläche und D den Kugeldurchmesser. Die Kugeloberfläche war auch hier sehr genau auf der psychrometrischen Sättigungstemperatur. Der Ausdruck $(\lambda_l/\lambda_d)^{0{,}5}$ soll näherungsweise den gleichzeitigen Wärme- und Stoffübergang berücksichtigen.

---

[1] Ranz, W. E., u. W. R. Marshall jr.: Evaporation from drops. Chem. Engng. Progr. 48 (1952) 141/146 u. 173/180.

[2] Vgl. dazu die sehr ähnliche Gl. (188) S. 251.

[3] Ingebo, R. D.: Vaporization rates and heat transfer coefficients. Chem. Engng. Progr. 48 (1952) 403/408.

Dritter Teil.

Wärmestrahlung.

A. Einführung.

1. Wärmestrahlung als Schwingungsvorgang.

Zwischen den im 1. und 2. Teil behandelten Wärme*leitungs*problemen und der Wärme*strahlung* bestehen grundsätzliche Unterschiede. Der durch Leitung zustande kommende Wärmefluß kann in festen, flüssigen und gasförmigen Stoffen stets als ein Vektor dargestellt werden, der mit dem Temperaturfeld durch den Temperaturgradienten verbunden ist. Dieser ist (sofern er nicht gleich Null ist) überall endlich; das Temperaturfeld ändert sich immer stetig, auch wenn die Wärme von einem Träger (z. B. einem festen Körper) an einen anderen Träger (etwa eine Flüssigkeit) abgegeben wird. Immer tritt die Wärme als die gleiche Energieform auf, als kinetische Energie der Moleküle.

Dagegen ist die an einem Ort vorhandene Wärmestrahlung ganz unabhängig von der Temperatur des an dem betreffenden Ort vorhandenen Stoffes. Dies zeigt z. B. deutlich der Vorgang, von dem die ganze Erde lebt, die Übermittlung der Wärme von der Sonne zur Erde. Wir wissen, daß die Oberfläche der Sonne eine „effektive" Temperatur von 5712 °K hat und daß sie der Erde in ihrem mittlerem Abstand zur Sonne bei senkrechtem Einfall den Betrag von 0,133 Watt/cm^2 = 1140 kcal/m^2 h zustrahlt[1], bezogen auf die Einheit der Erdoberfläche. Der Raum zwischen Sonne und Erde hat aber eine Temperatur nahe dem absoluten Nullpunkt.

Wir betrachten die Wärmestrahlen als elektromagnetische Wellen, die von dem strahlenden Körper ausgesandt werden, sich geradlinig fortpflanzen und beim Auftreffen auf Materie wieder in Wärme zurückverwandelt werden. Damit ist natürlich das *Wesen* der Strahlung keineswegs erklärt, aber doch die Grundlage zu einer Theorie gegeben, die die Wärmestrahlung in Zusammenhang mit anderen Strahlungsvorgängen gebracht hat und die beobachteten Erscheinungen einheitlich zu beschreiben gestattet.

Die als Wärmestrahlung auftretenden Schwingungen unterscheiden sich von anderen Strahlen nur durch ihre Wellenlänge; diese ist für die Wirkung maßgebend, die eine Strahlung beim Auftreffen auf Materie

---

[1] Diese sog. „Solarkonstante" enthält nicht die Absorption durch die Erdatmosphäre, die höchstens $^2/_3$ dieses Betrages hindurchläßt.

hervorbringt. Nach dem gegenwärtigen Stand unserer Kenntnisse gilt etwa die in Zahlentafel 35 wiedergegebene Einteilung der verschiedenen Strahlungsarten.

Zahlentafel 35. *Einteilung der elektromagnetischen Schwingungen.*

Wellenlänge*	Bezeichnung der Strahlung
0,05 $\mu\mu$ (geschätzt)	Höhenstrahlung (Weltraumstrahlung)
0,5 $\mu\mu$ bis 10 $\mu\mu$	Gamma-Strahlung
1 $\mu\mu$ bis 20 mμ	Röntgen-Strahlung
20 mμ bis 0,4 μ	ultraviolette Strahlung
0,4 μ bis 0,8 μ	sichtbare Strahlung
0,8 μ bis 0,8 mm	Wärmestrahlung
0,2 mm bis x km	elektrische Wellen

* 1 $\mu = 10^{-3}$ mm; 1 m$\mu = 10^{-6}$ mm (= 10 Ångström-Einheiten); 1 $\mu\mu = 10^{-9}$ mm. Das m$\mu = 10^{-9}$ m wird auch mit Nanometer (nm) bezeichnet.

Die folgenden Kapitel sollen keine zusammenhängende Darstellung der Wärmestrahlung geben, da diese Aufgabe allein ein Buch für sich beanspruchen würde und außerdem schon hinreichend behandelt ist[1]. Hier werden nur die grundlegenden Begriffe und Gesetzmäßigkeiten besprochen, soweit sie für das Verständnis der Wärmeübertragung notwendig sind.

2. Grundlegende Begriffe.

a) Reflexion. Wenn eine Strahlung auf einen Körper trifft, so dringt ein Teil davon in ihn ein, der Rest wird von der Oberfläche „reflektiert", d. h. wieder in den Raum zurückgesandt. Die Strahlung kann entweder „spiegelnd" reflektiert werden oder „diffus". Der gespiegelt reflektierte Strahl verläßt die spiegelnde Oberfläche wieder als scharf abgegrenzter Strahl, und zwar unter demselben Winkel gegen die Flächennormale, mit dem er die Oberfläche getroffen hat. Eine diffus reflektierende Fläche verwandelt den einfallenden Strahl in ein gleichmäßig über den ganzen Raum verteiltes Strahlenbündel. Spiegelnde Flächen nennt man „blank", diffus reflektierende „matt". Bei Metallflächen hat „blank" außerdem noch die Bedeutung „frei von Oxydschichten oder sonstigen Verunreinigungen".

[1] In erster Linie ist das klassische Werk „Vorlesungen über die Theorie der Wärmestrahlung" von M. Planck, Leipzig 1923, zu nennen, ferner vom gleichen Verfasser: „Einführung in die Theorie der Wärme" (5. Band der „Einführung in die theoretische Physik), Leipzig 1930; dann u. a. die einschlägigen Beiträge in Bd. 20 und 21 des Handbuches der Physik, herausgegeben von H. Geiger und K. Scheel, Berlin 1928 und 1929, in Bd. 9/1 des Handbuches der Experimentalphysik, herausgegeben von W. Wien u. F. Harms, Leipzig 1929, in Bd. 2/2/1 von Müller-Pouillets Lehrbuch der Physik, Braunschweig 1929, in Bd. 2 des Handbuches der physikalischen Optik, herausgegeben von E. Gehrke, Leipzig 1927. Vgl. weiter: Cl. Schäfer: Einführung in die theoretische Physik, Bd. III, Teil 1, 2. Aufl., Berlin 1950, S. 753/808 (Theorie der Strahlung). — W. Brügel: Physik und Technik der Ultrarotstrahlung. Hannover 1951. — A. Sommerfeld: Vorlesungen über theoretische Physik, Bd. V (Thermodynamik und Statistik), Wiesbaden 1952 (S. 130ff.).

b) Absorption und Durchlässigkeit. Der in den Körper eindringende Teil der Strahlung kann diesen entweder unverändert durchlaufen (der Körper ist „diatherman", durchlässig für Wärmestrahlen) oder er kann „absorbiert", d. h. in eine andere Energieform, meistens Wärme, verwandelt werden (der Körper ist „atherman"). Absorption und Durchlässigkeit hängen von dem Stoff, aus dem der Körper besteht, von seiner Form und von der Wellenlänge der Strahlung ab. So sind z. B. die elektrischen Leiter im allgemeinen undurchlässig für alle Arten von Strahlung, aber „harte", d. h. kurzwellige Röntgenstrahlen durchdringen noch mehrere Zentimeter dicke Metallplatten. Andererseits kann man Metallfolien so dünn herstellen, daß sie durchsichtig, d. h. für Lichtstrahlen durchlässig werden. Normales Glas ist für Lichtstrahlen durchlässig, für ultraviolette Strahlen aber nicht und für Wärmestrahlen nur sehr wenig (Treibhauseffekt).

Der Begriff „durchlässig" gilt übrigens mit der Einschränkung, daß es keine vollkommen durchlässigen Stoffe gibt. Z. B. ist Wasser in dünner Schicht durchsichtig, aber den Boden tiefer Meere erreicht doch kein Lichtstrahl.

Bezeichnet man die Intensität der auf einen Körper auftreffenden Strahlung mit 1, so bezeichnet

die Absorptionszahl A den absorbierten Anteil,
die Reflexionszahl R den reflektierten Anteil,
die Durchlaßzahl D den durchgelassenen Anteil.

Der Energiesatz schreibt die Beziehung vor

$$A + R + D = 1. \tag{1}$$

Gemäß den oben geschilderten Eigenschaften der Stoffe können auch zwei dieser Größen einzeln oder gemeinsam Null werden.

Der Betrag der absorbierten Energie ist abhängig von dem Weg, den die Strahlung in dem absorbierenden Medium zurücklegt, und zwar ist er dem Wegelement proportional. Den Proportionalitätsfaktor, den wir mit δ bezeichnen, nennt man „Absorptionskoeffizient". Außerdem ist die absorbierte Energie noch proportional der Intensität (siehe S. 366) der einfallenden Strahlung. Bezeichnen wir diese mit J_λ, ihre Abnahme auf der Strecke dx mit dJ_λ, so erhalten wir die einfache Beziehung

$$dJ_\lambda = -\delta_\lambda J_\lambda \, dx. \tag{2}$$

Der Index λ bedeutet, daß die Gl. (1) nur für eine bestimmte Wellenlänge[1] (monochromatische Strahlung) gilt. Der Absorptionskoeffizient δ_λ ist nämlich nicht nur von dem absorbierenden Medium, sondern auch von der Wellenlänge abhängig.

Unter der Voraussetzung, daß δ_λ von J und x unabhängig ist, kann man Gl. (1) in den Grenzen $x = 0$ bis $x = s$ integrieren und erhält:

$$-\delta_\lambda s = \ln J_\lambda - \ln C.$$

Die Integrationskonstante ist die Intensität $J_{\lambda,0}$ der durch die Oberfläche ($x = 0$) in den Körper eintretenden Strahlung. Der etwa reflek-

[1] Beachte, daß in diesem Abschnitt λ die Wellenlänge bedeutet.

tierte Anteil sei bereits abgezogen. Damit wird die Intensität in der Entfernung s von der Oberfläche

$$J_\lambda = J_{\lambda,0}\, e^{-\delta_\lambda s}. \tag{3}$$

Eine Schicht von der in Richtung des Strahles gemessenen Dicke s absorbiert demgemäß den Energiebetrag:

$$J = J_{\lambda,0} - J_{\lambda,0}\, e^{-\delta_\lambda s} = J_{\lambda,0}\,(1 - e^{-\delta_\lambda s}). \tag{4}$$

c) Emission. Wir haben bisher die Veränderungen besprochen, die ein Strahl erleidet, wenn er auf einen Körper trifft, ohne uns darum zu kümmern, woher der Strahl kommt. Dies wollen wir jetzt nachholen, indem wir die „Emission" eines Flächenelementes betrachten.

Zunächst ist festzustellen, daß eine Strahlung grundsätzlich nur von einer endlichen Masse, also von einem *Raum* ausgehen kann. Wir wollen uns aber nicht um das Innere dieses Raumes kümmern, sondern ein Element seiner Oberfläche herausgreifen und die Strahlung bestimmen, die durch dieses Element hindurchtritt und von ihm aus sich in den Außenraum verteilt.

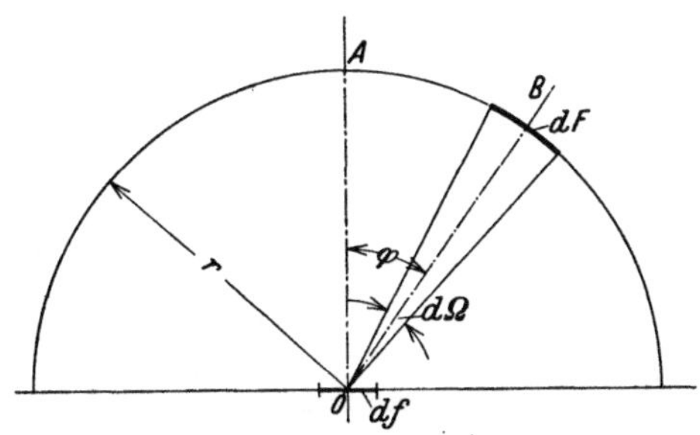

Abb. 166. Emission eines Flächenelementes.

Sei df (Abb. 166) ein vollkommen diffus strahlendes Flächenelement. Die in der Zeiteinheit von df ausgestrahlte Energiemenge dE ist proportional dem cos des Winkels φ zwischen der Flächennormalen OA und der Achse des Strahles OB. Man sieht dies leicht ein, wenn man bedenkt, daß die Größe, in der das Flächenelement vom Punkte B aus gesehen wird, gleich $df \cos\varphi$ ist und eine homogene diffuse Strahlung proportional der „sichtbaren" Größe der strahlenden Fläche ist. Damit ist das „Lambertsche Richtungsgesetz" ausgesprochen, das uns später (S. 380) noch beschäftigen wird.

Weiterhin ist dE proportional der Öffnung des Raumwinkels $d\Omega$ und der „spektralen Energie" des betrachteten Strahles. Diese Größe, die durch das Plancksche Gesetz (s. S. 365) bestimmt ist, setzen wir zunächst gleich dem Produkt aus der „spektralen Intensität" $J_{\lambda,n}$ in Richtung der Flächennormalen (Definition s. S. 366) und einem sehr kleinen, aber endlichen Wellenlängenbereich $d\lambda$. Damit erhalten wir für dE in dem Wellenlängenbereich $\lambda - \frac{d\lambda}{2}$ bis $\lambda + \frac{d\lambda}{2}$ die Gleichung

$$dE_\lambda = J_{\lambda,n}\, d\lambda \cos\varphi\, d\Omega\, df. \tag{5}$$

Will man nun die gesamte, von df im Wellenlängenbereich $d\lambda$ ausgestrahlte Energiemenge berechnen, so muß man Gl. (5) für die ganze, über der Ebene von df liegende Halbkugel integrieren. Zu diesem Zweck muß man zunächst den Raumwinkel $d\Omega$ in Polarkoordinaten ausdrücken.

Wenn man einen ebenen Winkel α im absoluten Maß messen will, so schlägt man um seine Spitze einen Kreis mit dem Radius r und mißt den Bogen s, den der Winkel aus diesem Kreis ausschneidet. Der Winkel α ist dann durch den Quotienten s/r, ein unendlich kleiner Winkel $d\alpha$ durch ds/r bestimmt.

In ganz ähnlicher Weise werden Raumwinkel gemessen. Man legt um die Spitze O des Kegels (Abb. 167) eine Kugel mit dem Radius r und bestimmt die Fläche f, die aus der Kugeloberfläche ausgeschnitten wird. Es ergibt sich dann, analog dem ebenen Winkel:

$$\text{Raumwinkel } \Omega = \frac{f}{r^2} \quad \text{oder} \quad \text{Raumwinkel } d\Omega = \frac{df}{r^2}.$$

Bezeichnet in Kugelkoordinaten ψ die geographische Länge und φ den Polabstand, also 90° minus geographische Breite, so ist durch die Richtungen $\psi, \psi + d\psi$ und $\varphi, \varphi + d\varphi$ ein unendlich kleiner Raumwinkel $d\Omega$ festgelegt, der auf der Kugel mit dem Radius r ein kleines Rechteck df ausschneidet. Die eine Seite dieses Rechteckes ist $r\,d\varphi$, die andere ist $\varrho\,d\psi = r \times \sin\varphi\,d\psi$ (vgl. Abb. 167). Der Raumwinkel ist dann

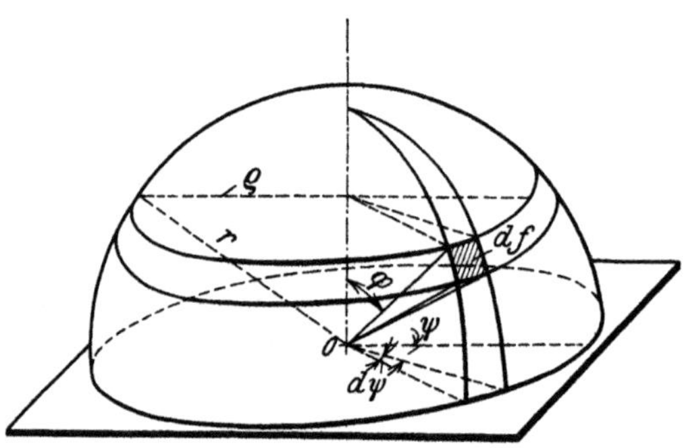

Abb. 167. Berechnung des zu df gehörigen Raumwinkels.

$$d\Omega = \frac{df}{r^2} = \sin\varphi\,d\varphi\,d\psi. \tag{6}$$

Setzt man Gl. (6) in (5) ein, so erhält man

$$dE_\lambda = J_{\lambda,n}\,d\lambda\,df\,d\psi\,\sin\varphi\,\cos\varphi\,d\varphi. \tag{7}$$

Die Integration ergibt

$$E_\lambda = J_{\lambda,n}\,d\lambda\,df \int\limits_{\psi=0}^{\psi=2\pi} d\psi \int\limits_{\varphi=0}^{\varphi=\pi/2} \sin\varphi\,\cos\varphi\,d\varphi \tag{8}$$

$$= \pi\,J_{\lambda,n}\,d\lambda\,df = \pi\,E_{\lambda,n}\,df. \tag{9}$$

Diese Gleichung besagt, daß die gesamte, in den Halbraum ausgesandte Energie das π-fache der in Richtung der Flächennormale in den Einheitswinkel $\left(\text{Raumwinkel } \Omega = \frac{180°}{\pi}\right)$ ausgestrahlten Energie ist, wie aus einem Vergleich mit Gl. (5) ohne weiteres hervorgeht. Diese Beziehung ist wichtig für die Ausführung von Strahlungsmessungen. Die Bestimmung des Winkels entfällt dabei meistens, da man fast stets das Meßgerät (Bolometer, Thermosäule) mit einem schwarzen Körper bei unveränderter Winkelöffnung vergleicht.

Der Index λ bedeutet, daß es sich um „einfarbige" (monochromatische) Strahlung innerhalb des von $\lambda + \frac{d\lambda}{2}$ bis $\lambda - \frac{d\lambda}{2}$ sich erstreckenden Wellenlängenbereiches handelt. Die Integration über einen bestimmten

Spektralbereich kann man erst ausführen, wenn man das Gesetz kennt, nach dem J_λ von λ abhängt.

d) Polarisation. Die Wärmestrahlen sind wie alle elektromagnetischen Schwingungen Transversalwellen, d. h. sie schwingen in einer den Strahl enthaltenden Ebene senkrecht zur Fortpflanzungsrichtung des Strahls. Im allgemeinen ist keine von den unendlich vielen Ebenen, die man durch einen Strahl legen kann, bevorzugt, in einem Strahlenbündel sind alle Schwingungsebenen im steten Wechsel gleichmäßig vertreten; man nennt die Strahlung dann „unpolarisiert“. In besonderen Fällen (Reflexion unter einem bestimmten Winkel, Brechung durch Kristalle) kann aber auch eine ausgezeichnete Schwingungsebene bevorzugt werden; man nennt eine solche Strahlung „polarisiert“. Die von blanken Metallflächen ausgehende Wärmestrahlung ist stark polarisiert.

B. Die Strahlung des schwarzen Körpers.

1. Das Plancksche Strahlungsgesetz.

Während die Ausführungen des vorhergehenden Abschnittes allgemeine Geltung haben, wollen wir uns von jetzt ab nur mehr mit „Temperaturstrahlern“ beschäftigen. Als solche bezeichnet man Körper, deren Strahlung ausschließlich durch ihre Temperatur bedingt ist. Ausgeschlossen sind die Lumineszenzerscheinungen, z. B. die Strahlung phosphoreszierender Körper (Chemilumineszenz). Für die Temperaturstrahlung sind auch die Bezeichnungen „Ultrarotstrahlung“ oder „Infrarotstrahlung“ gebräuchlich.

Zunächst interessiert uns die Frage, in welcher Weise die ausgesandte Energie von der Temperatur des Strahlers abhängt. Dabei nimmt unter allen möglichen Strahlern derjenige eine besondere Stellung ein, der bei einer bestimmten Temperatur die größtmögliche Energiemenge aussendet. Man nennt einen solchen Strahler „schwarzen Körper“, weil er durch eine berußte, matte Fläche hinreichend angenähert dargestellt werden kann. Daraus ergeben sich gleich weitere Kennzeichen des schwarzen Körpers: er absorbiert alle auf ihn treffende Strahlung, reflektiert also nichts.

Die von einem schwarzen Körper ausgestrahlte Energie ist durch seine Temperatur eindeutig festgelegt. Sie verteilt sich aber nicht gleichmäßig auf alle Wellenlängen, sondern die Intensität J_λ ist als Funktion der Wellenlänge λ durch das Plancksche Strahlungsgesetz gegeben. Es lautet:

$$J_\lambda = c_1 \frac{\lambda^{-5}}{e^{\frac{c_2}{\lambda T}} - 1}. \tag{10}$$

J_λ hat im technischen Maßsystem die Dimension kcal/m³h; entsprechend muß man λ in m einsetzen. Dieses Gesetz führt die Funktion $J = J(\lambda, T)$ auf universelle Konstanten zurück, da folgende Beziehungen gelten:

$$c_1 = 2\pi c_0^2 h \tag{10a}$$

und

$$c_2 = c_0 h/k. \tag{10b}$$

Darin bedeuten c_0 die Lichtgeschwindigkeit im Vakuum, h das Plancksche Wirkungsquantum und k die Boltzmannsche Konstante.

Die beiden Konstanten in Gl. (10) haben nach den besten z. Z. vorliegenden Messungen folgende Werte[1,2]

$$\begin{aligned} c_1 &= 0{,}321 \cdot 10^{-15}\,\text{kcal m}^2/\text{h} \\ &= 0{,}893 \cdot 10^{-12}\,\text{cal cm}^2/\text{sek} \\ &= 3{,}74 \ \cdot 10^{-12}\,\text{Watt cm}^2, \\ c_2 &= 0{,}01438\,\text{m grd} = 1{,}438\,\text{cm grd}. \end{aligned}$$

Abb. 168 gibt die Verteilung der Intensität nach dem Planckschen Gesetz wieder. Die eingezeichneten Isothermen zeigen, daß die Intensität der Strahlung vom Wert Null bei ganz kleinen Wellenlängen rasch bis zu einem Höchstwert zunimmt, dann langsamer abfällt und auch bei den längsten Wellen, die als Wärmestrahlung noch erfaßbar sind, den Wert Null noch nicht wieder erreicht hat.

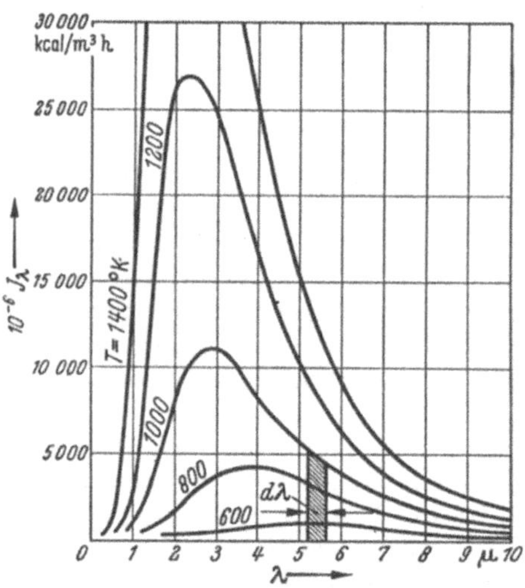

Abb. 168. Abhängigkeit der Strahlungsintensität J_λ von der Wellenlänge λ (Plancksches Gesetz).

Eine von einer Isotherme, der Abszissenachse und den Ordinaten λ und $\lambda + d\lambda$ begrenzte (in Abb. 168 schraffiert gezeichnete) Fläche gibt die von der Flächeneinheit (1 m²) in der Zeiteinheit (1 h) bei der Temperatur T der Isotherme in dem Wellenlängenbereich $d\lambda$ ausgestrahlte Energie $dE_{\lambda,T}$ an. Der mathematische Ausdruck für die schraffierte Fläche und damit für dE_T ist

$$dE_{\lambda,T} = J_{\lambda,T}\, d\lambda. \tag{11}$$

Der schon früher gebrauchte Begriff „Intensität" ist also nichts anderes als die Ordinate an der Stelle λ oder der Faktor, mit dem $d\lambda$ multipliziert werden muß, damit das Produkt die Strahlungsenergie angibt. Diese Strahlungsenergie $E_{\lambda,T}$ an der Stelle λ kann nur für einen endlichen Wellenlängenbereich $\Delta\lambda$ einen endlichen Wert annehmen, da

---

[1] Im Schrifttum wird oft der Wert $c_1' = c_0^2 h = c_1/2\pi = 5{,}955 \cdot 10^{-13}$ Watt cm² angegeben, der sich auf die linear polarisierte Strahlung normal zur strahlenden Fläche bezieht. Wir betrachten dagegen die unpolarisierte Strahlung (Faktor 2) in den Halbraum (Faktor π).

[2] Der Wert $c_2 = 1{,}438$ cm grd ist von der 9. Generalkonferenz für Maß und Gewicht (1948) als verbindlich angenommen worden. Diese Konstante geht in die Definition der Temperaturskala ein. Vgl. ETZ 70 (1949) 259/263.

sich nur eine endliche Gesamtenergie der Strahlung auf den ganzen Wellenlängenbereich verteilt (im Falle des schwarzen Körpers nach dem Planckschen Gesetz). Eine streng monochromatische Strahlung bei einer einzigen Wellenlänge ist auch theoretisch nicht möglich, da sie keine endliche Energie besäße.

Die in Abb. 168 gezeigte Darstellung des Planckschen Gesetzes zeigt zwar den Verlauf der Isothermen anschaulich, für quantitative Angaben ist sie aber ungünstig. Man erhält ein besser ausgenütztes Diagramm, wenn man $\lg (J_\lambda\, d\lambda) = \lg E_\lambda$ als Funktion von $\lg \lambda$ darstellt (Abb. 169). Dabei wählt man zweckmäßig $d\lambda$ proportional λ; in Abb. 169 wurde willkürlich $d\lambda = 0{,}01\,\lambda$ genommen.

Die Isothermen der Abb. 169 besitzen gleiche Gestalt, gehen also durch Parallelverschiebung auseinander hervor. Die Maxima aller Kurven liegen auf einer Geraden (ausgezogene Gerade, vgl. S. 369).

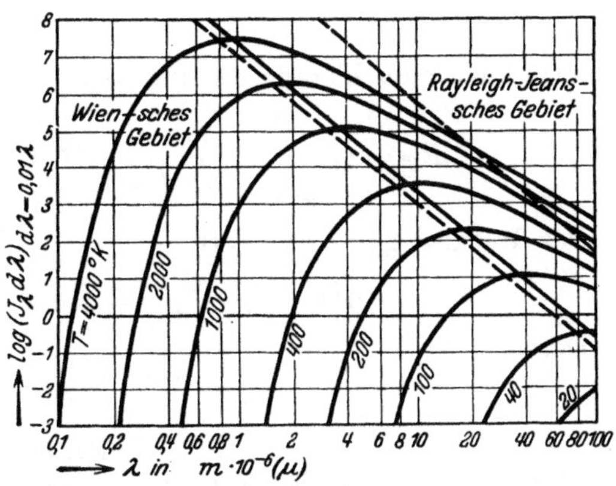

Abb. 169. Plancksches Strahlungsgesetz in logarithmischer Darstellung.

Das Plancksche Strahlungsgesetz enthält 2 schon früher bekannte Näherungsgesetze. Für kleine Werte (λT) kann die 1 im Nenner von Gl. (10) vernachlässigt werden, wodurch sich die Strahlungsgleichung nach WIEN ergibt:

$$J_\lambda = \frac{c_1}{\lambda^5} e^{-\frac{c_2}{\lambda T}}. \qquad (12)$$

Für große Werte von (λT) läßt sich die e-Potenz in eine Reihe[1] entwickeln, die nach dem zweiten Glied abgebrochen wird. Dadurch entsteht das Gesetz von RAYLEIGH und JEANS:

$$J_\lambda = \frac{c_1 T}{c_2 \lambda^4}. \qquad (13)$$

In Abb. 169 sind die Gültigkeitsgrenzen dieser Näherungsgesetze gestrichelt eingezeichnet.

Die Grenzgeraden sind so gezogen, daß auf ihnen der Unterschied zwischen den nach WIEN und den nach PLANCK berechneten Werten 1% beträgt, während die Rayleigh-Jeanssche Gleichung auf der Grenzlinie noch um 10% vom Planckschen Gesetz abweicht.

---

[1] $e^{\frac{c_2}{\lambda T}} = 1 + \frac{c_2}{\lambda T} + \cdots$

2. Das Stefan-Boltzmannsche Gesetz.

Durch Integration der Gl. (11) erhält man die *gesamte*, von einem schwarzen Körper bei der Temperatur T ausgestrahlte Energie

$$E_T = \int\limits_{\lambda=0}^{\lambda=\infty} J_{\lambda,T}\, d\lambda \tag{14}$$

$$= c_1 \int\limits_{\lambda=0}^{\lambda=\infty} \frac{\lambda^{-5}}{e^{\frac{c_2}{\lambda T}} - 1}\, d\lambda. \tag{14a}$$

Führt man als neue Unbekannte

$$\xi = \frac{c_2}{\lambda T}$$

ein, so wird

$$d\xi = -\frac{c_2\, d\lambda}{\lambda^2 T}.$$

Berechnet man hieraus $d\lambda$ und setzt es in (14a) ein, so erhält man

$$E_T = c_1 \int\limits_{\xi=\infty}^{\xi=0} -\frac{T^4}{c_2^4} \frac{\xi^3}{e^{\xi} - 1}\, d\xi = c_1 \frac{T^4}{c_2^4} \int\limits_{\xi=0}^{\xi=\infty} \frac{\xi^3}{e^{\xi} - 1}\, d\xi.$$

Das Integral gibt den Wert

$$6\left(1 + \frac{1}{2^4} + \frac{1}{3^4} + \cdots\right) = 6 \cdot \frac{\pi^4}{90} = 6{,}494.$$

Damit wird

$$E_T = \frac{6{,}494 \cdot c_1}{c_2^4}\, T^4 = \sigma_s T^4. \tag{15}$$

Die Gl. (15) ist als Stefan-Boltzmannsches Gesetz bekannt, von STEFAN experimentell gefunden und später (aber noch vor Aufstellung des Planckschen Gesetzes) von BOLTZMANN theoretisch begründet. Die Konstante σ_s läßt sich nach Gln. (10a) und (10b) auch durch die universellen Konstanten ausdrücken, und zwar ist

$$\sigma_s = \frac{2\,\pi^5 k^4}{15\, c_0^2\, h^3}.$$

Berechnet man σ_s aus den oben angegebenen Werten von c_1 und c_2, so ergibt sich der Zahlenwert

$$\sigma_s = 5{,}680 \cdot 10^{-12}\ \text{Watt/cm}^2\,\text{grd}^4.$$

Dieser Wert stimmt jedoch nicht mit den bisher besten direkten Messungen überein[1, 2], so daß z. Z. folgende Werte empfohlen werden[3]:

---

[1] Vgl. dazu E. SCHMIDT: Naturwiss. 34 (1947) 62/64 u. 93/96. — F. KIRCHNER: Die atomaren Konstanten. Physik. Blätter 5 (1949) 308/319.

[2] N. W. SNYDER teilte neuerdings folgende Werte mit:
$c_1 = 3{,}74041 \cdot 10^{-12}$ Watt cm². — $c_2 = 1{,}43868$ cm grd.
$\sigma = 5{,}6699 \cdot 10^{-12}$ Watt/cm² grd⁴ $= 4{,}885 \cdot 10^{-8}$ kcal/m² h grd⁴.
[Trans. Amer. Soc. mech. Engrs. 76 (1954) 537/539.]

[3] Vgl. J. D'ANS u. E. LAX: Taschenbuch für Chemiker und Physiker, 2. Aufl. Berlin/Göttingen/Heidelberg: Springer 1949.

$$\sigma_s = 5{,}775 \cdot 10^{-12}\,\text{Watt/cm}^2\,\text{grd}^4$$
$$= 4{,}965 \cdot 10^{-8}\,\text{kcal/m}^2\,\text{h grd}^4.$$

Für Zahlenrechnungen ist es bequemer, das Stefan-Boltzmannsche Gesetz in der Form anzuschreiben

$$E_T = 10^8 \cdot \sigma_s \left(\frac{T}{100}\right)^4 = C_s \left(\frac{T}{100}\right)^4,$$

worin dann $C_s = 10^8 \sigma$, die „Strahlungskonstante des schwarzen Körpers", den Wert

$$C_s = 5{,}775 \cdot 10^{-4}\,\text{Watt/cm}^2\,\text{grd}^4 = 4{,}965\,\text{kcal/m}^2\,\text{h grd}^4$$

besitzt.

Das Stefan-Boltzmannsche Gesetz gilt streng nur für schwarze und graue Strahler, mit genügend großer Annäherung aber auch für alle festen Körper mit Ausnahme der Metalle, bei denen die ausgestrahlte Energie mit einer höheren als der vierten Potenz (z. B. bei Platin ziemlich genau mit der fünften Potenz) der Temperatur zunimmt. Wenn, wie es häufig geschieht, das Stefan-Boltzmannsche Gesetz auch der Berechnung der Gas- und Flammenstrahlung zugrunde gelegt wird, dann wird die Abweichung von der vierten Potenz der Temperatur in der Form berücksichtigt, daß man die Konstante σ bzw. C als empirische Funktion der Temperatur ansetzt.

3. Das Wiensche Verschiebungsgesetz.

Die Plancksche Strahlungsfunktion (Abb. 168 und 169) zeigt bei bestimmten Wellenlängen charakteristische Maxima für die Intensität. Bildet man aus Gl. (10) die Ableitung $dJ_\lambda/d\lambda$ und setzt diese gleich Null, so entsteht die transzendente Bestimmungsgleichung für λ_{max}:

$$e^{-\frac{c_2}{\lambda_{max} T}} + \frac{c_2}{5\,\lambda_{max} T} - 1 = 0$$

mit der Lösung

$$\frac{c_2}{\lambda_{max} T} = \beta = 4{,}965114.$$

Die Lage des Maximums hängt also nicht einzeln von λ und T, sondern nur vom Produkt (λT) ab, für welches sich der Wert

$$\lambda_{max} T = 2896\,\mu\,\text{grd} = 0{,}2896\,\text{cm grd} \qquad (16)$$

ergibt, wenn $c_2 = 1{,}438$ cmgrd gesetzt wird.

Aus Gl. (16) kann man die Temperatur eines Körpers (z. B. eines Fixsterns) aus der Intensitätsverteilung seines Spektrums berechnen, sofern dieser Körper als schwarz oder grau angesehen werden kann. Für die Sonne ist $\lambda_{max} = 0{,}48\,\mu$ beobachtet worden[1], woraus sich eine Oberflächentemperatur $T \approx 6000\,°\text{K}$ ergibt in grober Übereinstimmung mit dem einleitend genannten Wert der effektiven Temperatur.

[1] Dieser Wert liegt sehr nahe der größten spektralen Empfindlichkeit des menschlichen Auges.

Das Maximum der Intensität J_{max} ergibt sich aus den Gln. (10) und (16) zu

$$J_{\max} = \left(\frac{\beta}{c_2}\right)^5 \frac{c_1}{e^{\beta} - 1} T^5 = c_3 T^5 \qquad (16a)$$

mit dem Zahlenwert

$$c_3 = 1{,}309 \cdot 10^{-11}\,\text{Watt/cm}^3\,\text{grd}^5 = 1{,}126 \cdot 10^{-5}\,\text{kcal/m}^3\,\text{h grd}^5.$$

4. Das reduzierte Plancksche Strahlungsgesetz.

Die Vereinigung des Planckschen Strahlungsgesetzes mit dem Wienschen Verschiebungsgesetz erlaubt eine dimensionslose Darstellung des ersteren durch Bildung des Quotienten

$$\frac{J_\lambda}{J_{\max}} = \left(\frac{\lambda_{\max}}{\lambda}\right)^5 \frac{e^{\beta} - 1}{e^{\beta\lambda_{\max}/\lambda} - 1} = \left(\frac{c_2}{\beta\,\lambda\,T}\right)^5 \frac{e^{\beta} - 1}{e^{\frac{c_2}{\lambda T}} - 1} = \frac{c_1}{c_3\,(\lambda\,T)^5}\,\frac{1}{e^{\frac{c_2}{\lambda T}} - 1}. \qquad (17)$$

Dieser Quotient (J_λ/J_{max}) hängt nur von den Variablen (λ/λ_{max}) bzw. $(\lambda\,T)$ ab (Abb. 170). Mit dieser einzigen Darstellung lassen sich die Verteilungen der Intensität für beliebige Wellenlängen und Temperaturen berechnen, wie an folgendem Zahlenbeispiel gezeigt werden soll:

Gesucht ist die Intensität J_λ eines schwarzen Strahlers von der Temperatur $T = 1200\,°\text{K}$ bei der Wellenlänge 5 μ. Für das Produkt $\lambda\,T = 6000\,\mu\,\text{grd} = 0{,}60\,\text{cm grd}$ läßt sich aus Abb. 170 der Quotient $J_\lambda/J_{max} = 0{,}37$ ablesen. Nach Gl. (16a) wird

$$J_{\max} = 1{,}126 \cdot 10^{-5} \cdot 1{,}2^5 \cdot 10^{15} = 2{,}80 \cdot 10^{10}\,\text{kcal/m}^3\,\text{h}.$$

Damit ergibt sich für die gesuchte Intensität

$$J_\lambda = 2{,}80 \cdot 10^{10} \cdot 0{,}37 = 10\,200 \cdot 10^6\,\text{kcal/m}^3\,\text{h},$$

in guter Übereinstimmung mit jenem Wert, der sich für dieses Beispiel auch direkt aus Abb. 168 ablesen ließ.

5. Experimentelle Verwirklichung des schwarzen Körpers.

Auf Grund des Planckschen Strahlungsgesetzes bildet der schwarze Körper die Grundlage für alle Wärmestrahlungsmessungen, da er die Möglichkeit bietet, jederzeit eine genau definierte Strahlung zu erzeugen. Am sichersten und bequemsten erreicht man eine hinreichend vollkommen schwarze Strahlung mit Hilfe eines strahlenden Hohlraumes.

Man stelle sich einen irgendwie gestalteten Hohlraum vor (Abb. 171), dessen Wände überall gleiche Temperatur haben. An einer Stelle der Wand soll eine Öffnung sein, die so klein ist, daß ihre Fläche gegenüber der Innenfläche des Hohlraumes vernachlässigt werden kann.

Ein Strahl, der durch die kleine Öffnung in den Hohlraum gelangt, wird darinnen so oft an den Wänden reflektiert und dabei durch Absorption geschwächt, daß seine Energie praktisch vollkommen aufgezehrt ist, bis er wieder auf die Öffnung trifft. Die Öffnung des geschilderten Hohlraumes absorbiert also alle von außen auf sie treffende Strahlungsenergie und besitzt damit eines der oben angegebenen Kennzeichen eines schwarzen Strahlers.

Nun ist noch zu beweisen, daß die aus dem Hohlraum durch die Öffnung nach außen gelangende Strahlung die größtmögliche ist, die bei einer bestimmten Temperatur ein Körper überhaupt aussenden kann. Diesen Beweis werden wir dem im nächsten Kapitel (S. 374) abzuleitenden Kirchhoffschen Gesetz entnehmen, wonach derjenige Körper die größtmögliche Energie aussendet, der alle auftreffende Energie absorbiert. Das ist aber nach den obigen Ausführungen ein Hohlraum von der beschriebenen Art. Seine Wirksamkeit beruht darauf, daß der Wand der reflektierte Anteil der auftreffenden Energie (R) wieder zugeführt wird. Diese Methode zur Herstellung eines schwarzen Körpers wurde bereits von KIRCHHOFF[1] diskutiert, aber erst von WIEN und LUMMER[2] sowie von LUMMER und PRINGSHEIM[3] verwirklicht.

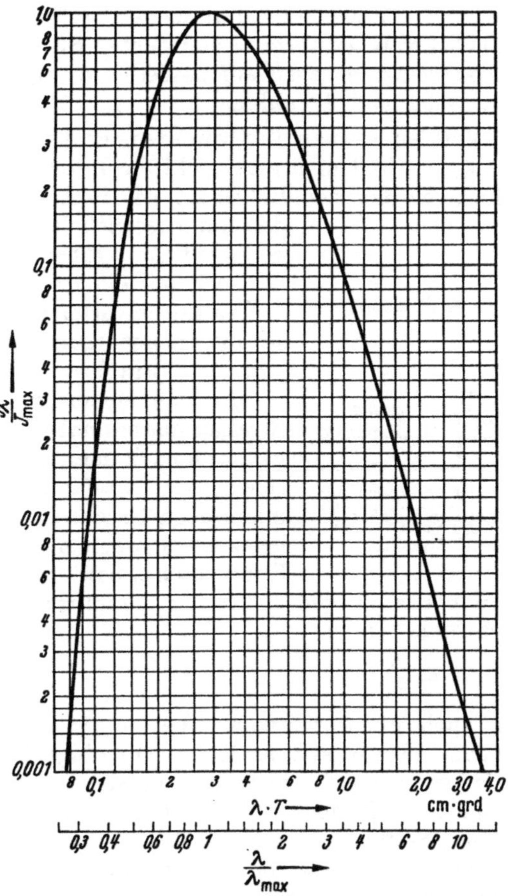

Abb. 170. Dimensionslose Darstellung des Planckschen Strahlungsgesetzes. J_{max} = maximale Strahlungsintensität bei der Wellenlänge λ_{max}.

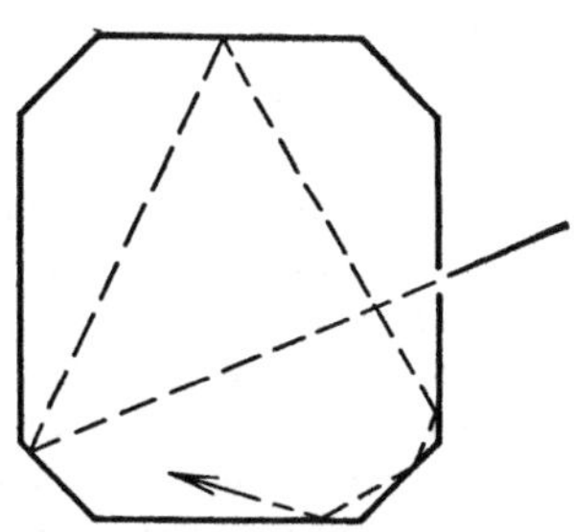

Abb. 171. Strahlengang in einem Hohlraum.

Fußnoten 1, 2, 3 siehe S. 372.

C. Der Strahlungsaustausch zwischen festen Körpern.

1. Emission und Absorption nichtschwarzer Körper.

Das Plancksche Strahlungsgesetz Gl. (10) gibt für jede Temperatur und jede Wellenlänge die größte Intensität an, mit der ein Körper strahlen kann. Ein *Über*schreiten dieser Intensität ist weder für einzelne Wellenlängen noch auch für Mittelwerte irgendwelcher Spektralbereiche möglich, ein *Unter*schreiten dagegen auf zweierlei Weise: als „graue" Strahlung und als „selektive" Strahlung.

a) Die graue Strahlung. Verkleinert man die Ordinaten der Abb. 168 überall im gleichen Maßstab, so erhält man eine spektrale Intensitätsverteilung, die der des schwarzen Körpers ähnlich ist, wie in Abb. 172 durch die gestrichelte Kurve angedeutet. Einen Körper, der mit einer solchen Intensitätsverteilung strahlt, nennt man einen „grauen" Strahler.

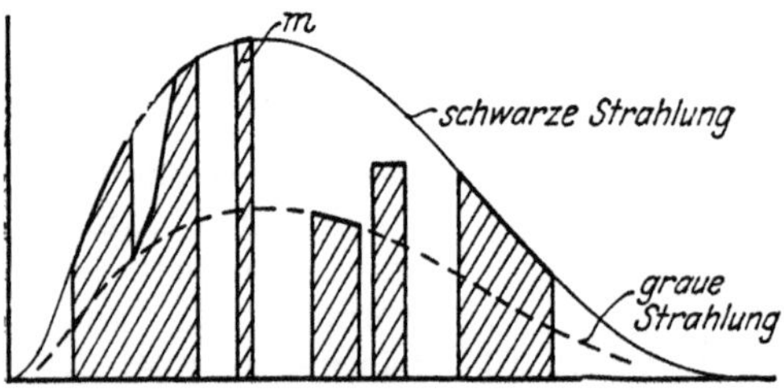

Abb. 172. Schematische Darstellung der spektralen Intensitätsverteilung von schwarzer, grauer und selektiver Strahlung. Abszissen: Wellenlänge λ. Ordinaten: Intensität J_λ. m = monochromatische Strahlung.

Die von einem grauen Strahler ausgesandte Energie kann nach dem Planckschen oder Stefan-Boltzmannschen Gesetz berechnet werden, wenn man die Konstanten c_1 bzw. σ_s bzw. C_s mit einem empirisch zu bestimmenden Faktor < 1 multipliziert. Die den Strahler kennzeichnende Größe

$$\varepsilon = \frac{E}{E_s} = \frac{C}{C_s}$$

nennt man Emissionszahl, auch Absorptionszahl oder Schwärzegrad, die Größe E dementsprechend „Emissionsvermögen". Die obige Gleichung, die hier lediglich als Definitionsgleichung aufzufassen ist, wird als Kirchhoffsches Gesetz auf S. 374ff. noch ausführlich behandelt. Die Emissionszahl ist kein reiner Stoffwert, da sie nicht nur von dem Material des Strahlers, sondern auch von der Beschaffenheit seiner Oberfläche (glatt, rauh) abhängt. Sie ist außerdem von der Temperatur abhängig.

Ein besonderes Kennzeichen der grauen Strahlung ist, daß die Maxima der Isothermen gegenüber der schwarzen Strahlung nicht verschoben sind, also auch nach dem Wienschen Verschiebungsgesetz

---

Fußnoten von S. 371:

[1] Kirchhoff, G., vgl. Fußnote 2 S. 374.

[2] Wien, W., u. O. Lummer: Methode zur Prüfung des Strahlungsgesetzes absolut schwarzer Körper. Ann. Physik Chemie 56 (1895) 451/456.

[3] Lummer, O., u. E. Pringsheim: Die Strahlung eines schwarzen Körpers zwischen 100 und 1300°. Ann. Physik Chemie 63 (1897) 395/410. Vgl. auch das Buch von O. Lummer: Grundlagen, Ziele und Grenzen der Lichttechnik, 2. Aufl. München u. Berlin 1918.

Gl. (16) berechnet werden können. Graue Strahler sind näherungsweise alle elektrischen Nicht- und Halbleiter.

b) Die selektive Strahlung. Die elektrischen Leiter (Metalle, Metalloxyde) sowie Gase und Dämpfe weisen eine ganz ungleichmäßige Intensitätsverteilung auf. Bei Gasen und Dämpfen kommen neben Gebieten, in denen gar keine Energie ausgestrahlt wird, Wellenlängenbereiche vor, in denen die Intensität eines schwarzen Strahlers erreicht, und auch solche, in denen ein beliebiger Bruchteil der schwarzen Strahlung ausgesandt wird, wie dies in Abb. 172 durch die schraffierten Flächen schematisch dargestellt ist.

Das Auftreten der Wellenbereiche, in denen ein selektiv strahlender Körper Energie aussendet („Linien" oder „Banden"), sowie ihre Strahlungsintensität ist, wie die Strahlungszahl grauer Strahler, nicht nur durch das Material des Strahlers bestimmt. Die zweite bestimmende Größe ist aber nicht die Oberflächenbeschaffenheit, sondern der „Anregungszustand" des Strahlers. Die Untersuchung dieser Gesetzmäßigkeit bildet einen eigenen Zweig der Physik, die Spektralforschung[1].

c) Langwellige Strahlung von Metallen. Nach der Maxwellschen elektromagnetischen Strahlungstheorie hat ASCHKINASS[2] für die Emission blanker Metallflächen an Stelle des Planckschen Gesetzes die Gleichung abgeleitet:

$$J_\lambda = c_1 \cdot 0{,}365 \cdot \sqrt{\varrho}\, \lambda^{-5{,}5} \left(e^{\frac{c_2}{\lambda T}} - 1\right)^{-1}. \tag{18}$$

Darin sind c_1 und c_2 die Konstanten des Planckschen Gesetzes [Gl. (10)], ϱ ist der spezifische elektrische Widerstand des Strahlers (in Ohm bei 1 m Länge und 1 mm² Querschnitt). Für die Gesamtstrahlung erhält man daraus:

$$E = \int\limits_{\lambda=0}^{\lambda=\infty} J_\lambda\, d\lambda = \frac{c_1 \cdot 0{,}365 \cdot \sqrt{\varrho}}{c_2^{4{,}5}}\, T^{4{,}5} \cdot 12{,}27. \tag{19}$$

Da bei reinen Metallen ϱ proportional T wächst, gibt dies mit dem spezifischen Widerstand ϱ_0 bei 0 °C:

$$E = 4{,}936 \cdot c_1 \cdot 10^{-20} \sqrt{\varrho_0}\, T^5. \tag{20}$$

An Stelle des Wienschen Verschiebungsgesetzes tritt die Gleichung

$$\lambda_{\max} T = 2660\ \mu\ \text{grd}. \tag{21}$$

Die theoretischen Überlegungen von ASCHKINASS gelten nur, solange die Materie sich der Strahlung gegenüber wie ein homogener Körper verhält, das ist nur für Wellenlängen größer als etwa 4 μ der Fall. Die Integration (19) darf also auch nur angewendet werden, solange das Maximum der Energieverteilungskurve bei Wellenlängen größer als 4 μ liegt, also nach Gl. (21) für eine Temperatur des Strahlers unterhalb etwa 400 °C.

---

[1] Vgl. z. B. A. SOMMERFELD: Atombau und Spektrallinien, 1. Bd. 7. Aufl. u. 2. Bd. 2. Aufl. Braunschweig 1951.

[2] ASCHKINASS, E.: Ann. Physik Chemie 17 (1905) 960.

Die Tatsache, daß die Strahlung blanker Metalle nicht proportional der vierten, sondern einer höheren Potenz von T ist, die an Platin schon von LUMMER und KURLBAUM[1] beobachtet wurde, gilt aber auch für höhere Temperaturen.

2. Das Kirchhoffsche Gesetz[2].

Das Kirchhoffsche Gesetz stellt eine Beziehung her zwischen den Eigenschaften eines Körpers als Strahlungsempfänger (ausgedrückt durch die Absorptionszahl A) und denen als Strahlungssender (ausgedrückt durch die Emissionszahl ε). Es wendet den ersten und zweiten Hauptsatz der Wärmelehre auf den Energieaustausch durch Strahlung an und ist daher auch allgemein, also nicht auf spezielle Stoffe beschränkt, gültig. Die im folgenden wiedergegebene Ableitung erfordert zwar eine etwas umständliche Rechnung, die aber deshalb lehrreich ist, weil sie in vorzüglicher Weise in das Wesen des Strahlungsaustausches einführt.

Zwei sehr große Körper I und II, die in dem gleichen, im übrigen aber beliebigen Spektralbereich strahlen, sollen sich mit ihren ebenen Oberflächen in geringem Abstand gegenüberstehen, so daß jeder Strahl des einen Körpers den anderen treffen muß. Wir nehmen vorerst an, daß die Temperaturen beider Körper verschieden seien und stellen uns die Aufgabe, die durch Strahlung ausgetauschte Wärme zu berechnen.

Um zu verfolgen, wo die vom Körper I ausgesandte Energie bleibt, stellen wir folgende Rechnung auf[3]:

I strahlt aus:	E_I,	(a)
II absorbiert davon:	$E_I A_{II}$,	(b)
II sendet zurück:	$E_I (1 - A_{II})$,	(c)
I absorbiert selbst wieder:	$E_I (1 - A_{II}) A_I$,	(d)
I sendet neuerdings aus:	$E_I (1 - A_{II}) (1 - A_I)$,	(e)
II absorbiert davon:	$E_I (1 - A_{II}) (1 - A_I) A_{II}$,	(f)
II sendet zurück:	$E_I (1 - A_{II}) (1 - A_I) (1 - A_{II})$,	(g)
I absorbiert selbst wieder:	$E_I (1 - A_{II}) (1 - A_I) (1 - A_{II}) A_I$,	(h)
	usw.	

Genau dieselbe Aufstellung kann man für die vom Körper II ausgesandte Energie durchführen. Sie läßt sich aus der obigen Aufstellung einfach durch Vertauschen der Zeiger I und II ableiten und beginnt:

II strahlt aus:	E_{II},
I absorbiert davon:	$E_{II} A_I$,
I sendet zurück:	$E_{II} (1 - A_I)$
	usw.

[1] LUMMER, O., u. F. KURLBAUM: Verh. dtsch. phys. Ges. 17 (1898) 105.

[2] KIRCHHOFF, G.: Abhandlungen über Emission und Absorption. Ostwalds Klassiker der exakten Wissenschaften, Nr. 100, hrsgeg. von M. PLANCK, Leipzig 1898.

[3] Beachte, daß A ebenso wie R, D und ε reine Zahlen sind, während E die Dimension einer Wärmestromdichte hat (z. B. kcal/m^2 h).

Um die Energie q zu finden, die der Körper I bei diesem Strahlungsaustausch im ganzen einbüßt, müssen wir von der Energie, die er ursprünglich aussendet, diejenige Energie abziehen, die er davon selbst wieder aufnimmt, sowie diejenige Energie, die er vom Körper II erhält.

Von der eigenen Strahlung absorbiert Körper I zufolge der ersten Aufstellung selbst wieder die Beträge in Zeile (d), (h), (m), (q) usw., also:

$$E_I (1 + k + k^2 + \cdots)(1 - A_{II}) A_I .$$

Darin ist zur Abkürzung gesetzt

$$(1 - A_{II})(1 - A_I) = k. \tag{22}$$

Beachtet man noch, daß nach den Lehren der Algebra

$$1 + k + k^2 + \cdots = \frac{1}{1-k},$$

so nimmt der obige Ausdruck die Form an:

$$\frac{E_I (1 - A_{II}) A_I}{1 - k}.$$

Von der Energie des Körpers II absorbiert Körper I gemäß der zweiten Aufstellung den Betrag

$$E_{II}(1 + k + k^2 + \cdots) A_I = \frac{E_{II} A_I}{1-k}.$$

Mit diesen Werten ergibt sich:

$$q = E_I - \frac{E_I (1 - A_{II}) A_I}{1-k} - \frac{E_{II} A_I}{1-k}.$$

Wenn man das Ganze auf gemeinsamen Nenner $(1 - k)$ bringt und beachtet, daß

$$1 - k = 1 - (1 - A_I - A_{II} + A_I A_{II}) = A_I + A_{II} - A_I A_{II}$$

ist, so vereinfacht sich der Ausdruck für q zu:

$$q = \frac{E_I A_{II} - E_{II} A_I}{A_I + A_{II} - A_I A_{II}}.$$

Nach dieser Vorbereitung gelangen wir rasch zum Kirchhoffschen Gesetz. Wir nehmen jetzt an, daß die beiden Körper ursprünglich gleiche Temperatur besaßen. Dann muß diese Temperaturgleichheit auch bestehenbleiben; denn nur durch Strahlungsaustausch, also von selbst, können sich keine Temperaturdifferenzen bilden. Es muß, wenn beide Körper gleiche Temperatur haben, $q = 0$ sein. Da der Nenner nicht unendlich werden kann, ist dies nur möglich, wenn der Zähler gleich Null wird, wenn also

$$E_I A_{II} = E_{II} A_I$$

oder

$$\frac{E_I}{A_I} = \frac{E_{II}}{A_{II}}. \tag{23}$$

Wir denken uns jetzt als Körper I einen ganz beliebigen Körper gewählt, als Körper II aber einen absolut schwarzen Körper, für den nach Definition $A_{II} = A_s = 1$ ist; dann lautet Gl. (23) unter gleichzeitiger Verwendung von (15):

$$\frac{E_I}{A_I} = E_s = \sigma_s T^4 = C_s \left(\frac{T}{100}\right)^4. \tag{24}$$

In dieser Form besagt das Kirchhoffsche Gesetz: „Das Verhältnis des Emissionsvermögens eines Körpers zu seinem Absorptionsvermögen für schwarze Strahlung ist bei allen Körpern gleich und allein von der Temperatur abhängig."

Hat also ein Körper ein sehr großes Absorptionsvermögen, nahezu eins, so muß auch sein Emissionsvermögen sehr groß sein, nämlich nahezu gleich demjenigen des schwarzen Körpers. Hat umgekehrt ein Körper ein sehr kleines Absorptionsvermögen, so muß auch sein Emissionsvermögen sehr klein sein.

Führen wir die Emissionszahl $\varepsilon_I = E_I/E_s$ ein, so können wir Gl. (23) auch schreiben

$$\varepsilon_I = \frac{E_I}{E_s} = \frac{A_I}{1} = A_I \tag{24a}$$

oder in Worten: Die Emissionszahl ε eines Körpers im gesamten Wellenlängenbereich der schwarzen Strahlung ist gleich seiner Absorptionszahl A bei der gleichen Temperatur.

Die Absorptionszahl A eines Körpers kann durch die Änderung zweier anderer Größen beeinflußt werden, die Durchlässigkeitszahl D und die Reflexionszahl R.

Ist ein Körper für Strahlung völlig durchlässig ($D = 1$), also im betrachteten Wellenlängenbereich unsichtbar, so ist nach Gl. (1) auch $R = 0$ und $A = 0$; nach dem Kirchhoffschen Satz Gl. (24a) ist damit auch $\varepsilon = 0$, d. h. der Körper kann keinerlei Strahlung emittieren. Die elementaren Gase H_2, O_2, N_2 u. a. haben im Bereich der Wärmestrahlung diese Eigenschaften. Ein Körper, der alle auftreffende Strahlung zurückwirft ($R = 1$), besitzt nach Gl. (1) eine Durchlässigkeitszahl $D = 0$ und eine Absorptionszahl $A = 0$. Auch für diesen Körper ist nach Gl. (24a) $\varepsilon = 0$, er emittiert also ebenfalls keine Strahlung. Diese Eigenschaft trifft in gewissem Maße für blanke Metalloberflächen zu. Mit diesem Verhalten darf nicht verwechselt werden, daß Metalle einen besonders hohen Absorptions*koeffizienten*[1] nach Gl. (2) aufweisen. Dieser Absorptionskoeffizient bezieht sich auf die in den Körper eindringende Strahlung, also nach Abzug des reflektierten Anteils, und ist daher unabhängig von der Reflexionszahl R. Die Absorptionszahl A ist dagegen auf die gesamte *auftreffende* Strahlung bezogen [Gl. (1)] und hängt stark von R ab.

Die oben gegebene Ableitung des Kirchhoffschen Satzes läßt sich auch für jede Wellenlänge getrennt durchführen. Sie liefert dann eine Gleichung, die der Gl. (24) durchaus entspricht und sich sogleich auf beliebig viele Körper ausdehnen läßt. Sie lautet:

$$\frac{E_{\lambda,I}}{A_{\lambda,I}} = \frac{E_{\lambda,II}}{A_{\lambda,II}} = \cdots = \frac{E_{\lambda,s}}{1} = F(\lambda, T). \tag{25}$$

---

[1] Vgl. S. 362.

In dieser zweiten Form besagt das Kirchhoffsche Gesetz: „Das Verhältnis des Emissionsvermögens eines Körpers für eine bestimmte Wellenlänge zu seinem Absorptionsvermögen für dieselbe Wellenlänge ist bei allen Körpern gleich und allein eine Funktion der Wellenlänge und der Temperatur."

Führen wir hier die spektrale Emissionszahl ε_λ ein, so wird diese ebenfalls gleich der spektralen Absorptionszahl A_λ nach der Gleichung

$$\varepsilon_\lambda = A_\lambda = f(\lambda, T). \tag{25a}$$

Es ist zu beachten, daß das Kirchhoffsche Gesetz für das Temperaturgleichgewicht abgeleitet wurde, d. h. für gleiche Temperatur von Strahler und Empfänger, und auch nur für diesen Fall streng gilt, sowohl für die Gesamtstrahlung wie für jeden Wellenlängenbereich, jede Richtung und jeden Polarisationsgrad.

Ist für einen Körper die Kurve der spektralen Emission bekannt (Abb. 172), so läßt sich daraus die Kurve seiner spektralen Absorption ableiten (Abb. 173).

Das Verhältnis $\varepsilon_\lambda = E_{\lambda,I}/E_{\lambda,s}$ ist nach Voraussetzung für jede Wellenlänge gegeben (Abb. 173). Im Absorptionsspektrum ist die Linie des schwarzen Körpers eine Parallele zur λ-Achse im Abstand „eins". Gemäß der gefundenen Beziehung (25) müssen wir nun im Absorptionsschaubild die Ordinaten bei jeder Wellenlänge im selben Verhältnis teilen, wie sie durch die Kurve der spektralen Energieverteilung im Emissionsschaubild geteilt sind.

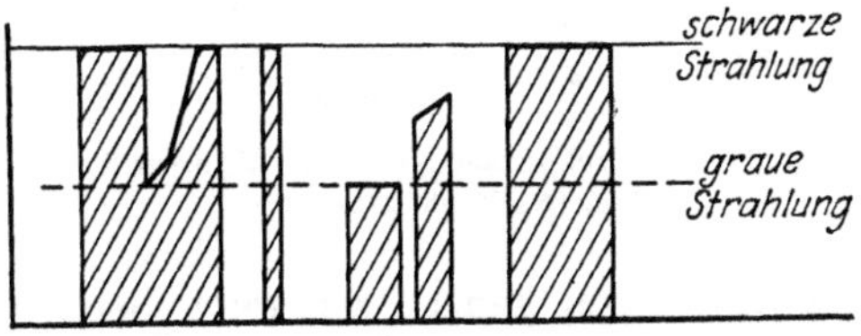

Abb. 173. Schematische Darstellung des Absorptionsspektrums von schwarzer, grauer und selektiver Strahlung. Abszisse: Wellenlänge λ. Ordinaten: Absorptionszahl A.

Man sieht aus Gl. (25) und noch besser aus Abb. 172 und 173, daß ein Körper, der bei einer bestimmten Wellenlänge keine Energie absorbiert, bei dieser Wellenlänge auch keine Energie aussenden kann. Für eine bestimmte Wellenlänge gilt ebenfalls Gl. (1) in der Form

$$A_\lambda + R_\lambda + D_\lambda = 1. \tag{1a}$$

Die gesamte, von einem grauen Körper der Temperatur T ausgesandte Strahlung ist unter Benutzung von Gl. (15) nach folgender Beziehung zu berechnen, da ε nach Definition unabhängig von λ ist:

$$E_T = \varepsilon\, \sigma_s T^4. \tag{15a}$$

Für einen selektiven Strahler kann Gl. (15a) höchstens näherungsweise benutzt werden. Der genaue Wert wird nur durch die Gleichung

$$E_T = \int_0^\infty \varepsilon_{\lambda,T} J_{\lambda,T}\, d\lambda \tag{15b}$$

gewonnen.

Im folgenden seien für einige feste und flüssige Körper Absorptions- und Reflexionszahlen angegeben. Wasser zeigt schon in dünnen Schichten ein hohes Absorptionsvermögen A_λ, wie in Abb. 174 nach Messungen von ASCHKINASS[1] dargestellt ist. Besonders fallen die Maxima bei $\lambda = 1{,}5$; 2; 3; 4,7 und 6 μ auf. Dieser charakteristische Verlauf findet sich auch bei wasserhaltigen Stoffen wieder (Gips, Kalk usw.)[2]. Messungen an dickeren Schichten zeigt Abb. 175 nach MANDERS[3]. Derartige Fragen interessieren besonders für das Gebiet der Strahlungstrocknung, wo die spektrale Absorption des Trockengutes von ausschlaggebender Bedeutung für die richtige Wahl des Strahlers ist. Auch die Absorption von Lacken und deren Lösemitteln ist verschiedentlich gemessen worden[4]. Wegen der Strahlungseigenschaften von Glas sei auf eine Arbeit von ERK[5] verwiesen.

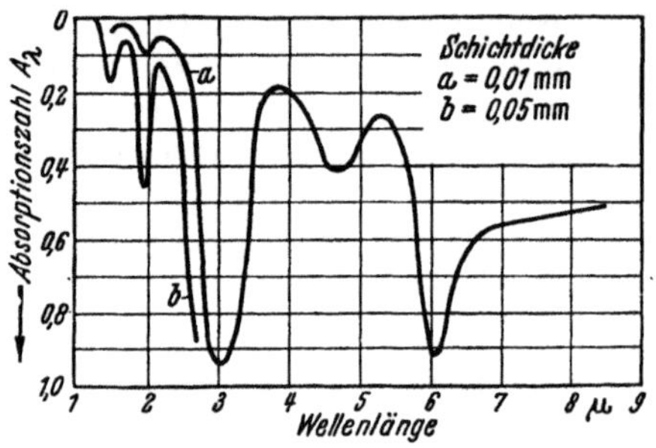

Abb. 174. Absorptionszahl A_λ dünner Wasserschichten. (Nach ASCHKINASS.)

Als Beispiel eines elektrischen Leiters zeigt Abb. 176 die Reflexionszahl R_λ von Aluminium nach Messungen von SIEBER[2]. Da die Durchlässigkeit $D_\lambda = 0$ ist, gibt Abb. 176 gleichzeitig $A_\lambda = 1 - R_\lambda$ wieder. Wie man erkennt, ist die Reflexion im ganzen λ-Bereich beim blanken Aluminium recht hoch. Einen ganz anderen Verlauf zeigen die elektrischen Nichtleiter nach Abb. 177. Auch die im sichtbaren Bereich ($0{,}4 < \lambda < 0{,}8$ μ) als „weiß" anzusehenden Körper (Zinkweiß, Emaille u. a.) können im Bereich der Wärmestrahlung eher als schwarze Körper gelten (wichtig für Heizungstechnik). Eloxiertes Aluminium nähert sich in seinem Absorptionsverlauf mehr dem der Nichtleiter.

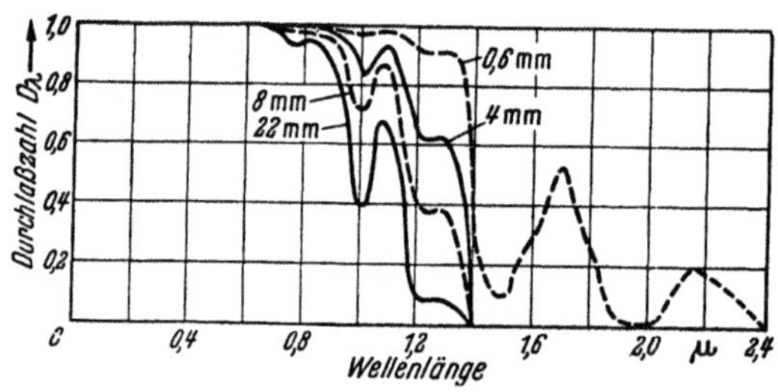

Abb. 175. Durchlaßzahl D_λ von Wasserschichten. (Nach MANDERS.)

Für technische Rechnungen ist die Kenntnis der gesamten Reflexion R und Absorption A besonders erwünscht. Aus den spektralen Werten R_λ und A_λ können die Gesamtwerte berechnet werden, wenn die Intensitätsverteilung

[1] ASCHKINASS, E.: Wied. Ann. 55 (1895) 404.
[2] SIEBER, W.: Zusammensetzung der von Werk- und Baustoffen zurückgeworfenen Wärmestrahlung. Z. techn. Phys. 22 (1941) 130/135.
[3] MANDERS, TH. J. J. A.: Infrarotstrahlung und ihre praktische Anwendung in Industrien. Elektrizitätsverw. 21 (1946/47) 269/284.
[4] Vgl. auch die zusammenfassende Darstellung von HARALD MÜLLER: Einige Bemerkungen zur elektrischen Strahlungstrocknung. ETZ 71 (1950) 11, 287/292.
[5] ERK, S.: Die Licht- und Wärmestrahlungsdurchlässigkeit von Fensterglas. Gesundh.-Ing. 57 (1934) 237/238.

der benutzten Strahlungsquelle bekannt ist. Bei den Versuchen von SIEBER handelte es sich um einen Nernststift, der als schwarzer Strahler angesehen wurde. Es war also der Quotient

$$R = \frac{\int_0^\infty R_\lambda J_{\lambda,T}\, d\lambda}{\sigma_s T^4}$$

zu bilden, um die Werte R und A für jede Temperatur der Strahlungsquelle T zu erhalten. Darin ist $J_{\lambda,T}$ die dem Planckschen Gesetz gehorchende Intensitätsverteilung des schwarzen Strahlers. Die untersuchten Körper selbst waren etwa auf Raumtemperatur. Auf diese Weise sind die Werte für die Gesamtreflexion R und Gesamtabsorption A der Abb. 178 entstanden. Die Temperatur T der Strahlungsquelle ist von rechts nach links aufgetragen, da nach dem Wienschen Gesetz $\lambda_{\max} = \text{const}/T$ ist.

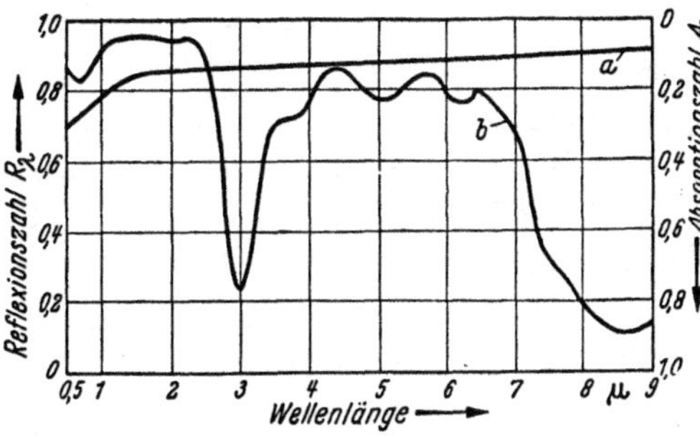

Abb. 176. Spektrale Reflexionszahl R_λ von Aluminium. (Nach SIEBER.) a = poliert; b = eloxiert.

Auch hier zeigen die Metalle charakteristische Unterschiede gegenüber den Nichtmetallen. Bei niedrigen Temperaturen (Dunkelstrahlung) absorbieren die Nichtmetalle fast alle auffallende Strahlung, während bei den höchsten gemessenen Strahlertemperaturen (6000 °K, etwa Sonnentemperatur) ihr Reflexionsvermögen teilweise besser als das von poliertem Aluminium ist. Letzteres dagegen reflektiert bei allen Strahlertemperaturen etwa gleichmäßig gut (70 bis 93%).

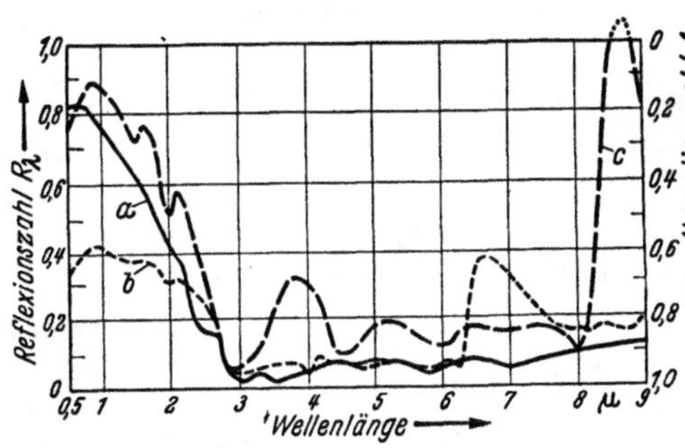

Abb. 177. Spektrale Reflexionszahl R_λ nichtmetallischer Körper. a = Zinkweiß, b = Beton, c = Feinverputz. (Nach SIEBER.)

Nach unseren früheren Betrachtungen darf das Kirchhoffsche Gesetz nicht auf die Werte der Abb. 178 angewandt werden. Da die Absorptionszahl A_λ sowohl von der Temperatur des Empfängers als auch von der Wellenlänge der auftreffenden Strahlung abhängt, ist A von beiden Temperaturen (Strahler und Empfänger) abhängig. Es überwiegt jedoch meist der Einfluß der Strahlertemperatur.

Für Metalle lassen sich diese Verhältnisse einfach übersehen[1]: Die Absorptionszahl A einer Metalloberfläche der Temperatur T_1, die

[1] ECKERT, E.: Messung der Reflexion von Wärmestrahlen an technischen Oberflächen. Forsch. Ing.-Wes. 7 (1936) 265/270.

schwarze Strahlung von einer Quelle der Temperatur T_2 empfängt, ist gleich der Emissionszahl ε dieser Metalloberfläche bei der Temperatur $T = \sqrt{T_1 T_2}$. Messungen der Gesamtemission von Metallen und Nichtmetallen bei höheren Temperaturen (bis 600 °C) wurden von H. SCHMIDT und FURTHMANN[1] durchgeführt.

Beim grauen Körper ist A_λ von λ unabhängig. In diesem Falle gilt auch für die Gesamtwerte das Kirchhoffsche Gesetz $A = \varepsilon$, auch wenn der Strahler eine andere Temperatur als der Empfänger hat.

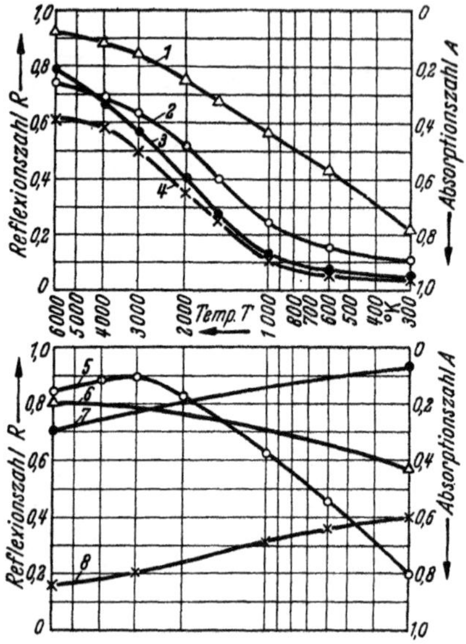

Abb. 178. Gesamtreflexionszahl R von Metallen und Nichtmetallen bei verschiedener Temperatur T der schwarzen Strahlungsquelle. (Nach SIEBER.)

1. MgO, aufgedampft; 2. Lithoponeanstrich; 3. Zinkweiß auf Holz; 4. Schmelzemaille, weiß; 5. Aluminium, eloxiert; 6. Aluminiumfarbe; 7. Aluminium, poliert; 8. Graphit.

3. Die Lambertschen Gesetze.

a) Das Lambertsche Entfernungsgesetz. Aus einer geometrischen Überlegung folgt ohne weiteres der Satz, daß die Dichte der von einer punktförmigen Lichtquelle ausgehenden Strahlung, da sie sich auf konzentrischen Kugelflächen ausbreitet, mit dem Quadrat der Entfernung von der Lichtquelle abnimmt. Dieser Satz wurde von LAMBERT 1760 aufgestellt, nachdem er bereits 1604 von KEPLER angegeben war. Unter dem Namen Lambertsches Gesetz bekannter ist der folgende Satz.

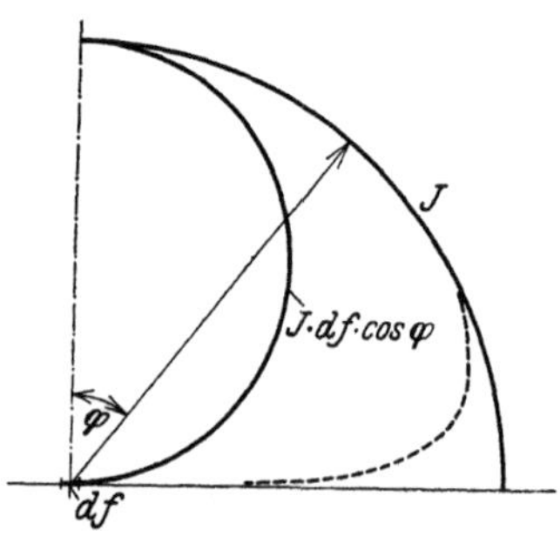

Abb. 179. Lambertsches Richtungsgesetz in Polarkoordinanten dargestellt.

b) Das Lambertsche Richtungsgesetz. Bereits auf S. 363 hatten wir abgeleitet, daß die von einer diffus strahlenden Fläche nach irgendeiner Richtung ausgesandte Energiemenge proportional dem Kosinus des Winkels φ zwischen der Strahlrichtung und der Flächennormalen ist.

Abb. 179 stellt ein Vektordiagramm für die Intensität und Dichte der von der Fläche df ausgesandten Strahlung dar. Die Intensität J ist in jeder Richtung gleich groß, die Endpunkte der Intensitätsvektoren liegen daher auf einem Halbkreis um den Mittelpunkt von df (bzw. im

[1] SCHMIDT, H., u. E. FURTHMANN: Über die Gesamtstrahlung fester Körper. Mitt. K.-Wilh.-Inst. Eisenforschg. 10 (1928) 225/264. Vgl. auch Zahlentafel 37.

Raum auf einer Halbkugel). Die Strahlungsdichte dagegen, als Produkt aus Intensität J und Projektion der Fläche $df \cos\varphi$ ist mit der Richtung veränderlich, die Endpunkte der Vektoren $J\, df \cos\varphi$ liegen auf einem Kreis (bzw. auf einer Kugelfläche), der die Fläche df in ihrer Mitte berührt. Durch experimentelle Untersuchungen wurde das Lambertsche Richtungsgesetz für diffuse Strahlung bis $\varphi \approx 70°$ bestätigt; für größere Winkel wird die Strahlung schwächer, wie die punktierte Kurve in Abb. 179 andeutet. Eine Folge des Lambertschen Kosinusgesetzes ist, daß eine glühende Kugel (sofern sie diffus strahlt) als gleichmäßig leuchtende Scheibe erscheint, während z. B. eine mit phosphoreszierender Masse belegte Kugel an den Rändern heller als in der Mitte gesehen wird.

c) Abweichung vom Lambertschen Richtungsgesetz. Nach der bereits auf S. 373 erwähnten Theorie von Aschkinass kann man auch die Richtungsverteilung der Strahlung von blanken Metallen berechnen[1]. Die Strahlung ist stark polarisiert; die eine Schwingungsebene ist durch Strahlachse und Flächennormale bestimmt, während die andere, die ebenfalls die Strahlachse enthält, auf der ersten senkrecht steht. Für beide Polarisationsebenen ergibt die Rechnung verschiedene Richtungsverteilungen, die in Abb. 180 durch die mit J_n (normal zur strahlenden Fläche) und J_p (parallel zur strahlenden Fläche) bezeichneten Kurven dargestellt sind. n ist der Brechungsexponent des Metalls gegen Luft für die der Rechnung zugrunde gelegte Wellenlänge. Die unpolarisierte Strahlung erhält man durch Summierung der beiden polarisierten Komponenten (Kurven J). Die Dichte der Metallstrahlung ist nach Abb. 180 in Richtung der Flächennormalen am kleinsten und nimmt mit wachsendem Einfallswinkel zu, so daß etwa bei $\varphi = 75°$ schon der doppelte Wert der Dichte in senkrechter Richtung vorhanden ist. Natürlich kann aber nach keiner Richtung die Dichte der schwarzen Strahlung überschritten werden; daraus folgt, daß für sehr große Winkel φ die theoretisch abgeleiteten Gleichungen nicht mehr gelten.

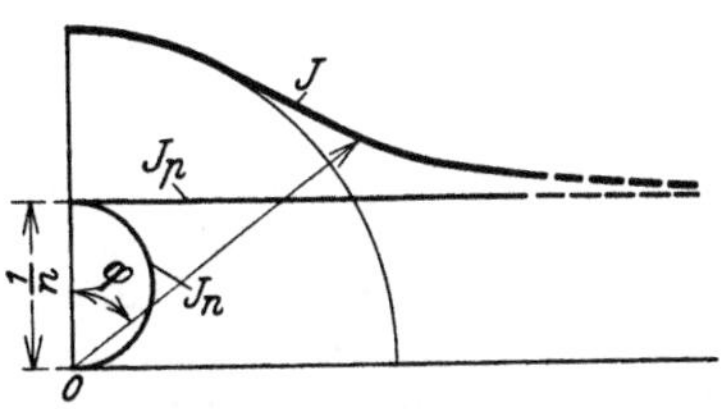

Abb. 180. Richtungsverteilung der polarisierten Metallstrahlung in Polarkoordinaten. J_n = Intensität der senkrecht zur strahlenden Fläche polarisierten Strahlung; J_p = Intensität der parallel zur strahlenden Fläche polarisierten Strahlung; $J = J_n + J_p$; n = Brechungsexponent.

Die Theorie von Aschkinass ist von Hagen und Rubens[2] geprüft und innerhalb der angegebenen Grenzen bestätigt worden. An Platin ist eine starke Polarisation und Abweichung vom Lambertschen Kosinusgesetz im langwelligen Strahlungsgebiet von Czerny[3] nachgewiesen worden, aber auch im sichtbaren Spektrum wird das Kosinusgesetz von

[1] Vgl. z. B. E. Schmidt: Wärmestrahlung technischer Oberflächen bei gewöhnlicher Temperatur. Beiheft z. Gesundh.-Ing. Reihe 1 Heft 20. München 1927.

[2] Hagen, E., u. H. Rubens: Berl. Ber. 1903 S. 410; 1909 S. 478; 1910 S. 467.

[3] Czerny, M.: Z. Phys. 26 (1924) 182.

blanken Metallen (z. B. Wolfram[1]) nicht erfüllt. Bereits eine geringe Oxydation dagegen bewirkt eine weitgehende Angleichung an die Gesetze der diffusen Strahlung, also an das Kosinusgesetz.

Die starken Unterschiede in der Richtungsverteilung der Wärmestrahlung zwischen blanken Metallen und elektrischen Nichtleitern zeigen Abb. 181 und 182 nach Messungen von E. SCHMIDT und ECKERT[2]

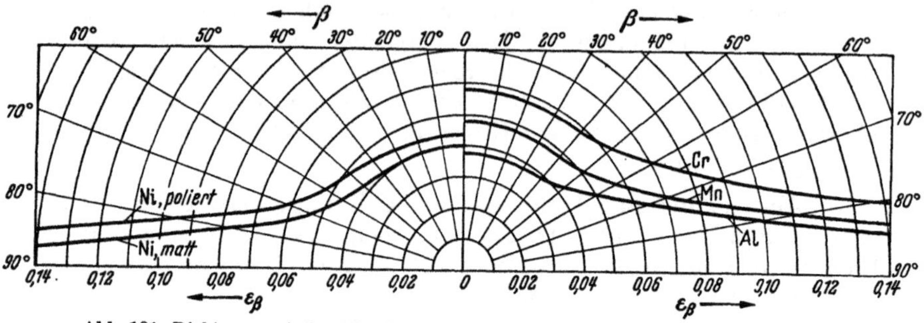

Abb. 181. Richtungsverteilung der Wärmestrahlung blanker Metalle in Polarkoordinaten. (Nach E. SCHMIDT u. ECKERT.)

bei Temperaturen von 70 bis 170 °C. Das Lambertsche Kosinusgesetz ist in keinem Fall streng erfüllt, am ehesten noch bei den Nichtleitern. Aufgerauhte Metalloberflächen näherten sich mehr dem Kosinusgesetz. Für Metallegierungen, wie sie für elektrische Heizleiter verwendet werden (Chrom-Nickel), wurde die Winkelverteilung bei höheren Tem-

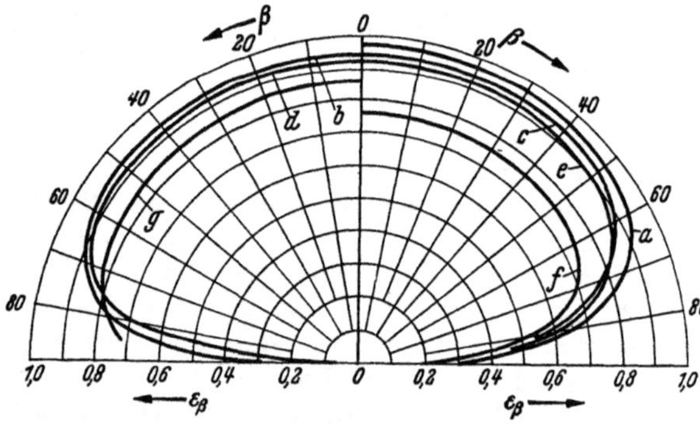

Abb. 182. Richtungsverteilung der Wärmestrahlung elektrischer Nichtleiter in Polarkoordinaten. (Nach E. SCHMIDT u. ECKERT.)
a feuchtes Eis, *b* Holz, *c* Glas, *d* Papier, *e* Ton, *f* Kupferoxyd, *g* rauher Korund.

peraturen (bis 1350 °C) von EULER[3] gemessen. Nach der Oxydation, die in Luft in wenigen Sekunden erfolgte, wurde eine Verteilung etwa gemäß dem Lambertschen Gesetz gefunden, nur für Winkel über 60° gegen das Lot blieben die Emissionszahlen kleiner.

[1] SPILLER, E.: Z. Phys. 72 (1932) 215.

[2] SCHMIDT, E., u. E. ECKERT: Über die Richtungsverteilung der Wärmestrahlung von Oberflächen. Forsch. Ing.-Wes. 6 (1935) 175/183.

[3] EULER, J.: Strahlungsmessungen an Heizleitern im Spektralgebiet von 0,5 bis 7 μ. ETZ 70 (1949) 427/431.

Für eine Reihe von Oberflächen sind in Zahlentafel 36 die Emissionszahlen nach E. SCHMIDT und E. ECKERT angegeben. Die Ergebnisse von

Zahlentafel 36. *Emissionsverhältnisse technischer Oberflächen bei der Temperatur t* nach E. SCHMIDT und E. ECKERT.

ε gilt für die Strahlung in den Halbraum, ε_n für die Richtung der Flächennormalen.

Soweit genauere Messungen nicht vorliegen, kann für blanke Metalloberflächen im Mittel $\varepsilon/\varepsilon_n = 1{,}2$, für andere Körper mit glatter Oberfläche $\varepsilon/\varepsilon_n = 0{,}95$, bei rauher Oberfläche $\varepsilon/\varepsilon_n = 0{,}98$ gesetzt werden.

Bei Metallen nimmt das Emissionsverhältnis mit steigender Temperatur leicht zu, bei nichtmetallischen Körpern, auch Metalloxyden, in der Regel etwas ab.

Oberfläche	t (°C)	ε_n	ε
Gold, poliert	130	0,018	
	400	0,022	
Silber	20	0,020	
Kupfer, poliert	20	0,030	
Kupfer, poliert, leicht angelaufen	20	0,037	
Kupfer, geschabt	20	0,070	
Kupfer, schwarz oxydiert	20	0,78	
Kupfer, oxydiert	130	0,76	0,725
Aluminium, walzblank	170	0,039	0,049
	500	0,050	
Aluminiumbronzeanstrich	100	0,20—0,40	
Siluminguß, poliert	150	0,186	
Nickel, blank matt	100	0,041	0,046
Nickel, poliert	100	0,045	0,053
Manganin, walzblank	118	0,048	0,057
Chrom, poliert	150	0,058	0,071
Eisen, blank geätzt	150	0,128	0,158
Eisen, blank abgeschmirgelt	20	0,24	
Eisen, rot angerostet	20	0,61	
Eisen, Walzhaut	20	0,77	
	130	0,60	
Eisen, Gußhaut	100	0,80	
Eisen, stark verrostet	20	0,85	
Eisen, hitzebeständig, oxydiert	80	0,613	
	200	0,639	
Zink, grau oxydiert	20	0,23—0,28	
Blei, grau oxydiert	20	0,28	
Wismut, blank	80	0,340	0,366
Korund-Schmirgel, rauh	80	0,855	0,84
Ton, gebrannt	70	0,91	0,86
Heizkörperlack	100	0,925	
Mennigeanstrich	100	0,93	
Emaille, Lacke	20	0,85—0,95	
Schwarzer Lack, matt	80	0,970	
Bakelitlack	80	0,935	
Ziegelstein, Mörtel, Putz	20	0,93	
Porzellan	20	0,92—0,94	
Glas	90	0,940	0,876
Eis, glatt, Wasser	0	0,966	0,918
Eis, rauher Reifbelag	0	0,985	
Wasserglas-Ruß-Anstrich	20	0,96	
Papier	95	0,92	
Holz (Buche)	70	0,935	
Dachpappe	20	0,93	

H. Schmidt und E. Furthmann an hochglanzpolierten Metallen zeigt Zahlentafel 37. Zwischen den beiden ε-Werten für die zugehörigen Temperaturen kann linear interpoliert werden.

4. Strahlungsaustausch unter bestimmten geometrischen Bedingungen.

a) Strahlungsaustausch zwischen zwei parallelen Flächen. Zur Ableitung des Kirchhoffschen Gesetzes hatten wir den Wärmeaustausch zwischen zwei Körpern I und II berechnet.

Zahlentafel 37. *Emissionszahlen ε_n für Strahlung in Richtung der Flächennormalen bei hochglanzpolierten Metallen* (nach H. Schmidt und E. Furthmann). Die beiden angegebenen ε_n-Werte beziehen sich auf die zugehörigen beiden Temperaturen. Zwischen ihnen kann linear interpoliert werden.

Oberfläche	t (°C)	ε_n
Platin	230/630	0,054/0,104
Gold	230/630	0,018/0,035
Silber.	230/630	0,020/0,032
Aluminium . .	230/580	0,039/0,057
Nickel	230/380	0,07/0,086
Eisen	180/230	0,052/0,064
Zink	230/330	0,045/0,053
Blei	130/230	0,057/0,075

Wir hatten dort für die ausgetauschte Wärmestromdichte den Betrag gefunden (s. S. 375)

$$q = \frac{E_I A_{II} - E_{II} A_I}{A_I + A_{II} - A_I A_{II}} \tag{26}$$

und dann angenommen, daß dieser Betrag gleich Null sein muß, weil die beiden Körper gleiche Temperatur besitzen.

Nunmehr sollen aber die beiden Temperaturen nicht gleich sein und wir stellen uns die Aufgabe, die alsdann ausgetauschte Wärme zu berechnen, indem wir die Gl. (26) noch etwas umformen. Der Abstand zwischen den wärmeaustauschenden Flächen soll so klein sein, daß die Krümmung der Flächen und ihre seitliche Begrenzung vernachlässigt werden kann. Nach dem Kirchhoffschen Gesetz [Gl. (24)] ist

$$E_I = A_I \sigma_s T_I^4 \quad \text{und} \quad E_{II} = A_{II} \sigma_s T_{II}^4. \tag{27}$$

Ferner ist nach dem Stefan-Boltzmannschen Gesetz

$$E_I = \sigma_I T_I^4 \quad \text{und} \quad E_{II} = \sigma_{II} T_{II}^4. \tag{28}$$

Aus (27) und (28) folgt

$$A_I = \frac{\sigma_I}{\sigma_s} \quad \text{und} \quad A_{II} = \frac{\sigma_{II}}{\sigma_s}. \tag{29}$$

Durch mehrmalige Umformung mit Hilfe der Gln. (27) und (29) erhalten wir aus Gl. (26):

$$q = \frac{\sigma_s T_I^4 - \sigma_s T_{II}^4}{\frac{1}{A_I} + \frac{1}{A_{II}} - 1} = \frac{T_I^4 - T_{II}^4}{\frac{1}{\sigma_I} + \frac{1}{\sigma_{II}} - \frac{1}{\sigma_s}}. \tag{30}$$

Wenn wir statt der Strahlungszahl σ wieder die Strahlungszahl $C = 10^8 \cdot \sigma$ einführen, so erhalten wir das Ergebnis:

$$q = \frac{1}{\frac{1}{C_I} + \frac{1}{C_{II}} - \frac{1}{C_s}} \left[\left(\frac{T_I}{100}\right)^4 - \left(\frac{T_{II}}{100}\right)^4\right]. \tag{31}$$

In dieser Gleichung treten zwei Faktoren auf, von denen wir den ersten den *Strahlungsfaktor*, den zweiten den *Temperaturfaktor* nennen wollen. Mit Hilfe dieser beiden Faktoren läßt sich die Wärmestromdichte auch in der Form

$$q = C\,K\,(T_I - T_{II})$$

schreiben, wodurch eine formale Ähnlichkeit zur Wärmeleitung hergestellt ist.

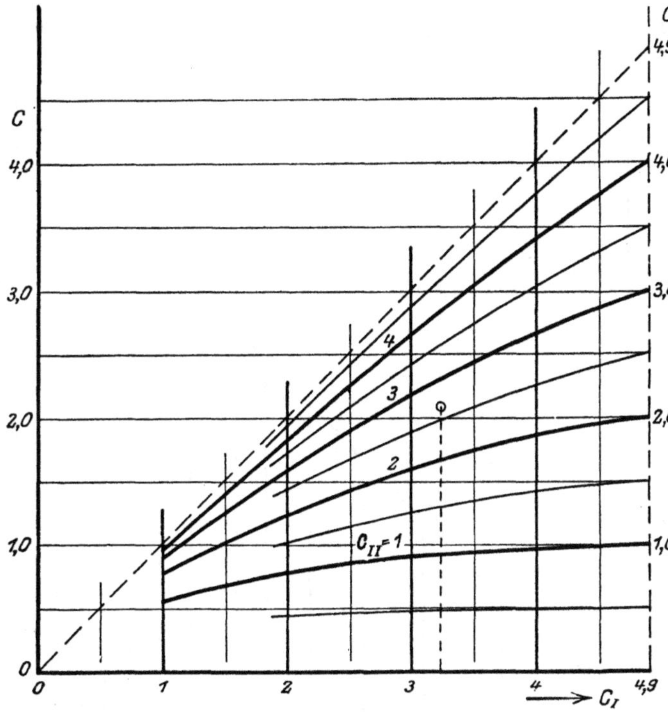

Abb. 183. Diagramm zur Berechnung des Strahlungsfaktors.

$$C = \frac{1}{\frac{1}{C_I} + \frac{1}{C_{II}} - \frac{1}{C_s}}$$

Beispiel: $C_I = 3{,}2$; $C_{II} = 2{,}7$; $C = 2{,}2$

In den Strahlungsfaktor

$$C = \frac{1}{\frac{1}{C_I} + \frac{1}{C_{II}} - \frac{1}{C_s}}$$

geht außer den Strahlungszahlen beider Flächen noch diejenige des schwarzen Körpers ein. Sein größtmöglicher Wert ist gleich der Strahlungszahl des schwarzen Körpers und wird dann erreicht, wenn beide Körper absolut schwarz sind. Ist nur einer der beiden Körper schwarz, so ist der Wert des Strahlungsfaktors gleich der Strahlungszahl des anderen, also des nichtschwarzen Körpers. Der Strahlungsfaktor kann bequem durch verschiedene graphische Verfahren berechnet werden, von denen eines als Beispiel in Abb. 183 gezeigt ist.

Der Temperaturfaktor besteht in einer Differenz zweier vierter Potenzen, welche sich zahlenmäßig am einfachsten mittels der bekannten Quadrattafeln auswerten lassen. In den meisten Fällen genügt aber die Ablesegenauigkeit der Abb. 184. Des bequemeren Gebrauches wegen sind darin als Abszissen Celsiusgrade aufgetragen.

Der Temperaturfaktor läßt sich noch umformen, indem man aus der Algebra die Gleichung

$$a^4 - b^4 = (a^2 + b^2)(a + b)(a - b) = (a^3 + a^2 b + a b^2 + b^3)(a - b)$$

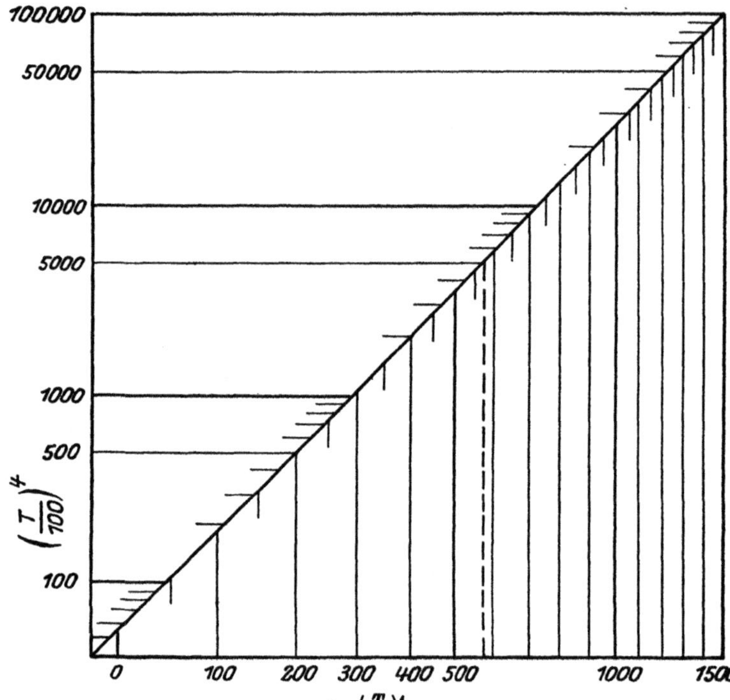

Abb. 184. Diagramm zur Berechnung von $\left(\frac{T}{100}\right)^4$. Abszissen: $T - 273°$; Ordinaten: $\left(\frac{T}{100}\right)^4$

heranzieht. Man erhält dann

$$\left(\frac{T_I}{100}\right)^4 - \left(\frac{T_{II}}{100}\right)^4 = \frac{T_I^3 + T_I^2 T_{II} + T_I T_{II}^2 + T_{II}^3}{10^8}(T_I - T_{II}) = K(T_I - T_{II}). \quad (32)$$

Diese Form läßt klar erkennen, daß es beim Strahlungsaustausch nicht nur auf den Temperaturunterschied, sondern in sehr hohem Maße auf die Höhe der Temperaturlage ankommt, und dafür ist die Größe K ein Maß. Zur zahlenmäßigen Auswertung dient Abb. 185. Für sehr geringe Temperaturunterschiede ($T_I \rightarrow T_{II}$) wird $K = 4 \cdot T^3/10^8$.

b) Strahlungsaustausch zwischen einem Körper und seiner Umhüllung. Wir führen[1] eine Betrachtung für einen Körper I (Fläche f_I,

[1] Nach C. Christiansen: Wied. Ann. 19 (1883) 267.

Temperatur T_I) durch, der von einer Umhüllung II (Fläche f_{II}, Temperatur T_{II}) rings umgeben ist; der Verlauf ist der Ableitung des Kirch-

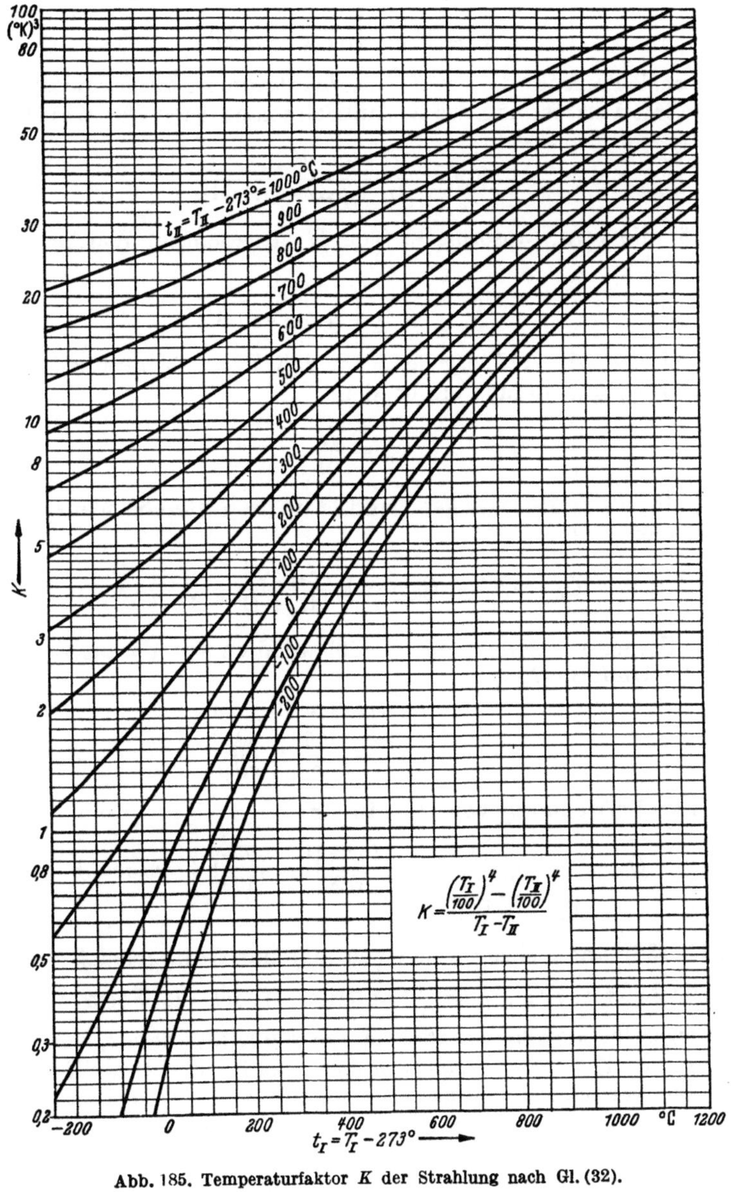

Abb. 185. Temperaturfaktor K der Strahlung nach Gl. (32).

hoffschen Gesetzes auf S. 374ff. ganz ähnlich. Nur müssen wir beachten, daß der Körper I von der Energie, die von der Umhüllung II zurückgestrahlt wird (S. 374, Zeile c), nur einen Bruchteil $\beta\, E_I\,(1 - A_{II})$ auffängt, während der Rest $(1-\beta) E_I (1-A_{II})$ am Körper I vorbeigeht und wieder die Umhüllung II trifft.

An die Stelle der Gl. (22) tritt daher die Abkürzung

$$k' = (1 - A_{II})(1 - \beta A_I). \tag{22a}$$

Man erhält dann für die von II absorbierte (von I ausgesandte) Wärmemenge mit Verwendung des Stefan-Boltzmannschen Gesetzes [Gl. (15)]:

$$Q_{hI} = \frac{f_I \sigma_I T_I^4 A_{II}}{A_{II} + \beta A_I - \beta A_I A_{II}} \tag{33}$$

und für die von I absorbierte (von II ausgesandte) Wärmemenge:

$$Q_{hII} = \frac{\beta f_{II} \sigma_{II} T_{II}^4 A_I}{\beta A_I + A_{II} - \beta A_I A_{II}}. \tag{34}$$

Nun nehmen wir vorübergehend an, daß $T_I = T_{II}$ sein soll; dann ist $Q_{hI} = Q_{hII}$, und daraus ergibt sich

$$\beta = \frac{f_I}{f_{II}}. \tag{35}$$

Die für $T_I \neq T_{II}$ zwischen I und II (in der Zeiteinheit) ausgetauschte Wärmemenge ist

$$Q_h = Q_{hI} - Q_{hII} = f_I \frac{\sigma_I A_{II} T_I^4 - \sigma_{II} A_I T_{II}^4}{A_{II} + (1 - A_{II}) \beta A_I}. \tag{36}$$

Unter Berücksichtigung von Gl. (29) erhalten wir daraus durch algebraische Umformung:

$$Q_h = \frac{f_I (T_I^4 - T_{II}^4)}{\frac{1}{\sigma_I} + \beta\left(\frac{1}{\sigma_{II}} - \frac{1}{\sigma_s}\right)} \tag{37}$$

oder mit Verwendung von $C = 10^8 \cdot \sigma$:

$$Q_h = \frac{f_I}{\frac{1}{C_I} + \frac{f_I}{f_{II}}\left(\frac{1}{C_{II}} - \frac{1}{C_s}\right)} \left[\left(\frac{T_I}{100}\right)^4 - \left(\frac{T_{II}}{100}\right)^4\right] \text{ in kcal/h}. \tag{38}$$

Die Gl. (38) unterscheidet sich von (31) nur dadurch, daß im Nenner das Flächenverhältnis $\beta = \frac{f_I}{f_{II}}$ auftritt. Weder die Form der Körper (vorausgesetzt, daß die Oberfläche von I überall konvex, von II überall konkav ist) noch die Lage von I innerhalb seiner Umhüllung spielen unter den gemachten Voraussetzungen eine Rolle. Da bei der Ableitung das Stefan-Boltzmannsche Gesetz verwendet wurde, ist damit allerdings graue diffuse Strahlung vorausgesetzt. Bei regelmäßig geformten und spiegelnd reflektierenden Körpern nimmt β Werte zwischen den beiden Extremwerten $\frac{f_I}{f_{II}}$ und 1 (konzentrische, spiegelnde Kugeln) an[1].

---

[1] Vgl. C. Christiansen: Zit. S. 386.

5. Strahlungsaustausch zwischen beliebigen Flächenelementen.

Es seien df_1 und df_2 zwei beliebig im Raum gelegene Flächenelemente mit den Strahlungszahlen $C_1 = A_1 C_s$ bzw. $C_2 = A_2 C_s$ und den Temperaturen T_1 bzw. T_2. Der Abstand der Mittelpunkte beider Flächen sei r, der Winkel zwischen r und der Flächennormalen sei φ_1 bzw. φ_2 (φ_1 und φ_2 brauchen nicht in derselben Ebene zu liegen). Beide Flächen sollen diffus strahlen. Dann ist der von f_1 ausgehende Wärmestrom nach Gl. (5) und (24):

$$d^2 Q_{h1} = \frac{1}{\pi} C_1 \left(\frac{T_1}{100}\right)^4 \cos\varphi_1\, d\Omega\, df_1; \tag{39}$$

$d\Omega$ ist der Raumwinkel, unter dem df_2 von df_1 aus gesehen wird, also

$$d\Omega = \frac{df_2 \cos\varphi_2}{r^2}.$$

Damit wird

$$d^2 Q_{h1} = \frac{1}{\pi} C_1 \left(\frac{T_1}{100}\right)^4 \frac{\cos\varphi_1 \cos\varphi_2}{r^2}\, df_1\, df_2. \tag{40}$$

Analog erhält man $d^2 Q_{h2}$ und schließlich als Wärmetransport von dem wärmeren zum kälteren Flächenelement:

$$\begin{aligned} d^2 Q_h &= d^2 Q_{h1} - d^2 Q_{h2} \\ &= \frac{1}{\pi}\left[C_1 \left(\frac{T_1}{100}\right)^4 - C_2 \left(\frac{T_2}{100}\right)^4\right] \frac{\cos\varphi_1 \cos\varphi_2}{r^2}\, df_1\, df_2. \end{aligned} \tag{41}$$

Die Auswertung dieses Ausdruckes für bestimmte geometrische Anordnungen nach der auf S. 363 angewandten Methode ist sehr mühsam und meist nur mit vereinfachenden Annahmen durchführbar[1].

Für den in technischen Feuerungen meistens vorliegenden Fall, daß die strahlenden Flächen sehr stark absorbieren, kommt man nach NUSSELT[2] zum Ziel, wenn man nur die erste Absorption jeder Fläche betrachtet und die Reflexion bereits vernachlässigt. Mit den Absorptionsverhältnissen $A_1 = \frac{C_1}{C_s}$ und $A_2 = \frac{C_2}{C_s}$ erhält man für den von df_2 aufgenommenen Wärmestrom

$$A_2\, d^2 Q_{h1} = \frac{1}{\pi} \frac{C_1 C_2}{C_s} \left(\frac{T_1}{100}\right)^4 \frac{\cos\varphi_1 \cos\varphi_2}{r^2}\, df_1\, df_2$$

und somit für den Wärmeaustausch

$$d^2 Q_h = \frac{1}{\pi} \frac{C_1 C_2}{C_s} \left[\left(\frac{T_1}{100}\right)^4 - \left(\frac{T_2}{100}\right)^4\right] \frac{\cos\varphi_1 \cos\varphi_2}{r^2}\, df_1\, df_2. \tag{42}$$

Nach Gl. (39) wird der von df_1 nach df_2 gestrahlte Wärmestrom bestimmt

1. durch die Strahlungszahl der Fläche df_1,
2. durch ihre Temperatur und
3. durch den Ausdruck $\cos\varphi_1 \frac{d\Omega}{\pi}$,

[1] Vgl. z. B. O. SEIBERT: Die Wärmeaufnahme der bestrahlten Kesselheizfläche. Forsch.-Arb. Ing.-Wes. Nr. 324; Berlin 1930. — H. C. HOTTEL: Trans. Amer. Soc. mech. Engrs. 53 (1931) 265. — [2] NUSSELT, W.: Gesundh.-Ing. 41 (1918) 171.

d. i. das Verhältnis des mit $\cos\varphi_1$ multiplizierten Raumwinkels $d\Omega$ zum Halbraum. Dieses Winkelverhältnis charakterisiert Größe und Lage von df_2 in bezug auf df_1. Es kann graphisch ermittelt werden, indem man die Projektion der Durchdringung von $d\Omega$ durch eine Halbkugel auf die Ebene von df_1 dividiert durch die Grundfläche der Halbkugel. Diese Konstruktion wurde etwa gleichzeitig von NUSSELT[1] und SEIBERT[2] angegeben. Für eine Reihe von Anordnungen lassen sich die Winkelverhältnisse algebraisch ermitteln. Wegen Einzelheiten sei auf die Literatur verwiesen[3,4].

6. Wirkung von Strahlungsschutzschirmen.

Zum Schlusse dieses Kapitels sei an einigen Beispielen die Wirkung von Strahlungsschutzschirmen erläutert. Wir nehmen an, daß sich zwischen zwei großen, parallelen, ebenen Flächen *I* und *II* ein Schirm *III* aus sehr dünnem Blech befinde, so daß also der Temperaturabfall im Schirm vernachlässigt werden kann. Auch der Wärmetransport durch Konvektion soll vernachlässigt werden.

Wir berechnen zuerst die Wärme q_0, die ohne Strahlungsschirm ausgetauscht wird, und dann die Wärme q_1 bei Zwischenschaltung eines Schirmes. Mit T_{III} bezeichnen wir die Temperatur des Schirmes. Bei dieser Rechnung wollen wir zwei Fälle unterscheiden:

1. Fall. Wir nehmen an, daß die Oberflächen der beiden Körper *I* und *II* unter sich und mit den beiden Oberflächen des Schirmes gleiche Strahlungszahl besitzen, so daß wir nur mit einem einzigen Strahlungsfaktor

$$C = \frac{1}{\frac{1}{C_I} + \frac{1}{C_{II}} - \frac{1}{C_s}}$$

zu rechnen haben.

Es ist dann

$$q_0 = C\left[\left(\frac{T_I}{100}\right)^4 - \left(\frac{T_{II}}{100}\right)^4\right]$$

und

$$q_1 = C\left[\left(\frac{T_I}{100}\right)^4 - \left(\frac{T_{III}}{100}\right)^4\right] = C\left[\left(\frac{T_{III}}{100}\right)^4 - \left(\frac{T_{II}}{100}\right)^4\right].$$

Aus der zweiten Gleichung folgt

$$\left(\frac{T_{III}}{100}\right)^4 = \frac{1}{2}\left[\left(\frac{T_I}{100}\right)^4 + \left(\frac{T_{II}}{100}\right)^4\right],$$

und mit diesem Wert wird

$$q_1 = C\left[\left(\frac{T_I}{100}\right)^4 - \frac{1}{2}\left(\frac{T_I}{100}\right)^4 - \frac{1}{2}\left(\frac{T_{II}}{100}\right)^4\right] = \frac{1}{2}\,q_0.$$

Durch Zwischenschalten eines einzelnen Schirmes wird also der Strahlungsaustausch auf die Hälfte herabgedrückt.

---

[1] NUSSELT, W.: Z. VDI 72 (1928) 673.
[2] SEIBERT, O.: Arch. Wärmew. 9 (1928) 180.
[3] ECKERT, E.: Technische Strahlungsaustauschrechnungen. Berlin 1937.
[4] VDI-Wärmeatlas. Düsseldorf 1954.

Die Rechnung läßt sich auf zwei, drei und mehr Schirme verallgemeinern. Für n Schirme gilt die Gleichung

$$q_n = \frac{1}{n+1} q_0 . \tag{43}$$

Diese allgemeine Formel gilt auch für den Wärmetransport durch Leitung in stark verdünnten Gasen[1], weil in diesem Fall die übertragene Wärmemenge unabhängig von der Dicke der Gasschicht ist (vgl. S. 136).

2. Fall. Wir nehmen nun an, daß die Strahlungszahl der beiden Körperoberflächen gleich C_I und die Strahlungszahl der beiden Schirmoberflächen gleich C_{III} sei.

Dann haben wir für den Strahlungsaustausch zwischen beiden Körpern ohne Schirm

$$\text{den Strahlungsfaktor } C_0 = \frac{1}{\frac{1}{C_I} + \frac{1}{C_I} - \frac{1}{C_s}}$$

und für den Strahlungsaustausch jeweils zwischen Körper und Schirm

$$\text{den Strahlungsfaktor } C_1 = \frac{1}{\frac{1}{C_I} + \frac{1}{C_{III}} - \frac{1}{C_s}} .$$

Mit diesen Werten ist

$$q_0 = C_0 \left[\left(\frac{T_I}{100} \right)^4 - \left(\frac{T_{II}}{100} \right)^4 \right]$$

und

$$q_1 = C_1 \left[\left(\frac{T_I}{100} \right)^4 - \left(\frac{T_{III}}{100} \right)^4 \right] = C_1 \left[\left(\frac{T_{III}}{100} \right)^4 - \left(\frac{T_{II}}{100} \right)^4 \right]$$

$$= C_1 \frac{1}{2} \left[\left(\frac{T_I}{100} \right)^4 - \left(\frac{T_{II}}{100} \right)^4 \right] .$$

Es ist also das Verhältnis:

$$\frac{q_1}{q_0} = \frac{1}{2} \frac{C_1}{C_0} = \frac{1}{2} \frac{\frac{1}{C_I} + \frac{1}{C_I} - \frac{1}{C_s}}{\frac{1}{C_I} + \frac{1}{C_{III}} - \frac{1}{C_s}} .$$

Zahlenbeispiel. Wie groß ist das Verhältnis q_1/q_0, wenn zwischen zwei matte Eisenplatten ein beiderseits poliertes Kupferblech als Strahlungsschutz geschoben wird?

Wir schätzen die Strahlungszahl des Eisenblechs zu $C_I = 4{,}0$ und diejenige des Kupferblechs zu $C_{III} = 0{,}24$ und erhalten:

$$\frac{q_1}{q_0} = \frac{1}{2} \frac{\frac{1}{4{,}0} + \frac{1}{4{,}0} - \frac{1}{4{,}96}}{\frac{1}{4{,}0} + \frac{1}{0{,}24} - \frac{1}{4{,}96}} = 0{,}035 .$$

Der Strahlungsaustausch wird also durch diesen Schirm auf 3,5% herabgedrückt.

---

[1] WIENER, O.: Ann. Phys. 60 (1919) 324.

In der Isoliertechnik hat die Erkenntnis der Wirkung von Strahlungsschirmen zur Ausbildung besonderer Isolierverfahren mittels Aluminium- und anderer Metallfolien geführt[1], in der Meßtechnik macht man von Strahlungsschirmen Gebrauch, wenn man die wahre Temperatur eines Gases in der Nähe strahlender Wände messen will[2].

7. Gleichzeitiges Auftreten von Wärmestrahlung, Leitung und Konvektion.

Unter der — bei Gasen praktisch meist zutreffenden — Voraussetzung[3] eines vollkommen strahlungsdurchlässigen Zwischenmediums sind Wärmeaustausch durch Strahlung und Wärmeübertragung durch Leitung und Konvektion unabhängig voneinander. Die Zerlegung der gesamten Wärmeübertragung in die beiden Teilvorgänge, die man meistens vornehmen muß, ist dann erlaubt, ohne daß man noch besondere Annahmen macht.

Da die beiden Teilvorgänge „parallel" verlaufen, muß man die Leitwerte addieren (nicht die Widerstände, wie bei „hintereinander geschalteten" Vorgängen, vgl. S. 115). Man führt dann zweckmäßig für den Leitungs- und Konvektionsanteil und für den Strahlungsanteil entsprechende Durchgangszahlen k_L und k_S ein, die definiert sind durch die Gleichung

$$q = (k_L + k_S)\Theta . \tag{44}$$

Darin ist Θ der Temperaturunterschied zwischen den beiden, ihre Wärme austauschenden Oberflächen. Um diese Formel mit der Gl. (38) in Übereinstimmung zu bringen, muß man die dort auftretende Differenz der vierten Potenz nach Gl. (32) zerlegen, so daß dann etwa für den der Gl. (38) zugrunde liegenden allgemeinen Fall der Strahlungsanteil der Wärmedurchgangszahl den Wert erhält

$$k_S = \frac{1}{\frac{1}{C_I} + \frac{f_I}{f_{II}}\left(\frac{1}{C_{II}} - \frac{1}{C_s}\right)} \left[\frac{T_I^3 + T_I^2\, T_{II} + T_I\, T_{II}^2 + T_{II}^3}{10^8}\right]. \tag{45}$$

Auch bei dem *Wärmeübergang* von einer Wand an ein umgebendes gasförmiges Medium (Luft) durch freie oder erzwungene Konvektion ist die Wärmestrahlung beteiligt, wenn die festen Körper der Umgebung eine andere als die Wandtemperatur besitzen. Man kann dann die beiden Anteile des Wärmeüberganges durch Konvektion (α_K) und Strahlung (α_S) addieren, so daß sich die Wärmestromdichte q schreiben läßt:

$$q = (\alpha_K + \alpha_S)\,(\vartheta_w - \vartheta_\infty),$$

wenn ϑ_w und ϑ_∞ die Temperatur der Wand bzw. die Temperatur des ungestörten Gasstroms bedeuten und ϑ_∞ gleichzeitig die Temperatur der umgebenden Gegenstände ist. Die Wärmeübergangszahl durch

---

[1] Vgl. Fußn. 1 von S. 278.

[2] Vgl. z. B. O. Knoblauch u. K. Hencky: Anleitung zu genauen technischen Temperaturmessungen. München u. Berlin 1926.

[3] Der Strahlungsaustausch zwischen Gasen und festen Körpern (vgl. S. 400ff.) erlangt erst bei höheren Temperaturen als den hier vorausgesetzten eine Bedeutung.

Strahlung α_S ist dann durch

$$\alpha_S = C\,K$$

gegeben, worin C den Strahlungsfaktor für die betreffende Anordnung und K den Temperaturfaktor bedeuten (vgl. S. 387).

Häufig treten in einer Anordnung alle 3 Arten der Wärmeübertragung gemeinsam auf, Wärmeleitung, Wärmeübergang und Wärmestrahlung. Wegen der unterschiedlichen Gesetzmäßigkeiten ist die exakte Berechnung schwierig, selbst in den Fällen, in denen die 3 Vorgänge unabhängig voneinander verlaufen. Ein Beispiel dafür ist der Wärmedurchgang durch eine Rohrisolierung. Der Wärmeverlust je Einheit der Rohrlänge q', z. B. in kcal/mh gemessen, läßt sich nach Gl. (b) von S. 107 schreiben:

$$q' = \frac{\pi\,(\vartheta_i - \vartheta_\infty)}{\dfrac{1}{\alpha\, d_a} + \dfrac{1}{2\,\lambda}\ln\dfrac{d_a}{d_i}}\,. \tag{45a}$$

Darin sind d_a und d_i die Außen- bzw. Innendurchmesser der Isolierung, $\alpha = \alpha_K + \alpha_S$ die gesamte Wärmeübergangszahl an der Außenfläche der Isolierung, λ die Wärmeleitzahl des Isolierstoffs und ϑ_i die Temperatur der Rohrwand, deren Wärmeleitwiderstand ebenso vernachlässigt sei wie der Wärmeübergangswiderstand des im Rohr strömenden Stoffes.

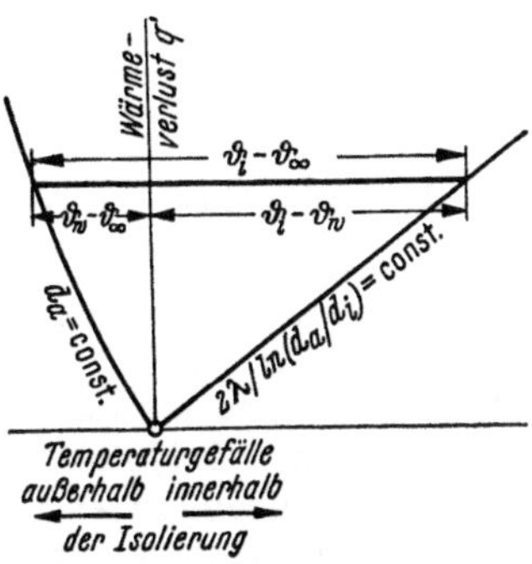

Abb. 186. Graphische Lösung von Gl. (45 b). Gemeinsames Auftreten von Wärmeleitung, Wärmeübergang und Wärmestrahlung.

Eine geschlossene Lösung von Gl. (45 a) läßt sich wegen der komplizierten Funktion für α nicht herstellen. Führt man die nicht bekannte Temperatur der äußeren Isolierungsoberfläche ϑ_w ein, so läßt sich Gl. (45a) als Doppelgleichung wie folgt schreiben:

$$\frac{2\,\pi\,\lambda\,(\vartheta_i - \vartheta_w)}{\ln\,(d_a/d_i)} = q' = \alpha\,\pi\,d_a\,(\vartheta_w - \vartheta_\infty)\,. \tag{45b}$$

Diese Doppelgleichung kann man graphisch lösen[1], indem man ihre beiden Teile in ein Diagramm mit gemeinsamer Ordinate q' einträgt (Abb. 186). Obwohl ϑ_w nicht bekannt ist, gibt es doch einen und nur einen Wert von $(\vartheta_i - \vartheta_\infty) = (\vartheta_i - \vartheta_w) + (\vartheta_w - \vartheta_\infty)$, der die Doppelgleichung (45b) befriedigt. Dieser Wert paßt gerade zwischen die gegebenen Parameter d_a und $2\lambda/\ln\,(d_a/d_i)$ in den beiden Teildiagrammen von Abb. 186; die Parameter spielen also die Rolle von Leitkurven. Auf der gemeinsamen Ordinate ist der gesuchte Wert q' abzulesen, gleichzeitig werden durch sie die Abschnitte $(\vartheta_i - \vartheta_w)$ und $(\vartheta_w - \vartheta_\infty)$ abgeteilt, wodurch auch die noch unbekannte Temperatur ϑ_w ermittelt ist. Bei der Herstellung des linken Teildiagramms kann die genaue Funktion für α beibehalten werden. Die geschilderte Methode ist auch für andere Fälle der zusammengesetzten Wärmeübertragung brauchbar und läßt sich ebenso für Probleme der Stoffübertragung anwenden.

[1] Grigull, U.: Wärmeverluste isolierter Rohrleitungen. Brennstoff-Wärme-Kraft 3 (1951) 253/258.

Der oben mit „Wärmeleitung" bezeichnete Vorgang innerhalb des Isolierstoffs ist in Wirklichkeit ebenfalls aus echter Leitung und Strahlung zusammengesetzt, falls nicht sogar noch konvektiver Wärmetransport hinzukommt (vgl. S. 280). Die Luftzellen des Isolierstoffs werden von Wärmestrahlung überbrückt, so daß man von einer Teildurchlässigkeit sprechen kann. Sofern der Anteil der Wärmestrahlung beträchtlich ist, müßte die üblicherweise definierte „effektive" Wärmeleitzahl nicht nur von den absoluten Temperaturen der Schichtgrenzen, sondern auch von der Schichtdicke abhängen. Eine genaue Analyse dieser Vorgänge steht noch aus. Ähnliche Verhältnisse treten beim Wärmetransport in Gläsern auf, der von GENZEL[1] analytisch behandelt wurde.

D. Strahlung von Gasen und Dämpfen.

1. Die Absorptionsspektren der Gase und ihre Gesamtstrahlung.

Gase sind im größten Teil des Spektrums für Wärmestrahlen durchlässig (diatherman) und senden daher in diesen Bereichen auch keine Strahlung aus. Nur in begrenzten Spektralbereichen, den sog. „Banden", absorbieren und emittieren sie. Die Gasstrahlung kommt dadurch zustande, daß bei Molekülzusammenstößen die einzelnen Atome eines Moleküls Schwingungen und Rotationen ausführen und dabei elektromagnetische Wellen aussenden, sofern sie freie elektrische Ladungen besitzen. Die aus Atomen gleicher Art aufgebauten Elementargase (Wasserstoff, Sauerstoff, Stickstoff) besitzen keine freien Ladungen und sind daher im Bereich der Wärmestrahlung durchlässig.

Eine Reihe anderer technisch wichtiger Gase besitzt aber Absorptionsbanden einer solchen Breite, daß ihre Strahlung auch beim Wärmeaustausch unter technischen Verhältnissen berücksichtigt werden muß. Dazu gehören vor allem Wasserdampf und Kohlensäure, ferner Kohlenmonoxyd, Schwefeldioxyd, Ammoniak, Chlorwasserstoff und andere Gase sowie die Kohlenwasserstoffe. In Abb. 187 und 188 sind die Absorptionsspektren von Wasserdampf und Kohlensäure bei verschiedenen Schichtdicken wiedergegeben; auf die unregelmäßige Form dieser Spektren sei besonders hingewiesen. Diese Form ist außerdem von der Temperatur[2] und dem Gasdruck, die Höhe der Bande von der Schichtdicke abhängig. Es ist also zu erwarten, daß auch die Gesamtabsorptionszahlen, die technisch am meisten interessieren, in komplizierter Form von den genannten Größen abhängen.

Die wichtigsten Absorptionsbanden für Kohlendioxyd und Wasserdampf sind in Zahlentafel 38 zusammengestellt. Man erkennt, daß sich die Banden der beiden Gase teilweise überdecken, was später bei der Behandlung der Gemischstrahlung noch wichtig sein wird.

---

[1] GENZEL, L.: Der Anteil der Wärmestrahlung an Wärmeleitungsvorgängen. Z. Phys. 135 (1953) 2, 177/195.

[2] Für Kohlensäure wurde diese Abhängigkeit bei den Banden 2,7 μ und 4,3 μ von C. TINGWALDT untersucht: Phys. Z. 35 (1934) 715/720 u. 39 (1938) 1/6.

Zahlentafel 38. *Die wichtigsten Absorptionsbanden von Kohlensäure*[1] *und Wasserdampf*[2].

Kohlensäure			Wasserdampf		
Nr.	λ	Δλ	Nr.	λ	Δλ
1	2,4 bis 3,0 μ	0,6 μ	1	1,7 bis 2 μ	0,3 μ
2	4,0 bis 4,8 „	0,8 „	2	2,2 bis 3 „	0,8 „
3	12,5 bis 16,5 „	4,0 „	3	4,8 bis 3,7 „	3,7 „
			4	12 bis 30 „	18 „

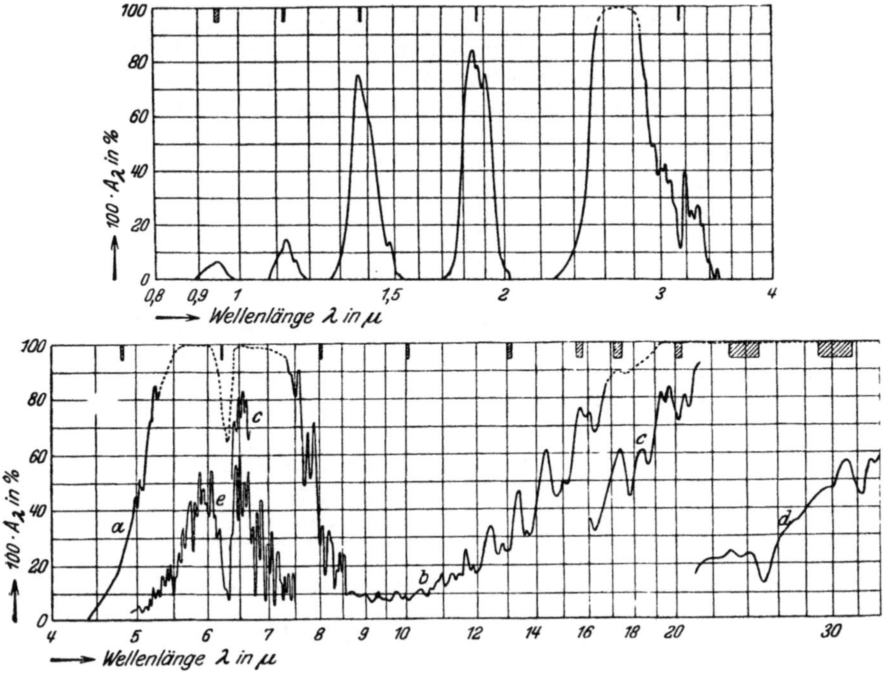

Abb. 187. Absorptionszahl A_λ von Wasserdampf.

(oben) für Wellenlängen von 0,8 bis 4 μ bei 127 °C und 109 cm Schichtdicke,
(unten) für Wellenlängen von 4 bis 34 μ, und zwar

a bei 127 °C und 109 cm Schichtdicke,
b bei 127 °C und 104 cm Schichtdicke,
c bei 127 °C und 32,4 cm Schichtdicke,
d bei 81 °C und 32,4 cm Schichtdicke Dampfluftgemisch, entsprechend etwa 4 cm reiner Dampfschicht;
e bei Zimmertemperatur und 220 cm dicker Schicht feuchter Zimmerluft entsprechend etwa 7 cm reiner Dampfschicht von Atmosphärendruck.
Die kleinen schraffierten Rechtecke am oberen Rand geben die Breite des jeweils benutzten Spektrometerspaltes im Maßstab der Wellenlängen an.

Die Absorption von Strahlung in einem Medium wurde bereits auf S. **362** besprochen. In einem Gas ist nicht die Länge des Absorptionsweges *s* allein, sondern die von der Strahlung getroffene Anzahl der

[1] Nach F. Paschen: Ann. Phys., 53 (1894) 334.
[2] Nach G. Hettner: Ann. Phys. 55 (1918) 476 und Eva v. Bahr: Verh. dtsch. phys. Ges. 15 (1913) 731.

Moleküle, also das Produkt aus Konzentration und Weg, maßgebend. Bei bestimmter Temperatur kann für die Konzentration der Teildruck p gesetzt werden. Damit wird die Intensität nach Durchlaufen des Weges s:

$$J_\lambda = J_{\lambda_0} e^{-a_\lambda p s}, \tag{46}$$

wenn J_{λ_0} die Intensität der auftreffenden Strahlung und a_λ der sog. Extinktionskoeffizient ist. Gl. (46) gibt den Inhalt des Beerschen Gesetzes wieder, das nur unter der Voraussetzung gilt, daß a_λ nur von λ, nicht aber vom Druck oder Teildruck p abhängt. Das setzt wiederum voraus, daß die Einwirkungen der Moleküle eines strahlenden Gases untereinander und auf die eines Fremdgases nicht von der Konzentration abhängen. Denn nur dann kann ein kleinerer Partialdruck durch eine größere Schichtdicke ersetzt werden. Wie die später mitgeteilten Messungen zeigen werden, ist das Beersche Gesetz nur beschränkt gültig.

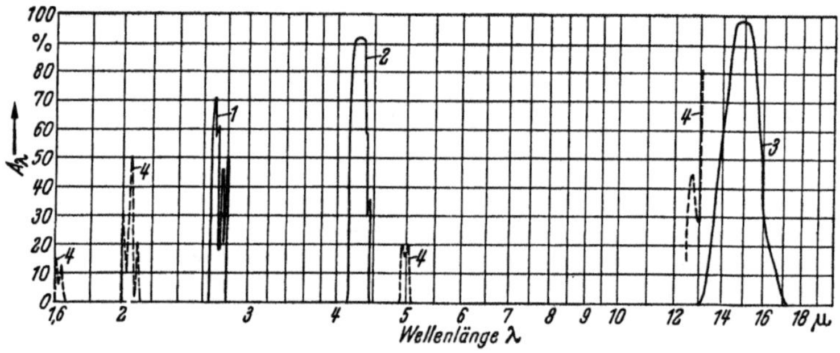

Abb. 188. Absorptionszahl A_λ von Kohlensäure.
Kurve 1: Schichtdicke 5 cm (nach BARKER),
Kurve 2: Schichtdicke 3 cm (nach BARKER),
Kurve 3: Schichtdicke 6,3 cm (nach HERTZ),
Kurve 4: Schichtdicke 100 cm (nach SCHÄFER u. PHILIPPS).

Aus Gl. (46) ergibt sich die Absorptionszahl bei der Wellenlänge λ zu

$$A_\lambda = \frac{J_{\lambda_0} - J_\lambda}{J_{\lambda_0}} = 1 - e^{-a_\lambda p s} \,*. \tag{47}$$

Bei einer Schichtdicke $s = \infty$ wird danach $A_\lambda = 1$, sofern die betrachtete Wellenlänge innerhalb einer Bande liegt. Das Gas absorbiert dann, wie ein schwarzer Körper, alle auftreffende Strahlung. Außerhalb der Banden bleibt A_λ auch bei beliebig großen Schichtdicken stets Null. Nach dem Kirchhoffschen Gesetz befolgt die Emissionszahl ε_λ dieselben Gesetzmäßigkeiten.

Die Gesamtemissionszahl ε läßt sich für eine bestimmte Temperatur durch Bildung des Integrals

$$\varepsilon = \frac{\int_0^\infty \varepsilon_\lambda J_{\lambda s} d\lambda}{\sigma_s T^4} \tag{48}$$

ermitteln, wobei dieser Wert ε nur für bestimmte Werte der Temperatur T, des Druckes p und der Schichtdicke s gilt, oder im Bereich

* Im Gegensatz zum festen Körper wird hier keine Strahlung reflektiert (vgl. S. 362).

des Beerschen Gesetzes für einen bestimmten Wert ($p\,s$). In obiger Gleichung ist $J_{\lambda s}$ die Intensität der schwarzen Strahlung nach dem Planckschen Gesetz. Da $\varepsilon_\lambda(T, p, s)$ nur für wenige Fälle bekannt ist, sind plausible Annahmen über seinen Verlauf erforderlich, wenn ε aus Gl. (48) ermittelt werden soll.

Als selektive Strahler befolgen die Gase nicht das Stefan-Boltzmannsche Gesetz. Es ist trotzdem üblich, die von einem Gaskörper bei der Temperatur T abgestrahlte Energie in der Form

$$E = \varepsilon\,\sigma_s\,T^4 = \varepsilon\,C_s\left(\frac{T}{100}\right)^4 \tag{49}$$

zu schreiben, wobei dann allerdings ε temperaturabhängig ist. Der Gaskörper wird dabei wie ein grau strahlender fester Körper angesehen. Eine andere Schreibweise für die Gesamtstrahlung ist

$$E = \mathrm{const}\left(\frac{T}{100}\right)^n, \tag{50}$$

wobei der Exponent n etwa den Wert 3 hat und die Konstante in gewissen Bereichen nicht mehr von der Temperatur, sondern nur noch vom Druck p und der Schichtdicke s abhängt.

Der Einfluß der Gasstrahlung auf den Wärmeübergang in der Verbrennungskraftmaschine wurde von Nusselt[1] behandelt. Schack[2] machte insbesondere darauf aufmerksam, welche Bedeutung die Gasstrahlung in technischen Feuerungen haben kann und berechnete aus den damals vorliegenden Spektralmessungen Werte der Gesamtstrahlung für Wasserdampf und Kohlensäure. Unmittelbare Messungen der Gesamtstrahlung von Wasserdampf und Kohlensäure stammen von E. Schmidt[3], Hottel und Mangelsdorf[4], E. Schmidt und Eckert[5], Eckert[6] sowie von Hottel und Egbert[7]. Auf theoretischem Wege ermittelten die Gesamtstrahlung außer Schack auch Schwiedessen[8] und Landfermann[9]

---

[1] Nusselt, W.: Der Wärmeübergang in der Verbrennungskraftmaschine. VDI-Forsch.-Heft Nr. 264. Berlin 1923.

[2] Schack, A.: Über die Strahlung der Feuergase und ihre praktische Berechnung. Z. techn. Phys. 15 (1924) 267.

[3] Schmidt, E.: Messung der Gesamtstrahlung des Wasserdampfes bei Temperaturen bis 1000° C. Forsch. Ing.-Wes. 3 (1932) 57/70.

[4] Hottel, H. C., u. H. G. Mangelsdorf: Heat transmission by radiation from nonluminous gases. Experimented study of carbon dioxyde and water vapor. Trans. Amer. Inst. Chem. Engrs. 31 (1935) 517/549.

[5] Schmidt, E., u. E. Eckert: Die Wärmestrahlung von Wasserdampf in Mischung mit nichtstrahlenden Gasen. Forsch. Ing.-Wes. 8 (1937) 87/90.

[6] Eckert, E.: Messung der Gesamtstrahlung von Wasserdampf und Kohlensäure in Mischung mit nichtstrahlenden Gasen bei Temperaturen bis zu 1300° C. VDI-Forsch.-Heft Nr. 387. Berlin 1937.

[7] Hottel, H. C., u. R. B. Egbert: Radiant heat transmission from water vapor. Trans. Amer. Inst. Chem. Engrs. 38 (1942) 531/568.

[8] Schwiedessen, H.: Die Strahlung von Kohlensäure und Wasserdampf mit besonderer Berücksichtigung hoher Temperaturen. Arch. Eisenhüttenw. 14 (1940) 9/14, 145/153 u. 207/210.

[9] Landfermann, C. A.: Über ein Verfahren zur Bestimmung der Gesamtstrahlung von Kohlensäure und Wasserdampf in technischen Feuerungen. Diss. T. H. Karlsruhe 1948.

Im folgenden Abschnitt werden Versuchsergebnisse der Gesamtstrahlung von Kohlensäure und Wasserdampf bei einem Gesamtdruck von 1 at mitgeteilt.

2. Messungen der Gesamtstrahlung von Kohlensäure und Wasserdampf.

a) Kohlensäure. Wie ECKERT (1937) aus seinen Messungen der Emission bei verschiedenen Schichtdicken ermittelte, gilt das Beersche Gesetz für Kohlensäure in Mischung mit nichtstrahlenden Gasen (Stickstoff) befriedigend. Daher läßt sich die Emissionszahl ε als Funktion des Produktes Teildruck p und Schichtdicke s und der Gastemperatur T_g darstellen, wie Abb. 189 zeigt. Die Messungen von HOTTEL und MANGELSDORF sind dabei berücksichtigt. Die gestrichelten Linien sind

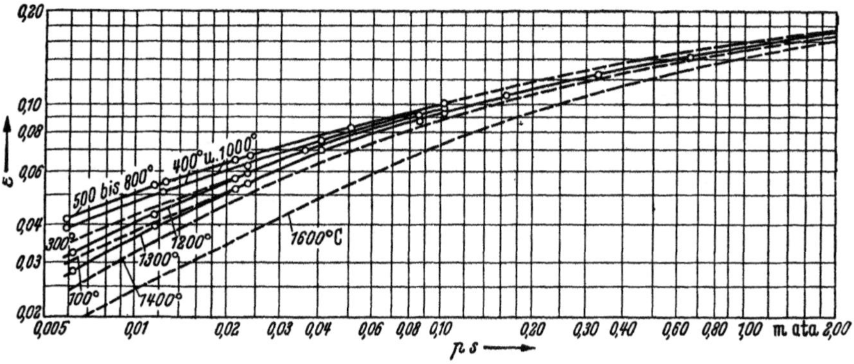

Abb. 189. Emissionszahl ε von Kohlensäure in Mischung mit nichtstrahlenden Gasen. Gesamtdruck 1 at. p = Partialdruck, s = Schichtdicke. (Nach ECKERT.)

extrapolierte Werte, das Diagramm gilt für einen Gesamtdruck von 1 at. Die insgesamt von einem Gaskörper der Temperatur T_g und bei bestimmtem Wert $(p\,s)$ ausgestrahlte Energie berechnet sich daraus zu

$$E = \varepsilon_g\, C_s \left(\frac{T_g}{100}\right)^4 \quad \text{in kcal/m}^2\text{h},$$

wobei ε_g bei der Temperatur T_g zu nehmen ist.

SCHACK[1] bevorzugte die Schreibweise nach Gl. (50) und gab folgende Gleichung an:

$$E = 8{,}9\,(p\,s)^{0{,}4} \left(\frac{T_g}{100}\right)^{3{,}2} \quad \text{in kcal/m}^2\text{h}, \tag{51}$$

wobei der Teildruck p in Atm (1 Atm = 760 Torr) und die Schichtdicke s in m einzusetzen ist. Der Bereich von Gl. (51) geht von $p\,s = 0{,}003$ bis 0,4 m Atm und $t_g = 500$ bis 1800 °C.

b) Wasserdampf. Die Messungen von E. SCHMIDT (1932) an reinem Wasserdampf von 1 ata bei veränderter Schichtdicke stimmten mit den späteren Werten von HOTTEL und MANGELSDORF (1935) an Dampf-Luft-Gemischen nur bei hohen Partialdrücken des Dampfes überein. Bei

[1] SCHACK, A.: Der industrielle Wärmeübergang, 4. Aufl. Düsseldorf 1953.

geringen Partialdrücken lagen die Ergebnisse von HOTTEL und MANGELSDORF wesentlich unter denen von E. SCHMIDT, auf gleiche Werte ($p\,s$) bezogen. Diese Abweichungen wurden durch Messungen von E. SCHMIDT und ECKERT (1937) aufgeklärt, die an Wasserdampf-Stickstoff-Gemischen feststellten, daß das Beersche Gesetz für Wasserdampf nicht gilt. Auch bei gleichem Produkt ($p\,s$) ist die Emissionszahl für geringe Dampfteildrücke niedriger als für hohe. Dieses Ergebnis ließe sich in der Form $\varepsilon = f(T, p, s)$ wiedergeben, einfacher ist jedoch die Darstellung nach Abb. 190.

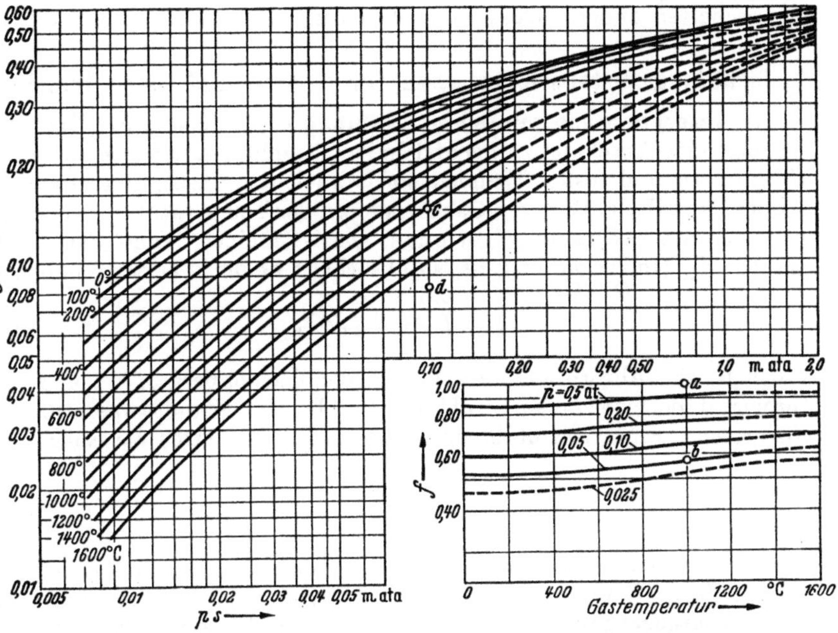

Abb. 190. Emissionszahl ε von reinem Wasserdampf bei 1 at (nach E. SCHMIDT) und Abminderungsfaktoren f für kleinere Partialdrücke. (Nach ECKERT.)

Dort sind die Messungen von E. SCHMIDT an reinem Wasserdampf von $p = 1$ at als Funktion von ($p\,s$) und der Temperatur des Wasserdampfes eingetragen. Die Abszisse gibt also für reinen Dampf gleichzeitig die Schichtdicke s wieder. In einem Nebendiagramm sind Abminderungsfaktoren f für Teildrücke $p < 1$ at als Funktion der Temperatur dargestellt. Mit diesen Faktoren f sind die Emissionszahlen ε des Hauptdiagramms zu multiplizieren. Die f-Werte sind von ECKERT unter Berücksichtigung der Auswertung von SCHWIEDESSEN angegeben. Wegen des logarithmischen Maßstabes läßt sich diese Verkleinerung durch graphische Subtraktion im Hauptdiagramm durchführen, wie folgendes Beispiel zeigt:

Bei 10 cm Schichtdicke reinen Dampfes und 1000 °C Dampftemperatur beträgt die Emissionszahl des Gaskörpers $\varepsilon = 0{,}142$ (Punkt c). Ist der Teildruck 0,05 at, so entspricht dem gleichen Wert ($p\,s$) jetzt eine Schichtdicke $s = 2$ m. Aus dem Nebendiagramm ist für $p = 0{,}05$ at der Wert $f = 0{,}58$ zu entnehmen (Strecke $a - b$); diese an den Punkt c nach unten angetragene Strecke führt auf $\varepsilon = 0{,}082$ (Punkt d).

Diese Berichtigungsmethode setzt voraus, daß f unabhängig von $(p\,s)$ ist, was im Bereich der ausgezogenen Linien von Abb. 190 experimentell bestätigt **ist.**

Alle Emissionszahlen dieses Abschnitts beziehen sich auf den Gesamtdruck 1 at. Bei höheren Drücken sind (insbesondere für Wasserdampf) Abweichungen zu erwarten; es liegen jedoch bisher nur wenige Beobachtungen vor[1,2]. Auch unsere Kenntnis über die Strahlungseigenschaften anderer Gase ist noch gering.

3. Strahlungsaustausch zwischen Gaskörpern und festen Wänden.

a) Absorption von schwarzer Strahlung durch Gaskörper. Bei dem im folgenden Abschnitt zu behandelnden Strahlungsaustausch zwischen Gaskörpern und festen Wänden spielt auch die Absorption des Gaskörpers eine Rolle. Wird ein Gaskörper von der Temperatur T_g (Index g) von schwarzer Strahlung getroffen, die von einer Wand der Temperatur T_w (Index w) ausgeht, so absorbiert er die Wärmestromdichte

$$q = \int_0^\infty A_{\lambda g}\, J_{\lambda s w}\, d\lambda. \tag{52}$$

Darin ist die Absorptionszahl $A_{\lambda g}$ bei der Gastemperatur T_g und die Intensität der schwarzen Strahlung $J_{\lambda s w}$ bei der Wandtemperatur T_w einzusetzen. Eine Gesamtabsorptionszahl $A_{g\,w}$, die durch die Gleichung

$$A_{gw} = \frac{\int_0^\infty A_{\lambda g}\, J_{\lambda s w}\, d\lambda}{\sigma_s\, T_w^4} \tag{53}$$

definiert ist, würde demnach von beiden Temperaturen abhängen. Der Kirchhoffsche Satz ist gemäß seiner Ableitung nur für den Fall des Temperaturgleichgewichts ($T_g = T_w$) auf die Gesamtabsorption anzuwenden. Nur dann ist $A = \varepsilon$, wobei ε aus Abb. 189 bzw. 190 zu entnehmen ist.

Eine Auswertung von Gl. (53) scheitert daran, daß die Absorptionsbanden (A_λ) nur für wenige Temperaturen und Schichtdicken bekannt sind. Näherungsweise kann man $A_{g\,w} = A_{w\,w} = \varepsilon_w$ setzen, also gleich der Emissionszahl ε bei einer Gastemperatur gleich der Wandtemperatur, auf gleiche Schichtdicken und Partialdrücke bezogen. Durch Hottel und Mangelsdorf (1935) und Hottel und Egbert (1942) wurde die Veränderlichkeit von $A_{g\,w}$ mit T_g und T_w direkt gemessen. Nach diesen Autoren bestehen folgende Beziehungen:

$$\text{Für Kohlensäure:}\quad \frac{A_{gw}}{A^*_{ww}} = \frac{A_{gw}}{\varepsilon^*_w} = \left(\frac{T_g}{T_w}\right)^{0{,}65}. \tag{54}$$

---

[1] Bahr, Eva v.: Über die Einwirkung des Druckes auf die Absorption ultraroter Strahlung durch Gase. Ann. Phys. 29 (1909) 780.

[2] Fishenden, Margaret, unveröffentlicht [zit. nach H. C. Hottel u. R. B. Egbert (1942), zit. S. 397].

$$\text{Für Wasserdampf:}\quad \frac{A_{gw}}{A^*_{ww}} = \frac{A_{gw}}{\varepsilon^*_w} = \left(\frac{T_g}{T_w}\right)^{0,45}. \tag{55}$$

Darin sind die Werte $A^*_{ww} = \varepsilon^*_w$ nicht beim tatsächlichen Teildruck p_g des Gases (bei seiner Temperatur T_g) aus Abb. 189 und 190 bei der Temperatur T_w zu entnehmen, sondern bei jenem Teildruck

$$p_w = p_g\left(\frac{T_w}{T_g}\right), \tag{56}$$

den der Gaskörper bei der Temperatur T_w haben müßte, damit bei gleicher Schichtdicke s die absorbierte Strahlung die gleiche Anzahl Moleküle trifft. Jedoch brauchen diese Korrekturen nur für $T_w > T_g$ eingesetzt zu werden, wie im folgenden näher ausgeführt wird.

b) Strahlungsaustausch zwischen Gaskörper und schwarzer Wand. Die tatsächlich durch Strahlung ausgetauschte Wärmemenge bestimmt sich als Differenz der Emission des Gaskörpers und dem vom Gas absorbierten Anteil der Wandstrahlung. Danach wird die Wärmestromdichte des Strahlungsaustauschs

$$q = C_s\left[\varepsilon_g\left(\frac{T_g}{100}\right)^4 - A_{gw}\left(\frac{T_w}{100}\right)^4\right]. \tag{57}$$

Da die vom Gas durchgelassene Strahlung von anderen, ebenfalls als schwarz angesehenen Wänden vollständig absorbiert wird, ist kein weiterer Austausch zu berücksichtigen.

Die Emissionszahl ε_g ist für gegebene Werte p und s unmittelbar bei der Gastemperatur T_g aus Abb. 189 und 190 zu entnehmen. Die Absorptionszahl A_{gw} ist nur für $T_g = T_w$ genau gleich ε_w. Wird aber $T_w < T_g$, strahlt also ein heißes Gas gegen eine kältere Wand, so wird das zweite Glied in Gl. (57) wegen der vierten Potenz sehr rasch klein gegen das erste und es bedeutet eine genügende Näherung, auch in diesem Fall $A_{gw} = \varepsilon_w$ zu setzen, wobei ε_w die Emissionszahl des Gases bei der Temperatur T_w ist und ebenfalls aus Abb. 189 und 190 entnommen werden kann[1,2].

Nur in dem (selteneren) Fall, daß eine heiße Wand gegen einen kälteren Gaskörper strahlt ($T_w > T_g$), muß die Korrektur nach Gln. (54) und (55) vorgenommen werden. In vielen Fällen wird allerdings auch hier die Näherung $A_{gw} = \varepsilon_w$ ausreichen.

c) Strahlungsaustausch zwischen Gaskörper und grauer Wand. Absorbiert die Wandfläche nicht alle auftreffende Strahlung, sondern nur den konstanten Anteil ε_f, so treten durch Teilreflexionen an der Wand und Teilabsorptionen im Gas weitere Austauschvorgänge auf, die durch folgende Betrachtung ermittelt werden können:

---

[1] Die ε-Werte der Abb. 189 u. 190 sind bei der Strahlung des Gaskörpers gegen eine schwarze Wand von Raumtemperatur gemessen. Sie sind aber unbedenklich auch für die „absolute" Ausstrahlung gültig, also für die Gasstrahlung gegen einen schwarzen Körper von 0° K.

[2] Die Reduktion auf p_w nach Gl. (56) wird in vielen Fällen ebenfalls unterbleiben können.

Der Gaskörper der Temperatur T_g emittiert die Energie $\varepsilon_g\, C_s \left(\frac{T_g}{100}\right)^4$; hiervon reflektiert die Wand den von ihr nicht absorbierten Anteil $(1-\varepsilon_f)\,\varepsilon_g\, C_s \left(\frac{T_g}{100}\right)^4$. Beim Eindringen dieser Strahlung in das Gas absorbiert dieses den Bruchteil $A_g\,(1-\varepsilon_f)\,\varepsilon_g\, C_s \left(\frac{T_g}{100}\right)^4$ der ursprünglich vom Gas selbst ausgegangenen Wärmestrahlung, während der Rest, nämlich $(1-A_g)\,(1-\varepsilon_f)\,\varepsilon_g\, C_s \left(\frac{T_g}{100}\right)^4$ durchgelassen wird und wieder auf eine Wandfläche fällt. Dort wiederholt sich die Teilreflexion und anschließende Teilabsorption durch den Gaskörper.

Insgesamt absorbiert die Wand folgenden Betrag der Gasstrahlung

$$\varepsilon_f\,\varepsilon_g\, C_s \left(\frac{T_g}{100}\right)^4 \{1 + [(1-A_g)\,(1-\varepsilon_f)] + [(1-A_g)^2\,(1-\varepsilon_f)^2] + \cdots\}. \tag{58}$$

Durch eine entsprechende Betrachtung läßt sich der vom Gas absorbierte Teil der Wandstrahlung (Wandtemperatur T_w) ermitteln. Berücksichtigt man in den beiden unendlichen Reihen nur jeweils die ersten Summanden, so schreibt sich die durch Gasstrahlung mit der grauen Wand ausgetauschte Wärmestromdichte:

$$q = \varepsilon_f\, C_s \left[\varepsilon_g \left(\frac{T_g}{100}\right)^4 - A_{gw} \left(\frac{T_w}{100}\right)^4\right]. \tag{59}$$

Diese Näherung ist um so eher gültig, je näher die Emissionszahl der Wand ε_f an Eins liegt. Den wirklichen Wert von q kann man durch eine effektive Emissionszahl ε_f' darstellen nach der Gleichung

$$q = \varepsilon_f'\, C_s \left[\varepsilon_g \left(\frac{T_g}{100}\right)^4 - A_{gw} \left(\frac{T_w}{100}\right)^4\right]. \tag{59a}$$

Der Wert von ε_f' wird, wie Gl. (58) zeigt, größer als ε_f sein, kann aber höchstens gleich Eins werden. Für die ε_f-Werte der üblichen Ofenbaustoffe (0,8 bis 0,9) schlagen Hottel und Egbert (1942) die Näherung

$$\varepsilon' = \frac{\varepsilon_f + 1}{2} \tag{59b}$$

vor. Wird das Wiedereindringen der von der Wand reflektierten Strahlung in den Gaskörper dadurch verhindert, daß das Gas nur in einem keinen Winkel auf die Wand strahlt, so wird $\varepsilon_f' = \varepsilon_f$. Die Größen ε_g) und A_{gw} von Gl. (59) und (59a) werden ebenso wie die entsprechenden Werte von Gl. (57) ermittelt.

Eine andere Berechnungsmethode hat Eckert (1937) angegeben. Er nimmt näherungsweise an, daß die Absorptionszahl A_λ für alle Banden konstant ist, so daß der Gesamtwert $A_g = \varepsilon_g/\varepsilon_{g\infty}$ wird. Dabei ist $\varepsilon_{g\infty}$ die Emissionszahl bei unendlicher Schichtdicke, die sog. schwarze Gasstrahlung (vgl. S. 396). Durch Einführen dieser Ausdrücke in Gl. (58) läßt sich der Strahlungsaustausch durch folgende Gleichung berechnen:

$$q = \varepsilon_f\, C_s \left[\bar{\varepsilon}_g \left(\frac{T_g}{100}\right)^4 - \bar{\varepsilon}_w \left(\frac{T_g}{100}\right)^4\right]. \tag{60}$$

Hierin sind $\bar{\varepsilon}_g$ und $\bar{\varepsilon}_w$ durch folgende beide Ausdrücke gegeben:

$$\bar{\varepsilon}_g = \frac{1}{\frac{\varepsilon_f}{\varepsilon_g} + \frac{1}{\varepsilon_{g\infty}} - \frac{\varepsilon_f}{\varepsilon_{g\infty}}}, \tag{60a}$$

$$\bar{\varepsilon}_w = \frac{1}{\frac{\varepsilon_f}{\varepsilon_w} + \frac{1}{\varepsilon_{w\infty}} - \frac{\varepsilon_f}{\varepsilon_{w\infty}}} \tag{60b}$$

Die Indizes g und w zeigen an, daß die betreffenden Werte bei der Gastemperatur T_g und der Wandtemperatur T_w einzusetzen sind. $\varepsilon_{g\infty}$ und $\varepsilon_{w\infty}$ können aus Abb. 189 und 190 für $(p\,s) \to \infty$ entnommen werden, bei Wasserdampf ist außerdem der Abminderungsfaktor f zu berücksichtigen.

d) Strahlung von Kohlensäure-Wasserdampf-Gemischen. Bei gleichzeitiger Anwesenheit von Kohlensäure und Wasserdampf wird die Ausstrahlung des einen Gases durch das andere beeinflußt. Wegen der Überdeckung der Banden (vgl. S. 395) ist jedes Gas nur teildurchlässig für die Strahlung des anderen, so daß die gemeinsame Ausstrahlung geringer ist, als es die Summe der beiden Strahlungszahlen ergeben würde.

Werden die Extinktionskoeffizienten und die Teildrücke der beiden Gase mit a_1, a_2 bzw. p_1, p_2 bezeichnet, so wird die gemeinsame Absorptionszahl

$$A_\lambda = 1 - e^{-(a_1 p_1 + a_2 p_2) s}.$$

Nach Einsetzen von A_{λ_1} und A_{λ_2} gemäß Gl. (47) wird daraus

$$A_\lambda = A_{\lambda_1} + A_{\lambda_2} - A_{\lambda_1} A_{\lambda_2}.$$

Diese Gleichung wurde von Eckert (1937) ausgewertet, wodurch er die in Zahlentafel 39 angegebenen Berichtigungswerte $\Delta\varepsilon$ erhielt, die durch die Gleichung

$$\varepsilon_{H_2O + CO_2} = \varepsilon_{H_2O} + \varepsilon_{CO_2} - \Delta\varepsilon \tag{61}$$

definiert sind. Die von Hottel und Egbert (1942) sowie von Landfermann (1948) angegebenen Berichtigungswerte zeigen gegenüber denen der Zahlentafel gewisse Abweichungen.

Zahlentafel 39. *Berichtigungswerte $\Delta\varepsilon$ nach Gl. (61) bei gleichzeitiger Strahlung von Kohlensäure und Wasserdampf* (nach Eckert).

Gastemperatur °K	cm at CO_2	cm at H_2O 5	30	100
400	5	0,000	0,014	0,034
800		0,003	0,012	0,018
1200		0,007	0,020	0,035
400	30	0,000	0,017	0,043
800		0,008	0,024	0,032
1200		0,018	0,047	0,052
400	100	0,000	0,017	0,043
800		0,013	0,025	0,033
1200		0,030	0,049	0,054

e) Einfluß von Form und Größe des Gaskörpers. Bei den bisherigen Betrachtungen wurde die Schichtdicke s des Gaskörpers als konstant angenommen. Eine solche Anordnung wäre durch einen halbkugeligen Gasraum verwirklicht, in dessen Zentrum die bestrahlte Fläche liegt. Diese Fläche befindet sich dann mit einer in jeder Richtung gleich dicken Gasschicht im Strahlungsaustausch. In Öfen und Brennkammern haben die Gaskörper durchaus unregelmäßige Formen, so daß es zunächst offenbleibt, welche Schichtdicke der Berechnung der ausgetauschten Wärme zugrunde gelegt werden soll.

Bei Bestimmung einer mittleren Schichtdicke muß unter Berücksichtigung des Absorptionsgesetzes der Strahlungsaustausch jedes Volumenelementes des Gaskörpers mit jedem Flächenelement der Begrenzung ermittelt werden. Diese Rechnung ist sehr zeitraubend und führt nur in wenigen Fällen auf geschlossene Ausdrücke. Sie wurde für Kugel und Zylinder von NUSSELT[1], für die ebene Schicht von JAKOB[2], für das Rechtkant von E. SCHMIDT[3] und für Rohrbündel von ECKERT[4] ausgeführt.

Nach einem Vorschlag von PORT[5] kann man eine „gleichwertige Schichtdicke" s_{gl} durch den Ausdruck

$$s_{gl} = \frac{4\,V}{F} \tag{62}$$

für beliebige Gaskörper einführen, wenn V das Gasvolumen und F die Begrenzungsfläche bedeuten. Gl. (62) gibt den Grenzwert für $(p\,s) \to 0$ an, also ohne Berücksichtigung der Absorption. Für den Bereich üblicher Werte (ps) wird

$$s_{gl} = \frac{3{,}4\,V}{F} \tag{62a}$$

empfohlen.

Eine Zusammenstellung der wirksamen Schichtdicke für verschiedene Anordnungen gibt Zahlentafel 40 nach HOTTEL und EGBERT[6]. Es gilt die Beziehung: s_{gl} = Faktor $\times$ D.

4. Strahlung leuchtender Flammen.

Leuchterscheinungen in Flammen können auf verschiedene Weise zustande kommen. Wasserstoff- und Kohlenoxydflammen zeigen ein charakteristisches bläuliches Leuchten, das durch die chemische Reaktion zwischen den gasförmigen Partnern entsteht und in den Bereich der Chemilumineszenz gehört. Durch eine Reihe von Untersuchungen[7] kann als sicher angenommen werden, daß hierbei keine

[1] NUSSELT, W.: VDI-Forsch.-Heft Nr. 264, Berlin 1923; Z. VDI 70 (1926) 763.

[2] JAKOB, M., in: Der Chemie-Ingenieur, Bd. I, Teil 1 S. 300/303. Leipzig 1933.

[3] SCHMIDT, E.: Die Berechnung der Strahlung von Gasräumen. Z. VDI 77 (1933) 1162/1164.

[4] ECKERT, E.: VDI-Forsch.-Heft Nr. 387. Berlin 1937.

[5] PORT, F. J.: Thesis Massachusetts Inst. Technology 1939.

[6] HOTTEL, H. C., u. R. B. EGBERT: Trans. Amer. Inst. Chem. Engrs. 38 (1942) 531/568.

[7] Vgl. z. B. J. WERNEBURG: Untersuchung über die Wärmestrahlung von Flammen. Forsch. Ing.-Wes. 10 (1939) 61/79.

Zahlentafel 40. *Gleichwertige Schichtdicken s_{gl} für verschiedene Gaskörper.*

Gaskörper	Charakteristische Dimension D	Faktor von D zur Ermittlung von s_{gl}: $(ps) \to 0$	Faktor von D zur Ermittlung von s_{gl}: (ps) = üblicher Bereich
Kugel	Durchmesser	$^2/_3$	0,60
Zylinder, unendlich lang. Strahlung auf den Mantel	Durchmesser	1	0,90
Desgl., Strahlung auf Mittelpunkt der Grundfläche	Durchmesser	—	0,90
Zylinder, $h = D$, Strahlung auf Mittelpunkt der Grundfläche	Durchmesser	—	0,77
Desgl., Strahlung auf Gesamtoberfläche	Durchmesser	$^2/_3$	0,60
Zylinder mit halbkreisförmigem Querschnitt, unendlich lang. Strahlung auf Mittellinie der flachen Seite	Radius	—	1,26
Ebene Schicht zwischen parallelen Wänden, unendlich ausgedehnt	Wandabstand	2	1,8
Würfel	Kantenlänge	$^2/_3$	0,60
Rechtkant, Kantenlänge $1 \times 2 \times 6$	kürzeste Kante		
Strahlung auf:			
Fläche 2×6		1,18	1,06
Fläche 1×6		1,24	
Fläche 1×2		1,18	
Gesamtfläche		1,20	
Außenraum von Rohrbündeln, unendlich ausgedehnt. Rohrmittelpunkte auf gleichseitigen Dreiecken. Äußerer Rohrdurchmesser = lichter Abstand	lichter Abstand	3,4	2,8
Desgl., äußerer Rohrdurchmesser = $^1/_2$ lichter Abstand	lichter Abstand	4,45	3,8
Desgl., Rohrmittelpunkte auf Quadraten. Äußerer Rohrdurchmesser = lichter Abstand	lichter Abstand	4,1	3,5

nennenswerte Temperaturstrahlung eintritt. Die Strahlung derartiger Flammen kann also nach den Methoden des vorigen Abschnitts als reine Gasstrahlung berechnet werden.

Bei der Verbrennung von Kohlenwasserstoffen dagegen entsteht eine gelbliche Flamme, die durch glühende Kohlenstoffteilchen zustande kommt. Beim schrittweisen Abbau des Brennstoffs oxydiert der Wasserstoff früher, so daß die noch unverbrannten Zwischenprodukte der Reaktion an Kohlenstoff angereichert werden und schließlich reiner Kohlenstoff mit einer Teilchengröße von etwa $3\,\mu$ übrigbleibt. Die Strahlung dieser Kohlenstoffteilchen kann ein Mehrfaches der reinen Gasstrahlung betragen[1]. Bei der Verbrennung von Kohlenstaub sind neben größeren Kohlenstoffteilchen auch noch glühende Aschestückchen in der Flamme vorhanden.

[1] Vgl. z. B. K. Rummel u. P.-O. Veh: Die Strahlung leuchtender Flammen. Arch. Eisenhüttenw. 14 (1941) 489/499 und P.-O. Veh: Arch. Eisenhüttenw. 14 (1941) 533/542.

Es handelt sich also in jedem Falle um die Strahlung fester Körper, deren Emissionsspektrum viel gleichmäßiger ist als das ausgeprägte Bandenspektrum der Gase. Wenn die Flammenstrahlung trotzdem im Kapitel „Gasstrahlung“ erwähnt wird, so geschieht das deshalb, weil die Emission einer leuchtenden Flamme in ähnlicher Weise von der Schichtdicke abhängt, wie es beim strahlenden Gaskörper der Fall ist.

Das einzelne glühende Rußteilchen läßt nach SCHACK[1] etwa 95% der auftreffenden Strahlung hindurch. Erst eine Wolke mit einer sehr großen Teilchenzahl kann also eine nennenswerte Emission ergeben. Für die Konzentration kann dabei ein kennzeichnender Faktor k benutzt werden. Das Produkt von k mit der Schichtdicke s spielt dann dieselbe Rolle wie der Ausdruck $p\,s$ bei der Gasstrahlung. Bei bekannter Emissionszahl der Flamme ε_F läßt sich die mit der Wandfläche ausgetauschte Wärmestromdichte schreiben:

$$q = \varepsilon_F\, \varepsilon_f'\, C_s \left[\left(\frac{T_F}{100}\right)^4 - \left(\frac{T_w}{100}\right)^4\right].$$

Hierin ist ε_f' die effektive Emissionszahl der Wandfläche [vgl. Gl. (59a)] und T_F und T_w die Flammen- bzw. Wandtemperatur.

Da ε_F stark von der Anzahl der Kohlenstoffteilchen in der Flamme abhängt, lassen sich allgemeine Angaben nicht machen. Neben der Art des Brennstoffs spielt eine große Zahl anderer Faktoren eine Rolle, so die Form des Brenners, die Luftmenge und -führung, die Form des Brennraums, die Luft- und Brennstoffvorwärmung u. a. Außerdem ist ε_F auch innerhalb der Flamme stark von Ort zu Ort veränderlich. Die Erforschung dieser Zusammenhänge dauert noch an[2].

---

[1] SCHACK, A.: Strahlung von leuchtenden Flammen. Z. techn. Phys. 6 (1925) 530/540.

[2] Vgl. z. B. Flame Radiation Research Joint Committee: Fuel saving by flame research. IV. Congr. Int. Chauffage Industriel, Groupe I, Section 13, Bericht Nr. 94 (Paris 1952).

Anhang.

Einheiten, Umrechnungstafeln, Stoffwerte.

Wärmemenge: Die Einheit der Wärmemenge ist das Joule (J), das von der 9. Generalkonferenz für Maß und Gewicht (1948) als Energieeinheit angenommen wurde. Es besteht nach Definition die Beziehung

$$1\,\mathrm{J} = 1\,\mathrm{W\,s} = 1\,\mathrm{N\,m} = 1\,\mathrm{kg\,m^2/sek^2} = 10^7\,\mathrm{erg}. \qquad (1)$$

Das so definierte Joule* wird manchmal absolutes Joule genannt, um es von dem früher gebräuchlichen internationalen Joule (J_{int}) zu unterscheiden. Es besteht die Beziehung

$$1\,\mathrm{J_{int}} = 1{,}00019\,\mathrm{J}. \qquad (2)$$

Von dem nach Gl. (1) definierten Joule leitet sich die Internationale Tafelkilokalorie ($kcal_{IT}$) ab, für die durch die 5. Internationale Dampftafelkonferenz (1956) die Beziehung

$$1\,\mathrm{kcal_{IT}} = 4186{,}8\,\mathrm{J}\ \text{(genau)} \qquad (3)$$

angenommen wurde. Die $kcal_{IT}$ ist damit unmittelbar an das Internationale Einheitensystem angeschlossen. Die früher gebräuchlichen Kalorien anderer Definition, deren Zahlenwerte sich nur geringfügig voneinander unterscheiden, können nach und nach abgeschafft und durch die $kcal_{IT}$ ersetzt werden. Es sind dies die 15°-Kalorie, die mittlere Kalorie, die thermochemische Kalorie, die Kalorie der Gaskonstante.

Aus Gl. (3) entsteht eine wichtige Beziehung für die Einheit des Wärmestroms:

$$1\,\mathrm{kcal_{IT}/h} = 1{,}163\,\mathrm{W}\ \text{(genau)}. \qquad (4)$$

In den englisch sprechenden Ländern ist die international table British thermal unit [$(B.t.u.)_{IT}$] eingeführt, für die nach Definition die Umrechnung

$$1{,}8\,\frac{\mathrm{(B.t.u.)_{IT}}}{\mathrm{lb}} = 1\,\frac{\mathrm{kcal_{IT}}}{\mathrm{kg}} \qquad (5)$$

besteht, woraus sich die Beziehung

$$1\,\mathrm{(B.t.u.)_{IT}} = 1055{,}06\,\mathrm{J} = 0{,}251\,996\,\mathrm{kcal_{IT}} \qquad (6)$$

* sprich: dʒu:l.

ergibt. Daneben gibt es noch eine auf den Celsiusgrad bezogene Wärmemengeneinheit unter den Namen Centigrade heat unit (Chu), Centigrade thermal unit (Ctu) oder Pound centigrade unit (Pcu). Für diese Einheit ist nach Definition

$$1\,\mathrm{Chu/grd} = 1\,\mathrm{Ctu/grd} = 1\,\mathrm{Pcu/grd} = 1\,\mathrm{B.t.u./degF}. \tag{7}$$

Die Umrechnungszahlen zwischen den wichtigsten Energieeinheiten sind in Zahlentafel 1 zusammengestellt. In dieser, wie auch in den weiteren Zahlentafeln, ist die kcal nach Gl. (3) und die B.t.u. nach Gl. (5) definiert.

Zahlentafel 1. *Energieeinheiten.*

	J	kp m	kcal	kW h	PS h	B.t.u.
1 J = 1 W sek = 1 Nm = 1 kg m²/sek² = 10^7 erg =	1	0,101972	$2,38844 \cdot 10^{-4}$	$2,77778 \cdot 10^{-7}$	$3,77673 \cdot 10^{-7}$	$9,47817 \cdot 10^{-4}$
1 kp m =	9,80665	1	$2,34228 \cdot 10^{-3}$	$2,72407 \cdot 10^{-6}$	$3,70370 \cdot 10^{-6}$	$9,29491 \cdot 10^{-3}$
1 kcal =	$4,1868 \cdot 10^{3}$	426,935	1	$1,163 \cdot 10^{-3}$	$1,58124 \cdot 10^{-3}$	3,96832
1 kW h =	$3,6 \cdot 10^{6}$	$3,670978 \cdot 10^{5}$	859,845	1	1,35962	$3,41214 \cdot 10^{3}$
1 PS h =	$2,647796 \cdot 10^{6}$	$2,7 \cdot 10^{5}$	632,416	0,735499	1	$2,50963 \cdot 10^{3}$
1 B.t.u. =	$1,05506 \cdot 10^{3}$	$1,075857 \cdot 10^{2}$	0,251996	$2,93071 \cdot 10^{-4}$	$3,98466 \cdot 10^{-4}$	1

Zahlentafel 2. *Mechanische und Temperatur-Einheiten.*

Länge

1 inch (in)	= 2,540 cm
1 foot (ft) = 12 in	= 30,480 cm
1 yard (yd) = 3 ft	= 0,91440 m

Fläche

1 square inch (in^2)	= 6,4516 cm^2
1 square foot (ft^2) = 144 in^2	= 929,03 cm^2
1 square yard (yd^2) = 9 ft^2	= 0,83613 m^2

Volumen

1 cubic inch (in^3)	= 16,387 cm^3
1 cubic foot (ft^3) = 1728 in^3	= 28,317 dm^3
1 cubic yard (yd^3) = 27 ft^3	= 0,7646 m^3

Masse

1 pound (avoirdupois) (lb)	= 0,453592 kg
1 slug	= 14,5939 kg
1 grain (gr)	= 64,799 mg
1 ounce (avoirdupois) (oz)	= 28,3495 g
1 short ton (sh. t)	= 0,90718 t
1 long ton (l. t)	= 1,0160 t
1 troy ounce (oz tr)	= 31,1035 g
1 apothecaries' ounce (oz ap)	= 31,1035 g

Kraft

1 pound-force (lbf)	= 4,44822 N
1 poundal (pdl)	= 0,138255 N
1 kilopond (kp)	= 9,80665 N

Dichte

1 pound per cubic foot (lb/ft^3)	= 16,0185 kg/m^3
1 ounce per cubic foot (oz/ft^3)	= 1,001 kg/m^3

Temperatur

Bedeuten T_K, T_R, t_C und t_F die Zahlenwerte einer Temperatur in der Kelvin-, Rankine-, Celsius- und Fahrenheitskala, so gelten folgende Umrechnungsgleichungen (DIN 1345):

$$T_K = 273{,}15 + t_C = \frac{5}{9} T_R, \quad T_R = 459{,}67 + t_F = 1{,}8\, T_K,$$

$$c = \frac{5}{9} (t_F - 32) = T_K - 273{,}15, \quad t_F = 1{,}8\, t_C + 32 = T_R - 459{,}67$$

Temperaturdifferenz

1 grd = 1,8 degF

Zahlentafel 3. *Druckeinheiten.*

	N/m^2	bar	kp/m^2	atm	Torr	at	lbf/in^2
1 N/m^2 =	1	10^{-5}	$1{,}01972 \cdot 10^{-1}$	$0{,}986923 \cdot 10^{-5}$	$0{,}750062 \cdot 10^{-2}$	$1{,}01972 \cdot 10^{-5}$	$1{,}45038 \cdot 10^{-4}$
1 bar = 10^6 dyn/cm^2 =	10^5	1	$1{,}01972 \cdot 10^4$	0,986923	750,062	1,01972	14,5038
1 kp/m^2 = 1 mm WS =	9,8065	$9{,}80665 \cdot 10^{-5}$	1	$0{,}967841 \cdot 10^{-4}$	$0{,}735559 \cdot 10^{-1}$	10^{-4}	$1{,}42234 \cdot 10^{-3}$
1 atm = 760 Torr =	$1{,}01325 \cdot 10^5$	1,01325	$1{,}033227 \cdot 10^4$	1	760	1,033227	14,6960
1 Torr =	$1{,}333224 \cdot 10^2$	$1{,}333224 \cdot 10^{-3}$	13,59510	$1{,}315789 \cdot 10^{-3}$	1	$1{,}359510 \cdot 10^{-3}$	$1{,}93368 \cdot 10^{-2}$
1 at = 1 kp/cm^2 =	$9{,}80665 \cdot 10^4$	0,980665	10^4	0,967841	735,559	1	14,2234
1 lbf/in^2 =	$0{,}68948 \cdot 10^4$	$0{,}68948 \cdot 10^{-1}$	$0{,}70307 \cdot 10^3$	$0{,}68060 \cdot 10^{-1}$	51,715	$0{,}70307 \cdot 10^{-1}$	1

Zahlentafel 4. *Heizflächenbelastung oder Wärmestromdichte q.*

	$\frac{W}{cm^2}$	$\frac{kcal}{m^2\,h}$	$\frac{cal}{cm^2\,sek}$	$\frac{B.t.u.}{in^2\,sec}$	$\frac{B.t.u.}{ft^2\,sec}$	$\frac{B.t.u.}{ft^2\,h}$
$1\,\frac{W}{cm^2}$ =	1	8598,5	0,23885	$6{,}12 \cdot 10^{-3}$	0,8806	$3{,}17 \cdot 10^3$
$1\,\frac{kcal}{m^2\,h}$ =	$1{,}163 \cdot 10^{-4}$	1	$27{,}78 \cdot 10^{-6}$	$71{,}17 \cdot 10^{-8}$	$1{,}024 \cdot 10^{-4}$	0,3687
$1\,\frac{cal}{cm^2\,sek}$ =	4,1868	$3{,}6 \cdot 10^4$	1	$2{,}562 \cdot 10^{-2}$	3,687	$1{,}327 \cdot 10^4$
$1\,\frac{B.t.u.}{in^2\,sek}$ =	163,4	$1{,}405 \cdot 10^6$	39,05	1	144	$51{,}84 \cdot 10^4$
$1\,\frac{B.t.u.}{ft^2\,sek}$ =	1,135	$9{,}765 \cdot 10^3$	0,2713	$6{,}944 \cdot 10^{-3}$	1	3600
$1\,\frac{B.t.u.}{ft^2\,h}$ =	$3{,}154 \cdot 10^{-4}$	2,713	$75{,}36 \cdot 10^{-6}$	$1{,}929 \cdot 10^{-6}$	$2{,}778 \cdot 10^{-4}$	1

Zahlentafel 5. *Wärmeleitfähigkeit* λ.

	$\frac{W}{cm\ grd}$	$\frac{kcal}{m\ h\ grd}$	$\frac{cal}{cm\ sek\ grd}$	$\frac{B.t.u.\ in}{ft^2\ h\ degF}$	$\frac{B.t.u.}{ft\ h\ degF}$	$\frac{B.t.u.}{in\ h\ degF}$
$1\ \frac{W}{cm\ grd} = 10^2\ \frac{W}{m\ grd} =$	1	85,985	0,23885	693,5	57,79	4,815
$1\ \frac{kcal}{m\ h\ grd} =$	0,01163	1	$2{,}7778 \cdot 10^{-3}$	8,064	0,6719	0,05599
$1\ \frac{cal}{cm\ sek\ grd} =$	4,1868	360	1	2903	241,9	20,16
$1\ \frac{B.t.u.\ in}{ft^2\ h\ degF} =$	$1{,}442 \cdot 10^{-3}$	0,1240	$3{,}445 \cdot 10^{-4}$	1	0,08333	$6{,}944 \cdot 10^{-3}$
$1\ \frac{B.t.u.}{ft\ h\ degF} =$	$1{,}731 \cdot 10^{-2}$	1,488	$4{,}134 \cdot 10^{-3}$	12	1	0,08333
$1\ \frac{B.t.u.}{in\ h\ degF} =$	0,2077	17,858	$4{,}964 \cdot 10^{-2}$	144	12	1

Zahlentafel 6. *Wärmeübergangskoeffizient* α *und Wärmedurchgangskoeffizient* k.

	$\frac{W}{cm^2\ grd}$	$\frac{W}{m^2\ grd}$	$\frac{kcal}{m^2\ h\ grd}$	$\frac{cal}{cm^2\ sek\ grd}$	$\frac{B.t.u.}{ft^2\ h\ degF}$
$1\ \frac{W}{cm^2\ grd} =$	1	10^4	8598,5	0,23885	1761
$1\ \frac{W}{m^2\ grd} =$	10^{-4}	1	0,85985	$2{,}3885 \cdot 10^{-5}$	0,1761
$1\ \frac{kcal}{m^2\ h\ grd} =$	$1{,}163 \cdot 10^{-4}$	1,163	1	$2{,}77778 \cdot 10^{-5}$	0,2048
$1\ \frac{cal}{cm^2\ sek\ grd} =$	4,1868	$4{,}1868 \cdot 10^4$	$3{,}6 \cdot 10^4$	1	7373
$1\ \frac{B.t.u.}{ft^2\ h\ degF} =$	$5{,}681 \cdot 10^{-4}$	5,681	4,886	$1{,}356 \cdot 10^{-4}$	1

Zahlentafel 7. *Kinematische Viskosität* ν*:* 1 Stokes $= 1\,\frac{cm^2}{sek}$.

(*Diese Zahlentafel gilt auch für die Temperaturleitfähigkeit a und den Diffusionskoeffizienten D.*)

	St (Stokes)	$\frac{m^2}{sek}$	$\frac{m^2}{h}$	$\frac{ft^2}{sec}$	$\frac{ft^2}{h}$
1 St (Stokes) =	1	10^{-4}	0,36	$1{,}0764 \cdot 10^{-3}$	3,875
$1\,\frac{m^2}{sek}$ =	10^4	1	3600	10,764	$3{,}875 \cdot 10^4$
$1\,\frac{m^2}{h}$ =	2,778	$2{,}778 \cdot 10^{-4}$	1	$29{,}9 \cdot 10^{-4}$	10,764
$1\,\frac{ft^2}{sec}$ =	929,03	$9{,}2903 \cdot 10^{-2}$	334,45	1	3600
$1\,\frac{ft^2}{h}$ =	0,25806	$25{,}806 \cdot 10^{-6}$	$9{,}2903 \cdot 10^{-2}$	$2{,}778 \cdot 10^{-4}$	1

Zahlentafel 8. *Dynamische Viskosität* η*:* 1 Poise $= 1\,\frac{dyn\ sek}{cm^2} = 1\,\frac{g}{cm\ sek}$; $1\,\frac{kg}{m\ sek} = 1$ Dekapoise (daP).

	P (Poise)	$\frac{kg}{m\ sek}$	$\frac{kg}{m\ h}$	$\frac{kp\ sek}{m^2}$	$\frac{kp\ h}{m^2}$	$\frac{lb\text{-}mass}{ft\ sec}$	$\frac{lb\text{-}force\ sec}{ft^2}$
1 P (Poise) =	1	0,1	360	0,010197	$2{,}833 \cdot 10^{-6}$	0,06721	$2{,}0885 \cdot 10^{-3}$
$1\,\frac{kg}{m\ sek} = 1$ daP =	10	1	3600	0,10197	$2{,}833 \cdot 10^{-5}$	0,6721	$2{,}0885 \cdot 10^{-2}$
$1\,\frac{kg}{m\ h}$ =	$2{,}778 \cdot 10^{-3}$	$2{,}778 \cdot 10^{-4}$	1	$2{,}833 \cdot 10^{-5}$	$78{,}68 \cdot 10^{-10}$	$18{,}67 \cdot 10^{-5}$	$5{,}801 \cdot 10^{-6}$
$1\,\frac{kp\ sek}{m^2}$ =	98,07	9,807	$353{,}04 \cdot 10^2$	1	$2{,}778 \cdot 10^{-4}$	6,5919	0,20482
$1\,\frac{kp\ h}{m^2}$ =	$353{,}04 \cdot 10^3$	$353{,}04 \cdot 10^2$	$127{,}09 \cdot 10^6$	3600	1	23730	737,28
$1\,\frac{lb\text{-}mass}{ft\ sec}$ =	14,882	1,488	5357	0,15175	$4{,}214 \cdot 10^{-5}$	1	0,03108
$1\,\frac{lb\text{-}force\ sec}{ft^2}$ =	478,8	47,88	$172{,}4 \cdot 10^3$	4,882	$1{,}3558 \cdot 10^{-3}$	32,174	1

Zahlentafel 9. *Umrechnung konventioneller Viskositätsmaße in absolute Maße*[1].

E	Englergrad (deutsche Umrechnung),
$S_{100°}$	Saybolt-Sekunde, bei 100 °F (= 37,78 °C) gemessen,
$S_{210°}$	Saybolt-Sekunde, bei 210 °F (= 98,89 °C) gemessen,
$R_{70°}$	Redwood-Sekunde, bei 70 °F (= 21,11 °C) gemessen,
ν	kinematische Viskosität in m²/sek.

E	$S_{100°}$	$S_{210°}$	$R_{70°}$	$10^6\nu$	E	$S_{100°}$	$S_{210°}$	$R_{70°}$	$10^6\nu$	E	$S_{100°}$	$S_{210°}$	$R_{70°}$	$10^6\nu$
1,000	—	—	—	1,00	1,564	48,7	49,0	43,2	7,00	3,46	118,9	119,7	104,2	25,0
1,027	—	—	—	1,20	1,582	49,4	49,7	43,7	7,20	3,58	123,3	124,2	108,1	26,0
1,052	—	—	—	1,40	1,599	50,0	50,4	44,3	7,40	3,70	127,7	128,6	111,9	27,0
1,075	—	—	—	1,60	1,616	50,7	51,0	44,8	7,60	3,82	132,1	133,0	115,8	28,0
1,098	—	—	—	1,80	1,634	51,3	51,7	45,4	7,80	3,94	136,5	137,5	119,7	29,0
1,119	32,6	32,8	30,2	2,00	1,651	52,0	52,4	46,0	8,00	4,07	140,9	141,9	123,7	30,0
1,140	33,3	33,6	30,7	2,20	1,669	52,7	53,1	46,6	8,20	4,19	145,3	146,3	127,5	31,0
1,160	34,0	34,3	31,2	2,40	1,687	53,4	53,7	47,1	8,40	4,32	149,7	150,8	131,5	32,0
1,179	34,7	35,0	31,7	2,60	1,704	54,0	54,4	47,7	8,60	4,44	154,2	155,3	135,4	33,0
1,198	35,4	35,6	32,2	2,80	1,722	54,7	55,1	48,3	8,80	4,57	158,7	159,8	139,3	34,0
1,217	36,0	36,2	32,7	3,00	1,740	55,4	55,8	48,9	9,00	4,70	163,2	164,3	143,3	35,0
1,235	36,6	36,9	33,2	3,20	1,758	56,1	56,5	49,4	9,20	4,82	167,7	168,9	147,2	36,0
1,253	37,3	37,5	33,7	3,40	1,776	56,8	57,2	50,0	9,40	4,95	172,2	173,4	151,2	37,0
1,271	37,9	38,2	34,3	3,60	1,794	57,4	57,8	50,5	9,60	5,08	176,7	177,9	155,2	38,0
1,289	38,5	38,8	34,8	3,80	1,813	58,1	58,5	51,2	9,80	5,21	181,2	182,5	159,2	39,0
1,307	39,1	39,4	35,3	4,00	1,831	58,8	59,2	51,7	10,0	5,33	185,7	187,0	163,2	40,0
1,324	39,7	40,0	35,8	4,20	1,924	62,3	62,7	54,8	11,0	5,46	190,2	191,5	167,2	41,0
1,341	40,4	40,7	36,3	4,40	2,02	65,9	66,4	57,9	12,0	5,59	194,7	196,1	171,2	42,0
1,359	41,0	41,3	36,8	4,60	2,12	69,6	70,1	61,1	13,0	5,72	199,2	200,6	175,2	43,0
1,376	41,7	42,0	37,4	4,80	2,22	73,4	73,9	64,4	14,0	5,85	203,8	205,2	179,2	44,0
1,393	42,3	42,6	37,9	5,00	2,32	77,2	77,7	67,7	15,0	5,98	208,4	209,9	183,2	45,0
1,410	42,9	43,2	38,4	5,20	2,43	81,1	81,7	71,1	16,0	6,11	213,0	214,5	187,2	46,0
1,427	43,6	43,9	38,9	5,40	2,53	85,1	85,7	74,6	17,0	6,23	217,6	219,1	191,2	47,0
1,444	44,2	44,5	39,5	5,60	2,64	89,2	89,9	78,1	18,0	6,37	222,2	223,8	195,3	48,0
1,461	44,9	45,2	40,0	5,80	2,75	93,3	94,0	81,7	19,0	6,50	226,8	228,4	199,2	49,0
1,479	45,5	45,8	40,5	6,00	2,87	97,5	98,2	85,4	20,0	6,62	231,4	233,0	203,3	50,0
1,496	46,1	46,5	41,0	6,20	2,98	101,7	102,4	89,2	21,0	6,88	240,6	242,3	211,3	52,0
1,513	46,8	47,1	41,3	6,40	3,10	106,0	106,7	92,9	22,0	7,14	249,9	251,6	219,3	54,0
1,530	47,4	47,8	42,1	6,60	3,22	110,3	111,1	96,7	23,0	7,41	259,0	260,8	227,4	56,0
1,547	48,1	48,4	42,7	6,80	3,34	114,6	115,4	100,4	24,0	7,67	268,2	270,1	235,5	58,0
—	—	—	—	—	—	—	—	—	—	7,93	277,4	279,3	243,5	60,0

Für höhere Zähigkeitswerte gelten näherungsweise folgende Gleichungen:

$$10^6\,\nu = 7{,}6\ \mathrm{E}, \qquad 10^6\,\nu = 0{,}215\ S_{210°},$$

$$10^6\,\nu = 0{,}2165\ S_{100°}; \qquad 10^6\,\nu = 0{,}247\ R_{70°}.$$

[1] Nach L. UBBELOHDE: Zur Viskosimetrie, 4. u. 5. Aufl. Leipzig 1943.

Zahlentafel 10. *Stoffwerte für Wasser bei 1 kp/cm² bzw. beim Sättigungsdruck*[1].

ϑ Temperatur in °C
p Druck in kp/cm²
ϱ Dichte in kg/m³
c spezifische Wärme in kcal/kg grd
r Verdampfungswärme in kcal/kg
λ Wärmeleitfähigkeit in W/m grd.
λ' Wärmeleitfähigkeit in kcal/m h grd

β thermische Ausdehnungszahl in 1/g
η dynamische Viskosität in kg/m sek
η' dynamische Viskosität in kp sek/m²
ν kinematische Viskosität in m²/sek
a Temperaturleitfähigkeit in m²/sek
$Pr = \nu/a$ Prandtl-Zahl
σ Oberflächenspannung in dyn/cm

ϑ	p	ϱ	c	r	λ	λ'	$10^3\beta$	$10^3\eta$	$10^6\eta'$	$10^6\nu$	$10^6 a$	Pr	σ
0	1	999,8	1,0074	597,3	0,552	0,475	−0,07	1,792	182,7	1,792	0,131	13,67	75,
10	1	999,7	1,0013	591,7	0,578	0,497	+0,088	1,307	133,3	1,307	0,138	9,47	74,
20	1	998,2	0,9988	586,0	0,598	0,514	0,206	1,002	102,2	1,004	0,143	7,01	72,
30	1	995,7	0,9980	580,4	0,614	0,528	0,303	0,797	81,3	0,801	0,148	5,43	71,
40	1	992,2	0,9980	574,7	0,628	0,540	0,385	0,653	66,6	0,658	0,151	4,35	69,
50	1	988,0	0,9985	569,0	0,641	0,551	0,457	0,548	55,9	0,554	0,155	3,57	67,
60	1	983,2	0,9994	563,2	0,652	0,560	0,523	0,467	47,6	0,475	0,158	3,00	66,
70	1	977,8	1,0007	557,3	0,661	0,568	0,585	0,404	41,2	0,413	0,161	2,56	64,
80	1	971,8	1,0023	551,3	0,669	0,575	0,643	0,355	36,2	0,365	0,164	2,23	62,
90	1	965,3	1,0044	545,2	0,676	0,581	0,698	0,315	32,1	0,326	0,166	1,96	60,
100	1,0332	958,4	1,0070	539,0	0,682	0,586	0,752	0,282	28,8	0,295	0,169	1,75	58,
120	2,0245	943,1	1,014	526,1	0,686	0,589	0,860	0,235	23,9	0,2485	0,171	1,45	54,
140	3,6848	926,1	1,024	512,3	0,684	0,588	0,975	0,199	20,3	0,215	0,172	1,25	50,
160	6,3023	907,4	1,037	497,4	0,682	0,586	1,098	0,172	17,5	0,1890	0,173	1,09	46,
180	10,225	886,9	1,053	481,3	0,676	0,581	1,233	0,151	15,35	0,1697	0,172	0,98	42,
200	15,857	864,7	1,074	463,5	0,666	0,572	1,392	0,136	13,92	0,1579	0,171	0,92	37,
220	23,659	840,3	1,101	443,7	0,653	0,561	1,597	0,125	12,75	0,1488	0,168	0,88	33,
240	34,140	813,6	1,137	421,7	0,636	0,546	1,862	0,116	11,78	0,1420	0,164	0,87	28,
260	47,866	784,0	1,189	396,8	0,612	0,526	2,21	0,107	10,91	0,1365	0,157	0,87	24,
280	65,457	750,7	1,268	368,5	0,581	0,499	2,70	0,0994	10,15	0,1325	0,145	0,91	19,
300	87,611	712,5	1,40	335,4	0,541	0,465	3,46	0,0935	9,43	0,1298	0,129	1,00	14,
320	115,12	667,0	1,58	295,6	0,491	0,422	4,60	0,0856	8,72	0,1282	0,111	1,15	9,
340	148,96	609,5	2,0	245,3	0,430	0,370	8,25	0,0775	7,90	0,1272	0,0844	1,5	5,
360	190,42	524,5	3,2	171,9	0,349	0,300		0,0683	6,98	0,1306	0,0500	2,6	1,
374,2	225,6	326	∞	0	0,209	0,180	∞	0,0506	5,16	0,155	0	∞	0

[1] Nach Zusammenstellungen der Physikalisch-Technischen Bundesanstalt, Braunschweig (W. FRITZ).

Zahlentafel 11. *Dichte und Viskosität für Wasser zwischen 0 und 100 °C*[1].

Temperatur °C	Dichte g/cm³	dynamische Viskosität Zentipoise (cP)	kinematische Viskosität Zentistokes (cSt)
0	0,99984	1,792	1,792
5	0,99996	1,520	1,520
10	0,99970	1,307	1,307
15	0,99910	1,138	1,139
20	0,99820	1,002	$1{,}003_8$
25	0,99705	0,890	0,893
30	0,99565	0,797	0,801
35	0,99403	0,719	0,724
40	0,99221	0,653	0,658
45	0,99022	0,598	0,604
50	0,98805	0,548	0,554
55	0,98570	0,505	0,512
60	0,98321	0,467	0,475
65	0,98057	0,434	0,443
70	0,97778	0,404	0,413
75	0,97486	0,378	0,388
80	0,97180	0,355	0,365
85	0,96862	0,334	0,345
90	0,96532	0,315	0,326
95	0,96189	0,298	0,310
100	0,95835	0,282	0,295

[1] Nach Zusammenstellungen der Physikalisch-Technischen Bundesanstalt, Braunschweig (W. Fritz).

Zahlentafel 12. *Stoffwerte für trockene Luft bei 760 Torr*[1].

ϑ Temperatur in °C
ϱ Dichte in kg/m³
c_p spezifische Wärme bei konstantem Druck in kcal/kg grd
λ Wärmeleitfähigkeit in W/m grd
λ' Wärmeleitfähigkeit in kcal/m h grd
β thermische Ausdehnungszahl in 1/grd
η dynamische Viskosität in kg/m sek
η' dynamische Viskosität in kp sek/m²
ν kinematische Viskosität in m²/sek
a Temperaturleitfähigkeit in m²/sek
$Pr = \nu/a$ Prandtl-Zahl

ϑ	ϱ	c_p	λ	λ'	$10^3\beta$	$10^5\eta$	$10^6\eta'$	$10^6\nu$	10^6a	Pr
—150	2,793	0,245	0,0120	0,0103	8,21	0,870	0,887	3,11	4,19	0,74
—100	1,980	0,241	0,0165	0,0142	5,82	1,18	1,203	5,96	8,28	0,72
— 50	1,534	0,240	0,0206	0,0177	4,51	1,47	1,494	9,55	13,4	0,715
0	1,2930	0,240	0,0243	0,0209	3,67	1,72	1,754	13,30	18,7	0,711
20	1,2045	0,240	0,0257	0,0221	3,43	1,82	1,855	15,11	21,4	0,713
40	1,1267	0,241	0,0271	0,0233	3,20	1,91	1,950	16,97	23,9	0,711
60	1,0595	0,241	0,0285	0,0245	3,00	2,00	2,042	18,90	26,7	0,709
80	0,9998	0,241	0,0299	0,0257	2,83	2,10	2,134	20,94	29,6	0,708
100	0,9458	0,242	0,0314	0,0270	2,68	2,18	2,224	23,06	32,8	0,704
120	0,8980	0,242	0,0328	0,0282	2,55	2,27	2,311	25,23	36,1	0,70
140	0.8535	0,242	0,0343	0,0295	2,43	2,35	2,397	27,55	39,7	0,694
160	0,8150	0,243	0,0358	0,0308	2,32	2,43	2,481	29,85	43,0	0,693
180	0,7785	0,244	0,0372	0,0320	2,21	2.51	2,564	32,29	46,7	0,69
200	0,7457	0,245	0,0386	0,0332	2,11	2,58	2,635	34,63	50.5	0,685
250	0,6745	0.247	0,0421	0,0362	1,91	2,78	2,832	41,17	60,3	0,68
300	0,6157	0,250	0 0454	0,0390	1,75	2,95	3,005	47,85	70,3	0,68
350	0,5662	0,252	0,0485	0.0417	1,61	3,12	3,178	55,05	81,1	0,68
400	0,5242	0,255	0,0516	0,0443	1,49	3,28	3,340	62,53	91,9	0,68
450	0,4875	0,258	0,0543	0,0467		3,44	3,508	70.54	103,1	0,685
500	0,4564	0,261	0,0570	0,0490		3,58	3,653	78,48	114,2	0,69
600	0,4041	0,266	0,0621	0,0534		3.86	3,938	95,57	138.2	0,69
700	0,3625	0,271	0,0667	0,0573		4,12	4,202	113,7	162.2	0,70
800	0,3287	0,276	0,0706	0,0607		4,37	4,450	132,8	185,8	0,715
900	0,301	0,280	0,0741	0.0637		4,59	4,68	152,5	210	0,725
1000	0,277	0,283	0,0770	0,0662		4,80	4,89	173	235	0,735

[1] Nach Zusammenstellungen der Physikalisch-Technischen Bundesanstalt, Braunschweig (W. Fritz).

Zahlentafel 13. *Diffusion von Gasen*[1].

D Diffusionskoeffizient in cm^2/sek (bei 760 Torr)
ϑ Temperatur in °C
M Molekulargewicht
$Sc = \nu/D$ Schmidt-Zahl
$Le = a/D = Sc/Pr$ Lewis-Zahl
$Pr = \nu/a$ Prandtl-Zahl
ν kinematische Viskosität
a Temperaturleitfähigkeit

Diffundierendes Gas			in Wasserstoff			in Luft			in Kohlendioxyd		
	M	ϑ	D	Sc	Le	D	Sc	Le	D	Sc	Le
Wasserstoff	2	0				0,611	0,218	0,304	0,550	0,131	0,164
Wasserdampf	18	0	0,747	1,3	1,9	0,216	0,616	0,866	0,138	0,52	0,65
Wasserdampf	18	20				0,245	0,617	0,866			
Wasserdampf	18	50				0,292	0,613	0,865			
Wasserdampf	18	100				0,379	0,608	0,865			
Ammoniak	17	25				0,28	0,56	0,78			
Sauerstoff	32	0				0,178	0,747	1,04	0,139	0,52	0,65
Kohlendioxyd	44	20				0,16	0,95	1,33			
Schwefelkohlenstoff	76	0	0,37	2,62	3,84	0,088	1,51	2,12	0,063	1,14	1,43
Brom	80	0	0,563	1,72	2,52				0,0863	0,83	1,05
Jod	127	20				0,081	1,64	2,30			
Äthylalkohol	46	0	0,378	2,57	3,75	0,1016	1,31	1,83	0,0685	1,05	1,32
Ameisensäure	46	0	0,5131	1,89	2,77	0,1315	1,01	1,42	0,0879	0,82	1,03
Benzol	78	0	0,294	3,30	4,82	0,0751	1,77	2,46	0,0527	1,37	1,71
Buttersäure	88	0	0,2325	4,14	6,10	0,0605	2,20	3,08	0,0424	1,70	2,13
Butylalkohol	74	0	0,2716	3,58	5,23	0,0681	1,95	2,74	0,0476	1,51	1,90
Diäthyläther	74	0	0,296	3,28	4,80	0,0775	1,72	2,40	0,0552	1,30	1,63
Essigsäure	60	0	0,4040	2,40	3,52	0,1061	1,25	1,75	0,0713	1,01	1,26
Hexylalkohol	102	0	0,1998	4,85	7,12	0,0499	2,66	3,73	0,0351	2,03	2,57
Methylalkohol	32	0	0,5001	1,94	2,84	0,1325	1,00	1,40	0,0880	0,82	1,02
Propionsäure	74	0	0,3333	2,91	4,27	0,0847	1,57	2,20	0,0595	1,21	1,52
Propylalkohol	60	0	0,3153	3,08	4,52	0,0803	1,66	2,32	0,0577	1,25	1,57

Die Diffusionskoeffizienten von Wasserdampf in Luft sind nach der Gleichung

$$D = \frac{805}{p}\left(\frac{T}{T_0}\right)^{1,80} \quad \text{in } m^2/h \tag{a}$$

berechnet worden[2]. Darin bedeuten p den Gesamtdruck in kp/m^2 und $T_0 = 273$ °K die Temperatur des Eispunkts. Für 760 Torr wird aus Gl. (a)

$$D = 0{,}216\left(\frac{T}{273}\right)^{1,80} \quad \text{in } cm^2/\text{sek}. \tag{b}$$

Die Kenngrößen Sc und Le sind mit den Viskositäten und Temperaturleitfähigkeiten der reinen Trägergase berechnet worden. Sie gelten also streng nur für extreme Verdünnung.

[1] D'ANS, J., u. E. LAX: Taschenbuch für Chemiker und Physiker, 2. Aufl. Berlin/Göttingen/Heidelberg 1949. — J. H. PERRY: Chemical Engineers Handbook, 3. Aufl. New York London/Toronto 1953. — W. JOST: Diffusion in solids, liquids, gases. New York 1952.

[2] ROSSIÉ, K.: Die Diffusion von Wasserdampf in Luft bei Temperaturen bis 300 °C. Forsch. Ing.-Wes. 19 (1953) 49/58.

Zahlentafel 14.

Thermische Stoffgrößen von Feststoffen, Flüssigkeiten und Gasen[1].

ϑ Temperatur in °C
ϱ Dichte in kg/m^3
c, c_p spezifische Wärmekapazität in kJ/kg grd
λ Wärmeleitfähigkeit in W/m grd
$10^6\,a$ Temperaturleitfähigkeit in m^2/sek $[a = \lambda/(c_p\,\varrho)]$
β thermischer Ausdehnungskoeffizient in 1/grd
$10^6\,\eta$ dynamische Viskosität in kg/m sek = N sek/m^2
$10^6\,\nu$ kinematische Viskosität in m^2/sek $(\nu = \eta/\varrho)$
Pr Prandtl-Zahl $(Pr = \nu/a)$

I. Feststoffe.

1. *Metalle und Legierungen.*

Stoff	ϑ	ϱ	c	λ	$10^6\,a$
Aluminium 99 75 Al	20	2700	0,896	229	94,6
Duraluminium	20	2700	0,912	165	67,0
Beryllium	20	1850	1,80	159	47,8
Blei (rein)	0	11340	0,128	35,1	24,2
Bronze (6 Sn, 9 Zn, 84 Cu, 1 Pb)	20	8700—8900	0,377	61,7	18,6
Cadmium	0—100	8650	0,230	92,2	46,4
Eisen					
Schmiedeeisen rein	0	7850	0,465	59	16,2
Gußeisen 3% C	20	7000—7700	0,540	58	14,7
Bessemerstahl	20	7830		40	
Chromnickelstahl	20	7900	0,477	14,5	3,85
V2A Stahl vergütet	20	8000	0,477	15	3,93
Cr-Stahl (X8 Cr17) rost- und säurebeständig	20	7700	0,46	25,1	7,09
Cr-Al-Stahl (X10 CrAl24) hitzebeständig	20	7600	0,50	16,7	4,41
Manganstahl	20		0,502	41	
Kobaltstahl 35Co	20	8000		41	
Wolframstahl	20	8200		39	
Kesselblech H III	20	7900	0,47	52	14,1
Gold (rein)	20	19290	0,129	310	124
Gold-Platin (40 Au, 60 Pt)	25			26	
(10 Au, 90 Pt)	25			76,3	
Iridium	20	22500	0,130	58,6	20
Kalium	20	860	0,741	196,3	
Kobalt	20	8900	0,414	69,1	18,7
Konstantan (60 Cu, 40 Ni)	20	8800	0,410	22,6	5,69
Kupfer, sehr rein	20	8930	0,383	395	115
Handelsware	20	8300	0,419	372	107

[1] D'ANS, J., u. E. LAX: Taschenbuch für Chemiker und Physiker, 2. Aufl. Berlin/Göttingen/Heidelberg: Springer 1949. — E. ECKERT: Einf. i. d. Wärme- und Stoffaustausch, 2. Aufl. Berlin/Göttingen/Heidelberg: Springer 1959. — Frigen Handbuch, Farbwerke Hoechst AG. Frankfurt. — Handbuch des Chemikers, 3 Bde. Berlin: VEB Verlag Technik 1956—1959. — Handbook of Chemistry and Physics, 42nd ed. Chemical Rubber Publish. Co. 1960—1961. — S. S. KUTATELADSE: Liquid Metal Heat Transfer Media. (Engl. Übersetzung.) New York: Consultants Bureau Inc., London: Chapman & Hall Ltd. 1959. — LANDOLT-BÖRNSTEIN: Zahlenwerte und Funktionen, 6. Aufl., Bd. IV: Technik, 1. Teil. Berlin/Göttingen/Heidelberg: Springer 1955. — W. RIEZLER u. W. WALCHER: Kerntechnik. Stuttgart: Teubner 1958. — E. SCHMIDT: Einführung in die Techn. Thermodynamik, 8. Aufl. Berlin/Göttingen/Heidelberg: Springer 1960.

Stoff	ϑ	ϱ	c	λ	$10^6\,a$
Magnesium	20	1740	0,102	143	80,6
Mangan	20	7430	0,481	5,02	1,4
Manganin (84 Cu, 4 Ni, 12 Mn)	20	8400	0,406	21,86	6,33
Messing	20	8600	0,381	81–116	25–35
Molybdän	20	10200	0,255	146,5	56,4
Monel (29 Cu, 67 Ni, 2 Fe)	20	8900	0,423	22,1	5,86
Natrium	20	970	1,21	125,6	107
Nickel	0–100	8800	0,544	57,1	11,8
Palladium	20	12000	0,243	71,2	24,4
Platin	0–100	14–19000	0,134	71,2	24,4
Platin-Rhodium	0–100			30,22 bis 30,27	
Platin-Iridium (5 Pt, 95 Ir)	20	22380			
Silber	20	10500	0,234	410	174
Tantal	20	16600	0,151	54,4	21,7
Titan	20	4505	0,489	22,62 (100 °C)	
Titanlegierung (Contimet Al V 64)	20	4420	0,524	7,54	
Uran (hochrein)	25	19050	0,106	29,73(70°)	14,86
Widia (90 Wolframcarbid, 10 Co)	20	14400			
Wolfram	0–100	19300	0,134	163,3	63,2
Woodsche Legierung (50 Bi, 25 Pb, 12,5 Cd, 12,5 Sn)	20	1056		12,77	
Zink	20	7130	0,385	113	39,0
Zinn	20	7280	0,2265	66	40,0
Zirkonium	20	6470	0,276		

2. Verschiedene anorganische Feststoffe.

Stoff	ϑ	ϱ	c	λ	$10^6\,a$
Beton					
Kiesbeton	20	2200	0,879	1,28	0,66
Schaumbeton	20	1000		0,35–0,70	
Stahlbeton für Reaktoren					
Brookhavenbeton zul. ϑ_{max} = 194 °C	100	4300		2,76–3,64	
Mo-Beton ϑ_{max} = 300 °C	50	5600		5,02	
Portlandbeton ϑ_{max} = 260 °C	100	2300	0,75	1,73	
Carborund (SiC)	100	1500	0,62	58,2	
Eis	0	917	1,93	2,2	1,2
Schnee (Reif)	0	200		0,15	0,41
Erdreich (grobkiesig)	20	2040	1,84	0,52	0,14
Kies (Schotter)	20	1850		0,37	
Moorwiese	20	1600		0,90	
Sandboden	20	1600		1,07	
Tonboden	20	1450	0,88	1,28	1,0
Gläser					
Bleiglas	20	2890		0,70–0,93	
Fensterglas	20	2480	0,70–0,93	1,16	0,59
Jenaer Glas (Borkron)	20	2530		1,00	
Kronglas	20	2300–2700	0,666	1,06	
Pyrexglas	20	2240	0,774	1,06	
Quarzglas	20	2210	0,728	1,4	0,833
Spiegelglas	20	2700	0,8	0,76	0,35
Thermometerglas (Jena 16^{III})	20	2580	0,779	0,965	0,480
Natriumglas	20	3210		0,805	
Glimmer	20	2600–3200	0,837	0,5–0,6	2,06

Stoff	ϑ	ϱ	c	λ	$10^6\,a$
Gips	20	1000	1,09	0,51	0,468
Graphit (fest)	20		0,84	11—17,5	
Hochofenschlacke	20	1000	0,84	0,31—0,44	
Kesselstein	100	300—2700		0,08—2	
Mörtel	20	1900		0,93	
Porzellan	20	2400—2500	0,79	0,814—1,05	0,83
Quarz	20	2100—2500	0,78	1,40	0,83
Steinsalz	0	2100—2200		6,98	
Schwefel	20	2070	0,72	0,265	1,78
Steine					
Granit	20	2750	0,75	2,9	1,4
Kalkstein ($CaCO_3$) (Kreide)	20	2000—3000		2,2	0,5—1,2
Kies, trocken	20	1800—1850			
Marmor	20	2500—2700	0,81	2,8	1,4
Sandstein	20	2150—2300	0,71	1,6—2,1	1,0—1,3
Schamottesteine	100	1700—2000	0,84	0,5—1,2	0,33—0,6
Schiefer					
senkrecht zur Schichtung	20	2700	0,75	1,9	
parallel zur Schichtung	20	2700	0,75	2,9	
SiC-Steine (85% SiC)	700	2720	1,05	1,56	0,547
Silikatsteine	100	1700—2000		0,8—1,34	
Ton (wenig Sand, 49% feucht)	20	1450	0,88	1,28	
Verputz	20	1690		0,79	
Zement	20	3100—3200	0,75	0,30	0,73
Ziegelstein (trocken)	20	1400—1900	0,84	0,46	0,27
Ziegelmauerwerk	20	1420—1460		0,76	0,55
3. Verschiedene organische Feststoffe.					
Asphalt	20	2120	0,92	0,70	
Bienenwachs	20	959—967		0,087	
Dachpappe	20	1000—1200		0,14—0,23	
Fett	20	910—960		0,17	
Holz					
Ahorn, quer zur Faser					
0...10% Feuchtigkeit	25	720		0,177	
Birke, 0% F., quer zur Faser	25	680		0,14	
Buche, längs der Faser	20	700		0,35	
Eiche, quer zur Faser	20	600—800	2,39	0,17—0,31	0,11—0,1
längs der Faser				0,37	
tangential				0,12	
Nußbaum, quer zur Faser	25	680		0,136	
Tanne (Fichte), quer zur Faser	20	410—420	2,72	0,14	0,12
längs d. Faser				0,26	
tangential				0,108	
Haut, lebend	20			0,21—0,42	
exzidiert	20			0,21	
Kohle (Steinkohle)	20	1200—1500	1,26	0,26	0,1—0,2
Kork	20	200—350	2,03	0,051	
Korkstein (Platten)	20	200—350	1,7—2,1		
Leder (trocken)	20	850—1000	1,49	0,14—0,16	
Papier (gewöhnlich)	20	700	1,2	0,14	
Pappe	20		0,14—0,35		
Paraffin	20	860—930	2,1	0,24—0,29	
Zucker, weiß	20	1600	1,26	0,6	

Stoff	ϑ	ϱ	c	λ	$10^6\, a$
4. Faserartige Stoffe. (Die Wärmeleitfähigkeit dieser Stoffe hängt stark von ihrer Dichte und Struktur ab. Die Tabelle gibt nur Anhaltswerte.)					
Asbest					
Asbestplatten	20	2000	0,79	0,7	0,443
Asbestwatte	25	140		0,050	
Baumrinde	25	337		0,074	
Baumwolle	30	81	1,3	0,059	
				0,56	
Verbandwatte	25	10		0,041	
Flanell	25	160		0,055	
Glaswolle	25	120	0,66	0,046	0,58
Haar	25	90		0,042	
Roßhaar	25	172		0,052	
Tierhaar	25	176		0,037	
Hobelspäne	25	150		0,058	
Kapok	25	50		0,038	
Kunstseide	25	300	1,36	0,042	0,10
Leinen	25	265		0,066	
Schlackenwolle	25	200		0,05	
Seegras	25	80		0,035	
Seide	25	100	1,40	0,049	0,35
Steinwolle					
Wolle	25	100		0,036	
5. Pulverförmige Stoffe (s. Anmerkung bei 4).					
Aluminiumoxyd	46,8			0,678	
Graphit	40	700		1,193	
Kieselgur	20	100		0,042	
Kohlenstaub	30	730	1,30	0,12	0,13
Korkschrot	20	250		0,051	
Magnesia	20	250		0,055	
Magnesia, Preßpulver	50	797		0,607	
Sägemehl	20	215		0,058	
Torfmull	20	150		0,042	
6. Gummi.					
Buna	20	1150		0,23	
Gummi, weich mit					
40% Kautschuk	20			0,237	
80% Kautschuk	20			0,157	
100% Kautschuk	20	910—960		0,13	
Gummischwamm	20	224		0,055	
Hartgummi (Ebonit)	20	1150	1,42	0,16	0,098
Perbunan	20	1250		0,29	
Schaumgummi	20	500		0,09	
7. Kunststoffe.					
Bakelit	20	1270	1,59	0,233	0,11
Cellon	20	1300—1400		0,21—0,26	
Harnstoffharze	20	1500		0,35	
Hartpapier	20	790		0,15	
Linoleum	20	1180		0,17	
Acrylglas (Plexiglas)	20	1180		0,184	
Polystyrol	20	1050		0,157	
Preßspan	20	1350		0,24—0,28	

Stoff	ϑ	ϱ	c	λ	$10^6\,a$
Vulkanfiber	20	1100–1450		0,33–0,35	
Zelluloid	20	1400		0,215	
Polyäthylen (= Lupolen)	20–25	920		0,582	
Polyisobutylen (= Oppanol)	20–25	910		0,348	
Polyvinylacetat	20–25	1180			
Polyvinylchlorid (PVC)	20–25	1260		0,116	
Polytetrafluoräthylen (Teflon)	20–25	2200–2220		0,236	

II. Flüssigkeiten.

(Wenn nicht anders angegeben, bei 1 at = 0,980665 bar; wenn der Dampfdruck größer ist, bei dem zu der angegebenen Temperatur gehörigen Sättigungsdruck.)

Stoff	ϑ	ϱ	c_p	λ	β	$10^6\,\eta$	$10^6\,\nu$	$10^6\,a$	Pr
				1. Verschiedene Flüssigkeiten.					
Aceton C_3H_6O	20	790,4	2,16	0,180	0,00143	322	0,407	0,105	3,88
Ammoniak NH_3	20	610	4,77	0,494	0,00244	220	0,361	0,17	2,12
Äthylenglykol $C_2H_4(OH)_2$	20	1113	2,382	0,250	0,00064	21320	19,15	0,094	203
	100	1056	2,742	0,263	0,00067	2403	2,27	0,091	24,9
Benzol C_6H_6	20	879,1	1,737	0,153	0,00116	650	0,740	0,10	7,33
Chloroform	20	1489	0,96	0,121	0,00128	570	0,383	0,085	4,505
Diphenyl $C_{12}H_{10}$	110	962,8	1,285		0,00073	8502	0,883		
Diphyl (73,5 Diphenyloxyd, 26,5 Diphenyl)	20	1061,5	1,59	0,140		5835	5,5	0,080	
Frigen									
Frigen 11	0	1536	0,82	0,13		549	0,357	0,10	3,56
Frigen 13	0	1119	0,86	0,06		216	0,193	0,06	3,22
Glycerin	20	1260,4	2,43	0,27	0,00050	14990	11,89	0,092	130
Kohlendioxyd CO_2	20	771	3,64	0,087	0,0066	48	0,0062	0,03	2,00
Salzsäure HCl	0	908	4,04						
Schwefeldioxyd SO_2	20	1383	1,39	0,199	0,00194	304	0,220	0,10	2,14
Schwefelsäure H_2SO_4	20	1834	1,38	0,544	0,00057	27000	14,7	0,215	68,4
Sole 20% $MgCl_2$	20	1184	2,99	0,392		12959	10,94	0,11	98,8
Tetrachlorkohlenstoff CCl_4	20	1595	0,849	0,105	0,00122	970	0,608	0,078	7,86
Toluol C_7H_8	20	866	1,76		0,00108	586			
Wasser	20	998,2	4,181	0,598	0,000206	1002	1,004	0,143	7,01
Schwerwasser	20	1105,3	4,211			1261	1,14		
Äthylalkohol	20	789,2	2,47	0,180	0,00110	1190	1,508	0,0924	16,32

Stoff	ϑ	ϱ	c_p	λ	$10^3\,\beta$	$10^6\,\eta$	$10^6\,\nu$	$10^6\,a$	Pr
				2. Flüssige Metalle und flüssige Legierungen.					
Blei	400	10592	0,147	15,1		2220	0,210	9,61	0,0217
Blei-Wismut (44,5% Pb)	150	10547	0,146	11,2		3050	0,289	7,22	0,0400
Kalium	100	818	0,816	46,5		459	0,561	69,7	0,0080
Lithium	200	515	4,14	46,05		571,65	1,110	21,6	0,0514
Natrium	100	928	1,39	86,1		715	0,770	66,9	0,0115
Na-K 22% Na	100	847	0,941	24,4		473	0,558		0,0185
Na-K 56% Na	100	885	1,126	25,8		550	0,621		0,0243
Na-K 25% Na	20	872	1,298	22,1		811	0,930	19,5	0,0476
Quecksilber	20	13550	0,139	8,05	1,81	1545	0,114	4,28	0,0266
Wismut	300	10030	0,151	14,65		1715	0,171	9,72	0,0176
Zinn	240	6985	0,255	30,5		1907	0,273	17,08	0,0160

Stoff	ϑ	ϱ	c_p	λ	$10^3\beta$	$10^6\eta$	$10^6\nu$	$10^6 a$	Pr
3. Öle und Fette.									
Erdöl	30		1,91						
Flugmotorenöl	60	868	2,00	0,141	0,70	71240	82,0	0,081	1020
Olivenöl	20	914 bis 919	1,63	0,16	0,72	80800			
Paraffin (flüssig)	20	870 bis 930	2,13	0,26	0,97	12800			
Ricinusöl	20	959 bis 974	1,92	0,17		950000			
Siliconöl	25	970		0,155		242000	250		
Spindelöl	60	845	2,02	0,142	0,75	4179	4,95	0,083	59,4
Terpentin	20	860	1,80	0,14	0,97	1460			
Transformatorenöl	60	842	2,09	0,122	0,70	7318	8,7	0,069	126

III. Gase.

(Bei 1 at = 0,980665 bar, wenn nicht anders angegeben.)

Stoff	ϑ	ϱ	c_p	λ	$10^6\eta$	$10^6\nu$	$10^6 a$	Pr
1. Reine anorganische Gase.								
Ammoniak	100	0,540	2,23	0,0300	13,0	24,1	24,9	0,97
Argon	20	1,38	0,524	0,018	22,2	16,1	24,8	0,65
Chlor	0	3,220	0,502	0,008	12,3	3,82	4,96	0,77
Deuterium	0			0,134				
Helium (1 at)	20	0,1785		0,1436	18,6	104,2		
Helium (10 at)	0	1,790	5,224		18,54	10,04		0,687
Kohlendioxyd	50	1,616	0,875	0,0178	16,2	10,0	12,6	0,80
Kohlenmonoxyd	0	1,250	1,051	0,022	16,6	13,28	16,74	0,794
Luft (760 Torr)	20	1,2045	1,0046	0,0257	18,2	15,11	21,4	0,713
Neon	0	0,8999	1,030	0,046	29,8	33,5	50,2	0,668
Quecksilberdampf	0	9,02		0,007	22,8			
Sauerstoff	20	1,105	0,915	0,026	20,3	18,4	25,7	0,716
Schwefeldioxyd (SO_2)	0	2,83	0,624	0,0084	11,6	4,1	4,76	0,86
Stickstoff	0	1,2505	1,042	0,0238	16,6	13,26	18,3	0,725
Distickstoffoxyd N_2O	0	1,978	0,858		13,7	6,94		
Stickstoffdioxyd NO_2	55		6,78	0,0372				
Stick(stoff)oxyd NO	0	1,3402	1,009	0,0232	17,9	13,38	17,3	0,774
Wasserdampf	100	0,578	2,135	0,0242	12,851	22,1	9,61	1,12
Wasserstoff	50	0,0734	14,4	0,202	9,42	128	191	0,67
2. Reine organische Gase (Dämpfe).								
Aceton C_3H_6O	0		1,45	0,0096	6,6			
Acetylen C_2H_2	0	1,1709	1,641	0,018	9,6	8,2	9,38	0,874
Äthan C_2H_6	0	2,05	1,667	0,018	8,6	4,19	5,27	0,797
Äthylalkohol C_2H_6O	20	1,580		0,015	7,5			
Benzol C_6H_6	20	4,0	1,09	0,01	7,4	1,85		
Chloroform $CHCl_3$	20	4,087	0,607	0,007	10	2,45	2,82	0,869
Frigene (bei Sättigungsdruck):								
Frigen 11 $CFCl_3$	0	2,48	0,54	0,0078	10,1	4,1	5,8	0,71
Frigen 13 CF_3Cl	0	134	0,62	0,011	13,6	0,1	0,13	0,77
Methan CH_4	20	0,5545	2,25	0,033	10,8	19,47		
Methylamin CH_5N	0	1,078						
Tetrachlorkohlenstoff CCl_4	20	8,0		0,006	9,0			

Formeln aus der Vektoranalysis[1].

U und V = skalare Größen. $\mathfrak{A}$ und $\mathfrak{B}$ = Vektoren.

$|\mathfrak{A}|$ = absoluter Betrag eines Vektors, also Größe ohne Richtung.

I. $\operatorname{grad}(U \cdot \mathfrak{A}) = U \cdot \operatorname{grad} \mathfrak{A}$;

II. $\operatorname{div} \operatorname{grad} U = \nabla^2 U$;

III. $\operatorname{div}(U \cdot \mathfrak{A}) = U \cdot \operatorname{div} \mathfrak{A} + (\mathfrak{A}, \operatorname{grad} U)$;

IV. $\dfrac{DU}{dt} = \dfrac{\partial U}{\partial t} + (\mathfrak{w}, \operatorname{grad} U)$

V. $\dfrac{D\mathfrak{A}}{dt} = \dfrac{\partial \mathfrak{A}}{\partial t} + (\mathfrak{w}, \operatorname{grad})\, \mathfrak{A}$

wobei t die Zeit und $\mathfrak{w}$ die Strömungsgeschwindigkeit ist;

VI. $\int\limits_{\text{Fläche}} \mathfrak{A}_n \cdot df = \int\limits_{\text{Vol}} \operatorname{div} \mathfrak{A} \cdot dv$; Gaußscher Satz;

VII. $|\operatorname{grad} U| = \sqrt{\left(\dfrac{\partial U}{\partial x}\right)^2 + \left(\dfrac{\partial U}{\partial y}\right)^2 + \left(\dfrac{\partial U}{\partial z}\right)^2}$ in rechtw. geradl. Koord.

VIII. a) $\operatorname{div} \mathfrak{A} = \dfrac{\partial A_x}{\partial x} + \dfrac{\partial A_y}{\partial y} + \dfrac{\partial A_z}{\partial z}$ in rechtw. geradl. Koord.;

b) $= \dfrac{1}{r} \dfrac{\partial (r A_r)}{\partial r} + \dfrac{1}{r} \dfrac{\partial A_\varphi}{\partial \varphi} + \dfrac{\partial A_z}{\partial z}$ in Zylinderkoord.;

c) $= \dfrac{1}{r^2} \dfrac{\partial (r^2 A_r)}{\partial r} + \dfrac{1}{r \sin \psi} \dfrac{\partial (\sin \psi\, A_\psi)}{\partial \psi} + \dfrac{1}{r \sin \psi} \dfrac{\partial A_\varphi}{\partial \varphi}$

in Kugelkoord.

IX. a) $\nabla^2 U = \dfrac{\partial^2 U}{\partial x^2} + \dfrac{\partial^2 U}{\partial y^2} + \dfrac{\partial^2 U}{\partial z^2}$ in rechtw. geradl. Koord.;

b) $= \dfrac{\partial^2 U}{d r^2} + \dfrac{1}{r} \dfrac{\partial U}{\partial r} + \dfrac{1}{r^2} \dfrac{\partial^2 U}{\partial \varphi^2} + \dfrac{\partial^2 U}{\partial z^2}$ in Zylinderkoord.;

c) $= \dfrac{\partial^2 U}{\partial r^2} + \dfrac{2}{r} \dfrac{\partial U}{\partial r} + \dfrac{1}{r^2} \dfrac{\partial^2 U}{\partial \psi^2} + \dfrac{\cos \psi}{r^2 \sin \psi} \dfrac{\partial U}{\partial \psi}$

$+ \dfrac{1}{r^2 \sin^2 \psi} \dfrac{\partial^2 U}{\partial \varphi^2}$ in Kugelkoord.[2]

---

[1] Vgl. z. B.: Fr. Ollendorff: Die Welt der Vektoren. Wien 1950.

[2] φ bedeutet die geographische Länge und ψ den Polabstand.

Übersicht über häufig verwendete Formelzeichen.

Zeichen	Bedeutung	Einheit als Beispiel
a	Temperaturleitfähigkeit $a = \lambda/c\varrho$	m^2/sek; m^2/h
A	Absorptionszahl der Strahlung	—
b	Wärmeeindringzahl $b = \sqrt{\lambda c \varrho}$	kcal/m^2 grd $h^{1/2}$
b	Laplace-Konstante $b = \sqrt{\frac{2\sigma}{g(\varrho' - \varrho'')}}$	m
c, c_p	Spezifische Wärmekapazität	kcal/kg grd
c_f	Reibungszahl	—
C	Konzentration	kg/m^3
C_s	Strahlungszahl des schwarzen Körpers	kcal/m^2 h grd^4
D	Diffusionskoeffizient	m^2/sek; m^2/h
d, D	Durchmesser	m
D	Durchlaßzahl der Strahlung	—
E	Ausgestrahlte Energie	kcal/m^2 h
f, F	Fläche	m^2
g	Erdbeschleunigung	m/sek^2; m/h^2
h	Relativer Wärmeübergangskoeffizient $h = \alpha/\lambda$	m^{-1}
H	Höhe	m
k	Wärmedurchgangskoeffizient	kcal/m^2 h grd
l, L	Länge	m
p, P	Druck	kp/m^2; Torr
Q	Wärmemenge	kcal
Q_h	Wärmestrom	kcal/h
q	Wärmestromdichte, Heizflächenbelastung	kcal/m^2 h
r, R	Radius	m
r	Verdampfungswärme	kcal/kg
r	Rückgewinnfaktor	—
R	Reflexionszahl der Strahlung	—
R	Gaskonstante	kpm/kg °K
$\mathfrak{R}$	Allgemeine Gaskonstante	kpm/kmol °K
t	Zeit	h
T	Absolute Temperatur	°K
v	Spezifisches Volumen $v = 1/\varrho$	m^3/kg
V	Volumen	m^3
w, W	Geschwindigkeit	m/sek; m/h
w_s	Schallgeschwindigkeit	m/sek
x, y, z	Ortskoordinaten	m
α	Wärmeübergangskoeffizient	kcal/m^2 h grd
β	Stoffübergangskoeffizient	m/h
β	Thermische Ausdehnungszahl	grd^{-1}
γ	Spezifisches Gewicht $\gamma = \varrho g$	kp/m^3
ε	Emissionszahl	—
ζ	Widerstandszahl	—
η	Dynamische Viskosität	kg/m sek; kp sek/m^2
ϑ	Temperatur bzw. Temperaturdifferenz	°C bzw. grd
λ	Wärmeleitfähigkeit	kcal/m h grd
λ	Wellenlänge der Strahlung	m; μ
ν	Kinematische Viskosität	m^2/h; m^2/sek
ϱ	Dichte	kg/m^3
σ	Oberflächenspannung	kp/m; dyn/cm
σ	Verdunstungsziffer	kg/m^2 h
σ	Stefan-Boltzmannsche Konstante	kcal/m^2 h grd^4
τ	Schubspannung	kp/m^2

Dimensionslose Kenngrößen.

Zeichen	Bedeutung	Definition
Fo	Fourier-Zahl	$\frac{a\,t}{l^2}$
Gr	Grashof-Zahl	$\frac{g\,\beta\,\vartheta\,l^3}{\nu^2}$
Gz	Graetz-Zahl	$\frac{\pi}{4}\,Re\,Pr\,\frac{d}{l}$
Le	Lewis-Zahl	$\frac{a}{D} = \frac{Sc}{Pr}$
Ma	Mach-Zahl	$\frac{w}{w_s}$
Nu	Nußelt-Zahl	$\frac{\alpha\,l}{\lambda}$
Nu'	Nußelt-Zahl zweiter Art (für die Stoffübertragung)	$\frac{\beta\,l}{D}$
Pe	Péclet-Zahl	$\frac{w\,l}{a} = Re\,Pr$
Pr	Prandtl-Zahl	$\frac{\nu}{a} = \frac{\eta\,c_p}{\lambda} = \frac{Pe}{Re} = \frac{Sc}{Le}$
Re	Reynolds-Zahl	$\frac{w\,l}{\nu}$
Sc	Schmidt-Zahl	$\frac{\nu}{D} = Le\,Pr$
St	Stanton-Zahl	$\frac{\alpha}{w\,\varrho\,c_p} = \frac{Nu}{Re\,Pr}$
St'	Stanton-Zahl der Stoffübertragung . .	$\frac{\beta}{w} = \frac{Nu'}{Re\,Sc}$
jw	Wärmeübergangskoeffizient	$\frac{Nu}{Re\,Pr}\,Pr^{2/3}$
js	Stoffübergangskoeffizient	$\frac{Nu'}{Re\,Sc}\,Sc^{2/3}$

Schrifttum.

1. Lehrbücher über Wärmeübertragung oder deren Teilgebiete

(nach Erscheinungsjahr geordnet).

[1] GRÖBER, H.: Die Grundgesetze der Wärmeleitung und des Wärmeüberganges. Berlin 1921 (1. Aufl. des vorliegenden Buches).

[2] PLANCK, M.: Vorlesungen über die Theorie der Wärmestrahlung. 5. Aufl., Leipzig 1923 (1. Aufl. 1906).

[3] GRÖBER, H.: Einführung in die Lehre von der Wärmeübertragung. Berlin 1926.

[4] MERKEL, F.: Die Grundlagen der Wärmeübertragung. Dresden u. Leipzig 1927.

[5] GRÖBER, H., u. S. ERK: Die Grundgesetze der Wärmeübertragung. Berlin 1933 (2. Aufl. des vorliegenden Buches).

[6] TEN BOSCH, M.: Die Wärmeübertragung. 3. Aufl., Berlin 1936 (1. Aufl. 1922).

[7] STOEVER, H. J.: Applied Heat Transmission. New York/Toronto/London 1941.

[8] MCADAMS, W. H.: Heat Transmission. 3. Aufl., New York u. London 1954 (1. Aufl. 1933).

[9] CARSLAW, H. S., u. J. C. JAEGER: Conduction of Heat in Solids. 2. Aufl., Oxford 1959 (1. Aufl. 1947).

[10] INGERSOLL, L. R., O. J. ZOBEL u. A. C. INGERSOLL: Heat Conduction with Engineering and Geological Applications. 3. Aufl., New York/Toronto/London 1955 (1. Aufl. 1948).

[11] BROWN, A. I., u. S. M. MARCO: Introduction to Heat Transfer. New York/Toronto/London 1949.

[12] LEGENDRE, R.: Convection de la Chaleur en Régime Permanent. Paris 1949.

[13] DUSINBERRE, G. M.: Numerical Analysis of Heat Flow. New York/Toronto/London 1949.

[14] ECKERT, E.: Einführung in den Wärme- und Stoffaustausch. 2. Aufl., Berlin/Göttingen/Heidelberg 1959 (1. Aufl. 1949).

[15] JAKOB, M.: Heat Transfer. New York u. London, Vol. I 1949, Vol. II 1957.

[16] MATZ, W.: Die Thermodynamik des Wärme- und Stoffaustausches in der Verfahrenstechnik. Frankfurt (Main) 1949.

[17] VERNOTTE, P.: Thermocinétique. Paris 1949.

[18] MICHEJEW, M. A.: Grundlagen der Wärmeübertragung. Gosenergoisdat 1949 (russisch).

[19] FISHENDEN, MARGARET, u. O. A. SAUNDERS: An Introduction to Heat Transfer. Oxford 1950.

[20] HAUSEN, H.: Wärmeübertragung im Gegenstrom, Gleichstrom und Kreuzstrom. Berlin/Göttingen/Heidelberg 1950.

[21] KERN, D. Q.: Process Heat Transfer. New York/Toronto/London 1950.

[22] MCADAMS, W. H.: Transmission de la Chaleur. Ins Französische übersetzt von J. BOUDROT. Paris 1950 (diese französische Ausgabe von Nr. [8] ist weitgehend ins metrische Maßsystem umgerechnet).

[23] BOSWORTH, R. C. L.: Heat Transfer Phenomena. Sidney u. New York 1952.

[24] SCHACK, A.: Der industrielle Wärmeübergang. 5. Aufl., Düsseldorf 1957 (1. Aufl. 1929).

[25] VDI-Wärmeatlas. Hrsgeg. vom Verein Deutscher Ingenieure, Fachgruppe Verfahrenstechnik, Düsseldorf 1954, Zweiter Teil 1957.

[26] ECKERT, E. R. G., u. R. M. DRAKE: Heat and Mass Transfer. New York/Toronto/London 1959.

[27] FRANK-KAMENETZKI, D. A.: Stoff- und Wärmeübergang in der chemischen Kinetik (a. d. Russischen übersetzt von J. PAWLOWSKI). Berlin/Göttingen/Heidelberg 1959.

[28] GREGORIG, R.: Wärmeaustauscher. Aarau u. Frankfurt a. M. 1959.
[29] RANT, Z.: Verdampfen in Theorie und Praxis. Dresden u. Leipzig 1959.
[30] LYKOW, A. W., u. Y. A. MICHAYLOW: Theory of Energy and Mass Transfer. Englewood Cliffs, N. J. 1961.

2. Lehrbücher, Handbücher und zusammenfassende Darstellungen, die größere Abschnitte über Wärmeübertragung enthalten.

[1] Handbuch der Physik, hrsgeg. v. H. GEIGER u. K. SCHEEL. Bd. XI, Kap. 2: M. JAKOB: Wärmeleitung. Berlin 1926.
[2] Handbuch der Experimentalphysik, hrsgeg. v. W. WIEN u. F. HARMS. Bd. 9, Teil 1: O. KNOBLAUCH u. H. REIHER: Wärmeübertragung; W. WIEN u. C. MÜLLER: Wärmestrahlung. Leipzig 1929.
[3] Der Chemie-Ingenieur, hrsgeg. v. A. EUCKEN u. M. JAKOB, Bd. I, 1. Teil: Hydrodynamische Materialbewegung / Wärmeschutz und Wärmeaustausch, bearbeitet von M. JAKOB u. S. ERK, Leipzig 1933.
[4] Modern Developments in Fluid Dynamics, hrsgeg. v. S. GOLDSTEIN, 2 Bde, Oxford 1938.
[5] Naturforschung und Medizin in Deutschland 1936 bis 1946. Bd. 5, Teil III: Mathematische Grundlagen der Strömungsmechanik, hrsgeg. v. A. WALTHER. Wiesbaden 1948 (dort besonders K. WIEGHARDT: Wärmeübertragung, und L. SCHILLER: Mechanische Ähnlichkeit). Bd. 11: Hydro- und Aerodynamik, hrsgeg. v. A. BETZ. Weinheim 1953.
[6] BOŠNJAKOVIĆ, FR.: Technische Thermodynamik. 1. Teil, 3. Aufl., Dresden u. Leipzig 1948.
[7] PRANDTL, L.: Führer durch die Strömungslehre. 3. Aufl., Braunschweig 1949.
[8] NESSELMANN, K.: Die Grundlagen der angewandten Thermodynamik. Berlin/Göttingen/Heidelberg 1950.
[9] KIESSKALT, S.: Verfahrenstechnik (unter Mitarbeit anderer Autoren). 2. Aufl., München 1958 (1. Aufl. 1951).
[10] SCHLICHTING, H.: Grenzschicht-Theorie. 3. Aufl., Karlsruhe 1951.
[11] ULLMANNS Encyklopädie der technischen Chemie, hrsgeg. v. W. FOERST, Bd. I: Chemischer Apparatebau u. Verfahrenstechnik, hrsgeg. v. W. FOERST, E. WICKE, E. RÖMER. München u. Berlin 1951.
[12] NUSSELT, W.: Technische Thermodynamik, Bd. II. Berlin 1951 (Sammlung Göschen Bd. 1151).
[13] Chemical Engineer's Handbook, hrsgeg. v. J. H. PERRY, 3. Aufl., New York/Toronto/London 1953.
[14] Handbuch der Kältetechnik, hrsgeg. v. R. PLANK. Bd. 3 (Beiträge H. D. BAEHR u. E. HOFMANN). Berlin/Göttingen/Heidelberg 1959.
[15] SCHMIDT, E.: Einführung in die technische Thermodynamik und in die Grundlagen der chemischen Thermodynamik. 8. Aufl., Berlin/Göttingen/Heidelberg 1960.

3. Stoffwert-Sammlungen.

[1] LANDOLT-BÖRNSTEIN: Zahlenwerte und Funktionen aus Physik, Chemie, Astronomie, Geophysik, Technik. IV. Band: Technik, hrsgeg. v. E. SCHMIDT. In 4 Teilen. (1. Teil: Stoffwerte und mechanisches Verhalten von Nichtmetallen 1955; 2. Teil: Metallische Werkstoffe, in Vorbereitung; 3. Teil: Elektrotechnik — Lichttechnik — Röntgentechnik 1957; 4. Teil: Wärmetechnik, in Vorbereitung). Berlin/Göttingen/Heidelberg.
[2] Taschenbuch für Chemiker und Physiker. Hrsgeg. von J. D'ANS und E. LAX. 2. Aufl., Berlin/Göttingen/Heidelberg 1949.
[3] „Hütte". Des Ingenieurs Taschenbuch. 28. Aufl. I. Bd., Berlin 1955.
[4] „Hütte". Taschenbuch der Stoffkunde. 3. Aufl., Berlin 1941.
[5] HENNING, F.: Wärmetechnische Richtwerte. Berlin 1938.
[6] KOCH, B.: Grundlagen des Wärmeaustausches (Stoffwerte). Dissen T. W. 1950.
[7] Handbuch des Chemikers (a. d. Russischen übersetzt). Berlin Bd. 1 1956, Bd. 2 1957, Bd. 3 1959.
[8] TOULOUKIAN, Y. S.: Thermodynamic and Transport Properties of Gases, Liquids and Solids. New York/Toronto/London 1959.

Namenverzeichnis.

Sachverzeichnis.

GPSR Compliance

The European Union's (EU) General Product Safety Regulation (GPSR) is a set of rules that requires consumer products to be safe and our obligations to ensure this.

If you have any concerns about our products, you can contact us on ProductSafety@springernature.com

In case Publisher is established outside the EU, the EU authorized representative is:

Springer Nature Customer Service Center GmbH
Europaplatz 3
69115 Heidelberg, Germany

Batch number: 10682323

Printed by Printforce, the Netherlands